Advances in Chemical Mechanical Planarization (CMP)

CMP 웨이퍼 연마

Advances in Chemical Mechanical Planarization (CMP)

CMP 웨이퍼 연마

저자
수리야데바라 바부(Suryadevara Babu)

역자
장인배

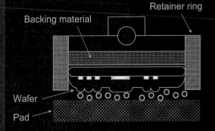

Retainer ring
Backing material
Wafer
Pad

웨이퍼 연마(CMP)는 기계적 가공기술과 화학적 가공기술이 결합된 다전공적 성격이 강한 핵심 공정장비로서, 반도체 산업의 초창기부터 중요하게 다루어져 왔지만, 최근 들어 3차원 반도체나 웨이퍼레벨 패키징 등과 같이 박형 웨이퍼 적층에 대한 수요가 폭증하면서 관심도가 높아진 분야이다. 이 책은 화학-기계적 평탄화(CMP) 가공분야의 현업에 종사하는 엔지니어들이 화학과 기계적인 관점뿐만 아니라 소재나 전기적인 관점에서 연마가공의 메커니즘을 이해할 수 있는 소중한 기회를 제공해준다.

씨
아이
알

ELSEVIER

머리말

여러 단계의 혁신과 소재와 기술의 지속적인 발전을 통해서 실리콘 모재 위에 수십억 개 이상의 능동형 디바이스가 탑재된 개별 마이크로프로세서 칩을 대량생산할 수 있게 되었다. 제조의 관점에서는 제조공정의 단계들을 전공정(FEOL)과 후공정(BEOL)의 두 단계로 나누는 것이 가장 유용하다. CMOS 디바이스의 경우를 예로 들면, 전형적으로 전공정에는 디바이스의 전기적 절연 구조, 트랜지스터의 소스와 드레인 그리고 이들 사이를 이어주는 채널의 성능 특성을 조절하는 게이트를 포함하여 모재에 디바이스 구조를 만들기 위해서 필요한 모든 공정들이 포함된다. 물론, 이런 모든 디바이스들을 일단 제조하고 나면, 필요한 논리 및 메모리 회로를 형성하기 위해서는 상호 연결이 필요하다. 이들을 전원과 연결한 후에는 마지막으로 패키지로 밀봉한다. 편의상 이런 후속 작업들을 모두 합쳐서 후공정이라고 부른다. 화학−기계적 평탄화 가공(CMP)은 뛰어난 반복도와 수용 가능한 수율로 전공정과 후공정을 실현할 수 있도록 만들어주었다.

이 책에서는 전공정과 후공정에서 사용되는 화학−기계적 평탄화 가공(CMP)의 빠르게 발전하는 과학기술과 관련된 다양한 주제들을 다루고 있다. 단순히 형상이 없는 블랭킷 박막과 같은 소재를 제거하는 경우에는 CMP의 P가 연마(Polishing)를 의미한다. 반면에 평탄화 가공(Planarization)이란 패턴의 크기와 밀도가 크게 변하는 표면에 대해서 웨이퍼레벨과 다이레벨에서의 표면 평탄화를 구현하기 위해서 사용되는 CMP의 궁극적인 역할을 명확하게 나타내기 위해서 사용된다. 화학−기계적 평탄화 가공(CMP)은 본질적으로 화학과 기계적 성질을 가지고 있기 때문에 일견 서로 다른 공정인 것처럼 보이는 두 가지 공정들이 서로 상승작용을 일으키므로, CMP의 C와 M을 나타내는 화학과 기계는 공정의 핵심을 이룬다. 화학−기계적 평탄화 가공을 통해서만, 디바이스의 패턴을 생성하기 위해서 사용되는 노광기술의 초점심도 한계를 극복하기 위해서 필수적인 나노스케일의 표면윤곽 균일성을 구현할 수 있다.

그럼에도 불구하고 웨이퍼와 다이스케일에서 나노 수준의 평탄도를 구현하기 위해서 이 기법은 콜로이드분산 내에 부유하는 금속 산화물 입자들의 마멸성질, 화학약품의 활성도, 비교적 연질인 폴리머 패드 그리고 웨이퍼의 앞면이 아래를 향하도록 붙잡아주는 웨이퍼 캐리어 등에 의존하기 때문에, 매우 반직관적이다. 항상 극도로 청결하며 극단적으로 입자가 제거된 환경 속에서 다뤄야만 하는, 웨이퍼의 모든 능동요소들이 성형되어 있는 표면이 수십억 개의 마멸입자들에 여러 번 노출되며, 각각의 공정이 끝날 때마다 표면의 오염과 변성을 방지하기 위해서 후속 세정을 통해서 부유액 속에 함유되어 있는 모든 입자들과 화학약품들을 웨이퍼 표면에서 완전히 제거해야만 한다. 이런 문제들에도 불구하고 화학-기계적 평탄화 가공은 형상크기가 빠르게 감소하고 있는 여러 기술세대에 걸쳐서 나노 수준의 균일성을 구현할 수 있는 유일한 기술임이 증명되었다. 견고한 과학적 토대 위에서 혁신적인 엔지니어링과 창의성이 결합되어 지난 25~30년 동안 집적화된 논리와 메모리 디바이스의 기능에 헤아릴 수 없는 진보가 이루어졌으며, 가격은 수천~수만 배 감소하였다. 현재 실리콘 기반의 미세전자 디바이스에는 수십억 개 이상의 능동요소들이 집적되어 있으며, 집적회로 숫자의 지속적인 증가를 통해서 판매가격은 더 낮아지고 있다. 이런 상반된 조합을 통해서 이 디바이스들을 자동차, 스마트폰과 통신, 비디오 스트리밍 그리고 의료진단 등과 같은 우리의 모든 일상생활에서 항상 사용하게 되었다. 그 과정에서, 이 디바이스들은 우리의 사회에 미처 예상치 못한 방식으로 영향을 끼치게 되었다. 이제는 불과 3~4살짜리 아이가 오락이나 학습을 위해서 이 디바이스에서 출력되는 스크린 영상을 능숙하게 조작하는 것을 어렵지 않게 볼 수 있다.

이런 뛰어난 기능성과 그에 따른 빠른 응답특성은 2년마다 갱신되는 국제반도체기술로드맵 (ITRS: 최신판은 http://www.itrs.net/을 통해서 확인할 수 있다)에서 계획 및 인도하는 로드맵과 소위 무어의 법칙에 따라서 지속적으로 감소하는 형상치수를 통해서 구현된다. 현재 기능요소를 포함한 공칭치수가 14[nm]인 디바이스가 대량생산되고 있으며, 이보다 더 작은 치수의 디바이스들에 대한 시생산이 진행되고 있다.

최신의 3차원 핀펫 게이트 구조가 성공적으로 생산되면서 논리디바이스의 성능이 획기적으로 향상되었지만, 이를 지원하기 위해서는 전공정의 화학-기계적 평탄화 가공의 제거율과 평탄화 성능도 비약적인 개선이 요구되고 있다. 이 디바이스들에 사용되는 전기적 절연, 마스킹, 식각 및 연마 차단층 등의 용도뿐만 아니라 게이트 형성에 능동적인 역할을 위해서도 다양한 유전체들이 필수적으로 사용된다. 공정 중에 웨이퍼 표면에 증착되어 있는 유전체 박막들에 대한 평탄화 가공이 여러 번 수행된다. SiC 연마에 대해서는 문용식이 저술한 1장에서 논의할 예정이며, 박막 적층 내에서 여타의 차단층 연마에 대해서는 우마 라구두가 저술한 7장에서 논의할 예정이다.

연마할 산화막 표면에 대한 현장측정은 매우 유용한 정보를 제공해준다. 앙리크 슈마허와 울리히 쿤젤만이 저술한 14장에서는, 연마용 슬러리의 강력한 광학흡수특성에도 불구하고 연마과정이 수행되는 산화막 표면의 상태뿐만 아니라 화학적, 기계적 그리고 콜로이드 상호작용을 연구하기 위해서 푸리에 변환 적외선분광법과 약화된 전반사분광법을 어떻게 사용하는지에 대해서 설명하고 있다. 또한 차세대 노드에 사용되는 모든 트랜지스터 내의 채널 속에서 전자와 정공이 더 빠르게 이동할 수 있도록 SiGe와 다수의 III-V족 후보물질들을 평탄화 가공하는 방안들이 큰 관심을 받고 있다. 화학-기계적 평탄화 가공의 기술적 도전들과 더불어서, 이 소재들과 화학-기계적 평탄화 가공 이후의 폐기물들을 안전하게 취급하는 방안이 심각한 환경적 문제로 대두되었다. 미세마멸입자들 단독으로 또는 콜로이드 분산액 속에 존재하는 화학약품들과 조합되어 다양한 건강적 위험을 일으킬 가능성을 가지고 있다. 이런 새로운 부류의 소재들에 대해서는 패트릭 웅과 리브 티겔이 저술한 5장에서 그리고 환경적 문제들에 대해서는 데이비드 스피드가 저술한 10장에서 각각 논의되어 있다.

후공정에서는 엄청난 숫자의 디바이스들을 배선으로 연결해야만 하므로, 형상치수가 나노단위라는 것만 빼고는 고층아파트와 매우 유사한 구조로 실리콘 모재 위로 물리적으로 쌓아올린 복잡한 비평면 다단배선이 필요하다. 배선의 폭과 배선 간 간극을 합한 값인 최소배선피치가 52[nm]에 불과하지만, 이 또한 계속 감소하고 있으며, 건물의 층수에 해당하는 배선의 층수도 일부의 최신 디바이스에서는 14단[1]을 넘어서고 있다.

배선 연결구조 내에서 신호의 전송속도는 도전성 배선의 저항과 이를 분리해주는 유전성 절연체의 정전용량의 곱에 대략적으로 반비례하기 때문에, 이 값을 낮추면 신호전송속도가 빨라진다. 따라서 이를 단순화하면, 디바이스의 설계와 제작에 전도도가 높은 금속과 정전용량이 작은 유전체를 사용하는 것이 더 좋다. 그런데 금속 나노와이어의 전도도는 선폭에 따라서 감소하며, 정전용량이 작은 소재는 취성이 있으며, 다공질이기 때문에 기계적 신뢰성과 전기적 신뢰성 문제가 발생하기 때문에, 이 단순한 조건을 충족시키기가 어렵다. 거의 모든 경우에 대해서 구리소재가 전기배선소재로 사용되는 반면에, 전기적 절연에는 실리카 대신에 다양한 저유전체들을 사용할 수 있다. 그런데 비교적 낮은 온도에서도 구리소재는 다양한 산화물 유전체 속으로 확산되기 때문에, 유전체 층의 접착성도 함께 증가시켜주는 확산차단층이 필요하다. 최근까지도 이런 차단층으로는 Ta/TaN 박막이 선호되었다. 그런데 구리소재 배선의 선폭감소로 인하여 전기전도도가 감소함에 따라서, 더 얇으며 전기전도도가 더 높은 Co, Ru, Mn 등과 이들의 합금으로 만들어진 금속박막들이 시험되고 있다. 이론상으로는 이들 모두가 매우 좋은 후보물질이지만, 아직 극복해야 하는 몇 가지 문제들이 남아 있다. 마하데바이어 크리슈난과 마이클 로파로가 저술한 2장에서는 22[nm] 미만의 기술노드에 대한 구리소재의 적용방안을 다루고 있으며, 야쿠브 날라코프스키와 사티아볼루 파파라오가 저술한 4장에서는 초저유전체에 대해서 설명하고 있다.

연마환경하에서 구리소재와 차단막이 슬러리 화학물질에 노출되었을 때에 화학적 반응성 차

---

1   2019년 현재 삼성전자는 96단, 하이닉스는 64 × 2단을 생산하고 있다. 역자 주.

이를 활용하여 선택적으로 소재를 제거할 수 있지만, 부식함몰이나 전해부식으로 인한 돌기생성과 같은 다양한 결함들이 생성될 수 있으며, 디판카 로이가 저술한 3장에서 소개한 다양한 전기화학적 기법들을 사용하여 이 공정들에 대해서 가장 잘 연구할 수 있다.

디바이스 제조의 전공정이나 후공정에서 화학-기계적 평탄화 가공이 널리 사용되고 있는 중요한 이유는 다양한 유형의 결함들이 생성되는 이유와 특징들에 대한 이해가 증가되어 유전체와 금속 박막에 존재하는 다양한 유형의 결함들을 최소화하여 중요한 모든 공정수율을 유지할 수 있게 되었으며, 시행착오를 통해서 많은 시간이 소요되는 값비싼 공정에 대한 최적화가 이루어졌기 때문이다. 비록 화학-기계적 평탄화 가공이 대부분의 결함을 유발하는 주요 원인이라고 인식되어 있지만, 이 가공을 통해서 반입된 웨이퍼상에 존재하는 일부의 결함들을 제거할 수도 있다. 연마입자들이 평탄화할 박막 표면을 파고, 긁어서 소재를 제거하도록 설계되었으며, 이로 인하여 가공표면에는 결함과 더불어서 입자와 패드 잔류물들을 남기게 된다. 이 주제에 대해서는 위쓰칭이 17장을 저술하였다.

만일 연마입자를 사용하지 않는 용액이나 연마입자 함량이 매우 낮은 분산제를 사용한다면 제거율이나 선택도에는 거의 아무런 영향을 끼치지 않으면서 이런 결함들을 거의 다 없앨 수 있다. 이런 목적으로 사용할 수 있는 제제들에 대해서는 나레스 펜타가 저술한 9장에 논의되어 있다.

이와 관련된 또 다른 중요한 문제는 웨이퍼 내와 다이 내 제거율 불균일의 최소화이다. 웨이퍼/연마제/패드 접촉영역에서 일어나는 3물체 상호작용은 본질적으로 복잡하며, 동특성이 화학약품에 의해서 변화한다. 또한 이 영역에 대한 실험적 측정이 복잡하며 공정 최적화가 어렵다. 웨이퍼 캐리어와 같이 연마 장비를 구성하는 다양한 구성요소들, 웨이퍼 영역 내의 압력분포, 리테이너 링과 뒷면접착필름 그리고 연마용 패드와 슬러리의 유량 그리고 패드-웨이퍼 계면의 슬러리 분포 등이 공정의 최적화에 영향을 끼친다. 이런 어려움에도 불구하고 결함의 최소화와 높은 제품수율을 구현하기 위한 공정 최적화가 수행되었다. 예를 들어 슬러리 자체의 특성 중 하나인 대형입자는 연마성능에 결정적인 영향을 끼친다. 이 주제들에 대해서는 츠지무라 마나부, 케빈 페이트와 폴 사피에가 저술한 12장 및 16장과 서지훈과 백운규가 저술한 11장에 논의되어 있다. 표면 활성도를 유지시키기 위해서는 패드 컨디셔닝이 중요하며, 이 주제에 대해서는 Z. 리, E. 바이시, X. 장 및 Q. 장이 저술한 13장에 논의되어 있으며, 슬러리 분배성능을 향상시켜주는 새로운 슬러리 주입 시스템에 대해서는 렌 보루키가 저술한 15장에 논의되어 있다.

이 3물체 접촉영역에 대한 직접실험을 통한 측정이 현실적이지 않기 때문에, 이 영역에서 발생하는 상호작용을 모델링하기 위해서 많은 노력이 투입되었다. 패드와 웨이퍼레벨의 길이단위는 수백[mm]인 반면에 디바이스 레벨의 길이단위는 수[nm]에 불과하여 10^7배의 편차를 가지고 있다. 이토록 큰 크기 차이를 수용하는 모델링 기법의 발전에 대해서는 웨이판과 듀안 보닝이 저술한

6장에 설명되어 있다.

Ge-Sb-Te 기반의 새로운 칼코게나이드 상변화물질이 플래시 메모리에서 엄청난 가능성을 보여 주고 있지만, 다양한 평탄화 단계가 필요하며, 이와 관련된 가공문제의 해결방안들에 대해서는 지탕송과 량용왕이 저술한 19장에 논의되어 있다.

실리콘 기반의 반도체 공정기술은 다양한 아날로그/RF 디바이스, 수동소자, 고전압 및 고출력 트랜지스터, 일반적으로 마이크로전자기계시스템(MEMS)과 미세광학전자기계시스템(MOEMS) 이라고 알려져 있는 센서 및 작동기 그리고 바이오칩 등의 제조에도 널리 사용되고 있다. 이런 디바이스들의 형상치수는 크게 다르며, 실리콘 기반의 디바이스들에 대해서 훨씬 더 크지만, 이들 각각이 독특한 공정특성을 가지고 있다. 게프리드 즈위케는 무어의 법칙 초월이라는 제목의 절을 포함하여 이런 다양한 적용사례들에 화학－기계적 평탄화 가공을 적용한 사례에 대하여 18장에 저술하였다. 기술이 빠르게 발전하는 분야인 차세대 광전 디바이스들은 반사경 수준으로 매끄러운 GaN 모재를 필요로 한다. 비록 GaN 소재가 매우 높은 경도와 화학적 불활성을 가지고 있지만, 표면다듬질을 구현하기 위해서 필요한 화학－기계적 평탄화 가공에 대해서는 아이다 히데오가 저술한 8장에서 설명하고 있다.

이 책의 구성은 매우 광범위한 내용들을 다루고 있지만, 전체 내용을 포함하지는 못한다. 특히 평탄화 공정과 관련된 기본적인 과학기술에 대한 이해가 크게 발전했지만, 화학－기계적 평탄화 가공에 적용하기에는 많은 차이가 있다. 대량생산용 평탄화 가공공정의 개선에는 시장이 주도하는 로드맵이 있으며, 이론 기반 과학기술연구를 통해서 전부는 아니지만 대부분의 답을 얻을 때까지 하염없이 기다릴 수는 없다. 대부분의 기술 분야에서도 마찬가지겠지만, 화학－기계적 평탄화 가공도 예외는 아니다.

각자가 가지고 있는 본업에도 불구하고 이 책의 저술을 위해서 엄청난 시간과 노력을 투자한 모든 저자에게 감사를 드린다. 이 책의 출판을 도와준 네 명의 끈기와 인내 그리고 헌신에 감사를 드린다. 로라 퍼는 책을 편집하도록 처음으로 연락하고 설득한 사람이다. 루시 베그, 안네카 헤스 그리고 크리스티나 카메론은 이 책의 완성을 위해서 도움을 주었다.

마지막으로 이미 졸업했거나 현재 과정을 수행 중인 수많은 PhD 학생들과 연구원들의 노력과 헌신에 감사를 드리며, 오랜 기간 동안 연구 활동을 후원하고 협동연구를 수행한 수많은 기업과 파트너들에게도 감사를 드린다.

미국 뉴욕주 포츠담 클랙슨 대학교

S. V. Babu

역자 서문

웨이퍼 기반의 반도체 제조 산업은 광학식 노광기법을 기반으로 하여 무어의 법칙에 따라서 소자의 크기를 줄여가면서 지속적으로 발전해왔다. 패턴 임계치수의 축소과정의 중심에는 항상 노광공정이 자리 잡고 있었기 때문에 많은 엔지니어들이 노광기술과 포토마스크 관련 기술에 대해서는 비교적 손쉽게 전문 정보들을 접할 수 있지만, 초미세패턴 노광을 가능케 하기 위해서는 그 뒤에 보이지 않는 수많은 배후기술들이 함께 발전해야만 하며, 특히나 기계－화학－재료기술의 튼튼한 뒷받침 없이는 결코 실현될 수 없다. 하지만 안타깝게도 웨이퍼 세정기술이나 웨이퍼 연마기술과 같은 매우 기본적이면서도 극도로 중요한 배후기술들에 대해서는 한글로 쓰인 서적이 거의 없기에, 현업에 종사하는 엔지니어나, 해당 분야로 진출하기 위해서 준비하는 학생들이 접할 수 있는 정보가 극단적으로 제한되는 것이 현실이었다.

역자는 세계 최대의 메모리 제조기업과 그 기업에 공정장비를 공급하는 자회사에 오랜 기간 동안 자문을 수행하면서 현업에 종사하는 수많은 엔지니어들과 접하여 그들의 애로사항을 청취하였다. 그 과정에서 가장 심각하게 생각한 문제는 엔지니어들이 자신들의 현업을 설명하는 전공 서적을 한 번도 제대로 읽어본 적이 없다는 것이었다. 당연히 해당 기업에 입사하려면 아주 높은 영어성적을 받았겠지만, 그 성적이 원서를 읽을 수 있는 능력을 의미하는 것은 결코 아니며 정신 없이 바쁜 업무 속에서 원서를 정독하는 여유를 찾는 것은 더더욱 어려운 일이다. 이에 역자는 약 15년 전부터 기계공학을 전공하고 반도체 분야에 종사하는 엔지니어들이 읽어야 할 전공서적 들을 번역하는 작업을 시작하였고, 주로 반도체 공정장비의 설계이론 관련 서적의 번역에 집중하였으며, 이후에 공정장비 관련 서적까지 외연을 넓혀왔다.

웨이퍼 연마(CMP)는 기계적 가공기술과 화학적 가공기술이 결합된 다전공적 성격이 강한 핵심 공정장비로서, 반도체 산업의 초창기부터 중요하게 다루어져 왔지만, 최근 들어 3차원 반도체나 웨이퍼레벨 패키징 등과 같이 박형 웨이퍼 적층에 대한 수요가 폭증하면서 관심도가 높아진 분야이다. 이 책은 화학－기계적 평탄화(CMP) 가공 분야의 현업에 종사하는 엔지니어들이 화학과 기계적인 관점뿐만 아니라 소재나 전기적인 관점에서 연마가공의 메커니즘을 이해할 수 있는 소중한 기회를 제공해준다. 현업에서 발생하는 다양한 문제들을 현상적인 측면에서만 다루지 않고 그 배후에 존재하는 물리적–화학적인 메커니즘을 이해하고, 체계적으로 해결방안을 찾아내는 과정에서 이 책이 소중한 자료로 활용될 수 있을 것이다.

이 책의 원저에 삽입된 도표와 본문에서는 다양한 비표준 단위계들이 혼용되어 사용되었으나, 번역과정에서 모두 SI 단위계로 수정하였다. 이 책의 원저에서 광범위하게 사용된 약어들은 가독성을 높이기 위해서 한글로 표기하고 해당 약어는 괄호 속에 표기하였다. 아울러 모든 약어들은 책의 앞부분에 표로 정리해놓았다. 다분야 전공의 내용들이 축약되어 있는 이 책을 번역하는 과정에서 친숙하지 않은 내용들에 대하여 의도치 않은 오역이 많을 것으로 생각된다. 이에 대해서는 독자들의 너그러운 양해를 구하는 바이다.

위안부 문제에서 촉발된 일본과의 무역 분쟁을 우리나라의 반도체장비산업 발전의 새로운 기회로 승화시킬 수 있으며, 이 책이 CMP 장비산업 분야에서 일본의 주도를 저지할 수 있는 촉매가 될 수 있기를 조심스럽게 기대하면서 이 책을 세상에 내보낸다.

2021년 3월 31일
강원대학교 메카트로닉스전공
장인배 교수

참여자 명단

H. Aida Namiki Precision Jewel Co. Ltd., Shinden, Tokyo, Japan; Kyushu University Art, Science and Technology Center for Cooperative Research (KASTEC), Kasuga-city, Fukuoka, Japan

E.A. Baisie Cabot Microelectronics Corp., Aurora, IL, USA

D. Boning Massachusetts Institute of Technology, Cambridge, MA, USA

L. Borucki Araca Inc., Tucson, AZ, USA

W. Fan Cabot Microelectronics Corporation, Aurora, IL, USA

M. Krishnan Colloid & Interface Science－Advanced Planarization Group, IBM T.J. Watson Research Center, Yorktown Heights, NY, USA

U. Kunzelmann Dresden University of Technology, Dresden, Germany

U.R.K. Lagudu Micron Technology, Inc., Boise, ID, USA

Z.C. Li North Carolina Agricultural & Technical State University, Greensboro, NC, USA

M.F. Lofaro Colloid & Interface Science－Advanced Planarization Group, IBM T. J. Watson Research Center, Yorktown Heights, NY, USA

Y. Moon Advanced Technology Development (ATD), GLOBALFOUNDRIES, Malta, NY, USA

J. Nalaskowski SUNY Poly SEMATECH, Albany, NY, USA

P. Ong IMEC, Heverlee, Belgium

U. Paik Hanyang University, Seoul, South Korea

S.S. Papa Rao SUNY Poly SEMATECH, Albany, NY, USA

K. Pate Intel Corporation, Hillsboro, OR, USA

N.K. Penta Dow Electronic Materials, Delaware, USA

D. Roy Clarkson University, Potsdam, NY, USA

P. Safier Intel Corporation, Hillsboro, OR, USA

H. Schumacher GLOBALFOUNDRIES, Dresden, Germany

J. Seo Hanyang University, Seoul, South Korea

Z. Song Shanghai Institute of Microsystem and Information Technology, Chinese Academy of Sciences, Shanghai, China

D.E. Speed IBM Corporation, Hopewell Junction, NY, USA

L. Teugels IMEC, Heverlee, Belgium

W.-T. Tseng IBM Semiconductor Research & Development Center, NY, USA; Now at Advanced Technology Development, GLOBALFOUNDRIES, NY, USA

M. Tsujimura Ebara Corporation, Tokyo, Japan

L. Wang Shanghai Institute of Microsystem and Information Technology, Chinese Academy of Sciences, Shanghai, China

X.H. Zhang Seagate Technology LLC, Minneapolis, MN, USA

Q. Zhang School of Mechanical Engineering, Yangzhou University, Yangzhou, Jiangsu, China

G. Zwicker Fraunhofer Institute for Silicon Technology ISIT, Fraunhoferstrasse 1, Itzehoe, Germany

약자 리스트

AA	아스코르브산	Ascorbic Acid
ALD	원자층증착	Atomic Layer Deposition
AC	교류	Alternating Current
AFM	원자 작용력 현미경	Atomic Force Microscopy
AOI	입사각	Angle of Incidence
ARC	비반사코팅	AntiReflective Coating
ASTM	미국재료시험협회	American Society for Testing and Materials
ATR	약화된 전반사	Attenuated Total Reflectance
BEOL	후공정	Back End of Line
BET	브루나우어, 에메트, 텔러	Brunauer, Emmett and Teller
BMBF	독일연방교육연구부	Bundesministerium fur Bildung und Forschung
BOE	버퍼된 산화물 식각액	Buffered Oxide Etch
BTA	벤조트리아졸	BenzoTriAzoole
CAN	질산암모늄세륨	CeriumAmmoniumNitrate
CD	임계치수	Critical Dimension
CE	상대전극	Counter Electrode
CEC	화학등가회로	Chemical Equivalent Circuit
CL	음극선발광	CathodoLuminescence
CLC	폐루프제어	Closed Loop Control
CMAS	완전혼합 활성슬러지	Completely Mixed ActivatedSludge
CMOS	상보성금속산화물반도체	Complementary Metal-Oxide-Semiconductor
CMP	화학-기계적 평탄화	Chemical Mechanical Planarization
CMP	화학-기계적 연마	Chemical Mechanical Polishing
CNLS	비선형복소수 최소제곱	complex nonlinear least square
CNT	탄소나노튜브	Carbon NanoTube
COF	마찰계수	Coefficient Of Friction
CTAB	세틸트리메틸 브롬화암모늄	CetylTrimetyl Ammonium Bromide
CV	순환전압법	Cyclic Voltammetry

CVD	화학기상증착	Chemical Vapor Deposition
DAC	염화도데실아민	n-DodecylAmine Chloride
DADMAC	디알릴디메틸 염화암모늄	(poly(N,N-DiAllylDiMethylAmmonium Chloride))
DAF	용존공기부상법	Dissolved Air Flotation
DBSA	도데실벤젠술폰산	Dodecyl Benzene Sulfonic Acid
DC	직류	Direct Current
DE	덴드라이트	Dendrite
DI	탈이온	DeIonized
DIRE	반응성이온 심부식각	deep reactive ion etching
DIW	탈이온수	De-Ionized Water
DLS	동적광산란	Dynamic Light Scattering
DLVO	데르자긴, 로다우, 버위, 오버비크	Derjaguin, Laudau, Verwey, Over beek
DOC	용존유기탄소	Dissolved Organic Carbon
DRIFT	적외선확산반사 푸리에 변환	Diffuse Reflection Infrared Fourier Transformation
DTGS	듀테로화황산트라이글라이신	Deuterated TriGlycine Sulphate
DWB	웨이퍼 직접접착	Direct Wafer Bonding
ECMP	전기화학-기계적 평탄화 가공	Electro-Chemical Mechanical Planarization
ECN	전기화학노이즈	Electro-Chemical Noise
EDAX	에너지 분산형 X-선 분석법	Energy Dispersive X-ray Analysis
EDS	에너지 분산형 분광법	Energy DispersiveSpectroscopy
EDX	에너지 분산형 X-선	Energy Dispersive X-ray
EEC	전기등가회로	Electrical Equivalent Circuit
EELS	전자에너지손실 분광법	Electron Energy Loss Spectroscopy
EHS	환경, 건강 및 안전	Environment, Health and Safety
EIS	전기화학 임피던스 분광법	Electrochemical Impedance Spectroscopy
EM	일렉트로마이그레이션	ElectroMigration
ENP	제조된 나노입자	Engineered NanoParticle
EP	타원편광 투과율측정	Ellipsometric Porosimetry
EPA	미국 환경보건국	Environmental Protection Agency
EPD	종료시점검출	EndPoint Detection
FEM	유한요소해석법	Finite Analysis Method
FEOL	전공정	Front End of Line
FET	전계효과트랜지스터	Field Effect Transistor
FinFET	핀펫	Fin-shaped Field Effect Transistor
FIR	원적외선	Far InfraRed
FM	이물질	Foreign Material
FOUP	전방개방 통합포드	Front-Opening Unified Pod
FS	푸치와 손드하이머	Fuchs and Sondheimer
FT	푸리에 변환	FourierTransform
FTIR	푸리에 변환 적외선분광	Fourier transform infrared spectroscopy

GAA	전면게이트	Gate All Around
GC	그린카본	Green Carbon
GPS	위성항법장치	Global Positioning System
GTO	게이트턴오프	Gate Turn OFF
HF	불화수소산	Hydrogen Fluoride
HLB	친유 균형가	Hydrophile Liophile Balance
HM	금속구멍	Hollow Metal
HPSG	고압용액성장	High Pressure Solution Growth
HRP	고해상 윤곽측정기	High Resolution Profilometry
HVPE	증기상수소화물 에피텍시	Hydride Vapour Phase Epitaxy
IC	집적회로	Integrated Circuit
ICP	유도결합 플라스마	Inductively Coupled Plasma
IEP	등전점	IsoElectric Point
IGBT	절연게이트 쌍극성 트랜지스터	Insulated Gate Bipolar Transistor
ILD	층간절연체	InterLevel Dielectric
IPF	라이프니츠 폴리머 연구소	Leibniz-Institute for Polymer
IR	적외선	InfraRed
IRE	내면반사요소	Internal Reflection Element
IRRAS	적외선반사흡수분광법	InfraRed Reflection Absorption Spectroscopy
ITRS	국제반도체기술로드맵	International Technology Roadmap for Semiconductor
LD	레이저 다이오드	Laser Diode
LED	발광다이오드	Light Emitting Diode
LFDM	레이저 초점변위계	Laser Focus Displacement Meter
LO	종방향 광학모드	Longitudinal Optical
LPR	선형분극저항	Linear Polarization Resistance
LSV	선형훑음전압법	Linear Sweep Voltametry
MAS	혼합연마제	Mixed Abrasive Slurry
MEMS	마이크로전자기계시스템	Micro-Electro-Mechanical Systems
MF	막여과	Membrane Filtration
MHL	마이크로 동수압윤활	MicroHydrodynamic Lubrication
MIR	내면다중반사	Multiple Internal Reflection
MOCVD	유기금속 화학기상증착	Metal Organic Chemical Vapor Deposition
MOEMS	미세광학전자기계시스템	MicroOptoElectroMechanical Systems
MOL	중간공정	Middle of Line
MOSFET	금속산화물반도체 전계효과트랜지스터	MetalOxideSemiconductorFieldEffectTransistor
MPS	평균입도	Mean Particle Size
MRE	다중반사요소	Multiple Reflection Element
MRR	소재제거율	Material Removal Rate
MS	마야다스와 샤츠크스	Mayadas and Shatzkes
MSQ	메틸실세스퀴옥산	MethylSilsesQuioxane

MSQ	메틸실세스퀴옥산	MethylSilsesQuioxane
mSRE	미세구조 단일반사요소	microstructured Single Reflection Element
MW	분자량	Molecular Weight
nMOS	n형 금속산화물반도체	n-type Metal Oxide Semiconductor
NTU	네펠로메타 탁도계	Nephelometric Turbidity Units
OA	옥살산	Oxalic Acid
OCP	개회로전압	Open Circuit Potential
OECD	경제협력개발기구	Organization of Economic Cooperation and Development
OLED	유기발광다이오드	Organic Light Emitting Diode
OM	광학현미경	Optical Microscopy
OPC	광학식 입자 계수기	Optical Particle Counter
ORR	산소환원반응	Oxygen Reduction Reaction
PA	점공급	Point Application
PAA	폴리아크릴산	Polyacrylic Acid
PACl	폴리염화알루미늄	PolyAluminium ChlorIde
PALS	양전자소멸수명분광법	Positron Annihilation Lifetime Spectroscopy
PCM	상변화메모리	Phase Change Memory
PCMPC	CMP 후 세정	Post CMP Cleaning
PCR	중합효소연쇄반응	Polymerase Chain Reaction
PCVM	플라스마 화학기상가공	Plasma Chemical Vaporization Machining
PD	패턴밀도	Pattern Density
PDADMAC	폴리디알릴디메틸 염화암모늄	Poly(DiAllylDiMethylAmmonium Chloride)
PDSH	패턴밀도단차높이	Pattern Density Step Height
PEALD	플라스마 증강 원자층증착	Plasma Enhanced Atomic Layer Deposition
PECVD	플라스마 증강 화학기상증착	Plasma enhanced chemical vapor deposition
PIB	병입형 패드	Pad In a Bottle
POC	폴리오픈 CMP	Poly Open CMP
PR	연마잔류물	Polish Residue
PSD	입도분포	Particle Size Distribution
PVC	폴리염화비닐	PolyVinylChloride
PVD	물리기상증착	Physical Vapor Deposition
PZC	영점전하	Point of Zero Charge
R&D	연구개발	Research and Development
RC	저항-커패시터	Resistive-Capacitive
RDE	회전디스크전극	Rotating Disc Electrode
RE	기준전극	Reference Electrode
RGB	적녹청	Red Green Blue
RIE	반응성 이온식각	Reactive Ion Etching
RMG	대체금속 게이트	Replacement Metal gate
RR	제거율	Removal Rate

SAC	자기정렬접점	Self Aligned Contact
SCE	포화감홍전극	Saturated Calomel Electrode
SDDP	공간정의 이중 패터닝	Spacer Defined Double Patterning
SDS	황산도데실나트륨	Sodium DodecylSulfate
SEM	주사전자현미경	Scanning Electron Microscopy
SIS	슬러리 공급 시스템	Slurry Injection System
SNR	신호 대 잡음비	Signal to Noise Ratio
SOL	올레산나트륨	Sodium OLeate
SPC	과탄산나트륨	Sodium PerCarbonate
SPM	황산-과산화수소 혼합물	Sulfuric Acid and Hydrogen Peroxide Mixture
SRB	변형이완 버퍼	Strain Relaxed Buffer
STEM	주사투과전자현미경	Scanning Transmission Electron Microscope
STI	얕은 도랑 소자격리	Shallow Trench Isolation
TDDB	시간의존성 절연파괴	Time Dependent Dielectric Breakdown
TDMS	열탈착질량분광법	Thermal Desorption Mass Spectroscopy
TDS	총용존고형물	Total Dissolved Solids
TEM	투과전자현미경	Transmission Electron Microscopy
TEOS	테트라에틸 오소실리케이트	TetraEthyl OrthoSilicate
TMAH	수산화테트라메틸암모늄	TetraMethylAmmonium Hydroxide
TMCTS	테트라메틸시클로테트라실록산	TetraMethylCycloTetraSiloxane
TMP	막간차압	TransMembrane Pressure
TO	횡방향 광학모드	Transversal Optical
TS	총증발잔유물	Total Solids
TSV	실리콘관통비아	through silicon via
ULK	초저유전체	Ultra Low-k
UPW	초순수	Ultra Pure Water
UV	자외선	Ultraviolet
VOC	휘발성유기화합물	Volatile Organic Compounds
WE	작업전극	Working Electrode
WID	다이 내	WithInDie
WIDNU	다이 내 불균일	WithIn Die NonUniformity
WIW	웨이퍼 내	WithIn Wafer
WIWNU	웨이퍼 내 불균일	Within Wafer NonUniformity
WLP	웨이퍼단위 패키징	Wafer Level Packaging
WWTP	폐수처리장	WasteWater Treatment Plant
XPS	X-선 광전자분광법	X-ray Photoelectron Spectroscopy
XRD	X-선 회절	X-ray diffraction
ZP	제타전위	Zeta Potential
ZRA	영저항 전류계	Zero Resistance Ammeter

CONTENTS

CONTENTS

CONTENTS

CONTENTS

CHAPTER

1

유전체에 대한
화학 – 기계적 평탄화 가공의
물리학적 메커니즘

CHAPTER 1

유전체에 대한 화학 – 기계적 평탄화 가공의 물리학적 메커니즘

1.1 서 언

  유전체는 (실리카와 같은) 전기절연체로서 반도체의 제조에 널리 사용되고 있다. 얕은 도랑 소자격리(STI)의 경우, 유전체를 두 디바이스 사이에 삽입하여 두 트랜지스터를 서로 분리시킨다. 층간절연체(ILD)는 전공정과 후공정 사이에 위치하는 독립적인 유전체 층으로서, 금속층으로부터 디바이스 영역 전체를 분리시켜준다. 유전체에 대한 화학–기계적 평탄화 가공(CMP)은 유전체를 연마 및 평탄화하는 공정이다. 유전체에 대한 화학–기계적 평탄화 가공은 현대적인 마이크로디바이스의 제조에 화학–기계적 평탄화 가공이 최초로 적용된 분야이며, 반도체 제조 분야에서 메모리디바이스뿐만 아니라 논리디바이스에서도, 다른 모든 화학–기계적 평탄화 가공들 중에서 가장 널리 사용되고 있다. 이 장에서는 유전체에 대한 화학–기계적 평탄화 가공에 대해서 소재제거 메커니즘에서부터 반도체 제조에 적용한 사례에 이르기까지, 전반적으로 살펴보기로 한다. 이 가공기술의 역사, 사용동기 그리고 진보된 반도체 기술에 대한 향후의 적용방안 등을 이해하는 것이 중요하다.

1.2 유전체에 대한 화학 – 기계적 평탄화 가공의 역사

유전체에 대한 화학–기계적 평탄화 가공(CMP)은 반도체 제조에 사용되는 노광, 식각 또는 박막증착기술에 비해서 비교적 새로운 제조기법이다. 수세기 전부터 광학표면의 제조에는 연마 개념이 사용되었다. 1950년대 초기부터 표면손상이 최소화된 실리콘 웨이퍼 모재를 제작하기 위해서 연마가공이 사용되었다.[1,2] 1980년대에 들어서면서, 집적회로의 제조과정에서 층간절연체 표면을 평탄화시키기 위해서 반응성 이온에칭(RIE) 대신에 연마가공 기법을 사용하게 되었으며,[3] 화학–기계적 평탄화 가공(CMP)에 대한 최초의 기술논문은 1980년대 후반에 발표되었다.[4] 이 이후로 층간절연체에 대한 화학–기계적 평탄화 가공(ILD CMP)이 층간절연체가공을 위해 선택 가능한 기술들 중 하나로 자리 잡게 되었으며, 화학–기계적 평탄화 가공공정의 적용 분야가 얕은 도랑 소자격리, 텅스텐 접점생성 또는 다마스커스 기법을 사용한 구리배선 생성 등과 같은 다양한 분야로 확대되었다.

진보된 반도체 기술노드에서는 유전체에 대한 화학–기계적 평탄화 가공이 더 이상 단순가공에 머무르지 않게 되었다. 유전체에 대한 화학–기계적 평탄화 가공기술은 대체금속 게이트(RMG), 다중게이트 트랜지스터 또는 자기정렬접점(SAC)모듈과 같은 중요한 다중모듈 집적공정들에 이르기까지 적용이 확대되었다. 특히, 게이트 생성에 화학–기계적 평탄화 가공을 적용하기 시작한 이후로는 기술적 요구조건들이 기존의 유전체에 대한 화학–기계적 평탄화 가공이 구현할 수 있는 수준을 훨씬 넘어서게 되었다. 대체금속 게이트와 핀 생성 때문에, 진보된 반도체의 제조과정에서 사용되는 화학–기계적 평탄화 가공공정의 숫자는 20~30단계까지 확대되고 있다(그림 1.1).

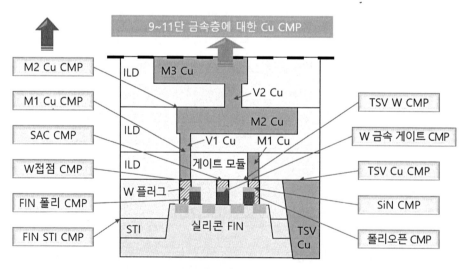

그림 1.1 진보된 논리회로 기술에 적용되는 화학–기계적 평탄화 가공[5,13]

이런 엄격한 공정 요구조건들을 충족시키기 위해서는 극단의 선택도를 갖춘 슬러리, 자기정지 특성을 갖춘 평탄화 가공용 슬러리, 평탄화 가공수명이 연장된 연마용 고체 패드와 같이, 화학-기계적 평탄화 가공에 사용되는 다양한 소모품들에 대한 혁신과 더불어서, 공정/윤곽제어의 실시간 자동화 등과 같은 공정인자들 또는 공정관리의 혁신이 필요하다.

1.3 유전체에 대한 화학 - 기계적 평탄화 가공의 소재제거 메커니즘

화학-기계적 평탄화 가공의 소재제거율(MRR)은 유리소재 연마를 위해서 개발되었던 **프레스톤 방정식**[1]을 사용하여 설명할 수 있다.[6] 이 방정식에 따르면 소재제거율은 단순히 웨이퍼에 가해지는 압력과 웨이퍼의 상대속도에 비례한다.

$$MRR = C \times P \times V$$

여기서 C는 프레스톤 계수, P는 압력 그리고 V는 속도를 나타낸다. 프레스톤 방정식은 유리소재에 대한 연마과정의 소재제거율 예측에 필요한 주요 공정계수들을 설명해주는 매우 단순한 방정식이다. 진보된 반도체의 제조에 사용되는 현대적인 화학-기계적 평탄화 가공의 경우, 특정한 공정조건에 대해서 연마할 웨이퍼에 가해지는 압력과 속도만으로 소재제거율을 정확히 예측하는 것은 거의 불가능하다. 이는 소재제거율과 소재제거 메커니즘에 영향을 끼치는 공정인자들이 압력과 속도 이외에도 매우 많기 때문이다. 주어진 공정조건에 대해서 소재제거율을 추정하는 공정모델들이 매우 많지만, 공정의 복잡성 때문에 그 어느 모델도 소재제거율을 정확하게 예측하지는 못한다.

화학-기계적 평탄화 가공공정의 소재제거 메커니즘에 대해서는 과거의 과학자들이 비교적 소상하게 설명하였다. 유전체에 대한 화학-기계적 평탄화 가공의 소재제거 메커니즘에 대해서는 1990년에 발표된 쿡의 논문에서 잘 설명되어 있다.[7] 이 논문에 따르면 유리소재의 연마과정에서 질량 전달률은 유리 표면에서 물의 확산율, 부하가 가해진 상태에서 유리소재의 가공율, 가공된 소재의 연마표면 흡착률, 가공된 소재가 가공시편에 재증착되는 비율 그리고 입자충돌 사이에 발생하는 수성부식 등의 다섯 가지 인자들에 의해서 결정된다. 물은 실록산 결합(Si-O-Si) 속으로 확산되며, 압력이나 온도와 같은 다양한 공정조건들을 통해서 조절할 수 있다. 마멸공정을 통해

---

1 Preston equation.

서 이렇게 수화된 산화물 표면을 제거한다. 개별 연마입자들에 의한 긁음 작용을 **헤르츠 접촉**[2]으로 모델링할 수 있으며, **탄성이론**[3]을 사용하여 접촉응력을 계산할 수 있다.

화학-기계적 평탄화 가공공정에서 작용하는 소재제거 메커니즘의 기계적 인자들에 대해서는 앞서의 문헌들[7,8]에 논의되어 있다.

소재제거 메커니즘의 기계적 인자들에 대해서 설명하기 위해서는 무엇보다도, 화학-기계적 평탄화 가공공정의 기계적 거동에 대해서 이해할 필요가 있다. 웨이퍼 표면에서의 마찰력을 측정하기 위한 실험 장치에서는 위치가 고정되어 있는 로드셀 위에 연마판을 설치한다(그림 1.2). 이 로드셀을 사용하여 웨이퍼와 연마판 사이에서 작용하는 마찰력을 측정할 수 있다. 로드셀에서 출력되는 마찰신호를 증폭하여 PC 기반의 데이터 수집장치에 기록한다.

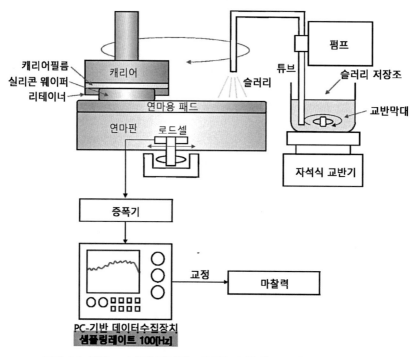

그림 1.2 화학-기계적 평탄화 가공을 수행하는 동안 마찰력 측정[8]

웨이퍼는 자신의 중심에 대해서 회전하지 않으며, 연마용 슬러리가 주입되거나 또는 주입되지 않은 상태에서 연마용 패드의 중심에 대해서 회전한다. 웨이퍼에는 누름력이 부가되며 웨이퍼의 회전속도를 변화시켜가면서 웨이퍼 표면에 가해지는 마찰력을 측정한다.

....

2   Hertzian contact.
3   theory of elasticity.

웨이퍼에 작용하는 마찰력은 누름력에 비례한다는 것이 밝혀졌다. 슬러리가 공급되지 않는 건조 패드하에서 웨이퍼에 작용하는 마찰력은 웨이퍼의 회전속도가 변하여도 비교적 일정하게 유지되었다. 하지만 패드에 연마용 슬러리가 공급되면, 웨이퍼의 속도가 증가함에 따라서 마찰력이 감소하였다(그림 1.3). 윤활공학의 **스트리벡 곡선**[4]을 사용하여 이 현상을 잘 설명할 수 있다(그림 1.4).

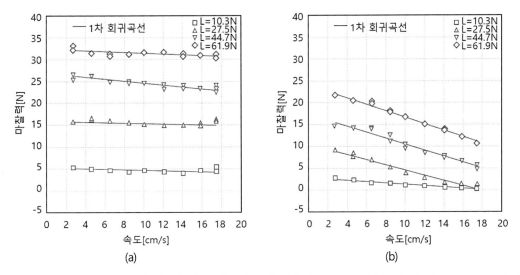

그림 1.3 화학-기계적 평탄화 가공을 수행하는 동안 측정된 마찰력 변화.[8] (a) 연마용 슬러리를 사용하지 않은 경우. (b) 연마용 슬러리를 사용한 경우

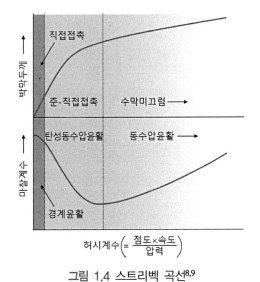

그림 1.4 스트리벡 곡선[8,9]

---

4 Stribeck curve.

스트리벡 곡선에서는 **허시계수**[5]라고 부르는 상수를 사용하여 마찰계수와 윤활막 두께 사이의 관계를 설명한다. 허시계수는 윤활유의 점도와 이동물체의 속도를 물체에 가해진 압력으로 나눈 값이다.

스트리벡 곡선에 따르면, 윤활유가 존재하는 경우에 이동표면에 가해지는 마찰력은 이동물체의 상대속도에 따라서 감소한다. 이는 두 물체 사이의 윤활막 두께가 상대속도에 따라서 증가하기 때문이다. 연마제 슬러리가 존재하는 경우에, 웨이퍼와 패드 사이의 마찰력은 웨이퍼의 속도 증가에 따라서 감소하게 된다.[6] 이는 웨이퍼의 속도가 증가할수록 웨이퍼와 패드 사이의 슬러리 두께가 증가하기 때문인 것으로 믿어지고 있다. 하지만 패드가 건조한 상태에서는 웨이퍼 표면에 윤활막이 존재하지 않기 때문에 웨이퍼의 속도가 증가하여도 마찰력은 일정하게 유지된다. 이를 패드와 연마입자 사이의 상호작용으로 설명할 수 있다(그림 1.5). 누름력이 크거나 웨이퍼 속도가 느린 경우에는 슬러리 막이 얇은 상태에서 웨이퍼가 패드 위를 움직인다. 이로 인하여 웨이퍼 표면과 연마용 패드에 지지되어 있는 연마입자 사이의 상호작용이 증가한다. 반면에 누름력이

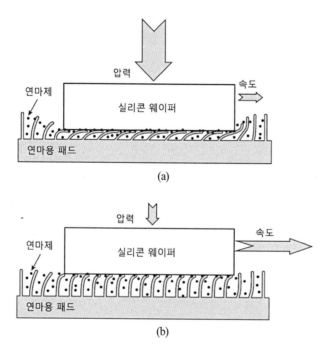

그림 1.5 서로 다른 슬러리 박막두께에 따른 화학–기계적 평탄화 가공의 도식적 설명.[8] (a) 슬러리 박막이 얇은 경우. (b) 슬러리 박막이 두꺼운 경우

5   Hersey number.
6   이는 스트리벡 곡선에 대한 완전히 잘못된 이해에서 비롯된 설명인 것으로 판단된다. 스트리벡 곡선에서 속도의 증가에 따라서 마찰계수가 감소하는 속도영역이 넓게 표시되어 있지만, 이는 단지 정지마찰에서 동마찰로 전이되는 영역에 대한 설명을 위해서 확대하여 그려놓은 그림일 뿐이며, 실제로는 속도가 0보다 커짐과 동시에 마찰계수는 최저점으로 떨어진다. 따라서 웨이퍼의 속도증가에 따른 마찰력의 감소는 스트리벡 곡선이 아닌 다른 메커니즘으로 설명되어야만 한다. 역자 주.

작거나 웨이퍼 속도가 빠른 경우에는 웨이퍼가 이와 반대로 패드 위에서 더 두꺼운 연마제 막을 형성하게 된다. 이로 인하여 웨이퍼와 연마입자 사이의 상호작용이 감소한다.

화학-기계적 평탄화 가공에서 일어나는 소재제거 메커니즘의 동특성을 이해하기 위해서는 **미끄럼거리당 소재 제거량**을 측정하여 분석해야 한다(그림 1.6). 앞서 제시된 것과 동일한 시험 장치를 사용하여, 서로 다른 웨이퍼 속도와 누름력에 대해서 미끄럼거리당 산화물 제거량을 측정 하였다. 미끄럼거리당 산화물 제거량은 웨이퍼 속도가 느린 경우에 최대가 되었다. 웨이퍼 속도 가 증가할수록, 미끄럼거리당 소재 제거량이 감소하였다. 이 현상을 통해서 웨이퍼의 수직방향 위치에 따라서 어떻게 소재가 제거되는지를 설명할 수 있다.

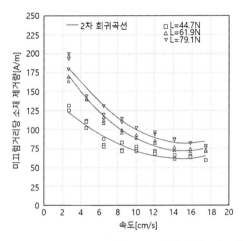

그림 1.6 화학-기계적 평탄화 가공을 수행하는 동안 측정한 미끄럼거리당 소재 제거량[8]

웨이퍼 속도가 빠른 경우에는 웨이퍼 표면과 연마용 패드 사이의 슬러리 박막이 두꺼워지므로, 연마용 패드의 표면돌기들이 웨이퍼 표면과 접촉할 기회가 줄어든다. 이로 인하여 웨이퍼 표면과 접촉하는 연마입자들의 숫자가 감소하므로 미끄럼거리당 소재 제거량이 최소화되어버린다. 웨이 퍼 속도가 느린 경우에는, 슬러리 박막의 두께가 얇아지므로, 패드의 표면돌기들과 웨이퍼 표면 사이의 접촉이 증가하게 된다. 이 경우에는 미끄럼거리당 소재 제거량이 극대화된다.

연마용 슬러리 내에 함유된 연마입자들은 연마가공이 수행되는 동안 웨이퍼 표면과 폴리싱 패드의 표면돌기 사이에 포획되어 있다. 패드와 웨이퍼 사이의 상대운동이 지속되면, 이들에 의 하여 웨이퍼 표면상에서의 연마작용이 일어난다. 그러므로 패드의 표면돌기가 웨이퍼 표면과 더 많이 접촉할수록 미끄럼거리당 더 많은 소재제거가 예상된다. 이는 웨이퍼가 동일한 거리를 이동했을 경우에 해당하는 결론이다. 웨이퍼가 동일한 거리를 이동하는 동안의 소재 제거량은 해당 거리를 웨이퍼가 얼마나 빠르게 이동했는가에도 의존한다. 스트리벡 곡선에서 설명했듯이,

고속으로 움직이는 웨이퍼와 패드 사이에서는 슬러리 박막의 두께가 증가하기 때문에 연마입자
와의 상호작용이 감소한다. 이로 인하여 소재 제거율이 감소한다. 반면에 저속으로 움직이는 웨
이퍼와 패드 사이에서는 슬러리 박막의 두께가 얇아지기 때문에 연마입자와의 상호작용이 증가
하며, 이로 인하여 소재 제거율이 증가한다. 그림 1.7에 도시되어 있는 것처럼, 이 현상은 유전체에
대한 화학－기계적 평탄화 가공의 소재제거 메커니즘을 이해하기 위한 매우 중요한 사안이다.

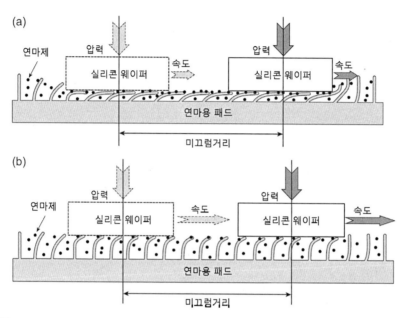

그림 1.7 화학－기계적 평탄화 가공을 수행하는 동안 두 가지 서로 다른 슬러리 박막조건하에서 미끄럼거리
당 소재 제거량의 차이를 도식적으로 설명한 그림.[8] (a) 슬러리 박막이 얇은 경우. (b) 슬러리 박막이
두꺼운 경우

간단한 실험을 통해서 소재제거율에 기여하는 기계적 요인과 화학적 요인을 구분하여 설명할
수 있다. 연마용 슬러리 내에 첨가되는 연마입자들을 원심분리기를 사용하여 분리한 다음에 탈이
온수(DIW)에 섞어서 화학작용이 없는 연마제를 제조한다(그림 1.8). 탈이온수 내에서 연마입자들
이 뭉치는 것을 방지하기 위해서 교반기로 저어준다. 원래의 연마용 슬러리에서 분리한 화학약품
은 연마입자가 첨가되지 않은 연마용 슬러리가 된다. 산화막이 증착된 웨이퍼를 사용한 연마시험
에 이들 두 슬러리가 사용되었으며, 미끄럼거리당 소재 제거량을 측정하였다(그림 1.9). 화학약품
이 첨가되지 않은 슬러리를 사용한 연마공정을 **기계식 연마**라고 부르며, 연마입자가 첨가되지
않은 슬러리를 사용한 연마공정은 **화학식 연마**라고 부른다. 비교를 위해서 정상적인 연마용 슬러
리를 사용하여 측정한 미끄럼거리당 소재 제거량을 함께 도시해놓았다.

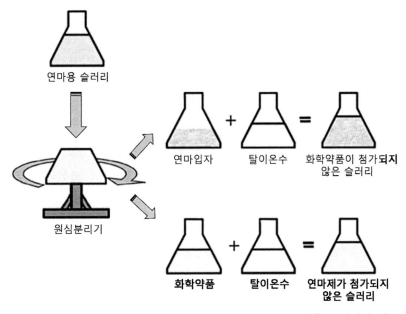

그림 1.8 화학약품이 없는 연마용 슬러리와 연마입자가 없는 연마용 슬러리의 제조방법[8]

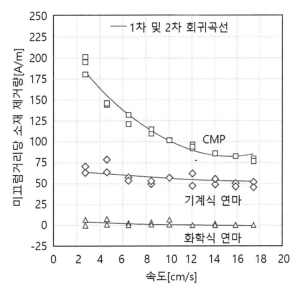

그림 1.9 기계식 연마와 화학식 연마의 미끄럼거리당 소재 제거량[8]

화학식 연마의 미끄럼거리당 소재 제거량은 거의 0이다. 이는 화학약품은 산화물에 대한 화학-기계적 평탄화 가공과정에서 마멸작용을 활성화시켜줄 뿐이기 때문에, 연마입자 없이는 소재를 제거할 수 없다는 것을 의미한다. 이전에 출간된 문헌[7]에서도 슬러리 내에 연마용 입자들이 첨가되지 않은 경우에는 소재 제거율이 0이라는 것을 검증하였다. 이를 통해서 연마용 슬러리 내의 화학약품과 유전체 표면 사이의 화학적 반응만으로는 소재를 제거할 수 없다는 것을 알 수 있다. 화학−기계적 평탄화 가공공정에서 기계적 요인이 소재제거 메커니즘과 그에 따른 소재제거율에 끼치는 영향은 절대적이다.

화학약품이 첨가되지 않은 슬러리를 사용하는 기계식 연마의 경우, 미끄럼거리당 소재 제거량은 비교적 속도와 관련성을 가지고 있지만 소재 제거량은 일반적인 화학−기계적 평탄화 가공공정의 40~60[%]에 불과하였다. 이는 분자 수준에서의 마멸작용을 도와주는 화학적으로 활성화된 층이 부족했기 때문에, 기계식 연마의 미끄럼거리당 소재 제거량이 억제된 결과이다. 이 현상을 통해서 연마공정을 수행하는 동안 기계적 작용과 화학적 작용 사이의 상승효과가 작용하는 경우에만 연마공정에 따른 소재제거가 극대화된다는 것을 알 수 있다.

요약해보면, 유전체에 대한 화학−기계적 평탄화 가공의 소재제거 메커니즘은 연마용 패드의 돌기와 웨이퍼 표면 사이에 포획된 연마입자들이 화학적으로 변성되어 있는 웨이퍼 표면에 대해서 마멸작용을 일으키는 것이라고 정의할 수 있다. 웨이퍼 표면으로부터 전체적인 소재제거를 결정하는 핵심 메커니즘은 얼마나 많은 연마입자들에 힘이 가해지는 상태로 웨이퍼 표면과 접촉하는가이다. 활성 연마입자의 수는 연마용 패드와 웨이퍼 표면 사이의 실제 간극 또는 슬러리 박막의 두께에 의존한다. 웨이퍼에 가해지는 누름력, 웨이퍼와 연마용 패드 사이의 상대속도 그리고 연마용 슬러리의 점도 등을 사용하여 슬러리 박막두께를 조절할 수 있다. 슬러리 박막의 두께 또는 간극이 활성화된 연마입자가 마멸공정에 참여하는 패드 돌기의 접촉면적을 결정한다. 그림 1.10에서는 소재제거 메커니즘을 보여주고 있다.

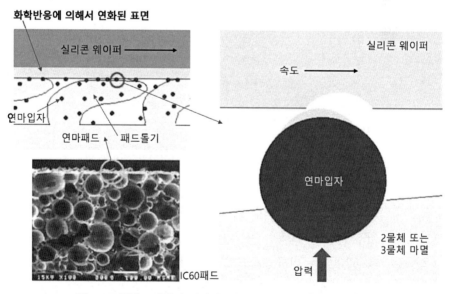

그림 1.10 화학−기계적 평탄화 가공공정의 소재제거 메커니즘[8]

1.4 유전체에 대한 화학 – 기계적 평탄화 가공의 결함발생

유전체에 대한 화학–기계적 평탄화 가공에서 발생하는 주요 결함은 **연마 긁힘**이다(그림 1.11). 얕은 도랑 소자격리구조에 대한 화학–기계적 평탄화 가공(STI CMP) 시에는 추가적인 화학적 식각공정으로 인하여 긁힘 결함이 더 잘 보이기 때문에, 이 절에서는 얕은 도랑 소자격리구조에 대한 화학–기계적 평탄화 가공과정에서 발생한 연마 긁힘이 사례로 제시되었다. 얕은 도랑 소자격리구조에 대한 화학–기계적 평탄화 가공 시에는 질화규소(SiN)가 완전히 노출될 때까지 산화물에 대한 연마가 계속된다. 얕은 도랑 소자격리구조에 대한 화학–기계적 평탄화 가공이 종료되고 나면, 추가적으로 산화물에 대한 화학적 식각을 통해서 질화규소 표면에 남아 있는 모든 잔류 산화물들을 제거해버린다. 그런 다음, 활성 실리콘 표면을 노출시키기 위해서 질화물들을 식각해버린다(그림 1.12).

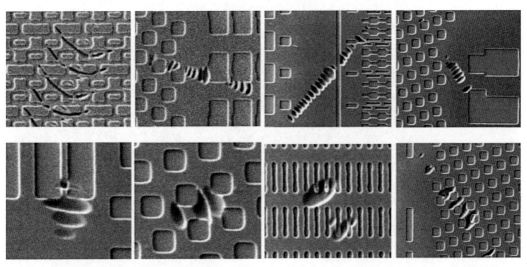

그림 1.11 얕은 도랑 소자격리(STI)구조에 대한 화학–기계적 평탄화 가공(CMP)공정을 시행한 이후에 표면상에 존재하는 미세 긁힘에 대한 주사전자현미경 사진[10]

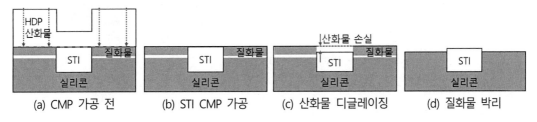

그림 1.12 얕은 도랑 소자격리(STI)구조에 대한 화학–기계적 평탄화 가공(CMP)공정의 사례[10]

얕은 도랑 소자격리구조에 대한 화학－기계적 평탄화 가공 직후의 주사전자현미경(SEM) 영상에서는 미세 긁힘이 전혀 관찰되지 않지만, 산화물 디글레이징[7] 단계를 거치고 나면 습식식각 단계에서의 등방성식각으로 인해서 희미한 미세 긁힘들이 도드라지기 때문에, 대부분의 연마 긁힘이 관찰된다(그림 1.13). 질화물 표면에서 매우 희미한 미세 긁힘이 관찰될 수 있지만, 이는 추가적인 습식식각으로 인하여 산화물 표면에 존재하던 긁힘이 확장된 것이다.

이 현상은 광학부품에 대한 연마연구에서도 관찰되었다(그림 1.14).[11] 다이아몬드 연마입자를 사용한 약한 연삭[8]/연마[9]가공의 경우, 연마공정이 끝나고 나면, 직선형태의 미세 긁힘 자국만 관찰된다. 하지만 20[%] 불화수소를 사용하여 60[s] 동안 산화물 식각을 시행하고 나면, 연마 긁힘에 의한 반원 형상의 **채터자국**이 명확하게 나타난다.

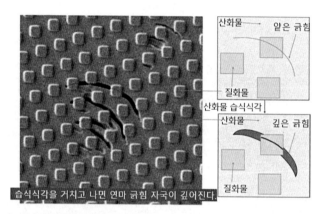

그림 1.13 얕은 도랑 소자격리(STI)구조에 대한 화학－기계적 평탄화 가공(CMP) 이후에 주사전자현미경 영상에 관찰된 미세 긁힘 자국[10]

(a) 연마 후(식각 전)

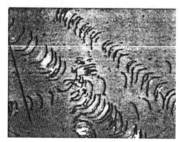

(b) 식각 후

그림 1.14 연마된 유리 표면에 대한 연마가공 후(식각 전)와 식각 후의 영상[11][10]

---

7 deglazing: 매끄러운 표면을 제거하는 공정. 역자 주.

8 grinding.

9 polishing.

10 Reproduced with permission Ref. [11], © 1991 Optical Society of America.

채터자국 형태의 긁힘이 발생하는 메커니즘에 대해서는 광학부품 연마와 관련된 연구[7]를 통해서 고찰되었다(그림 1.15). 연삭입자들이 유리 표면을 가로지르면서 입자의 마찰작용에 의한 인장응력이 채터자국 형태의 결함을 생성하는 것으로 밝혀졌다. 연마입자 앞쪽의 영역은 압축응력을 받는 반면에 연마입자가 지나간 영역은 인장응력을 받는다. 최대 전단응력 형성원리를 사용하면 반원형의 채터자국이 생성되는 이유를 설명할 수 있다(그림 1.16).[12] 물체가 수직응력과 전단응력을 동시에 받고 있다면, 이로 인하여 표면에 경사지게 작용하는 응력장은 압축응력과 인장응력을 모두 생성한다. 측면도에 따르면, 인장영역 내에는 원형의 최대전단응력이 발생하므로, 접촉물체의 뒤쪽에는 반원형의 채터자국이 생성된다. 연삭 및 래핑공정에 대한 연구를 통해서, 취성 표면에 수직압력으로 인한 누름자국이 생성되면, 누름위치 주변에 최대전단응력이 생성되기 때문에, 반원 형상의 측면방향으로 균열이 생성될 수 있다는 것이 밝혀졌다(그림 1.17).[13]

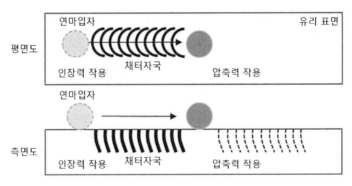

그림 1.15 연마입자와 유리 표면 사이의 결합에 의해서 유리 표면에 생성된 응력

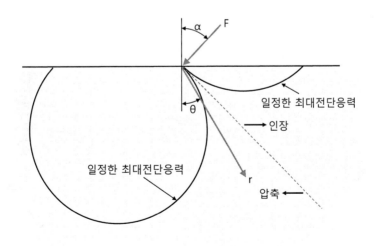

그림 1.16 표면에 경사지게 가해진 부하에 의해서 생성된 응력장[12]

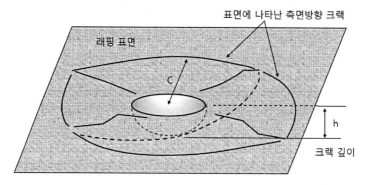

그림 1.17 취성표면에 수직방향 눌림 압력에 의해서 생성된 원형 균열[13]

그림 1.18에서는 유전체에 대한 화학-기계적 평탄화 가공 과정에서 발생하는 연마 긁힘 메커니즘에 대해서 설명하고 있다. 평면도를 살펴보면, 인장영역 내에서 생성되는 최대전단응력으로 인하여, 연마입자 접촉영역의 뒤쪽으로 반원형의 채터자국들이 생성된다. 이 경우 반원형 미세 긁힘 자국의 오목한 쪽이 웨이퍼 표면 위를 움직이는 연마입자의 진행방향을 향한다. 측면도를 살펴보면, 채터자국의 아래쪽 끝부분들은 연마입자의 진행방향을 향하여 웨이퍼 표면으로부터 서로 겹쳐져 누워 있다. 얕은 도랑 소자격리구조에 대한 화학-기계적 평탄화 가공 후에 관찰되는 연마 긁힘 자국에 대한 주사전자현미경 영상을 통해서 이 메커니즘을 관찰할 수 있다(그림 1.19). 얕은 도랑 소자격리구조에 대한 화학-기계적 평탄화 가공 후에 디글레이징을 시행하고 나서 단면검사를 시행하면, 연마 긁힘 자국들이 관찰된다. 원호 형태의 연마 긁힘이 관찰되며, 이를 통해서 연마 긁힘의 진행방향을 예측할 수 있다.

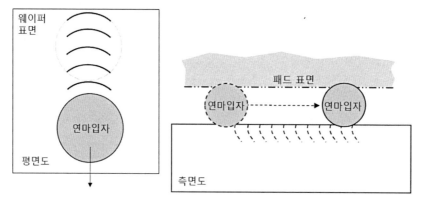

그림 1.18 유전체에 대한 화학-기계적 평탄화 가공 시 발생하는 연마 긁힘 메커니즘[10]

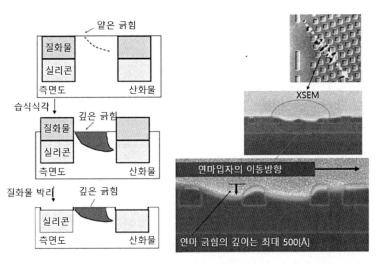

그림 1.19 얕은 도랑 소자격리구조에 대한 화학-기계적 평탄화 가공 후 산화물에 대한 디글레이징 시행 후에 관찰되는 연마 긁힘 자국의 측면도

1.5 유전체에 대한 화학 −기계적 평탄화 가공의 주요 적용사례

유전체에 대한 화학−기계적 평탄화 가공은 일반적으로 얕은 도랑 소자격리와 층간절연체 평탄화에 사용된다. 생산기술이 진보된 기술노드로 이동함에 따라서, 대체금속 게이트(RMG) 및 자기정렬접점(SAC) 모듈과 같은 새로운 집적화 방법들이 적용되면서 화학−기계적 평탄화 가공의 적용횟수가 크게 증가하였다(그림 1.20). 특히 기술노드가 28[nm]에서 14[nm]로 이동하면서 전공정(FEOL)과 중간공정(MOL)에서 화학−기계적 평탄화 가공의 적용횟수가 4배나 증가하게 되었다. 이런 급격한 증가의 주 이유는 화학−기계적 평탄화 가공이 트랜지스터 게이트를 직접 제작하고 게이트의 높이를 조절할 수 있는 공정들 중 하나로 자리 잡게 되었기 때문이다. 트랜지스터 게이트의 높이는 디바이스 성능과 다이수율을 결정한다.

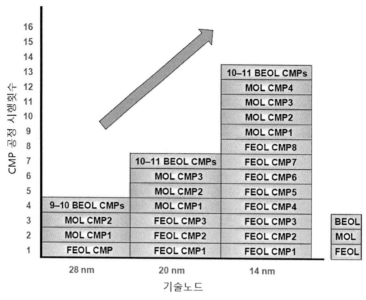

그림 1.20 기술노드의 발전에 따라 사용되는 화학－기계적 평탄화 가공 공정수의 변화양상(컬러 도판 p.587 참조)

1.5.1 얕은 도랑 소자격리구조에 대한 화학 - 기계적 평탄화 가공

얕은 도랑 소자격리(STI)구조에 대한 화학－기계적 평탄화 가공(CMP)은 반도체 제조에 화학－기계적 평탄화 가공이 최초로 적용된 분야이다. 얕은 도랑 소자격리구조에 대한 화학－기계적 평탄화 가공은 트랜지스터 사이를 유전체로 분리시킴으로써 인접한 두 개의 능동 디바이스 영역을 분리시켜주는 얕은 도랑 구조에 충진되어 여분의 유전체를 제거하는 공정이다. 진보된 기술노드로 이동하면서 트랜지스터 영역 사이의 간극이 좁아지게 되어서, 얕은 도랑 소자격리구조에 대한 화학－기계적 평탄화 가공의 성능 요구조건이 더 엄격해지게 되었다.

얕은 도랑 소자격리구조에 대한 화학－기계적 평탄화 가공의 첫 번째 단계는 산화물을 세정하기 전에 벌크 유전체 표면을 평탄화하는 것이다(그림 1.21). 얕은 도랑 소자격리구조에는 전형적으로 박막의 소재강도가 월등한 고밀도 플라스마 산화막이 사용되었다. 그런데 최근 들어서는 더 작은 기술노드에 대해서 도랑 채움 능력이 뛰어난 화학기상증착(CVD) 방식으로 만들어진 산화막이 더 자주 사용되고 있다. 이 과정에서 다량의 산화막이 증착되기 때문에, 벌크 산화막의 두께를 전형적으로 500~1,000[Å]로 줄여야만 한다. 초기의 평탄화 가공공정에서는 산화물 제거율을 극대화시키기 위해서 비교적 큰 누름력(7~14[kPa])이 사용되었다. 산화물 제거율을 극대화시키기 위해서, 소재 제거율이 더 높고 질화표면에 대한 소재 제거 선택도가 향상된 세리아 슬러리가 1단계 화학－기계적 평탄화 가공단계에 사용되고는 있지만, 가격이 더 싼 실리카 형태의 슬러리가 전형적으로 사용되고 있다. 얕은 도랑 소자격리를 위한 화학－기계적 평탄화 가공의 첫 번째 단계에서 가장 중요한 공정성능은 연마 긁힘 자국을 최소화시키며, 잔류산화막의 양호한 웨이퍼 균일성을 유지하는 것이다. 1단계 평탄화 가공과정에서 발생된 산화막 불균일은 2단계의 화학－기계적 평탄화 가공 이후에 남아 있는 활성 질화물 표면에 대해서 큰 불균일을 초래한다. 벌크 산화막에 대한 불충분한 평탄화 가공도 2단계의 화학－기계적 평탄화 가공 이후에 활성영역의 표면에 산화물을 남겨놓을 수 있다. 활성 질화물의 표면에 남아 있는 이런 모든 잔류물들은 불완전한 질화물 박리를 초래하며, 이로 인하여 실리콘 영역 위에 트랜지스터를 형성시킬 수 없게 되어버린다.

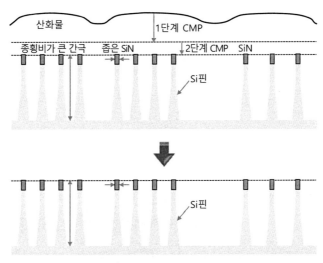

그림 1.21 얕은 도랑 소자격리(STI)구조에 대한 화학－기계적 평탄화 가공(CMP)공정[5]

2단계의 얕은 도랑 소자격리구조에 대한 화학－기계적 평탄화 가공에서는 도랑 내 산화물들에 대한 **디싱**[11]을 최소화하면서 잔류 산화물을 제거하여 활성 질화물들을 노출시키는 것이다. 2단계의 화학－기계적 평탄화 가공과정에서 활성 질화물 영역과 접촉을 통한 연마 긁힘이 발생하면 디바이스의 품질과 웨이퍼 수율이 영향을 받는다. 2단계의 얕은 도랑 소자격리구조에 대한 화학－기계적 평탄화 가공에서 과도연마나 질화물부식을 일으키지 않으면서 공정을 조절하기 위해서는 활성질화물에 대한 소재제거율의 선택도가 매우 중요하다. 2단계의 얕은 도랑 소자격리구조에 대한 화학－기계적 평탄화 가공에서는 질화물 제거율을 최소화하는 반면에 산화물 제거율은 극대화해야만 한다. 소재제거율 선택도의 부족으로 인한 높은 활성질화물 손실 때문에 불균일한 질화물손실이 유발될 수 있으며, 얕은 도랑 소자격리를 위한 산화물과 다이 내 또는 웨이퍼 내의

---

11 dishing: 연질소재가 더 많이 가공되어 오목해지는 현상. 역자 주.

활성 실리콘 영역 사이에 불균일한 단차높이가 전사될 수도 있다. 얕은 도랑 소자격리 영역에서 발생하는 불균일한 모든 높이단차는 트랜지스터 게이트높이의 불균일을 초래하여 중간공정 (MOL) 모듈에서 게이트상의 불완전 접촉을 초래하게 된다. 얕은 도랑 소자격리구조에 대한 화학적 기계연마 가공과정에서 질화물 단차에 대한 두 번째 멈춤에서 발생하는 높이단차나 연마 긁힘이 디바이스 수율에 직접적인 영향을 끼치기 때문에, 극도로 중요하다. 전형적으로 2단계의 화학−기계적 평탄화 가공을 통해서 활성 질화물 상부에 잔류 산화물이 남아 있지 않도록 추가적으로 산화물들을 식각해버린다. 이 단계를 **산화물 디글레이징** 단계라고 부른다.

전형적인 산화물 디글레이징 단계는 단순한 습식식각 공정이므로, 습식식각공정의 등방성 거동으로 인하여 모든 얕은 긁힘 자국들이 확대되어버린다. 디글레이징 공정을 마치고 나면, 활성 질화물들이 박리되어버리며 트랜지스터 게이트를 구성하는 활성 실리콘 영역이 노출된다. 각기 다른 공정단계마다 주사전자현미경을 사용하여 촬영한 얕은 도랑 소자격리구조를 갖춘 웨이퍼의 형상이 그림 1.22에 도시되어 있다.

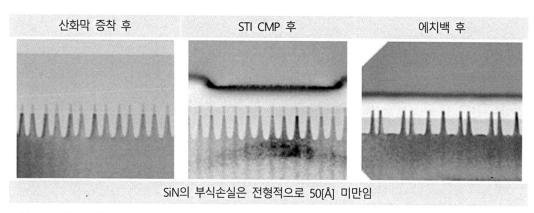

그림 1.22 얕은 도랑 소자격리(STI)구조에 대한 화학−기계적 평탄화(CMP) 가공과정을 촬영한 주사전자현미경 사진[5]

1.5.2 층간절연체 산화물에 대한 화학 - 기계적 평탄화

층간절연체(ILD) 산화물에 대한 화학−기계적 평탄화 가공(CMP)공정은 층간절연체에 대한 평탄화 가공방법들 중 하나로 화학−기계적 평탄화 가공이 처음으로 도입되었을 때부터 반도체 제조공정에 사용되어온 일반적인 화학−기계적 평탄화 가공방법들 중 하나이다. 산화물에 대한 화학−기계적 평탄화 가공의 주요 목적은 트랜지스터의 상부에 증착되어 전공정 트랜지스터 영역을 후공정 금속배선으로부터 절연시켜주는 층간절연체의 평탄화이다(그림 1.23). 평탄화된 층간절연체 산화물은 전공정 영역과 후공정 영역 사이를 연결시켜주는 금속접점위치로도 사용된다

(그림 1.24). 층간절연체에 대한 화학-기계적 평탄화 가공이 끝나고 나면, 평탄화된 층간절연체 산화물들을 식각하여 금속접점용 구멍을 생성한다. 일단 접촉구멍들이 만들어지고 나면, 이 구멍을 금속 라이너와 접촉용 금속으로 충진시키며, 후속의 금속소재에 대한 화학-기계적 평탄화 가공을 통해서 이를 평탄화시킨다. 접점용 금속으로는 전형적으로 화학기상증착한 텅스텐(W) 소재를 사용한다.

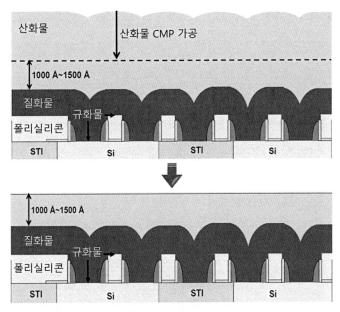

그림 1.23 층간절연체 산화물에 대한 화학-기계적 평탄화 가공공정

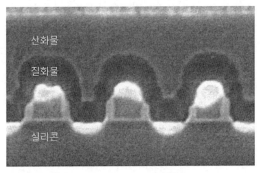

그림 1.24 층간절연체 산화물에 대한 화학-기계적 평탄화 가공 후의 주사전자현미경 사진[14]

산화물에 대한 화학-기계적 평탄화 가공은 전형적으로 2단계 과정으로 진행된다. 1단계 연마 가공이 끝나고 나면, 대부분의 벌크 산화물들은 제거되어버린다. 산화물 제거율과 평탄화 효율을

극대화시키기 위해서 전형적으로 실리카 슬러리와 경질 패드가 사용된다. 1단계 연마가공의 주목적은 산화물 하부에 매립되어 있는 게이트 모듈에 의해서 만들어진 초기 산화물 윤곽을 제거하며 웨이퍼 내 균일성을 양호한 상태로 관리하는 것이다. 2단계 연마가공에서는 약한 누름력, 연질 패드 그리고 콜로이드 형태의 실리카 슬러리를 사용하는 온화한 공정조건을 통해서 잔류 산화물들을 갈아낸다. 2단계 연마가공의 주목적은 1단계 연마가공과정에서 생성된 연마 긁힘 자국과 같은 결함들을 제거하는 것이다. 또한 2단계 연마가공을 통해서 산화막의 최종 목표두께를 정확히 구현하여야만 한다. 산화물에 대한 화학-기계적 평탄화 가공을 시행한 이후에 남아 있는 모든 결함들은 불완전한 접점단선을 초래할 수 있으며, 산화물에 대한 화학-기계적 평탄화 가공과정에 의해서 유발되는 연마 긁힘 자국 속에 텅스텐 잔류물들이 포획되면 접점합선이 유발될 수도 있다. 또한 다이 내 또는 웨이퍼 내 불균일이 불완전한 접점식각을 유발하여 궁극적으로는 접점단선이나 전공정 영역과 후공정 영역 사이의 연결불량을 초래하게 된다. 잔류 산화막의 웨이퍼 내 불균일이 발생하는 주요 이유는 산화물에 대한 화학-기계적 평탄화 가공의 경우에는 산화막 중간에서 공정이 종료되지만, 얕은 도랑 소자격리구조에 대한 화학-기계적 평탄화 가공이 경우에는 SiN과 같은 여타의 유전체 박막의 상부에서 공정이 종료되지 않기 때문이다. 만일 SiN 이나 폴리실리콘과 같은 여타의 박막이 존재한다면, 정확한 공정중단능력을 구현하기 위해서, 서로 다른 소재들에 대한 제거율 선택도가 사용될 수 있다. 얕은 도랑 소자격리구조에 대한 화학-기계적 평탄화 가공의 경우, 소재제거율을 극대화해야 하지만, 활성 질화물의 상부에서 연마공정을 종료시켜서 공정제어능력과 웨이퍼 내 균일성을 향상시키기 위해서는, 질화물제거율은 최소화시켜야만 한다. 산화물에 대한 화학-기계적 평탄화 가공과정에서, 잔류 산화물 박막의 웨이퍼 내 균일성은 연마용 헤드의 압력조절능력, 균일한 패드 컨디셔닝 또는 웨이퍼와 연마용 패드 사이의 균일한 상대속도 유지 등과 같은 공정조건들에 의존한다. 웨이퍼 내 불균일은 전형적으로 100~300[Å] 범위를 가지고 있다. 산화물에 대한 화학-기계적 평탄화 가공 분야의 주요 연구개발은 웨이퍼 내 불균일, 웨이퍼 간 불균일 그리고 칩 내부의 평탄도 등을 향상시키는 데에 집중되어 있다.

1.5.3 폴리오픈에 대한 화학 - 기계적 평탄화 가공공정

폴리오픈에 대한 화학-기계적 평탄화 가공(POC)은 새로운 화학-기계적 평탄화 가공단계로서, 대체금속 게이트(RMG) 집적화과정에서 게이트생성기법들 중 하나로 사용되기 시작하였다. 대체금속 게이트의 경우, 실제의 금속 게이트를 제작하기 전에 더미 폴리게이트를 생성할 필요가 있다. 폴리 더미 게이트 속으로 폴리 블랭킷 박막을 절단하고 나서, 질화물 스페이서와 접점 식각

차단층을 증착한다. 질화물 박막 위로 산화물 희생층을 증착한 다음에 폴리 더미게이트의 상부에 질화물 덮개가 노출될 때까지 화학−기계적 연마가공을 시행한다(그림 1.25). 질화물이 노출되고 나면, 선택성이 없는 반응성 이온식각(RIE)을 사용하여 더미 폴리게이트가 노출될 때까지 질화물을 제거한다. 그런 다음, 더미 폴리게이트를 식각해버리면 트랜지스터용 게이트 도랑구조가 생성된다. 여기에 다중일함수금속들을 증착한 다음에 알루미늄이나 텅스텐 소재의 전극용 금속박막을 증착한다. 전극금속을 증착하고 나면 금속 게이트를 생성하기 위해서 사용했던 구리(Cu) 소재에 대한 화학−기계적 평탄화 가공과 같은 일반적인 금속소재에 대한 화학−기계적 평탄화 가공 방법을 사용하여 금속 게이트에 대한 화학−기계적 평탄화 가공을 시행한다.

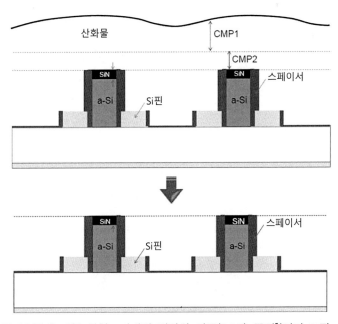

그림 1.25 폴리오픈에 대한 화학−기계적 평탄화 가공(POC) 공정[5](컬러 도판 p.587 참조)

폴리오픈에 대한 화학−기계적 평탄화 가공공정의 목표는 산화물 희생층을 제거하여 질화물 스페이서와 질화물 덮개층을 노출시키는 것이다. 폴리오픈에 대한 화학−기계적 평탄화 가공의 경우, 다이 내/웨이퍼 내의 산화물과 질화물에 대한 두께조절과 결함관리가 대체금속 게이트를 성공적으로 구현하기 위한 핵심인자들이다. 폴리오픈에 대한 화학−기계적 평탄화 가공에서 충족시켜야만 하는 핵심 공정조건은 산화물과 질화물 사이의 소재제거율 선택도를 극대화시켜서 연마 긁힘과 질화물 손실을 최소화시키는 것이다. 폴리오픈에 대한 화학−기계적 평탄화 가공 이후에 잔류하는 질화물의 두께는 최종적인 게이트 높이에 직접적인 영향을 끼친다. 그러므로 산화물과 질화물 사이의 제거율 선택도를 극대화하여 폴리오픈에 대한 화학−기계적 평탄화 가공 이후에 발생하는 모든 질화물 침식을 최소화하는 것이 매우 중요하다. 폴리오픈에 대한 화학−기계적 평탄화 가공에서 필요로 하는 전형적인 제거율 선택도는 50 : 1(산화물 : 질화물 제거비율) 이상이다.

폴리오픈에 대한 화학−기계적 평탄화 가공의 공정조건은 얕은 도랑 소자격리구조에 대한 화학−기계적 평탄화 가공과 거의 동일하다. 그러므로 대부분의 경우 얕은 도랑 소자격리에 대한 화학−기계적 평탄화 가공(STI CMP)과 폴리오픈에 대한 화학−기계적 평탄화 가공(POC)은 동일한 화학−기계적 평탄화 가공장비를 사용하여 수행된다. 얕은 도랑 소자격리에 대한 화학−기계적 평탄화 가공을 통해서 대부분의 산화물들이 제거된다. 2단계 화학−기계적 평탄화 가공에서는 잔류 산화물들을 제거하며, 질화물층 위에서 공정을 중지하여 질화물의 손실을 최소화한다. 1단계 산화물연마가공에는 전형적으로 경질 패드와 실리카 슬러리가 사용되지만, 연마 긁힘을 최소화하기 위해서는 세리아 슬러리도 1단계 연마가공에 사용된다. 산화물과 질화물 사이의 선택도를 극대화하기 위해서 2단계 화학−기계적 평탄화 가공에는 세리아 슬러리가 사용된다. 폴리오픈에 대한 화학−기계적 평탄화 가공의 단계별로 웨이퍼에 대하여 촬영한 주사전자현미경 영상이 그림 1.26에 도시되어 잇다.

그림 1.26 폴리오픈에 대한 화학−기계적 평탄화 가공과정에 대한 주사전자현미경 영상[5]

1.5.4 질화규소에 대한 화학 - 기계적 평탄화 가공

질화규소(SiN)에 대한 화학−기계적 평탄화 가공은 **자기정렬접점(SAC)** 모듈의 일부분으로 구현된 새로운 유전체에 대한 화학−기계적 평탄화 가공공정이다. 진보된 반도체 제조공정이 당면하고 있는 가장 큰 기술적 도전요인은 좁은 간격을 가지고 있는 금속접점과 소스/드레인 사이의 부정렬 문제이다(그림 1.27). 금속접점 내의 모든 부정렬들이 디바이스의 오동작을 초래할 수 있다. 접점부정렬에 대하여 넓은 공정마진을 제공하기 위해서는 금속 게이트의 상부에 SiN 덮개가 배치되어야 한다. 이런 경우에는 접촉구멍이 약간 어긋나 있어도, 접점 식각에 의한 원치 않는 손상으로부터 금속 게이트를 보호할 수 있다. 폴리오픈에 대한 화학–기계적 평탄화 가공에서와 마찬가지로, SiN 소재에 대한 화학–기계적 평탄화 가공도 대체금속 게이트를 집적하기 위하여 도입된 새로운 화학–기계적 평탄화 가공공정이다.

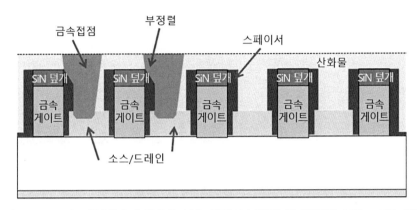

그림 1.27 소스/드레인상에서 발생한 금속 접점의 부정렬 사례[5](컬러 도판 p.588 참조)

금속 게이트를 만들고 나면 게이트 리세스를 식각한 후에 그 상부에 질화규소(SiN) 박막을 증착한다. 질화규소에 대한 화학–기계적 평탄화 가공의 주요 목적은 질화규소 증착층을 연마가공하여 금속 게이트의 상부에 질화규소 덮개를 생성하는 것이다(그림 1.28). 질화규소에 대한 화학–기계적 평탄화 가공공정의 1단계 연마가공에서는 선택성이 높은 질화물 슬러리를 사용하여 여분의 질화규소를 제거한다. 산화막 손실과 웨이퍼 스케일에서의 불균일을 최소화하기 위해서는 질화규소 슬러리의 산화물 제거율이 매우 낮아야만 한다. 질화규소에 대한 화학–기계적 평탄화 가공의 제거율 선택도는 얕은 도랑 소자격리구조에 대한 화학–기계적 평탄화 가공에서와는 반대의 조건을 가지고 있다. 1단계 연마공정에서는 평탄화 효율을 극대화시켜서 다이 내 균일성과 웨이퍼 내 균일성을 유지하기 위해서 전형적으로 경질의 연마패드가 사용된다. 탈이온수나 화학약품을 사용한 버프연마를 통해서 표면의 입자를 제거하기 위해서 2단계 연마공정이 시행된다. 2단계 연마공정에서는 산화물이나 질화규소의 추가적인 손실을 방지하기 위해서 슬러리를 사용한 버프연마가 사용되지 않는다. 그림 1.29에는 질화규소에 대한 화학–기계적 평탄화 가공이 시행된 웨이퍼에 대한 주사전자현미경 사진이 도시되어 있다.

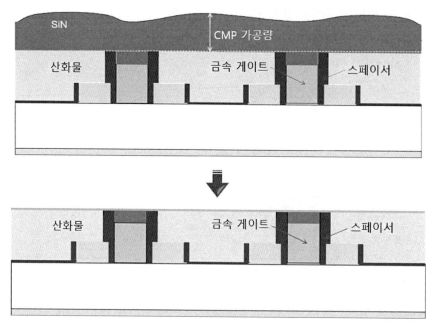

그림 1.28 질화규소(SiN)에 대한 화학-기계적 평탄화 가공공정[5](컬러 도판 p.588 참조)

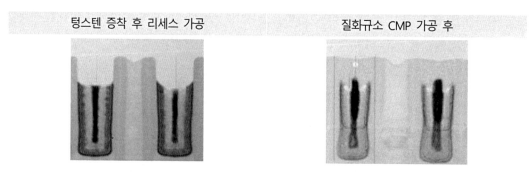

그림 1.29 질화규소에 대한 화학-기계적 평탄화 가공 후의 웨이퍼 단면에 대한 주사전자현미경 사진[5]

1.6 유전체에 대한 화학-기계적 평탄화 가공의 미래

현대적인 반도체 제조기술에서, 트랜지스터 게이트를 제작하기 위해서 화학-기계적 평탄화 가공이 사용되었으며, 게이트 높이조절에 직접적인 영향을 끼친다. 게이트 높이가 디바이스의 성능과 웨이퍼 다이의 수율을 결정하기 때문에, 반도체 제조공정을 통제하는 결정적인 인자들 중 하나이다. 게이트생성을 위한 제조공정은 분자 수준의 윤곽제어와 무결함 공정능력이 필요하다.

공정제어 관점에서는 기존의 층간절연체 산화물에 대한 화학-기계적 평탄화 가공공정과 마찬가지로, 박막 내 멈춤방식 화학-기계적 평탄화 가공공정이 양호한 웨이퍼 내 균일성을 유지하는 데에 어려움을 겪을 수 있다. 종료시점 검출기술의 부정확성과 산화물 제거율의 가변성 때문에 최종두께 조절에 실패할 수 있다. 또한 교정되지 않은 연마용 헤드의 압력영역제어나 나쁜 품질의 연마용 패드 때문에 웨이퍼 내 산화물 윤곽이 퇴화될 수 있다.

이런 이유 때문에 박막 내 멈춤방식 화학-기계적 평탄화 가공공정은 평탄화 공정으로서 이상적인 옵션이 아닐 수 있으며, 잔류산화물의 윤곽균일성과 두께를 유지하는 넓은 공정마진을 확보하기 위해서 박막 위 멈춤방식 화학-기계적 평탄화 공정이 점점 더 선호되기 시작하였다. 대체 금속 게이트기술이 트랜지스터 게이트의 제조기술로 사용되고 나서는 더 이상 기존의 박막 내 멈춤방식의 화학-기계적 평탄화 공정을 사용하지 않게 되었다.

진보된 기술노드에서 얕은 도랑 소자격리를 위한 화학-기계적 평탄화 가공의 경우, 질화물 상부에서 공정을 중단시키면서 양호한 다이 내/웨이퍼 내 균일성(둘 다 50[Å] 미만)을 유지하기 위해서는 산화물과 질화규소 사이의 극도로 높은 선택도가 필요하다. 증착된 질화물의 두께가 얇기 때문에 질화규소의 손실은 50[Å] 미만으로 유지되어야만 한다. 월등한 산화물 제거율과 결함조절능력 그리고 극도로 높은 산화물과 질화물 사이의 선택도로 인하여, 현재는 얕은 도랑 소자격리를 위한 화학-기계적 평탄화 가공용 슬러리로 세리아를 선호하고 있다.

폴리오픈에 대한 화학-기계적 평탄화 가공(POC)의 경우, 얇은 질화물 덮개층 위에서 공정을 중단시켜서 게이트 적층높이를 확보하기 위해서는 질화규소에 대하여 극단적으로 높은 선택도가 필요하다. 화학-기계적 평탄화 가공 후의 세정은 엄격한 결함관리가 요구되기 때문에 매우 어려운 과제이다. 결함발생을 최소화하기 위해서는 입자의 하부를 식각하여 이를 들어 올리는 방식의 세정기법이 사용되어야 하기 때문에 공격적인 화학약품이 세정공정에 사용되고 있다. 균일성을 조절하기 위해서 실시간 윤곽튜닝능력을 갖춘 개선된 다중영역 연마헤드가 구현되었다. 웨이퍼 간 조절과 로트 간 조절을 위해서, 공정제어에는 온보드 계측기능을 갖춘 진보된 자동 공정제어 기법이 널리 사용되고 있다.

엄격한 공정제어능력과 분자규모에서의 윤곽조절조건 때문에, 현대적인 화학-기계적 평탄화 가공공정에는 다양한 기술들이 적용되고 있다. 진보된 반도체의 제조에도 계속해서 화학-기계적 평탄화 가공공정을 성공적으로 적용하기 위해서는, 화학-기계적 평탄화 가공업계 전체가 협력하여 차세대 화학-기계적 평탄화기술을 혁신해야만 한다(그림 1.30).

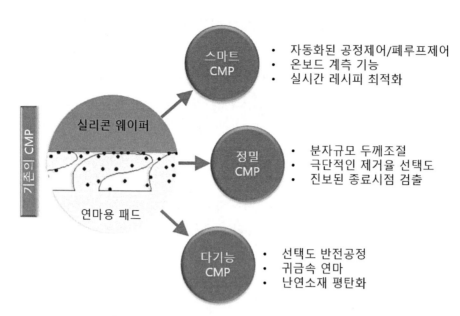

그림 1.30 화학-기계적 평탄화 가공기술의 향후 전망[5]

참고문헌

1. A.C. Bonora, Flex-mount polishing of silicon wafers, Solid State Technol. (October 1977) 55e62.

2. S. Wolf, R.N. Tauber, Silicon Processing for the VLSI Era, in: Process Technology, vol. 1, Lattice Press, 1986.

3. P. Burggraaf, CMP: suppliers integrating, applications spreading, Semicond. Int. (November 1995) 74e82.

4. B. Davari, A new planarization technique, using a combination of RIE and chemical mechanical polish (CMP), in: IEEE, IEDM Technical Digest 89, 1989, pp. 341e344.

5. Y. Moon, Technical challenges in chemical mechanical polishing (CMP) for sub-10 nm logic technology, in: CSTIC 2015, Shanghai, China, March 2015.

6. F.W. Preston, The theory and design of plate glass polishing machine, J. Soc. Glass Technol. 11 (1927) 214e256.

7. L. Cook, Chemical processes in glass polishing, J. Non-Cryst. Solids 120 (1990) 152e171.

8. Y. Moon, Mechanical Aspects of the Material Removal Mechanism in Chemical Mechanical Polishing (CMP) (Dissertation), Dept. of Mechanical Engineering, University of California, Berkeley, 1999.

9. J.A. Williams, Engineering Tribology, Oxford University Press, Oxford, 1994.

10. Y. Moon, Defect reduction at fixed abrasive STI CMP, in: CAMP 2008, Lake Placid, NY, February 2008.

11. D. Golini, S.D. Jacobs, Physics of loose abrasive microgrinding, Appl. Opt. 30 (19) (July 1991).

12. N.P. Suh, Tribophysics, Prentice-Hall, Englewood Cliffs, NJ, 1986.

13. Y.-E.P. Chang, Monitoring and Characterization of Grinding and Lapping Processes (Ph.D. Dissertation), University of California, Berkeley, 1995.

14. Y. Moon, et al., Challenges in planarization for sub-32nm logic technology, in: ADMETA 2008, Tokyo, October 2008.

CHAPTER

2

22[nm] 후공정과
그 이후를 준비하는
구리소재에 대한
화학 – 기계적 평탄화 가공

22[nm] 후공정과 그 이후를 준비하는 구리소재에 대한 화학 - 기계적 평탄화 가공

2.1 서 언

1997년에 구리소재에 대한 화학-기계적 평탄화 가공(Cu CMP)이 처음으로 사용된 이후로, 이 기술은 무어의 법칙의 실현에 중요한 역할을 하여왔다. **무어의 법칙**이 예측하는 주요 내용은 트랜지스터당 최소비용을 결정하는 트랜지스터 밀도(칩당 트랜지스터의 수)는 대략적으로 연간 두 배씩 증가한다는 것이다.[1] **데나드의 척도화 이론**에서 제시하는 것처럼, 트랜지스터의 밀도와 성능이 동시에 증가하여 회로밀도의 현저한 향상이 이루어졌다.[2] 금속산화물반도체 전계효과트랜지스터(MOSFET)의 크기축소가 최근까지 과거 20여 년간 이룬 상보성 금속산화물반도체(CMOS) 기술 성공의 기초가 되어왔으며, 크기축소는 심각한 난제가 아니었다. 비록 크기축소의 종말이 예견되었지만, 디바이스 엔지니어링과 공정기술의 혁신을 통해서 발전 속도에 대한 이론적 예측을 유지시켜왔다. 노광기술[3,4]과 게이트 산화물의 크기축소[5,6]가 디바이스 크기축소의 한계를 가져올 것으로 예상하였지만, 이 또한 빗나가 버렸다. 크기축소 이론은 우리들에게 디바이스 성능의 향상의 미래에 대한 예상을 가능케 해준다. 하지만 치수가 점점 더 작아짐에 따라서 이 예상속도에 맞춰서 디바이스의 성능을 구현하는 것이 점점 더 어려워지게 되었다. 단순히 디바이스의 치수를 줄이는 기존의 크기축소방법만으로는 더 이상 성능을 향상시킬 수 없게 되었다. 기술노드가 10[nm] 미만으로 향하는 과정에서 게이트 유전체의 유전율, 채널소재의 전자 이동도 그리고 칩의 에너지 방출 등과 같은 소재특성의 한계로 인하여 성능한계와 마주치게 되었다.[7] 유전율 상수값이 큰 게이트 유전체와 전자이동도가 높은 채널소재가 게이트 길이가 14[nm] 미만으로 줄어든 MOSFET를 실현시켜줄 기술적 해결책으로 예상되고 있다.[8,9] 새로운 소재들과 공정들이 디바이스 크기축소에 따른 누설문제를 해결해줄 수 있으며, 새로운 디바이스 구조가 10[nm] 수준 까지의 크기축소를 도와줄 것이다. 지르노프 등[10,11]에 따르면 완전히 새로운 전자전송 디바이스가 발명된다고 하여도, 이들의 크기축소와 성능한계가 기존의 CMOS 디바이스를 넘어서지 못할 것 이다. **게단켄 모델**[1]에 따르면 크기축소와 성능향상의 궁극적인 한계는 열을 효과적으로 제거하는 능력에 의해서 제한된다. 게이트 길이가 7~5[nm] 수준에 이르면, 터널링 효과가 작용하여 구동전 압 없이도 전자들이 채널 속을 통과할 수 있게 되어, 자발전달 확률이 50[%]를 넘어서게 되므로, 트랜지스터가 신뢰성을 완전히 잃어버리게 된다.[12] 비록 이런 비관적 예측이 틀린 것으로 판명되 었으며 크기축소가 10[nm] 미만까지 지속될 수 있지만, 기술발전의 속도가 느려지면서 기술발전 주기는 3년으로 길어질 것이다.

비록 디바이스의 크기축소가 성능향상의 핵심인자이기는 하지만, 내부배선도 제한요인으로 작용하게 되었으며, 이제는 밀도와 성능의 결정에서 디바이스만큼 중요하게 되었다. 게이트 길이 가 감소함에 따라서, 게이트의 지연은 점점 더 줄어들게 되었다. 반면에 회로의 치수가 감소함에 따라서, 배선 간 간극이 점점 더 좁아지면서 배선과 유전체의 두께가 증가하게 되었다. 배선 단면 적의 감소와 유전체 두께의 증가 그리고 이들 사이의 간격감소가 조합되어 내부배선의 저항과 정전용량의 증가가 초래되었다. 효과적인 신호전송과 전력분배를 위해서 각 기술노드마다 내부 배선의 단수가 증가함에 따라서, 내부배선의 기생부하가 속도와 성능향상을 제한하는 인자로 작용하게 되었다.[13] 14~10[nm]의 임계치수 범위를 뛰어넘어서 크기를 축소하는 과정에서 필요한 내부배선의 크기축소경향과 소재 및 공정의 변화에 따라서 구리소재에 대한 화학−기계적 평탄 화 가공과 관련된 다양한 기술적 문제들이 발생하고 있다. 다음·절에서는 이 문제에 대해서 자세 히 살펴보기로 한다.

2.2 22[nm]노드 이후의 구리소재에 대한 화학 − 기계적 평탄화 가공에 영향을 끼치는 인자들

2.2.1 내부배선의 크기축소

그림 2.1에서는 논리회로기술의 향후 10년에 대한 로드맵을 보여주고 있으며, 이를 통해서 목표

---

1   Gedanken model.

로 하는 내부배선의 선폭과 피치 값들을 확인할 수 있다.[14]

CMOS 논리회로기술 로드맵							
연도	2012	2014	2016	2018	2020	2022	2024
기술노드[nm]	22	14	10	7	5	3.5	2.5
배선선폭[nm]	44	28	20	14	10	8	6
배선피치[nm]	88	56	40	28	20	16	12
디바이스	핀펫(FinFET)				나노와이어/터널 FET		
		SiGe			고이동도 채널소재		
						2D 소재	
내부배선	이중다마스커스				대안공정-Cu 차감식각		
메모리	SRAM과 eDRAM				MRAM		
노광기술	액침식				극자외선		
패터닝	다중 패터닝					자기정렬	

그림 2.1 목표 노드를 구현하기 위해서 필요한 핵심 기술요소와 대략적인 시기를 표시한 CMOS 논리회로기술 로드맵

193[nm] 광원을 사용하는 액침식 노광시스템은 80[nm] 피치로 약 40[nm] 크기의 형상을 분해할 수 있다. 그런데 10[nm] 기술노드에 들어서는, 내부배선의 형상이 40[nm] 피치와 20[nm] 선폭으로 감소하게 되므로 13.5[nm] 광원을 사용하는 **극자외선노광**이 필요하게 되었다. 노광－식각－노광－식각(LELE)이나 노광－식각－노광－식각－노광－식각(LELELE)과 같은 다중노광－식각방식의 패터닝 기법과 자기정렬 방식의 이중 패터닝 방법들에 대한 연구가 수행되었다.[15] 공간정의 이중 패터닝(SDDP)과 노광－식각－노광－식각(LELE) 방식을 사용하여 슈 등[16]은 20[nm] 절반피치와 35[nm] 절반피치의 구리소재 내부배선을 구현하였다.

두 경우 모두, 임계치수(CD)와 이중패턴 사이의 중첩편차가 저항과 정전용량의 불균형을 초래할 수 있다. ±3[%]의 임계치수 편차와 ±7[%]의 중첩편차만으로도 약 50~80[%]의 저항－정전용량(RC) 불균형이 초래될 수 있는 것으로 추정되었다.[17] 따라서 공간정의 이중 패터닝(SDDP)과 노광－식각－노광－식각(LELE) 방식을 적용하기 위해서는 저항－정전용량(RC) 불균형을 감소시키기 위해서 임계치수와 중첩을 엄격하게 관리해야만 한다. 구리소재에 대한 화학－기계적 평탄화 가공의 관점에서는, 이로 인하여 과도연마 마진이 크게 줄어든다. 공정 윈도우와 과도연

마 마진이 매우 좁기 때문에 100[%]에 가까운 쇼트수율의 구현과 저항값(R) 사양충족 사이의 균형을 맞추는 것은 매우 어려운 일이다.

2.2.2 구리소재의 저항률

배선의 직경이 전자의 **평균자유비행거리**에 접근함에 따라서, 금속 도전체의 **저항률**이 벌크 저항률에 비해서 감소하게 된다. 구리소재 내에서 전자의 평균자유비행거리는 약 40[nm] 내외이 며 배선의 선폭이 이 값에 근접하게 되면 전해 도금된 구리소재 배선 내에서 저항값(R)이 높아지 는 것이 관찰되었다. 예를 들어, 저항률은 광폭배선의 경우에는 약 1.8[$\mu\Omega \cdot$cm]이던 것이 45[nm] 배선에서는 약 4.6[$\mu\Omega \cdot$cm]으로 증가하게 된다.[18]

선폭이 좁은 배선에서 저항률이 증가하는 이유는 표면산란과 입자경계에서의 산란 때문이다. **푸치와 손드하이머(FS) 모델**[19]에 따르면 얇고 좁은 배선의 외부표면에서는 $1-p$의 확률로 전자 가 산란되어 저항률이 증가한다. 여기서 p는 정반사 산란계수이다. 푸치와 손드하이머 모델에서 는 도전체의 두께와 선폭 그리고 평균자유비행거리(λ)를 길이스케일로 사용하였다. 저항률을 도전체의 두께(T)와 선폭(W)으로 단순화하여 나타내면 다음과 같다.[20]

$$\rho_{FS} = \rho_0 \left[1 + \left(\frac{3}{8} \right) \lambda (1-p) \left\{ \frac{1}{T} + \frac{1}{W} \right\} \right] \tag{2.1}$$

마야다스와 샤츠크스(MS) 모델[19]은 박막 내에서의 입자경계산란에 따른 저항률의 증가 메커니 즘을 설명하고 있다. 마야다스와 샤츠크스 모델에서는 입자경계가 전류흐름방향과 평행하거나 직교하며, 평행한 방향의 입자경계는 저항률 증가에 아무런 영향을 끼치지 않는다. 전도전자가 직교방향 입자경계와 충돌하면, 반사계수 R에 따라서 투과하거나 반사된다. 확률에 따라서 R은 0과 1 사이의 값을 갖는다. 이 모델에서 사용된 길이 스케일은 평균입자크기인 g와 평균자유비행 거리(λ)이다. 입자크기 g에 따른 저항률 변화의 단순화된 표현식은 다음과 같다.

$$\rho_{MS} = \rho_0 \left[1 + \left(\frac{3}{2} \right) \left\{ \frac{R}{1-R} \right\} \left(\frac{\lambda}{g} \right) \right] \tag{2.2}$$

두 식들은 모두 $\rho(x) = \rho_0 + (A/x)$의 형태를 가지고 있다. 여기서 x는 크기계수(두께, 선폭 또는 입자크기)이며 A는 상수이다.

그림 2.2에 따르면 실험결과가 이 모델들과 매우 잘 일치한다는 것을 확인할 수 있다.

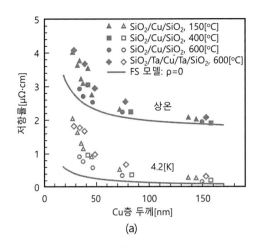 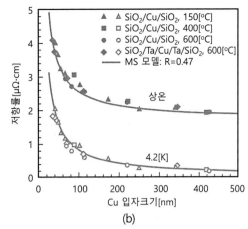

그림 2.2 (a) 배선의 두께와 (b) Cu 소재의 입자크기에 따른 SiO₂/Cu/SiO₂와 SiO₂/Ta/Cu/Ta/SiO₂ 배선의 총저항 변화양상. 심벌들은 실험결과이며 곡선들은 각각 푸치와 손드하이머(FS) 모델과 마야다스와 샤츠크스(MS) 모델을 나타낸다.[2]

마티에센의 법칙[3]을 사용하면, 다음 식에서와 같이 이 저항값들을 서로 합하여 두 가지 모델들을 결합시킬 수 있다.

$$\rho_{Total} = \rho_0 \left[1 + \left(\frac{3}{8} \right) \lambda (1-p) \left\{ \frac{1}{T} + \frac{1}{W} \right\} + \left(\frac{3}{2} \right) \left(\frac{R}{1-R} \right) \frac{\lambda}{g} \right] \tag{2.3}$$

입자경계에서의 산란으로 인하여 마티에센의 법칙과의 편차가 발생하는 것으로 알려져 있지만, 폭이 좁은 구리배선의 저항률에 끼치는 다양한 영향들의 상대적인 중요성을 이해하는 좋은 근사식으로 이 식을 사용할 수 있다. 그림 2.3에서는 다양한 인자들과 ρ을 고려한 선폭의 함수로 다양한 저항률들을 보여주고 있다.

선폭의 감소에 따라서 저항률의 지수함수적인 증가한다는 것은, 좁은 선들의 디싱으로 인한 두께감소가 선폭이 넓은 경우에 비해서 배선의 저항을 크게 증가시킨다는 것을 의미한다. 쇼트수율을 거의 100[%]까지 높이면서도 저항값(R)을 사양한계 이내로 유지하는 것이 필수적이기 때문에, 이는 화학−기계적 평탄화 가공의 큰 기술적 도전이다. 이로 인하여 과도연마 마진이 감소하며 공정 윈도우가 좁아진다.

---

2 Reprinted figure from Ref. 19. Copyright (2010) by The American Physical Society.

3 Matthiessen's rule.

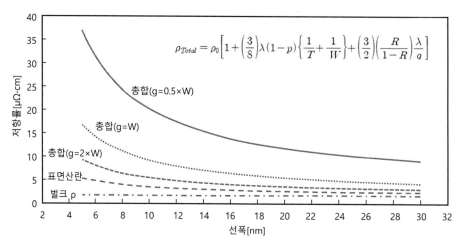

$$\rho_{Total} = \rho_0\left[1+\left(\frac{3}{8}\right)\lambda(1-p)\left\{\frac{1}{T}+\frac{1}{W}\right\}+\left(\frac{3}{2}\right)\left(\frac{R}{1-R}\right)\frac{\lambda}{q}\right]$$

그림 2.3 푸치와 손드하이머(FS) 모델과 마야다스와 샤츠크스(MS) 모델의 조합모델에 대한 선폭과 입자크기 변화에 따른 총저항율의 변화

2.2.3 저유전체와 초저유전체

내부배선의 RC값은 신호지연과 누화를 포함하여 마이크로프로세서의 성능에 영향을 끼치는 다양한 지연들을 결정한다. 내부배선의 RC값과 절연체의 유전율 상수(k) 사이의 상관관계는 다음 식으로 주어진다.

$$RC = 2\rho k\left[\frac{4L^2}{P^2}+\frac{L^2}{T^2}\right] \tag{2.4}$$

여기서 L은 배선의 길이, T는 배선의 두께, P는 금속피치, ρ는 금속의 저항률 그리고 k는 절연체의 유전율 상수이다. 마이크로프로세서의 속도는 RC 성분에 의해서 영향을 받는 반면에 동적출력은 다음 식에서처럼 정전용량에 의해서 직접적으로 영향을 받는다.

$$P_{dyn} = CV^2 f \tag{2.5}$$

여기서 V는 마이크로프로세서의 작동전압이며 f는 작동주파수이다. 각 기술노드마다 치수감소에 따라서 전력소모량이 증가하기 때문에, 절연체의 유전율을 줄이는 것이 매우 중요하다.[21]

그런데 각 기술노드가 도입될 때마다 유전율 상수값이 더 낮은 새로운 절연체를 도입하는 것은 극도로 어려운 일이다. 이 소재들은 기공률이 높기 때문에, 유전율 상수값이 감소함에 따라서 내부배선구조의 기계적 무결성이 저하되어버린다. 그림 2.4에서는 다공질 SiCOH 소재의 통합과 관련된 문제들을 요약하여 보여주고 있다.

　그 결과 새로운 다공질의 초저유전체의 적용은 매우 느리게 진행되고 있다. 국제반도체기술로
드맵(ITRS)은 매년 갱신되고 있으며, 그림 2.5에 도시되어 있는 것처럼, 초기의 예측[22,23]보다 조금
씩 위쪽을 향하고 있다.

　10~7[nm] 노드의 경우, 유전체 소재의 k_{eff} 값은 새로운 기술적 돌파가 없다면, 거의 2.4~2.7
이라고 가정하는 것이 안전하다.

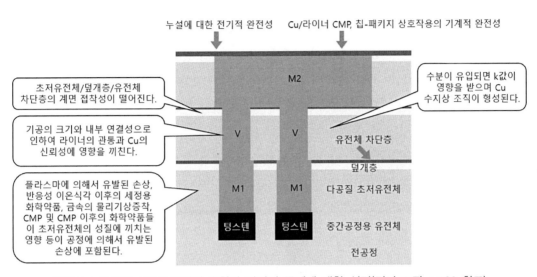

그림 2.4 다공질 초저유전체의 통합과 관련된 문제에 대한 설명(컬러 도판 p.589 참조)

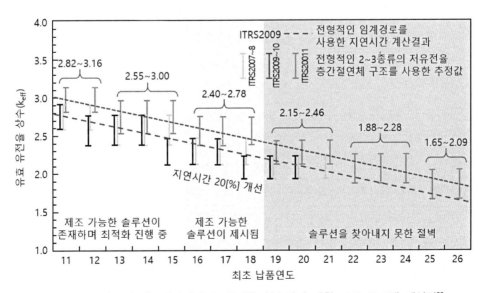

그림 2.5 구리소재 내부배선의 유효 유전율 상수값에 대한 ITRS 로드맵 예상값[23]

다공질 초저유전체의 적용은 구리소재 및 라이너에 대한 화학-기계적 평탄화 가공 공정에 몇 가지 기술적 도전요인을 부가하였다.[24] 신뢰성을 확보하기 위해서는 라이너에 대한 화학-기계적 평탄화 가공을 통해서 최소한 200~300[Å] 두께의 유전체를 제거해야 하므로, 계면활성제와 더불어서 유전체 제거율을 조절하기 위한 첨가제를 추가하여 슬러리를 제조한다. 이 계면활성제들 중 다량이 유전체 속으로 흡수되어 유전율을 변화시킨다. 이 계면활성제가 패드 소재에서 침출되어 유전체에 흡착될 수도 있다. 이 계면활성제들은 화학-기계적 평탄화 가공 후에 시행되는 세정이나 열처리공정을 통해서 제거하기 어려울 수도 있다. 또한 패드 수명기간 동안 유전체 제거율이 변할 수도 있으며, 패드가 노화됨에 따라서 배선의 저항값(R)이 지속적으로 증가할 수도 있다. 임계치수가 10~7[nm] 노드로 감소함에 따라서 이런 영향이 더 악화된다. 화학-기계적 평탄화 가공 후에 시행되는 세정용 약액에서도 이와 유사한 효과가 발생할 수 있다.[25,26] 화학-기계적 평탄화 가공공정의 기계적 효과와 화학적 효과는 이미 플라스마와 물리기상증착(PVD)에 의해서 유발된 손상으로 약해져 있는 유전체 소재에 훨씬 더 큰 영향을 끼친다는 것을 유추할 수 있다. 내부배선 구조의 화학적, 전기적 무결성이 신뢰성을 결정하며 성능과 신뢰성 요구조건들을 동시에 충족시키는 것이 궁극적인 목표이다.

2.2.4 공기간극 내부배선

IBM社가 **공기간극 내부배선**을 적용하면 신호전송 속도를 약 35[%] 증가시킬 수 있으며 소비전력은 약 15[%]를 절감할 수 있다고 발표[27,28]한 이후로, 다단형 내부배선구조에 공기간극을 생성하기 위한 저가형 공정의 개발이 진행되었다.[29] 2010년에 인텔社[30]는 32[nm] 노드에서 56[nm] 배선피치를 적용하여 정전용량을 20[%] 감소시켰다고 발표하였다. 22[nm] 노드에서는 완전한 SiCOH 구조에 비해서 약 28[%]의 정전용량 감소가 관찰되었다. 인텔社[31]에서는 최근 들어서 52[nm] 피치를 14[nm]노드 임계성능층의 구리소재 후공정에 공기간극을 도입하였다고 발표하였다(그림 2.6).

10~7[nm] 노드의 경우, 성능향상을 위해서 더 많은 숫자의 내부배선층들에 공기간극을 도입할 것이다. 더 많은 숫자의 임계성능층들의 내부배선에 기계적인 무결성을 갖춘 공기간극을 구현하기 위해서는 구리소재 및 라이너에 대한 화학-기계적 평탄화 가공이 추가적인 기술적인 도전을 극복해야만 한다. 실험적 기법과 시뮬레이션 기법을 사용하여 공기간극 구조의 기계적 강도에 대한 광범위한 연구가 수행되었다. 공기간극 구조의 기계적 강도와 안정성이 초저유전체를 사용하여 제작한 구조보다 좋다는 것이 일반적으로 인정되고 있다. 장 등에 따르면 적절한 설계와 공정변경, 소재선정 및 집적화 방법들을 사용하여 공기간극 구조와 관련된 기계적 무결성을 구현할 수 있다고 결론지었다.[32,33]

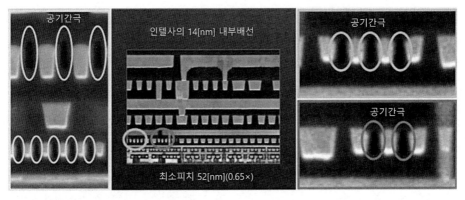

그림 2.6 공기간극이 적용된 52[nm]피치를 사용하는 인텔社의 14[nm] 내부배선 사례[4](컬러 도판 p.589 참조)

2.2.5 확산 차단층/구리 시드층

차단층들은 구리소재와 산소의 확산을 방지하며 구리소재 도전체와 유전체 사이의 강력한 접착을 제공해준다. 이들은 내부배선의 기계적 무결성과 전기적 신뢰성을 높여주는 중요한 역할을 한다. 물리기상증착(PVD)된 질화탄탈륨/탄탈륨(TaN/Ta) 차단층이 0.25[μm]에서부터 0.32[nm] 노드에 이르기까지 훌륭하게 이 역할을 수행하여왔다. 그런데 내부배선의 치수가 지속적으로 감소하게 되면서, 물리기상증착된 TaN/Ta 차단층 기술의 적용이 점점 더 어려워지게 되었다. 비교적 저항이 큰 TaN/Ta 박막이 배선 단면적에서 차지하는 비율이 점점 더 높아지게 되면서 배선과 비아의 저항이 증가하게 되었다. 130[nm] 노드에서 22[nm] 노드에 이르기까지 구리소재의 체적비율을 0.825로 비교적 일정하게 유지하기 위해서 차단층의 두께가 3[nm] 미만까지 감소하게 되었다. 배선의 선폭이 감소함에 따라서 구리소재의 저항률이 지수 함수적으로 증가하기 때문에, 이 문제는 훨씬 더 심각해진다. 기술적 도전과제는 확산차단층의 두께를 줄이면서도 확산차단능력과 접착성질을 그대로 유지하는 것이다. 3[nm] 미만의 두께를 가지고도 고도의 등각성, 연속성 및 균일성을 갖춘 TaN/Ta 박막을 물리기상증착으로 구현하는 것은 어려운 일이다. 시준된 물리기상증착[5]과 이온화된 물리기상증착[6]기법을 사용하여 증착한 TaN/Ta 라이너들이 기존의 물리기상증착 기법을 사용하여 증착한 라이너에 비해서 월등한 성능을 나타내었다. **원자층증착(ALD)**과 **플라스마 증강 원자층증착(PEALD)**을 사용하여 증착한 TaN/Ta 라이너가 22~14[nm] 기술노드에 성공적으로 사용되어왔으며, 10~7[nm] 노드에도 사용될 예정이다.

차단층 위에 구리소재를 전기증착하기 위해서는 확산차단층과 더불어서 얇고 연속적인 구리

소재 시드층도 함께 필요하다. 공격적인 크기축소를 통해서 시드층의 두께가 2~3[nm]에 이르게 되었다. 도랑구조 속에 연속적이며 대칭성과 등각성을 갖춘 구리소재 시드층을 생성하는 것이 점점 더 어려워지게 되었다. 시드층의 등각성을 개선하고 비대칭성과 버섯머리 형성효과를 통제하기 위해서 구리소재 재스퍼터링, 구리소재 이온플럭스의 최적화 그리고 장비변경 등의 방법들이 사용되었다. 또 다른 방법은 구리소재의 부착성과 결정핵생성능력을 향상시키기 위한 차단층과 구리소재 시드층 사이의 증강층으로 전이금속을 사용하는 것이다. 루테늄(Ru)과 코발트(Co)층의 증착에 **화학기상증착**(CVD)과 원자층증착기법을 사용하는 방안이 광범위하게 연구되었다.[34] 이런 다중금속 적층의 도입이 구리소재에 대한 화학－기계적 평탄화 가공공정에 영향을 끼칠 수 있기 때문에, 이에 대한 세밀한 연구가 필요하다.

디 등[35]은 질화텅스텐(WN) 위에 증착한 구리소재 시드층이 시트저항이 $15[k\Omega/cm^2]$인 질화텅스텐 박막에 의해서 주로 연결된 고립된 구리섬을 생성한다는 것을 밝혀냈다. 반면에 얇은 (1.4[nm]) 구리소재를 조밀한 나노결정질의 Co/WN 박막 위에 증착하면 시트 저항이 약 $1.5[k\Omega/cm^2]$으로 감소하므로, 구리소재 박막이 연속성을 갖고 있다는 것을 알 수 있다. 코발트(Co) 소재의 시드 강화층이 구리소재를 도금하는 동안 흡착성을 향상시켜주어 구리소재의 간극 충진성을 향상시켜준다고 제시하였다. 이것이 구리소재 시드층의 등각성 향상과 결합되면 공격적인 접지규칙이 적용되는 경우에 구조물의 수율을 향상시켜준다.[36]

노가미 등[37]은 물리기상증착 TaN/화학기상증착 코발트 라이너에 대한 연구를 통해서 화학기상증착 방식으로 제작한 코발트 소재 라이너 자체는 산소 확산에 대해서 좋은 차단막이 아니므로 질화탄탈륨(TaN)이 필요하다고 결론지었다. 질화탄탈륨 위에 증착한 코발트는 탄소와 산소 사이의 융합성이 낮으며 구리의 결정구조를 개선시켜주고, 응집성이 낮다. 48[nm] 피치로 제작된 간극에 TaN/Ta과 TaN/화학기상증착 코발트 라이너를 증착한 경우의 이중 다마스커스 공정을 사용한 구리소재에 대한 충진 성능이 TaN/화학기상증착 코발트 라이너만을 사용한 경우보다 크게 개선되었다.[38]

코발트 라이너의 화학기상증착 공정을 구리소재 전기증착 및 구리소재에 대한 화학－기계적 평탄화 가공 공정과 통합하는 과정에는 몇 가지 기술적 문제가 존재한다. 얇은 구리소재 시드층은 극도로 매끄럽고 연속적이어야만 한다. 거친 구리소재 시드층(그림 2.7 (a))에는 얇은 다공질의 구멍들이 존재하며, 이들을 통해서 구리 도금조 내의 강산성 전해질이 하부의 코발트를 공격할 수 있다. 이로 인하여 코발트 라이너의 손실이 초래된다. 이 결함들은 화학－기계적 평탄화 가공을 시행한 이후에만 검출할 수 있으며, 화학－기계적 평탄화 가공을 시행하는 동안에 의도치 않은 코발트 소재의 부식을 초래할 수도 있다. 이런 사례가 그림 2.7 (b)에 도시되어 있다. 투과전자현미경(TEM) 단면사진을 통해서 상부에 증착된 구리소재를 제거하는 과정에서 코발트 소재가 손실된 위치들을 확인할 수 있다. 사진에 따르면 상부에 증착된 구리소재가 여전히 남아 있으므로, 화학-기계적 평탄화 가공을 시행하기 전에 이미 코발트 라이너가 손실되었음을 알 수 있다.

물론 구리소재에 대한 화학-기계적 평탄화 가공을 수행하는 동안 코발트 소재 라이너가 공격을 받으며, 대부분의 일반조성 슬러리들을 사용하면 그림 2.8에 도시되어 있는 것처럼, 코발트 라이너 전체가 손실되어버린다.

대부분의 현대적인 슬러리들은 TaN/Co 라이너에 대해서 사용 가능한 조성을 가지고 있으며, 기존의 슬러리에 첨가된 화학물질과의 전기화학적 상호작용으로 인한 심각한 코발트 부식이 더 이상 발생하지 않는다. 하지만 그림 2.9에 도시되어 있는 것처럼, 화학-기계적 평탄화 가공 이후에는 어느 정도의 코발트 소재의 함몰이 관찰된다.

노가미 등[23]에 따르면 그림 2.10에 도시되어 있는 것처럼, 내부배선 구조 내에 코발트 소재의 함몰이 존재하는 경우에는 일렉트로마이그레이션(EM)에 의한 수명감소가 발생한다.

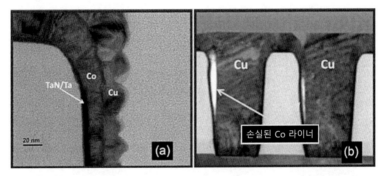

그림 2.7 (a) 투과전자현미경 단면영상을 통해서 구리소재 시드층의 높은 거칠기를 확인할 수 있다. (b) 투과전자현미경 단면영상을 통해서 Co 라이너가 없는 구리소재 내부배선구조의 화학-기계적 평탄화 가공 전 영상을 보여주고 있다.

그림 2.8 주사전자현미경(SEM) 단면사진을 통해서 구리소재에 대해서 기존의 라이너 슬러리를 사용하여 화학-기계적 평탄화 가공을 시행한 이후의 구리소재 내부배선 구조와 손실된 코발트 라이너의 상태를 보여주고 있다.

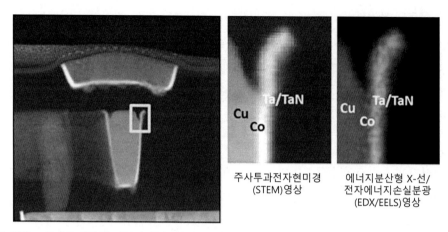

주사투과전자현미경   에너지분산형 X-선/
(STEM)영상   전자에너지손실분광
                          (EDX/EELS)영상

그림 2.9 화학－기계적 평탄화 가공과 후속 세정작업을 시행하는 동안 코발트(Co)의 국부부식에 의해서 생성된 코발트 함몰형상에 대한 주사전자현미경(SEM), 주사투과전자현미경(STEM), 에너지 분산형 X-선/전자에너지손실분광(EDX/EELX)영상(컬러 도판 p.589 참조)

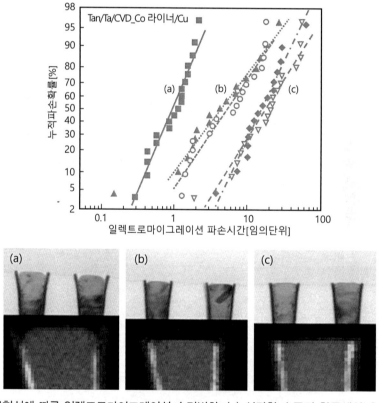

그림 2.10 함몰형성에 따른 일렉트로마이그레이션 수명변화. (a) 심각함 수준의 함몰생성. (b) 중간 정도의 함몰생성. (c) 함몰생성 없음[7](컬러 도판 p.590 참조)

---

7   © (2013) IEEE. Reprinted with permission from Ref. 38.

이들에 따르면 주사투과전자현미경(STEM) 영상에서 별다른 차이가 나타나지 않는 경우조차도, 화학-기계적 평탄화 가공과 후속 세정과정에 사용된 화학약품의 종류에 따라서, 에너지 분산형 X-선/전자에너지손실분광(EDX/EELS)지도(참고문헌 30의 그림 2.4)에서는 코발트 소재 함몰의 깊이차이가 크게 나타난다. 이 관찰결과를 통해서 반도체 공정기술의 발전으로 인하여, 현재 사용되는 계측과 파손분석기법들이 분자크기 수준으로 접근하는 디바이스 구조를 완벽하게 검사하기에는 부적합하다는 것을 알 수 있다.

시드 강화층으로 루테늄(Ru)과 루테늄 합금들도 제안되었다.[39] 루테늄 자체는 구리나 산소에 대해서 좋은 확산 차단물질이 아니며[40~42] 유전체와의 접착성도 나쁘다. 이런 이유 때문에 루테늄은 질화탄탈륨과 결합되어 시드 강화층으로 사용된다. 그림 2.11에 도시되어 있는 것처럼, Ru/TaN과 $Ru_{0.9}Ta_{0.1}$/TaN이 기존의 Ta/TaN 차단층에 비해서 종횡비가 큰 틈새에 대해서 뛰어난 간극충진율을 가지고 있음이 규명되었다.

뛰어난 간극충진 능력은 루테늄 층의 습윤성과 루테늄에 부착된 초박막 구리 시드층 때문이다. 양 등[39,40]에 따르면, Ru/TaN 층을 갖춘 구리 시험구조의 물리적, 전기적 특성은 Ta/TaN 라이너와 유사한 것으로 판명되었다. 그런데 루테늄이 포함된 구리소재에 대한 화학-기계적 평탄화 가공

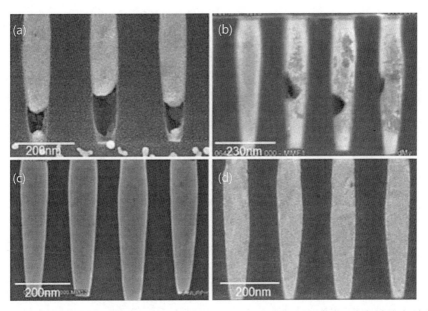

그림 2.11 (a) Ta/TaN, (b) $Ru_{0.7}Ta_{0.3}$/TaN, (c) $Ru_{0.9}Ta_{0.2}$/TaN, (d) Ru/TaN 소재의 라이너 위에 증착된 10[nm] 두께의 물리기상증착 구리시드층 위에 구리도금을 시행한 후에 촬영한 주사전자현미경 단면영상[8]

....

과 구리가 포함된 루테늄에 대한 화학−기계적 평탄화 가공은 별개의 문제이다.[43~45] 루테늄은 구리에 비해서 더 귀한 금속이며, 서로 다른 금속들 사이의 상호작용으로 인하여 과도한 디싱이 발생하기 때문에, Cu/라이너 계면에서 구리의 용해가 훨씬 더 빠르게 진행된다. 보호용 표면박막 에도 불구하고 집중적인 국부 용해로 인하여 구리의 부식이 발생하며, 이로 인하여 일반적인 경우보다 더 높은 빈도로 결함이 발생하게 된다. Ru/Cu 시스템에 대한 화학−기계적 평탄화 가공 특성과 산화제, 용해억제제, 계면활성제 그리고 다양한 첨가제들 속에서 Ru/Cu 커플의 전기화학 적 거동에 대한 광범위한 연구가 수행되었다.[43,45~50]

루테늄은 대부분의 산화제들에 대해서 화학적으로 안정하므로, 높은 제거율을 구현하기 위해 서는 세륨질산암모늄,[51] 차아염소산나트륨, 과요오드산나트륨,[47,52] 그리고 과탄산소다[49]와 같은 강 력한 산화제를 사용하여야 한다. 루테늄은 귀금속이기 때문에 그림 2.12에 도시되어 있는 루테늄 에 대한 풀베이 선도에 따르면, 산성 및 염기성 표면에 모두 루테늄 산화물이 존재할 수 있다.[47]

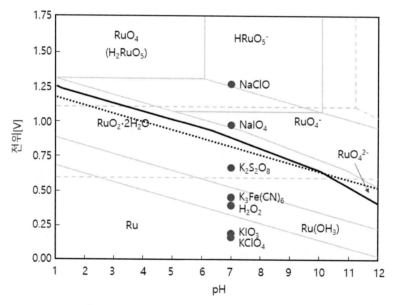

그림 2.12 총 이온농도가 1×10^{-2}[M](검은색 실선)과 1×10^{-6}[M](검은색 점선)인 경우에 대해서 표준조건하에 서 물속에 잠겨 있는 루테늄에 대한 전위−pH 선도[9]

Ce^{4+}의 존재로 인하여 pH가 산성이 되면, RuO_4가 생성된다. RuO_4는 고휘발성의 강력한 산화제 로서, 자극성이며, 독성을 가지고 있다. pH가 염기성이면, 루테늄 표면에는 루테늄만 존재하며 산화제가 존재하는 경우에는 RuO_2도 함께 존재한다. 그런데 산화제가 존재하면, 루테늄 표면에는

9   From Ref. 46. Reproduced by permission of The Electrochemical Society.

RuO₂, RuO₃, Ru(OH)₃ 그리고 Ru(OH)₄를 포함하여 다양한 루테늄 산화물과 수산화물들이 존재한다. 염기성 용액 내에서 RuO_2와 $Ru(OH)_4$가 더 분해되면 RuO_4^{2-}와 RuO_4^- 성분들이 생성될 수 있다. 따라서 루테늄 산화물들의 생성은 루테늄에 대한 화학-기계적 평탄화 가공에서 중요한 단계이다. 화학-기계적 평탄화 가공의 제거율이 낮기 때문에, 마멸작용을 통해서 루테늄 산화물들을 제거하는 방법은 별로 효율적인 방법이 아닌 것처럼 보인다. 루테늄 표면의 공식[10]과 표면 거칠기 증가가 보고되었다. 이런 문제들을 해결하기 위해서 억제제와 첨가제를 사용하는 방안들이 제안되었다.[48,50]

구리와 루테늄에 대한 제거율 선택도를 조절하는 것도 어려운 일이다. 염기성 용액 속에 산화제가 들어 있는 경우에, 구리 표면은 CuO 및 Cu₂O와 같은 산화물들로 덮이게 된다. Ru/RuOₓ 및 Cu/CuOₓ 사이의 전기화학적 전위 차이는 이온, 킬레이트제 그리고 용해 억제제 등에 의해서 심한 영향을 받는다. 사기 등[50]에 따르면 슬러리에 5[mM]의 벤조트리아졸을 첨가하면 구리에 비해서 루테늄을 더 양극화시키므로, 슬러리 시스템 내에서 Ru/Cu 커플의 극성이 반전된다. 이로 인하여 코발트 라이너에서와 유사하게 도랑구조 내의 루테늄 라이너의 손실이 초래될 수 있다. 미래세대의 내부배선 구리소재에 대한 화학-기계적 평탄화 가공에서는 이런 문제들의 해결이 중요한 기술적 도전과제가 될 것이다. 김 등에 따르면, 10[nm] 노드(초저유전체: k=2.5)에 적용된 화학기상증착된 루테늄 라이너/리플로우된 구리구조를 사용하여 실험실 수준에서 월등한 간극충진 성능과 신뢰성을 구현하였다.[53] 루테늄 소재가 가지고 있는 가장 큰 문제들은 화학-기계적 평탄화 가공, 결함발생 그리고 성능저하 등이다. 루테늄 소재에 적용할 수 있는 상용 라이너 슬러리들은 이런 문제들에 대해서 성공적으로 대응하고 있다.[54~57] 10~7[nm] 노드와 그 이후의 노드들에서는 화학기상증착된 루테늄/질화규소 라이너가 수율과 관련된 문제를 해결할 수만 있다면, 가장 앞선 후보가 될 것이다.

루테늄이 구리소재에 대한 확산 차단층으로서의 성능이 나쁜 이유는 초박막의 주상구조[11] 때문이다.[41,58] **조정조직**[12]은 입자의 경계를 따라서 구리원자가 이동하는 점프주파수를 증가시키며, 입자경계에서의 빠른 확산성으로 인하여 이 경로상의 평균 구리농도가 증가한다. 이 농도구배로 인하여 구리의 확산이 촉진된다.[59] 인(P)과 같은 불순물을 첨가하여 이 입자경계를 막으면 확산 차단성능이 향상된다.[60] 인(P) 농도가 15~20[%]를 넘어서면, 확산차단성능이 향상되며 누설전류가 감소한다고 보고되었다.[61] 초박막 루테늄 층 위에 얇은 구리소재 시드층을 증착하는 공정의 복잡성을 줄이기 위해서, 루테늄(Ru) 또는 Ru(P) 위에 직접 도금을 시행하는 방안도 제안되었다.[62]

---

10 pitting corrosion.
11 columnar structure.
12 open grain structure: 거칠고 구멍이 많은 조직. 역자 주.

화학-기계적 평탄화 가공의 관점에서는, 이런 공정변경에 따른 문제들은 루테늄이 당면하고 있는 문제들과 동일하다.

후공정 구리구조의 일렉트로마이그레이션(EM) 신뢰성을 향상시키기 위해서 물리기상증착된 CuMn 시드층이 제안되었다.[63,64] 노가미 등[38,65,66]은 32[nm]와 22[nm] 기술노드에 대해서 후공정 구리구조의 일렉트로마이그레이션 신뢰성과 CuMn 시드층의 확장성에 대한 연구를 수행하였다. 이들에 따르면 CuMn 시드층에 대한 풀림처리 과정에서 망간의 분리가 발생하는 것이 발견되었다. 이로 인하여 배선 상부의 Cu/SiCN 계면에서 다량의 망간 원자들이 발견되며, 일렉트로마이그레이션 수명이 크게 증가하였다. 이는 CoWP의 경우와 유사하게, 이동한 망간이 덮개층처럼 작용한다는 것을 의미한다. 표면의 망간원자들은 산소원자들과 결합하여 MnO를 형성하며, 이들이 추가적인 확산을 막아준다. X-선 광전자 분광법(XPS)을 사용하여 이를 검증하였다. 시드층 내의 망간 원자들이 배선의 상부에 도달하기 위해서는 구리를 통과해야만 하므로, 불순물(Mn)에 의한 배선저항의 증가가 예상되며, 실제로 이런 현상이 관찰되었다.

앞으로 사용될 내부배선을 위해서 다양한 확산차단층과 시드층 소재들에 대한 연구가 수행되고 있다. Ir/TaN, Co(W), TaN$_x$ 그리고 Cu(Mn)/Co(W) 등이 발표되었다.[67~70] 자기저항 임의접근메모리(MRAM)에 사용되는 구리소재 내부배선의 경우, NiFe 및 Co 합금과 같은 자성 라이너 소재들을 사용할 수 있다. 두께, 단차피복[13] 그리고 박막품질 등의 조절능력을 향상시키기 위하여 플라스마 증강 화학기상증착(PECVD), 유기금속화학기상증착(MOCVD), 원자층증착(ALD) 그리고 플라스마 증강 원자층증착(PEALD) 등과 같은 새로운 증착기법들과 수정된 물리기상증착 방법들이 연구되고 있다. 이렇게 새로운 초박막 라이너 소재들을 증착하는 것은 매우 어려운 일이며 라이너에 대한 화학-기계적 평탄화 가공용 슬러리와 공정개발에 대한 새로운 수요가 나타나고 있다.

2.2.6 화학 - 기계적 평탄화 가공 후의 세정과 결함발생 문제

효과적이며 결함발생이 작은 화학-기계적 평탄화 가공 후 세정방법의 구현은 22~14[nm] 노드에서조차도 이미 매우 어려운 일이다. 연마입자들을 효과적으로 제거하기 위한 최선의 방법은 유기산 희석액을 사용하여 입자와 함께 슈[Å] 두께의 구리 표면을 식각하는 것이다. 이로 인하여 용액 속에는 Cu^{2+} 이온들이 축적되며 그림2.13에 도시되어 있는 것처럼, 특정한 형태의 **수지상 조직**[14]이 생성된다. Cu^{2+} 이온들의 복합체 형성을 통해서 이 수지상 조직의 생성을 조절할 수는 있지만, 이를 완벽하게 제거할 수는 없다.

....

13 step coverage.

14 dendrite.

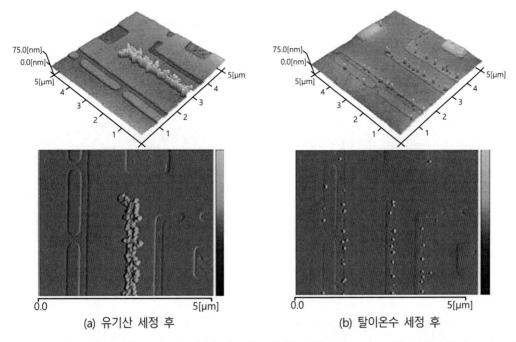

(a) 유기산 세정 후   (b) 탈이온수 세정 후

그림 2.13 화학−기계적 평탄화 가공 후에 (a) 희석된 유기산을 사용하여 구리 표면을 세정한 후의 표면(표면에는 입자가 없지만 특정한 배선 위에 수지상 조직이 생성됨) (b) 탈이온수를 사용하여 구리 표면을 세정한 후의 표면(입자 오염이 관찰되었지만 수지상 조직은 발견되지 않음)에 대한 원자작용력현미경 영상(컬러 도판 p.590 참조)

가브리엘리 등[71,72]에 따르면, 디바이스의 n^+ 영역과 접촉하고 있는 구리배선 내에서 수지상 조직이 주로 성장한다. 이들은 p^+ 영역과 접촉하고 있는 구리배선에서 구리의 용해가 일어나며, n^+ 영역과 접촉하고 있는 구리배선에서는 증착이 일어난다는 용해/증착 메커니즘을 제안하였다. 국부적인 Cu^{2+} 이온농도가 매우 낮기 때문에, 확산이 극도로 제한된 상태에서만 증착에 의한 수지상 조직의 성장이 초래된다.[73] 염기성 용액 속에서는 구리소재의 확산율이 현저히 감소하므로, 수지상 조직의 성장을 억제하기 위해서, 화학−기계적 평탄화 가공 후에 시행되는 세정에는 염기성 용액이 널리 사용되고 있다.

그림 2.14에서는 구리소재 내부배선에서 관찰되는 다양한 유형의 수지상 조직들을 보여주고 있다. 수지상 조직의 성장과정 차이에 따라서, 수지상 조직 결함은 단순한 외관불량에서 파멸적 킬러결함에 이르기까지 다양하게 작용한다. 디바이스의 임계치수가 연마입자보다 더 큰 경우조차도, 연마된 표면의 임의입자 오염이 주요 수율감소요인으로 작용한다. 디바이스의 치수가 감소하여 연마입자의 크기와 유사한 수준에 이르게 되면 이 문제가 더 심각해진다. 그림 2.15에서는 표면상에 존재하는 단 두 개의 임의입자들이 디바이스를 어떻게 완전히 파손시켜버리는지를 보여주고 있다.

화학-기계적 평탄화 가공 후에 시행되는 세정용 화학약품이 유전체 소재(k-값 감소, 계면활성제 및 이온침투)나 구리/라이너의 결합(구리부식, 측벽라이너 손실)에 부정적인 영향을 끼치거나, 여타의 결함을 증가시키지 않아야 한다.

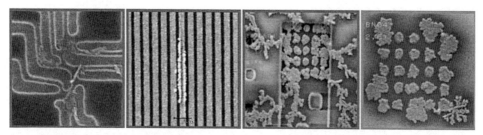

그림 2.14 후공정 구리구조에서 관찰되는 다양한 유형의 수지상 조직에 대한 주사전자현미경 사진. 수지상 조직 결함과 임의입자 오염을 동시에 제거하는 것은 매우 어려운 일이다.

그림 2.15 임의입자 오염에 의해서 영향을 받은 디바이스에 대한 투과전자현미경 영상. 65[nm] 크기의 연마 입자 단 두 개가 표면에 부착되어 디바이스를 파손시켰다.

2.3 결 론

7~5[nm] 기술노드의 경우, 최소선폭과 형상치수, 결함크기 및 두께균일성 편차한계 등은 2~3[nm]에 불과하다. 이 치수는 현재 사용되는 대부분의 측정 및 검사시스템들이 구현할 수 있는 정확도 및 정밀도 한계보다 더 작은 값이다. 또한 넓은 다양한 선폭, 패턴밀도 및 형상크기를 가지고 있는 300[mm]나 450[mm] 크기의 웨이퍼 전체에 대해서 나노미터 수준의 균일도를 구현해야만 한다. 웨이퍼 내 균일도나 웨이퍼 간 균일도 역시 극단적인 사양값을 요구하고 있다. 이런 기술적 도전과제들 중 대부분을 해결하기 위하여 현재 사용하고 있는 방법은 동적측정과 공정제

어 시스템을 사용하여 원하는 산출목표가 구현될 때까지 공정/장비인자들을 연속적으로 조절하는 것이다. 이 전략을 통해서 화학-기계적 평탄화 가공공정에 반입되는 모든 가변성을 수용할 수 있게 되었다. 세련된 데이터수집 알고리즘과 실시간 동적측정/제어 시스템 그리고 빠른 응답특성과 피드백이 필요하게 되었다. 현재의 상황은 각 단계마다 한 종류의 슬러리를 사용하며, 연마공정을 끝마치기 위해서는 다단공정을 거쳐야만 한다. 앞으로는 연마도중에 슬러리의 조성을 바꿔서 선택도를 더 정밀하게 조절하는 방법이 필요하게 될 것이다. 연마공정을 수행하는 동안 한 가지 소재의 제거율을 높이거나 또는 다른 소재의 제거율을 낮추기 위해서는 테이블에 계면활성제와 첨가제들을 첨가해야 한다. 가장 큰 기술적 도전은 공정비용을 크게 높이지 않으면서 이런 발전을 이뤄내야만 한다는 것이다.

감사의 글

저자들은 from D.F. Canaperi, J.W. Nalaskowski, R. Sharma, E. Gapihan, T. Topuria, P. Rice, S.M. Gates, C. Lavoie 그리고 V. Paruchuri의 기술적 도움에 감사를 드린다. 또한 실리콘 사이언스 앤드 테크놀로지社, IBM 마이크로일렉트로닉스社 연구소 산하의 T.J. 왓슨 연구소 그리고 IBM 연구소 산하의 알바니 나노테크놀로지센터의 도움에도 감사를 드린다.

참고문헌

1.   Moore GE. Cramming more components onto integrated circuits. *Proc IEEE* 1998;86(1): 82e5.

2.   Dennard RH, Gaensslen FH, Rideout VL, Bassous E, LeBlanc AR. Design of ionimplanted MOSFET's with very small physical dimensions. *IEEE J Solid State* Circuits 1974;9(5):256e68.

3.   Hoeneisen B, Mead CA. Fundamental limitations in microelectronics—I. MOS technology. *Solid State Electron* 1972;15(7):819e29.

4.   Wallmark JT. Fundamental physical limitations in integrated electronic circuits. *Inst Phys Conf Ser* 1975;25:133e67.

5.   Chenming H. Gate oxide scaling limits and projection. In: *Electron devices meeting, 1996. IEDM '96, international, 8e11 Dec.* 1996; 1996. p. 319e22.

6.   Stathis JH, DiMaria DJ. Reliability projection for ultra-thin oxides at low voltage. In: *Electron devices meeting, 1998. IEDM '98. Technical digest., international, 6e9 Dec.* 1998; 1998. p. 167e70.

7.   Haensch W, Nowak EJ, Dennard RH, Solomon PM, Bryant A, Dokumaci OH, et al. Silicon CMOS devices beyond scaling. *IBM J Res Dev* 2006;50(4/5):339e61.

8.   Wilk GD, Wallace RM, Anthony JM. High-k gate dielectrics: current status and materials properties considerations. *J Appl Phys* 2001;89(10):5243e75.

9.   Gusev EP, Narayanan V, Frank MM. Advanced high-k dielectric stacks with polySi and metal gates: recent progress and current challenges. *IBM J Res Dev* 2006;50(4.5): 387e410.

10. Zhirnov VV, Cavin RK. Comment on "Fundamental limits of energy dissipation in charge-based computing"; [Appl. Phys. Lett. 97, 103502 (2010)]. *Appl Phys Lett* 2011; 98(9):096101.

11. Zhirnov VV, Cavin RK, Hutchby JA, Bourianoff GI. Limits to binary logic switch scaling e a gedanken model. *Proc IEEE* 2003;91(11):1934e9.

12. Wu J, Shen Y-L, Reinhardt K, Szu H, Dong B. A nanotechnology enhancement to Moore's law. *Appl Comput Intell Soft Comput* 2013;2013:13.

13. Ho R, Mai KW, Horowitz MA. The future of wires. *Proc IEEE* 2001;89(4):490e504.

14. Schuegraf K, Abraham MC, Brand A, Naik M, Thakur R. Semiconductor logic technology innovation to achieve sub-10 nm manufacturing. *IEEE J Electron Devices Soc* 2013;1(3):66e75.

15. Croes K, Ciofi I, Kocaay D, Tokei Z, Bommels J. Effect of line-overlay and via-misalignment on dielectric reliability for different patterning schemes. In: *Reliability physics symposium, 2014 IEEE international, 1e5 June 2014*; 2014. BD.5.1e4.

16. Siew YK, Stucchi M, Versluijs J, Roussel P, Kunnen E, Pantouvaki M, et al. Enabling interconnect scaling with spacer-defined double patterning (SDDP). *Microelectron Eng* 2013;112:116e20.

17. ITRS. *ITRS interconnect working group winter update. ITRS interconnect working group winter update*, 9; 2012.

18. Steinh€ogl W, Schindler G, Steinlesberger G, Engelhardt M. Size-dependent resistivity of metallic wires in the mesoscopic range. *Phys Rev B* 2002;66(7):075414.

19. Sun T, Yao B, Warren A, Barmak K, Toney M, Peale R, et al. Surface and grain-boundary scattering in nanometric Cu films. *Phys Rev B* 2010;81(15):155454.

20. Hanaoka Y, Hinode K, Takeda K, Kodama D. Increase in electrical resistivity of copper and aluminum fine lines. *Mater Trans* 2002;43(7):1621e3.

21. Grill A, Gates SM, Ryan TE, Nguyen SV, Priyadarshini D. Progress in the development and understanding of advanced low k and ultralow k dielectrics for very large-scale integrated interconnects— State of the art. *Appl Phys Rev* 2014;1:011306.

22. ITRS. *International technology roadmap for semiconductors. International technology roadmap for semiconductors 2011 edition e interconnect*, 25 2011.

23. Baklanov MR, Adelmann C, Zhao L, De Gendt S. Advanced interconnects: materials, processing, and reliability. *ECS J Solid State Sci Technol* 2015;4(1):Y1e4.

24. Donaton RA, Coenegrachts B, Maenhoudt M, Pollentier I, Struyf H, Vanhaelemeersch S, et al. Integration of Cu and low-k dielectrics: effect of hard mask and dry etch on electrical performance of damascene structures. *Microelectron Eng* 2001;55(1e4):277e83.

25. Hsieh YL, Lin WC, Lin YM, Hsu HK, Chen CH, Tsao WC, et al. Effects of BEOL copper CMP process on TDDB for direct polishing ultra-low k dielectric cu interconnects at 28nm technology node and beyond. In: *Reliability physics symposium (IRPS), 2013 IEEE international, 14e18 April 2013*; 2013. BD.3.1e5.

26. Hsu C-L, Lin W, Hsu C-W, Lin J-C, Tsai T-C, Huang C-C, et al. The TDDB study of post-CMP cleaning effect for L40 direct polished porous low K dielectrics Cu interconnect. *ECS Trans* 2010;33(10):99e105.

27. Nitta S, Edelstein D, Ponoth S, Clevenger L, Liu X, Standaert T. Performance and reliability of airgaps for advanced BEOL Interconnects. In: *Interconnect technology conference, 2008. IITC 2008. International, 1e4 June 2008*; 2008. p. 191e2.

28. Ponoth S, Horak D, Nitta S, Colburn M, Breyta G, Huang E, et al. Self-assembly based air-gap integration. *Meet Abstr* 2008;28:2074. MA2008e02.

29. Nakamura N, Matsunaga N, Kaminatsui T, Watanabe K, Shibata H. Cost-effective air-gap interconnects by all-in-one post-removing process. In: *Interconnect technology conference, 2008. IITC 2008. International, 1e4 June 2008*; 2008. p. 193e5.

30. Yoo HJ, Balakrishnan S, Bielefeld J, Harmes M, Hiramatsu H, King S, et al. Demonstration of a reliable high-performance and yielding air gap interconnect process. In: *Interconnect technology conference (IITC), 2010 international, 6e9 June 2010*; 2010. p. 1e3.

31. Natarajan S, Agostinelli M, Akbar S, Bost M, Bowonder A, Chikarmane V, et al. A 14nm logic technology featuring 2nd generation FinFET, air-gapped interconnects, self-aligned double patterning and a 0.0588 mm2 SRAM cell size. In: *Electron devices meeting (IEDM), 2014 IEEE international, 15e17 Dec. 2014*; 2014. 3.7.1e3.7.3.

32. Gottfried K, Schubert I, Schulze K, Schulz S, Gessner T. CMP issues arising from novel materials and concepts in the BEOL of advanced microelectronic devices. In: *Planarization/CMP technology (ICPT),*

2007 international conference on, 25e27 Oct. 2007. p. 1e6.

33. Xuefeng Z, Ryu S-K, Huang R, Ho PS, Liu J, Toma D. Impact of process induced stresses and chip-packaging interaction on reliability of air-gap interconnects. In: *Interconnect technology conference, 2008. IITC 2008. International, 1e4 June 2008*; 2008. p. 135e7.

34. Ma P, Qian L, Sundarrajan A, Jiang L, Aubuchon J, Tseng J, et al. Optimized integrated copper gap-fill approaches for 2x flash devices. In: *Interconnect technology conference, 2009. IITC 2009. IEEE international, 1e3 June 2009*; 2009. p. 38e40.

35. Li Z, Gordon RG, Farmer DB, Lin Y, Vlassak J. Nucleation and adhesion of ALD copper on cobalt adhesion layers and tungsten nitride diffusion barriers. *Electrochem Solid State Lett* 2005;8(7):G182e5.

36. Simon AH, Bolom T, Niu C, Baumann FH, Hu C, Parks C, et al. igration comparisoElectromn of selective CVD cobalt capping with PVD Ta(N) and CVD cobalt liners on 22nm-groundrule dual-damascene Cu interconnects. In: *Reliability physics symposium (IRPS), 2013 IEEE international, 14e18 April 2013*; 2013. pp. 3F.4.1e3F.4.6.

37. Nogami T, Maniscalco J, Madan A, Flaitz P, DeHaven P, Parks C, et al. CVD Co and its application to Cu damascene interconnections. In: *Interconnect technology conference (IITC), 2010 international, 6e9 June 2010*; 2010. p. 1e3.

38. Nogami T, He M, Zhang X, Tanwar K, Patlolla R, Kelly J, et al. CVD-Co/Cu(Mn) integration and reliability for 10 nm node. In: I*nterconnect technology conference (IITC), 2013 IEEE international, 13e15 June 2013*; 2013. p. 1e3.

39. Yang C, Cohen S, Shaw T, Wang PC, Nogami T, Edelstein D. Characterization of "Ultrathin-Cu"/ Ru(Ta)/TaN liner stack for copper interconnects. *IEEE Electron Device Lett* 2010;31(7):722e4.

40. Yang CC, Spooner T, Ponoth S, Chanda K, Simon A, Lavoie C, et al. Physical, electrical, and reliability characterization of Ru for Cu interconnects. In: *Interconnect technology conference, 2006 international, 5e7 June 2006*; 2006. p. 187e90.

41. Kim H, Koseki T, Ohba T, Ohta T, Kojima Y, Sato H, et al. Cu wettability and diffusion barrier property of Ru thin film for Cu metallization. *J Electrochem Soc* 2005;152(8): G594e600.

42. Liu X, King SW, Nemanich RJ. Thermal stability of Ti, Pt, and Ru interfacial layers between seedless copper and a tantalum diffusion barrier. **J Vac Sci Technol B** 2013;31(2): 022205.

43. Yu K-H, Pillai KM, Nalla P, Chyan O. Study of bimetallic corrosion related to Cu interconnects using micropattern corrosion screening method and Tafel plots. *J Appl Electrochem* 2010;40(1):143e9.

44. Shima S, Fukunaga A, Tsujimura M. Effects of liner metal and CMP slurry oxidizer on copper galvanic corrosion. *ECS Trans* 2007;11(6):285e95.

45. Tamboli D, Osso O, McEvoy T, Vega L, Rao M, Banerjee G. Investigating the compatibility of ruthenium liners with copper interconnects. *ECS Trans* 2010;33(10):181e7.

46. Amanapu HP, Sagi KV, Teugels LG, Babu SV. Role of guanidine carbonate and crystal orientation on chemical mechanical polishing of ruthenium films. *ECS J Solid State Sci Technol* 2013;2(11):P445e51.

47. Cui H, Park J-H, Park J-G. Effect of oxidizers on chemical mechanical planarization of rutheniumwith

colloidal silica based slurry. *ECS J Solid State Sci Technol* 2013;2(1):P26e30.

48. Cui H, Park J-H, Park J-G. Corrosion inhibitors in sodium periodate slurry for chemical mechanical planarization of ruthenium film. *ECS J Solid State Sci Technol* 2013;2(3): P71e5.

49. Turk MC, Rock SE, Amanapu HP, Teugels LG, Roy D. Investigation of percarbonate based slurry chemistry for controlling galvanic corrosion during CMP of ruthenium. *ECS J Solid State Sci Technol* 2013;2(5):P205e13.

50. Sagi KV, Amanapu HP, Teugels LG, Babu SV. Investigation of guanidine carbonatebased slurries for chemical mechanical polishing of Ru/TiN barrier films with minimal corrosion. *ECS J Solid State Sci Technol* 2014;3(7):P227e34.

51. Lee W-J, Park H-S. Development of novel process for Ru CMP using ceric ammonium nitrate (CAN)-containing nitric acid. *Appl Surf Sci* 2004;228(1e4):410e7.

52. Kim I-K, Kang Y-J, Kwon T-Y, Cho B-G, Park J-G, Park J-Y, et al. Effect of sodium periodate in alumina-based slurry on Ru CMP for metaleinsulatoremetal capacitor. *Electrochem Solid State Lett* 2008;11(6):H150e3.

53. Lapedus M. Interconnect challenges grow. *Semicond Eng* February 20, 2014. http://semiengineering.com/interconnect-challenges-grow/.

54. White D, Parker J. *Ruthenium CMP compositions and methods.* US 8008202 B2. 2011.

55. White D, Parker J. *CMP compositions containing a soluble peroxometallate complex and methods of use there of.* US 8541310 B2. 2013.

56. Li Y, Ramji K. *Oxidizing particles based slurry for noble metals including ruthenium CMP.* US 8684793 B2. 2014.

57. Jin W, Remsen E. *Composition and methods for selective polishing of platinum and ruthenium materials.* US 2014/0054266 Al. 2014.

58. Chan R, Arunagiri TN, Zhang Y, Chyan O, Wallace RM, Kim MJ, et al. Diffusion studies of copper on ruthenium thin film: a plateable copper diffusion barrier. *Electrochem Solid State Lett* 2004;7(8):G154e7.

59. Perng D-C, Yeh J-B, Hsu K-C. Phosphorous doped Ru film for advanced Cu diffusion barriers. *Appl Surf Sci* 2008;254(19):6059e62.

60. Arunagiri TN, Zhang Y, Chyan O, El-Bouanani M, Kim MJ, Chen KH, et al. 5nm ruthenium thin film as a directly plateable copper diffusion barrier. *Appl Phys Lett* 2005; 86(8):083104.

61. Perng D-C, Hsu K-C, Tsai S-W, Yeh J-B. Thermal and electrical properties of PVD Ru(P) film as Cu diffusion barrier. *Microelectron Eng* 2010;87(3):365e9.

62. Armini S, El-Mekki Z, Swerts J, Nagar M, Demuynck S. Direct copper electrochemical deposition on Ru-based substrates for advanced interconnects target 30 nm and 1/2 pitch lines: from coupon to full-wafer experiments. *J Electrochem Soc* 2013;160(3):D89e94.

63. Usui T, Nasu H, Koike J, Wada M, Takahashi S, Shimizu N, et al. Low resistive and highly reliable Cu dual-damascene interconnect technology using self-formed MnSiXOy barrier layer. In: *Interconnect technology conference, 2005. Proceedings of the IEEE 2005 international, 6e8 June 2005*; 2005. p.

188e90.

64. Koike J, Wada M. Self-forming diffusion barrier layer in CueMn alloy metallization. Appl Phys Lett 2005;87(4):041911.

65. Nogami T, Bolom T, Simon A, Kim B, Hu C, Tsumura K, et al. High reliability 32 nm Cu/ULK BEOL based on PVD CuMn seed, and its extendibility. In: Electron devices meeting (IEDM), 2010 IEEE international, 6e8 Dec. 2010 2010. p. 33.5.1e33.5.4.

66. Nogami T, Penny C, Madan A, Parks C, Li J, Flaitz P, et al. Electromigration extendibility of Cu(Mn) alloy-seed interconnects, and understanding the fundamentals. In: Electron devices meeting (IEDM), 2012 IEEE international, 10e13 Dec. 2012 2012. p. 33.7.1e33.7.4.

67. Shima K, Tu Y, Takamizawa H, Shimizu H, Shimizu Y, Momose T, et al. Role of W and Mn for reliable 1X nanometer-node ultra-large-scale integration Cu interconnects proved by atom probe tomography. *Appl Phys Lett* 2014;105(13).

68. Kim H, Detavenier C, van der Straten O, Rossnagel SM, Kellock AJ, Park D-G. Robust TaNx diffusion barrier for Cu-interconnect technology with subnanometer thickness by metal-organic plasma-enhanced atomic layer deposition. *J Appl Phys* 2005;98(1).

69. Tsyntsaru N, Kaziukaitis G, Yang C, Cesiulis H, Philipsen HGG, Lelis M, et al. Co-W nanocrystalline electrodeposits as barrier for interconnects. *J Solid State Electrochem* 2014;18(11):3057e64.

70. Leu LC, Norton DP, McElwee-White L, Anderson TJ. Ir/TaN as a bilayer diffusion barrier for advanced Cu interconnects. *Appl Phys Lett* 2008;92(11):111917. 111917-3.

71. Gabrielli C, Mace C, Matha J, Mege S, Ostermann E, Perrot H. Investigation of dissolution and deposition of Copper in concentrated and dilute oxalic acid media in post-CMP cleaning. *Solid State Phenom* 2005;103-104:287e90.

72. Gabrielli C, Ostermann E, Perrot H, Mege S. *Post Cu CMP cleaning galvanic phenomenon investigated by EIS*. The Electrochemical Society 204th Meeting; 2003. Abs. 804.

73. Gabrielli C, Beitone L, Mace C, Ostermann E, Perrot H. Copper dendrite growth on a microcircuit in oxalic acid. *J Electrochem Soc* 2007;154(5):H393e9.

CHAPTER

3

금속박막에 대한
화학 – 기계적 평탄화 가공을 위한
전기화학적 기법과 적용사례

CHAPTER 3

금속박막에 대한
화학 – 기계적 평탄화 가공을 위한
전기화학적 기법과 적용사례

3.1 서 언

새로운 차단물질, 기계적 취성을 가지고 있는 저유전체 그리고 선폭이 크게 변하는 다단식 구리배선 등을 수용하기 위해서 새로운 구리소재 내부배선이 설계되었다. 평탄화 효율을 허용 수준 이내로 유지하면서 결함생성을 적당한 수준으로 완화시키기 위해서는 후공정이 화학–기계 적 평탄화 가공(CMP)에 사용되는 화학약품의 심하게 의존하게 된다. 화학–기계적 평탄화 공정 에 사용되는 화학약품의 조성을 적절하게 조절하면, 평탄화에 필요한 누름력을 크게 줄일 수 있으며, 다양한 표면결함과 관련되는 연마용 입자, 강력한 산화제 그리고 제거하기 힘든 부식억 제제 등의 많은 슬러리 첨가물들의 필요성을 줄일 수 있다. 금속에 대한 화학–기계적 평탄화 가공용 화학약품은 전기화학적 반응에 크게 의존하며 화학–기계적 평탄화 가공 후 세정 (PCMPC)에서 일어나는 화학반응과 유사한 역할을 수행한다. 그러므로 현대적인 전기화학적 기 법들을 전략적으로 조합하면 차세대의 금속소재에 대한 화학–기계적 평탄화 가공에 사용되는 고성능 공정약품의 설계와 평가에 유용하게 활용할 수 있다.[1] 이 장에서는 화학–기계적 평탄화 가공에 적용되는 다양한 전기화학적 기법들의 개요와 현상학적 배경에 대해서 살펴보기로 한다.

금속소재에 대한 화학–기계적 평탄화 가공공정의 최적화에 대한 일반적인 기준은 소재제거 율을 조절하면서, 이와 동시에 가공표면을 긁힘, 디싱, 박리, 침식, 오염, 배선변형 그리고 전해부 식 등과 같이 다양한 화학–기계적 평탄화 가공과 연관된 결함들로부터 가공표면을 보호하는 것이다.[2,3] 소재제거율(MRR)을 향상시키기 위한 고려사항들은 대부분이 벌크 구리소재에 대한 화학-기계적 평탄화 가공과 관련되어 있으며, 확산차단층으로 사용되는 얇은(<5[nm]) 금속박막에서는 비교적 덜 중요하다. 그런데 결함관리와 관련된 요구조건들은 본질적으로 모든 경우의 금속소재에 대한 화학-기계적 평탄화 가공에서도 중요한 문제로 남아 있다.[4]

저압식 화학-기계적 평탄화 가공에서는 기계적 마멸의 역할이 감소함에 따라서,[5] 결함조절 능력과 소재제거 능력은 모두 슬러리 성분에 포함되어 있는 금속의존성 표면 화학물질에 크게 의존하게 되었다. 금속소재에 대한 화학-기계적 평탄화 가공에서 화학적 표면반응은 대부분이 동시에 발생하는 양극(슬러리에서 금속으로)과 음극(금속에서 슬러리로)에서의 전자전달에 기인한다.[6,7] 이 혼성전위반응은 화학적으로 이루어지는 금속박막에 대한 화학-기계적 평탄화 가공의 전기화학적 기반이 된다. 이것이 금속소재에 대한 전기화학적 평탄화 가공의 전기화학적 기반이 되므로, 이 공정에 대해서는 전기화학적 기법을 이용한 측정이 가장 적합하다. 따라서 효율적인 화학-기계적 평탄화 가공용 슬러리의 화학조성 개발과 분석에 이 기법을 사용할 수 있다. 다음의 논의에서는, 귀금속(Ru, Co, Mn), 전통적으로 사용되는 금속(Ta, TaN), 차단층 소재뿐만 아니라 배선소재(Cu)와 대체게이트용 금속(Al) 등에 대한 대표적인 실험결과들을 포함하여 전기화학적 기법들의 적용사례에 초점을 맞추고 있다.

3.2 금속소재에 대한 화학-기계적 평탄화 가공에 사용되는 화학약품

3.2.1 슬러리 첨가제의 표면개질성능

금속소재에 대한 화학-기계적 평탄화 가공의 전기화학적 기초에 대해서 논의하기 위해서는 일단, 화학적 공정(그리고 기계적 공정)이 이런 가공 시스템의 전체적인 평탄화특성에 어떤 영향을 끼치는지에 대해서 살펴볼 필요가 있다. 화학적 촉진방식의 화학-기계적 평탄화 가공에서는 일반적으로 화학반응물이 생성되고 나면, 뒤이은 저압의 기계식 제거 메커니즘을 통해서 연화된 표면 박막이 제거된다. 금속 표면과 반응하는 최소한 하나의 산화제가 조합되어 있는, 하나 또는 다수의 착화제에 의해서 구조적으로 취약한 박막이 형성된다. 화학-기계적 평탄화 가공에 알맞게 화학적으로 처리된 표면 박막의 조성은 금속의 pH값이 조절된 산화물/수산화물 함량에 의해서 결정된다. 만일 주어진 금속이 슬러리 환경하에서 용해되기 쉽다면, 슬러리에 부식억제제를 첨가하여 표면영역이 함몰되는 것을 막아야 한다. 반면에 슬러리 첨가제들이 화학-기계적 평탄화 가공의 화학성분들을 통제한다면, (연마용 패드와) 슬러리 내의 연마용 입자들은 기계적 연마가공을 수행하게 된다. 실험장치에 따라서는 연마입자들이 화학－기계적 평탄화 가공 결과물에 자신의 화학적 특성을 남길 수도 있다.[8] 또한 화학－기계적 평탄화 가공공정의 최적화를 위해서, 소포제[1]가 첨가된 계면활성제와 슬러리 안정제가 자주 사용된다. 그럼에도 불구하고 금속소재에 대한 화학－기계적 평탄화 가공에 화학적 기능이 끼치는 영향은 주로 산화제, 착화제 그리고 용해억제제 등에 의해서 지배된다. 화학반응 경로의 숫자는 매우 많으며, 이를 통해서 주요 첨가 제들이 화학－기계적 평탄화 가공에 사용되는 화학성분들을 통제할 수 있다. 그림 3.1에서는 화학 적/전기화학적으로 인도되는 소재제거의 경로들을 흐름도로 단순화하여 보여주고 있다. 다음에 서는 첨가제가 화학－기계적 평탄화 가공에 끼치는 영향에 대한 사례를 통해서 이 도표의 각 섹션들에 대해서 살펴보기로 한다.

그림 3.1의 사례(I)는 염기성 슬러리를 사용한 코발트(Co) 차단층 배선에 대한 화학－기계적 평탄화 가공과정에서 발견할 수 있다. 이 시스템의 경우, 전기화학적 기계가공용 표면 착화물로 $Co(OH)_2$를 생성하기 위한 산화제/착화제로 H_2O_2가 자주 사용된다.[9]

$$Co + H_2O_2 = Co(OH)_2 \tag{3.1}$$

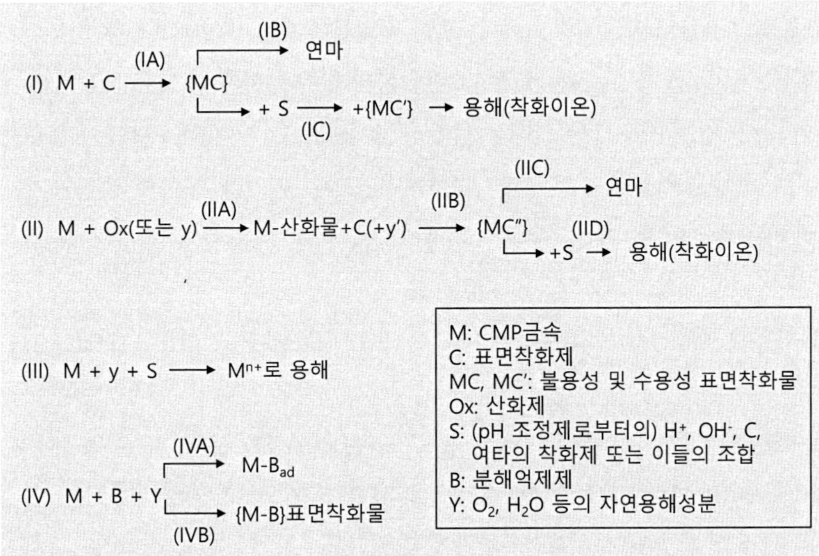

그림 3.1 금속(M) 소재에 대한 화학－기계적 평탄화 가공을 화학적으로 촉진시킬 수 있는 전형적인 반응경로 의 사례들. 이 반응에 사용되는 슬러리 첨가제들은 우측의 박스 속에 제시되어 있다. 화학－기계적 평탄화 가공전용의 표면착화제 그룹들은 다음과 같이 표기해놓았다. {MC}(불용성), {MC'}(수용성), {MC''}(부분 수용성)

----

1 antifoaming agent.

반응의 IA 단계에서 나타나는 {MC}≡Co(OH)₂이다. 코발트 표면에 생성되는 Co(OH)₂ 표면박막은 IB 단계에서 기계적으로 제거할 수 있다. 예를 들어, 만일 전기촉매에 의한 H_2O_2의 환원작용으로 인하여 코발트 표면의 국부적인 pH값이 증가하면,[10] 이 표면박막 중 일부가 용액 속으로 용해되어버린다($Co(OH)_2 + OH^- = HCoO_2^- + H_2O$). (그림 3.1의 IC 단계, 여기서 $MC' \equiv HCoO_2^-$) 염기성 슬러리를 사용하여 망간(Mn)에 대한 화학−기계적 평탄화 가공을 수행하는 경우에 이와 유사한 반응이 일어난다.[11]

그림 3.1의 사례(II)에서와 같이 중간 산화물의 형성을 통한 표면착화 방식이 구리, 탄탈륨 및 루테늄 소재에 대한 화학−기계적 평탄화 가공에 자주 사용된다. 예를 들어, 과거에는 과산화수소수(H_2O_2) 및 숙신산(H_2Su)을 기반으로 하는 산성(pH=3~6) 슬러리들을 사용하는 벌크 구리소재에 대한 화학−기계적 평탄화 가공에 다음의 반응들이 사용되었다.[12]

$$Cu + H_2O_2 = CuO + H_2O \tag{3.2}$$

$$CuO + H_2Su = CuSu + H_2O \tag{3.3}$$

여기서 $Su \equiv C_4H_4O_4$이다. 식 (3.2)와 식 (3.3)은 각각 그림 3.1의 반응경로 (IIA)와 (IIB)를 나타낸다. 이 경우에는 $Ox \equiv H_2O_2$이며 $C \equiv Su$이다. 표면 착화물인 $CuSu$(≡{MC'}) 중 일부는 기계적으로 제거(IIC단계)하며, $CuSu$ 중 일부는 (IID) 단계에 따라서 용해시킨다($CuSu + H^+ = CuHSu^+$). 이때에 $S \equiv H^+$이다. 사례(II)의 또 다른 사례는 중간산성 매질(pH=4~6)에 $H_2T(T=C_4H_4O_6)$을 착화제로 첨가한 타타르산을 사용하여 탄탈륨 차단층이 증착된 배선에 대하여 화학−기계적 평탄화 가공을 수행하는 경우이다. 이 경우에 산화와 착화단계는 다음과 같이 순차적으로 일어난다.

(IIA단계) $4Ta + 5O_2 = 2Ta_2O_5 \rightarrow Ta_2O_5 + H_2O + 3O_2 + 2T^{2-} = 2H^+ + 2[Ta(O_2)_3T]^{3-}$

여기서 $y \equiv O_2$, $C \equiv T^{2-}$, $y' \equiv H_2O$ 그리고 $\{MC''\} \equiv [Ta(O_2)_3T]^{3-}$는 이미 수용성이다.

그림 3.1의 사례(III)에서는 직접용해단계를 고려하고 있다. 이 경우에 해당하는 일반적으로 알려진 사례는 산소가 함유된 산성용액 속에서 일어나는 구리의 용해현상이다.

$$2Cu + O_2 + 4H^+ = 2Cu^{2+} + 2H_2O \tag{3.4}$$

여기서 $y \equiv O_2$, $S \equiv H^+$이며, 생성물인 Cu^{2+}는 용액 내의 여타 성분들과 추가적으로 반응하여 구리 착화물들을 생성한다. 화학－기계적 평탄화 가공과정에서 이 착화물들이 모재의 표면에 증착되며, 기계적인 마멸작용을 통해서 제거된다. 사례(IV)에 해당하는 경우는 산성용액 속에서 구리의 벤조트리아졸(BTAH≡$C_6H_5N_3$)의 용해억제반응이다.

$$2Cu + 2BTAH + 0.5O_2 = 2[Cu - BTA] + H_2O \tag{3.5}$$

이 반응은 그림 3.1의 (IVB)단계에 해당한다(B≡BTAH, y≡O_2, M-B≡Cu-BTA). 특정한 실험조건하에서, 벤조트리아졸은 구리에 단순히 화학흡착되어 Cu-$BTAH_{ad}$ 보호층을 형성한다(Cu+BTAH=Cu-$BTAH_{ad}$).[13] 이 반응은 그림 3.1의 (IVA)단계에 해당한다. 여기서 하첨자 ad는 흡착을 의미한다. 비록 위의 사례들이 화학－기계적 평탄화 가공과정에서 일어나는 소재제거의 비교적 단순한 화학적 반응경로들에 대해서 다루고 있지만, 상세한 슬러리 조성과 제거대상 금속에 따라서, 추가적으로 다양한 반응들이 일어날 수 있다. 따라서 그림 3.1에 제시되어 있는 반응들이 전부는 아니며, 이 교재에서 금속소재에 대한 화학－기계적 평탄화 가공을 설명하기 위해서 필요한 기본적인 화학적 정보들을 제시하고 있을 뿐이다.

3.2.2 금속박막에 대한 화학촉진식 화학 - 기계적 평탄화 가공을 통한 소재 제거량 조절

록 등[14]이 설명한 내용과, 다음에서 간단히 설명되어 있는 것처럼, 금속소재에 대한 화학－기계적 평탄화 가공과정에 작용하는 화학적 기능과 기계적 기능에 대해서는 폴[15]이 제안한 화학－기계적 평탄화 가공 모델이 기초하고 있는 기본적인 현상학적 고찰을 통해서 설명할 수 있다. 지금부터 R_C의 비율로 {MC}가 생성되는 그림 3.1의 간단한 (IA) 단계 반응에 대해서 살펴보기로 하자. {MC}는 (IB) 단계에서 R_{CM}의 비율로 부분 제거되며, 추가적인 반응물 S 없이도 (IC) 단계에서 R_{CD}의 비율로 부분 용해된다. 이 조건하에서 총 소재제거율은 $MRR = R_{CM} + R_{CD}$와 같이 주어진다. 여기서 $R_{CM} = K_M S_{eff} N_{mC}$, $R_{CD} = K_D S N_{mC}$ 그리고 $R_C = K_C S(N_{m0} - N_{mC})c_C$이다. 여기서 K_C[cm/s]는 표면 착화물생성 속도상수이다. K_M[cm/s]과 K_D[cm/s]는 각각 기계적 연마와 화학적 용해에 의한 표면 착화물제거 속도상수이다. S_{eff}는 금속의 기하학적 표면적이다. N_{m0}와 N_{mC}는 각각 비반응 영역과 착화영역의 표면밀도를 나타낸다.

화학적으로 조절된 화학－기계적 평탄화 가공에서는 표면 착화물이 재형성된 직후에 기계적으로 제거되면서 하부의 베어금속이 노출된다. 정상상태조건인 $(dN_{mC}/dt) = 0 = R_C - (R_{CM} + R_{CD})$를 유지하면 균일한 소재제거를 구현할 수 있다. 이 정상상태 방정식에 R_C, R_{CM} 및 R_{CD}를 대입하여 N_{mC}항을 구할 수 있다. 이 계산으로부터 다음과 같이 소재제거율(MRR)[cm/s]을 구할 수 있다.

$$MRR \approx \frac{K_C c_C (S_{eff} K_M + S K_D)(1/d_m)^2}{K_M(S_{eff}/S) + K_D + K_C c_C} \tag{3.6}$$

여기서 $N_{m0} \approx (1/d_m)^2$라고 가정한다. 이때 d_m은 M 위에 흡착된 C 위치의 격자상수를 나타낸다. 만일 식 (3.4)의 경우와 같이 금속표면이 화학적으로 용해된다면, 이를 고려하기 위해서 식 (3.6)의 우변에 상수항 (MRR_0)를 더해야만 한다.

프레스턴 형식[2]에 따라서 K_M항을 $K_M = P_\nu K_P$와 같이 모델링할 수 있다.[14] 여기서 P와 ν는 각각 화학-기계적 평탄화 가공의 누름압력과 회전판 선속도이다. 프레스턴 계수 $K_P \approx (\mu V_M)/B_{MC}$이며, 여기서 B_{MC}와 V_M은 각각 {MC}의 몰 결합 에너지와 몰 체적이다. μ는 패드-금속표면 사이의 유효마찰계수이다. 이렇게 화학적으로 지배되는 화학-기계적 평탄화 가공의 경우, 만일 표면 착화물이 생성되지 않는다면 $MRR = 0$이 되어버린다. 만일 표면 착화물이나 용해성 물질이 생성되지 않으며, 개질되지 않은 금속 표면에 대한 기계적 마멸작용이 소재를 제거할 수 있는 유일한 수단이라고 한다면, 식 (3.6)을 $MRR = K_{M0} S_{eff} N_{m0}$와 같이 수정할 수 있다.[16] 여기서 $K_{M0} = P_\nu K_{P0}$이며 K_{P0}는 베어금속의 프레스턴 계수이다. 여기서 K_{P0}는 착화물이 없는 금속의 μ_0, V_{M0} 및 B_{M0}와 같은 특성계수들에 의존한다($K_{P0} = (\mu_0 V_{M0})/B_{M0}$).

K_D 값을 매우 낮은 수준으로 유지하는 반면에, K_M 값을 증가시키면 화학적으로 촉진된 화학-기계적 평탄화 가공의 평탄화 효율을 극대화시킬 수 있다.[13] 착화제와 여타의 슬러리 첨가물들을 세심하게 선정하여 $B_{MC} \ll B_{M0}$의 조건을 맞추어서, K_M과 그에 따른 K_P 값을 적절한 수준으로 유지하면 화학-기계적 평탄화 가공의 저압누름 기준을 충족시킬 수 있다.

3.3 금속소재에 대한 화학-기계적 평탄화 가공의 전기화학적 기초

3.3.1 화학-기계적 평탄화 가공에 끼치는 전기화학적 영향

식 (3.1)~식 (3.5)에 제시되어 있는 화학-기계적 평탄화 가공과 관련된 표면반응들은 시편금속-용액 계면의 개회로전압(OCP)에서 발생한다. 비록 이 반응들이 비-패러데이 화학단계에서 발생하는 것처럼 보이지만, 대부분의 경우, 이들은 커플된 전기화학적 전하전달단계에서 비롯된다. 이 공정메커니즘은 음극반응이 인접한 표면위치에서 발생하는 보완적인 양극반응과 평형을

---

2 Preston formalism.

이룬다는 혼성전위이론을 따른다.[17] 일반적으로, 이런 커플된 음극반응은 동반된 양극반응을 구동하기 위해서 상대적으로 더 높은 평형전위를 갖는다. 예를 들어, 식 (3.1)은 다음의 식 (3.8)과 식 (3.9)에서 각각 제시되어 있는 양극과 음극의 전기화학적 반응의 합을 나타낸다.

$$Co + 2OH^- = Co(OH)_2 + 2e^- \quad (E^0 = -0.73\,[V]) \tag{3.7}$$

$$H_2O_2 + 2e^- = 2OH^- \quad (E^0 = 0.878\,[V]) \tag{3.8}$$

여기서 E^0는 일반적인 수소전극에 대한 값으로서, 관련된 반응의 표준전위를 나타낸다.[18] 이 E^0값은 주로 이에 해당하는 **네른스트 전위**를 나타낸다.

식 (3.8)과 다음의 구리산화 양극반응($Cu + 2OH^- = CuO + H_2O + 2e^-$ ($E^0 = -0.262[V]$)을 조합하여 식 (3.2)의 반응을 나타낼 수 있다. 여기서 양극반응을 통해서 방출된 전자들은 커플된 음극반응에 의해서 소모된다. 마찬가지로, 식 (3.9)와 식 (3.10)에 각각 제시되어 있는 음극의 산소환원반응(ORR)과 양극의 Cu^{2+} 용해반응을 조합하여 식 (3.4)를 나타낼 수 있다.

$$O_2 + 4H^+ + 4e^- = 2H_2O \quad (E^0 = 1.185\,[V]) \tag{3.9}$$

$$Cu = Cu^{2+} + 2e^- \quad (E^0 = 0.342\,[V]) \tag{3.10}$$

그리고 식 (3.9)의 O_2는 연마제 슬러리에 용해된 상태로 거의 항상 존재한다.

화학-기계적 평탄화 가공과정에서 일어나는 혼성전위반응의 또 다른 사례는 그림 3.1의 (IIA) 반응에서 설명했던 탄탈륨의 산화반응이다. 여기서, 양극반응은 $2Ta + 5H_2O = Ta_2O_5 + 10H^+ + 10e^-$, ($E^0 = -0.75[V]$)이며, 식 (3.9)와 커플되면, Ta_2O_5가 표면에 생성된다.[19,20] 산소환원반응(ORR)은 또한 구리 표면 위의 벤조트리아졸에 의한 표면 착화물 생성($Cu + BTAH = Cu-BTA + H^+ + e^-$)을 초래한다.[21] 이 반응과 식 (3.9)의 반응을 합치면 식 (3.5)가 얻어진다.

3.3.2 화학-기계적 평탄화 가공에서 일어나는 표면반응의 혼성전위 메커니즘

앞서의 사례들은 전기화학적 반응들이 금속에 대한 화학-기계적 평탄화 가공 중에 일어나는 화학적 역할에 얼마나 중요한 부분을 차지하는지를 확인할 수 있었다. 이런 반응들을 조작하고 통제하기 위한 현상학적 고려사항들은 **혼성전위이론**[3]으로부터 차용한 것이다. 부식 관련 연구에

---

3 mixed potential theory.

혼성전위 개념을 적용하는 방안에 대해서는 논문들을 통해서 광범위하게 논의되었다.[17,22,23] 금속에 대한 화학−기계적 평탄화 가공과 관련된 앞으로의 설명의 이해를 돕기 위해서, 몇 가지 중요한 주제들에 대해서 간략하게 살펴보기로 한다. 이를 위해서 음극 반응의 네른스트 전위가 비교적 더 높은 식 (3.9) 및 식 (3.10)과 같은 두 가지 산화환원반응의 커플링에 대해서 살펴보자. 여기서, $E_r(h)$와 $E_r(l)$은 각각 높고 낮은 네른스트 전위를 나타내며, $E_r(h) = E^0(h) − (RT/nF)lnQ_h$이며 $E_r(l) = E^0(l) − (RT/nF)LnQ_l$이다. 여기서 $E^0(h)$와 $E^0(l)$은 표준전위이며 Q_h와 Q_l은 반응지수들이다. R, F 및 T는 각각 기체상수, 패러데이상수 그리고 온도를 나타낸다. 마지막으로, n은 주어진 산화환원 반응을 통해서 전달된 전자의 숫자이다. 여기서 우리는 네른스트 전위 (h) 및 (l)에 따라서 두 개의 커플된 반응들을 제시하였다.

반응속도 조절하에서 반응(h)의 패러데이 전류를 일반적으로 **버틀러−볼머식**[4] $I(h) = I_a(h) − I_c(h)$로 나타낼 수 있다. 여기서 $I_a(h)$와 $I_c(h)$는 각각 양극과 음극에서의 전류성분을 나타내며, $I_a(h) = I_0(h)exp(\eta(h)/\beta_a(h))$이며 $I_c(h) = I_0(h)exp(−\eta(h)/\beta_c(h))$이다. 여기서 $I_0(h)$는 교환전류, $\eta(h)$는 반응(h)의 활성화 과전압으로서, $\eta(h) = E − E_r(h)$이다. 여기서 E는 전극전위를 나타낸다. $\beta_a(h) = RT/(nF(1 − \alpha_h))$, $\beta_c(h) = RT/(nF\alpha_h)$이며, 여기서 α_h는 대칭계수로서, $0 < \alpha_h < 1$이다. 반응(l)에 대한 패러데이전류 $I(l)$은 위 식들의 첨자 'h'를 'l'로 치환하면 이와 유사한 형태로 구할 수 있다. $I(h) \approx I_a(h)$이므로, 강력한 양극 과전압($|\eta(h)| \gg \beta_a(h) \approx \beta_c(h)$)하에서 전극전위 E는 다음과 같이 나타낼 수 있다.[24]

$$E[\gg E_r(h)] \approx E_r(h) + b_a(h)\log[I(h)/I_0(h)] \tag{3.11}$$

여기서 반응 (h)의 양극 타펠 기울기인 $b_a(h) = 2.303\beta_a(h)$이다. 마찬가지로 강력한 음극 과전압하에서의 전극전위는 다음과 같다.

$$E[\ll E_r(h)] \approx E_r(h) − b_c(h)\log[I(h)/I_0(h)] \tag{3.12}$$

여기서 반응 (h)의 음극 타펠 기울기인 $b_c(h) = 2.303\beta_c(h)$이다. 반응 (h)의 음극 및 양극 타펠 가지는 좌표 $[E_r(h), I_0(h)]$에 위치하는 평형점에서 서로 만난다. 여기서 I_0는 교환전류이다.

식 (3.11)과 식 (3.12)는 각각 반응 (h)의 양극가지와 음극가지를 정의하는 **타펠 방정식**[5]이다. 그에 따른 반응 (l)의 상태를 (이와 유사하게 정의된) $E_r(l)$, $\beta_a(l)$, $\beta_c(l)$, $I(l)$ 및 $I_0(l)$과 같은 변수들을

---

4 Butler Volmer equation.
5 Tafel equation.

사용하는 한 쌍의 타펠 방정식을 사용하여 나타낼 수 있다. **그림 3.2 (a)**에 도시되어 있는 **에반스 도표**[6]를 사용하여 타펠 방정식의 경향을 개략적으로 도시하였다. 설명을 위해서 반응식 (3.9)와 식 (3.10)을 각각 반응 (*h*)와 반응(*l*)의 사례로 사용하였다. 반응 (*h*)의 음극가지는 점선 원으로 표시되어 있는 위치에서 반응 (*l*)의 양극가지와 서로 교차한다. 이들 두 반응의 커플된 전류는

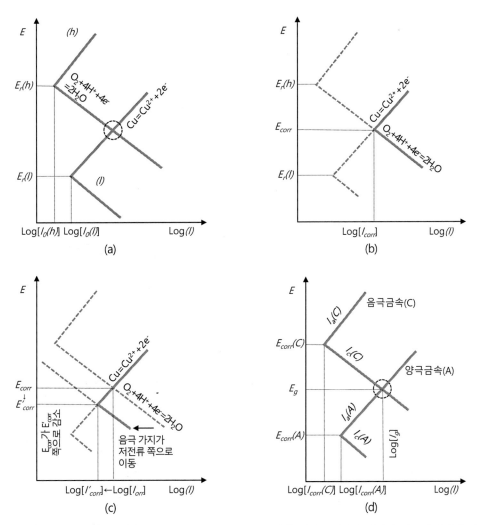

그림 3.2 에반스 도표를 통해서 산성매질 속에서 구리소재에 대한 화학 - 기계적 평탄화 가공과정에서 발생하는 화학성분에 의한 혼성전위반응의 사례를 개략적으로 살펴볼 수 있다. 이 도표는 버틀러 볼머 방정식의 높은 과전압(타펠) 경향만을 보여주고 있으며, 이 직선을 외삽하면 낮은 과전압 영역을 통과한다. (a) 식 (3.9)의 음극반응과 식 (3.10)의 양극반응의 커플링. (b) 실선은 혼성반응을 나타내며, 점선은 개별반응성분들을 나타낸다. (c) (E_{corr}과 I_{corr}를 모두 낮추는) 음극억제반응이 도시되어 있다. (d) 이중금속 부식의 혼성전위 상태가 도시되어 있다.

---

6 Evans diagram.

그림 3.2 (b)에 개별적으로 표시되어 있다. 이 사례에서 평형점을 이루는 데에 기여하는 양극반응이 소재를 제거(부식)한다. 이런 이유 때문에 그림 3.2 (b)에 도시되어 있는 평형점 좌표(E_{corr}, I_{corr})를 **부식계수**라고 부르며, 다음과 같이 주어진다.

$$I_c(h) = I_a(l) = I_{corr}, \quad E = E_{corr} \tag{3.13}$$

여기서 E_{corr}과 I_{corr}는 각각 혼성반응의 부식전위와 부식전류를 나타낸다. E_{corr}는 $E_r(h)$보다 전위가 낮기 때문에, $E \leq E_{corr}$ 범위 내에서는 반응식 (3.10)의 음극성분만이 작용할 수 있다.[17] 마찬가지로, E_{corr}는 $E_r(l)$보다는 전위가 높기 때문에, $E \leq E_{corr}$ 범위 내에서는 반응의 양극성분만이 작용할 수 있다.

실험용액에 포함되어 있는 첨가제는 선택적으로 또는 포괄적으로 혼성전위 시스템의 양극과 음극전류가지에 영향을 끼칠 수 있다. 그림 3.2 (c)에서는 음극반응 억제용 첨가제에 의한 전형적인 영향이 도시되어 있다. 여기서, 첨가제는 음극의 타펠가지를 선택적으로 저전류 측으로 낮추는 반면에, 양극가지는 변하지 않는다. 두 타펠가지들의 새로운 교차점은 부식전위(E'_{corr})와 부식전류(I'_{corr}) 모두 낮은 값을 가지고 있다. 이와 마찬가지로, 양극반응 억제제는 E_{corr}은 더 높은 값으로 그리고 I_{corr}은 더 낮은 값으로 이동시킨다. 만일 첨가제가 양극전류와 음극전류에 모두 영향을 끼친다면, E_{corr}와 I_{corr}의 총 이동에 이들이 끼치는 영향이 더 명확해질 것이다. 슬러리 첨가제들도 양극과 음극 전류를 선택적으로 증가시킬 수 있으며, 이에 따른 영향은 억제제에 의한 영향과 반대로 나타나게 된다. 이 혼성전위효과가 금속소재에 대한 화학-기계적 평탄화 가공 시스템에 끼치는 영향에 대한 현상학적 특성들에 대해서는 설리마와 로이의 연구[25]에서 논의되어 있다.

3.3.3 금속소재에 대한 화학 - 기계적 평탄화 가공과정에서 일어나는 소재제거의 부식 - 침식특성

그림 3.2 (a)~(c)에서 살펴보았던 사례는 금속용해의 양극공정에 해당하지만, 화학-기계적 평탄화 가공과정에서 금속/슬러리 시스템에서는 금속 산화물과/또는 표면 착화물 생성 등을 포함한 다양한 양극반응이 일어난다. 그런데 이 모든 경우에, 양극반응 경로들은 일반적으로 용해와/또는 마멸에 의해서 제거된 생성물들을 만들어낸다. 많은 경우, 부식에 의해서 소재의 손실이나 제거가 이루어진다는 것을 고려한다면, (전기)화학적으로 촉진된 화학-기계적 평탄화 가공에서 일어나는 양극반응을 포괄적으로 집단적인 부식과정으로 취급할 수 있다.[16,26] 다시 말해서, (E_{corr}, I_{corr}) 계수로 표시되는 전기화학적 평형이 그림 3.2 (a)~(c)에서 고려한 특정한 반응을 넘어서는

범위로 확대되며, 금속소재에 대한 화학－기계적 평탄화 가공의 거의 모든 화학적으로 통제되는 시스템에 적용된다.

기계적인 마멸과 같은 경쟁반응에 의해서 화학－기계적 평탄화 가공에서 소재제거를 유발하는 부식형태의 화학반응이 지속된다. 이런 관점에서, 금속소재에 대한 화학－기계적 평탄화 가공을 부식－침식 과정이라고 간주할 수 있으며,[16] 이를 일반부식인자들인 E_{corr} 및 I_{corr}의 항으로 나타낼 수 있다. 많은 경우, 기계적인 마멸이 없는 경우에 대한 금속전극 정지시편을 사용한 표준전기화학시험이면 이 전기화학적 반응이 화학－기계적 평탄화 가공 시스템에 끼치는 영향을 검증하기에 충분하다. 화학－기계적 평탄화 가공과정에서 일어나는 **부식마멸**[7]과 같은 특별한 영향을 고려하기 위해서, 이런 시험들을 연마입자가 있는 경우나 없는 경우의 연마 상황까지 더 확장시킬 수 있다.[27] 대부분의 경우, E_{corr} 및 I_{corr}는 동전위[8] 분극데이터에 대한 도식적 검증을 통해서 구한다. 그런데 많은 경우, 실험결과에 대한 정량화를 위해서 이 항들에 대한 분석적 표현식이 필요하게 되었다.

$I_a(l)$ 및 $I_c(l)$에 대한 버틀러 볼머식과 더불어서 식 (3.13)을 사용하면, 다음과 같이 E_{corr} 및 I에 대한 식을 유도할 수 있다.

$$E_{corr} = \frac{E_r(l)\beta_c(h) + E_r(h)\beta_a(l)}{\beta_c(h) + \beta_a(l)} + \frac{\beta_c(h)\beta_a(l)}{\beta_c(h) + \beta_a(l)}\ln\left(\frac{S_h i_0(h)}{S_l i_0(l)}\right) \tag{3.14}$$

$$\frac{I}{I_{corr}} = \exp\left(\frac{E - E_{corr}}{\beta_a(l)}\right) - \exp\left(\frac{E_{corr} - E}{\beta_c(h)}\right) \tag{3.15}$$

여기서 $i_0(h)$와 $i_0(l)$은 각각 고전위 E_r 반응과 저전위 E_r 반응에 대한 교환전류밀도이다. S_h와 S_l은 두 가지 유형의 반응이 일어나는 표면영역의 면적을 나타낸다. $(S_h + S_l) \leq S$인 경우, $i_0(h) = [I_0(h)/S_h]$이며, $i_0(l) = [I_0(l)/S_l]$이다. I_{corr}는 $E_r(h)$, $E_r(l)$, $I_0(h)$, $I_0(l)$, $\beta_c(h)$ 및 $\beta_a(l)$의 함수이다. 만일 $\beta_c(h) \approx \beta_a(l)$이라면, $I_{corr} \approx [I_0(h)I_0(l)]^{1/2}\exp(\Delta E_r/2\beta_c)$이며, 여기서 $\Delta E_r = E_r(h) - E_r(l)$이다. 시험용 금속의 기하학적 표면적($S$)에 대해서 실험전류밀도 I와 i_{corr}를 구한다. 여기서 $i = (I/S)$이며, $i_{corr} = (I_{corr}/S)$이다. i_0항 역시 (I_0/S)를 사용하여 구할 수 있지만, 엄밀한 의미로는 이 교환전류밀도는 S_h 및 S_l을 사용하여 구해야 한다.

금속을 제거하는 부식 형태의 전기화학적 반응을 금속 표면에서 일어나는 공간적으로 균일한

---

7   tribocorrosion.
8   potentiodynamic.

일반부식이라고 부른다. 그런데 습식의 화학-기계적 평탄화 가공환경이 국부적인 피팅과 표면 결함을 유발하는 이종금속/전해분식과 같은 여타 유형의 바람직하지 않은 전기화학적 부식들을 초래할 수도 있다. 이런 결함들을 저감하기 위한 방안들은 주로 슬러리(첨가물)의 선정을 통해서 이루어지며, 이는 다시 전기화학적 기법을 통해서 촉진될 수 있다.

3.3.4 이종금속 접촉부식

구리소재를 사용하는 내부배선 구조에서는 일반적으로 구리배선과 차단층 사이에서 형성되는 것과 같은 **이종금속 접촉**이 사용된다. 두 개의 인접한 금속들이 습식 슬러리의 전도성 이온들에 의하여 서로 접촉하게 되면, E_{corr}값이 더 높은 금속이 음극(C)으로 작용하며, 주어진 용액 내에서 우세한 환원반응(일반적으로 산소환원반응)을 유지하기 위한 모재처럼 작용한다.[28] E_{corr}값이 더 낮은 금속은 양극(A)으로 작용하며, 전형적으로 용해작용을 통해서 인접한 음극위치에서 일어나는 환원반응에 필요한 전자들을 공급하기 위한 선택적 산화가 일어난다. 그림 3.2 (d)의 에반스 도표에서는 이런 양극금속 A의 전해부식반응이 개략적으로 도시되어 있다. 그림 3.3 (a)에서는 그림 3.2 (a)~(c)의 에반스 도표에 해당하는 계면반응을 단순화하여 설명하고 있다. 그림 3.3 (b)에서는 이종금속 부식의 경우에 작용하는 혼성전위효과를 개략적으로 설명하고 있다.

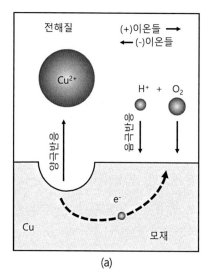
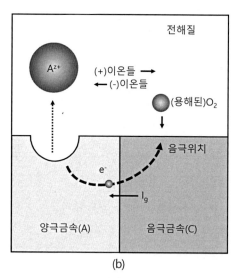

그림 3.3 (a) 식 (3.4)의 구리를 사례로 사용하여 개략적으로 나타낸 금속용해의 전형적인 혼성전위반응. 전해질 내에서 전류 루프와 인접한 위치에서 용해(부식)된 이온들을 운반한다. 여기서는 그림 3.2 (a)~(c)에 도시되어 있는 것처럼, 반응식 (3.9)와 (3.10)이 커플되어 있다. (b) 부식 관련 문헌에서 일반적으로 A와 C(음극)의 이종금속 커플 내에서 양극금속 A의 전해부식을 나타내기 위해서 사용되는 혼성전위 모식도. A에 하전되는 양이온은 z^+이다. 음극금속이 산소환원반응을 일으키며, 이 반응에 필요한 전자들은 양극금속의 용해를 통해서 만들어진다.

C-A 전해쌍에서 발생하는 양극금속 (A)의 양극전류 $I_a(A)$와 음극금속(C)의 음극전류 $I_c(C)$는 각각, $I_a(A) = I_{corr}(A)\exp[\eta(A)/\beta_a(A)]$ 및 $I_c(C) = I_{corr}(C)\exp[-\eta(C)/\beta_c(C)]$와 같이 주어진다. 여기서 $\eta(A) = E - E_{corr}(A)$이며, $\eta(C) = E - E_{corr}(C)$이다. $[2.303\beta_a(A)]$와 $[2.303\beta_c(A)]$는 각각 금속 A의 양극 타펠 기울기와 금속 C의 음극 타펠 기울기이다. $E_{corr}(A)$와 $E_{corr}(C)$는 각각 금속 A와 C의 부식전위 값이다. 마지막으로 $I_{corr}(A)$와 $I_{corr}(C)$는 부식전류에 해당한다. 그림 3.2 (d)에 도시되어 있는 전해부식의 경우, $E = E_g$(갈바니 전위차)일 때에 $I_a(A) = I_c(C) = I_g$라고 놓는다. $I_a(A)$와 $I_c(C)$에 대한 일반적인 버틀러 볼머식에 이 등식조건을 대입하면, 다음과 같이 양극표면에서의 갈바니 전류밀도 $i_g(A)$를 얻을 수 있다.

$$i_g(A) = [i_{corr}(A)]^{\beta_a(A)/b}[i_{corr}(C)]^{\beta_c(C)/b}\zeta\exp(\Delta E_{corr}b^{-1}) \tag{3.16}$$

여기서 $i_g(A) = i_g/S_a = i_g(C)(S_c/S_a)$이다. 여기서 음극표면에서 발생하는 갈바니 전류밀도가 $i_g(C)$이다. $b = \beta_a(A) + \beta_c(C)$, $\Delta E_{corr} = E_{corr}(C) - E_{corr}(A)$ 그리고 $\zeta = (S_c/S_a)^{\beta_c(C)/b}$이며, $i_{corr}(A)$ 및 $i_{corr}(C)$는 각각 A와 C의 부식전류밀도를 나타낸다. 그리고 S_a와 S_c는 각각 양극과 음극 금속의 (전해질과 접촉한)활성표면 면적을 나타낸다.

식 (3.16)에 따르면, ΔE_{corr}값의 증가에 따라서 갈바니 전류에 의해서 유발되는 결함이 급격하게 증가한다. 그러므로 화학−기계적 평탄화 가공 과정에서 발생하는 전해부식을 최소화하기 위해서는 대상금속의 ΔE_{corr}값을 가능한 한 최소로 유지하는 것이 중요하다. 전지쌍 물질의 양극소재 및 음극소재에서 개별적으로 구한 동전위 분극도표로부터 i_g와 E_g를 구할 수 있다.[9] 대신에, 두 가지 금속 사이에 적절한 갈바니 접촉을 만든 다음에, 대부분의 현대적인 전위변환기에 내장된 기능인 영저항 전류계(ZRA)를 사용하여 E_g와 I_g를 직접 측정할 수도 있다.

3.3.5 풀베이 선도에 대한 고찰

금속소재에 대한 화학−기계적 평탄화 가공과정에서 주어진 슬러리 조성에 따라서 예상되는 표면생성 반응물/생성물들을 분류하기 위해서 **풀베이 선도**[9](또는 E_r-pH 선도)가 자주 사용된다. 이 방법의 열역학적 기초는 수용성 환경하에서 일어나는 일반적인 산화환원 반응에 대한 네른스트 방정식에 기초한다. 여기서 패러데이 반응을 지속시키기 위해서 물의 구성성분들(H^+/OH⁻)이 산화환원 물질들과 결합된다. 이런 반응들은 $x(Ox) + y(H^+) + ne^- = u(Rd) + w(H_2O)$와 같은 형태를

9　Pourbaix diagram.

갖는다. 여기서 *Ox*와 *Rd*는 각각 활성 산화환원 커플의 산화 및 환원된 물질들을 나타낸다. x, y, n, u 및 w는 반응물질들의 몰값을 나타낸다. 이 반응에 대한 네른스트 방정식을 $E_r = E^0 - (RT/nF)\ln Q$라고 나타낼 수 있다. 여기서 $Q = [(a_{Rd})^u(a_{H_2O})^w]/[(a_{Ox})^x(a_{H^+})^y]$이며, a항은 서로 다른 생성물/반응물들의 활성도를 나타낸다. $a_{H_2O} = 1$(순수한 액체상태)이라면, 상온에서 $(a_{H^+})^y = 10^{-y(pH)}$이며, $RT/F = 0.257[V]$(또는 $2.303RT/F = 0.059[V]$)이므로, 다음과 같이 네른스트 방정식을 단순화시킬 수 있다.[29]

$$E_r = E^0 - \frac{0.059}{n}\log\frac{(a_{Rd})^u}{(a_{Ox})^x} - \frac{y(0.059)}{n}(pH) \tag{3.17}$$

위 식을 사용해서 주어진 *Rd* 및 *Ox* 쌍에 대한 E_r 대 pH 선도를 구할 수 있다.

문헌[30]을 통해서 화학-기계적 평탄화 가공에 적합한 다양한 금속들에 대한 풀베이 선도를 얻을 수 있다. 이 선도는 특정한 시스템들의 화학적 조성에 기초한 잠정반응 시스템을 개발하기 위한 일반적인 지침으로 사용하기에 유용하다.[31] 그런데 이 분석은 네른스트 평형조건에 기초하기 때문에, E_r-pH 도표로부터 반응속도에 대한 정보를 즉시 추출할 수 없다. 또한 식 (3.17)과 같이 단순화된 식을 기반으로 하는 대부분의 전통적인 풀베이 선도들은 화학-기계적 평탄화 가공용 슬러리에 일반적으로 사용되는 산화제, 착화제 그리고 여타의 첨가제들의 존재를 고려하지 않는다. 구리소재에 대한 화학-기계적 평탄화 가공에서 발생하는 이런 문제를 다루기 위한 연구가 발표되었다.[32]

3.3.6 전기화학 - 기계적 평탄화 가공

전기화학-기계적 평탄화 가공(ECMP)에서는 전압에 의해서 활성화된 소재제거와 저압마멸을 함께 사용한다. 부동화층에 의해서 하부영역이 용해로부터 보호되는 반면에 상부영역은 연마된다. 이 방법을 사용하면 산화제와 연마제의 사용이 크게 줄어들며, 이로 인하여 전기화학-기계적 평탄화 가공 기법을 사용하여 침식/디싱과 저유전체 손상을 크게 억제하면서 벌크 구리소재에 대한 통제된 평탄화를 구현할 수 있다. 그런데 일반적으로 전기화학-기계적 평탄화 가공에서는 잔류구리를 제거하고 차단층을 평탄화시키기 위해서 기존의 화학-기계적 평탄화 가공을 사용한 마무리가공이 필요하다. 전기분해의 산화반응과/또는 착화물 형성이 일어나는 양극분극이 선택적 방향으로 가해지도록, 전기화학-기계적 평탄화 가공의 활성화전압이 공급된다. 이 활성화 과도전압의 순간적인 프로파일의 선정뿐만 아니라, 기계적인 마멸주기와 첨가제 화학반응의 통합은 전기화학-기계적 평탄화 가공의 효율을 결정하는 중요한 인자들이다.[33,34] 이런 인자들을 최적화하기 위한 연구들[34~37]이 수행되었으며, 이 결과들은 다른 분야의 전기화학적 엔지니어링에도 유용하게 사용되고 있다. 독립적인 평탄화방법으로 사용하기 위한 궁극적인 조건과는 무관하게, 전기화학-기계적 평탄화 가공에서는 전기화학적 방법을 사용하는 표면 다듬질에 몇 가지 혁신적인 측면들을 도입하였다. 결과적으로, 전기화학-기계적 평탄화 가공은 최근 들어서 처음에 의도했던 활용 범위를 넘어서, 예를 들어, 염료 감응형 태양전지[10][38] 및 주사전자현미경용 모재[39]와 같이 활용 범위를 확장시키고 있으며, 새로운 전기화학적 연마기법의 개발을 위해서 노력하고 있다.[40,41] 전기화학-기계적 평탄화 가공에서 사용되는 특정한 분석기법이 금속소재에 대한 화학-기계적 평탄화 가공에 사용되는 소재제거 메커니즘의 측정에도 유용하게 사용된다.[42,43]

이 기법의 전기화학적 특성 때문에 전기화학-기계적 평탄화라는 주제를 이 절에서 다루는 것이 적합하다. 하지만 전기화학-기계적 평탄화 가공에 대해서는 리[30]에서 자세히 논의되어 있으며, 이 분야의 최근 발전에 대해서는 앞서 언급했던 2008~2014년 사이에 출간된 참고문헌들을 참조하기 바란다. 따라서 여기서는 전기화학-기계적 평탄화에 대해서 더 이상 자세하게 논의하지는 않겠다. (화학-기계적 평탄화 가공에 적용할 수 있는) 전기화학-기계적 평탄화 가공과 관련된 대표적인 사례들에 대해서는 다음 절에서 논의하기로 한다.

3.4 실험적 고찰

3.4.1 금속소재에 대한 화학-기계적 평탄화 가공 시스템 연구를 위한 전기화학적 기법들

표 3.1에서는 금속소재에 대한 화학-기계적 평탄화 가공의 다양한 측면을 연구하기에 적합한 다양한 전기화학적 기법들을 제시하고 있다. 각각의 방법들마다 유용한 참고문헌들이 제시되어 있지만, 이들이 결코 해당 주제를 대표하는 논문은 아니다. 대부분의 기법들에 대한 실험결과 사례들은 이 장의 후반부에 제시되어 있다. 화학-기계적 평탄화 가공의 연구에는 표 3.1에 제시되어 있는 **선형훑음전압법(LSV)**이 가장 널리 사용되고 있으며, 이 방법의 현상학적 기반은 혼성전위 개념과 관련되어 있다. 순환전압법(CV), 개회로전압(OCP) 그리고 전기화학 임피던스 분광법(EIS) 측정에 대해서는 다음 간략히 살펴볼 예정이며, 표 3.1에 제시되어 있는 여타의 기법들에 대해서는 실험결과와 함께 간략하게 언급할 예정이다.

---

10 dye sensitized solar cell.

표 3.1 금속소재에 대한 화학−기계적 평탄화 시스템 연구에 사용되는 전기화학적 기법들

기법	전형적인 용도	참고문헌
동전위 분극 (선형훑음전압법과 타펠분석)[a,b]	부식계수(E_{corr}, I_{corr}, I_g, E_g, R_p)들의 측정 첨가제의 영향(양극과 음극반응의 부동화나 자극), 질량전달 제한효과; ECMP를 사용한 소재제거	44, 45, 46, 47
순환전압−전류법[a,b]	반응속도, 가역반응 대비 비가역반응	7, 35, 48
과도개회로전압[a,b]	전체적인 화학흡착특성, 표면조성의 안정성, 전지쌍 물질에 대한 예비평가	11, 49, 50, 51
영저항 전류계	직류전류의 직접(정전위)측정	9, 52
선형분극저항[a,b]	표면활성도 측정, 화학−기계적 평탄화 가공의 화학적 성질시험, 부식억제제의 효율측정	47, 51, 53, 54
정전위 과도전류[b]	표면반응성, 식각화학, 부식억제제의 효율측정	55, 56
전기화학적 임피던스 분광[b]	반응메커니즘, 표면반응의 동적계수, 순차반응/병렬반응의 구분, 화학−기계적 평탄화 가공 후에 사용하는 약품조성의 평가	6, 9, 27, 57
전기화학적 전류노이즈 분석	점부식 결함검출, 특정한 부식형태(점부식이나 틈새부식과 일반부식)의 구분	12, 58, 59
정전위 펄스변조[b]	반응속도, 순차반응의 검출과 분석; ECMP를 사용한 소재제거	60, 25

a. 기계적 연마입자를 사용하거나 사용하지 않은 상태에서 모두 측정이 가능
b. 디스크 전극이 정지해 있거나 회전하는 상태에서 측정이 가능

　순환전압법은 본질적으로 선형훑음전압법과 동일한 작동원리를 가지고 있지만, 순환전압법에서는 삼각파형을 사용하여 양전압과 음전압 사이의 스캔을 반복한다. 이를 통해서 비가역적 전기화학 반응이 즉시 검출된다. 전압훑음률 의존적 전류특성과 스캔방향에 의해서 발생하는 볼타모그램[11]의 히스테리시스 특성은 슬러리 첨가제들에 대한 순환전압법 기반의 평가에 유용한 수단으로 사용된다.[48] 금속−용액 계면에서의 개회로전압(또는 E_{oc})은 이 시스템의 E_{corr}와 동일한 물리적 의미를 가지고 있다. E_{corr}는 동전위 모드로 측정하는 반면에 E_{oc}는 일반적으로 시간에 따른 정전위 모드를 사용하여 측정한다. 이들 두 계수값의 측정에 서로 다른 방법이 사용되기 때문에, 일반적으로 서로 다른 부호를 사용한다.

　새로 연마된 금속 표면이 슬러리 용액에 노출되면, 시스템의 초기 개회로전압은 보통 시간의존성 거동을 나타낸다. 이 과도 개회로전압은 금속표면의 산화, 부동화, 용해 및/또는 다양한 용액성분들의 화학흡착 등으로 인한 표면의 재구성 정도를 나타낸다.[50] 개회로 전압의 안정화에 필요한 시간은 표면의 재구성 정도를 나타내며, 이는 과도상태를 나타내는 유용한 특성이다. 반면에, 선형훑음전압법을 기반으로 하는 E_{corr} 측정을 통해서는 분극도표와 i_{corr} 데이터를 얻을 수 있다.

---

11 voltammogram: 전압전류법을 이용하여 얻은 전압−전류 도표. 역자 주.

이 결과들은 금속 표면의 능동/수동적 특성의 평가뿐만 아니라 표면활성도의 양극과 음극반응 상대강도 평가에도 유용하게 사용된다. 금속소재에 대한 화학−기계적 평탄화 시스템의 정량적 특성연구에서는 E_{oc}와 E_{corr}를 함께 측정하는 방식이 선호되고 있다.

화학−기계적 평탄화 가공에 국한된 표면반응의 메커니즘과 속도를 검출하기 위해서 **전기화학적 임피던스 분광법**(EIS)이 사용된다.[51,57,61] 이 방법에서는 실험대상 금속−액체 계면에 AC 섭동전압 $\tilde{E}(= E_0\exp(j\omega t))$가 부가된다. 여기서 $j = \sqrt{-1}$이며 t는 시간을 나타낸다. 프로브 주파수 ω는 넓은 스펙트럼을 가지고 있으며, 섭동전압진폭 E_0는 RT/F(상온에서 26[mV]) 미만으로 유지된다. $\tilde{E}$에 의해서 AC전류 $\tilde{i}(= i_0\exp[j(\omega t + \phi)])$가 생성된다. 복소 임피던스 $Z = Z' + jZ''$의 실수성분(Z')과 허수성분(Z'')을 측정하기 위해서 $\tilde{i}$의 진폭(i_0)과 위상(ϕ)을 측정한다. 여기서 $Z' = |Z|\cos\phi$, $Z'' = -|Z|\sin\phi$, $|Z| = (E_0/i_0) = [(Z')^2 + (Z'')^2]^{1/2}$ 그리고 $Z = (\tilde{E}/\tilde{i}) = |Z|\exp(-j\phi)$이다. 전기화학적 임피던스 분광 데이터는 일반적으로 $Z'(\omega)$ 대비 $-Z''(\omega)$의 나이퀴스트 도표로 나타내며, 이 데이터를 근사하여 전기등가회로(EEC) 모델로 만들면 검출된 다른 반응들의 동적 계수들을 구할 수 있다. 일반적으로 이 반응들의 서로 다른 단계들은 서로 다른 시상수(서로 다른 주파수)를 가지고 있으며, 따라서 전기화학적 임피던스 분광법으로 구한 주파수 스펙트럼에서는 별개로 분리된다.

3.4.2 측정

그림 3.4 (a)에서는 금속소재에 대한 화학−기계적 평탄화 가공 시 일어나는 화학반응에 대한 기초연구에 자주 사용되는 비이커형 전기화학적 셀의 전형적인 구성을 보여주고 있다. 이 시험용 셀에 사용되는 슬러리 용액을 일반적으로 **전해질**이라고 부른다. 시료는 3전극 구조 내에서 작업전극(WE)에 위치하며, 상대전극(CE)에는 백금선이 사용되고, 포화감홍전극(SCE) 또는 Ag/AgCl이 기준전극으로 사용된다. 전해질 오염을 방지하기 위해서 상대전극과 기준전극은 이온전도성 차폐막 속에 설치되어 있다. 작업전극은 다결정질 디스크(직경 0.5~1.5[cm]), 쿠폰(전형적으로 2×1[cm]) 또는 이와 유사한 크기를 가지고 있는 블랭킷 웨이퍼 조각이 사용된다. 전해질 속에는 시험할 첨가물들이 섞여 있다. 일반적으로 입자로 인한 화학적 간섭을 피하고 기준전극의 측정단에 자주 들러붙는 유리가루들에 의한 막힘을 방지하기 위해서 전해질 속에는 연마입자가 포함되지 않는다.

시험용 셀은 정전위/정전류로 제어되며, 전기화학적 임피던스 분광법 측정을 위하여 주파수응답분석기에 연결된다. (컴퓨터에 연결된) 정전위 측정기는 기준전극에 대한 작업전극의 전위(E)를 측정하며, 상대전극을 사용하여 전류(I)를 측정한다. 기준전극으로 전류가 흐르는 것을 방지하기 위해서 정전위 측정기 내에는 저항 R_B(>1[GΩ])가 내장되어 있다. 그림 3.4 (a)에 도시되어 있는 전기화학적 셀에 **회전디스크전극(RDE)**/제어기를 추가한다면, 회전 디스크 전극과 함께 사용할 수도 있다. 회전디스크 전극의 표면에서 발생하는 유속 프로파일[24]은 화학－기계적 평탄화 가공용 패드에서 발생하는 유속과 다르기 때문에,[62] 회전디스크전극을 기반으로 하는 실험들이 반드시 화학－기계적 평탄화 가공의 동수압적 조건들을 모사할 필요가 없다. 그럼에도 불구하고 회전디스크전극을 사용하여 화학－기계적 평탄화 가공의 반응속도와 이 반응에서 일어나는 전달성 질량전송의 영향에 대한 세부사항들을 점검할 수 있다.

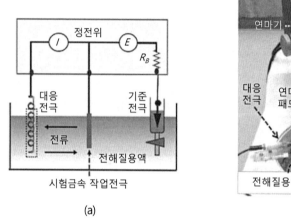

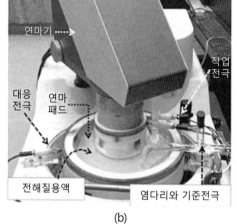

(a)   (b)

그림 3.4 (a) 화학－기계적 평탄화 가공의 대상이 되는 금속의 전기화학적 특성을 파악하기 위해서 사용되는 단순한 3전극셀 시험장치의 개략도. (b) 화학－기계적 평탄화 가공에 사용되는 것과 유사한 윤활조건하에서 금속시편에 대한 전기화학적 특성을 연구하기 위해서 사용되는 3전극 시험장치

화학－기계적 평탄화 가공을 수행하는 동안에는 마찰효과로 인하여 패드－슬러리 계면의 온도(T)가 상승한다. 비이커－셀 실험에서는 온도조절기를 사용하여 셀을 둘러싼 테이프형 히터의 온도를 조절하거나 또는 단순히 정확한 온도조절이 가능한 핫플레이트를 사용하여 이 온도영향을 근사적으로 실험할 수 있다. 그런데 실제 화학－기계적 평탄화 가공의 계면온도(T)는 패드 접촉면적, 연마시간 그리고 누름압력 등의 다양한 인자들의 영향을 받는다.[63] 그 결과, 비이커 셀을 사용한 전기화학적 실험을 통해서 화학－기계적 평탄화 가공과정에 열이 끼치는 영향을 정확히 모사하기 위해서 특정한 시료온도를 선정하는 것은 어려운 일이다. 이런 목적으로는, 화학－기계적 평탄화 가공에서 일반적으로 측정되는 온도범위에 기초하여, 평균온도(약 40[℃])가 자주 사용된다. 이런 온도상승에 따른 열전압(RT/F)의 상승은 약 1[mV]에 불과하며, 전형적인 화학－기계적 평탄화 가공 시스템의 표준전위에는 비교적 작은 영향을 끼칠 뿐이다. 따라서 대부

분의 경우, 동전위 측정에 대한 과도전압과 전기화학 임피던스 분광법에서 사용되는 AC 섭동진 폭이 주어진 (RT/F)값에 대해서 조절된다면, 25~40[°C]의 온도범위에 대해서는 본질적으로 동일한 전기화학적 결과 값들을 얻을 수 있다.

통제된 윤활조건하에서 전기화학적 실험을 수행하기 위해서 **그림 3.4 (b)**에 도시되어 있는 것처럼, 슈트루어 탁상형 연마기가 장착된 실험장치가 사용되었다. 이 실험장치에서 사용된 윤활-전기화학적 셀은 두 가지 요소들로 구성되어 있다. 하부에는 열린 실린더형 테플론 용기가 연마기의 바닥에 부착되어 있으며, 셀의 상부에는 작업전극(일반적으로 25[mm] 직경의 디스크)이 테플론 홀더에 매립되어 있다. 이 홀더는 연마헤드에 부착되어 있으며, 화학-기계적 평탄화 가공의 경우, 누름압력이 선정된 패드를 사용하여 셀 바닥을 누른다. 압력센서를 사용하여 연마기의 누름압력을 측정한다. 테플론 소재의 시편홀더를 둘러싸고 있는 구리소재 링을 다수의 탄소 브러시들로 눌러서 작업전극과의 전기적 접촉을 유지한다. 컴퓨터와 연결된 정전위/정전류 공급장치를 사용하여 셀의 전기화학적 반응을 조절한다.

시험용 셀의 상대전극은 테플론 용기의 외곽부를 둘러싸고 있는 구리소재 링과 연결된 스테인리스 소재의 박판이다. 구리소재 링을 누르고 있는 탄소 브러시들에 의해서 상대전극과의 전기적 연결이 이루어진다. 주 전해질과 염다리로 연결된 유리홀더 내에 기준전극이 위치한다. 평판과 연마기 헤드는 동일한 속도로 회전한다(80~100[rpm]). 연마용 입자가 있는 경우와 없는 경우의 전해질에 대해서 이 윤활-전기화학적 셀을 사용할 수 있다. 여타의 연구자들도 그림 3.4 (b)와 유사한 실험장치를 사용하여 연구를 수행하였다.[46,64]

3.4.3 전기화학적 시험조건과 데이터 분석 시 고려사항들

대부분의 경우, 다결정질 쿠폰이나 디스크 전극을 사용하여 슬러리와 화학-기계적 평탄화 가공 후에 사용되는 화학약품들의 평가를 위한 시험들을 수행할 수 있다. 그런데 이 (비교적 무거운) 시편은 일반적으로 정적 식각률이 낮은 경우에 대한 연구에 사용하기에 부적합하다. 이런 전극의 표면은 불균일이 심하기 때문에, 전극표면에 대한 현미경적 검사도 어렵다. 반면에 이런 작업전극은 세정 및 표면처리를 통해서 여러 번 재사용할 수 있다. 표면처리 과정에서는 1.00과 0.05[μm]의 입도를 가지고 있는 알루미나 분말을 사용하여 작업전극의 표면을 연마한 다음에 탈이온수를 사용하여 완전히 헹궈낸다.

전기화학적 처리의 누적효과에 대한 연구를 수행하는 경우가 아니라면, 개별 세트의 측정을 수행할 때마다 새로운 전해질 용액을 사용해야 한다. 개별시험을 수행하기 전과 후에 pH값을 비교하여 시험용액의 화학적 안정성을 점검해야만 한다. 대기압력하에서 화학-기계적 평탄화 가공이 수행되기 때문에, 이런 시스템에 대한 대부분의 전기화학적 측정에서는 전해질에 대한 탈기가 필요 없다. 화학-기계적 평탄화 가공 시스템에 대한 전기화학적 평가에 전형적으로 사용되는 다정질 금속소재의 작업전극은 비교적 측정면적이 작다($2 \sim 8[cm^2]$). 사용된 표면 재처리과정에 따라서, 때로는 이 전극들의 세밀한 표면화학반응이 측정 가능한 수준으로 시편 표면처리의 과정에 따른 의존성을 나타낼 수 있다. 이런 이유 때문에 그리고 재현 가능한 결과들을 얻기 위해서, 일반적으로 각각의 측정들을 반복하여 여러 번 수행할 필요가 있다.

화학-기계적 평탄화 가공 시스템에 대한 전기화학적 연구에 필요한 시스템 의존성 순서조건에 대한 논의가 수행되었으며, 이에 대해서는 개별 사례에 대한 실험결과를 논의하는 과정에서 간략하게 설명할 예정이다. 이런 측면에서 미국재료시험협회(ASTM)의 부식과 분극측정 지침을 부식인자들의 분석을 위한 종합적인 지침으로 사용할 수 있다.[47,65] 그림 3.2를 통해서 설명했듯이, 여러 메커니즘들에 의해서 첨가제들에 의한 개회로전압 시프트가 일어날 수 있으며, 또한 여러 가지 이유들에 의해서 주어진 개회로전압 시프트가 일어날 수 있다. 예를 들어, 동일한 시스템 내에서 양극 부동화나 음극의 자극에 의해서 E_{oc}의 상승이 발생할 수 있다. 이런 이유 때문에 개회로전압 변화를 일으키는 메커니즘에 대한 올바른 해석을 위해서는 완전한 타펠선도를 사용해야만 한다.

일반적으로 전기화학 임피던스 분광법(EIS)에서는 데이터 검증을 위하여 다음과 같은 기준들을 엄격하게 준수해야만 한다.[66]

(1) 시스템의 임피던스 응답이 섭동전압에 의해서만 유발되어야 한다(인과관계).
(2) 시스템의 직류거동은 전기화학적 임피던스 분광법을 시행하기 전과 후에 동일해야만 한다 (안정성)
(3) 0에서 무한대의 주파수범위에 대해서 Z'과 Z''값이 유한하며 연속적인 값을 유지해야 한다 (유한성).
(4) $\tilde{E}$와 $\tilde{i}$는 ω의 고조파[12] 성분이 없는 선형관계를 유지해야 한다(선형성).

전기화학 임피던스 분광법에서 필요로 하는 이런 검증조건들을 점검하는 과정에 대해서 많은 논의가 수행되었다.[67~70] 일반적으로 전기화학 임피던스 분광법의 측정은 여러 번 반복하여 수행한 후에 저주파 임피던스값과 고주파 임피던스값을 제외한다. $E_0 < (RT/F)$ 조건을 적용하여 (특히 선형성의) 미소섭동을 유지하며, 입력과 출력 스펙트럼 사이의 세심한 주파수 비교를 수행한다.[71]

----

12 higher harmonics.

실험적인 전기화학 임피던스 분광법 측정 데이터를 전기등가회로(EEC) 모델에 맞추기 위해서는 적절한 비선형복소수최소제곱(CNLS)분석이 필요하다.[72] 비선형복소수최소제곱 계산을 통해서 데이터 맞춤의 전체적인 불확실도뿐만 아니라 개별 실험들의 불확실도를 구할 수 있다. 비선형복소수최소제곱법을 사용하여 맞춘 전기등가회로의 유용성을 확보하기 위해서는 이 불확실도를 10[%] 미만으로 유지해야만 한다.

개회로 전압이 안정된 상태에서 임피던스 스펙트럼이 얻어진 경우에는 화학－기계적 평탄화 가공 시스템에 대한 전기화학 임피던스 분광법을 사용한 실험적 연구가 비교적 단순하다.[67] 전기화학 임피던스 분광법을 적용하는 동안 표면반응에 대한 보조측정을 위해서 직류전압구동을 사용할 수 있지만,[61,73] 이런 경우에는 전기화학 임피던스 분광법의 정상상태 조건을 보장하기 위해서 추가적인 계측장비가 필요하다.[74] 이런 측면에서 전압 의존성 나이퀴스트 스펙트럼 실험에 대한 시간분해기록의 경우에는 전기화학 임피던스 분광법에 적용된 푸리에 변환기법은 특히 유용하다.[67] 화학－기계적 평탄화 가공의 연마조건하에서는 데이터 기록이 수행되는 시간 동안 시험대상 계면이 변하기 때문에, 일반적으로 전통적인 전기화학 임피던스 분광법이 사용되지 않는다. 따라서 이런 경우에 기록된 임피던스 스펙트럼은 전기화학 임피던스 분광법의 검증을 위한 네 가지 기준들 중에서 하나 이상을 위반하게 된다.

화학－기계적 평탄화 가공 시스템의 전기화학적 측정결과를 해석하기 위해서는 많은 경우에 다양한 용액성분들의 흡착특성들을 점검할 필요가 있다. 화학－기계적 평탄화 가공의 pH 선택성 슬러리 환경하에서, 이 흡착은 주로 국부적인 표면변화와 이온용액성분들 사이의 정전기적 상호작용에 의해서 의존한다. 금속표면에는 부분적으로 산화물들이 코팅되어 있기 때문에, 이 시스템들의 표면변화를 고려하는 것은 복잡한 일이다. 산화물에 덮여 있는 금속의 표면전하는 산화물/수산화물 성분들의 **등전점**(IEP)에 의해서 지배되는 반면에,[75] 벗겨진 금속표면의 전하는 금속의 본질적인 **영점전하**(PZC)에 의해서 결정된다.[76,77] 이렇게 두 가지 방식으로 전기화된 계면의 총전하밀도는 산화물의 등전점과 금속의 영점전하에 의해서 결정된다.[78] 화학－기계적 평탄화 가공에 대한 연구에서 이런 시스템을 다루기 위한 현상학적 프레임워크에 대한 논의가 수행되었다.[55] 일반적으로 연구논문들에서 영점전하를 언급하면서 그 주체를 일반적으로 생략하기 때문에, 두 가지 유형으로 이루어진 표면을 나타내기 위해서는 산화물의 영점전하와 금속의 영점전하 사이의 차이를 명확하게 구분해야 한다.

3.5 적용사례

3.5.1 부식계수에 대한 동전위 측정

금속소재에 대한 화학-기계적 평탄화 가공 시스템의 전기화학적 연구에서는 E_{corr}, i_{corr}, E_g 및 i_g와 같은 부식계수들의 측정을 위해서 선형훑음전압법(LSV)이 가장 일반적으로 사용된다. 이 실험과정에서 일어나는 느린 표면반응들을 측정하기 위해서 충분히 낮은 속도(1~5[mV/s])로 측정전압을 스캔한다. 스캔을 수행하는 동안 (일반적으로 비가역적인)부식효과가 점차적으로 활성화되므로 전압은 양극방향으로 증가하게 된다. 그림 3.5 (a)에서는 코발트 소재에 대한 화학-기계적 평탄화 가공을 위한 염기성 시험용액을 사용하여 측정한 분극선도를 보여주고 있다. 음극전류가지는 염기성 환경 속에서 다음과 같은 **산소환원반응(ORR)**을 나타낸다.[18]

$$O_2 + 2H_2O + 4e^- = 4OH^-, \quad E^0 = 0.401\,[V] \tag{3.18}$$

그리고 양극 가지는 식 (3.7)의 반응을 통해서 $Co(OH)_2$를 $HCoO_2^-$로 분해시키며, 이를 통해서 Co 표면이 부동화된다. 식 (3.7)에 의한 총 분해반응은 $Co + 3OH^- = HCoO_2^- + H_2O + 2e^-$ 라고 요약하여 나타낼 수 있다. 이 반응이 식 (3.18)에 제시되어 있는 음극반응과 커플되면 유효 혼성전위반응은 $Co + OH^- + (1/2)O_2 + HCoO_2^-$의 형태를 나타낸다. i_{corr}값을 결정하는 양극반응이 금속의 분해에 의해서 지배되는 경우에는 $(MRR)_0 = i_{corr}(V_m/nF)$를 사용하여 부식전류로부터 분해율을 추정할 수 있다. 여기서 V_m은 분해된 소재의 몰 체적을 나타낸다.[65]

그림 3.5 (a)에서, E_{corr}는 양극과 음극의 타펠가지들이 서로 교차하는 점에서의 전압으로부터 쉽게 구할 수 있다. i_{corr}를 구하기 위해서는 각각의 전류가지에 대해서 $[log(i)]$값의 한 디케이드 이상의 구간을 차지하고 있는 경사직선들을 사용한 타펠선도 외삽을 통해서 구할 수 있다. 이 외삽은 식 (3.11)과 식 (3.12)의 타펠조건들을 충족시키지만 새로운 반응이 활성화되지 않는 충분히 높은 과도전위값에서 출발한다. 양극과 음극에서의 타펠 외삽을 위한 이 시작전위들은 각각 E_{corr}로부터 ΔE_+와 ΔE_-(둘 다 100[mV]이상)만큼 떨어진 위치로 선정된다. 대부분의 무구조 타펠선도의 경우에는 명확히 추가적인 패러데이 반응이 발생하지 않는다. 이런 과정을 통해서 구해진 E_{corr}와 i_{corr}가 그림에 도시되어 있다.

그림 3.5 (b)와 (c)에서는 (Co-Al)과 (Cu-Ta) 같은 이중금속 시스템의 전해부식계수들을 구하기 위해서 사용된 선형훑음전압법 데이터의 두 가지 서로 다른 사례들을 보여주고 있다. 첫 번째 시스템은 대체금속 게이트(RMG) 성분들에 대한 화학-기계적 평탄화 가공에 적합하며,[9] 두 번째

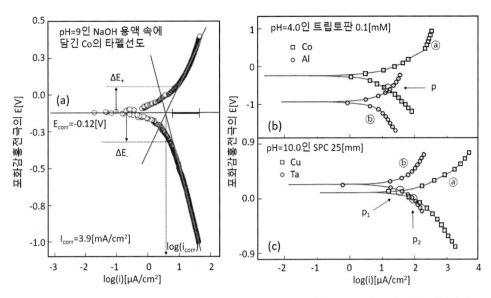

그림 3.5 (a) 도식적 분석을 통해서 E_{corr}와 i_{corr}를 구하기 위해서 사용된 Co 전극에 대한 전형적인 동전위 분극도표. (b) 및 (c) 에서는 각각 Co–Al과 Cu–Ta 이중금속 시스템에 대하여 선정된 슬러리 용액에 대한 커플된 타펠선도를 보여주고 있다. (b)에 도시된 교차점 p는 Co-Al 전해시스템의 전해계수 E_g와 i_g에 해당한다. 도표 (c)에서는 기존 전해분극이 반전되어 두 개의 교차점들이 나타난다(p_1과 p_2). (a), (b) 및 (c)의 경우 모두 스캔속도는 5[mV/s]를 사용하였다.[44,45]

시스템은 구리소재 배선의 Cu-배선/Ta-차단층 조합과 관련되어 있다. 그림 3.5 (b)에서는 알루미늄의 부식억제제로 트립토판이 사용되었다.[79] 그림 3.5 (c)에서는 과산화나트륨(SPC)이 구리(Cu)와 탄탈륨(Ta)의 산화제 및 착화제로 사용되었다. 그림 3.5 (b)에서 코발트(Co)는 Co-Al 전해쌍에서 음극으로 작용한다. 과산화나트륨에 매개된 구리(Cu)와 탄탈륨(Ta) 표면의 개질로 인해서, 그림 3.5 (c)에서 구리(Cu)의 E_{corr}값은 탄탈륨(Ta)의 E_{corr}값보다 더 낮아지며, 일반적인 Cu-Ta 전해극성의 반전이 초래된다.

그림 3.5 (b)에서, 코발트(Co)의 음극 타펠가지가 알루미늄(Al)의 양극 타펠가지와 비교적 높은 알루미늄의 양극 과도전위인 $p(E_g, i_g)$에서 서로 교차한다. 이 경우는 식 (3.16)에 해당하며, p의 좌표값은 (E_g, i_g)로 정의된다. 전해부식계수들과는 별개로, 개별 금속의 일반적인 부식지표인 E_{corr} 및 i_{corr}를 타펠도표로부터 즉시 구할 수 있다. 부식양극의 양극전류와 음극전류 모두가 이중금속의 평형결정에 관여하기 때문에, 그림 3.5 (c)의 상황은 조금 더 복잡하다.[28,80] 그에 따라서 식 (3.16)의 $i_g(A)$가 변하며, 식 (3.16)의 ζ는 다음과 같이 정의된 새로운 항인 ζ'으로 대체된다.

$$\zeta' = \zeta \left[1 + \left\{ I_{corr}(A) / I_{corr}(C) \right\} e^{-\frac{\Delta E_{corr}}{\beta_c(C)}} \right]^{-\frac{\beta_a(A)}{b}} \tag{3.19}$$

그림 3.6 (a)에서는 가장 단순한 이종금속 사례를 설명하기 위해서 코발트(Co)와 알루미늄(Al) 전극들에 대한 일련의 동전위분극도표를 보여주고 있다. 도표 (B)의 I_a(Al)과 도표 (A)의 I_c(Co)의 교차점은 (E_g, i_g)에 의해서 정의되는 평형조건을 나타내며, 여기서 알루미늄 양극은 기준용액 속에서 전해부식을 일으킨다. +AA 기준용액의 이에 해당하는 평형조건은 도표 (D)의 I_a(Al)과 도표 (C)의 I_c(Co)의 교차점에 해당한다. 이 도표의 타펠형태가 비교적 단순하기 때문에, 개별 금속들에 대한 E_{corr} 및 i_{corr}를 비교적 쉽게 구할 수 있으며, 그림 3.6 (b)와 (c)에 이 값들이 도시되어 있다. 그림 3.6 (d)의 도표에서는 그림 3.6 (a)의 데이터를 도식적으로 분석하여 얻은 직류전류값들을 제시하고 있다. 대체금속 게이트(RMG)를 제작하기 위한 알루미늄 소재에 대한 화학—기계적 평탄화 가공의 경우에 이 결과가 가지고 있는 자세한 의미들에 대해서는 시 등이 논의하였다.[9]

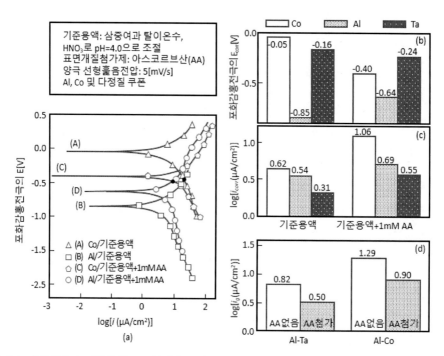

그림 3.6 (a) 기준용액과 기준용액+AA용액을 사용하여 측정한 Co, Al 및 쿠폰 전극들에 대한 동전위도표. [(A), (B)] 및 [(C), (D)]의 접점은 각각 갈바니 전압과 전류를 나타낸다. (b) 및 (c)는 각각, Co, Al 및 Ta 전극에 대한 E_{corr} 및 i_{corr}. (d) 데이터에 대한 타펠분석을 통해서 구한 Al-Ta 및 Al-Co 갈바니 쌍들의 i_g값. 각 막대의 변수값들은 (b)~(d)의 개별 막대 옆에 표기되어 있다.[13]

13 Reprinted from Shi et al. (2012). Copyright (2012), with permission from Elsevier.

그림 3.7의 (a)와 (b)~(d)에서는 각각, 식 (3.16)과 식 (3.19)에 제시되어 있는 동전위데이터들이 적용되는 추가적인 사례를 보여주고 있다. 여기서는 화학-기계적 평탄화 가공 시 망간(Mn)에 대한 표면개질을 위해서 NaOH 염기성 (기준)용액 속에 0.5[mM]의 살리실알데히드를 첨가한 경우((c)와 (d))와 첨가하지 않은 경우((a)와 (b))에 대해서 Cu-Mn 전지쌍을 시험하였다. (a), (c) 및 (d)의 경우, 망간(Mn)은 양극으로서, 전해부식을 일으키는 반면에, (b)의 경우에는 금속 표면에 박막이 형성되어 양극부식을 차단하며, 갈바니 전위가 약간 역전되어버린다. 이 데이터에 대한 도식적 분석을 통해 얻은 부식인자들은 우측의 막대도표로 요약되어 있다.

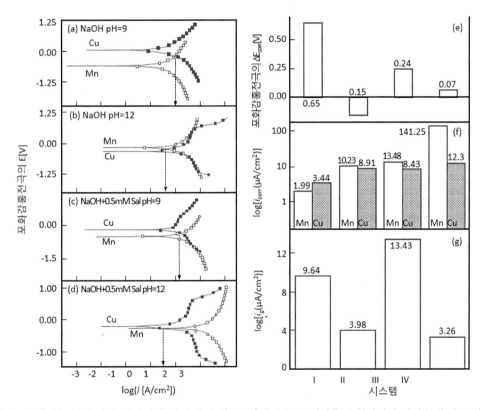

그림 3.7 좌측 열: 서로 다른 염기성 용액 속에서 5[mV/s]의 속도로 전압을 스윕하면서 망간소재 디스크(직경 2.54[cm], 두께 0.32[cm])와 구리소재 박판(2.65 × 1.24[cm], 두께 0.1[cm])에 대해서 측정한 동전위 분극도표. (a)와 (b)는 살리실알데히드를 첨가하지 않은 경우이며, (c)와 (d)는 살리실알데히드를 첨가한 경우. 각 박스에 표시된 수직 화살표의 수평축 위치는 i_g값이며, 화살표 꼬리위치의 전압은 E_g를 나타냄. (a)~(d)를 통해서 결정된 부식계수들이 우측 열에 도시되어 있음. (e) $\Delta E_{corr} =$ [$E_{corr}(Cu) - E_{corr}(Mn)$], (f) Cu와 Mn의 i_{corr}값, (g) Cu-Mn 전지쌍의 i_g값. (e)~(g)에서 시스템은 다음과 같음. (I) 기준용액, pH=9, (II) 기준용액, pH=12, (III) 기준용액, 0.5[mM] 살리실알데히드, pH=9, (iV) 기준용액, 0.5[mM] 살리실알데히드, pH=12[14]

....

14 Reproduced with permission from Turk et al. (2013b). Copyright, The Electrochemical Society.

3.5.2 전해부식 인자들에 대한 직접측정

전해부식과정에서 발생하는 낮은 전류를 직접측정하기 위해서 영저항 전류계(ZRA)를 사용할 수 있다.[9,52] 그림 3.8 (a)에서는 Co-Al 및 Ta-Al 전해시스템을 연구하기 위해서 사용되는 실험 장치를 개략적으로 보여주고 있다. 그림 3.8 (b)에서는 영저항 전류계를 사용하여 측정한 시간의존성 직류전류밀도를 보여주고 있다. 여기서 사용된 양극과 음극의 표면적은 서로 동일하다. 산화, 음이온 흡착 그리고/또는 여타의 자발반응들에 의해서 유발된 표면개량 때문에, $E_{corr}(A)$와 $E_{corr}(C)$의 시간의존성으로부터 i_g의 과도거동이 구해진다. 이들의 상대적인 변화율은 주어진 용액 내에서 전해쌍을 형성하는 개별금속들에 따라서 서로 다르며, 여기서는 식 (3.16)에 따라서 전체적인 결과가 분명해진다.

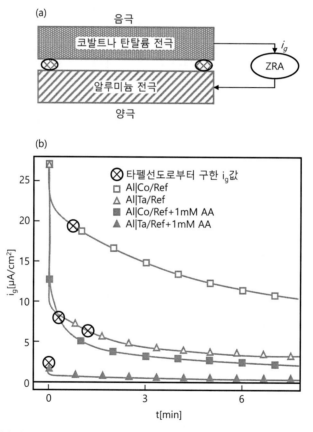

그림 3.8 (a) 그림 3.6 (a)에서 고려된 Co-Al 이중금속 시스템에 대한 갈바니 전지와 직류전류 밀도를 측정하기 위한 영저항 전류계의 구성. 시험용 전해질이 충진되어 있는 이 갈바니 전지는 표면적이 2.5 × 2.5[cm²]이며 두께는 0.1[cm]인 두 개의 전극들(알루미늄과 탄탈륨)로 구성되어 있으며, 테플론 소재의 홀더와 2[mm] 두께의 테플론 소재 스페이서를 사용하여 설치되어 있다. (b) 십자 원으로 표기된 데이터 점들은 그림 3.6 (a)와 같은 동전위 데이터를 사용하여 측정한 i_g 실험값들이다.[15]

---

15 Reprinted from Shi et al. (2012). Copyright (2012), with permission from Elsevier.

영저항 전류계(ZRA)는 시간의존성 직류값을 측정하기 때문에, 이 데이터를 동전위측정을 통해서 구한 i_g값과 비교할 수 있다. 그림 3.8 (b)의 교차점에 표시되어 있는 ⊗는 그림 3.6 (a)와 (d)에서 구한 i_g값의 위치를 나타낸다. 구동전압하에서 측정된 직류전류는 표면개량의 초기단계(그림 3.8의 <1.5[min] 범위)에 영저항 전류계로 측정한 값과 거의 일치한다. 전해부식 연구에 영저항 전류계를 사용하는 기법의 장점은 해당금속이 전해질과 접촉하는 경우에 i_g(와 E_g)의 현장측정이 가능하며, 실제 화학−기계적 평탄화 가공 상황을 유사하게 모사한다는 점이다. 그런데 그림 3.6과 그림 3.7에서 고려한 전위 기반 기법은 I_g를 검출함과 동시에 전해쌍을 구성하는 개별금속들의 일반적인 부식계수들에 대한 유용한 정보를 제공해준다는 점에서 유용한 방법이다.

3.5.3 선형분극저항의 측정과 활용

활성화 과도전위 하한(η)값의 경우, 식 (3.15)를 다음과 같이 선형화시킬 수 있다.[81]

$$I(\eta \to 0) \approx \eta I_{corr} \frac{\beta_a(l) + \beta_c(h)}{\beta_a(l)\beta_c(h)}$$

여기서 $\eta = (E - E_{corr})$이다. 이 선형화된 방정식으로부터 **선형분극저항**(LPR)이 정의된다. 동전위분극실험의 경우 선형분극저항(여기서는 R_p라고 표기)은 대략적으로 $E_{corr} \pm RT/F$로 설정된 E_{corr}의 좁은 범위 내에서 전압 스윕을 통해서 측정한 선형 $\eta - I$ 도표의 기울기로부터 구해진다.[81]

$$R_p = \left(\frac{\partial \eta}{\partial i} \right) = \frac{\beta_a(l)\beta_c(h)}{\beta_a(l) + \beta_c(h)} \frac{S}{I_{corr}} \tag{3.20}$$

위 식에 따르면, R_p는 I_{corr}에 반비례한다. 그러므로 R_p나 I_{corr}를 측정하면 본질적으로 동일한 상댓값을 구할 수 있다. 시스템의 전체적인 전기화학적 활성도에 대한 척도로 선형분극저항 데이터를 사용할 수 있으며,[54] 부반응과/또는 표면 부동화 때문에 높은 과전압에서 동전위 도표가 왜곡되어 기존의 타펠외삽을 적용하기가 어려운 경우에 이 방법이 특히 유용하다. 그림 3.9의 좌측 열에 표시되어 있는 (A)도표는 이런 상황의 두 가지 사례들을 보여주고 있다. 여기서는 과탄산나트륨(SPC) 기반의 염기성 용액 속에서 Cu-Ta와 Ru-Cu 전지쌍의 타펠특성이 측정되었다.

그림 3.9 (a)에서 구리는 E>0.2[V]에서 산화되어 수소화된 구리−탄산염 착화물을 형성하므로, 해당 전압영역에서 구리소재의 타펠 기울기가 변한다. 그림 3.9 (b)에서 루테늄 전극은 E>0.3[V]에

서 $Ru(OH)_3$ 표면층이 생성되기 때문에 부동화된다.[49] 두 경우 모두 높은 과전위 영역에서 왜곡된 양극전류가지의 I_{corr}를 타펠 외삽방법으로 측정하는 것은 적절치 못하다. 반면에 **그림 3.9 (c)**와 (d)에 도시되어 있는 것처럼, 네 가지 경우 모두에 대해서 과전위가 낮은 동전위 데이터들은 선형 경향을 나타내며 R_p를 구하기 위해서 필요한 조건들을 완전하게 충족시키고 있다. **그림 3.9 (c)**와 (d)의 직선들은 데이터(심벌)에 대한 직선근사를 나타내며, 이 직선의 기울기가 식 (3.20)의 R_p를 나타낸다.

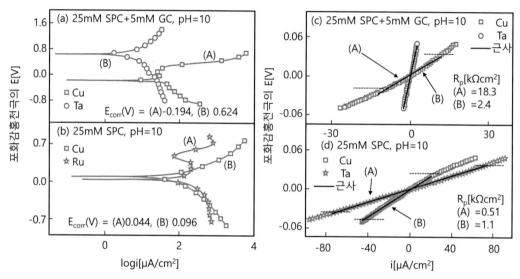

그림 3.9 (a)와 (b): 복잡한 표면반응에 의해서 동전위 분극도표 (A)가 휘어져 있기 때문에 기존의 타펠 외삽법을 사용해서 i_{corr}를 간단하게 구할 수 없는 금속소재에 대한 화학-기계적 평탄화 가공 시스템의 사례. (c)와 (d): (a)와 (b)에서 사용된 시스템의 R_p값을 구하기 위해서 사용된 과전위가 낮은 양극 선형훑음전압 데이터 (스캔속도 2[mV/s]). (c)와 (d)의 실선들은 데이터의 선형맞춤을 나타낸다. 선형맞춤직선의 양단에 도시된 수평 점선들은 이 선형영역을 선정하기 위해서 사용된 과전위의 상한과 하한값을 타나낸다.

선형분극저항(LPR) 분석을 위하여 일반적으로 추천하는 과도전압 범위는 ±5~±20[mV]이다. 그런데 시스템에 따라서는 전류가 측정되는 전압 수준이 노이즈 레벨을 겨우 넘어서는 정도에 불과하다.[14,47,51,53] 이런 경우에 데이터 피팅의 품질을 높이기 위해서는 선형분극저항 분석의 선형 과도전압 범위가 앞서 제시한 범위를 넘어설 수도 있다.[81] **그림 3.9 (d)**에서는 데이터 피팅 범위가 확장된 두 가지 사례들을 보여주고 있다. 비록 **그림 3.9 (a)**와 (b)에 도시되어 있는 곡선 (B)에 대해서 타펠 외삽법을 적용할 수 있지만, 이 도표에는 타펠 외삽법을 적용하기에 적합지 않은 동전위 곡선 (A)가 포함되어 있다. 이런 경우에는 관습적으로 주어진 비교그룹 내의 모든 데이터들에 대해서 동일한 선형분극저항 분석방법을 적용해야 한다.

I_{corr}를 부식발생의 대안적인 지표로 사용할 수 있음에도 불구하고 선형분극저항을 화학−기계적 평탄화 가공에서 화학적 요인들이 끼치는 영향을 측정하기 위한 유용한 독립형 프로브로 사용한다. 금속표면의 패러데이 활성도가 R_p값의 증가에 반비례하여 감소하기 때문에, 소재제거 메커니즘이 전기화학적 메커니즘에 의존하는 한, 소재 제거율(MRR)과 R_p 사이의 직접적인 상관관계를 구할 수 있다. 이 상관관계의 정확도를 화학−기계적 평탄화 가공의 화학적 요인에 대한 경험적 척도로 사용활 수 있다. 이 분석의 사례가 그림 3.10에 도시되어 있다. 여기서 서로 다른 용액들[82]을 사용하는 화학−기계적 평탄화 가공 과정에서 측정된 TaN의 연마율을 그에 따른 R_p 측정값에 대해서 도시되어 있다. 결정계수(R^2)가 0.80인 경우에 두 세트의 데이터들 사이에는 선형관계가 얻어진다. 다른 시스템에서도 R_p를 사용하여 화학−기계적 평탄화 가공의 화학적 효율을 측정하여 유사한 결과를 얻었다.[7] 이 선형분극저항 기반의 방법은 선정된 슬러리 첨가물들이 얼마나 효과적으로 화학−기계적 평탄화 가공의 화학적 요인들을 통제할 수 있는지를 판단하는 유용한 도구이다.

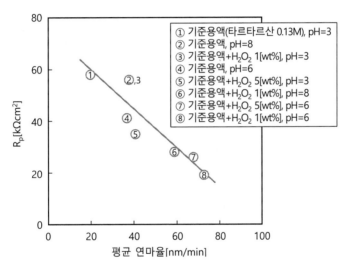

그림 3.10 이 도표에서는 서로 다른 슬러리 용액을 사용하여 화학−기계적 평탄화 가공을 수행하는 동안 TaN 웨이퍼 시편에서 측정된 연마율과 연마저항값 사이의 선형 상관관계를 확인할 수 있다. 실선은 원형으로 표시된 측정 데이터에 대한 선형근사직선이다. 화학−기계적 평탄화 가공 측정을 위해서, 평균직경이 35[nm]인 콜로이드 실리카 연마입자로 이루어진 5[wt%]Nexil 35A에 각각의 시험용액들을 섞었다.[16]

16 Reprinted from Janjam et al. (2010b). Copyright (2010), with permission from Elsevier.

3.5.4 개회로 전압과 부식전위의 비교

비록 혼성전위 시스템에서 E_{oc} 항과 E_{corr} 항이 공통적인 기계적 기원을 가지고 있지만, 일반적으로는 실험적으로 측정한 두 전위값을 완전히 호환할 수 없다. 그림 3.11에서는 이런 상황을 보여주고 있다. 여기서는 두 가지 서로 다른 슬러리 용액에 대해서 Cu, Ta 및 Co에 대해서 안정화된(정전위 상태에서 측정한) E_{oc}값들을 이에 해당하는 (동전위 상태에서 측정한) E_{corr}값들과 비교하여 보여주고 있다. 백그라운드 용액의 pH=4이며, 금속의 공통 표면개질을 위해서 아스코르브산 (AA)이 사용되었다.

여기서, E_{corr}는 일관되게 이에 대응하는 E_{oc}보다 높게 측정되었다. 두 평형전위들 사이의 차이는 자주 관찰되며, 식 (3.14)를 사용하여 설명할 수 있다.[6,11,14,83] E_{corr}를 측정하기 위해서 사용되는 동전위스캔이 특정한 전해질 성분의 전압 유발성 화학흡착(과 후속반응)을 유발하여 면적비 (S_h/S_l)를 변화시킨다. 이 영향들은 E_{oc}의 측정에도 관여하지만 전극들이 강제로 분극되는 전압구동의 경우에 비해서는 정도가 훨씬 약하다. 그 결과, 동전위 방법을 사용하여 측정한 E_{corr}값은 정전위 방식으로 측정한 E_{oc}와는 다른 값을 갖게 된다. 그럼에도 불구하고 그림 3.11에 도시되어 있는 것처럼, E_{oc}의 용액/금속 의존성 경향은 일반적으로 E_{corr}를 추종한다.

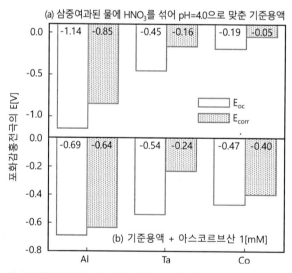

그림 3.11 Al, Ta 및 Co의 사례를 통해서 주어진 화학-기계적 평탄화 가공용 용액 내에서 동전위스캔을 사용하여 측정한 E_{corr}값이 정전위 조건하에서 측정한 (안정화된) E_{oc}값과 어떻게 다른지를 보여주고 있다. 개별 막대도표에는 해당 변수값들이 표기되어 있다. 삼중 여과된 pH=4.0인 물에 1[mM]의 표면 개질기를 (a) 첨가하지 않은 경우와 (b) 첨가한 경우의 시험용액에 대한 측정결과들이 도시되어 있다.[17]

....

17 Reprinted with minor adaptation from Shi et al. (2012). Copyright (2012), with permission from Elsevier.

그림 3.12 (a)에서는 표면계수 (S_i/S_j)의 시간의존성 변화 때문에 E_{oc}가 어떤 영향을 받는지 보여주고 있다. 주 착화제로 β-알라닌을 사용하며 산화제와 2차 표면개질을 위해서 과탄산나트륨(SPC)을 첨가한 Ru-Cu 쌍에 대한 고찰을 위해서 과도 개회로전압을 측정하였다. 이 첨가물들이 전해부식 구동전압인 E_{oc}(Ru)와 E_{oc}(Cu) 사이의 전압 차이에 어떤 영향을 끼치는지를 검증하기 위하여 실험이 설계되었다. 과탄산나트륨이 첨가되지 않은 β-알라닌 용액의 경우, 루테늄(Ru)은 음극으로, 구리(Cu)는 양극으로 작용하며, E_{oc}(Ru)>E_{oc}(Cu)가 측정되었다. 용액에 과탄산나트륨을 첨가하면, 두 개회로전압 사이의 편차가 감소하며, 전극의 극성이 약하게 뒤바뀌는 현상이 일어난다. 개회로 과도전압은 결국에 가서는 안정화되며, 양극과 음극위치에서의 밀도값 비율은 포화된다. 이 정상상태에 도달하기 위해서 필요한 시간은 시스템마다 서로 다르다.

그림 3.12 (a)에서 관찰되는 개회로전압 시프트 메커니즘을 찾아내기 위해서는, 그림 3.12 (b)에 도시되어 있는 타펠선도의 전류 프로파일을 비교해볼 필요가 있다. 과탄산나트륨이 없는 경우에는, 루테늄에 대한 도표 (A)의 양극과 음극전류가 구리에 대한 도표 (C)보다 훨씬 더 낮다. 이는 β-알라닌(HL = $^+H_3NCH_2CH_2COO^-$)에 의해서 구리소재의 양극분해(Cu + HL = CuHL^{2+} + 2e$^-$)가 일어났기 때문이다.[54] 구리(Cu)와 루테늄(Ru)의 양극 전류가지들 사이의 차이는 음극 전류가지들 사이의 차이에 비해서 더 크다. 이로 인하여 E_{corr}(Ru)에 비해서 E_{corr}(Cu)값이 전체적으로 아래쪽으로 이동하게 된다. 이에 해당하는 E_{oc}(Ru)값에서도 이와 동일한 영향이 관찰된다. 과탄산나트륨이 있는 경우, 과탄산나트륨에서 방출된 H$_2$O$_2$의 음극환원으로 인하여 (B)Ru와 (D)Cu의 음극전류들은 모두 증가하는 경향을 보인다. 또한 과탄산나트륨에서 방출된 H$_2$O$_2$에 의해서 루테늄과 구리는

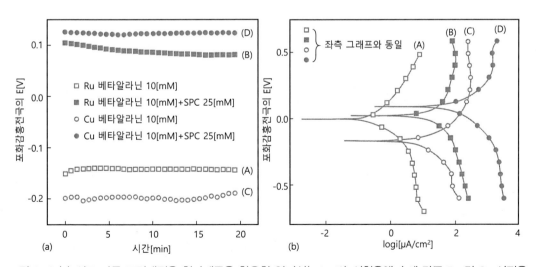

그림 3.12 (a) 서로 다른 표면개질용 첨가제들을 함유한 염기성(pH=10) 시험용액 속에 담근 Ru 및 Cu 시편을 사용하여 5[mV/s]의 스캔 속도로 측정한 (a) 개회로 과도전압 도표와 (b) 동전위 분극도표. (b)의 직선이 실험 데이터이며, 심벌들은 사용된 서로 다른 시스템들을 구분하기 위해서 사용되었다.

각각, RuO_2와 Cu_2O의 형태로 산화된다. 그림 3.12 (b)의 (B)에서 나타나는 루테늄의 양극 활성도 증가는 루테늄 산화물의 전기분해($RuO_2 + 4OH^- = RuO_4^{2-} + 2H_2O + 2e^-$)에 의하여 유발된 것이다.[49] β-알라닌 내에서 Cu_2O의 양극분해($Cu_2O + 2HL = 2CuL^+ + H_2O + 2e^-$)가 더 효율적이기 때문에 구리의 양극 활성도가 상대적으로 더 높다.[32] 상호 경쟁적인 양극과 음극의 효과들이 결합되어 (B)의 E_{corr}(Ru)에 비해서 (D)의 E_{corr}(Cu)값이 더 높게 나타난다.

3.5.5 개별 슬러리 첨가물들에 대한 시험을 위한 정전위 과도전류 측정

금속 소재에 대한 화학−기계적 평탄화 가공용 슬러리의 조성을 설계하기 위해서는 일반적으로 개별 첨가제들이 선정된 금속 표면에 대한 패러데이 활성도에 어떤 영향을 끼치는지에 대하여 고찰할 필요가 있다. 일반적으로 개회로 과도전압 측정과 함께 시행되는 정전위 과도전류 측정기법은 이런 시험에 유용하게 활용된다. 이 기법을 설명하기 위해서 그림 3.13에서는 일련의 시험결과들을 보여주고 있다. 여기서 화학−기계적 평탄화 가공의 대상이 되는 금속소재는 구리이며, 다음과 같은 첨가제들을 함유하고 있는 시험용액(pH=4.0)은 40[℃]의 온도로 유지된다: H_2O_2(산화제) 5[wt%] + NH_4NO_3(백그라운드 전해질) 0.05[M] + 글리신 x[M] + 옥살산(두 가지 서로 다른 유형의 착화제) y[M] + 도데실벤젠술폰산(DBSA, 구리소재에 대한 용해억제제) u[mM]. 그림 3.13의 좌측 열에 도시되어 있는 E_{oc}의 과도상태를 살펴보면, 사용된 모든 시험용액들에 대해서 구리소재의 정상상태 거동을 나타내고 있다. 세 가지 용액 모두의 경우에 도데실벤젠술폰산(DBSA)을 첨가하면 이를 사용하지 않은 경우(①번 곡선)보다 E_{oc}가 더 높은 값을 갖는다. 이런 양극억제 효과는 (c)에서 가장 명확하게 나타난다.

그림 3.13의 우측 열에서는 정전위 과도 전류값 변화를 보여주고 있다. 여기서 u값은 ①의 경우 0[M], ②의 경우 3.5[mM]을 유지하고 있다. ③의 경우, 개별 스캔을 수행하는 과정에서 화살표로 표기된 시점에서 u값이 0[M]에서 3.5[mM]로 갑자기 변하였다. 이 실험의 주요 목표는 선정된 착화제가 첨가된 상태에서 도데실벤젠술폰산(DBSA)의 양극차폐효율을 평가하는 것이다. 구리소재 표면 위에서 양극반응을 선택적으로 활성화시키기 위해서, 전극전위를 E_{oc}보다 0.1[V] 더 높게 설정하였다. u=0인 곡선 ①과 u=3.5[mM]인 곡선 ②를 비교해보면, 도데실벤젠술폰산(DBSA)이 양극전류를 효과적으로 차폐하고 있다는 것을 알 수 있다. 곡선 ③에 따르면, 각 용액들에 도데실벤젠술폰산(DBSA)을 첨가하는 순간에 양극전류가 빠르게 0으로 떨어진다는 것을 알 수 있다. 이 전류강하시간을 통해서 서로 다른 용액 내에서 도데실벤젠술폰산(DBSA)의 양극반응 억제의 상대적인 강도를 비교할 수 있다. 화학−기계적 평탄화 가공(CMP)에 사용되는 다양한 부식억제제들에 대한 실험적 평가연구들이 수행되었다.[55,84]

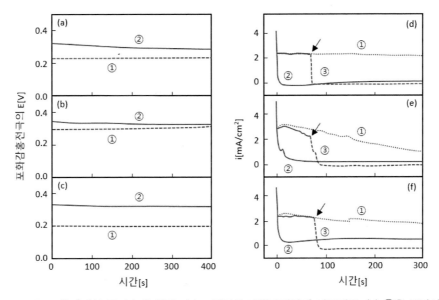

그림 3.13 pH=3, 40[℃]에서 구리소재 회전 디스크전극의 개회로전압과 과도전류. (a) ①은 글리신 0.13[M]
+H₂O₂ 5[wt%]+ NH₄NO₃ 0.05[M](기준용액 A), ②는 기준용액 A+도데실벤젠술폰산 3.5[mM].
(b) ①은 옥살산 0.02[M]+H₂O₂ 5[wt%]+NH₄NO₃ 0.05[M](기준용액 B), ②는 기준용액 B+도데실
벤젠술폰산 3.5[mM]. (c) ①은 글리신 0.13[M]+옥살산 0.02[M]+H₂O₂ 5[wt%]+NH₄NO₃ 0.05[M]
(기준용액 C), ②는 기준용액 C+도데실벤젠술폰산 3.5[mM]. (d) ①은 기준용액 A, ②는 기준용액
A+도데실벤젠술폰산 3.5[mM], ③은 화살표가 표시된 시점에 기준용액 A에 도데실벤젠술폰산
3.5[mM]을 첨가. (e) ①은 기준용액 A, ②는 기준용액 B+도데실벤젠술폰산 3.5[mM],③은 화살표
가 표시된 시점에 기준용액 B에 도데실벤젠술폰산 3.5[mM]을 첨가. (f) ①은 기준용액 C, ②는
기준용액 C+도데실벤젠술폰산 3.5[mM], ③은 화살표가 표시된 시점에 기준용액 C에 도데실벤젠
술폰산 3.5[mM]을 첨가[18]

3.5.6 화학 - 기계적 평탄화 가공과정에서 발생하는 표면반응을 측정하기 위한 전기화학 임피던스 분광법

금속소재에 대한 화학−기계적 평탄화 가공(CMP)에 대한 해석적 연구에서 전기화학적 직류전
압 측정결과에 근거하여 자주 제안되는 표면반응 메커니즘을 검증하는 데에 **전기화학적 임피던
스 분광법**(EIS)이 특히 유용하다. 그림 3.14에서는 이 방법의 적용사례를 보여주고 있다. (a)와 (b)
에서는 각각, 그림 3.7의 (c)와 (d)에 도시되어 있는 것처럼 살리실알데히드 기반의 염기성 전해질
을 사용한 경우에, 망간(Mn)전극에 대한 전기화학적 임피던스 분광결과를 보여주고 있다. 데이터
점들(심벌)을 가로지르는 곡선은 비선형복소수 최소제곱(CNLS) 곡선 근사법을 사용하여 구하였
으며, 이들에 대한 전기등가회로는 그림 3.14 (c)에 도시되어 있다. 그림 3.14 (d)에서는 개회로 과도
전압의 안정화과정을 보여주고 있다. 망간소재 표면에 OH가 흡착되면 Mn(OH)₂가 생성되며, 추

---

18 Reproduced with permission from Surisetty et al. (2008). Copyright (2008), The Electrochemical Society.

가적으로 OH⁻가 흡착되면 이들은 $HMnO_2^-$의 형태로 용해되어버린다.

$$Mn(OH)_2 + OH^- = HMnO_2^- + H_2O$$

그림 3.14 (d)에서는 OH⁻의 흡착이 시간의존성 $E_{oc}(Mn)$ 선도에 끼치는 영향을 보여주고 있다. 반면에 구리소재에 대한 $E_{oc}(Cu)$데이터는 비교적 안정적이다.

그림 3.14 (d)에 도시되어 있는 pH=9.0인 용액의 경우, $E_{oc}(Mn)$은 $E_{oc}(Cu)$보다 낮은 상태로 안정화되므로, 식 (3.16)에 따르면, Cu-Mn 쌍에서 망간이 양극으로 작용하여 전해부식이 일어난다. 이로 인하여 그림 3.14 (a)의 전기화학적 임피던스 분광(EIS) 데이터에서도 망간소재의 나이퀴스트

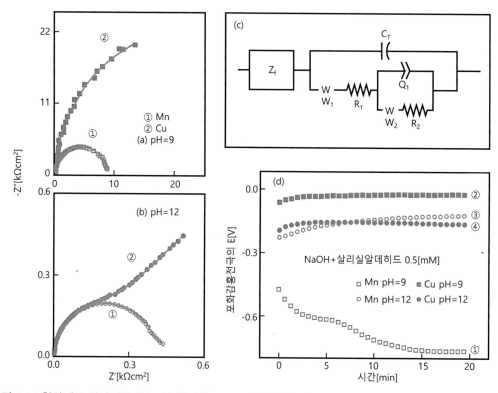

그림 3.14 착화제로 살리실알데히드를 첨가한 NaOH 염기성 용액을 사용하여 망간소재 디스크에 대한 전기화학적 임피던스 분광을 시행한 결과. (a)와 (b)는 각각, pH값에 따른 망간 ①과 구리 ②의 나이퀴스트 도표를 보여주고 있다. (c)는 나이퀴스트 데이터에 대한 비선형복소수 최소제곱(CNLS) 곡선 근사를 사용하여 구한 활성 계면에 대한 회로모델이다. (d)는 망간용액 계면에서 일어나는 개회로 과도전압을 보여주고 있다. 개별 시스템에 대한 나이퀴스트 스펙트럼은 그림 (d)의 개회로전위 데이터가 안정화된 이후에 측정하였다.[19]

....

19 Reproduced with permission from Turk et al. (2013b). Copyright (2013), The Electrochemical Society.

곡선 ①이 구리소재의 곡선 ②에 비해서 심하게 수축되어 있다. 이 경우에는 망간소재의 양극 활성도가 구리소재에 비해서 훨씬 더 높기 때문에, 망간의 임피던스가 더 작으며, 나이퀴스트 곡률도 더 작게 나타난다. 그림 3.7 (c)에서도 망간과 구리 양극전류가지를 통해서 이를 확인할 수 있다. 그림 3.14 (d)에서 pH＝12인 경우, 망간과 구리의 개회로전압이 서로 접근하며, 이로 인해서 망간의 전해 부식률이 감소하게 된다. 그림 3.14 (b)의 임피던스 도표를 통해서도 두 나이퀴스트 곡선들이 고주파 영역(좌측)에서 서로 합쳐진다는 것을 확인할 수 있다. 이 관찰결과들은 그림 3.7 (d)에 도시되어 있는 E_{corr}값의 상호일치와도 일맥상통한다. 그림 3.14 (b)의 곡선 ①과 ②가 고주파 대역에서 서로 중첩된다는 것은 망간소재의 전해부식 작용이 빠르게 일어나며 동적으로 통제되기 때문이다. 이를 통해서 간단한 도식적 검토만으로도 전기화학적 데이터의 직류성분과 교류성분 사이의 관련성을 확인할 수 있다는 것을 알 수 있다. 그림 3.14 (c)에 도시되어 있는 화학등가 회로를 통해서 표면반응 메커니즘에 대한 식견을 얻을 수 있다. 이 회로모델에서, 직렬로 연결된 요소들은 일반적으로 순차반응단계들을 나타내고 있으며, 병렬로 연결된 요소들은 전극의 서로 다른 표면위치들에서 동시에 일어나는 개별반응들을 나타낸다. Z_f는 망간−살리실알데히드 표면 착화막의 임피던스를 나타낸다. CT는 작업전극(WE) 표면산화층의 정전용량을 포함한 이중층의 유효 정전용량을 나타낸다. 바르부르크요소 W_1과 저항 R_1은 각각 전극 계면에서 OH^-의 확산과 흡착에 해당한다. 화학 흡착된 OH^- 중 일부는 추가적인 반응에 참여하지 않고 표면에 머무르며, 정위상요소인 Q_1은 이 OH^- 흡착물들의 전하저장기능을 나타낸다. 표면에 존재하는 나머지 OH^- 성분들은 망간전극과 추가적인 반응을 통해서 $Mn(OH)_2$ 및 $HMnO_2^-$를 생성한다. 바르부르크요소 W_2는 이런 반응을 일으키는 OH^- 흡착물들의 표면확산을 나타내며, R_2는 이 반응의 총 전하전달 저항을 나타낸다. 따라서 망간에 대한 풀베이 선도[85]와 조합된 전기등가 회로모델은 화학−기계적 평탄화 가공과정에서 일어나는 전기화학적 표면반응을 간략하게 나타내는 통합체계를 제공해 준다. 임피던스 요소들의 용액 의존성을 통해서 반응속도에 대한 추가적인 정보를 얻을 수 있으며, 이에 대해서는 참고문헌 11에서 자세히 논의되어 있다.

3.5.7 전기화학적 노이즈를 사용한 부식 메커니즘 분석

전기화학적 노이즈 분석은 부식과 침식과정을 연구하기 위해서 확립된 기법이다.[59,86,87] 국부적인 부식의 검사, 서로 다른 유형의 부식들 구분, 부식률 측정[58,88] 그리고 부식억제제의 효용성 평가[89] 등을 위해서 이 방법을 사용할 수 있다. 화학−기계적 평탄화 가공 중에 윤활조건하에서 일어나는 침식−부식의 상승효과를 포함하여, 다양한 부식반응에 대한 연구를 위해서 전기화학적 노이즈(ECN) 기법을 사용할 수 있다. 따라서 전기화학적 노이즈 기법은 화학−기계적 평탄화 가공에 사용되는 첨가제의 선정과 슬러리의 분석뿐만 아니라 가공 후 세정액의 평가에도 도움이된다.

그림 3.15에서는 탄탈륨(Ta) 소재에 대한 화학-기계적 평탄화 가공/전기화학-기계적 평탄화 가공(CMP/ECMP) 가공과정의 측정에 전기화학적 노이즈(ECN)를 활용한 사례를 보여주고 있다. 수용성 매질 속에서, 탄탈륨 표면에는 빠르게 Ta_2O_5 산화물 층이 빠르게 생성되며 슬러리 용액속의 음이온들이 이 산화물들의 기계적 결합력을 화학적/전기화학적으로 저하시킨다.[7,90]

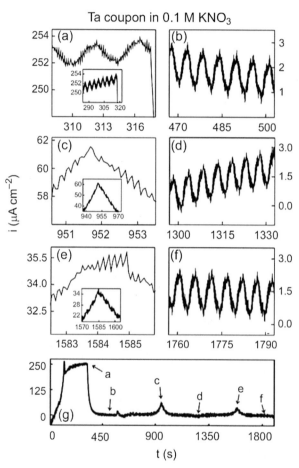

그림 3.15 KNO₃ 0.1[M] 수용액(pH=6) 속에 잠겨 있는 탄탈륨 쿠폰에 대하여 순환전압법을 사용한 스캔 (5[mV/s])으로 검출한 전류요동. 순환전압 측정 수행시간(t)에 대해서 측정된 볼타모그램이 도시 되어 있다. (g)에서는 연속적으로 수행된 3회의 전압스캔에 대한 전체 전류지도를 보여주고 있다. (a)~(f)에서는 (g)에 표시되어 있는 구간별로 전류변화를 확대하여 보여주고 있다. 우측 열(b, d, f)의 30초 구간에서는 저진폭 전류진동을 비교하여 보여주고 있다. (b), (d) 및 (f)에서와 마찬가지로 (a), (c) 및 (e)에서도 30초 구간에 대한 전류변화를 보여주고 있다.

이렇게 음이온으로 인해서 Ta_2O_5층이 구조적으로 취약해지면 전위가 낮은 기계적 마멸을 통해서 탄탈륨을 제거할 수 있다. 이 화학－기계적 평탄화 가공/전기화학－기계적 평탄화 가공(CMP/ECMP) 가공과정용 슬러리 첨가제로서 할로겐화물 대비 산소음이온의 효율을 비교하기 위해서 **그림 3.15** 에서는 Br^-와 NO_3^-를 사용하였다. 전압을 부가한 상태에서 두 음이온들은 만족스러운 소재제거 성능을 보이고 있지만, 주사전자현미경 검사에 따르면 KBr 처리된 탄탈륨 시편이 KNO_3로 처리 된 시편에 비해서 더 많은 표면결함들이 발견되었다.[12] 그림 3.15에 도시되어 있는 것처럼, 전기화 학노이즈 측정을 통해서 이 표면결함들의 원인을 검사하였다.

그림 3.15에서 관찰된 전류노이즈는 탄탈륨의 Ta_2O_5 표면층에 형성된 준안정기공에 의한 것이 다. NO_3^-로 처리된 탄탈륨 시편의 전류요동 주파수는 전압과는 무관하므로, 일반적인 표면부식 이 Ta/Ta_2O_5의 소재를 제거한다. 반면에, Br^-로 처리된 탄탈륨 표면의 전류요동 주파수는 강력한 전압의존성을 나타내며, 이는 표면결함을 유발하는 국부적인 공식[20]의 대표적인 특징이다. 전기 화학노이즈 데이터에 대한 이런 분석이 Ta/Ta_2O_5표면의 개질에 Br^-보다 NO_3^-를 선정하는 데에 도움이 되었다.

3.5.8 펄스식 전압섭동기법

금속전극에 대한 전기화학－기계적 평탄화 가공(ECMP)과 관련된 연구에서 소재제거율을 조 절하기 위해서 **펄스식 전압섭동기법**이 사용되고 있으며,[33,91] 화학－기계적 평탄화 가공/전기화학－기 계적 평탄화 가공(CMP/ECMP) 가공과정에서 표면 착화물 형성과 관련된 반응속도에 대한 분석 도구로도 사용된다.[25] 그림 3.16에서는 이 기법의 중요한 인자들의 전형적인 경향을 보여주고 있 다. 이 실험들은 염기성 환경하에서 루테늄(Ru) 소재에 대한 연마제와 산화제를 사용하지 않는 전기화학－기계적 평탄화 가공(ECMP)을 위한 전압구동방법을 확립하기 위해서 수행되었다. 순 환전압법을 사용하여 KOH 백그라운드 전해질 내에서 루테늄의 일반적인 패러데이 거동을 측정 하였으며, 전형적인 볼타모그램은 그림 3.16 (a)에 도시되어 있는 것과 같은 형태를 나타내었다. E>0.2[V]에서 급격하게 상승하는 양극전류는 다음의 반응으로 인하여 루테늄이 RuO_4^{2-}의 형태로 용해되기 때문이다.

$$Ru + 4OH^- = Ru(OH)_4 + 4e^-$$

$$Ru(OH)_4 + 4OH^- = RuO_4^{2-} + 4H_2O + 2e^-$$

---

20 pitting corrosion.

그림 3.16 (b)에 도시되어 있는 타펠선도는 E_{corr}를 구하기 위하여 수행된 양극 선형훑음전압 측정결과이다. 이 E_{corr}를 기준값으로 사용하여 RuO_4^{2-}의 가역용해를 유지하기 위해서 필요한 섭동펄스 프로파일이 설정되었다. 이 실험에서 사용된 전압펄스트레인이 그림 3.16 (c)에 도시되어 있다. 루테늄 전기용해의 역반응(재증착)을 차단하면서도 전하전달 반응을 유지하기 위해서 0.4~0.9[V] 범위로 설정된 양극 과도전압이 부가되었다. 그림 3.16 (d)에서는 부가된 전압펄스에 의해서 생성된 패러데이 전류를 보여주고 있다. 그림 3.16 (c)에 도시되어 있는 거처럼, 듀티비와 전압진폭 조절을 통해서 전기화학적으로 유발된 소재제거율(MRR)을 40~60[nm/min] 사이로 조절할 수 있다. 섭동펄스의 켜짐주기 동안에 전류펄스는 점차로 감소하는 과도특성을 나타낸다. 전류의 시간에 따른 감소 프로파일을 앞서 설명했던 루테늄 전극의 2단계 양극용해과정을 묘사하는 이중지수 시간의존성 함수로 나타낼 수 있다. 이 해석의 이론적 배경은 구리소재에 대한 화학-기계적 평탄화 가공/전기화학-기계적 평탄화 가공(CMP/ECMP) 가공과정을 나타내는 유사한 시스템에 대한 사례연구와 함께 참고문헌 25에서 설명되어 있다. 이 결과는 전기화학-기계적 평탄화 가공(ECMP)에 유용할 뿐만 아니라,[92,93] 펄스형 과도전류에 대한 분석으로부터 얻은 정보들을 저압 화학-기계적 평탄화 가공 시스템에도 적용할 수 있다.[43]

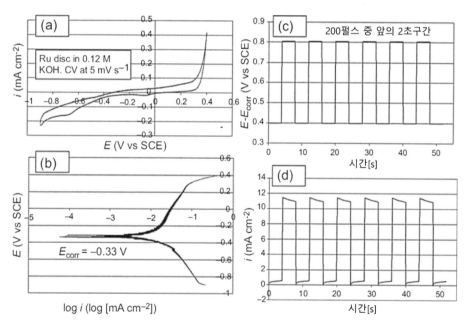

그림 3.16 CMP/ECMP에 적용할 목적으로 수행된 염기성 용액 속에 잠겨 있는 루테늄 디스크(직경 25.4[mm])의 전기화학적 특성 측정. (a) 전형적인 순환전압 측정결과. (b) 이 시스템의 양극에 대한 선형훑음전압 측정결과. (c) 전압펄스변조. (d) (a)에서 사용된 용액 내에서 루테늄 전극의 전류응답. (d)의 전류펄스는 루테늄의 양극용해에 해당한다. 총 200펄스 중 앞의 일부 펄스들만이 도시되어 있다.

3.5.9 마찰 전기화학적 부식의 영향

비록 비이커형 셀들 속에서 수행되는 단순한 전기화학적 시험들을 통해서 화학—기계적 평탄화 가공과 관련된 금속—액체 계면반응에 대한 풍부한 정보들을 얻을 수 있지만, 화학—기계적 평탄화 가공 과정에서 일어나는 추가적인 마찰작용들이 마멸—부식 상승작용을 촉발시킨다.[94] 이런 조건하에서 화학—기계적 평탄화 가공의 기계적 효과와 화학적 효과들은 식 (3.6)에 제시되어 있는 것처럼 서로를 강화시켜주며, 소재제거율에 K_M이 기여하는 비율을 높여준다.[95~97] 마멸—부식 메커니즘 연구에 특화된 전기화학적 측정방법에 대해서 참고문헌 98과 99에서 광범위하게 논의되어 있다. 금속소재에 대한 화학—기계적 평탄화 가공 시스템에서 가장 일반적으로 사용되는 실험방법은 교대로 부가되는 연마기간 및 멈춤 기간에 측정한 개회로 과도전압을 상호 비교하는 방식이다.[46,64,100] 이 연구들 중 일부에 대해서는 동일한 조건하에서 측정된 동전위분극도표에 대한 비교도 수행되었다.

연마—멈춤 사이클을 사용하여 얻은 개회로전압에서는 일반적으로 기계적인 마멸이 부가된 경우와 부가하지 않은 경우에 시험표면의 전기화학적 활성도(양극, 음극 또는 모두의)가 어떻게 변하는지를 보여준다. 하지만 이 측정만으로는 전체적인 개회로전압이 어느 쪽으로 이동하는지를 검출할 수 있을 뿐이며, 관찰된 개회로전압 경향을 초래하는 메커니즘에 대해서는 알 수 없다. 이와 관련된 기계적 마멸공정이 양극이나 음극 또는 이들의 조합에 의한 것인지를 구분하기 위해서는 동전위 분극실험이 필요하다.

그림 3.17에서는 앞서 설명한 사항들을 고려하여 설계된 일련의 마찰 전기화학적 실험의 결과들을 보여주고 있다. 연마제가 첨가되지 않은 화학—기계적 평탄화 가공용 염기성 용액과 구리와 루테늄 소재의 전극 디스크(직경 25.4[mm])들을 사용하여 그림 3.4 (b)에 도시된 셋업으로 측정이 수행되었다. 이 용액 내에서 과탄산나트륨(SPC)은 금속—산화물 표면층에 대해서 표면개질기로 작용하는 탄산염 이온 및 중탄산염 이온들과 더불어서 H_2O_2(산화제)를 전달한다. $NaNO_3$ 첨가제들은 2차 음이온인 NO_3^-를 생성하여 화학—기계적 평탄화 가공에 특화된 표면개질을 더욱 촉진시킨다. 하지만 실제의 연마과정에서는 다양한 화학—기계적 평탄화 가공용 금속소재들에 대하여 연마—멈춤 실험을 통해서 측정된 개회로 전압값들보다 더 낮은 값을 갖는다.[46,64] 다수의 연구들을 통해서 연마에 부정적인 영향들이 보고되었으며, 그림 3.17의 (a)와 (b)에서는 이런 결과들을 보여주고 있다.[51,101,102]

그림 3.17의 (c)와 (d)에서는 동전위 분극도표들을 보여주고 있다. 구리소재와 루테늄 소재 모두의 경우, 연마과정에서 음극가지들이 고전류 측으로 많이 이동한다. 이는 연마과정에서 두 금속 모두의 음극 활성도가 크게 강화되었다는 것을 나타낸다. 해당 양극 전류가지에 대한 점검에

따르면, 연마과정에서 구리소재와 루테늄 소재의 양극 활성도는 모두 상승하지만, 그 영향은 음극 가지에서 발생하는 것보다 현저히 작다는 것을 알 수 있다. 따라서 두 가지 금속 모두에 대해서 기계적으로 촉진된 음극반응 덕분에 전체적인 연마가공성이 향상되었다. 여기서 기록된 양극전류가지들은 구리(c)와 루테늄(d)의 산화에 해당한다.[49] 음극 가지들은 주로 식 (3.18)에 제시되어 있는 산소환원반응에 의해서 지배되며 구리나 루테늄 소재 표면 중에서 OH^-가 흡착된 영역이 이 반응의 활성영역으로 작용한다.

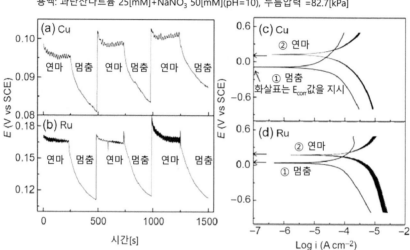

용액: 과탄산나트륨 25[mM]+NaNO₃ 50[mM](pH=10), 누름압력 =82.7[kPa]

그림 3.17 좌측 열: 연마제가 함유되지 않은 염기성 용액 속에서 IC 1000 연마패드를 사용한 기계적인 마멸이 있는 경우와 없는 경우에 대해서 측정한 (a) 구리와 (b) 루테늄 디스크(직경 25.4[mm])의 개회로 전압값. 우측 열: 패드 마멸이 있는 경우와 없는 경우의 (c) 구리와 (d) 루테늄 디스크에 대한 동전위 분극도표. 두 측정 모두 그림 3.3 (b)에 도시되어 있는 마찰 전기화학적 부식 실험셋업이 사용되었다. 멈춤기간 동안 패드와 시편은 운동을 멈추고 연마패드에 시편을 누른 상태를 유지하였다. 연마기간 동안은 시편과 평판이 100[rpm]의 속도로 회전하였다.

그림 3.17의 분극도표에서 관찰된 경향들을 다음과 같이 설명할 수 있다. 멈춤기간 동안 산화물 층들이 금속 표면의 대부분을 덮어버리며, 이로 인하여 베어금속 음극위치가 크게 줄어들어 버린다. 식 (3.18)의 반응은 계면에서의 직접 전자전달에 의해서 이루어지기 때문에, 이로 인해서 산소환원반응이 매우 느려진다. 염기성 용액 내에서 산화물이 코팅된 금속 표면에서의 산소환원반응은 산화물 층에 존재하는 기공이나 구멍들을 통한 O_2의 확산이나 $O_2(H_2O)_n$의 형태로 수화된 산화물을 통한 최외곽전자 전달(산화막을 통한 터널링 효과)을 통해서만 지속된다.[103] 여기서 활용 가능한 얇은 용액층 속에서는 전해질의 면적 대 체적 비율이 매우 크며 $O_2(H_2O)_n$의 공급이 매우 제한되므로, 패드－시편 계면에서는 후자의 반응이 매우 제한적으로 일어난다.[104] 일단 연마가

재개되고 나면, 산화물층이 제거되며, 베어금속의 재생된 음극위치가 산소환원반응의 효율을 높여주며, 그에 따라서 전극의 음극전류가 증가한다. 연마과정에서 일어나는 산화물의 기계적 제거는 그림 3.17 (c)와 (d)에서 관찰되는 양극전류의 증가를 초래한다.

3.5.10 화학 - 기계적 평탄화 가공 후에 사용되는 세정액의 조성연구를 위한 전기화학적 기법들

참고문헌 30에서 박 등은 다양한 **화학－기계적 평탄화 가공 후 세정(PCMPC)** 기법들에 대하여 종합적인 논의를 수행하였다. 그러므로 여기서는 이 분야에서 일반적으로 사용되는 전기화학적 기법들에 초점을 맞추어 이 주제에 대해서 간략하게 살펴본다. 구리/저유전체 배선에 대한 화학－기계적 평탄화 가공 후 세정(PCMPC)에서는 사용된 세정용 약품들의 합성과 평가를 위해서 많은 경우, 현미경 관찰법과 전기화학적 기법을 함께 사용한다.[105~107] 예를 들어, 유기산들은 산화물과 구리 양이온에 대해서 효과적인 킬레이트제이므로, 잔류 구리산화물을 제거하기 위해서 화학－기계적 평탄화 가공 후 세정공정에서 자주 사용된다. 이런 용도의 경우에는 순환전압 기법이 유기산들의 킬레이트 효율을 측정하는 효과적인 기법인 것으로 밝혀졌다.[108] 글리콜산 기반의 세정액 내에서 Cu-Co 전지쌍에 대한 연구를 위해서 동전위실험들도 사용되었다.[109] 마찬가지로 음극 환원전류에 대한 동전위 측정을 통해서 구리 대비 구리산화물에 대한 특정한 세정 선택도에 대한 연구를 수행할 수 있다.[110] 후자의 경우, 전기화학 임피던스 분광법(EIS)도 구리산화물이 구리로 변환되는 과정에서 일어나는 표면전이효과를 검사하는 데에 유용한 도구로 사용할 수 있다.

탐볼리 등[111]은 구리(Cu)소재뿐만 아니라 탄탈륨(Ta), 질화탄탈륨(TaN), 티타늄(Ti), 질화티타늄(TiN) 및 루테늄(Ru)과 같은 다양한 차단금속들에 대한 화학－기계적 평탄화 가공 후 세정(PCMPC) 연구를 위해서 개회로전위와 갈바니 전류 측정을 사용하였다. 구리소재에 대한 화학－기계적 평탄화 가공과정에서 생성되는 주요 오염물질들은 금속소재에 대한 화학－기계적 평탄화 가공에 일반적으로 사용되는 벤조트리아졸 부식억제제의 잔류물들이다.[112,113] 화학－기계적 평탄화 가공용 슬러리에 벤조트리아졸이 함유되어 있는 경우에는 불용성 구리－벤조트리아졸 착화물로부터 Cu^{2+}/Cu^{+}가 형성될 수 있으며, 이들로 인하여 구리 가공면 위에 (때로는 폴리머 형태로) 강력하게 흡착된 섬과/또는 긁힘 등의 표면결함이 초래된다. 이런 유형의 구리－벤조트리아졸 결함이 존재하는 경우뿐만 아니라 이들의 현장제거용 화학반응에 대한 연구에 전기화학적 방법들이 유용한 것으로 증명되었다.[114]

벵카테쉬 등[115]은 구리소재에 대한 화학－기계적 평탄화 가공 후 세정용액의 벤조트리아졸 세정능력을 평가하기 위해서 전기화학 임피던스 분광법을 사용하는 방안을 발표하였다. 이 전기화학 임피던스 분광법(EIS)의 기본 전략은 세정액 첨가물들의 농도에 따라서 화학−기계적 평탄화 가공이 시행된 시편에 대한 총 나이퀴스트 임피던스를 측정하는 것이다. 일반적으로, 벤조트리아졸에 의해서 유발되는 구리소재의 표면 부동화는 Z' 및 Z''값을 크게 상승시킨다. 세정액에 첨가물들을 추가하여 벤조트리아졸이 제거되면, 이 임피던스는 낮은 값으로 떨어지게 된다. 세정액 첨가물들의 다양한 농도에 대해서 측정한 임피던스 값들을 벤조트리아졸 제거 성능의 척도로 사용할 수 있다.

3.6 결 론

이 장에서 논의된 전기화학적 방법들은 22[nm] 미만의 진보된 배선구조를 가지고 있는 금속박막에 대한 화학−기계적 평탄화 가공에 초점이 맞춰져 있다. 여기에는 구리소재 배선을 사용하는 시스템[5]과, 이 구리소재의 확산을 막기 위한 차단구조에 사용되는 다양한 금속/합금들(Ta, TaN, Ru, Co, Mn 등)[116]이 포함된다. 금속소재에 대한 화학−기계적 평탄화 가공을 고유전율 대체금속 게이트(RMG) 기술에 적용하기 위한 전기화학적 특성[117]에 대해서도 논의하였다. 또한 화학적으로 촉진된 저압 화학−기계적 평탄화 가공의 특징에 대해서 살펴보기 위해서 소재제거 과정에서 화학적 효과와 기계적 효과의 상호작용에 대해서도 간단히 설명하였다. 평탄화 가공과정에서 작용하는 화학적 체계에 대해서 설명하기 위해서, 특정한 사례들을 사용하여 주요 화학적 첨가물들(산화제, 착화제 그리고 용해 억제제)의 상대적인 역할에 대해서도 논의하였다.

혼성전위이론에 기초한 현상학적 고찰을 통해서 화학−기계적 평탄화 가공과정에서 일어나는 화학반응들의 전기화학적 기원에 대해서 살펴보았다. 금속소재에 대한 화학−기계적 평탄화 가공 연구에 적합하거나 또는 일반적으로 사용되는 전기화학적 기법들에 대해서 설명하였으며, 이와 관련된 실험결과들을 제시하였다. 이 기법들에서 사용된 방법론들과 데이터처리 규약에 대해서 설명하기 위해서, 이미 발표되었거나 발표되지 않은 다양한 실험결과들을 살펴보았다.

감사의 글

저자는 이 장의 저술을 기술적으로 지원해준 마이클 터크, 싱자오 시, 데이비드 심슨, 사이먼 록, 앤드류 카딘 그리고 푸부두 구네틸리케에게 감사를 드린다.

참고문헌

1. Moffat, T.P., Josell, D., 2013. Electrochemical processing of interconnects. J. Electrochem. Soc. 160, Y7eY10.

2. Banerjee, G., Rhoades, R.L., 2008. Chemical mechanical planarization historical review and future direction. ECS Trans. 13, 1e19.

3. Choi, J.H., Korach, C.S., 2009. Nanoscale defect generation in CMP of low-k/copper interconnect patterns. J. Electrochem. Soc. 156, H961eH970.

4. Chandrasekaran, N., Ramarajan, S., Lee, W., et al., 2004. Effects of CMP process conditions on defect generation in low-k materials: an atomic force microscopy study. J. Electrochem. Soc. 151, G882eG889.

5. Krishnan, M., Nalaskowski, J.W., Cook, L.M., 2009. Chemical mechanical planarization: slurry chemistry, materials, and mechanisms. Chem. Rev. 110, 178e204.

6. Sulyma, C.M., Roy, D., 2010a. Electrochemical characterization of surface complexes formed on Cu and Ta in succinic acid based solutions used for chemical mechanical planarization. Appl. Surf. Sci. 256, 2583e2595.

7. Sulyma, C.M., Pettit, C.M., Surisetty, C., et al., 2011. Electrochemical investigation of the roles of oxyanions in chemicalemechanical planarization of tantalum and tantalum nitride. J. Appl. Electrochem. 41, 561e576.

8. Li, Y., Zhao, J., Wu, P., et al., 2006. Interaction between abrasive particles and films during chemicalemechanical polishing of copper and tantalum. Thin Solid Films 497, 321e328.

9. Shi, X., Rock, S.E., Turk, M.C., et al., 2012. Minimizing the effects of galvanic corrosion during chemical mechanical planarization of aluminum in moderately acidic slurry solutions. Mater. Chem. Phys. 136, 1027e1037.

10. Cao, D., Sun, L., Wang, G., et al., 2008. Kinetics of hydrogen peroxide electroreduction on Pd nanoparticles in acidic medium. J. Electroanal. Chem. 621, 31e37.

11. Turk, M.C., Simpson, D.E., Roy, D., 2013b. Examination of salicylaldehyde as a surface modifier of manganese for application in chemical mechanical planarization. ECS J. Solid State Sci. Technol. 2, P498eP505.

12. Sulyma, C.M., Roy, D., 2010b. Voltammetric current oscillations due to general and pitting corrosion of tantalum: Implications for electrochemicalemechanical planarization. Corros. Sci. 52, 3086e3098.

13. Hong, Y., Devarapalli, V.K., Roy, D., et al., 2007. Synergistic roles of dodecyl sulfate and benzotriazole in enhancing the efficiency of CMP of copper. J. Electrochem. Soc. 154, H444eH453.

14. Rock, S.E., Crain, D.J., Zheng, J.P., et al., 2011. Electrochemical investigation of the surfacemodifying roles of guanidine carbonate in chemical mechanical planarization of tantalum. Mater. Chem. Phys. 129, 1159e1170.

15. Paul, E., 2001. A model of chemical mechanical polishing. J. Electrochem. Soc. 148, G355eG358.

16. Steigerwald, J.M., Murarka, S.P., Gutmann, R.J., 2004. Chemical Mechanical Planarization of

Microelectronic Materials. Wiley-VCH, Wineheim.

17. Fontana, M., 1985. Corrosion Engineering. McGraw-Hill, New York.

18. Milazzo, G., Caroli, S., 1978. Tables of Standard Electrode Potentials. John Wiley, New York.

19. Zheng, J.P., Klug, B.K., Roy, D., 2008. Electrochemical investigation of surface reactions for chemical mechanical planarization of tantalum in oxalic acid solutions. J. Electrochem. Soc. 155, H341eH350.

20. Kerrec, O., Devilliers, D., Groult, H., et al., 1995. Dielectric properties of anodic oxide films on tantalum. Electrochim. Acta 40, 719e724.

21. Chan, H.Y.H., Weaver, M.J., 1999. A vibrational structural analysis of benzotriazole adsorption and phase film formation on copper using surface-enhanced Raman spectroscopy. Langmuir 15, 3348e3355.

22. Gray, D., Cahill, A., 1969. Theoretical analysis of mixed potentials. J. Electrochem. Soc. 116, 443e447.

23. Power, G.P., Ritchie, I.M., 1981. Mixed potential measurements in the elucidation of corrosion mechanisms— 1. Introductory theory. Electrochim. Acta 26, 1073e1078.

24. Bard, A.J., 2001. Electrochemical Methods Fundamentals and Applications. John Wiley & Sons, New York.

25. Sulyma, C.M., Goonetilleke, P.C., Roy, D., 2009. Analysis of current transients for voltage pulse-modulated surface processing: application to anodic electro-dissolution of copper for electrochemical mechanical planarization. J. Mater. Proc. Technol. 209, 1189e1198.

26. Kaufman, F.B., Thompson, D.B., Broadie, R.E., et al., 1991. Chemicalemechanical polishing for fabricating patterned W metal features as chip interconnects. J. Electrochem. Soc. 138, 3460e3465.

27. Tsai, T.-H., Wu, Y.-F., Yen, S.-C., 2003. A study of copper chemical mechanical polishing in ureaehydrogen peroxide slurry by electrochemical impedance spectroscopy. Appl. Surf. Sci. 214, 120e135.

28. Fangteng, S., Charles, E.A., 1988. A theoretical approach to galvanic corrosion, allowing for cathode dissolution. Corros. Sci. 28, 649e655.

29. Vernik, E.D., 2000. Simplified procedure for constructing pourbaix diagrams. In: Revie, R.W. (Ed.), Uhlig's Corrosion Handbook, Second Edition. John Wiley & Sons, New York, pp. 111e124.

30. Li, Y., 2008. Microelectronic Applications of Chemical Mechanical Planarization. John Wiley & Sons, Hoboken.

31. Nolan, L.M., Cadien, K.C., 2013. Chemically enhanced synergistic wear: a copper chemical mechanical polishing case study. Wear 307, 155e163.

32. Patri, U.B., Aksu, S., Babu, S.V., 2006. Role of the functional groups of complexing agents in copper slurries. J. Electrochem. Soc. 153, G650eG659.

33. Goonetilleke, P.C., Roy, D., 2005. Electrochemicalemechanical planarization of copper: effects of chemical additives on voltage controlled removal of surface layers in electrolytes. Mater. Chem. Phys. 94, 388e400.

34. Cojocaru, P., Muscolino, F., Magagnin, L., 2010. Effect of organic additives on copper dissolution for e-CMP. Microelectron. Eng. 87, 2187e2189.

35. Seo, Y.-J., 2011. Electrochemicalemechanical polishing application: monitoring of electrochemical copper removal from currentevoltage characteristics in HNO3 electrolyte. Microelectron. Eng. 88, 46e52.

36. Jeong, S., Lee, S., Jeong, H., 2008. Effect of polishing pad with holes in electro-chemical mechanical planarization. Microelectron. Eng. 85, 2236e2242.

37. Jeong, S., Bae, J., Lee, H., et al., 2010. Effect of mechanical factor in uniformity for electrochemical mechanical planarization. Sens. Actuators A 163, 433e439.

38. Lee, S.J., Chen, Y.H., Liu, C.P., Fan, T.J., 2013. Electrochemical mechanical polishing of flexible stainless steel substrate for thin-film solar cells. Int. J. Electrochem. Sci. 8, 6878e6888.

39. Tiley, J., Shiveley Ii, K., Viswanathan, G.B., et al., 2010. Novel automatic electrochemicalemechanical polishing (ECMP) of metals for scanning electron microscopy. Micron 41, 615e621.

40. Tailor, P.B., Agrawal, A., Joshi, S.S., 2013. Evolution of electrochemical finishing processes through cross innovations and modeling. Int. J. Mach. Tools Manuf. 66, 15e36.

41. Ge, Y., Zhang, W., Chen, Y.-L., et al., 2013. A reproducible electropolishing technique to customize tungsten SPM probe: from mathematical modeling to realization. J. Mater. Proc. Technol. 213, 11e19.

42. Li, J., Liu, Y., Lu, X., et al., 2013b. Material removal mechanism of copper CMP from a chemicalemechanical synergy perspective. Tribology Lett. 49, 11e19.

43. Li, J., Liu, Y., Wang, T., et al., 2013c. Electrochemical investigation of copper passivation kinetics and its application to low-pressure CMP modeling. Appl. Surf. Sci. 265, 764e770.

44. Kallingal, C.G., Duquette, D.J., Murarka, S.P., 1998. An investigation of slurry chemistry used in chemical mechanical planarization of aluminum. J. Electrochem. Soc. 145, 2074e2081.

45. Jiang, L., He, Y., Li, Y., et al., 2014. Effect of ionic strength on ruthenium CMP in H2O2-based slurries. Appl. Surf. Sci. 317, 332e337.

46. Aksu, S., Wang, L., Doyle, F.M., 2003. Effect of hydrogen peroxide on oxidation of copper in CMP slurries containing glycine. J. Electrochem. Soc. 150, G718eG723.

47. ASTM, 2004. Standard Reference Test Method for Making Potentiostatic and Potentiodynamic Anodic Polarization Measurements, ASTM Standard G5. ASTM International, West Conshohocken, 1e12.

48. Emery, S.B., Hubbley, J.L., Darling, M.A., et al., 2005. Chemical factors for chemicalemechanical and electrochemicalemechanical planarization of silver examined using potentiodynamic and impedance measurements. Mater. Chem. Phys. 89, 345e353.

49. Turk, M.C., Rock, S.E., Amanapu, H.P., et al., 2013a. Investigation of percarbonate based slurry chemistry for controlling galvanic corrosion during CMP of ruthenium. ECS J. Solid State Sci. Technol. 2, P205eP213.

50. Lagudu, U.R.K., Chockalingam, A.M., Babu, S.V., 2013. Chemical mechanical polishing of Al-Co films for replacement metal gate applications. ECS J. Solid State Sci. Technol. 2, Q77eQ82.

51. Rock, S.E., Crain, D.J., Pettit, C.M., et al., 2012. Surface-complex films of guanidine on tantalum nitride electrochemically characterized for applications in chemical mechanical planarization. Thin Solid Films 520, 2892e2900.

52. Fang, Y., Raghavan, S., 2004. Electrochemical investigations during the abrasion of aluminum/titanium thin-film stacks in iodate-based slurry. J. Electrochem. Soc. 151, G878eG881.

53. Goonetilleke, P.C., Roy, D., 2008. Relative roles of acetic acid, dodecyl sulfate and benzotriazole in chemical mechanical and electrochemical mechanical planarization of copper. Appl. Surf. Sci. 254, 2696e2707.

54. Klug, B.K., Pettit, C.M., Pandija, S., et al., 2008. Investigation of dissolution inhibitors for electrochemical mechanical planarization of copper using beta-alanine as a complexing agent. J. Appl. Electrochem. 38, 1347e1356.

55. Hong, Y., Patri, U.B., Ramakrishnan, S., et al., 2005a. Utility of dodecyl sulfate surfactants as dissolution inhibitors in chemical mechanical planarization of copper. J. Mater. Res. 20, 3413e3424.

56. Surisetty, C., Goonetilleke, P.C., Roy, D., et al., 2008. Dissolution inhibition in Cu-CMP using dodecyl-benzene-sulfonic acid surfactant with oxalic acid and Glycine as complexing agents. J. Electrochem. Soc. 155, H971eH980.

57. Zheng, J.P., Roy, D., 2009. Electrochemical examination of surface films formed during chemical mechanical planarization of copper in acetic acid and dodecyl sulfate solutions. Thin Solid Films 517, 4587e4592.

58. Wood, R.J.K., Wharton, J.A., Speyer, A.J., et al., 2002. Investigation of erosionecorrosion processes using electrochemical noise measurements. Tribology Int. 35, 631e641.

59. Monticelli, C., Trabanelli, G., Mészaros, G., 1998. Investigation on copper corrosion behaviour in industrial waters by electrochemical noise analysis. J. Appl. Electrochem. 28, 963e969.

60. Goonetilleke, P.C., Babu, S.V., Roy, D., 2005. Voltage-induced material removal for electrochemical mechanical planarization of copper in electrolytes containing NO3ᵗ, glycine, and H2O2. Electrochem. Solid State Lett. 8, G190eG193.

61. Assiongbon, K.A., Emery, S.B., Pettit, C.M., et al., 2004. Chemical roles of peroxide-based alkaline slurries in chemicalemechanical polishing of Ta: investigation of surface reactions using time-resolved impedance spectroscopy. Mater. Chem. Phys. 86, 347e357.

62. Thakurta, D.G., Schwendeman, D.W., Gutmann, R.J., et al., 2002. Three-dimensional waferscale copper chemicalemechanical planarization model. Thin Solid Films 414, 78e90.

63. Kim, H.J., Kim, H.Y., Jeong, H.D., et al., 2002. Friction and thermal phenomena in chemical mechanical polishing. J. Mater. Proc. Technol. 130e131, 334e338.

64. Tamilmani, S., Huang, W., Raghavan, S., 2006. Galvanic corrosion between copper and tantalum under CMP conditions. J. Electrochem. Soc. 153, F53eF59.

65. ASTM, 2010. Standard Practice for Calculation of Corrosion Rates and Related Information from Electrochemical Measurements, ASTM Designation: G102 e 89. ASTM International, West Conshohocken, 1e7.

66. Lasia, A., 1999. Electrochemical impedance spectroscopy and its applications. In: Conway, B.E., Bockris, J., White, R.E. (Eds.), Modern Aspects of Electrochemistry Communications. Kluwer

Academic/Plenum, New York, pp. 143e248.

67. Garland, J.E., Pettit, C.M., Roy, D., 2004. Analysis of experimental constraints and variables for time resolved detection of Fourier transform electrochemical impedance spectra. Electrochim. Acta 49, 2623e2635.

68. Esteban, J.M., Orazem, M.E., 1991. On the application of the KramerseKronig relations to evaluate the consistency of electrochemical impedance data. J. Electrochem. Soc. 138, 67e76.

69. Popkirov, G.S., Schindler, R.N., 1993. Validation of experimental data in electrochemical impedance spectroscopy. Electrochim. Acta 38, 861e867.

70. Strik, D.P., Ter Heijne, A., Hamelers, H.V.M., et al., 2008. Feasibility study on electrochemical impedance spectroscopy for microbial fuel cells: measurement modes & data validation. Meeting Abstracts. MA2008e01: 243.

71. Garland, J.E., Crain, D.J., Roy, D., 2014. Utilization of electrochemical impedance spectroscopy for experimental characterization of the diode features of charge recombination in a dye sensitized solar cell. Electrochim. Acta 148, 62e72.

72. Boukamp, B.A., 1986. A nonlinear least squares fit procedure for analysis of immittance data of electrochemical systems. Solid State Ionics 20, 31e44.

73. Lu, J., Garland, J.E., Pettit, C.M., et al., 2004a. Relative roles of H2O2 and glycine in CMP of copper studied with impedance spectroscopy. J. Electrochem. Soc. 151, G717eG722.

74. Pettit, C.M., Goonetilleke, P.C., Roy, D., 2006. Measurement of differential capacitance for faradaic systems under potentiodynamic conditions: considerations of Fourier transform and phase-selective techniques. J. Electroanal. Chem. 589, 219e231.

75. Kosmulski, M., 2009. pH-dependent surface charging and points of zero charge. IV. Update and new approach. J. Colloid Interface Sci. 337, 439e448.

76. Schmickler, W., Henderson, D., 1986. The interphase between jellium and a hard sphere electrolyte: capacityecharge characteristics and dipole potentials. J. Chem. Phys. 85, 1650e1657.

77. Bockris, J.O.'M., Argade, S.D., 1968. Work function of metals and the potential at which they have zero charge in contact with solutions. J. Chem. Phys. 49, 5133e5134.

78. Duval, J., Lyklema, J., Kleijn, J.M., et al., 2001. Amphifunctionally electrified interfaces: coupling of electronic and ionic surface-charging processes. Langmuir 17, 7573e7581.

79. Ashassi-Sorkhabi, H., Ghasemi, Z., Seifzadeh, D., 2005. The inhibition effect of some amino acids towards the corrosion of aluminum in 1 M HCl þ 1M H2SO4 solution. Appl. Surf. Sci. 249, 408e418.

80. Mansfeld, F., 1971. Area relationship in galvanic corrosion. Corrosion 27, 436e442.

81. Rocchini, G., 1997. Experimental verification of the validity of the linear polarization method. Corros. Sci. 39, 877e891.

82. Janjam, S., Peethala, B.C., Roy, D., et al., 2010a. Chemical mechanical planarization of TaN wafers using oxalic and tartaric acid based slurries. Electrochem. Solid State Lett. 13, II1eII4.

83. Abelev, E., Smith, A.J., Hassel, A.W., et al., 2006. Copper repassivation characteristics in carbonate-

based solutions. J. Electrochem. Soc. 153, B337eB343.

84. Hong, Y., Roy, D., Babu, S.V., 2005b. Ammonium dodecyl sulfate as a potential corrosion inhibitor surfactant for electrochemical mechanical planarization of copper. Electrochem. Solid State Lett. 8, G297eG300.

85. Messaoudi, B., Joiret, S., Keddam, M., et al., 2001. Anodic behaviour of manganese in alkaline medium. Electrochim. Acta 46, 2487e2498.

86. Kearns, J.R., Scully, J.R., Roberge, P.R., Richert, D.L., Dawson, J.L., 1996. Electrochemical Noise Measurement for Corrosion Applications. ASTM International, West Conshohocken.

87. Al-Mazeedi, H.A.A., Cottis, R.A., 2004. A practical evaluation of electrochemical noise parameters as indicators of corrosion type. Electrochim. Acta 49, 2787e2793.

88. Tan, Y., 2009. Sensing localised corrosion by means of electrochemical noise detection and analysis. Sens. Actuators B 139, 688e698.

89. Ramezanzadeh, B., Arman, S.Y., Mehdipour, M., et al., 2014. Analysis of electrochemical noise (ECN) data in time and frequency domain for comparison corrosion inhibition of some azole compounds on Cu in 1.0 M H2SO4 solution. Appl. Surf. Sci. 289, 129e140.

90. Surisetty, C.V.V.S., Peethala, B.C., Roy, D., et al., 2010. Utility of oxy-anions for selective low pressure polishing of Cu and Ta in chemical mechanical planarization. Electrochem. Solid State Lett. 13, H244eH247.

91. Goonetilleke, P.C., Roy, D., 2007. Voltage pulse-modulated electrochemical removal of copper surface layers using citric acid as a complexing agent. Mater. Lett. 61, 380e383.

92. Lin, J.-Y., Chou, S.-W., 2011. Synergic effect of benzotriazole and chloride ion on Cu passivation in a phosphate electrochemical mechanical planarization electrolyte. Electrochim. Acta 56, 3303e3310.

93. Lin, J.-Y., West, A.C., 2010. Adsorptionedesorption study of benzotriazole in a phosphatebased electrolyte for Cu electrochemical mechanical planarization. Electrochim. Acta 55, 2325e2331.

94. Watson, S.W., Friedersdorf, F.J., Madsen, B.W., et al., 1995. Methods of measuring wearcorrosion synergism. Wear 181e183 (2), 476e484.

95. Jianfeng, L., Dornfeld, D.A., 2001. Material removal mechanism in chemical mechanical polishing: theory and modeling. Semicond. Manuf. IEEE Trans. 14, 112e133.

96. Li, J., Chai, Z., Liu, Y., et al., 2013a. Tribo-chemical behavior of copper in chemical mechanical planarization. Tribology Lett. 50, 177e184.

97. Toshi, K., Bharat, B., 2008. Physics and tribology of chemical mechanical planarization. J. Phys. Cond. Matter 20, 225011.

98. Landolt, D., Mischler, S., Stemp, M., 2001. Electrochemical methods in tribocorrosion: a critical appraisal. Electrochim. Acta 46, 3913e3929.

99. Keddam, M., Wenger, F., 2011. Electrochemical methods in tribocorrosion. In: Landolt, D., Mischler, S. (Eds.), Tribocorrosion of Passive Metals and Coatings. Woodhead Publishing, pp. 187e221.

100. Jindal, A., Babu, S.V., 2004. Effect of pH on CMP of copper and tantalum. J. Electrochem. Soc. 151,

G709eG716.

101. Chiu, S.-Y., Wang, Y.-L., Liu, C.-P., et al., 2003. The application of electrochemical metrologies for investigating chemical mechanical polishing of Al with a Ti barrier layer. Mater. Chem. Phys. 82, 444e451.

102. Stein, D.J., Hetherington, D., Guilinger, T., et al., 1998. In situ electrochemical investigation of tungsten electrochemical behavior during chemical mechanical polishing. J. Electrochem. Soc. 145, 3190e3196.

103. Ramaswamy, N., Mukerjee, S., 2011. Influence of inner- and outer-sphere electron transfer mechanisms during electrocatalysis of oxygen reduction in alkaline media. J. Phys. Chem. C 115, 18015e18026.

104. Lu, J., Rogers, C., Manno, V.P., et al., 2004b. Measurements of slurry film thickness and wafer drag during CMP. J. Electrochem. Soc. 151, G241eG247.

105. Chiou, W.C., Chen, Y.H., Lee, S.N., et al., 2004. Electrochemically induced defects during post Cu CMP cleaning. In: Interconnect Technology Conference, 2004. Proceedings of the IEEE 2004 International, pp. 127e129.

106. Gabrielli, C., Beitone, L., Mace, C., et al., 2007. On the behaviour of copper in oxalic acid solutions. Electrochim. Acta 52, 6012e6022.

107. Starosvetsky, D., Ein-Eli, Y., 2009. Copper post-CMP cleaning. In: Shacham-Diamand, Y., Osaka, T., Datta, M., et al. (Eds.), Advanced Nanoscale ULSI Interconnects: Fundamentals and Applications. Springer, New York, pp. 379e386.

108. Pernel, C., Farkas, J., Louis, D., 2006. Copper in organic acid based cleaning solutions. J. Vacuum Sci. Technol. B 24, 2467e2471.

109. Bilouk, S., Broussous, L., Nogueira, R.P., et al., 2009. Electrochemical behavior of copper and cobalt in post-etch cleaning solutions. Microelectron. Eng. 86, 2038e2044.

110. Zhang, L., Raghavan, S., Weling, M., 1999. Minimization of chemicalemechanical planarization (CMP) defects and post-CMP cleaning. J. Vac. Sci. Technol. B 17, 2248e2255.

111. Tamboli, D., Rao, M., Banerjee, G., 2009. Challenges in post CMP cleaning for advanced technology Nodes. ECS Trans. 19, 127e134.

112. Yamada, Y., Konishi, N., Noguchi, J., et al., 2008. Influence of CMP slurries and post-CMP cleaning solutions on Cu interconnects and TDDB reliability. J. Electrochem. Soc. 155, H485eH490.

113. Tran, C., Zhang, P., Sun, L., et al., 2012. Development of post-CMP cleaners for better defect performance. ECS Trans. 44, 565e571.

114. Miao, Y., Wang, S., Wang, C., et al., 2014. Effect of chelating agent on benzotriazole removal during post copper chemical mechanical polishing cleaning. Microelectron. Eng. 130, 18e23.

115. Venkatesh, R.P., Cho, B.J., Ramanathan, S., et al., 2012. Electrochemical impedance spectroscopy (EIS) analysis of BTA removal by TMAH during post Cu CMP cleaning process. J. Electrochem. Soc. 159, C447eC452.

116. Lane, M.W., Murray, C.E., McFeely, F.R., et al., 2003. Liner materials for direct electrodeposition of Cu. Appl. Phys. Lett. 83, 2330e2332.

117. Dysard, J.M., Brusic, V., Feeney, P., et al., 2010. CMP solutions for the integration of high-k metal gate technologies. ECS Trans. 33, 77e89.

118. Cao, D., Sun, L., Wang, G., et al., 2008. Kinetics of hydrogen peroxide electroreduction on Pd nanoparticles in acidic medium. J. Electroanal. Chem. 621, 31e37.

119. Janjam, S., Peethala, B.C., Zheng, J.P., et al., 2010b. Electrochemical investigation of surface reactions for chemically promoted chemical mechanical polishing of TaN in tartaric acid solutions. Mater. Chem. Phys. 123, 521e528.

120. Lee, W.-J., Park, H.-S., 2004. Development of novel process for Ru CMP using ceric ammonium nitrate (CAN)-containing nitric acid. Appl. Surf. Sci. 228, 410e417.

CHAPTER

4

초저유전체에 대한
화학 - 기계적 평탄화 가공

초저유전체에 대한
화학 – 기계적 평탄화 가공

4.1 초저유전체와 반도체 디바이스의 통합

4.1.1 집적회로의 성능향상

　과거 수십 년간 형상의 축소와 소재혁신이라는 두 개의 엔진에 의해서 꾸준하게 집적회로의 성능향상이 이루어져 왔으며, 전자산업의 발전을 위해서는 지속적인 성능개선이 필요하다. 개별 기술노드마다 형상치수가 약 70[%]만큼 선형적으로 감소하고 있으며, 이를 통해서 칩의 점유면적은 50[%]가 감소하게 된다. 이를 통해서 동일한 크기의 칩 속에 더 많은 형상들을 집어넣을 수 있다. 동일한 기능을 하는 칩의 크기를 절반으로 줄이면 비용이 절감된다는 것이 반도체 산업이 가지고 있는 두 번째 특성이다. 집적회로는 트랜지스터 영역과 배선영역으로 나누어지며, 이들 각각은 집적회로의 성능향상에 영향을 끼친다.

　그림 4.1에 도시되어 있는 것처럼 개별 기술노드마다 트랜지스터 형상크기의 축소를 통해서 성능을 향상시켜왔다.[1] 트랜지스터의 고속화 추세를 지속시키기 위해서 물리적인 치수축소와 함께, 고유전체 사용을 위한 자가정렬 접점의 도입에서부터 금속 게이트소재를 도핑된 폴리실리콘으로 대체하는 등과 같은 일련의 공정혁신들이 이루어졌다. 최근 들어서 핀펫의 도입과 함께 트랜지스터 레벨에서의 혁신이 제3의 차원에 이르게 되었다. 핀펫의 경우 채널이 비늘 형태로 휘어버리며, 이로 인해서 트랜지스터의 꺼짐 상태 누설전류는 최소화되지만 켜짐 상태에서의

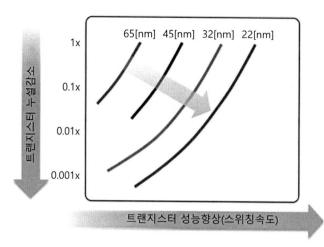

그림 4.1 작동속도 한계와 구현 가능한 누설전류에 따라서 개별 기술노드 곡선들이 도시되어 있다. 소재와 구조의 개선을 통해서 각 노드마다 성능을 극한까지 밀어붙이고 있다.[1]

전류는 여전히 필요 값을 유지할 수 있게 되었다. 트랜지스터 채널을 형성하는 소재도 실리콘에서 최신의 기술노드들에서는 실리콘-게르마늄 합금과 ($In_{0.53}Ga_{0.47}As$와 같은)III-V족 소재들로 변하고 있다. 트랜지스터 레벨에서의 이런 변화를 통해서 누설에 의한 전력손실을 줄이면서도 크기의 축소를 지속시킬 수 있다.

집적회로의 배선영역에서도 마찬가지로, 형상크기의 축소와 더불어서 소재의 혁신이 지속되고 있다. 순알루미늄 단일층 배선이 구리가 도핑된 알루미늄 다중층 배선과 텅스텐 비아로 대체되었으며, 1990년대에 들어서는 다마스커스 구리금속화 방법의 사용이 널리 확산되었다. 1/(RC)는 배선의 전송속도를 나타내는 유용한 식으로서, R은 배선의 저항이며 C는 배선이 가지고 있는 정전용량 값이다. 동일단면에 대한 구리소재의 저항값이 알루미늄에 비해서 더 작기 때문에 구리금속화 공정이 도입되면서 배선의 신호전송속도가 향상되었다. 구리배선은 낮은 저항과 더불어서, 구리의 자기확산계수가 알루미늄보다 작기 때문에, 일렉트로마이그레이션에 대한 저항성이 향상되었다. 이 때문에 설계자들은 구리배선을 사용하여 칩의 전류밀도를 높일 수 있게 되었다.

집적회로 내에서 구리배선을 사용하려는 요구가 매우 강력했지만, 우선 몇 가지 문제들을 해결해야만 하였다. 구리원자들은 실리콘 산화물 속으로 확산된다.[2] 구리는 실리콘과 반응하여 규화물을 형성하며, 현저한 체적변화가 일어난다. 실리콘 속의 고용체 내에 존재하는 구리 원자들은 밴드갭을 확장시키는 결함상태를 형성하여 실리콘의 전자-정공 재결합 속도를 증가시킬 수 있다. 473[K]의 비교적 낮은 온도에서 1[MV/cm]의 전기장이 가해지는 경우에, 구리 이온들은 산화

---

1   Reprinted with permission from Bohr (2012).

물 유전체 내에서 높은 드리프트 속도를 나타낸다.[3] 이런 이유 때문에 구리배선 주위에는 TaN이나 SiN과 같은 확산 차단층이 필요하다. 또한 반응성 이온식각에 의해서 생성되는 구리부산물들이 휘발성이 아니기 때문에, 차감식 구리배선 가공에 효과적인 플라스마 기반의 반응성 이온식각(RIE)을 사용할 수 없다. 비교적 새로운 화학–기계적 평탄화 가공을 통해서 집적회로 내에서 구리배선을 가공한다. 반응성 이온식각을 사용하여 유전체 표면에 구리배선의 형상을 도랑 형태로 가공한 다음에 TaN/Ta와 같은 라이너 금속을 증착한다. 이 도랑 속을 충진시킨 구리소재에 대하여 화학–기계적 평탄화 가공을 수행하면 구리배선의 형상이 만들어진다. 그림 4.2에 도시되어 있는 것과 같은 다마스커스(또는 상감된) 구리배선을 만드는 과정에 화학–기계적 평탄화 가공방법을 사용하기 위해서는, 화학–기계적 평탄화 가공공정이 구리 및 확산 차단층과 반응할 뿐만 아니라, 유전체 소재와도 반응을 일으켜야만 한다. 화학–기계적 평탄화 가공을 수행하는 동안 일어나는 이런 상호작용이 끼치는 영향에 대해서는 이 장의 말미에서 논의하기로 한다.

4.1.2 집적회로의 배선층에 사용되는 유전체

트랜지스터의 작동속도 향상과 더불어서 배선의 신호전송속도를 증가시키기 위해서는 성능지수들 중에서 배선저항(R)과 더불어서 기생정전용량(C)도 함께 감소시켜야만 한다. 금속배선들 사이를 채우고 있는 절연소재의 유전율 상수(k-값이라고도 부른다)를 줄이면 기생정전용량을 줄일 수 있다. 초기의 구리배선에서는 유전율 상수값이 약 4.0인 실리콘 산화물을 유전체로 사용하였다(유전율 상수값은 사용된 전구체, 증착온도, 플라스마계수 등과 같은 증착공정에 의존한다).[2] 여기서 산소원자들 중 일부를 불소나 불화규산염유리로 치환하면 유전율 상수값을 (불소함량과 공정인자들에 따라서 약 3.7까지) 감소시킬 수 있다. 하지만 다량의 불소를 첨가하면 불소가 도핑된 산화막의 수분 안정성에 영향을 끼치며, 불소가 탄탈륨 기반의 확산 차단층을 공격할 수 있기 때문에, 불소의 첨가가 도움이 되는 것만은 아니라는 점에 주의하여야 한다.

따라서 유전율 상수값을 더 줄이기 위해서 실리콘 산화막에 탄소를 첨가하는 방안을 모색하게 되었다. 메틸 그룹의 -O-Si-O- 네트워크 구조에서 O를 치환하는 방식을 사용하여 이 방법이 최초로 구현되었다. 플라스마 증강 화학기상증착(PECVD) 시스템에서는 수정된, 더 개방적인 네트워크를 효과적으로 생성하기 위해서 (옥타메틸시클로테트라실록산과 같은)다양한 전구체들이 사용되었다.[4] 이를 통해서 Si-CH$_3$ 결합을 갖춘 박막이 만들어졌음을 푸리에분광적외선분광(FTIR)법을 사용하여 검증하였으며, 3 내외의 유전율 상수값이 구현되었다.[5]

2　여기서는 진공 중에서의 유전율 상수값(ε_0 =8.85×10^{-12}[F/m])을 1로 놓았을 때의 상대적 비율을 유전율 상수값이라고 부르고 있다.

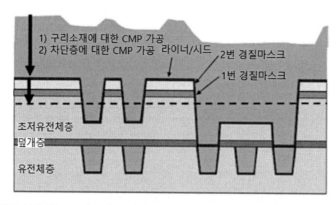

그림 4.2 초저유전체를 사용하는 구리소재 배선구조의 금속소재에 대한 2차 화학–기계적 평탄화 가공 직전
의 모습. 다수의 화학–기계적 평탄화 가공단계를 사용하여 제거해야 하는 금속과 유전체층의 위치
가 점선으로 표시되어 있다.

유전체 박막의 유전율 상수값을 이보다 더 낮추기 위해서 다공질 초저유전체(ULK) 박막이
제안되었다. 골격매트릭스와 더불어서 포로젠 분자들이 함유된 박막을 스핀코팅과 플라스마 증
강 화학기상증착 방법을 사용하여 증착하는 방법이 개발되었다. 이 포로젠 분자들이 제거되고
나면, 기공들이 만들어진다. 예를 들어, 메틸실세스퀴옥산(MSQ)과 같은 소재들이 함유된 포로젠
분자들을 웨이퍼 표면에 스핀코팅하고 나서 경화시킨다. 경화과정에서 포로젠 분자들이 분해되
고 나면, 유전체 박막 속에는 나노기공들이 만들어진다. 메틸실세스퀴옥산은 기공 주변에 고도로
연결된 네트워크 구조를 형성하여 박막의 유전율 상수값을 2.6까지 낮추며, 최저값은 2.1에 불과
하다.[6,7] 그림 4.3에서는 스핀코팅 후에 경화시켜 제작한 초저유전체의 다공질 구조에 대한 투과전
자현미경 사진을 보여주고 있다.

플라스마 증강 화학기상증착(PECVD)을 사용하여 증착한 초저유전체도 이와 유사한 방식을
사용한다. 예를 들어, 플라스마 증강 화학기상증착(PECVD) 반응기 속에서 테트라메틸시클로테
트라실록산(TMCTS)이 포로젠 분자들과 결합되어 시클로펜테인이 산화물이나 부타딘 일산화물
들로 이루어진 초저유전체 박막이 생성된다.[8] 뒤이은 열경화과정에서 포로젠 분자들이 분해되면
박막에서 탄소와 수소가 방출되면서 매트릭스에 둘러싸인 나노기공들이 만들어진다. 매트릭스
속에 존재하는 Si-CH₃ 결합들은 기공을 안정화시켜주며, 박막의 유전율 상수값을 더 낮춰준다.
게이츠 등[9]이 푸리에 변환 적외선분광(FTIR) 스펙트럼 피크를 통해서 확인한 결과(그림 4.3 (b))에
따르면, 유전율 상수값의 감소는 Si-O 결합에 비해서 Si-CH₃ 결합의 비율이 증가한 것과 관련이
있다. 적절한 전구체 분자를 선정하여 열경화를 자외선경화로 대체하거나 전자빔 경화로 바꿀
수도 있다. 자외선 조사도 매트릭스의 교차링크를 촉진시켜주며, 박막의 기계적 성질을 개선시켜
준다. 전자빔 조사의 경우에도 이와 유사한 성질개선이 보고되었다.[10] 포로젠을 제거하는 시점에

대해서도 다양한 대안들을 고찰하였다. 예를 들어 만일 박막을 부분적으로만 경화시키고 나서 도랑 식각을 시행한 이후에 포로젠을 제거할 수도 있다. 극단적인 경우에는 화학-기계적 평탄화 가공이 끝난 이후에 포로젠을 제거할 수도 있다. 그런데 이 경우에는 화학-기계적 평탄화 가공이 끝난 구리 표면에 결함이 초래될 위험이 있다. 전형적으로 박막 표면에 도랑형 구조를 식각하기 전에 포로젠을 제거하고 기공을 생성한다.

기공의 크기분포와 고립된 기공, 상호 연결된 기공 및 표면에 노출된 기공의 비율은 초저유전체 박막의 중요한 특성이며, 칩 제조과정에 이 박막의 적용 용이성뿐만 아니라 박막의 성능과 신뢰도에도 중요한 영향을 끼친다. 이상적으로는 기공의 크기는 좁은 분산을 가지고 있으며, 유

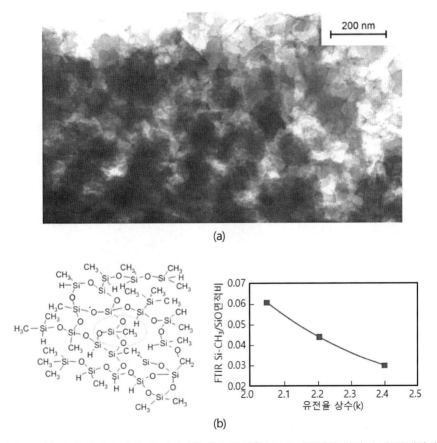

(a)

(b)

그림 4.3 (a) 초저유전체 박막에 대한 투과전자현미경 영상.[3] (b) 초저유전체 박막 속에 존재하며, 박막의 k-값에 영향을 끼치는 Si-O와 Si-CH$_3$ 결합의 대표적인 형태[4]

3   Reprinted with permission from Kohl et al. (1999).
4   Reprinted with permission from Gates et al., 2007b.

해한 영향을 끼칠 수 있는 크기가 훨씬 더 큰 킬러기공이 발생할 확률이 거의 없다. 예를 들어, 그림 4.4 (a)의 경우 도랑구조의 측벽 속에 존재하는 대형의 기공이 스퍼터링을 통해서 증착된 확산 차단층과 상호간섭을 일으키거나, 매우 큰 기공이 인접한 금속배선들 사이의 좁은 간극을 서로 연결해버릴 우려가 있다. 기공들의 크기가 균일하다고 하여도 일부의 기공들이 서로 연결되어버릴 수 있기 때문에 두 가지 위험성이 존재하고 있다. 위험들 중 하나는 후속된 원자층증착이나 화학기상증착 공정을 수행하는 동안, 전구체 분자들 중 일부가 유전체 벌크 속으로 깊이 확산되어 유전율이나 전류누설특성을 변화시킬 우려가 있다. 그림 4.4 (b)에서는 티타늄을 함유한 전구체가 유전체 속으로 확산되어 유발된 퇴화의 사례를 보여주고 있다.[11] 두 번째 위험요인은 화학-기계적 평탄화 가공을 수행하는 동안 상호 연결된 기공들로 인하여 유기물을 함유한 슬러리 성분이 유전체 속으로 스며드는 것이다.[12~14] 화학-기계적 평탄화 가공을 수행하는 동안 상호 연결된 기공을 통해서 유전체 속으로 스며든 중간 길이의 유기분자들은 김 등이 설명한 유전율 특성변화를 일으킨다.

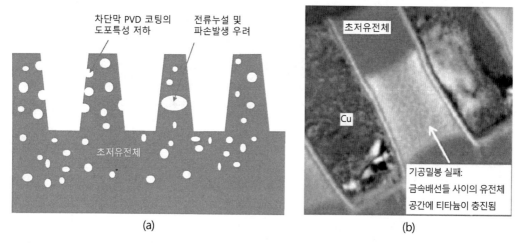

(a)   (b)

그림 4.4 (a) 초저유전체 박막이 유전율 상수값을 낮춰주지만, 박막 내 기공의 크기와 위치가 다양한 해를 끼칠 수 있다. (b) 전자에너지손실분광법을 사용한 티타늄 매핑영상을 통해서(제조과정에서 라이너 금속을 증착하는 도중에) 다공질 초저유전체 박막 속으로 티타늄이 확산된 것을 확인할 수 있다.[5]

5   Reprinted with permission from Ajmera et al., 2004.

기공도를 측정하기 위해서는 타원편광 투과율 측정법(EP), 소각 X-선 산란법, 소각 중성자산란 그리고 양전자소멸수명분광법(PALS)과 같은 다양한 기법들이 사용되고 있다. 특히 상호 연결된 기공의 함량을 측정하기 위해서는 **양전자소멸수명분광법**(PALS)이 유용하다. 양전자소멸수명분광법에서는 (에너지 양에 따라서)서로 다른 깊이의 시료 속으로 양전자가 주입된다. 이 양전자들이 전자와 결합하여 생성된 **포지트로늄**[6]은 반물질인 양전자와 보통물질인 전자의 재결합에 의해서 소멸된다. 그림 4.5에 도시되어 있는 것처럼, 닫힌 기공은 양전자를 빠르게 소멸시켜버리면서 (수명은 기공의 크기와 관련되어 있다) 두 개의 감마선 광자들을 반대 방향으로 방출한다. 그런데 표면과 연결되어 있는 기공들의 경우에는 양전자가 진공 속으로 탈출할 수 있기 때문에 3개의 감마선 광자들이 방출된다. 초저유전체를 함유한 소재에 대한 화학-기계적 평탄화 가공을 개발하는 엔지니어들에게는 상호 연결된 기공의 함량에 대한 정보가 매우 유용하다. 기공률과 기공크기는 초저유전체 박막의 기계적 강도와 관련되어 있기 때문에 이에 대한 정보도 중요하다. 그림 4.6 (a)에서는 두 가지 초저유전체(k=2.2)로 이루어진 가공 전 박막에 이소프로필알코올을 함침시킨 후에 타원편광 기법을 사용하여 기공크기 분포를 측정한 사례를 보여주고 있다. 그림 4.6 (b)[15]에 도시되어 있는 초저유전체 박막에 대한 양전자소멸수명분광법(PALS) 실험결과에 따르면, 기공구조를 변경시키면 기공들의 상호 연결을 저감시킬 수 있으며, 이를 통해서 집적회로에 적용 가능성을 높일 수 있다.

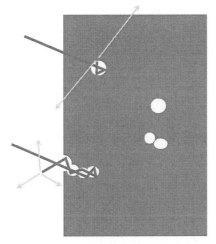

그림 4.5 초저유전체 박막의 기공구조정보를 얻기 위해서 양전자 소멸과정에서 방출되는 감마선 광자를 활용하는 양전자소멸수명분광법(PALS)

---

6 positronium: 양전자와 전자가 결합되어 일시적으로 만들어지는 불안정한 물질. 역자 주.

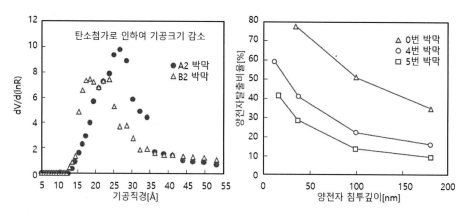

그림 4.6 타원편광 투과율측정과 양전자소멸수명분광법을 포함한 다양한 기법들을 사용하여 기공크기분포를 측정할 수 있다.[15,16]

4.1.3 초저유전체로 인한 기술적 도전

화학−기계적 평탄화 가공(CMP)이 이전 공정에서 발생한 모든 문제들을 해결할 책임이 있다는 농담이 있기는 하지만, 최적의 박막 적층과 후속 단계에서 이루어지는 패턴을 구현하기 위해서는 초저유전체(ULK) 증착과 화학−기계적 평탄화 가공 사이에 시행되는 모든 공정들 사이에 절충이 필요하다. 초저유전체 박막 속에는 다량의 탄소(X-선 광전자분광법으로 측정한 결과 10~30[%])가 함유되어 있으므로, 식각표면에 생성된 폴리머가 미세한 마스크처럼 작용하여 도랑구조의 바닥을 거칠게 만들어버릴 수 있다. 플라스마 노출에 따른 탄소감소효과를 최소화하기 위해서는 반응성 이온식각(RIE) 공정의 최적화가 필요하다. 이런 최적화가 수행되지 않는다면, 도랑하부 유전체의 유전율 상수가 증가하여 초저유전체의 장점이 없어져 버린다.

전형적인 반응성 이온식각(RIE) 공정에서, 패턴이 성형된 층(패턴성형 이후의 감광제 층이나 이전의 반응성 이온식각 공정을 통해서 패턴을 전사했던 경질마스크 층)의 총 두께손실은 식각해야하는 도랑의 깊이보다 훨씬 작아야만 한다. 초저유전체 박막에 함유된 탄소성분으로 인하여, 유기 감광제와 초저유전체 사이의 선택도가 감광제와 실리콘 산화물 사이만큼 높지 않다. 게다가 임계치수나 중첩기준을 충족시키지 못하는 경우에는 일반적으로 감광제 층에 대한 재작업이 시행되며, 전형적으로 유기물층을 회화시키기 위해서 산소 플라스마를 사용한다. 그런데 플라스마에 직접 노출되는 회화공정으로 인하여 초저유전체 박막의 유전율 상수가 증가한다. 초저유전체 박막을 산화막으로 덮어서 만든 경질마스크 층은 반응성 이온식각 과정에서 침식되거나 벗겨지지 않으므로 노광공정의 재작업이 가능하다. 산화막 증착에 사용되는 공정도, 유전체 박막 최상층 영역의 유전율 상수값 증가를 방지하기 위해서 증착의 초기단계에 일어나는 초저유전체 박막의 플라스마 손상을 최소화하도록 조절해야 한다. 만일 최종 작업 시에도 여전히 덮개층이 남아 있다면, **그림 4.7**에 도시되어 있는 것처럼 인접한 금속 배선들 사이의 간극은 상층부에서 제일 좁기 때문에 덮개층의 높은 유전율 상수값이 끼치는 영향이 더 강해지므로, 유전체 전체의 유효 유전율 상수값이 증가하게 된다. 소위 직접방식 화학-기계적 평탄화(CMP) 가공의 경우, 차단층/유전체층 제거단계를 통해서 덮개층을 완전히 제거하여 최종 배선의 유효 유전율 상수값이 초저유전체 박막의 유전율 상수값과 가능한 한 가까워지도록 화학-기계적 평탄화 가공 공정이 설계된다. 이를 위해서는 덮개층과 초저유전체 박막층의 상대적인 화학-기계적 평탄화(CMP) 가공률이 유사하도록 슬러리를 설계해야만 한다.

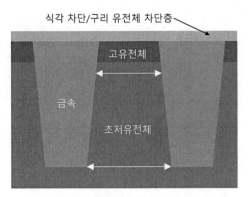

그림 4.7 표면에 인접한 금속배선의 간극이 가장 좁기 때문에, 표면 근처에 위치한 초저유전체층의 변화는 정전용량 변화에 가장 큰 영향을 끼친다.(컬러 도판 p.591 참조)

반응성 이온식각(RIE)을 사용해서 초저유전체 박막 속으로 비아나 도랑구조를 식각하는 경우에는 측벽을 보호하면서 식각전면은 반응성 이온들과의 충돌을 통해서 자유롭게 폴리머가 생성되도록 만드는 폴리머를 증착하여 필요한 이방성을 구현할 수 있다. 플라스마 기반의 박리공정을 사용하여 측벽 폴리머뿐만 아니라 잔류 레지스트들을 제거한다. 그런데 게이트 등[16]에 따르면, 이로 인하여 측벽을 이루는 초저유전체가 변성되어버린다. 이 때문에 희석된 불화수소에 대한 저항이 약해져서 도랑의 폭이 증가하게 된다. **그림 4.8**에서는 두 가지 유전체 박막(모두 k=2.2)에서 플라스마에 의해서 유발된 퇴화를 보여주고 있다. 연결된 기공이 존재하는 박막의 경우에는 초저유전체 속으로 15[nm] 깊이만큼 변성이 발생한 반면에 연결된 기공이 없는 박막의 경우에는 초저유전체 속으로 단지 5[nm] 깊이만 변성되었다. 희석된 불화수소산을 사용하여 변성된 초저유전체층을 제거하고 금속을 충진한 후에 도랑의 폭을 측정하는 방식으로 변성 깊이를 측정하였다. 금속이 충진되지 않은 도랑구조는 시편의 준비와 영상화 과정에서 전자빔에 의하여 변형이 발생하여 결과가 왜곡될 우려가 있기 때문에, 단면측정 연구에서는 도랑구조에 금속을 충진하여 측정하였다. 플라스마 노출에 따른 초저유전체 박막층의 변성에 대해서는 다수의 그룹들이 연구를 수행하였다. 바오 등[17]은 푸리에 변환 적외선분광(FTIR)과 X-선 광전자분광법을 사용하여 다양한 기체공급하에서 플라스마 노출에 의하여 유발되는 변성에 대해서 연구하였다(그림 4.9). 이를 통해서 Si-CH₃ 결합의 감소와 OH의 증가가 관찰되었으며, 이에 따라서 물의 접촉각도가 감소하였다. 또한 희석된 불화수소산의 습식 식각률 증가에 따라서 탄소함량이 감소하였다.

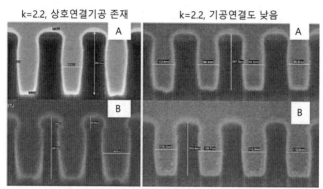

A: 손상제거단계 없이 금속충진
B: 희석된 HF를 사용하여 손상을 제거한 후에 금속충진

그림 4.8 상호 연결된 기공이 많은 초저유전체 박막은 전형적으로 도랑구조 식각을 수행하는 동안 플라스마에 의한 손상이 심하게 일어난다. 불화수소산을 사용하여 손상된 층을 손쉽게 제거할 수 있다.[7]

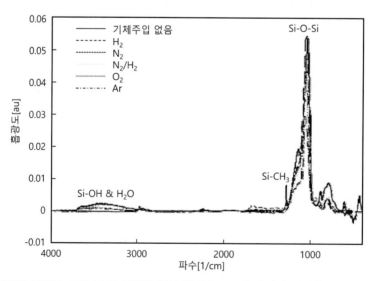

그림 4.9 초저유전체 박막에 대한 푸리에 변환 적외선분광 도표에 따르면 다양한 플라스마 조건에 노출된 시편에서 Si-OH 결합이 증가하며, Si-CH₃ 결합은 감소한다는 것을 알 수 있다.[8]

7   Reprinted with permission from Gates et al., 2009a.
8   Reprinted with permission from Bao et al. (2008).

변성된 초저유전체를 복원하기 위하여 다양한 기법들이 개발되었다. 한 가지 방법은 실릴화를 위해서 헥사메틸디실라잔과 같은 기체상의 화학약품을 사용하는 것이다. 이 방법에서는 탄소를 보충하고 표면의 공수성을 재건하기 위해서 수산기 그룹을 메틸 그룹으로 치환한다(그림 4.10).[18] 이 재건의 성능은 반족들이 수리할 필요가 있는 기공의 표면까지 도달하는 비율에 의해서 제한된다. 일부의 연구[11]에서는 직관과는 반대로, 초저유전체의 표면과 도랑의 측벽을 밀봉하기 위해 플라스마 처리를 사용하였다. 이로 인하여 금속함유 전구체들이 유전체 속으로 깊이 침투하면 희석된 불화수소산에 대한 식각 저항성이 향상된다. 그런데 이 방법은 국부적으로 유전율 상수값을 증가시키기 때문에 널리 사용되지 않는다.

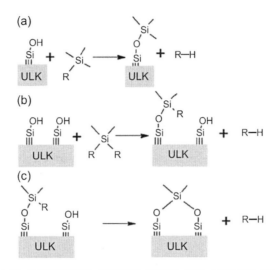

그림 4.10 초저유전체의 효과적인 재건을 위한 표면반응 메커니즘[9]

4.2 초저유전체에 대한 화학 - 기계적 평탄화 가공

4.2.1 화학 - 기계적 평탄화 가공용 슬러리가 초저유전체 박막에 끼치는 영향

앞서 설명했던 것처럼, 차단층 가공용 슬러리를 사용한 화학-기계적 평탄화 가공(CMP)을 통해서 덮개층과 더불어서 초저유전체 박막 중 일부도 함께 가공하여야 한다. 비록 슬러리 조성은 기업 비밀로 철저히 감춰져 있지만, 집적회로 제조공정에 통합되어 초저유전체 박막 가공에 사용되는 화학-기계적 평탄화 가공용 슬러리의 설계를 위해서는 몇 가지 원칙들을 지켜야 한다.

---

9 Reprinted with permission from Bohm et al., 2013.

초저유전체 박막은 집적공정에서 전형적으로 사용되는 산화막으로 덮여 있기 때문에, 이 산화막에 대한 제거율은 초저유전체 박막에 대한 제거율만큼 높아야 한다. 예를 들어, 초저유전체 박막의 제거율이 덮개층 박막의 제거율에 비해서 훨씬 더 높다면, 평탄화 가공 과정에서 웨이퍼 표면 중에 덮개층이 먼저 노출된 영역에서 초저유전체층의 심각한 침식이 발생하는 반면에 덮개층이 여전히 남아 있는 영역은 평탄도가 극도로 저하되어버린다. 초저유전체에 대한 화학-기계적 평탄화 가공에 사용되는 슬러리는 차단층을 제거할 뿐만 아니라 다마스커스 Cu 구조의 최종적인 평탄화 가공도 수행해야 하므로, 슬러리 속에는 구리, 차단층 및 초저유전체 박막의 제거율을 높이기 위한 촉진제와 더불어서 억제제도 함유하고 있어야 한다. 화학-기계적 평탄화 가공의 성질을 고찰할 때에는 슬러리의 화학적 상호작용에 의해서 유발되는 기계적 성질들의 변화 가능성과 더불어서, 초저유전체 소재의 기계적 성질도 고려해야만 한다. 일반적으로 유전율의 감소에 따라서 기계적 강도도 함께 감소하므로, 유전율이 작은 소재의 제거율이 높다. 초저유전체의 영계수가 고밀도 유전체에 비해서 더 작기 때문에 긁힘 결함, 균열 그리고 박리 등을 포함한 박막의 기계적 손상에 대해서 고려할 필요가 있으며, 이런 결함의 발생을 방지하기 위해서는 일반적으로 누름력과 전단력이 작은 상태로 화학-기계적 평탄화 가공이 수행되어야 한다. 입자의 뭉침을 방지하기 위해서는 마멸입자의 유형과 입도분포뿐만 아니라 슬러리 혼합과 분산 시스템에 대해서도 세심한 주의가 필요하다.

친수성을 가지고 있는 조밀한 실리콘 산화물 박막과는 반대로, 초저유전체 박막 소재들은 공수성을 가지고 있으며, 박막의 다공성으로 인하여 더 심해진다. 이런 표면들은 젖음 성질이 나쁘기 때문에 슬러리 조성뿐만 아니라 평탄화 가공 후 세정의 측면에서도 기술적 어려움이 존재한다. 가공율을 높이기 위해서 가공율 향상제를 사용하는 것처럼, 이런 경우에는 적심성 향상제를 사용한다. 염기성 슬러리는 공수성 소재에 대한 적심성이 좋고, 박막의 유기실란 매트릭스에 대한 화학적 공격성이 강하여 제거율이 높다. 또한 다중플레이트를 사용하는 공정에서 초저유전체 가공단계가 장비의 생산성을 낮추는 원인이 되지 않도록 만들기 위해서는 여타의 플레이트들에서 소요되는 공정시간과 초저유전체에 대한 화학-기계적 평탄화 가공의 공정시간을 맞추거나 너무 지연되지 않도록 만들어야 한다.

콜로이드 형태의 실리카 마멸입자를 첨가한, 산성 및 염기성 차단층 가공용 슬러리들을 사용하여 다양한 초저유전체 박막에 대한 가공시험을 수행하였다. 다양한 기법들을 사용하여 초저유전체 박막 제조공정이 초저유전체 박막의 성질에 끼치는 영향에 대한 분석을 수행하였다. 이들 중 가장 직접적인 기법은 연마율 측정이다. **그림 4.11**에서는 다양한 초저유전체 박막들에 대한 네 가지 화학-기계적 평탄화 가공용 슬러리들의 제거율들을 보여주고 있다. ④번 슬러리는 산성인 반면에 여타의 슬러리들은 염기성을 가지고 있다. 대부분의 박막들은 유사한 경향을 나타내었으며, ③번과 ④번 슬러리의 제거율은 높은 반면에 ②번 슬러리의 제거율은 낮았다. E번 유전체 박막의 경우에는 슬러리들의 제거율은 서로 유사한 경향을 보였지만, 제거율은 여타 박막들에 비해서 유난히 높았다. E번 유전체 박막이 보여준 매우 높은 제거율은 화학−기계적 평탄화 가공 공정의 정밀한 제어능력을 저해할 우려가 있기 때문에, 결코 바람직하지 않다.

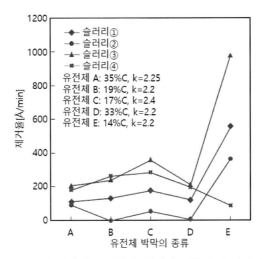

그림 4.11 제거율은 초저유전체 박막의 조성뿐만 아니라 사용된 슬러리의 조성에도 의존한다.[10]

초저유전체가 커패시터의 유전체처럼 작용하는 금속산화물반도체 커패시터 구조를 제작하여 유전율 상수값에 대한 전기적 측정을 수행하였다. 모재로는 도핑된 실리콘 웨이퍼를 사용하였으며, 그 위에 초저유전체 박막을 증착하였다. 이 초저유전체 박막에 대하여 시행한 화학−기계적 평탄화 가공이나 여타의 공정들이 초저유전체 박막의 특성에 끼치는 영향에 대한 평가가 필요하다. 커패시터의 전극들 중 하나로 사용하기 위해서 실리콘 웨이퍼의 뒷면에 알루미늄 박막을 증착하였다. 섀도마스크를 사용하여 초저유전체 박막 표면에 다양한 직경의 알루미늄 반점을 증착하여 커패시터의 또 다른 전극을 생성하였다. 이들의 정전용량을 측정하기 위해서 (100[kHz]의 주파수로)각각의 알루미늄 반점들에 대한 측정이 수행되었다. 접점을 생성하기 위해서 일반적으로 사용되는 반응성 이온식각과는 달리, 섀도마스크를 사용한 증착을 통해서는 유전체에 대한 성질변화 없이 금속 접점을 생성할 수 있다(반점크기편차, 프로브 탐침이 시험할 유전체에 끼치는 영향 등과 같은 문제를 해결하기 위해서는 더 복잡한 공정을 사용해야 한다). 앞서 논의했던

10 Reprinted with permission from Papa Rao et al., 2008.

다양한 유전체−슬러리 조합을 사용하여 화학−기계적 평탄화 가공을 수행한 이후에 전기적으로 측정한 유전율 상수값이 그림 4.12에 도시되어 있다. ①번 및 ②번 슬러리는 일부 유전체 박막들의 유전율 상수값을 크게 변화시킨다. 이런 방법들을 사용하여 초저유전체 가공용 슬러리의 개발과정에서 슬러리 조성을 빠르게 선별할 수 있다. 또한 ④번의 산성 슬러리는 유전율 상수값의 변화가 비교적 작게 발생하였다. 그림 4.13에서는 수용성 매질 속에서 초저유전체 박막의 변성 메커니즘이 제시되어 있으며, 여기서, Si-CH₃ 결합이 Si-OH 결합으로 대체되면, 박막 탄소함량의 감소가 초래되며, 분극률이 높은 결합의 비율이 증가한다. 이로 인하여 초저유전체의 전자기장 커플링이 더 강력해져서 유전율 상수값의 증가가 초래된다.

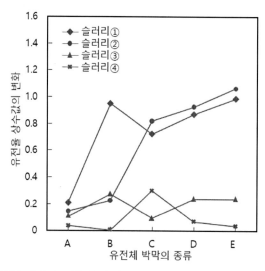

그림 4.12 초저유전체 박막/슬러리의 조합에 따라서 초저유전체 박막의 유전율 상수값(k값)이 서로 다른 비율로 변한다.[11]

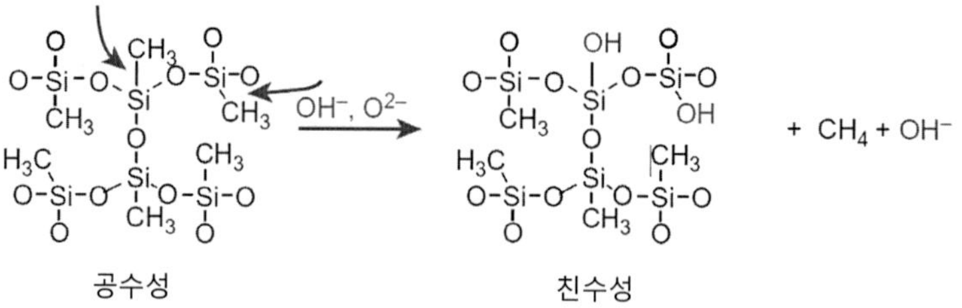

그림 4.13 화학−기계적 평탄화 가공을 시행하는 도중에 유전율 상수값의 증가를 초래하는 초저유전체 박막의 변성 메커니즘

11 Reprinted with permission from Papa Rao et al., 2008.

10[kHz]~1[MHz]의 주파수 대역에 대해서 무수점접촉[12]을 사용한 정전용량 측정을 통해서 유전율 상수값을 구할 수 있으며, **분광타원법**을 사용하여 굴절률을 구할 수 있다. 복소 굴절률은 복소 유전율 상수와 복소 상대투자율을 곱한 값의 제곱근과 같다. 초저유전체 박막은 비자성체이므로, 투자율은 대략적으로 1과 같다. 비록 분광타원법을 사용하여 가시광선 대역에서 굴절률을 측정할 수 있지만, 100[kHz]에서 500[THz]에 이르는 넓은 대역에 대해서 초저유전체 박막의 분자구조 변화가 전자기장 응답에 영향을 끼칠 수 있다. 그림 4.14 (a)에서는 화학-기계적 평탄화 가공에 의해서 유발되는 초저유전체 박막의 굴절률 변화양상을 보여주고 있다. 관찰된 굴절률의 변화를 관찰된 유전율 상수값의 변화에 대하여 도시한 그림 4.14 (b)에 따르면, 두 측정값들 사이에는 상당한 연관성이 존재한다는 것을 알 수 있다. 일부 예외들이 존재하지만, 굴절률 측정결과를 토대로 하여 개발 중인 초저유전체 슬러리를 빠르게 분석할 수 있다.

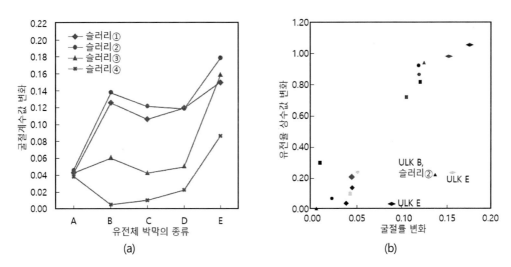

(a) (b)

그림 4.14 (a) 분광타원법은 전기적인 측정방식보다 빠르게 초저유전체의 변화를 분석할 수 있는 기법이다. (b) 다양한 초저유전체/슬러리 조합에 다한 연구결과에 따르면 굴절률 변화의 측정결과는 유전율 상수값 변화양상을 잘 나타낼 수 있다.[13]

화학-기계적 평탄화 가공공정에 의해서 초저유전체의 퇴화에 의해 발생하는 또 다른 증상은 전류누설특성의 변화이다. 그림 4.15에서는 화학-기계적 평탄화 가공 이후에 관찰되는 누설전류의 증가현상을 보여주고 있다. 박막을 베이킹한 이후에 150[℃]의 온도에서 이 측정이 수행되었다. 따라서 누설전류 증가의 원인은 수분이 아니라 박막성질의 변화에 의한 것이다. 이 사례에서 확인할 수 있듯이 이 변성으로 인하여 역방향 파괴에 필요한 전기장의 감소가 초래된다.

....

12 evaporated dot contacts.
13 Reprinted with permission from Papa Rao et al., 2008.

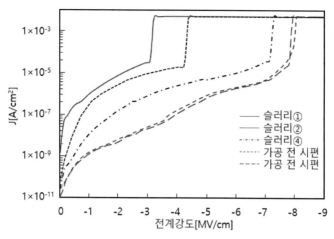

그림 4.15 증발-금속-유전체-반도체 구조를 사용하여 화학-기계적 평탄화 가공 전과 후에 측정한 초저유 전체 박막의 누설전류 특성

앞서 설명한 분석기법들은 변성을 초래한 메커니즘에 대해서는 상세한 조사를 하지 않는다. **열탈착질량분광법**(TDMS)을 사용하면 화학-기계적 평탄화 공정에 의해서 유발되는 유전율 상수값의 증가나 여타 변화들과 관련되어 초저유전체 박막에 생성된 화학물질들 중 일부를 구분할 수 있다. 열탈착질량분광법(TDMS)의 경우, 진공튜브 속에서 일정한 상승률로 미리 지정된 온도까지 시료를 가열한 후에 일정한 온도로 유지시켜 놓는다. 시료에서 방출된 모든 반족들에 대한 질량분광을 통해서 방출된 화학물질들을 분석한다. 그림 4.16에서는 400[℃]의 온도로 유지되는 버진 초저유전체(k=2.4) 박막의 열탈착질량분광(TDMS) 스펙트럼을 두 가지 슬러리들을 사용하여 화학-기계적 평탄화 가공을 시행한 이후의 초저유전체 박막에 대한 스펙트럼과 비교하여 보여주고 있다. 두 시료 모두에서 방출되는 기체에는 변화가 있음을 확인할 수 있다. ①번 슬러리를 사용한 화학-기계적 평탄화 가공에 의해서 유발된 변화는 ②번 슬러리에 의해서 유발된 변화에 비해서 더 크다는 것을 알 수 있다. 버진 초저유전체 박막과 ②번 슬러리를 사용하여 화학-기계적 평탄화 가공을 시행한 이후의 박막시편에서 방출된 기체에 대한 질량 스펙트럼에서는 지방족화합물과 방향족화합물들이 확인되지만, ①번 슬러리를 사용하여 화학-기계적 평탄화 가공을 시행한 이후의 박막시편에서 나타나는 높은 400[℃] 피크는 산화된 지방족화합물을 나타낸다. ①번 슬러리를 사용하여 화학-기계적 평탄화 가공을 시행한 이후에 열탈착질량분광(TDMS) 스펙트럼을 측정하기 전에 시행한 400[℃]의 온도에서 4분 동안의 열처리는 방출기체의 조성을 변화시키지 않는다. 화학-기계적 평탄화 가공 이후에 초저유전체 특성의 회복에 대해서는 4.2.3절에서 더 자세히 논의할 예정이다. 그런데 열탈착질량분광(TDMS) 스펙트럼을 사용한 특정한 화학성분을 구분을 통해서 슬러리 개발을 촉진시킬 수 있다.

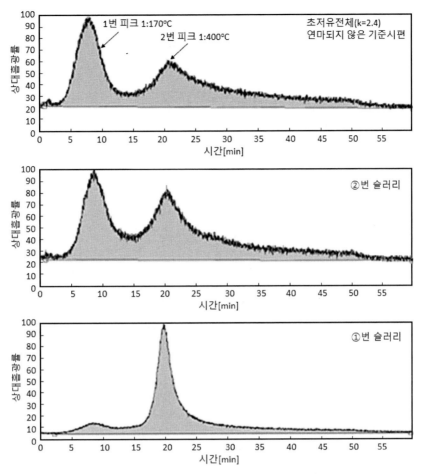

그림 4.16 열탈착질량분광법(TDMS)을 사용한 화학－기계적 평탄화 가공이 초저유전체 박막에 끼치는 영향에 대한 연구사례[14]

열탈착질량분광(TDMS)과 더불어서, 푸리에 변환적외선분광(FTIR)은 화학－기계적 평탄화 가공이나 여타의 공정들로 인해서 초저유전체 박막 속에서 일어나는 특정한 화학결합의 변화를 설명할 수 있는 강력한 도구이다.[19,20] 그림 4.17 (a)에서는 새로운 초저유전체(k=2.4) 박막의 푸리에 변환적외선분광(FTIR) 스펙트럼을 두 가지 유형을 슬러리를 사용하여 화학－기계적 평탄화 가공을 시행한 이후의 초저유전체 박막에 대한 스펙트럼과 비교하여 보여주고 있다. 그림에 따르면 ①번 슬러리에서 CH_x의 신축모드와 관련된 흡광률의 증가가 나타나 있다. 그림 4.17 (b)에서는 이를 더 확대하여 보여주고 있다. 앞서의 열탈착질량분광(TDMS) 시험에 따르면, 이는 지방족 산화물을 함유한 슬러리에 의한 것이다. 1,741[1/cm]에서 나타나는 작은 피크는 C=O에 의한 것

14 Reprinted with permission from Papa Rao et al., 2009.

이며, ①번 슬러리에서만 관찰된다. 여기서, ①번 슬러리를 사용한 화학-기계적 평탄화 가공 이후에 초저유전체 박막 속에 존재하는 지방족 산화물들이 슬러리에서 유래한 것인가?라는 의문이 대두된다. 슬러리 조성은 영업비밀이기 때문에, 슬러리 공급업체 및 디바이스 제조업체와 협업하기 전에는 이를 확인하기는 어렵다. 하지만 특정한 슬러리 성분에 첨가물들을 혼합한 후에 화학-기계적 평탄화 가공기에 주입하여 초저유전체 박막을 가공하면서 이 장에서 소개한 분석기법들을 적용하면 이런 의문을 해소할 수 있을 것이다.

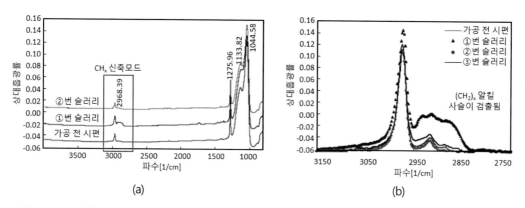

(a)   (b)

그림 4.17 (a) 화학-기계적 평탄화 가공 이후의 초저유전체 박막 속에서 일어나는 결합특성 변화를 관찰하기 위하여 푸리에 변환적외선분광법(FTIR)을 사용할 수 있다. (b) (a)에서 알킬사슬과 관련된 피크높이의 증가현상을 보여주는 일부 구간을 확대하여 보여주고 있다.[15]

화학-기계적 평탄화 가공 이후에 시행되는 세정도 초저유전체 박막의 공수성과 다공질에 의해서 영향을 받는다. 전통적으로 유전체 박막들은 다공질이 아니며 친수성을 가지고 있기 때문에 웨이퍼 표면과 오염물질들 사이의 접착력이 작아서 화학-기계적 평탄화 가공 이후에 효과적인 세정이 가능하였다. 초저유전체 박막의 표면은 상대적으로 공수성이 강하기 때문에, 공수성 오염 물질들이 강하게 들러붙으며, 기공들에 의한 오염의 포획 가능성이 증가한다. 화학-기계적 평탄화 가공 이후의 세정에 사용되는 세정액에 계면활성제를 첨가하면 웨이퍼 표면의 오염물질 흡착을 감소시키는 데에 도움이 된다. 그런데 이로 인하여 세정액 성분들이 기공 속으로 침투할 우려가 있다. 이런 경우에는 다음에 설명할 유전율 복원기법을 적용하지 않는다면 k-값이 증가해버릴 우려가 있다.

....

15 Reprinted with permission from Gates et al., 2009a.

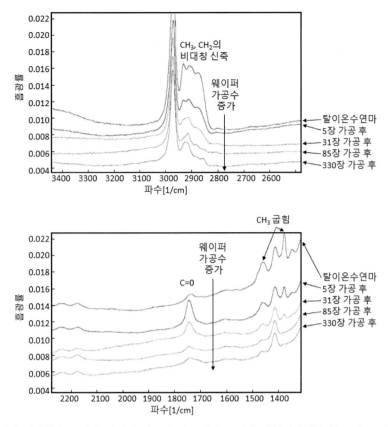

그림 4.18 웨이퍼 연마횟수 증가에 따라서 패드가 마모되면 푸리에 변환적외선분광(FTIR) 스펙트럼에서 관찰되는 추가적인 피크들의 흡광률이 감소된다.[16](컬러 도판 p.591 참조)

4.2.2 화학 - 기계적 평탄화 가공용 패드가 초저유전체 박막에 끼치는 영향

지금까지는 초저유전체 박막 위에 존재하는 다양한 장벽 슬러리들이 끼치는 영향에 대해서 살펴보았다. 하지만 화학-기계적 평탄화 가공에서는 초저유전체 박막과 밀착 접촉하는 패드가 중요한 영향을 끼친다는 것이 명확하다. 초저유전체 박막에 대한 화학-기계적 평탄화 가공에 의해서 표면의 결함도가 결정되기 때문에, 전형적으로 연질의 패드가 사용된다. 패드 수명이 초저유전체의 성질에 끼치는 영향을 연구하기 위해서 양산장비 수준의 300[mm]용 화학-기계적 평탄화 가공장비를 사용한 실험이 수행되었다. 이 실험에서는 나중에 분석할 초저유전체(k=2.4) 블랭킷 박막과 더불어서, Cu 블랭킷 웨이퍼에 대한 연마를 통해서 헤드수명의 증가에 대한 시뮬레이션을 수행하였다. 그림 4.18에서는 다양한 패드 수명기간 중에 연질 패드(패드 X)와 ①번 슬러리를 사용해서 연마한 초저유전체 박막의 푸리에 변환적외선분광(FTIR) 특성을 보여주고 있다.[21]

....

16 Reprinted with permission from Papa Rao et al., 2010.

①번 슬러리는 초저유전체 박막에 대한 열탈착질량분광(TDMS)을 통해서 지방족산화물이 관찰되었던 슬러리이다. 화학-기계적 평탄화 가공을 수행하는 동안 패드가 점차로 마모되어감에 따라서 ①번 슬러리에 의존적인 푸리에 변환적외선분광(FTIR) 특성이 감소한다는 것을 확인할 수 있다. 첫 번째 웨이퍼에 대해서는 패드 X에 탈이온수(DIW)만을 공급하면서 연마를 수행하였으며, 패드 X에 탈이온수만을 공급하면서 연마를 수행한 경우조차도, 텔-테일[17] 형상이 관찰되었다. 이는 패드 구성성분이 방출되어 초저유전체 박막 속으로 유입되었음을 의미한다. 그림 4.19에서는 연마장비를 사용하여 초저유전체가 증착된 웨이퍼의 표면을 연마하면서 발생하는 굴절률의 변화를 패드 수명에 대해서 보여주고 있다. 흥미로운 점은 패드 수명에 따른 푸리에 변환적외선분광(FTIR) 스펙트럼의 감소가 화학-기계적 평탄화 가공이 시행된 박막의 굴절률 감소와 일관되게 일치한다는 것이다. 초저유전체 박막이 증착된 웨이퍼의 유전율 상수값도 소수의 웨이퍼들에 대해서 초기에 측정된 비교적 큰 값(k=2.8)에서부터 이와 유사한 경향으로 감소한다.

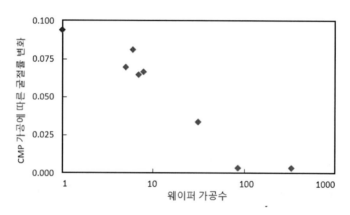

그림 4.19 웨이퍼 연마용 패드의 사용횟수에 따라서 화학-기계적 평탄화 가공에 따라서 초저유전체 박막에서 유발된 굴절률 변화가 감소한다.[18]

만일 화학-기계적 평탄화 공정을 수행하는 동안 유입된 수분에 의해서 이 변화가 일어났다면, 모든 슬러리들이 이와 유사한 경향을 나타내야만 한다. 그런데 이런 현상은 여타의 경우에는 나타나지 않았다. 그림 4.20에서는 동일한 패드(패드 X)에 대해서 두 가지 서로 다른 슬러리들을 사용하여 초저유전체 박막을 연마한 경우에 발생하는 굴절률 변화를 비교하여 보여주고 있다. 그림에 따르면, ②번 슬러리의 굴절률 감소는 훨씬 더 완만하다는 것을 알 수 있다. 유전율 상수값 시험을 통해서도 이를 확인할 수 있으며, 패드 수명에 따른 k-값의 감소는 ①번 슬러리의 경우만

17 tell-tale.
18 Reprinted with permission from Papa Rao et al., 2010.

큼 심하지 않다(120장의 웨이퍼를 연마한 이후에도 k-값의 변화는 새 패드의 경우보다 0.2만큼 더 클 뿐이다).

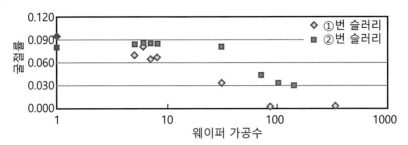

그림 4.20 화학－기계적 평탄화 가공용 슬러리들과 패드 사이의 상호작용이 초저유전체 박막의 유전율에 끼치는 영향과 이 영향과 패드 수명 사이의 상관관계[19]

패드 자체에서 측정된 푸리에 변환적외선분광(FTIR) 신호와의 비교실험(새 패드와 웨이퍼에 7회 사용된 패드) 결과를 통해서 초저유전체 박막에서 관찰되는 추가적인 피크들(초저유전체 박막의 구성성분이 아닌 피크들)이 패드 소재의 신호와 일치한다는 것을 확인하였으며, 패드 조성물질들이 초저유전체 박막 속으로 유입되었다는 가설이 검증되었다(그림 4.21). 아마도 슬러리의 화학적 조성은 이 패드 조성물질들이 초저유전체 박막 속으로 유입되는 과정에서 거의 역할을 하지 못하며, 이를 통해서 왜 서로 다른 슬러리들 사이에 편차가 작으며, 패드 수명기간 동안 초저유전

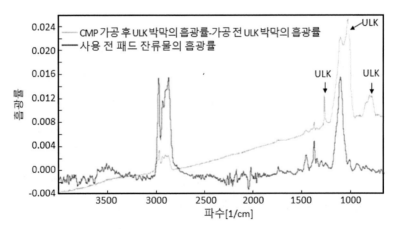

그림 4.21 패드 잔류물에 대한 푸리에 변환적외선분광(FTIR) 스펙트럼(적색 선)의 피크들은 연마 후 초저유전체 박막에서 관찰되는 추가적인 피크들과 일치하고 있다.[20](컬러 도판 p.592 참조)

19 Reprinted with permission from Papa Rao et al., 2010.
20 Reprinted with permission from Papa Rao et al., 2010.

체 박막의 굴절률을 어떻게 변화시키는지에 대하여 설명할 수 있게 되었다. **그림 4.22**에서는 ①번 슬러리를 사용하여 초저유전체(k=2.4) 박막을 가공하는 패드 X와, 다른 조성의 패드 Y에 대한 굴절률 변화의 비교를 통해서 패드 조성의 중요성을 보여주고 있다. 패드 Y에 탈이온수만을 주입하면서 초저유전체 박막을 연마하는 경우에는 굴절률이 변화하지 않는다.

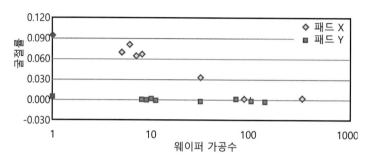

그림 4.22 연질 패드를 사용한 화학−기계적 평탄화 가공에 의한 초저유전체 박막의 성질 변화는 사용된 슬러리에는 큰 영향을 받지 않는다. 오히려 패드 조성물질과 슬러리의 상호작용에 의해서 방출된 분자들이 초저유전체 박막의 성질을 변화시키는 것이다.[21]

화학−기계적 평탄화 가공을 시행할 표면이 초기에 공수성을 가지고 있는 경우에는 연마과정에서 발생하는 스틱−슬립 거동과 국부적인 공수성 표면 발생가능성을 줄이고, 마찰계수를 증가시키기 위해서 패드에 습윤제를 첨가할 수 있다. 화학−기계적 평탄화 가공과정에서 발생하는 이런 거동들이 더 강렬한 음향신호를 초래할 수 있으며, 잡아당겨진 패드 거스러미로부터 웨이퍼 표면으로 갑작스럽게 에너지가 전달되어 웨이퍼의 결함을 증가시키거나, 심지어는 패드의 국부적인 손상과 잔여물의 생성을 초래할 수도 있다. 그런데 화학−기계적 평탄화 가공을 수행하는 동안 이런 습윤제가 유리되어 초저유전체 박막 속으로 침투하면 박막의 k-값이 변하게 된다.

지금까지의 논의에 따르면, 화학−기계적 평탄화 가공에 사용되는 패드의 설계기준에는 결함 성능, 패드 수명 등이 고려되어야 하며, 이를 초저유전체 박막의 화학−기계적 평탄화 가공에 적용하는 문제에 대해서는 또 다른 기준이 추가되어야 한다. 이런 복잡한 기준들과 더불어서, 초저유전체의 성질 변화를 허용 수준 이내에서 최소한으로 변화시켜야 하며, 초저유전체 박막의 성질을 복원시킬 수 있어야 한다. 이것이 다음 절의 주제이다.

---

21 Reprinted with permission from Papa Rao et al., 2010.

4.2.3 화학 - 기계적 평탄화 가공 후 초저유전체 박막의 특성복원

화학-기계적 평탄화 가공과정에서 발생한 초저유전체의 특성 변화를 복원하기 위한 다양한 방법들이 개발되었다. k-값, 굴절률 그리고 푸리에 변환적외선분광(FTIR) 등(그림 4.23)을 측정한 결과에 따르면, 이소프로필알코올(IPA)처리, 플라스마 처리, 열처리, 적절한 온도하에서 자외선 노출, 기체상 테트라메틸시클로테트라실록산(TMCTS)처리 그리고 이들을 조합하는 방안[22,23] 등이 초저유전체의 특성복원에 도움이 되는 것으로 밝혀졌다. 시나피 등[24]은 용질에 (상온에서 120[bar]의) CO_2를 첨가한 트리클로로메틸실란이 산성의 규소 연마제를 사용하는 화학-기계적 평탄화 가공 공정에 의해서 퇴화된 초저유전체의 공수성과 k-값을 가장 잘 복원시켜준다고 제시하였다. 그림 4.24에서는 중간온도(400[℃] 미만)에서 자외선 노출을 통해서 k-값을 초기 수준으로 복원시켜준다는 것을 보여주고 있다. 그림 4.25에서는 화학-기계적 평탄화 가공이 시행된 초저유전체 박막(k=2.4)에 플라스마 처리를 시행하기 전과 후의 푸리에 변환적외선분광(FTIR) 스펙트럼을 통해서 2,900~3,000[1/cm]에서의 CH_x 신축모드뿐만 아니라 1,400[1/cm]에서의 C=O 모드가 대부분 제거되었다는 것을 확인할 수 있다. 푸리에 변환적외선분광(FTIR) 데이터가 제시되지는 않았지만, 자외선 노출을 통해서도 이와 유사한 스펙트럼 개선이 관찰되었다. 플라스마 처리가 초저유전체 박막의 표면층 아래에서 어떤 작용을 일으키는지를 설명하기는 어려운 일이다. 하지만 자외선 처리의 효용성을 고려한다면, 플라스마 처리과정에 수반된 메커니즘은 플라스마에 의해서 생성된 광대역 자외선 조사와 관련되어 있을 가능성이 높다. 자외선은 박막의 표면 속으로 투과되며, 자외선 조사로 인해 가열된 온도의 도움을 받아서 복원효과를 만들어내는 것으로 생각된다.

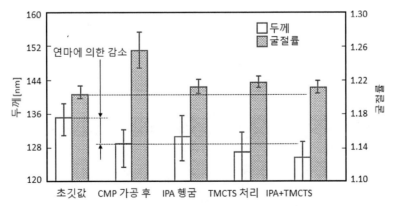

그림 4.23 이소프로필알코올(IPA)처리와/또는 테트라메틸시클로테트라실록산(TMCTS)처리를 통해서 화학-기계적 평탄화 가공 후에 일어나는 초저유전체 박막의 굴절률 증가를 어느 정도 복원할 수 있다.[22]

....

22 Reprinted with permission from Ishikawa et al., 2006.

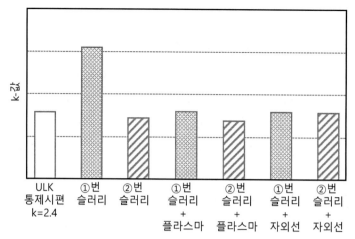

그림 4.24 400[°C] 미만의 온도에서 자외선을 조사한 경우와 마찬가지로 400[°C] 미만의 온도에서 플라스마 처리를 시행하면, 초저유전체 박막의 k-값을 복원시킬 수 있다.[23]

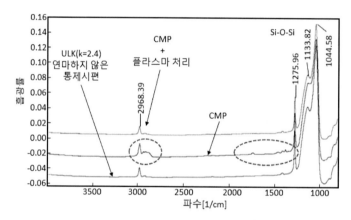

그림 4.25 푸리에 변환적외선분광(FTIR)스펙트럼을 통해서 화학-기계적 평탄화 가공 이후에 시행된 플라스마 처리로 인하여 알킬사슬에 의한 추가적인 피크가 제거되었음을 확인할 수 있다.[24](컬러 도판 p.592 참조)

4.3 이중다마스커스 구조의 초저유전체에 대한 화학-기계적 평탄화 가공

주어진 금속층에 대해서 초저유전체의 화학-기계적 평탄화 가공이 끝나고 나면, 다음 단계에서는 웨이퍼 표면에 SiCN 덮개층을 증착한다. 이 층은 구리소재에 대한 확산 차단층으로 작용할 뿐만 아니라 이후에 진행되는 금속배선을 위해서 비아 바닥의 구리소재를 노출시켜주는 식각

23 Reprinted with permission from Papa Rao et al., 2009.
24 Reprinted with permission from Papa Rao et al., 2009.

멈춤층으로 작용한다. 전형적으로 암모니아 기반의 플라스마 전처리공정을 시행한 이후에 SiCN 층의 증착이 시행되며, 이를 통해서 금속 배선의 표면에 생성되는 구리소재 산화물을 줄이고, 구리소재 표면 덮개층의 부착성을 향상시켜준다.

화학−기계적 평탄화 가공 공정의 종료와 SiCN 층 증착공정의 시작 사이에 소요되는 지연시간을 **큐타임**[25]이라고 부른다. 이 큐타임이 너무 길어지면 구리 배선의 부식이 발생하여 전기적 합선이 초래된다.[25] 이렇게 구리배선의 부식에 의해서 유발된 합선사례의 주사전자현미경 사진이 **그림 4.26**에 도시되어 있다. 구리배선을 사용한 초창기부터 수분과 빛이 구리배선의 부식에 영향을 끼친다는 것을 인식하고 있었다. 이와 유사한 이유 때문에 구리소재에 대한 화학−기계적 평탄화 가공이 시행된 이후의 웨이퍼를 대기 중에 보관하는 문제에 대한 연구가 수행되었다. 다공질 초저유전체는 수분함유능력이 크기 때문에 부식문제를 악화시킨다.

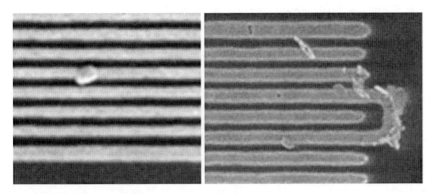

그림 4.26 화학−기계적 평탄화 가공을 통해서 구리소재에 대한 다마스커스 구조가 만들어진 이후에 관찰되는 결함의 사례[26]

4.3.1 초저유전체 소재의 시간의존성 절연파괴문제

전기적 시험과정에서 합선이 검출되지 않았다 하여도, 이런 부식이 SiCN 덮개층과의 계면을 변형 및 약화시켜서 신뢰성 문제를 유발할 수 있다는 것을 명심해야 한다. 리니에르 등[26]은 **그림 4.27**에 도시되어 있는 큐타임 증가에 따른 **시간의존성 절연파괴**(TDDB) 특성 도표를 통해서 이를 검증하였다. 전기장이 부가되는 상태에서 구조물의 50%가 합선에 의해 파괴되는 데에 소요되는 시간은 큐타임이 증가함에 따라서 감소한다는 것을 확인할 수 있다.

....

25 queue time.

26 Reprinted with permission from Canaperi et al., 2010.

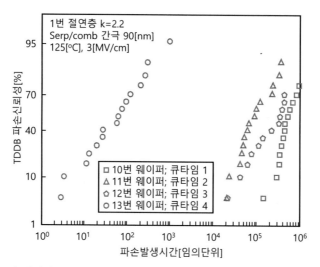

그림 4.27 진보된 노드의 웨이퍼들에 대한 다마스커스 Cu 화학-기계적 평탄화 가공이 종료된 이후에 대기 중에 방치하였을 때에 일어나는 시간의존성 절연파괴 특성[27]

집적형 커패시터 구조에 약 3[MV/cm]의 전기장을 가한 후에 합선이 발생하면서 큰 전류가 흐르기 전까지의 누설전류를 모니터링하여 시간의존성 절연파괴(TDDB)를 측정한다. 이런 합선이 일어나는 이유를 **삼투모델**[28]을 사용하여 설명할 수 있다. 부가된 전기장에 의해서 절연층을 가로질러 이동(누설전류)하는 여기된 나르개들을 생성하며, 이 과정에서 나르개들이 분자결합을 파괴하여 결함을 생성할 가능성이 있다. 유전체 속을 관통하는 추가적인 결함상태가 생성되면 나르개(전자)들이 이동할 수 있는 삼투경로가 만들어진다. 이 경로로 전류가 집중되면서 합선이 일어난다. 다수의 구조들에 대해서 이런 합선이 일어나는 시간을 측정하면 와이블 확률분포도가 만들어진다. 큐타임이 증가하여 신뢰성이 저하되는 경우에는 유전체 내부보다는 SiCN/초저유전체 계면에서 합선경로가 생성될 가능성이 있다.

화학-기계적 평탄화 가공에 사용된 슬러리가 시간의존성 절연파괴에 끼치는 영향을 분석하기 위해서, 사용된 개별 슬러리에 대해서 최적화된 공정을 사용하여 k=2.4인 초저유전체 박막에 패턴이 성형된 웨이퍼에 대하여 시험을 수행하였으며, 화학-기계적 평탄화 가공 후의 저항값과 균일성은 사용된 두 가지 슬러리들(①번 슬러리와 ③번 슬러리의 경우에 서로 유사하였다. 그림 4.28에는 ①번 슬러리와 ③번 슬러리를 사용하여 초저유전체 박막(k=2.4)에 패턴이 성형된 웨이퍼를 연마한 이후에 측정한 시간의존성 절연파괴(TDDB) 결과가 도시되어 있다. 이 결과에 따르면, 슬러리와 유전체 사이에 큰 상호작용이 없는 슬러리를 사용한 경우에 유전체의 신뢰성이

....

27 Reprinted with permission from Liniger et al., 2010
28 percolation model

더 높다는 것을 알 수 있다.

오가와 등[27]에 따르면, k-값이 감소하면 시간의존성 절연파괴(TDDB) 성능의 본질적인 감소가 유발된다. 이들은 삼투모델을 사용하여 초저유전체 박막 내의 기공들이 결함위치처럼 작용하며, 이를 통하여 삼투경로가 형성되며, 기공도가 증가하면 이 경로가 더 빨리 형성된다고 제시하였다 (그림 4.29). 만일 이 가설이 입증된다면, 차세대 기술노드를 위해서 개발된 초저유전체 박막에 함유된 기공들의 전기적 성질을 부동화시키는 방안을 찾아서, 누설 결함위치로 작용하는 것을 방지해야만 한다.

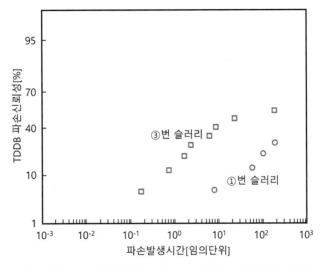

그림 4.28 금속소재에 대한 화학-기계적 평탄화 가공에 사용하는 슬러리의 선정이 구리배선의 신뢰성에 영향을 끼친다.[29]

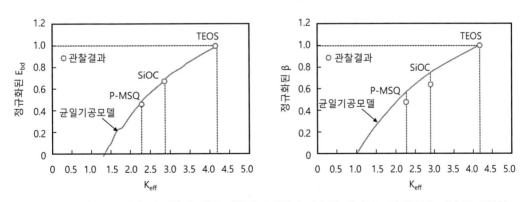

그림 4.29 유전체의 k-값이 감소함에 따른 절연파괴전압의 감소와 파괴분포의 확산을 예측한 모델[30]

....

29 Reprinted with permission from Spooner et al., 2009.
30 Reprinted with permission from Ogawa et al., 2003.

4.3.2 초저유전체 소재의 기계적 강도문제

현재 사용가능한 초저유전체 박막들은 전기적 신뢰성과 더불어서 기계적 강도의 문제를 가지고 있다. 시뮬레이션 결과[28]에 따르면, 초저유전체 박막을 사용하여 다층 구리배선을 제작하면 균열이 유발되는 임계값까지 내부응력이 증가한다는 것을 확인하였다(그림 4.30 (a)). 패키지 밀도를 높이는 데에 관심을 가지고 있는 설계자들이 추구하는 목표인, 인접한 구리패드들 사이의 간격이 감소할수록 생성되는 응력이 증가한다. 또한 덮개층 소재가 단단할수록(모듈값이 클수록) 응력이 증가한다. 그림 4.30 (b)의 실험데이터에서는 표면의 균열이 6개의 금속층 속까지 전파된 사례를 보여주고 있다. 따라서 초저유전체 박막은 화학−기계적 평탄화 가공에 의해서 유발되는 응력을 견뎌야 할뿐만 아니라, 특히 다중층 구조의 경우에는 구리소재와 유전체 소재들 사이의 열팽창계수 불일치로 인하여 생성되는 응력도 중요한 문제로 대두된다는 것을 알 수 있다.

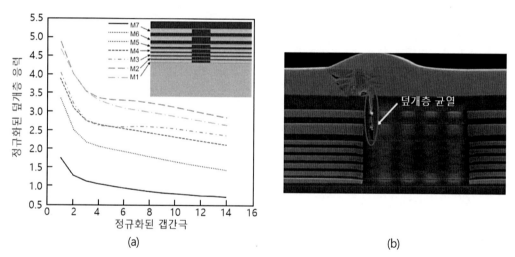

(a)   (b)

그림 4.30 다중층 배선에 사용된 초저유전체 박막에 의해서 유발된 크랙이 여러 층들 속으로 전파되었다.

4.4 초저유전체의 현재 경향

비록 초저유전체에 대한 연구가 빠르게 진행되고 있지만, 공극을 삽입하는 방안과 같은 새로운 방법들이 상용 칩에 적용되고 있다. 최근 들어 인텔社는 14[nm] 칩에 공극을 사용한다고 발표하였다. 이는 (화학−기계적 평탄화 가공 이후에)유전체가 조밀하게 배열된 구리배선들 사이의 간극을 제대로 증착되지 못하여 발생하는 것이다. 칩 내에서 구리배선이 조밀하게 배치되지 않은 여타의 영역들에서는 공극 대신에 저유전체를 사용한다.

초저유전체와 개발과 관련된 최근의 발표에 따르면, 초저유전체 기공들의 임의배열을 개선하는 방안들이 모색되고 있다.

감사의 글

저자들은 여러 해 동안의 멘토링 과정에서 IBM 리서치의 마하데바이어 크리슈난과 화학 - 기계적 평탄화 가공기술에 대한 수많은 논의를 통해서 그의 식견을 듣는 특권을 누릴 기회를 갖게 된 것을 감사드린다. 파파라오는 초저유전체 박막 증착기법에 대한 지식을 나누어준 IBM 리서치의 스테판 M에게 감사를 드린다. IBM社의 도널드 카나페리와 마이클 로파로, 디네시 페니갈라파티(현재 SEMATECH 재직)와 벤카타르만 아난단(현재 포드社에 재직)은 저자들이 IBM社에 근무할 때에 긴밀한 협력을 해주었으며, 이에 감사를 드린다. 낸시 클림코, 마크 체이스, 데브 뉴메이어 그리고 스티브 코헨(IBM社)은 초저유전체 특성실험 설계에 중요한 역할을 하였으며, 그 결과들이 참고문헌에 제시된 학회논문들로 발표되었다. 이 장의 저술을 함께할 기회를 주고 우정과 인내를 보여준 S. V. 바부교수에게 감사를 드린다. 마지막으로 엘스비어社의 크리스티나 카메룬과 그녀의 동료들의 모든 도움에 감사를 드린다.

참고문헌

1. Bohr, M., 2012. Silicon technology leadership for the mobility era. Intel Developers Forum. http://www.intel.com/content/dam/www/public/us/en/documents/presentation/silicontechnology-leadership-presentation.pdf.

2. McBrayer, J.D., et al., 1986. Diffusion of metals in silicon dioxide. J. Electrochem. Soc. 133 (6), 1242e1246.

3. Loke, A.L.S., et al., 1996. Kinetics of Cu drift in PECVD dielectrics. IEEE Electron Dev. Lett. 17 (12), 549e551.

4. McGahay, V., 2010. Porous dielectrics in microelectronic wiring applications. Materials 3, 536e562.

5. Lin, Y., et al., 2006. Octomethylcyclotetrasiloxane-based, low-permittivity organosilicate coatings. J. Electrochem. Soc. 153, F144eF152.

6. Kohl, A.T., et al., 1999. Low k, porous methyl silsesquioxane and spin-on-glass. Electrochem. Solid State Lett. 2 (2), 77e79.

7. Ahner, N., et al., October 2008. Optical, electrical and structural properties of spin-on MSQ low-k dielectrics over a wide temperature range. Microelectron. Eng. 85 (10), 2111e2113.

8. Grill, A., et al., 2008. Ultralow dielectric constant pSiCOH films prepared tetramethylcyclotetrasiloxane as skeleton precursor. J. Appl. Phys. 104, 024113:1e024113:9.

9. Gates, S.M., et al., 2007b. Preparation and structure of porous dielectrics by plasma enhanced chemical vapor deposition. J. Appl. Phys. 101, p094103.

10. Tsui, T., et al., 2010. Energy-Beam Treatment to Improve Packaging Reliability, US Patent 7678713.

11. Ajmera, S.K., et al., 2004. Plasma damage and pore sealing: increasingly coupled ULK integration challenges. Future Fab. Int. 17. Section 6.

12. Kim, T.-S., et al., December 2009a. Integration challenges of nanoporous low dielectric constant materials. IEEE Trans. Device Mater. Reliab. 9 (4).

13. Kim, T.-S., et al., June 2009b. Surfactant mobility in nanoporous glass films. Nano Lett. 9 (6), 2427e2432.

14. Kim, T.-S., et al., June 2010. Molecular mobility under nanometer scale confinement. Nano Lett. 10, 1955e1959.

15. Gates, S., et al., October 22e24, 2007a. Porous SiCOH BEOL dielectrics for 45 and 32 nm CMOS technologies. ADMETA (Tokyo, Japan).

16. Gates, S., et al., October 13e15, 2009a. A path to successful integration of porous dielectrics in the BEOL. Advanced Metallization Conference (Baltimore, MD).

17. Bao, J., et al., January/February 2008. Mechanistic study of plasma damage of low k dielectric surfaces. JVST B 26 (1), 219e226.

18. Bohm, O., et al., 2013. Novel k-restoring scheme for damaged ultra-low-K materials. icroelectron. Eng. 112, 63e66.

19. Papa Rao, S.S., et al., August 9e12, 2009. Experimental studies of the interaction between ULK films,

CMP slurries & down-stream processes. In: 14th International Symposium on Chemical Mechanical Planarization, Lake Placid.

20. Gates, S.M., et al., 2012. Effects of chemical mechanical polishing on a porous SiCOH dielectric. Microelectron. Eng. 91, 81e88.

21. Papa Rao, S.S., et al., 2010. Interactions between ultra-low-k dielectric films and CMP consumables. In: International Conference on Planarization/CMP Technology, Phoenix, AZ, November 14e17, 2010.

22. Ishikawa, A., et al., 2006. Influence of CMP chemicals on the properties of porous silica low-k films. J. Electrochem. Soc. 153 (7), G692eG696.

23. Kondo, S., et al., June 15e17, 2004. Damage-free CMP towards 32 nm-node porous low-k (k ¼ 1.6)/Cu integration. In: Symp. VLSI Tech. 2004, Honolulu, HI.

24. Sinapi, F., et al., 2007. Surface properties restoration and passivation of high porosity ultra low-k dielectric (k w 2.3) after direct-CMP. Microelectron. Eng. 84, 2620e2623.

25. Canaperi, D., et al., April 5e9, 2010. Reducing time dependent line-to-line leakage following post CMP clean. In: Materials Research Society Spring Meeting (Symposium E), San Francisco.

26. Liniger, E.G., et al., October 5e7, 2010. Processing and moisture effects on TDDB for Cu/ULK BEOL structures. In: Advanced Metallization Conference 2010, Albany, NY.

27. Ogawa, E., et al., 2003. Leakage, Breakdown, and TDDB characteristics of porous low-k silicabased interconnect dielectrics. In: Topical Research Conference (TRC) on Reliability, U. of Texas, Austin, October 27e28, 2003.

28. Liu, X.H., et al., October 5e7, 2010. Mechanical reliability outlook of ultra low-k dielectrics. In: Advanced Metallization Conference 2010, Albany, NY.

29. Gates, S.M., et al., 2009b. Adjusting the skeleton and pore structure of porous SiCOH dielectrics. J. Electrochem. Soc. 156 (10), G156eG162.

30. Papa Rao, S.S., et al., August 10e12, 2008. Compatibility of ultra low-k dielectrics with CMP e an experimental study. In: 13th International Symposium on Chemical Mechanical Planarization, Lake Placid.

31. Spooner, T.A., et al., October 4e9, 2009. The effect of material and process interactions on BEOL integration. In: 216th Meeting of the Electrochemical Society Fall 2009, Vienna, Austria.

CHAPTER

5

고이동도 채널소재에 대한
화학 - 기계적 평탄화 가공

고이동도 채널소재에 대한 화학 – 기계적 평탄화 가공

5.1 서 언

5.1.1 고이동도 채널소재 개발의 동기

형상의 크기와 스케일의 축소가 물리적인 한계에 접근함에 따라서, 상보성 금속산화물 반도체 (CMOS)의 성능향상을 지속하기 위해서는 고이동도 채널소재의 도입이 필요하다. 이런 대체소재 들의 적용은 10[nm] 이후의 기술노드를 목표로 하고 있다. 저전력, 고성능 로직 디바이스를 구현 하기 위해서는 공급전압(V_{dd})을 최적화시켜야 한다. 게르마늄(Ge: p-형 금속산화물 반도체) 및 III-V족(n-형 금속산화물 반도체)과 같이 매우 이동도가 높은 소재들을 사용해야만 이를 구현할 수 있다.[1] 실제로 작동하는 디바이스를 제조하기 위해서는, 예를 들어 버퍼층을 도핑하거나 누설 경로를 제거하는 등의 총체적인 게이트 성능향상을 통해서 버퍼층을 통과하는 게이트 누설전류 를 최소화해야만 한다. 예를 들어, 채널층에 대한 의도적인 소재 도핑뿐만 아니라 변형 및 결함의 조절을 통해서 이동도를 극대화시킬 수 있다. 가장 유력한 후보소재는 p-형 금속산화물 반도체 (pMOS) 디바이스의 경우에는 게르마늄(Ge)이며, n-형 금속산화물 반도체(nMOS)의 경우에는 인 듐갈륨비소(InGaAs)이다. 게르마늄은 정공의 이동도가 높으며, 인듐갈륨비소(InGaAs)는 전자의 이동도가 높다. 벌크 실리콘(Si) 층의 전자 및 정공 이동도와 비교해보면, 벌크 게르마늄(Ge) 층의 정공 이동도는 약 네 배 더 높으며, 벌크 인듐갈륨비소(InGaAs) 층의 전자 이동도는 여섯 배 더 높다. 실리콘 플랫폼을 사용하여 게르마늄 기반의 p-형 금속산화물 반도체 디바이스가 가지고 있는 높은 성능을 검증하였다.[2] 하지만 현재의 상보성 금속산화물 반도체(CMOS) 디바이스에서는 실리콘(Si) 층에 **변형법**[1]을 적용하여 높은 이동도를 구현하고 있다. 따라서 게르마늄(Ge)을 사용하는 경우에도 변형법의 적용 가능성에 대한 검토가 필요하다. 그런데 인듐갈륨비소(InGaAs)를 사용하는 n-형 금속산화물 반도체(nMOS) 디바이스의 경우, 변형법을 사용하여도 성능이 향상되지 않는다. 하지만 크기가 더 축소되는 경우에 디바이스에 변형을 가하면 더 단단해지므로, 이는 장점으로 작용한다.

고이동도 소재를 적용하기 위해서 소형의 시편들에 대해서 많은 기초연구들이 수행되었다. 하지만 이 장에서는 예를 들어 실리콘 표면에 유기금속 화학기상증착을 시행하여 고이동도 소재들을 에피텍셜 성장시킨 300[mm] 실물크기의 시편을 사용하는 연구들에 초점을 맞추고 있으며, 이는 고이동도 소재들을 진보된 기술노드에 적용하기 위해서 필요하다. 하지만 일부 초기연구들은 여전히 200[mm] 웨이퍼를 사용하였다.

5.1.2 다양한 집적방법들

상보성 금속산화물 반도체(CMOS)에 고이동도 채널소재를 적용하기 위해서 다양한 집적화 방법들이 제안되었다. (Si)Ge나 III-V족 소재들을 도입하는 과정에서 당면하는 가장 큰 기술적 난관들 중 하나가 표5.1에 도시되어 있는 것과 같이, 이 소재들과 실리콘 모재 사이에 존재하는 격자상수 불일치이다(예를 들어 Ge는 4%, $In_{0.53}Ga_{0.47}As$는 8%의 편차를 가지고 있다). 이런 불일치 문제를 극복하기 위해서 **변형이완 버퍼(SRB)층, 핀 대체법**,[2] 웨이퍼 **직접접착(DWB)** 등 다양한 방법들이 제안되었다. 이 모든 방법들은 고품질의 고이동도 채널이라는 동일한 디바이스 목표를 구현해주지만, 이들은 매우 상이한 집적방법을 사용한다. 변형이완 버퍼(SRB)법에 비해서 웨이퍼 직접

표 5.1 소재들의 격자상수값

소재	격자상수[Å]
Si	5.43
Ge	5.65
GeAs	5.65
InP	5.86
$In_{0.53}Ga_{0.47}As$	5.87
InAs	6.06

---

1 straining method.
2 replacement fin method.

접착(DWB)법은 새로운 화학−기계적 평탄화 가공(CMP)공정을 필요로 하지 않기 때문에, 이 장에서는 이들 중 앞의 두 가지 방법에 대해서만 논의되어 있다.

5.1.2.1 변형이완 버퍼법

변형이완 버퍼(SRB)법의 경우, 실리콘 모재 위에 에피텍셜 성장을 통해서 실물크기의 웨이퍼에 실리콘게르마늄(SiGe)이나 인듐갈륨비소(InGaAs)와 같은 변형이완 버퍼층을 만든다. 이 변형이완 버퍼층들을 하나씩 쌓아올리면, 격자상수값이 점차로 변하게 되므로, 상부표면에서는 필요한 고이동도 채널상수값을 구현할 수 있다. 이 방법에서는 채널층들에 대한 연속적인 에피텍셜 성장의 품질을 최적화하였다. 필요한 채널 적층과 디바이스 패턴을 생성하기 위해서는 개별 층들을 성장시킨 다음에는, 여러 번의 세정, 증착, 식각 및 패터닝 단계가 필요하다. 이 변형이완 버퍼층은 웨이퍼 직접접착(DWB)법에서 (예를 들어 게르마늄에 III-V족 또는 실리콘 위에 게르마늄과 같이) 주개 웨이퍼로도 사용할 수 있다. 변형이완 버퍼층들을 사용하는 기법들은 일반적으로 복잡하며 많은 비용이 소요된다. 필요한 등급의 적층을 구현하기 위해서는 다량의 전구체 소재를 사용하여 웨이퍼 전체에 두꺼운 에피텍셜 층들을 성장시킬 필요가 있다. 채널을 생성하기 위해서는 후속 공정을 통해서 에피텍셜 성장된 다량의 소재를 국부적으로 제거해야 한다. 그림 5.1에서는 변형이완 버퍼(SRB)법을 개략적으로 설명하고 있다.

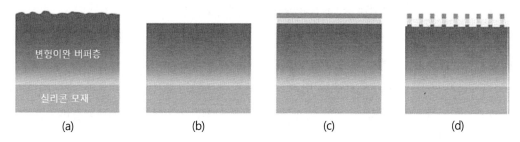

그림 5.1 변형이완 버퍼층 위에 채널을 생성하기 위한 공정 흐름도. (a) 변형이완 버퍼(SRB)층의 에피텍셜 성장, (b) 변형이완 버퍼층의 표면을 평탄화하기 위한 화학−기계적 평탄화 가공, (c) 후속(채널)층들에 대한 에피텍셜 성장, (d) 핀 구조를 만들기 위한 패터닝과 식각

5.1.2.2 핀 대체법

핀 대체법의 경우 얇은 도랑 소자격리(STI)용 도랑의 반전형 구조가 저결함 고이동도 채널로 사용된다.[3] 얇은 도랑 소자격리(STI)형 구조들은 산화물층에 최종적인 채널 디바이스가 필요로 하는 측면방향 치수로 패터닝된다. 선택적으로 실리콘 표면에 홈을 만들고 나면, 이 도랑구조 속에서 선택적으로 에피텍셜 층이 성장한다. 성장이 진행되는 동안 관통전위[3] 적층결함 그리고

일부의 역위상 도메인경계 등과 같은 다수의 결함들이 측벽에 의해서 포획된다. 이런 결함들은 도랑구조의 상부에서 에피텍셜층 속으로 전파되지 않으므로 그림 5.2에 도시되어 있는 것처럼, 결함발생확률이 낮은 상부영역을 구현할 수 있다. 이 상부층을 최종적인 고이동도 채널로 사용하거나, (예를 들어 인화인듐 버퍼층 위에 InGaAs층과 같이)후속의 고이동도 채널 성장을 위한 최적 표면으로도 활용할 수 있다. 이런 결함포획 기법은 특히 종횡비가 큰 도랑구조에서 잘 작동한다.

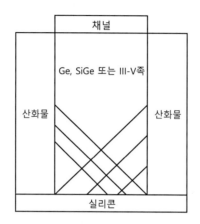

그림 5.2 종횡비가 큰 도랑의 측벽이 전위결함을 포획하는 핀 대체법을 사용하여 결함을 제거하는 방법. 화학－기계적 평탄화 가공과 리세스 식각이 끝난 상태를 보여주고 있다.[3]

에피텍셜 공정의 변수조절뿐만 아니라 형상설계, 에피텍셜층이 올라가는 도랑구조 속의 결정핵 생성층 결정표면 설계 등을 통해서 에피텍셜층의 품질을 향상시킬 수 있다. 예를 들어, 실리콘 표면에 식각한 V-그루브 형상의 결정핵 생성층에서 시작하면 III-V족 역위상 경계를 최소화시킬 수 있다.[4] 핀 대체법은 게르마늄(Ge)과 III-V족 소재를 상보성 금속산화물 반도체(CMOS) 설계에 포함시킬 수 있는 더 직접적인 방법을 제공해준다는 장점을 가지고 있으며, 필요한 에피텍셜 소재의 양을 절감할 수 있기 때문에 더 경제적이다.

5.1.3 집적방법들의 성과

최근 들어서, 새로운 고이동도 채널소재들을 사용한 상보성 금속산화물 반도체(CMOS)의 제작에 많은 발전이 이루어졌다. 여기에 사용된 방법들 모두가 화학－기계적 평탄화 가공을 필요로 하지는 않으며, 일부의 경우에는 통제된 에피텍셜 성장과 식각공정만으로도 충분하다.

전형적인 집적화 방법의 경우에는, Ge/SiGe/III-V족 소재와 같이 다양한 소재들로 이루어진 다

3　threading dislocation.

수의 층들에 대한 평탄화 가공이 필요하다. 예를 들어, 뒤이은 저결함 채널을 성장시키기 위해서 버퍼 실리콘게르마늄(SiGe)이나 인화인듐(InP)층들에 대한 평탄화 가공이 필요하거나, 뒤이은 성장면의 평탄화를 위해서 변형이완 버퍼(SRB)층이 필요할 수도 있다. 핀 대체법을 사용하여 도랑구조의 내부에 각각 III-V족이나 게르마늄(Ge)을 성장시켜서 n-형 금속산화물 반도체(nMOS) 및 p-형 금속산화물 반도체(pMOS) 구조를 선택적으로 덮는 방식으로, 동일한 모재 위에 게르마늄(Ge)과 III-V족 소재들을 가성비 높은 방법으로 증착할 수 있어야 한다. 이 설계의 경우에는 게르마늄(Ge) 및 III-V족 소재를 동시에 연마하는 화학-기계적 평탄화 가공을 필요로 하므로, 화학-기계적 평탄화 가공이 더욱 복잡해져 버린다. 이 공정에 대해서 특허권이 설정된 W-CMP 슬러리를 사용한 화학-기계적 평탄화 가공의 효용성이 입증되었다.[5,6] 우리가 아는 한도 내에서는 화학-기계적 평탄화 가공에 대한 추가적인 최적화가 이루어지지 않았기 때문에, 이 주제에 대해서는 더 이상 논의하지 않겠다. 반면에, 웨이퍼 직접접착(DWB)을 사용해서도 이들의 집적이 가능하다. 이 경우에는 성장된 에피텍셜 층의 품질에 따라서 화학-기계적 평탄화 가공이 필요 없다.

5.1.4 고이동도 채널소재에 대한 화학-기계적 평탄화 가공의 문제

고이동도 채널소재에 대한 화학-기계적 평탄화 가공 공법의 개발에는 여전히 몇 가지 문제들이 남아 있다. 전반적인 집적방법들은 여전히 매우 구현하기 어려우며, 다양한 방법들에 대한 연구가 진행되고 있다. 이 소재들에 대해 개선된 에피텍셜 성장공정의 개발은 여전히 진행 중에 있다. 특히 핀 대체법에 적용하기 위한 에피텍셜 성장공정의 경우에는 다양한 크기의 구조물 속을 충진하는 과정에서 과도 성장의 발생 여부에 주의를 기울여야 한다. 부하효과로 인해서 다양한 형상크기에 대해서 성장률이 서로 다를 수 있으며, 이로 인해서 임계치수 의존성 과충진이 초래될 수 있다. 이로 인하여 산화물 제거율과 Ge/SiGe/III-V족 디싱의 측면에서 화학-기계적 평탄화 가공이 목표로 하는 가공량을 맞추기가 더욱 어려워진다. 현재 개발 중인 에피텍셜 성장공정의 경우, 형상의 크기가 동일하거나 서로 다른 경우에 연마할 층과 과도 성장량이 여전히 변하고 있는 상황이다. 또한 에피텍셜 공정의 매우 낮은 성장률과 높은 비용으로 인하여 화학-기계적 평탄화 가공공정의 개발을 위한 시험소재의 가용성이 여전히 제한되고 있다.

또 다른 문제는 정규 실리콘(Si) 공정에 III-V족 소재를 도입하는 문제이다. 상보성 금속산화물 반도체(CMOS) 디바이스에 III-V족 소재를 도입하면, 특히 화학-기계적 평탄화 가공, 세정 및 식각 등과 같은 습식공정을 수행하는 동안 환경, 건강 및 안전(EHS)에 대한 문제가 야기된다. III-V족 소재를 연마하는 동안, (PH₃, AsH₃와 같은) 독성가스뿐만 아니라 (As와 같은) III-V족을 함유한 폐수가 배출된다. 이런 물질들은 화학-기계적 평탄화 가공장비를 사용하거나 관리하는 사람들에게 해로울 뿐만 아니라 배출가스와 폐수가 유입되는 환경도 안전문제를 일으키게 된다.

이런 모든 문제들로 인해서 이런 소재를 도입하게 되는 시기와 실현 여부가 불확실하다. 하지만 게르마늄 기반 디바이스의 전체적인 기술적 성숙도는 이미 III-V족 기반의 디바이스보다 훨씬 앞서 있으며, 이 주제와 관련된 프로젝트들에 대한 산업계의 관심이 매우 높은 상황이다.

5.2 고이동도 채널소재로 사용되는 Ge/SiGe

게르마늄(Ge)이나 실리콘게르마늄(SiGe) 소재에 대한 화학-기계적 평탄화 가공을 통해서 이 소재들을 고이동도 채널소재로 사용할 수 있게 된다. 화학-기계적 평탄화 가공의 주요 목표들 중 하나는 표면 거칠기의 저감이다. 매끄럽고 결함이 없는 표면은 이후에 성장하는 에피텍셜 층의 품질을 향상시켜주거나 웨이퍼 접착을 용이하게 만들어준다. 집적에 사용되는 방법에 따라서, 예를 들어 SiO_2는 그대로 남겨놓은 채로 과도 성장한 게르마늄이나 실리콘게르마늄 소재를 선택적으로 제거하는 화학-기계적 평탄화 가공이 필요하다.

5.2.1 문헌고찰

게르마늄 소재에 대한 화학-기계적 평탄화 가공에 대해서는 이미 다수의 논문이 발표되었으며, 이들 중 일부는 전체크기 실리콘 웨이퍼의 고이동도 채널로 게르마늄(Ge)을 사용하기 위한 목적을 가지고 있다. 디구엣 등[7]과 트레이시 등[8]은 블랭킷 게르마늄이나 절연체 위에 게르마늄이 증착된 웨이퍼에 대한 연마작업에 대한 연구를 수행하였다. 피테라 등[9]은 (콜로이드 규산과 수산화칼륨을 기반으로 하는)표준 산화물 슬러리의 게르마늄 제거율이 매우 낮다는 결과를 얻었다. 히드릭 등[10]의 논문에서는 콜로이드 규산을 기반으로 하는 슬러리에 과산화수소(H_2O_2)를 첨가한 경우의 효용성을 규명하였다. 과산화수소(H_2O_2)는 (NaOCl과 같은)여타의 첨가제들보다 금속오염이 작기 때문에 더 유용하다. 하지만 과산화수소(H_2O_2)의 농도가 너무 높으면($\geq$5%) 게르마늄 표면에 점부식이 발생할 우려가 있다.

페데티 등[11]은 게르마늄 소재에 대한 화학-기계적 평탄화 가공에 대한 기초연구를 수행하였다. 이들의 연구에서는 슬러리의 실리콘 입자, 과산화수소(H_2O_2) 농도 그리고 pH값을 변화시켜가면서 연마거동을 관찰하였다. 이런 연구들에서는 대부분 세척기능이 내장되지 않은 실험용 연마기와 작은 조각시편을 사용하였다. 이를 통해서 산화제로 과산화수소(H_2O_2)를 첨가한 콜로이드 규산을 사용하여 게르마늄을 연마하는 과정에서 pH값에 대하여 서로 다른 게르마늄 제거 메커니즘이 제안되었다. 이들은 pH<3.5인 산성 슬러리를 사용할 것을 추천하였다. 이 범위에서는 게르

마늄 표면이 산화되어 GeO와 GeO_2로 변하며, 일부에서는 용해되기 어려운 $Ge(OH)_4$로 가수분해된다. 하지만 $Ge(OH)_4$는 실리콘 입자로 손쉽게 마멸시켜 제거할 수 있다. 이 pH 범위에서는 실리콘 입자들과 게르마늄 표면의 제타전위가 서로 반대로 하전되기 때문에, 서로 견인력을 받게 되어, 실제의 연마과정에서 문지름이 증가하게 된다. 마토브 등[12]은 게르마늄 제거 메커니즘에 대한 추가적인 연구를 통해서 이온강도를 높이기 위해서 전해질을 추가한 규산 기반의 슬러리가 게르마늄 소재에 대한 화학－기계적 평탄화 가공에 끼치는 영향을 고찰하였다.

페데티 등[13]의 또 다른 연구에서는 핀 대체법을 적용할 패턴이 성형된 게르마늄 구조에 대한 화학－기계적 평탄화 가공에 대한 연구를 수행하였다. 웨이퍼 조각시편에 대한 실험을 통해서 서로 다른 첨가물들이 연마가공성능에 끼치는 영향을 고찰하였다. 원하는 표면윤곽 형상과 거칠기를 얻기 위해서는 화학－기계적 평탄화 가공공정의 말미에 2단계 가공이 필요하다. 옹 등[14~16]은 200[mm]와 300[mm] 웨이퍼를 사용하여 게르마늄 소재에 대한 화학－기계적 평탄화 가공에 대한 다양한 결과를 도출하였으며, 상용의 텅스텐(W) 함유 슬러리나 전용으로 제조한 게르마늄 함유 슬러리를 사용한 게르마늄 소재에 대한 화학－기계적 평탄화 가공을 통해서 $Ge:SiO_2$ 선택도의 개선, 금속 오염의 저감, 결함발생 감소 그리고 표면조도의 향상 등을 구현하였다. 카이 등[17]은 게르마늄 소재에 대한 화학－기계적 평탄화 가공에 대안 슬러리를 사용한 결과를 발표하였다. 이들은 광학 도파로의 연마를 연구의 대상으로 삼았지만, 이 공정을 고이동도 채널소재의 연마에도 적용할 수 있다.

게르마늄과 실리콘게르마늄에 대한 연마결과는 실리콘게르마늄 소재 내의 게르마늄과 실리콘 조성 비율에 따라서 크게 달라질 수 있다. 예를 들어 지베르트 등[18]은 실리콘게르마늄 소재의 연마에 대한 연구를 수행하였다.

5.2.2 Ge/SiGe 변형이완 버퍼층을 갖춘 웨이퍼에 대한 화학 - 기계적 평탄화 가공공정

앞서 설명했듯이, 실리콘 모재와 그 위에 성장시킬 게르마늄 채널 사이의 격자 메커니즘 편차를 극복하기 위해서 층상의 Ge/SiGe 변형이완 버퍼(SRB)층을 사용할 수 있다. 이 변형이완 버퍼층은 일정한 조성과 미리 정의된 두께로 마감된다. 이층은 충분이 두꺼워야 한다. 변형이완 버퍼층의 층상구조를 연마하지 않으면서 에피텍셜 성장 후의 표면 거칠기 대부분을 제거하기 위해서는 이 층이 충분히 두꺼워야만 한다. 에피텍셜 성장이 끝난 이후에 만들어지는 변형이완 버퍼층 표면은 매우 거칠기 때문에 후속 공정을 통해서 저결함 채널을 성장시키기 위해서는 화학－기계적 평탄화 가공을 통해서 표면을 매끄럽게 만들어야만 한다. 또한 게르마늄 채널의 변형률은 하부에 매립되어 있는 실리콘게르마늄 층의 게르마늄 함량에 의해서 결정된다. 화학－기계적 평탄화 가공 이후에 목표로 하는 표면 거칠기는 0.5[nm RMS]이다.

실리콘 기반의 슬러리들을 사용하여 블랭킷 게르마늄(Ge)과 실리콘게르마늄(SiGe)층들을 연마할 수 있다. 옹 등[14]은 게르마늄 가공용으로 개발된 슬러리의 가공성능에 대한 결과를 발표하였다. 이들은 게르마늄 및 실리콘게르마늄에 대한 양호한 제거 성능과 실리카(SiO_2)에 대한 높은 선택도를 목표로 하였다. 또한 개발된 공정은 미량금속에 대해서 아무런 문제도 없었다. 이 논문에 따르면, 양호한 거칠기($10 \times 10[\mu m^2]$ 영역에 대한 원자작용력현미경 측정결과 약 $0.18[nm\ RMS]$)와 매우 기대되는 결함률($0.16[\mu m^2]$ 이상의 크기를 갖는 결함 100개 미만)을 가지고 있는 게르마늄 변형이완 버퍼층을 만들 수 있었다. 연마된 게르마늄 표면의 품질은 에피텍셜 반응기를 사용하여 웨이퍼 위에 충분한 품질로 추가적인 Ge/SiGe 적층을 성장시켜서 필요한 Ge/SiGe 적층을 집적하기 위해서 필요한 요구조건들을 충족시켰다. 그런데 (타원편광법과 같은) 표준 계측방법들은 ($300[nm]$ 이상의) 두꺼운 게르마늄이나 실리콘게르마늄 층들을 측정하기에 충분하지 않기 때문에 이런 용도의 화학-기계적 평탄화 가공공정을 수립하는 것을 더욱 어렵게 만든다. 두꺼운 층들에 대한 제거율을 측정하기 위해서 질량측정법이 사용되지만, 이 방법에서는 에피텍셜 층이 웨이퍼 전체에서 균일하다고 가정한다. 또한 제거된 윤곽정보가 제공되지 않는다. 고해상 윤곽측정기(HRP), 주사전자현미경(SEM) 또는 헤이즈 매핑장비 등을 사용하여 초기에 화학-기계적 평탄화 가공 후의 표면 거칠기와 표면결함밀도 등을 측정하지만, 평균제곱근(RMS) 거칠기는 원자작용력현미경(AFM)을 사용하여 측정한다.

5.2.3 Ge/SiGe 소재의 핀 대체 웨이퍼에 대한 화학-기계적 평탄화 공정

그림 5.3에서는 (5.1.2.2절에서 설명했던)핀 대체법을 사용하여 게르마늄 소재의 핀펫(FinFET) 디바이스를 제작하기 위해서 사용되는 공정단계들을 보여주고 있다. 과도 성장된 소재들을 평탄화시킬 필요가 있기 때문에, 게르마늄 소재에 대한 화학-기계적 평탄화 가공은 이 집적을 가능케 해주는 핵심 공정이다. 이를 위해서는 게르마늄 소재에 대한 화학-기계적 평탄화 가공공정이 노출된 실리카(SiO_2) 표면에 대해서 충분한 선택도를 가지고 있어야만 한다. 그렇지 못한 경우에는 화학-기계적 평탄화 가공 이후에 시행되는 습식식각을 사용하여 Ge/SiGe 구조의 높이를 결정하는 것이 더욱 어려워진다. 옹 등[14]이 제안한 공정을 사용하여 블랭킷 게르마늄 웨이퍼 표면의 게르마늄 소재에 대해 ($300[nm/min]$ 이상의) 충분히 높은 제거율, 실리카에 대한 (20 이상의) 높은 선택도, 양호한 결함발생률 그리고 낮은 조도 등을 구현하였다. 또한 이 공정은 실리콘게르마늄이나 게르마늄 모두에 대해서 사용할 수 있다. 하지만 게르마늄 디싱을 방지하고 양호한 웨이퍼 간 반복도를 구현하기 위해서는 특정한 방법의 종료시점 관리가 필요하다. 이 연구에 주로 사용되었던 경질 패드에 비해서 연질 패드는 별다른 이점을 보여주지 못하였다.

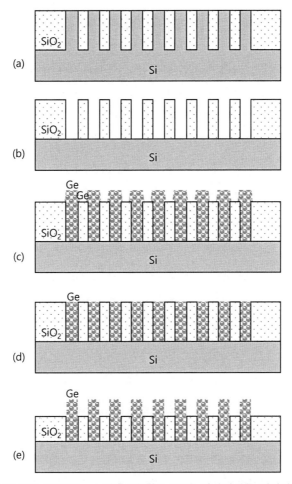

그림 5.3 핀 대체법을 사용하여 게르마늄 소재의 핀펫(FinFET) 디바이스를 제작하기 위한 공정의 흐름도.
(a) 얕은 도랑 소자격리(STI)구조생성, (b) 실리콘 식각, (c) 게르마늄 에피텍셜 성장, (d) 게르마늄
소재에 대한 화학−기계적 평탄화 가공, (e) 산화물 리세스 식각

5.2.4 Ge/SiGe 소재에 대한 화학 - 기계적 평탄화 가공 후의 세정

게르마늄 소재는 과산화수소(H_2O_2)를 함유한 용액에 쉽게 식각[19]되므로, 게르마늄 소재에 대한
초창기의 화학−기계적 평탄화 가공 연구들에서는 연마가공 장비 내 세정에 탈이온수만을 사용
하였다. 하지만 옹 등[16]의 연구에 따르면, 탈이온수를 사용하는 것만으로는 충분치 못하며, 탈이온
수 세정을 통해서 연마 후 잔류물들이 충분히 제거되지 않는다. 희석된 암모니아를 첨가한 약액
을 사용하여 화학−기계적 평탄화 가공 후의 결함발생을 개선하였으며, 측정 가능한 수준의 게르
마늄 식각은 발생하지 않았다.

5.3 고이동도 채널소재로 사용되는 III-V족 소재들

III-V족 소재에 대한 화학-기계적 평탄화 가공을 통해서 다양한 집적공정을 실현할 수 있다. 주요 목표는 과도한 III-V족 소재들을 제거하고/또는 거칠기를 감소시켜서 이후에 시행되는 에피텍셜 성장 품질이나 웨이퍼 접착품질을 향상시키는 것이다. 두 경우 모두, 화학-기계적 평탄화 가공 후의 웨이퍼 표면은 양호한 편평도를 가져야만 한다. 완전한 기능을 구현하는 III-V족 디바이스를 개발하기 위해서는 전통적인 산화물, 고유전체나 저유전체 그리고 금속소재들에 대한 화학-기계적 평탄화 가공이 필요하다.

5.3.1 문헌고찰

1960년대에는 할로겐 기반의 용액을 사용하여 갈륨비소(GaAs)나 인화갈륨(GaP)과 같은 III-V족에 대한 연마연구가 수행되었다.[20,21] 더 최근에는 주로 블랭킷 소재를 중심으로 하여 III-V족 소재에 대한 연구들이 수행되었다.[22~24] 이 연구들의 주요 목표는 독성가스의 생성 없이 양호한 제거율을 구현하며 화학-기계적 평탄화 가공 이후의 표면조도를 낮추는 것이었다. 용도에 따라서, 제거율이 서로 다른 것이 유용하다. 예를 들어, 웨이퍼 직접접착(DWB)용 웨이퍼에 대한 표면조도가공의 경우에는 낮은 제거율이 필요한 반면에 수백[nm]에 달하는 과도 성장물을 제거해야 하는 핀 대체법의 경우에는 높은 제거율이 필요하다. 갈륨비소(GaAs)와 인화인듐(InP)의 경우에는 300[nm/min]의 높은 제거율과 더불어서 ($2 \times 2[\mu m^2]$의 면적에 대해서) 0.5[nm RMS]의 표면거칠기를 구현하였다. 연마가공에 사용되는 슬러리에는 (규소와 같은) 연마제와 (과산화수소와 같은) 산화제를 첨가하는 추세이며 제거율 증가제와 기체발생 억제제를 추가할 수도 있다. 연마할 III-V족 소재의 유형에 따라서 가공에 필요한 pH값이 달라진다. 과산화수소 기반의 슬러리가 대기 중에 노출되면, 과산화수소(H_2O_2)가 인화인듐(InP)과 반응하여 수용성과 불용성의 다양한 인듐 염들을 생성한다. 페데티 등[23]은 pH값이 산성인 경우에 제거율이 더 높을 것으로 예상하였으며, 실제로도 더 높게 나타났다. 그런데 이 영역에서는 독성의 포스핀(PH_3)의 발생률도 더 높아진다. 킬레이트제를 사용하면 $In(OH)_3$, In_2O_3 그리고 $InPO_4$를 용해시켜서 인화인듐(InP)의 제거율을 증가시켜준다.[24,25] pH값이 중성인 범위에서 양호한 인화인듐 제거율을 구현하기 위해서는 규소입자의 마멸작용이 정전 흡인력의 도움을 받아야 한다. 마토브 등[26]에 따르면, 과산화수소 기반의 슬러리를 사용하여 갈륨비소(GaAs) 소재에 대한 화학-기계적 평탄화 가공을 시행하는 경우에는 인화인듐의 경우에 비해서 더 많은 종류의 반응들이 갈륨비소 표면에서 발생할 수 있다. 갈륨(Ga)과 비소(As)는 표면에 각각의 염들을 생성하며, 이들은 서로 다른 용해도를 가지고 있으므로(예를 들어 As_2O_3는 용해성이지만, Ga_2O_3는 불용성이다), 화학-기계적 평탄화 가공공정을 최적화하기가 매우 어렵다. 소재제거를 위해서 필요한 pH값의 범위는 연마할 III-V족 소재의 유형에 따라서 서로 다르다. III-V족 화합물 속에 존재하는 원자들(갈륨이나 비소)에 따라서 제거율과 식각률이 크게 다르기 때문에 화학－기계적 평탄화 가공과정에서 표면 거칠기의 증가가 초래된다. 궁극적인 목표는 독성기체를 방출하지 않으면서 모든 원소들에 대해 균일한 식각률을 구현하는 것이다. 브라이트업과 고르스키[27]는 연마제가 첨가되지 않은 슬러리를 사용하여 약 5[nm/min]의 낮은 제거율로 1[nm] 미만의 표면조도를 구현하였다. 하지만 이 방법은 조도개선에만 적용할 수 있을 뿐, 과도 성장물의 제거에는 사용할 수 없다.

에피텍셜 층들을 성장시킨 이후에는 표면이 거칠어지기 때문에, III-V족 소재를 상보성 금속산화물반도체(CMOS)에 집적하기 위해서는 III-V족 소재에 대하여 여러 번의 화학－기계적 평탄화 가공을 수행해야 한다. 이 외에도 에피텍시 부하효과 때문에 에피텍셜 성장률은 서로 다른 치수의 도랑구조 속에서 서로 다르므로, 핀 대체법을 사용하는 경우에는 과도 성장한 III-V족 소재를 제거할 필요가 있다.[28] 식각을 통해서 표면조도를 일부 개선할 수 있지만, III-V족 소재의 과도 성장이 형상의존성을 가지고 있기 때문에, 화학－기계적 평탄화 가공을 사용하지 않고는 다이 전체에서 III-V족 소재를 균일하게 제거할 수 없다. III-V족 소재를 상보성 금속산화물 반도체(CMOS)에 집적하는 과정에서 화학－기계적 평탄화 가공은 다양한 크기의 도랑 상부에서 에피텍셜 성장을 정확히 멈추지 않아도 되도록 에피텍셜 성장의 조건을 완화시켜준다.

여러 연구기관들이 수행한 연구결과들에 따르면, 특허권이 설정된 슬러리나 자가제조 슬러리들을 사용하여 III-V족 소재에 대한 화학－기계적 평탄화 가공 공정을 구현할 수 있다.[25,29~31] 슬러리 조성조절과 적절한 패드선정을 통해서 III-V족 소재에 대한 화학－기계적 평탄화 가공 후에 낮은 표면조도를 구현하며/또는 핀 대체법 설계에서 과도 성장한 III-V족 소재를 제거하기 위한 연마공정을 개발할 수 있다. 일정한 높이의 III-V족 채널층을 생성하기 위해서는 안정적이며 재현 가능한 III-V족 소재에 대한 화학－기계적 평탄화 가공공정이 필요하다. 화학－기계적 평탄화 가공 이후에 요구되는 공정사양에는 낮은 결함밀도, 핀 대체 구조의 III-V족 디싱과 산화물 침식 최소화 그리고 연마잔류물이나 금속오염 방지 등이 포함된다. 그림 5.4에 도시되어 있는 것처럼, 현재까지 최고의 III-V족 소재에 대한 화학－기계적 평탄화 가공방법을 사용하면, 양자우물 전계효과트랜지스터(FET),[33] 핀 대체법을 사용한 전면게이트(GAA) 디바이스[32,34]와 같은 다양한 III-V족 로직 디바이스의 제조가 가능하다. 200[mm]나 300[mm] 웨이퍼에 (화학－기계적 평탄화 가공을 사용하거나 사용하지 않은)III-V족 변형이완 버퍼층을 사용한 III-V족 디바이스에 대한 연구는 매우 드물다.[35] 그런데 III-V족 블랭킷 층들에 대한 통제된 핀 식각이 가능하다는 것이 입증되었기 때문에, 변형이완 버퍼층을 적용하여 III-V족 디바이스를 제조하는 것이 가능할 것으로 생각된다.[36,37]

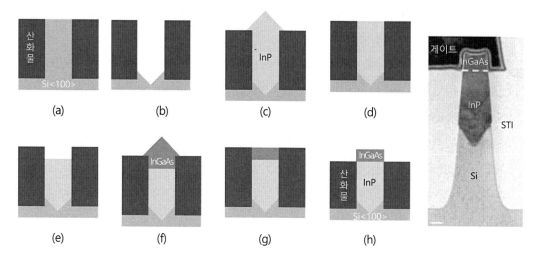

그림 5.4 좌측: InGaAs/InP 양자우물[4] 디바이스를 제작하기 위한 집적공정의 흐름도.[32] (a) 얕은 도랑 소자격리 (STI) 생성 후의 구조, (b) 수산화 테트라메틸암모늄을 사용하여 얕은 도랑 소자격리구조에 실리콘 리세서 생성, (c) 인화인듐 에피텍셜성장, (d) 과도 성장한 인화인듐에 대한 화학-기계적 평탄화 가공, (e) 얕은 도랑 소자격리구조 내에 인화인듐 리세스 생성, (f) InGaAs의 에피텍셜 성장, (g) 과도 성장한 InGaAs 소재에 대한 화학-기계적 평탄화 가공, (h) InGaAs 채널 주변의 얕은 도랑 소자격리구조에 대한 리세스가공. 우측: 최종적으로 완성된 III-V족 디바이스에 대한 투과전자현미경 사진

5.3.2 III-V족 변형이완 버퍼층 웨이퍼에 대한 화학-기계적 평탄화 가공

실리콘 모재와 그 속에서 성장시킬 III-V족 채널 사이의 격자 불일치를 극복하기 위해서 III-V족 으로 이루어진 층상의 변형이완 버퍼(SRB)층을 사용할 수 있다. 에피텍셜 성장 이후에 이 변형이 완 버퍼층의 표면은 매우 거칠기 때문에 이후에 저결함 채널을 성장시키기 위해서는 화학-기계 적 평탄화 가공을 통해서 표면을 매끄럽게 만들어야 한다. 화학-기계적 평탄화 가공 이후에 만들어지는 변형이완 버퍼층의 상부표면 조성을 알아야 하며, 이를 잘 조절해야하기 때문에, 변 형이완 버퍼층 성장의 마지막 단계에서는 일정한 조성을 유지해야만 한다. 이 표면층은 화학-기계 적 평탄화 가공 과정에서 층상구조를 가지고 있는 변형이완 버퍼층을 연마하지 않으면서 에피텍 시 성장 후의 표면 거칠기를 모두 제거할 수 있을 정도로 충분히 두꺼워야만 한다. 화학-기계적 평탄화 가공 후의 국부 표면 거칠기는 0.5[nm RMS] 미만의 값을 가져야 한다. 웨이퍼 직접접착과 같은 특정 공정에서 필요로 하는 에피텍셜 성장 후의 표면품질에 따라서, 여타의 III-V족 버퍼층 이나 채널층도 매끄럽게 만들 필요가 있다.

인화인듐(InP)이나 갈륨비소(GaAs)뿐만 아니라 InGaAs 변형이완 버퍼층과 같은 다양한 III-V족 들로 이루어진 블랭킷 소재의 표면조도를 줄이는 방안에 대한 연구들이 수행되었다. 연마할 III-V

---

4 quantum well.

족 소재에 따라서, 최적의 화학-기계적 평탄화 가공성능을 구현하기 위해서 서로 다른 슬러리 첨가물들이 사용되었다.[23,26,38] 슬러리 조성이 균일한 소재제거와 낮은 조도의 구현에 중요한 역할을 한다는 것이 확인되었다. III-V족 표면에 손상을 주지 않으면서 낮은 제거율을 구현하기 위해서는 연질의 패드가 유용하다.[38] 자가제조하거나 상용으로 판매되는 연마제가 첨가된 슬러리를 사용한 화학-기계적 평탄화 가공공정을 사용하여 일부의 시편에 대해서 인화인듐(InP)의 경우 0.1[nm RMS], 갈륨비소(GaAs)의 경우 0.5[nm RMS] 그리고 InGaAs 변형이완 버퍼층의 경우 0.7[nm RMS]의 표면조도를 구현하였다($2 \times 2[\mu m^2]$ 영역).[24,26,38] 다양한 방법들을 사용하여 III-V족 블랭킷 웨이퍼에 대한 화학-기계적 평탄화 공정을 평가할 수 있다. (수백[nm] 미만의) 얇은 층과 화학-기계적 평탄화 가공 전과 후의 비교적 단순한 적층들의 두께측정 그리고 웨이퍼 내 균일성에 대해서는 타원편광법밖에 없다. (웨이퍼 전체에 대해서 웨피텍시 밀도와 소재 제거율이 균일하다는 가정하에서) 질량측정을 통해서 비교적 두꺼운 층에 대한 제거율을 추산할 수 있다. 고해상 윤곽측정기(HRP), 주사전자현미경(SEM) 또는 헤이즈 매핑장비를 사용하여 화학-기계적 평탄화 가공 이후의 표면 거칠기와 결함률을 측정할 수 있지만, 실제의 평균제곱근(RMS) 거칠기는 원자작용력현미경(AFM)을 사용하여 검증할 필요가 있다.

5.3.3 III-V족 핀 대체 웨이퍼에 대한 화학-기계적 평탄화 가공

얕은 도랑 소자격리(STI)의 반전형 도랑구조 측벽에 실리콘 모재와의 격자 불일치에 따른 에피텍셜 결함이 포획되는 III-V족 채널을 낮은 결함비율로 만들기 위해서 **종횡비 트래핑법**[5]이 사용된다. 예를 들어 채널결함을 최소화하기 위해서 인화인듐의 상부에 $In_{0.53}Ga_{0.47}As$를 성장시킨 경우처럼, 버퍼층의 격자상수는 상부의 III-V족 채널과 일치하여야 한다. 버퍼층과 채널층 모두에 대해서, III-V족 소재는 얕은 도랑 소자격리(STI) 도랑구조 내에서 특정한 평면을 따라서 성장하여, 형상의 윗면을 넘어서 파셋면(예를 들어 InP나 InGaAs는 거의 거의 <111> 배향을 가지고 있다)을 생성한다. 도랑 내부의 소재를 손상하지 않으며 반전된 얕은 도랑 소자격리(STI) 산화물을 그대로 남겨둔 채로 과도한 III-V족 소재만을 균일하게 제거해주는 III-V족 소재에 대한 화학-기계적 평탄화 가공기법을 사용하여 이렇게 과도 성장한 물질들을 제거할 필요가 있다. 인화인듐(InP)이나 InGaAs의 경우, 이런 화학-기계적 평탄화 가공 이후의 III-V족 표면은 <001> 배향을 가지고 있는 평면이다. 리세스 식각이 끝난 다음에 필요하다면, 그 위에 III-V족 층을 성장시킬 수 있으며, 그림 5.5에 도시되어 있는 것처럼, 추가적인 화학-기계적 평탄화 가공이 필요할 수도 있다.

---

5 aspect ratio trapping approach.

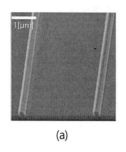
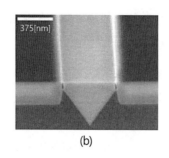
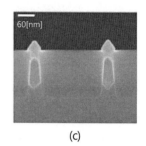

(a)　　　　　　　　　　　(b)　　　　　　　　　　　(c)

그림 5.5 그림 5.4에 도시되어 있는 집적공정에 따라서 반전된 얕은 도랑 소자격리(STI)구조 내부에 성장한 Ⅲ-V족 소재에 대한 주사전자현미경 영상. (a) 인화인듐 소재에 대한 화학-기계적 평탄화 가공 전 영상을 통해서 인화인듐의 과도 성장을 확인할 수 있다. (b) 인화인듐 소재에 대한 화학-기계적 평탄화 가공 후 영상을 통해서 매끄럽고 얕은 도랑 소자격리구조와 높이가 맞춰진 인화인듐 표면을 확인할 수 있다. (c) InGaAs 소재에 대한 화학-기계적 평탄화 가공 전 영상을 통해서 InGaAs 소재의 과도 성장을 확인할 수 있다(이 사진에서는 주사전자현미경 영상 대비를 높이기 위해서 인화 인듐 버퍼층을 제거하였다).

　　Ⅲ-V족 소재는 산화물에 대해서 선택적으로 성장하기 때문에,[4,28] 도랑구조 속의 필드 영역 내에서 Ⅲ-V족의 성장은 제한적으로 일어난다. 이 때문에 산화물 적층을 온전히 유지시켜주는 화학-기계 적 평탄화 공정이 필요하다. Ⅲ-V족 연마공정의 처음부터 끝까지 산화물 표면이 슬러리 및 패드 와 접촉한다. 초창기의 Ⅲ-V족 화학-기계적 평탄화 가공에서는 텅스텐 소재에 대한 화학-기계 적 평탄화 가공을 위해서 설계된 슬러리를 사용하여 허용 수준의 결과를 얻었다.[6] 그 이후로, 화학-기계적 평탄화 가공용 슬러리 공급업체들은 산화물과는 반응하지 않으며 Ⅲ-V족에 대해서만 최 적화된 슬러리를 개발하기 시작하였다.[30,38]

　　최적화되지 않은 에피텍셜 과도 성장으로 인하여 Ⅲ-V족 소재는 수백[nm]만큼 과도 성장하며, 이에 알맞은 제거율은 100~300[nm/min]에 달하여야 한다. 만일 에피텍셜 성장인자들로 인하여 산화물 필드 영역에 Ⅲ-V족 소재가 존재한다면, 이 또한 제거해야만 한다. 타원편광 측정을 사용 하여 연마 전과 후에 남아 있는 얕은 도랑 소자격리(STI) 산화물층의 두께를 측정할 수 있다. 반면에 과도 성장한 Ⅲ-V족의 양은 고해상 윤곽측정기(HRP)를 사용하여 평가할 수 있다. 단순한 현미경 검사를 통해서 화학-기계적 평탄화 가공 이후에 (광학현미경으로 확인할 수 있는) 선폭 을 근거로 과도 성장물의 잔류여부를 관찰할 수 있으며, 고해상 윤곽측정기(HRP)를 사용하여 화학-기계적 평탄화 가공 이후에 잔류물의 완전한 제거와 게이지 디싱 및 침식 여부를 확인할 수 있다. 그림 5.5에 도시되어 있는 것처럼, 주사전자현미경(SEM) 영상을 통해서 돌기나 잔류물들 과 같은 결함이 없는 성공적인 화학-기계적 평탄화 가공 공정을 최종적으로 검증할 수 있다.

　　Ⅲ-V족 소재의 조성이 화학-기계적 평탄화 공정에 큰 영향을 끼치는 것으로 밝혀졌다. 연마할 소재에 따라서 슬러리나 패드와 같은 화학-기계적 평탄화 가공인자들을 최적화시켜야 한다. 예를 들어 InGaAs나 GaAs와 같은 소재들에 대해서 잘 적용되는 특정한 화학-기계적 평탄화

공정을 InP나 InAs와 같은 III-V족 소재에 적용했을 때에는 돌기가 생성될 수 있다.[38] 규소와 과산화수소를 기반으로 하는 모델 슬러리를 사용한 마토브 등[26]의 실험에서 제시했듯이, 갈륨 원소는 특히 III-V족 화학-기계적 평탄화 메커니즘에 명확한 영향을 끼친다. 따라서 모든 III-V족 소재들을 한 번에 연마해줄 상용 용액은 만들 수 없을 것이다.

다양한 III-V족 소재들을 한 번에 화학-기계적 평탄화 가공하기 위해서 필요한 통합계획을 구축할 수 있으며, 현재 사용 가능한 데이터에 따르면, 화학-기계적 평탄화 가공 인자들에 대한 개발을 통해서 구현할 수 있다. III-V족 소재에 대한 최신의 화학-기계적 평탄화 가공 공정들은 필요한 연마 후 가공품질을 얻기 위해서 연마공정 수행시간을 조절한다. 그런데 연마를 수행하는 동안 블랭킷 소재의 두께나 얕은 도랑 소자격리(STI)구조의 과도 성장 물질의 제거량을 측정하기 위하여 종료시점 현장검출 능력을 사용할 수 있다. 예를 들어 옹 등[30]은 풀비전 종료시점 검출시스템을 사용하여 과도 성장한 III-V족 핀 대체물질 제거과정에서 나타나는 신호변화를 측정하였으며, 이를 통해서 종료시점 검출 알고리즘을 구출할 수 있다는 것을 보여주었다.

5.3.4 III-V족 소재에 대한 화학-기계적 평탄화 가공이 가지고 있는 환경, 건강 및 안전문제

III-V족 소재를 식각 및 연마하는 동안 생성되는 독성가스에 대한 연구는 소형 시편에 국한하여 수행되었다. 인화인듐(InP) 연마과정에서 발생하는 PH_3의 경우, 페데티 등[23]은 슬러리가 중성이나 알칼리성인 경우에 비해서 산성인 경우에 가스 발생이 최대가 된다는 것을 발견하였다. InGaAs, InAs, GaAs 등과 같은 III-V족 소재들을 가공하는 과정에서 생성되는 아르신(AsH_3)의 경우, 마토브 등[26]에 따르면, 과산화수소와 같은 산화제가 존재하는 경우에는 슬러리가 염기성인 경우에 더 많은 아르신이 생성된다. PH_3에 비해서 AsH_3가 수용액에 훨씬 더 많이 용해되기 때문에, 연마를 수행하는 동안 측정한 AsH_3의 농도가 더 낮게 나타나게 된다. 300[mm] 웨이퍼 생산 장비를 사용하여 초기의 기체생성 시험이 수행되었다. 장비 내에서 허용 한계값 이상의 PH_3(300[ppb])와 AsH_3(5[ppb]) 기체농도가 측정[38]되었으므로, 이 기체를 작업환경으로부터 확실히 배출하기 위해서는 충분한 용량을 가지고 매우 잘 작동하는 배기 시스템이 필요하다. 독성가스를 흡입할 위험을 줄이기 위해서는, 화학-기계적 평탄화 가공용 슬러리에 카르복실산과 같은 화학첨가제를 섞어서 기체생성을 줄여야 한다.[24]

그런데 독성물질을 기체상에서 액체상으로 전환시키면 슬러리 폐수에 대한 안전관리 문제가 증가하게 된다. 적절한 슬러리 처리시스템을 사용하여 비소화합물 농도를 극단적으로 줄여야지만 일반 폐수배출구를 사용하여 III-V족 화학-기계적 평탄화 가공 후 슬러리 폐수를 버릴 수 있다.

마지막 환경, 안전 및 건강(EHS)문제는 화학-기계적 평탄화 가공과정에서 장비 내로 비산된

III-V족 슬러리들이 말라붙어 쌓이는 것이다. 이 고체화합물들이 공기중으로 비산되면, 장비 내에서 일하는 작업자들의 안전문제를 일으킬 수 있다. 작업자들이 이런 III-V족 화합물들을 흡입할 가능성을 없애기 위해서는 충분한 화학식 헹굼이 수행되어야 하며, 적절한 개인방호장구를 갖춰야 한다.

이 책을 저술하는 동안에도 여전히 300[mm] 웨이퍼에 대한 III-V족 가공장비는 여전히 연구개발 단계에 머물러 있다. 환경, 안전 및 건강(EHS)문제에 대한 초기시험 결과에 따르면, 소량생산 환경하에서는 적절한 주의를 통해서 III-V족과 관련된 안전문제를 통제할 수 있다. 하지만 III-V족 소재를 상보성 금속산화물 반도체(CMOS)의 대량생산에 도입하기 위해서는 안전작업에 영향을 끼치는 인자들을 판별하기 위해서 환경, 안전 및 건강(EHS)문제에 대한 더 광범위한 연구가 수행되어야만 한다.

5.3.5 III-V족 소재에 대한 화학 - 기계적 평탄화 가공 후의 세정

문헌자료에 따르면, III-V족 소재의 표면에 대한 식각과 세정에 대한 다양한 연구가 수행되었다. 이들 중 대부분은 과산화수소를 함유하거나 (염산이나 황산과 같은)산성용액을 사용하는 데에 초점이 맞춰져 있다.[39~41] 이 방법들은 깨끗하고 오염되지 않은 저결함 표면을 만들어야 할 뿐만 아니라 (예를 들어 에피텍셜 재성장 직후에 저온 어닐링을 통해서 즉시 제거할 수 있는 부동화 산화물층과 같이)후속공정에서 필요로 하는 상부 표면층을 가져야 한다.[42] 정확한 화학조성뿐만 아니라 격자의 결정배향이 특정한 세정액의 효용성을 결정한다. 다양한 III-V족 요소들에 대한 서로 다른 선택도 때문에 일어나는 특정한 결정평면에 대한 이방성 식각과 불균일 식각을 피해야만 한다.[43] 특히 화학-기계적 평탄화 가공 후의 세정을 통해서 슬러리에 잔류하는 규소입자들을 제거하기 위해서 불화수소산 용액을 사용할 수도 있다.

발표된 논문과 특허에 따르면, III-V족 소재에 대한 화학-기계적 평탄화 가공 후의 세정에 대해서는 아직까지 자세히 연구된 바가 없다. 문헌상에서 III-V족 세정을 위해서 제안된 용액들 대부분은 상용 연마장비에서 사용하기에는 너무 농도가 높다. 따라서 이 주제에 대해서도 많은 연구가 필요한 실정이다.

5.4 결론과 향후 전망

5.4.1 새로운 소재와 집적방법

상보성 금속산화물 반도체(CMOS) 디바이스에서 정공이나 전자의 고이동도 나르개로 (Si)Ge와

InP/InGaAs를 사용하는 방안에 대한 연구들이 수행되었다.[26] 하지만 여전히 다양한 집적기법들이 제안되고 있으며, 다양한 신소재들을 적용하는 방안에 대한 연구가 수행되고 있다. 고려되고 있는 여타의 고이동도 소재들에는 안티몬(Sb)을 함유한 III-V족 소재와 원자단위 두께의 2차원 나노시트(그래핀, 실리신, 게르마닌) 등이 포함된다. InAlSb, InSb 또는 AlGaSb와 같은 안티몬 함유소재의 경우, 이 장에서 논의했던 것들과 유사한 집적기법들을 적용할 수 있으며,[44~46] 안티몬 기반의 소재들을 연마할 수 있는 화학-기계적 평탄화 가공기법의 개발에도 유용할 것이다. 여타의 집적기법에는 전면게이트(GAA) 나노와이어의 사용[34,47]이나 III-V족 소재를 사용하여 제작한 수직 트랜지스터[48] 등이 포함된다. III-V족을 사용하지 않는 사례로는 단일층 속으로의 전하유동을 제한하여 디바이스의 누설을 최소화하는 원자층 두께의 박막층이 있다. 칼코겐화합물층[49]이나 위상절연체[50]와 같이, 2차원 소재들에 대한 매우 다양한 연구들이 수행되었다. (SiC 위에 그래핀을 성장시키는 것처럼)이런 2차원 소재들이 성장하게 될 하부 시드층에 대해서는 균일한 성장을 보장하기 위해서 거칠기를 줄일 필요가 있겠지만, 소재특성상 성장 후 연마는 필요 없는 것으로 생각된다.[51,52]

5.4.2 요약과 전망

상보성 금속산화물 반도체(CMOS)의 디바이스 크기가 물리적 한계까지 축소됨에 따라서 게르마늄(Ge), 실리콘게르마늄(SiGe) 그리고 III-V족 소재들과 같이 전자와 정공의 이동도가 높은 새로운 소재들이 소개되고 있다. 집적공정에 이런 소재들을 최적화시키기 위해서는 이런 고이동도 소재들에 대해서 특화된 화학-기계적 평탄화 공정을 개발할 필요가 있다. 이런 화학-기계적 평탄화 가공의 목표는 에피텍셜 성장 후의 표면 거칠기를 줄이고/또는 반전된 얕은 도랑 소자격리(STI) 패턴 위로 과도 성장한 소재들을 제거하는 것이다. Ge/SeGe와 III-V족 소재들에 대해서 작용하는 화학-기계적 평탄화 공정들이 개발되었으며, Ge/SeGe 소재에 대한 연마공정은 이미 높은 수준에 도달해 있다. 고이동도 채널소재로 Ge/SeGe를 사용하는 방법은 III-V족 소재에 대한 개발활동에 비해서 이미 성숙단계에 도달하였다. 비록 현재까지는 화학-기계적 평탄화 가공에 대한 실험 데이터가 제한되어 있지만, 소모품과 레시피 인자들에 대한 최적화를 통해서 이런 고이동도 소재에 대한 화학-기계적 평탄화 가공 공정을 개선할 수 있다는 것이 명확하다. 이런 최적화공정의 개발가능성 여부와는 관계없이, 10[nm] 미만의 상보성 금속산화물 반도체(CMOS) 기술노드에 이런 고이동도 소재들을 사용할 수 있을지에 대해서는 아직 100% 확신할 수 없는 상황이다.

참고문헌

1. Skotnicki, T., Boeuf, F., 2010. How Can High Mobility Channel Materials Boost or Degrade Performance in Advanced CMOS. 2010 Symposium on VLSI Technology Digest of Technical Papers, Honolulu, HA, USA.

2. Mitard, J., et al., 2009. Impact of EOT Scaling Down to 0.85 nm on 70 nm Ge-pFETs Technology with STI. 2009 Symposium on VLSI Technology, Kyoto, Japan, 82e83.

3. Park, J.-S., et al., 2007. Defect reduction of selective Ge epitaxy in trenches on Si(001) substrates using aspect ratio trapping. Appl. Phys. Lett. 90, 052113.

4. Merckling, C., et al., 2014. Heteroepitaxy of InP on Si(001) by selective-area metal organic vapor-phase epitaxy in sub-50 nm width trenches: the role of the nucleation layer and the recess engineering. J. Appl. Phys. 115, 023710.

5. Ong, P., Witters, L., Waldron, N., Leunissen, L.H., 2011. Ge- and III/V CMP for integration of high mobility channel materials. ECS Trans. 34 (1), 647e652.

6. Waldron, N., et al., 2012b. Integration of InGaAs channel n-MOS devices on 200 mm Si wafers using the aspect-ratio-trapping technique. ECS Trans. 45 (4), 115e128.

7. Deguet, C., et al., 2006. Fabrication and characterisation of 200 mm germanium-on-insulator (GeOI) substrates made from bulk germanium. IEEE Electron. Lett. 42 (7), 415e417.

8. Tracy, C.J., et al., 2004. Germanium-on-insulator substrates by wafer bonding. J. Electron. Mater. 33 (8), 886e892.

9. Pitera, A.J., et al., 2004. Coplanar integration of lattice-mismatched semiconductors with silicon by wafer bonding Ge/Si1xGex/Si virtual substrates. J. Electrochem. Soc. 151 (7), G443eG447.

10. Hydrick, J.M., et al., 2008. Chemical mechanical polishing of epitaxial germanium on SiO2-patterned Si(001) substrates. ECS Trans. 16 (10), 237e248.

11. Peddeti, S., Ong, P., Leunissen, L.H., Babu, S.V., 2011. Chemical mechanical polishing of Ge using colloidal silica particles and H2O2. Electrochem. Solid State Lett. 14 (7), H254eH257.

12. Matovu, J.B., Penta, N.K., Peddeti, S., Babu, S.V., 2011. Chemical mechanical polishing of Ge in hydrogen peroxide-based silica slurries: role of ionic strength. J. Electrochem. Soc. 158 (11), H1152eH1160.

13. Peddeti, S., Ong, P., Leunissen, L.H., Babu, S.V., 2012a. Chemical mechanical planarization of germanium shallow trench isolation structures using silica-based dispersions. Microelectron. Eng. 93, 61e66.

14. Ong, P., et al., 2012. CMP Process Development for High Mobility Channel Materials. International Symposium for Planarization/CMP Technology 2012, Grenoble, France.

15. Ong, P., et al., 2009. CMP of Novel Materials. 14th International CMP Symposium 2009, Lake Placid, NY, USA.

16. Ong, P., Witters, L., Leunissen, L.H., 2010. CMP of Ge for High Mobility Channels. International

Symposium for Planarization/CMP Technology 2010, Phoenix, AZ, USA.

17. Cai, Y., Yu, W., Kimerling, L.C., Michel, J., 2014. Chemical mechanical polishing of selective epitaxial grown germanium on silicon. ECS J. Solid State Sci. Technol. 3 (2), P5eP9.

18. Siebert, M., et al., 2014. CMP on SiGe Materials e Linking Chemical and Physical Properties to Design Low Defect and Selective Slurries. International Conference on Planarization/CMP Technology 2014, Kobe, Japan.

19. Sioncke, S., et al., 2008. Etch rates of Ge, GaAs and InGaAs in acids, bases and peroxide based mixtures. ECS Trans. 16 (10), 451e460.

20. Fuller, C.S., Allison, H.W., 1962. A polishing etchant for III-V semiconductors. J. Electrochem. Soc. 109 (9), 880.

21. Oldham,W.G., 1965. Vapor growth ofGaP on GaAs substrates. J.Appl. Phys. 36 (9), 2887e2890.

22. Morisawa, Y., Kikuma, I., Takayama, N., Takeuchi, M., 1997. Effect of SiO2 powder on mirror polishing of InP wafers. J. Electronic Mater. 26 (1), 34e36.

23. Peddeti, S., Ong, P., Leunissen, L.H., Babu, S.V., 2012b. Chemical mechanical polishing of InP. ECS J. Solid State Sci. Technol. 1 (4), P184eP189.

24. Matovu, J.B., et al., 2013b. Use of multifunctional carboxylic acids and hydrogen peroxide to improve surface quality and minimize phosphine evolution during chemical mechanical polishing of indium phosphide surfaces. Ind. Eng. Chem. Res. 52, 10664e10672.

25. Matovu, J.B., et al., 2014. Chemical mechanical planarization of patterned InP in shallow trench isolation (STI) template structures using hydrogen peroxide-based silica slurries containing oxalic acid or citric acid. Microelectron. Eng. 116, 17e21.

26. Matovu, J.B., et al., 2013a. Fundamental investigation of chemical mechanical polishing of GaAs in silica dispersions: material removal and arsenic trihydride formation pathways. ECS J. Solid State Sci. Technol. 2 (11), P432eP439.

27. Brightup, S.J., Goorsky, M.S., 2010. Chemical-mechanical polishing for III-V wafer bonding applications: polishing, roughness, and an abrasive-free polishing model. ECS Trans. 33 (4), 383e389.

28. Wang, G., et al., 2011. Selective area growth of InP and defect elimination on Si (001) substrates. J. Electrochem. Soc. 158 (6), H645eH650.

29. Hill, R.J., et al., 2013. High Mobility Channel Materials: CMP Challenges and Opportunities. CMP Users Group Symposium 2013, Albany, NY, USA.

30. Ong, P., et al., 2013. III/V CMP Process Development. International Conference on Planarization/CMP Technology 2013, Hsinchu, Taiwan.

31. Banerjee, G., 2014. Current status of slurries and cleans for CMP of III-V device fabrications e a critical review. ECS Trans. 61 (17), 43e54.

32. Waldron, N., et al., 2012a. Integration of III-V on Si for High-Mobility CMOS. International Silicon-Germanium Technology and Device Meeting 2012, Berkeley, CA, USA.

33. Waldron, N., et al., 2014a. An InGaAs/InP Quantum Well FinFet Using the Replacement Fin Process

Integrated in an RMG Flow on 300 mm Si Substrates. 2014 Symposium on VLSI Technology Digest of Technical Papers, Honolulu, HI, USA.

34. Waldron, N., et al., 2014b. InGaAs gate-all-around nanowire devices on 300 mm Si substrates. IEEE Electron Device Lett. 35 (11), 1097e1099.

35. Hill, R.J., et al., 2010. Self-aligned III-V MOSFETs Heterointegrated on a 200 mm Si Substrate Using an Industry Standard Process Flow. International Electron Devices Meeting 2010, San Francisco, CA, USA.

36. Ignatova, O., et al., 2013. Towards Vertical Sidewalls in III-V FinFETs: Dry Etch Processing and Its Associated Damage on the Electrical and Physical Properties of (100)-Oriented InGaAs. Semiconductor Interface Specialists Conference 2013, San Diego, CA, USA.

37. Lee, R.T., et al., 2014. Ultra Low Contact Resistivity (<1 108 Ohm-cm2) to In0.53Ga0.47As Fin Sidewall (110)/(100) Surfaces: Realized with a VLSI Processed III-V Fin TLM Structure Fabricated with III-V on Si Substrates. International Electron Devices Meeting 2014, San Francisco, CA, USA.

38. Teugels, L., et al., 2014. Improving Defectivity for III-V CMP Processes for <10 nm Technology Nodes. International Conference on Planarization/CMP Technology 2014, Kobe, Japan.

39. Cuypers, D., et al., 2013. Wet chemical etching of InP for cleaning applications, I. An oxide formation/oxide dissolution model. ECS J. Solid State Sci. Technol. 2 (4), P185eP189.

40. van Dorp, D.H., et al., 2013. Wet chemical etching of InP for cleaning applications, II. Oxide Removal. ECS J. Solid State Sci. Technol. 2 (4), P190eP194.

41. Notten, P.H., 1984. The etching of InP in HCl solutions: a chemical mechanism. J. Electrochem. Soc. 131 (11), 2641e2644.

42. Sun, Y., et al., 2005. Optimized cleaning method for producing device quality InP(100) surfaces. J. Appl. Phys. 97, 124902.

43. DeSalvo, G.C., Tseng, W.F., Comas, J., 1992. Etch rates and selectivities of citric acid/hydrogen peroxide on GaAs, Al0.3Ga0.7As, In0.2Ga0.8As, In0.52Al0.48As, and InP. J. Electrochem. Soc. 139 (3), 831ȩ835.

44. Boos, J.B., et al., 2007. High mobility p-channel HFETs using strained Sb-materials. Electron. Lett. 43 (15).

45. Fang, M., et al., 2014. III-V nanowires: synthesis, property manipulations, and device applications. J. Nanomater. 2014, 702859.

46. Saraswat, K.C., et al., 2006. High Mobility Materials and Novel Device Structures for High Performance Nanoscale MOSFETs. International Electron Devices Meeting 2006, San Francisco, CA, USA.

47. Esseni, D., Pala, M.G., 2013. Interface traps in InAs nanowire tunnel FETs and MOSFETs e part II: comparative analysis and trap-induced variability. IEEE Trans. Electron Devices 60 (9), 2802e2807.

48. Tomioka, K., Yoshimura, M., Fukui, T., 2012. A III-V nanowire channel on silicon for highperformance vertical transistors. Nature 488, 189e193.

49. Mejia, I., et al., 2013. Fabrication and characterization of high-mobility solution-based chalcogenide thin-film transistors. IEEE Trans. Electron Devices 60 (1), 327e332.

50. Yan, Y., et al., 2014. High-mobility Bi2Se3 nanoplates manifesting quantum oscillations of surface states

in the sidewalls. Sci. Rep. 4, 3817.

51. Yu, T., et al., 2010. Bilayer graphene system: transport and reliability. ECS Trans. 28 (5), 39e44.

52. Jiao, S., et al., 2015. High quality graphene formation on 3C-SiC/4H-AlN/Si heterostructure. Mater. Sci. Forum 806, 89e93.

CHAPTER

6

화학 – 기계적 평탄화 가공에 대한 다중스케일 모델링

CHAPTER 6
화학 - 기계적 평탄화 가공에 대한 다중스케일 모델링

6.1 서 언

과거 20년 이상의 기간 동안 집적회로 제조의 전공정과 후공정에서 화학−기계적 평탄화 가공 (CMP)이 널리 사용되었다.[1~8] 이 화학−기계적 평탄화 가공 공정의 이해와 개선을 돕기 위해서 다양한 모델들이 제안되었다. 화학−기계적 평탄화 가공 모델은 일반적으로 기하학적 스케일에 따라서 입자레벨, 다이레벨 및 웨이퍼레벨과 같이 세 가지 레벨로 분류하고 있다.[9~12] **입자레벨 모델**은 일반적으로 미세규모에서 화학−기계적 평탄화 가공의 소재제거 메커니즘을 이해하기 위해서 슬러리 입자, 슬러리 유체, 패드 소재 그리고 웨이퍼 소재 사이의 상호작용을 고찰하는 데에 사용된다. **다이레벨 모델**(일반적으로 형상레벨과 칩 모델)은 화학−기계적 평탄화 가공을 수행하는 동안 집적회로 칩 내에서 웨이퍼의 윤곽변화를 칩 레이아웃과 공정인자의 함수로 평가하는 데에 집중한다. **웨이퍼레벨 모델**은 특히 연마장비나 공정의 한계 때문에 발생하는 문제에 집중하여 웨이퍼 전체에 대해서 연마 불균일을 고찰하는 데에 사용된다.

화학−기계적 평탄화 가공 모델의 중요한 용도에는 공정 최적화, 소모품 개발, 제조를 고려한 칩 설계 등이 포함되며, 다중레벨 효과와 결합 또는 집적된다.[13] 일부의 경우, 낮은 수준(입자레벨)에서의 결과가 높은 수준(웨이퍼레벨)에서의 결과예측에 유용하게 사용될 수도 있다. 그림 6.1에 도시되어 있는 것처럼, 화학−기계적 평탄화 가공에 대한 개략적인 이해는 서로 다른 스케일의 모델들 사이의 상호작용에 대한 이해를 도와준다.[13] 화학−기계적 평탄화 가공용 장비의 셋업은 거시적 스케일로, 직경이 300[mm]에 이르는 집적회로 웨이퍼를 대상으로 한다. 그런데 화학－기계적 평탄화 가공에서 소재제거는 약 30[nm] 크기의 마멸입자와 웨이퍼 표면 사이의 상호작용에 의해서 일어나기 때문에 미시적 스케일에 해당한다. 따라서 두 양극단에서 일어나는 물리적 효과와 모델 사이에는 10^7의 스케일 차이를 가지고 있다.

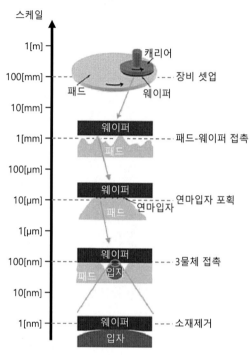

그림 6.1 화학－기계적 평탄화 가공공정의 관심 스케일[12](컬러 도판 p.593 참조)

1. 장비 스케일(~100[mm]): 화학－기계적 평탄화 가공 시스템은 전형적으로 150, 200, 300 및 미래에는 450[mm]와 같이 가공할 웨이퍼 크기에 따라서 결정된다. 기준압력과 상대속도는 이 스케일에 맞춰서 조절된다.
2. 패드－웨이퍼 접촉 스케일(~1[mm]): 이 스케일에서는 웨이퍼 표면상의 연마패드의 표면질감이 국부압력에 영향을 끼친다. 패드 거스러미의 높이분포가 관심의 대상이 된다.
3. 연마제 포획 스케일(~10[μm]): 웨이퍼와 단일 패드입자 사이의 접촉면적과 관련되어 있다. 슬러리에 함유된 연마입자들이 접촉면적 속으로 분산되어 포획된다.
4. 3물체 접촉 스케일(~100[nm]): 단일 연마입자 스케일에 근접한다. 접촉에 관여하는 3물체는 웨이퍼, 연마입자 그리고 패드 거스러미이다. 웨이퍼와 입자들은 패드 거스러미보다 더 단단하므로 주로 패드 거스러미가 변형된다.

5. 소재제거 스케일(~1[nm]): 이 범위에서는 기계적 접촉과 시너지를 일으키는 화학반응이 관심대상이다. 비록 웨이퍼 표면과 연마입자들이 모두 단단하지만, 긁힘과 소재제거가 주로 웨이퍼 측에서 일어나도록 웨이퍼 표면의 얇은 층에 대해서 기계적, 화학적 변성을 일으킨다.

특정한 상호작용에 대한 이해를 위해서 모델을 만들거나 또는 특정한 화학−기계적 평탄화 가공 결과를 예측하기 위해서 모델을 적용하는 경우에는 다중 스케일이 고려되어야 한다. 그러므로 기하학적 스케일과 더불어서 목적과 용도를 고려하여 현재의 화학−기계적 평탄화 가공 모델을 고찰하는 것이 새로운 모델개발에 도움이 된다. 이 장에서는 주요 목적에 따라서 소재제거 메커니즘에 대한 모델과 평탄화 공정에 대한 모델의 두 가지 범주로 나누어서 모델들에 대한 고찰을 수행하기로 한다.

집적회로 제조과정에서는, 이전의 집적공정에서 과도하게 증착된 소재를 제거하여 웨이퍼 표면의 평행도와 편평도를 맞추기 위해서 화학−기계적 평탄화 가공(CMP)이 주로 사용되며, 필요한 웨이퍼 표면의 편평도는 후속 집적공정의 요구조건들에 의해서 결정된다. 그러므로 소재제거 메커니즘에 대한 이해는 모델링에서 중요한 사안이다.

소재제거에 대한 가장 유명하고 단순화된 화학−기계적 평탄화 가공 모델은 **프레스턴 방정식**[14]으로서, 원래는 유리연마 거동을 나타내기 위해서 개발되었지만, 화학−기계적 평탄화 가공의 중요한 이론적 기반으로 여전히 사용되고 있다.

$$RR = KPV \tag{6.1}$$

여기서 RR은 소재제거율, K는 프레스턴 상수, P는 웨이퍼 표면에 부가된 압력 그리고 V는 연마용 패드에 대한 웨이퍼 표면상의 특정위치에서의 상대속도이다. 프레스턴 방정식은 전형적으로 거시입력(부가압력과 상대속도)과 미시출력(제거율) 사이를 연결해주는 경험식이다. 여타의 물리 및 화학적 효과들은 프레스턴 상수에 포함되며, 이 값은 전형적으로 실험을 통해서 결정된다. 화학−기계적 평탄화 가공기술이 개발되던 초창기에 얻어진 대부분의 실험결과들, 특히 유전체에 대한 가공결과에 대해서는 프레스턴 방정식이 잘 들어맞았다. 그런데 프레스턴 방정식에는 두 가지 문제가 존재한다. 우선 프레스턴 방정식은 압력 및 상대속도와 제거율 사이에 선형 관계만을 제공해주기 때문에, 실제의 경우 가끔씩 관찰되는 비선형 연마거동[15~18]을 설명하지 못한다. 두 번째로, 프레스턴 방정식은 연마용 패드나 슬러리에 대한 의존성을 분리하거나 계수화하지 못한다. 화학−기계적 평탄화 가공에 사용되는 소모품들이 연마결과와 관련 메커니즘에 영향을 끼치지만, 프레스턴 방정식만으로는 이를 예측할 수 없다.

화학−기계적 평탄화 가공과정에서 일어나는 세밀한 물리적 상호작용과 화학반응들을 설명하기 위해서 수많은 모델들이 개발되었으며, 이들 중 대부분은 블랭킷 웨이퍼를 대상으로 하고 있다. 모델 구성인자 속에 소모품의 성질들을 포함시키는 방식으로 연마소모품과 관련된 다수의 연구들이 수행되었다. 이런 유형의 모델들에 대해서는 6.2절에서 논의하기로 한다.

블랭킷 웨이퍼에만 적용되는 소재제거 메커니즘 모델들은 화학−기계적 평탄화 가공공정의 개발을 완벽하게 지원하지 못한다. 화학−기계적 평탄화 가공의 궁극적인 목표는 웨이퍼 표면을 평탄화하는 것이다. 이를 위해서는 상부표면 영역에서는 빠른 속도로 소재를 제거해야 하며, 웨이퍼 표면윤곽을 결정하는 하부표면 영역에서는 느린 속도로 소재를 제거해야만 한다. 그러므로 화학−기계적 평탄화 가공 모델은 웨이퍼 표면이 어떻게 연마되는지를 모사할 필요가 있다.

화학−기계적 평탄화 가공에서 가장 오래되고 가장 어려운 문제들 중 하나는 패턴의존성이며,[19~21] 이것이 평탄화 가공 모델이 예측해야만 하는 주요 문제이다. 패턴의존성과 관련된 핵심인자는 다이 내 불균일(WIDNU)로서, 칩 레이아웃 설계의 패턴밀도와 형상크기에 심하게 의존한다. 예를 들어, 층간절연체(ILD) 연마의 경우에는 후속 노광공정을 위한 박막두께와 단차높이 편차관리가 중요하다. 그림 6.2에서는 패턴밀도(PD) 편차에 의해서 유발된 불균일 연마현상을 설명하고 있다. 패턴밀도가 높거나 형상크기가 큰 경우에는 일반적으로 더 느리게 연마가공을 시행한다. 화학−기계적 평탄화 가공을 관리하는 엔지니어들이 레이아웃 설계법칙을 만들거나 이를 수정하고 다이 내 불균일을 개선하기 위하여 공정인자들을 최적화시키기 위해서는 패턴의존성에 대해서 이해하고 적절한 모델을 사용하여 분석할 수 있어야 한다.

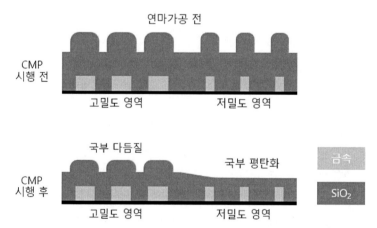

그림 6.2 층간절연체에 대한 화학−기계적 평탄화 가공과정에서 발생하는 패턴의존성

화학-기계적 평탄화 가공 모델을 개발하는 초창기에는, 대부분의 평탄화 가공 모델들이 실험과 단순화된 수학적 가정을 사용하였다. 하지만 점차로 물리적 효과들이 모델에 추가되었다. 화학-기계적 평탄화 가공에 대한 현대적인 모델들은 연마과정에서 일어나는 웨이퍼 윤곽형상의 변화를 모사할 수 있을 뿐만 아니라, 소모품과 공정인자들이 가공에 끼치는 물리적인 영향들도 고려할 수 있다. 6.3절에서는 평탄화 가공에 대한 실험과 물리모델에 대해서 살펴보며, 6.4절에서는 이런 모델들의 적용방안에 대해서 논의한다.

6.2 소재제거 메커니즘 분석을 위한 화학-기계적 평탄화 가공 모델

이 절에서는 웨이퍼 표면에서 어떻게 소재가 제거되는가에 초점을 맞추어 화학-기계적 평탄화 가공 모델에 대해서 살펴보기로 한다. 여기에는 슬러리 입자들이 끼치는 영향뿐만 아니라 패드 거스러미구조가 끼치는 영향에 대한 모델도 포함되어 있다. 이 절의 목적이 포괄적인 설명이 아니기 때문에, 화학-기계적 평탄화 가공에 대한 물리적인 이해를 도와주며 최신의 모델링 기법을 소개할 수 있도록 모델들을 선정하였다.

6.2.1 슬러리 입자크기분포를 고려한 모델

6.1절에서 설명했듯이, 화학-기계적 평탄화 가공을 수행하는 동안 슬러리 입자들과 웨이퍼 표면 사이에 직접 접촉을 통해서 소재가 제거된다. 비록 연마제를 함유하지 않은 슬러리의 경우에는 화학적 효과와 패드 접촉만으로 가공이 일어나지만, 대부분의 성공적인 슬러리 제품들은 연마입자를 함유하고 있다. 슬러리 입자의 성질은 소재제거 효율과 효용성에 큰 영향을 끼친다. 입자의 성질과 **소재제거율(MRR)** 사이의 상관관계를 모사하기 위해서 다수의 화학-기계적 평탄화 가공 모델들이 개발되었다. 입자의 성질에 초점을 맞춘 모델에서는 일반적으로 수학적인 단순화를 위해서 패드를 평평하거나 주기성을 가지고 있는 벌크로 가정한다. 화학-기계적 평탄화 가공 모델에서 가장 일반적으로 고찰하는 입자의 물리적 성질은 입도분포이다.

루오와 도른펠트[22]는 활성화되어 작용하는 슬러리 입자크기(직경)가 끼치는 영향을 고려할 수 있는 소재제거 모델을 제안하였다. 이 모델에서는 슬러리 입자들 중 일부만이 소재제거에 관여한다고 가정하였다. 이 모델에서는 단지 일부의 입자들만이 소재제거에 관여하며, 이들을 **활성입자**라고 정의하였다. 활성입자는 다음의 두 조건을 충족시켜야만 한다.

1. 웨이퍼와 패드 사이의 접촉영역에 위치해야 한다.
2. 크기가 충분히 커야 한다.

기준압력이 부가되면 웨이퍼는 가장 큰 입자와 최초로 접촉한다. 크기가 큰 입자의 주변영역에서는 패드와 웨이퍼 표면 사이에 간극이 만들어지며, 이 간극보다 더 큰 입자들만이 소재제거에 관여하게 된다. 입자의 크기분포는 활성입자의 크기와 숫자에 모두 영향을 끼친다.

모델을 통해서 웨이퍼–입자–패드 접촉의 구체적인 상태가 제시되었다. 우선 그림 6.3 (a)에 도시되어 있는 것처럼, **직접접촉 영역**이라고 부르는 패드의 일부분만이 웨이퍼와 직접 접촉한다. 직접접촉면적과 접촉압력은 웨이퍼에 가해지는 기준압력, 패드 윤곽형상 그리고 패드 소재 등의 함수이다. 여기서 입자의 형태는 구체라고 가정한다. 활성입자는 그림 6.3 (b)~(e)에 도시되어 있는 것처럼, 접촉영역 내에 위치하면서 소재제거에 관여한다. 웨이퍼가 패드 및 입자들과 접촉을 시작하는 단계에서 시작하여 최종적으로 안정적인 접촉이 이루어질 때까지 접촉과정을 4단계로 구분

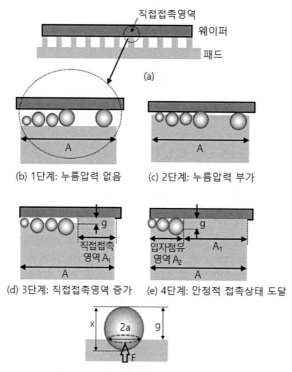

(b) 1단계: 누름압력 없음　　(c) 2단계: 누름압력 부가

(d) 3단계: 직접접촉영역 증가　　(e) 4단계: 안정적 접촉상태 도달

(f) 단일 연마입자의 패드누름 상태

그림 6.3 패드 및 웨이퍼와 접촉하는 입자들에 대한 상세도. (a) 웨이퍼, 패드 및 관심대상 입자들이 직접 접촉을 이루는 면적, (b) 1단계: 누름압력이 없는 경우, (c) 2단계: 누름압력 부가, (d) 3단계: 직접접촉면적의 증가, (e) 4단계: 최종적으로 안정적인 접촉이 이루어짐, (f) 단일 연마입자가 패드 속으로 눌려있는 상황[22]

하였다. 웨이퍼의 상부 표면에 아무런 압력도 부가되지 않은 경우에는 패드의 접촉영역 위에 입자들이 임의적으로 산포되어 있다(그림 6.3(b)). 접촉영역에 위치하고 있는 입자들의 숫자는 슬러리의 입자농도에 비례한다고 가정한다. 웨이퍼와 패드 사이의 간극은 가장 큰 입자의 크기와 같다(그림 6.3(b)). 일단 기준압력이 웨이퍼 위에 작용하면, 초기에는 웨이퍼가 입자들에 의해서만 지지된다(그림 6.3(c)). 유효 접촉면적은 대략적으로 $0.25\pi x_{avg}^2 n$에 비례한다. 여기서 n은 접촉영역 내의 입자 수, x_{avg}는 입자의 평균직경이다. 개별입자들에 부가되는 국부압력은 매우 크기 때문에, 모든 입자들이 패드 속으로 깊게 매립되어버린다. 이로 인하여 패드와 웨이퍼 사이에는 매우 좁은 간극이 만들어지며(그림 6.3(c)), 이 간극은 패드의 경도와 입자에 부가되는 힘의 함수이다. 웨이퍼와 패드가 서로 직접 접촉하려는 경향으로 인하여, 입자들은 서로 밀착되어버린다. 이 단계에서는, 접촉영역 중 일부에서는 웨이퍼와 패드가 직접 접촉하는 반면에, 다른 영역에서는 밀집한 입자들과 웨이퍼가 접촉하게 된다(그림 6.3(d)). 웨이퍼와 패드 사이의 직접 접촉면적과 입자들이 점유한 면적을 합한 값인 유효 접촉면적인 $0.25\pi x_{avg}^2 n$는 입자가 없는 경우의 접촉면적과 유사하다(그림 6.3(d)). 단일입자 각각에 작용하는 힘이 감소하면 웨이퍼와 패드 사이의 간극 g가 증가한다. 이 간극 g보다 더 작은 입자들은 접촉영역에서 밀려나가 버리며, 이로 인하여 접촉영역 내의 입자의 수 n이 감소하게 된다. 웨이퍼와 패드 사이의 직접접촉이 증가하는 과정은 그림 6.3(e)에 도시되어 있는 것처럼, 모든 입자들이 밀집될 때까지 계속된다. 이 단계에 웨이퍼와 패드 사이의 유효접촉면적 $A_1 + A_2$는 대략적으로 입자가 없는 경우의 접촉면적과 동일하다. 최종적으로 안정된 간극이 형성되며, 직접접촉면적은 더 이상 증가하지 않는다(그림 6.3(e)).

입자들 중 일부만이 소재제거 공정에 관여하며, 활성입자의 비율은 가장 작은 활성입자의 크기인 간극 g에 의해서 결정된다. 입자크기의 분포 x는 정규 확률밀도함수를 따른다고 가정한다.

$$p\{x = x_a\} = p\left(\frac{x_a - x_{avg}}{\sigma}\right) = \frac{1}{\sigma\sqrt{2\pi}}e^{-\frac{1}{2}\left(\frac{x_a - x_{avg}}{\sigma}\right)^2} \qquad (6.2)$$

그리고

$$p\{x \leq x_a\} = \Phi\left(\frac{x_a - x_{avg}}{\sigma}\right) = \frac{1}{\sqrt{2\pi}}\int_{-\infty}^{\frac{x_a - x_{avg}}{\sigma}}e^{-\frac{1}{2}t^2}dt \qquad (6.3)$$

여기서 x_{avg}와 σ는 각각 입자크기의 평균과 표준편차이다. 활성입자들에 의해서 지지되는 총 작용력이 접촉압력 P와 입자점유면적 A_2의 곱과 같다고 한다면, 안정된 접촉상태에서의 간극 g는 다음과 같이 구할 수 있다.

$$g = \frac{H_P - 0.25P}{H_P} x_{avg-a}(g) = \frac{H_P - 0.25P}{H_P}\left(x_{avg} + \frac{\sigma p(g)}{1 - \Phi(g)}\right) \tag{6.4}$$

여기서 $x_{avg-a}(g)$는 능동입자들의 평균직경으로서, 간극 g에 의존한다. 그리고 H_P는 패드의 경도이다. 입자-웨이퍼 계면에서 일어나는 소재제거는 주로 소성변형에 의해서 일어난다고 가정하면,[22] 소재제거율(MRR)은 활성입자의 수($N = n[1 - \Phi(g)]$)와 단위시간당 단일 활성입자에 의해서 제거되는 체적(cx_{avg-a}^2)의 곱으로 나타낼 수 있다. 여기서 c는 입자의 크기와 무관한 상수값이다.

$$
\begin{aligned}
\text{MRR} &= n\left[1 - \Phi\left(\frac{g - x_{avg}}{\sigma}\right)\right]cx_{avg-a}^2 \\
&= cn\left[1 - \Phi\left(\frac{g - x_{avg}}{\sigma}\right)\right]\left[x_{avg} + \frac{\sigma p\left(\frac{g - x_{avg}}{\sigma}\right)}{1 - \Phi\left(\frac{g - x_{avg}}{\sigma}\right)}\right]^2
\end{aligned}
\tag{6.5}
$$

식 (6.4)의 정확한 해석적 해를 얻는 것은 어려운 일이므로 간극 g에 대한 근사해를 얻는 방식이 선호된다. 접촉압력은 패드의 경도보다 훨씬 작아서 패드 속으로의 눌림 깊이$(x - g)$가 입자의 크기 x보다 훨씬 더 작아야만 한다. 그러므로 입자크기가 간극 g보다 큰 입자들은 분포함수의 양의 극단측에 위치하게 된다. 이 영역에서 간극 g가 조금밖에 변하지 않는다면, 활성입자의 평균크기 $x_{avg-a}(g)$는 $x_{avg-a} + 3\sigma$와 같이 일정한 값을 갖게 된다. 따라서 간극 g는 대략적으로 다음과 같이 주어진다.

$$g = \frac{H_P - 0.25P}{H_P}(x_{avg} + 3\sigma) \tag{6.6}$$

간극 g에 대한 근사해인 식 (6.6)을 식 (6.5)에 대입하고 누름압력이 부가되기 전에 접촉영역 내에 존재하는 입자의 수 n이 연마입자의 중량농도를 단일입자의 평균체적으로 나눈 값에 비례한다고 가정하면, 소재제거율(MRR)을 다음과 같이 나타낼 수 있다.

$$\text{MRR} = \frac{C_5}{x_{avg}^3} \left[1 - \Phi \left(3 - C_6 \frac{x_{avg} + 3\sigma}{\sigma} \right) \right] \left[x_{avg} + \frac{\sigma p \left(3 - C_6 \frac{x_{avg} + 3\sigma}{\sigma} \right)}{\Phi \left(3 - C_6 \frac{x_{avg} + 3\sigma}{\sigma} \right)} \right]^2 \tag{6.7}$$

여기서 C_5와 $C_6 = 0.25 P/H_P$와 같은 두 개의 모델계수들은 각각, 연마입자들의 중량농도를 포함하는 소모품들과 관련된 인자들에 의한 영향과 누름압력 및 속도를 포함하는 공정인자들을 나타낸다.

식 (6.7)의 첫 번째 항은 입자의 크기가 입자의 총 숫자에 끼치는 영향을 나타낸다. x_{avg}^3은 단일 연마입자의 평균체적에 비례하며 C_5에는 입자의 중량농도 항이 포함되어 있다. 중량농도가 동일한 경우, 평균 입자크기가 더 크다면, 접촉영역에 존재하는 연마입자의 수는 적으며, 이로 인하여 소재제거율도 감소하게 된다. 식 (6.7)의 두 번째 항은 비례함수로서, 연마입자의 크기분포가 활성입자의 숫자에 끼치는 영향을 나타낸다. 비례상수값이 1보다 작다면, 접촉영역 내에 존재하는 입자들 중에서 일부만이 활성상태라는 것을 나타낸다. 세 번째 항은 활성 연마입자의 평균 크기가 소재제거에 끼치는 영향을 나타낸다. 소재 제거량은 활성연마입자 평균크기의 제곱에 비례한다. 연마입자의 평균크기인 x_{avg-a}는 활성 및 비활성 입자들이 포함되어 있는 모든 연마입자들의 평균크기인 x_{avg}보다 더 크다.

6.2.2 슬러리 입자와 패드 거스러미들의 성질들을 고려한 모델

슬러리 입자들의 성질을 고려한 제거율을 구하기 위해서 사용된 앞서 설명한 화학-기계적 평탄화 가공 모델은 소재제거 메커니즘을 연구하기 위한 상세정보들을 제공해준다. 그런데 슬러리 입자와 패드 거스러미의 성질들을 조합한 모델을 사용하여 화학-기계적 평탄화 가공 메커니즘에 대한 이론적 이해도를 더 높일 수 있다.

최근 들어 리 등[23]은 슬러리 입자와 패드 거스러미와 같은 소모품들의 특성을 모두 포함하는 화학-기계적 평탄화 가공에 대한 준-실험모델을 개발하였다. 제안된 모델에서는 웨이퍼-입자 계면에서의 소성접촉, 패드-입자 계면에서의 탄성접촉, 입자크기분포 그리고 패드 거스러미 높이의 정규분포 등을 가정한 모델을 제안하였다. 이 모델이 가지고 있는 장점은 그림 6.4에 도시되어 있는 것처럼, 입자크기분포와 거스러미 높이분포가 포함되어 있다는 것이다.

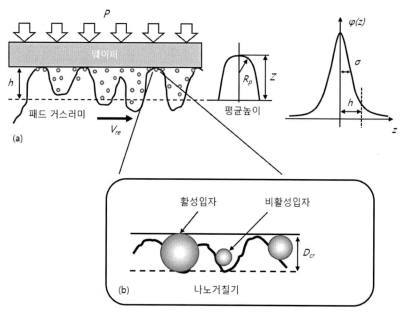

그림 6.4 패드 거스러미의 높이와 입자크기 분포를 고려한 모델.[23] (a) 높이가 정규분포를 가지고 있는 패드 거스러미들과 웨이퍼 표면이 접촉하는 상황(P는 압력, h는 거스러미 높이, V_{re}는 상대속도, R_p는 패드 거스러미 돌기부의 평균 곡률반경 그리고 φ는 정규분포함수), (b) 활성입자들과 거스러미 상부의 나노거칠기 사이의 상호작용에 대한 개념도

이 모델에서는 일차적으로 웨이퍼 표면과 거스러미들 사이의 실제 접촉면적을 계산한다. 패드 거스러미 높이의 분포는 정규분포 함수를 따른다고 가정한다. 웨이퍼 표면은 패드 표면에 비해서 거칠기가 훨씬 작기 때문에 매끄러운 표면이라고 가정한다. 기준압력 P가 가해진 상태에서 공칭 면적 A_w 대비 실제접촉면적 A_r은 다음과 같이 나타낼 수 있다.

$$A_r = \left(\frac{f_s}{C}\right)\left(\frac{R_p}{\sigma_p}\right)^{1/2}\left(\frac{PA_w}{E_{pw}}\right) \tag{6.8}$$

여기서 σ_p는 패드 거스러미 높이의 표준편차, f_s는 홈이 성형되어 있는 연마용 패드의 돌출부 면적비율, R_p는 패드 거스러미 돌출부의 평균 곡률반경 그리고 E_{pw}는 패드와 웨이퍼에 대한 복합 영계수이다. 전형적인 화학-기계적 평탄화 가공공정에서는 h/σ_p가 0.5~3.0 범위에 있는 경우에 상수 C는 0.3~0.4의 값을 갖는다. 실제 접촉압력은 다음과 같이 나타낼 수 있다.

$$P_r = \left(\frac{C}{f_s}\right)\left(\frac{\sigma_p}{R_p}\right)^{1/2} E_{pw} \tag{6.9}$$

접촉압력은 부가된 기준압력에 의존하지 않는다. 그 대신에 실제 접촉면적은 기준압력의 증가에 따라서 함께 증가한다. 이는 웨이퍼－거스러미 접촉표면에 위치한 패드 거스러미에 의해서 부가된 하중이 지지된다고 가정했기 때문이다. 거스러미들 중에서 가장 높은 돌기들만이 웨이퍼 표면과 접촉할 수 있다. 기준압력이 증가하면 부하를 지지할 수 있는 접촉위치들의 숫자가 증가하며, 각 접촉위치들의 평균압력은 일정하게 유지된다.

이 모델에서는 화학－기계적 평탄화 가공 슬러리들의 입자들이 정규분포를 가지고 있다고 가정한다. 일부의 입자들은 거스러미 돌기부위의 나노스케일 거칠기보다 훨씬 더 작기 때문에, 모든 입자들이 소재제거과정에 참여하지는 않는다. 소재제거공정에 참여하는 마멸입자들을 활성입자라고 부르며, 그림 6.4 (b)에 도시된 것처럼, 임계직경 D_{cr}보다 직경이 더 큰 입자들이다. 그러므로 화학－기계적 평탄화 가공을 수행하는 동안 소재제거에 참여하는 활성입자들의 총 숫자는 다음과 같이 주어진다.

$$n_a = qA_r \int_{D_{cr}}^{\infty} \Phi(D)dD = q\left(\frac{f_s}{C}\right)\left(\frac{R_p}{\sigma_p}\right)^{1/2}\left(\frac{PA_w}{E_{pw}}\right)\int_{D_{cr}}^{\infty}\Phi(D)dD \tag{6.10}$$

여기서 q는 입자의 영역밀도, $\Phi(D)$는 입자크기의 확률밀도함수 그리고 D_{cr}은 소재제거공정에 관여할 수 있는 입자들의 입계직경이다. 패드 소재는 웨이퍼 소재보다 더 연하기 때문에, 연마 패드 위로 웨이퍼를 압착한 이후에 패드 표면의 접촉 거스러미들 위에 위치하는 입자들이 웨이퍼－패드 계면에 매립된다. 웨이퍼에 가해지는 누름력은 접촉 거스러미들과 패드 표면 속에 매립된 입자들에 의해서 지지된다. 이 모델에서는 웨이퍼－입자 계면에서 소성변형이 일어나며 거스러미－입자 계면에서는 탄성변형이 일어난다고 가정한다. 입자들이 웨이퍼 표면 속으로 눌려 들어가면서 웨이퍼 표면에 소성변형이 일어나며, 입자들이 미끄러지면서 소재가 제거된다고 가정하므로, 소재제거율은 다음과 같이 나타낼 수 있다.

$$MRR = \frac{4}{3}kq\left(\frac{f_s}{C}\right)\left(\frac{R_p}{\sigma_p}\right)^{1/2}\left(\frac{PV_{re,avg}}{E_{pw}}\right)\left(1-\frac{\zeta}{2}\right)^{3/2}\int_{D_{cr}}^{\infty}\Phi(D)D^2dD \tag{6.11}$$

여기서 k는 실험데이터로부터 얻는 값이며 $V_{re,avg}$는 웨이퍼의 평균 상대속도이다. 여기서 $\zeta = 2\delta_p(D)/D$는 거스러미 $\delta_p(D)$ 속으로 매립되는 입자의 눌림 깊이와 관련된 계수로서, 다음 식을 풀어서 구할 수 있다.

$$\left(\frac{H_w}{E_{ap}}\right)^2 = \frac{1}{8\pi^2}\frac{[2\zeta + (\zeta-1)(-3+\sqrt{9+12\zeta})]^2}{(2-\zeta)^2(-3+\sqrt{9+12\zeta})} \tag{6.12}$$

여기서 H_w는 제거할 웨이퍼 소재의 경도, E_{ap}는 패드 거스러미와 입자들의 복합 영계수이다.

6.3 평탄화 공정 분석을 위한 화학 – 기계적 평탄화 가공 모델

앞 절에서는 일반적인 웨이퍼 소재제거 모델에 대해서 살펴보았으며, 이 절에서는 웨이퍼 표면 소재에 대한 평탄화 가공과 관련된 모델에 대해서 살펴보기로 한다. 이 모델에서는 레이아웃, 패드 그리고 거스러미의 성질 등의 함수로 형상레벨에서의 변화와 다이레벨에서의 평탄화를 포함하고 있다. 우리의 목표는 기존 화학–기계적 평탄화모델에 대한 전반적인 고찰이 아니다. 대신에, 제시된 모델들이 평탄화 가공에 핵심적인 영향을 끼치는 물리적 효과들을 어떻게 예측하는 가이다.

6.3.1 국부윤곽 변화를 고려한 형상레벨 모델

체키나[24]는 형상윤곽의 변화를 계산하는 물리모델을 제안하였다. 접촉 메커니즘과 접촉마멸이론의 기초에는 패드 탄성변형과 웨이퍼 표면변화가 고려되었다. 웨이퍼 표면의 형상윤곽은 강체로 간주하며, 이 표면의 단면형상은 $x-y$ 평면에 대한 높이함수 $f(x,y)$로 나타낸다. 패드는 표면이 평탄한 매우 큰(거의 무한한 크기의) 탄성체라고 간주한다. 각 위치에서 패드 표면의 변형 $w(x,y)$과 접촉압력 $p(x,y)$ 사이의 상관관계는 다음과 같이 주어진다.

$$w(x,y) = \frac{1-\nu^2}{\pi E}\int_\omega p(\xi,\eta)\frac{1}{\sqrt{(x-\xi)^2+(y-\eta)^2}}d\xi d\eta \tag{6.13}$$

여기서 E와 ν는 각각 연마용 패드의 영계수와 푸아송 비이다. 여기서 ω는 접촉면적이며, 경계조건은 다음과 같이 정의된다.

$$\begin{cases} w(x,y) = f(x,y)+c, & (x,y)\in\omega \\ w(x,y) > f(x,y)+c, & (x,y)\not\in\omega \\ p(x,y) \geq 0, & (x,y)\in\omega \\ p(x,y) = 0, & (x,y)\not\in\omega \end{cases} \tag{6.14}$$

여기서 c는 패드 속으로 투과된 깊이이다. 부가된 총 작용력 P에 대해서, 평형방정식은 다음과 같이 주어진다.

$$P = \int_\omega p(\xi, \eta) d\xi d\eta \tag{6.15}$$

식 (6.13)~(6.15)를 조합하면, 반복계산을 통해서 변위 $w(x,y)$와 접촉압력 $p(x,y)$를 구할 수 있다.[25]

일단 형상 위에 부가되는 접촉압력 $p(x,y)$를 얻고 나면, 국부위치에서의 프레스턴 방정식을 사용하여 다음과 같이 순간 소재 제거량을 구할 수 있다.

$$\frac{df(x,y,t)}{dt} = -kp(x,y,t)\nu \tag{6.16}$$

여기서 k는 프레스턴 계수, ν는 상대속도 그리고 t는 연마시간이다. 식 (6.16)을 풀어서 시간에 따른 형상윤곽 변화양상을 구하기 위해서는 시간−단계기법을 사용한다. 그림 6.5에서는 화학−기계적 평탄화 가공을 수행하는 동안 형상윤곽과 부가되는 압력의 변화양상을 임의단위로 표시하여 보여주고 있다.

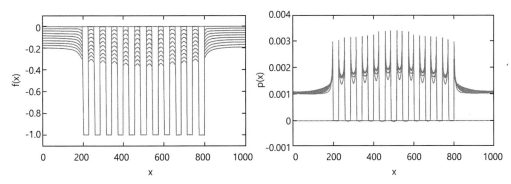

그림 6.5 동일한 소재 위에 성형되어 있는 일련의 형상에 대해 연마가공을 수행하는 동안의 윤곽변화(좌)와 압력변화(우) 양상에 대한 시뮬레이션 결과[24] [1]

1   Reproduced by permission of The Electrochemical Society.

6.3.2 패턴밀도 의존성에 대한 다이레벨 모델

집적회로 칩(또는 다이) 내에는 레이아웃 설계에 따라서 서로 다른 패턴밀도와 형상크기를 가지고 있는 형상들이 배치되어 있다. 형상들의 밀도와 크기가 다르면, 평탄화 가공거동이 서로 다르며, 이로 인하여 다이레벨에서 다이 내 불균일(WINDU)이나 평탄화 가공편차가 유발된다.

6.3.2.1 다이레벨 실험모델

실험적 관찰결과를 토대로 하여 스틴 등[26]은 산화물 연마에 대한 패턴밀도(PD) 기반의 화학−기계적 평탄화 가공 모델을 제안하였다. 그림 6.6에서는 웨이퍼 윤곽과 이 모델의 정의에 사용된 핵심 변수들을 보여주고 있다. 이 모델에서는 프레스턴 방정식을 재구성하기 위해서 단일다이 내의 국부 패턴밀도에 대하여 다음과 같이 단순한 개념을 사용하였다.

$$\frac{dz(x,y,t)}{dt} = -k_p \frac{P}{\rho(x,y,z)} \nu = -\frac{K}{\rho(x,y,z)} \tag{6.17}$$

여기서 z는 돌출영역의 높이, t는 연마시간, k_p는 프레스턴 계수, P는 기준압력, ν는 상대속도 그리고 $\rho(x,y,z)$는 패턴밀도이다. 여기서 k_p, P 및 ν는 블랭킷 제거율이라고 부르는 상수 K에 통합시킬 수 있다. 그런 다음, 국부단차 z_1 아래의 하부영역이 연마되기 전까지는 패턴밀도의 영향을 무시할 수 있다는 가정하에서, 산화물두께 z에 대해서 이 방정식을 풀어낼 수 있다.

$$\rho(x,y,z) = \begin{cases} \rho_0(x,y), & z > z_0 - z_1 \\ 1, & z \leq z_0 - z_1 \end{cases} \tag{6.18}$$

여기서 $\rho_0(x,y)$는 레이아웃 설계와 산화막 증착공정에 의존적인 패턴밀도이다. 그림 6.6에 도시되어 있는 $\rho_0(x,y)$를 계산할 때에, 금속 배선 위에 대칭 형태로 덮여 있는 산화막을 고려하기 위해서 형상의 폭에 측면방향 크기 편향값 B를 추가할 수 있다. 임의시간 t에 최종적인 상부영역 제거량 $\Delta z(x,y,t)$를 다음과 같이 근사식으로 나타낼 수 있다.

$$\Delta z(x,y,t) = \begin{cases} \dfrac{Kt}{\rho_0(x,y)}, & t < \dfrac{\rho_0 z_1}{K} \\ z_1(x,y) + Kt - \rho_0(x,y)z_1(x,y), & t \geq \dfrac{\rho_0 z_1}{K} \end{cases} \tag{6.19}$$

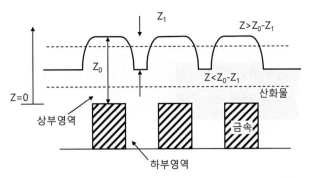

그림 6.6 패턴밀도모델에 사용된 변수들에 대한 정의[26]

    (단차가 여전히 존재하여)국부평탄화가 구현되기 전에는, 제거된 박막의 두께는 유효국부밀도에 반비례하며 시간에 비례한다. 시간에 비례하여 박막이 제거되며, 궁극적으로는 블랭킷 제거율에 접근한다. 스미스 등[27]은 단차높이가 0이 아닌 상태에서조차도 하부영역이 가공된다는 점을 고려하기 위해서 스틴의 패턴밀도 화학-기계적 평탄화(PD CMP) 모델을 확장시킨 **패턴밀도단차높이**(PDSH) 모델을 제안하였다. 스미스의 모델에서는 국부단차높이가 임계단차높이인 h^*보다 낮아지면 하부영역 연마가 일어난다. 이 경우 화학-기계적 평탄화 가공 공정은 단차높이에 따라서 두 가지 상태로 구분된다. 단차높이가 큰 첫 번째 상태에서는 패턴밀도(PD) 모델에서와 동일하게 상부영역에서만 소재가 제거된다. 두 번째 상태에서는 단차높이가 감소함에 따라서 상부영역에 대한 제거율은 선형적으로 감소하는 반면에 하부영역에 대한 제거율은 선형적으로 증가하며, 최종적으로 단차높이가 0이 되면 블랭킷 제거율로 수렴하게 된다. 패턴밀도단차높이(PDSH) 모델에 따르면 단차높이는 초기에 선형적으로 감소하다가 나중에 가서는 감소율이 지수함수적으로 줄어든다. 상부영역 제거량 Δz_u와 하부영역 제거량 Δz_d는 다음과 같이 나타낼 수 있다.

$$\Delta z_u(x,y,t) = \begin{cases} \dfrac{Kt}{\rho_0(x,y)}, \ t < t_c \\ \dfrac{Kt_c}{\rho_0(x,y)} + K(t-t_c) + (1-\rho_0(x,y))\dfrac{h^*}{\tau}\left(1-e^{-\frac{t-t_c}{\tau}}\right), \ t \geq t_c \end{cases}$$

$$\Delta z_d(x,y,t) = \begin{cases} 0. \ t < t_c \\ K(t-t_c) - \rho_0(x,y)\dfrac{h^*}{\tau}\left(1-e^{-\frac{t-t_c}{\tau}}\right), \ t \geq t_c \end{cases}$$

(6.20)

    여기서 t_c는 단차높이 h^*를 줄이기 위해서 필요한 시간이며, $\tau = \rho_0(x,y)h^*/K$는 t_c 이후에 지수함수의 시상수이다.

그림 6.7에서는 패턴밀도(PD) 모델과 패턴밀도단차높이(PDSH) 모델이 모사하는 국부제거율의 단차높이에 대한 의존성이 설명되어 있다. 두 모델들 모두, 불균일한 국부제거율의 대부분은 상부 표면의 패턴밀도 변화에 의한 것이며, 이로 인하여 화학-기계적 평탄화 가공의 최종 결과물이 심하게 영향을 받는다는 점을 보여주고 있다.

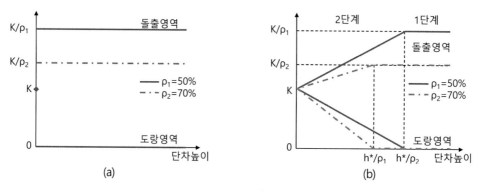

그림 6.7 제거율과 단차높이 사이의 상관관계 도표.[11] (a) 패턴밀도(PD) 화학-기계적 평탄화모델, (b) 패턴밀도단차높이(PDSH) 화학-기계적 평탄화모델

오우마[28]는 유효 패턴밀도와 평탄화길이 개념을 도입하여 패턴밀도(PD) 모델과 패턴밀도단차높이(PDSH) 모델을 더욱 개선하였다. 평탄화길이 L_P로 둘러싸인 영역에 대한 가중함수를 사용하여 국부 패턴밀도 $\rho_0(x,y)$를 평균화하여 유효패턴밀도 $\rho_{eff}(x,y)$를 계산하였다. 국부 패턴밀도 대신에 유효패턴밀도를 사용함으로써 인접형상들이 끼치는 영향과 연마패드의 장거리 압력분포가 끼치는 영향을 고려하였다. 특정한 칩의 유효패턴밀도를 계산할 때에는, 그림 6.8에 도시된 것처럼, 가중평균은 국부 레이아웃 패턴밀도와 평균화필터의 콘볼루션이 사용된다. 웨이퍼 표면에 다이들이 주기적으로 배치되어 있기 때문에, 고속 푸리에 변환을 사용하여 효과적으로 계산을 수행할 수 있다. 오우마 등[29]은 사각형, 원통형, 가우시안 그리고 타원형상 등을 포함하여 다양한 형상의 필터함수들을 사용하여 연구를 수행하였다. 타원형상 필터를 사용한 경우에 모델의 정합오차가 가장 작았으며, 연마용 패드의 굽힘 성능과 물리적 유사성 및 정합성을 가지고 있었다.

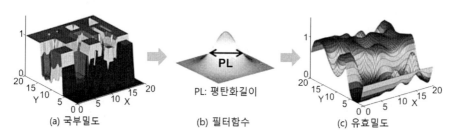

그림 6.8 칩 표면의 유효패턴밀도를 계산하기 위해서 사용되는 필터함수(컬러 도판 p.593 참조)

6.3.2.2 다이레벨 물리모델

다이레벨 압력분포, 패드계수, 패드 표면윤곽 그리고 레이아웃에 대한 패턴밀도 사이의 상관관계들을 이해하기 위해서 지[11]는 화학−기계적 평탄화 가공용 패드의 탄성거동을 패드 벌크와 패드 거스러미와 같이 두 부분으로 나누어 모델링하는 방안을 제안하였다. 팬[12]은 지의 가정을 활용하여 연산과정을 단순화시킨 종합적인 **다이레벨 물리모델**을 개발하였다. 이 물리모델에서는 연마용 패드는 탄성체이며 **그림 6.9**에 도시되어 있는 것처럼, 특정한 기준평면을 중심으로 패드 벌크와 패드 거스러미로 분리할 수 있다고 가정하였다. 패드 모재를 대표하는 벌크소재는 탄성체로 취급할 수 있으며, 장주기 웨이퍼 높이 차이에 따라서 변형을 일으킨다. 패드 표면거스러미들은 웨이퍼 표면과 접촉하며 이 거스러미들의 압축은 웨이퍼 표면윤곽과 패드 벌크의 굽힘에 의존한다. 이 다이레벨 모델에서, 패드 벌크는 거스러미들과 연결되어 있는 패드 모재영역을 나타낸다. 이것은 패드 심부나 패드 벌크 전체를 나타내는 웨이퍼레벨 모델과는 다르다. 여기서 패드 벌크는 여전히 패드 표면 근처의 벌크소재를 의미하며, 패드 본체의 다공질구조, 패드 하부의 적층 또는 여타의 패드 적층효과들에 의해서 유발되는 패드 심부 벌크특성과는 다르다.

패드　　　＝　　　패드 벌크　　　＋　　　패드 거스러미

그림 6.9 화학−기계적 평탄화 가공에 대한 다이레벨 물리모델에서 사용되는 패드 구조에 대한 가정. 패드 전체는 벌크와 거스러미들로 구성되어 있다.[12]

그림 6.10에서는 물리모델의 구조를 보여주고 있다. 전형적인 화학−기계적 평탄화 공정에서와 마찬가지로 웨이퍼의 앞면이 아래를 향하여 연마용 패드 위에 놓이며 패드에 압착된다. 편의상 웨이퍼 표면의 연직방향을 양의 Z 방향으로 정의하며, 따라서 수학식에서는 관습적으로 웨이퍼가 위를 향하도록 배치된다. 화학−기계적 평탄화 가공을 수행하는 동안, 다이 표면과 패드 표면은 지속적으로 접촉을 이룬다. 웨이퍼의 윤곽은 칩의 레이아웃에 따라서 단차나 연속적인 높이가 변하는 구조를 가지고 있다. 그림 6.10 (a)에 도시되어 있는 것처럼, 산화막의 상부영역 두께 $z_u(x,y)$를 사용하여 웨이퍼의 표면윤곽을 나타낼 수 있다. 패드 벌크의 장주기 굽힘 $w(x,y)$는 주로 웨이퍼 표면윤곽에 의하여 결정된다. 패드 거스러미들은 그림 6.10 (b)에 도시되어 있는 것처럼, 패드 벌크와 웨이퍼 사이에서 압착된다. 이 거스러미들을 스프링으로 모사할 수 있다. 웨이퍼 표면 단차구조의 상부영역과 하부영역은 거스러미들과 접촉을 이룬다.

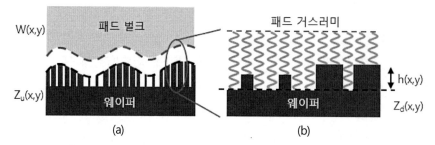

그림 6.10 다이레벨 물리모델의 구조.[12] (a) 웨이퍼 표면윤곽과 패드의 장주기 변형, (b) 국부단차구조와 패드 거스러미의 압착

다이 내에서 국부제거율을 구하기 위한 물리모델은 4개의 항목들로 이루어진다.

1. **패드 벌크 모델**: 패드 벌크는 영계수 E_0와 푸아송 비 ν를 사용하여 근사화한 반무한 탄성고체이다. 패드 벌크의 변형을 다음 식을 사용하여 계산할 수 있다.

$$w(x,y) - w_0 = \int_{-\infty}^{\infty} \int_{-\infty}^{\infty} G(x-x', y-y') \cdot p(x', y')dx'dy' \qquad (6.21)$$

여기서 G는 그린함수이다.

$$G(x,y) = \frac{1}{\pi E_0^* \sqrt{x^2 + y^2}} \qquad (6.22)$$

여기서, E_0^*는 감소된 영계수이다.

$$E_0^* = \frac{E_0}{1 - \nu^2} \qquad (6.23)$$

그리고 w_0는 변형이 시작되는 기준평면이다. 식 (6.21)에 적용되는 경계조건은 다음과 같다.

$$\begin{cases} p(x,y) \geq 0 \\ w(x,y) \geq z_u(x,y) \\ \dfrac{1}{A_{chip}} \displaystyle\int_{chip} \int_{surface} p(x,y)dxdy = P_0 \end{cases} \qquad (6.24)$$

여기서 A_{chip}은 칩 전체의 면적이며 P_0는 부가된 기준압력이다.

2. **패드 거스러미 모델**: 거스러미의 폭은 무시할 정도이며 높이분포는 다음과 같은 지수함수 특성을 가지고 있다고 가정한다.

$$\phi(l) = \frac{1}{\lambda}e^{-\frac{l}{\lambda}} \tag{6.25}$$

여기서 λ는 거스러미의 특성높이이다. 모든 거스러미들은 이상적인 스프링이어서 후크의 법칙을 따른다고 가정한다. 즉, 부가된 힘은 압착량에 비례한다. 그림 6.10 (b)에 도시되어 있는 것처럼, 연마패드에 대해서 높이가 $h(x,y)$인 단차가 압착된다면, 상부영역에 부가되는 압력 $p_u(x,y)$와 하부영역에 부가되는 압력 $p_d(x,y)$는 다음 식으로 나타낼 수 있다.

$$\begin{cases} p(x,y) = k\left[\rho(x,y) + (1-\rho(x,y))e^{-\frac{h(x,y)}{\lambda}}\right] \cdot \lambda e^{\frac{w(x,y)-z_u(x,y)}{\lambda}} \\ p_u(x,y) = \dfrac{e^{\frac{h(x,y)}{\lambda}}}{1+\rho(x,y)\left(e^{\frac{h(x,y)}{\lambda}}-1\right)}p(x,y) \\ p_d(x,y) = \dfrac{1}{1+\rho(x,y)\left(e^{\frac{h(x,y)}{\lambda}}-1\right)}p(x,y) \end{cases} \tag{6.26}$$

여기서 k는 등가스프링상수이며, $\rho(x,y)$는 국부 패턴밀도이다.

3. **패드 벌크와 패드 거스러미 사이의 힘평형**: 힘평형 조건을 충족시키기 위해서는 패드 벌크에 부가되는 압력과 패드 거스러미에 부가되는 압력이 서로 같아야만 한다. 따라서 식 (6.21)로 표시되어 있는 탄성 패드 벌크 압력과 식 (6.26)으로 표시되어 있는 것처럼 지수함수적 높이분포를 가지고 있는 거스러미에 가해지는 압력들 따로 구해서 등식으로 놓으면 전체 압력분포를 얻을 수 있다. 따라서 웨이퍼 표면윤곽과 화학-기계적 평탄화 가공용 패드 사이에서 일어나는 압력과 변형작용을 다음 식으로 나타낼 수 있다.

$$\begin{cases} p(x,y) = k\left[\rho(x,y) + (1-\rho(x,y))e^{-\frac{h(x,y)}{\lambda}}\right] \cdot \lambda e^{-\frac{w(x,y)-z_u(x,y)}{\lambda}} \\ w(x,y) = \int_{-\infty}^{\infty}\int_{-\infty}^{\infty} G(x-x',y-y') \cdot p(x',y')dx'dy' + w_0 \end{cases} \tag{6.27}$$

이 문제에도 역시 식 (6.24)에 제시된 경계조건들이 적용된다.

4. **화학−기계적 평탄화 가공 모델:** 화학−기계적 평탄화 가공을 수행하는 동안 웨이퍼 표면의 윤곽변화를 계산하기 위해서는 칩 레이아웃으로부터 패턴밀도 $\rho(x,y)$를 추출해야만 한다. 식 (6.27)에 상부영역 두께와 단차높이에 대한 초깃값을 대입하여, 다이레벨 압력분포 $p(x,y)$를 구할 수 있다. 일단 $p(x,y)$를 풀고 나면, 식 (6.26)을 사용하여 $p_u(x,y)$ 및 $p_d(x,y)$를 구할 수 있다. 그런 다음 국부압력 $p_u(x,y)$ 및 $p_d(x,y)$와 프레스턴 방정식을 사용하여 상부영역 및 하부영역의 순간 소재제거율을 구할 수 있다.

$$\begin{cases} \dfrac{dz_u(x,y)}{dt} = -K_0 \dfrac{p_u(x,y)}{P_0} \\[3mm] \dfrac{dz_d(x,y)}{dt} = -K_0 \dfrac{p_d(x,y)}{P_0} \end{cases} \tag{6.28}$$

여기서 $K_0 = K_p P_0 V_0$는 기준압력 P_0 하에서 블랭킷 소재의 제거율이며 K_p는 프레스턴 계수 그리고 V_0는 패드 표면과 웨이퍼 표면 사이의 상대속도로서, 일정한 값이라고 가정한다. 식 (6.28)을 사용하여 시간스텝에 따라서 상부영역 두께, 하부영역 두께 그리고 단차높이를 지속적으로 업데이트할 수 있다.

다이레벨에서의 화학−기계적 평탄화 가공에 대한 실험모델과는 달리, 다이레벨 물리모델에서는 평탄화길이 L_P를 더 이상 변수로 사용하지 않는다. 다이레벨 화학−기계적 평탄화 가공에서 평탄화길이 L_P는 평탄화 가공용 연마패드가 국부적인 단차높이에 영향을 받지 않는 길이로서, 더 이상 상부영역에서 소재를 선택적으로 제거하지 않는다. 대신에 다이표면 전체에서 동일한 제거율로 연마가 지속된다. 다이레벨 실험모델에서는 유효밀도 윈도우크기를 정의하기 위해서 평탄화길이를 사용한다. 윈도우 내에서는 칩 레이아웃에 대해서 패턴밀도 가중평균을 계산하며, 실제의 국부 패턴밀도 레이아웃 대신에 인접 구조와 연마패드 사이의 상호작용을 고려하기 위한 모델 시뮬레이션에 사용한다. 대부분의 산화물에 대한 화학−기계적 평탄화 가공에서는 모델 정합에 3~5[mm] 길이의 평탄화길이를 사용한다.[11,28] 다중함수 모델의 계수로서, 평탄화길이는 패드의 영계수, 패턴밀도 그리고 형상크기와 같은 다양한 연마인자들에 영향을 받는다. 물리적 의미나 이 다중계수들이 끼치는 영향을 평탄화길이만으로 나타낼 수는 없다.

앞서 설명한 다이레벨 물리모델에서는 평탄화길이를 사용하지 않음으로써 물리계수들의 의미를 명확하게 만들었다. 이 화학－기계적 평탄화 가공에 대한 다이레벨 물리모델에서는 블랭킷 제거율 K_0, 패드 유효강성 E_0^* 그리고 특성 거스러미높이 λ와 같은 세 가지 핵심인자들을 사용한다. 블랭킷 제거율은 화학－기계적 평탄화 가공기의 유형, 소모품 그리고 가공 시스템의 기준압력과 같은 공정인자들에 의해서 영향을 받는다. 패드 유효강성은 패드 벌크의 물성과 관계되어 있으며, 패턴밀도가 서로 다른 다이 내 영역에서의 제거율 차이에 의해서 유발되는 장주기 패드 굽힘을 초래하여 다이 내 균일성과 레이아웃 패턴밀도에 가장 강력한 영향을 끼친다. 특성 거스러미 높이는 패드 거스러미 높이를 반영하며, 형상크기 단차높이 저감에 가장 강력한 영향을 끼치는 것으로 밝혀졌다.

그림 6.11에 도시되어 있는 MIT의 표준산화물에 대한 화학－기계적 평탄화 가공특성 검증용 레이아웃에 대하여 다이레벨 물리모델을 적용하여 화학－기계적 평탄화 가공의 패턴밀도 의존성에 대한 시뮬레이션을 수행하였다. 초기 다이윤곽은 다이 전체에 대해서 상부영역의 높이가 2000[nm]이며, 단차높이는 800[nm]라고 가정하였다. 기준압력은 34.5[kPa]로 고정하였으며, 기준압력하에서 블랭킷 제거율은 200[nm/min]이라고 가정하였다. 패드 벌크의 감소된 영계수는 300[MPa]이며 특성 거스러미 높이는 200[nm]로 설정하였다. 150[sec] 동안의 연마과정에 대한 시뮬레이션이 수행되었다.

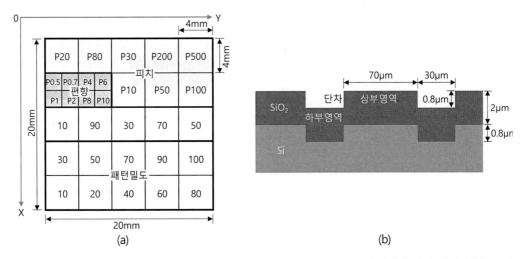

(a)   (b)

그림 6.11 SKW7-2 시험용 웨이퍼의 패턴형태와 패턴밀도.12 (a) SKW7-2 웨이퍼의 다이 레이아웃(MIT의 표준 산화물에 대한 화학－기계적 평탄화 가공특성 검증용 레이아웃). 숫자 앞에 표시되어 있는 P자는 피치구조가 50% 밀도로 배치되어 있다는 것을 의미하고, 뒤의 숫자는 피치길이의 마이크로미터 값. 여타의 숫자들은 국부 밀도값을 나타내며, 피치는 100[μm]으로 고정됨. (b) 다이 내에 배치되어 있는 70% 단차배열의 윤곽형상

그림 6.12에 도시되어 있는 상부영역 두께와 단차높이 변화에 대한 시뮬레이션 결과로부터 강력한 패턴밀도 의존성이 관찰되었다. STEP 어레이의 중앙부가 검사위치로 선정되었다. 소재제거 (상부영역 두께감소)와 국부평탄화(단차높이 감소)는 패턴밀도가 낮은 영역에서 더 빠르게 진행되었다. 이는 패턴밀도가 낮은 영역의 국부압력이 더 높기 때문이다.

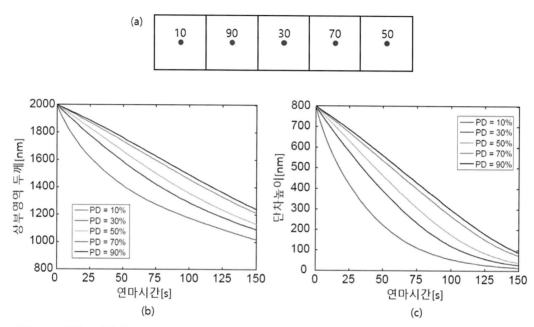

그림 6.12 화학−기계적 평탄화 가공공정의 패턴밀도 의존성.[12] (a) MIT 표준 레이아웃 STEP 어레이 내의 검사위치, (b) 상부영역 두께변화, (c) 단차높이 변화(컬러 도판 p.594 참조)

그림 6.13에 도시되어 있는 것처럼, 인접한 패턴밀도에 의해서도 연마성능이 영향을 받는다. 그림 6.13(a)에 도시되어 있는 것처럼, 50% 배열에 대해서 좌측테두리, 중앙부 그리고 우측 테두리 위치에서의 모니터링이 수행되었다. 중앙 위치에 비해서, 좌측위치에서의 상부영역 소재제거율과 단차높이 감소가 더 느리게 진행되었으며, 우측위치에서는 더 빠르게 진행되었다. 이런 차이는 인접한 배열에 의해서 유발된 것이다. 좌측 테두리는 70% 어레이와 인접해 있기 때문에 유효패턴밀도가 더 높다. 반면에 좌측 테두리는 웨이퍼상의 패턴밀도가 10%인 어레이와 인접해 있기 때문에, 유효 패턴밀도가 더 낮다. 물리적으로는, 인접한 패턴에 의한 힘 응답과 연관되어 장주기 패드 굽힘이 초래된다. 이 모델에서는 평탄화길이를 사용하지 않으며, 유효패턴밀도를 계산하지 않는다. 그런데 공간 콘볼루션 형태의 부시네스크 적분(식 (6.21))을 사용하여 패드 벌크압력응답을 계산하기 때문에 이 모델에서도 여전히 인지된 공간평균화효과가 고려된다.

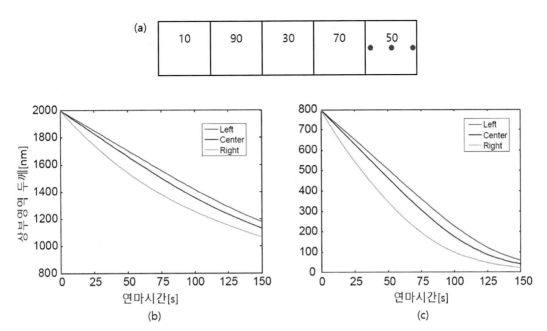

그림 6.13 화학−기계적 평탄화 가공공정에 인접 패턴밀도(패드의 장주기 굽힘)가 끼치는 영향.[12] (a) 패턴밀도가 50%인 MIT 표준 레이아웃 STEP 어레이 내의 좌측, 중앙 및 우측 검사위치, (b) 상부영역 두께변화, (c) 단차높이 변화(컬러 도판 p.594 참조)

6.3.3 패턴밀도와 형상크기 효과가 조합된 다이레벨 모델

지금까지 살펴본 다이레벨 모델들에서는 다이레벨 편차의 주요 원인이라고 알려져 있는 평탄화 가공의 패턴밀도 의존성에 대해서 초점을 맞추어왔다. 하지만 화학−기계적 평탄화 가공 과정에서 레이아웃 형상크기에 따라서 현저한 불균일이 발생한다는 것이 관찰되었다. 최근 들어서는 실험 및 물리적 다이레벨 모델들에 기초하여 형상크기에 따른 영향을 추가하여 다이레벨 모델을 개선하기 위한 노력이 수행되었다. 이 절에서는 다이 내 불균일(WIDNU)에 패턴밀도와 형상크기의 영향을 포함시킨 다이레벨에서의 화학−기계적 평탄화 가공 모델에 대해서 살펴보기로 한다.

형상크기 의존성은 일반적으로 패드 거스러미의 크기와 형상이 패드 거스러미의 돌기와 다이 형상윤곽 사이의 기계적 상호작용에 영향을 끼치는 정도이다. 그림 6.14에서는 패턴밀도가 일정한 경우에 거스러미와 서로 다른 형상크기 사이의 접촉상태에 대해서 보여주고 있다. 형상크기가 큰 경우에는 그림 6.14 (a)에 도시되어 있는 것처럼, 거스러미가 단차구조의 상부와 하부영역에 동시에 접촉할 수 있다. 만일 형상크기가 작다면, 그림 6.14 (b)에 도시되어 있는 것처럼 상부영역만 거스러미와 접촉한다. 비록 두 가지 형상 모두 동일한 패턴밀도를 가지고 있지만, 형상크기가 작은 경우에는 연마가공이 거의 끝나가는 시점까지 하부영역에 대한 제거가 일어나지 않기 때문에, 형상크기가 작은 경우가 형상크기가 큰 경우에 비해서 평탄화 가공이 더 빠르게 진행된다.

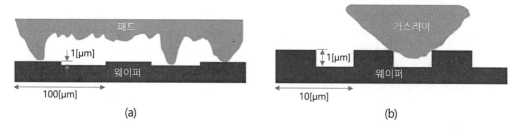

그림 6.14 패턴밀도가 50%인 칩의 표면에서 거스러미와 형상 사이의 접촉상태. (a) 형상크기가 큰 경우, (b) 형상크기가 작은 경우

칩 단면의 단차형상은 화학-기계적 평탄화 가공을 시행하는 동안 완벽한 직각을 유지하지 못하며, 오히려 볼록하거나 오목한 둥글림 모서리 형상을 갖는다. 바실레프[30]는 그림 6.15에 도시되어 있는 것처럼 포물선 모양으로 형상을 근사하였다. 이를 통해서 각 형상의 상부와 하부영역 곡률을 포함시켜서 거스러미 돌기와 단차형상을 모델링하기 위한 그린우드-윌리엄슨 방법과 통합시킬 수 있다. 상부와 하부영역 접촉표면의 유효곡률은 다음과 같이 계산할 수 있다.

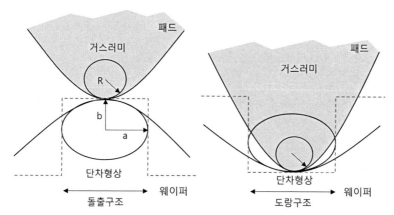

그림 6.15 패드 거스러미와 다이표면형상 사이의 접촉모델.[30] 두 경우 모두 접촉점 위치에서 포물선 형상이라고 가정함

$$
\begin{cases}
\kappa^U = \kappa_{asp} + \dfrac{4\alpha h}{line^2} = \dfrac{1}{R_{asp}} + \dfrac{4\alpha h}{line^2} \\[2mm]
\kappa^D = \kappa_{asp} - \dfrac{4\alpha h}{space^2} = \dfrac{1}{R_{asp}} - \dfrac{4\alpha h}{space^2}
\end{cases}
\tag{6.29}
$$

여기서 κ_{asp}는 거스러미의 상부곡률, R_{asp}는 거스러미의 곡률반경, h는 단차높이 그리고 α는 구조물의 실제형상과 포물선근사 사이의 편차를 고려하기 위한 기하학적 맞춤계수이다. $\alpha = 1$이

면 구조물의 형상은 이상적인 포물선 형태를 가지고 있는 것이며, $\alpha < 1$이면 구조물의 형상이 사각단차 형태에 근접하는 반면에, $\alpha > 1$이면 구조물의 형상은 포물선보다 뾰족해져서 삼각형 상에 근접하게 된다. 유효곡률반경은 연마과정에서 단차높이의 감소로 인하여 변하게 되며, 이를 사용하여 형상변화를 나타낼 수 있다.

거스러미의 높이분포가 지수함수 $\left(\phi(z) = \dfrac{1}{\lambda}e^{-\frac{z}{\lambda}}\right)$ 형태를 가지고 있으며, 거스러미와 구조물의 형상 사이에서는 헤르츠 접촉[25]을 이루고 있다고 가정하면, 단차구조의 상부영역 및 하부영역에서 일어나는 거스러미의 힘응답 F^U 및 F^D, 거스러미의 접촉면적 A^U 및 A^D 그리고 거스러미와 접촉하는 점의 수 n^U 및 n^D는 각각 다음과 같이 나타낼 수 있다.

$$\begin{cases} F^U = \rho_{eff}\dfrac{e^{\frac{h}{\lambda}}F^T\sqrt{\kappa^D}}{\kappa^U(1-\rho_{eff}) + e^{\frac{h}{\lambda}}\sqrt{\kappa^D}\rho_{eff}} \\[4mm] F^D = (1-\rho_{eff})\dfrac{F^T\sqrt{\kappa^D}}{\sqrt{\kappa^U}(1-\rho_{eff}) + e^{\frac{h}{\lambda}}\sqrt{\kappa^D}\rho_{eff}} \end{cases} \tag{6.30}$$

$$\begin{cases} A^U = \rho_{eff}\dfrac{e^{\frac{h}{\lambda}}F^T\sqrt{\kappa^D}\sqrt{\pi}}{E_a\sqrt{\lambda}\sqrt{\kappa^U}\left(\sqrt{\kappa^U}(1-\rho_{eff}) + e^{\frac{h}{\lambda}}\sqrt{\kappa^D}\rho_{eff}\right)} \\[4mm] A^D = (1-\rho_{eff})\dfrac{F^T\sqrt{\kappa^U}\sqrt{\pi}}{E_a\sqrt{\lambda}\sqrt{\kappa^D}\left(\sqrt{\kappa^U}(1-\rho_{eff}) + e^{\frac{h}{\lambda}}\sqrt{\kappa^D}\rho_{eff}\right)} \end{cases} \tag{6.31}$$

$$\begin{cases} n^U = \rho_{eff}\dfrac{e^{\frac{h}{\lambda}}F^T\sqrt{\kappa^D}\sqrt{\kappa^U}}{E_a\sqrt{\pi}\lambda^{\frac{3}{2}}\left(\sqrt{\kappa^U}(1-\rho_{eff}) + e^{\frac{h}{\lambda}}\sqrt{\kappa^D}\rho_{eff}\right)} \\[4mm] n^D = (1-\rho_{eff})\dfrac{F^T\sqrt{\kappa^D}\sqrt{\kappa^U}}{E_a\sqrt{\pi}\lambda^{\frac{3}{2}}\left(\sqrt{\kappa^U}(1-\rho_{eff}) + e^{\frac{h}{\lambda}}\sqrt{\kappa^D}\rho_{eff}\right)} \end{cases} \tag{6.32}$$

여기서 N은 거스러미의 총 숫자, E_a는 거스러미의 감소된 영계수, ρ_{eff}는 유효 패턴밀도 그리고 $F^T = F^U + F^D$는 거스러미에 의해서 다이로 전달되는 총 작용력이다. 인접영역들의 영향을 패턴밀도 의존성에 포함시키기 위한 유효패턴밀도는 다음과 같이 계산한다.

$$\rho_{eff}(x,y) = \frac{1}{2\pi L_P^2} \int \int \exp\left(-\frac{(x-x')^2 + (y-y')^2}{2L_P^2}\right) \cdot \rho(x',y')dx'dy' \qquad (6.33)$$

여기서 ρ는 레이아웃 설계에 사용된 공칭 패턴밀도이다. 가우시안 가중함수의 폭 L_P를 평탄화 길이라고 부르며 실험모델 계수로 포함된다. 적분핵[2]이 칩 레이아웃 영역을 넘어서면 주기경계조건이 적용된다. 거스러미에 작용하는 평균 작용력 $\overline{F_{asp}^U}$ 및 $\overline{F_{asp}^D}$, 거스러미의 평균 접촉면적 $\overline{A_{asp}^U}$ 및 $\overline{A_{asp}^D}$ 그리고 거스러미에 작용하는 평균압력 $\overline{P_{asp}^U}$ 및 $\overline{P_{asp}^D}$ 는 다음과 같이 계산한다.

$$\begin{cases} \overline{F_{asp}^U} = \dfrac{F^U}{n^U} = \dfrac{E_a \sqrt{\pi} \lambda^{\frac{3}{2}}}{\sqrt{\kappa^U}} \\[3mm] \overline{F_{asp}^D} = \dfrac{F^D}{n^D} = \dfrac{E_a \sqrt{\pi} \lambda^{\frac{3}{2}}}{\sqrt{\kappa^D}} \end{cases} \qquad (6.34)$$

$$\begin{cases} \overline{A_{asp}^U} = \dfrac{A^U}{n^U} = \dfrac{\lambda}{\kappa^U}\pi \\[3mm] \overline{A_{asp}^D} = \dfrac{A^D}{n^D} = \dfrac{\lambda}{\kappa^D}\pi \end{cases} \qquad (6.35)$$

$$\begin{cases} \overline{P_{as}^U} = \dfrac{\overline{F_{asp}^U}}{\overline{A_{asp}^U}} = \dfrac{E_a \sqrt{\kappa^U} \sqrt{\lambda}}{\sqrt{\pi}} \\[3mm] \overline{P_{asp}^D} = \dfrac{\overline{F_{asp}^D}}{\overline{A_{asp}^D}} = \dfrac{E_a \sqrt{\kappa^D} \sqrt{\lambda}}{\sqrt{\pi}} \end{cases} \qquad (6.36)$$

거스러미에 작용하는 평균 작용력, 거스러미의 평균 접촉면적 그리고 거스러미에 부가되는 평균압력은 국부 총 작용력 F^T와는 무관하다는 점에 유의해야 한다. 비록 개별 접촉점의 크기는 작용력에 비례하여 증가하지만, 이와 동시에 작용력이 증가함에 따라서 새로운 접촉점들이 생성되기 때문에 평균값은 변하지 않는다. 이런 거동은 해석모델에서 사용되는 거스러미 높이의 지수함수 분포에 의해서 유발되는 것이다.

힘 전달은 거스러미 접촉점에서만 일어나기 때문에, 거시적인 관점에서는 프레스턴 방정식 $RR = K_p PV$에 대한 세심한 수정이 필요하다. 일반적으로 프레스턴 계수 K_p에는 두 연마면 사이에 존재하는 모든 소재의 성질들을 포함한 계수라고 간주한다. 거스러미와 웨이퍼 사이의 접촉점

---

2 integral kernel

에서 일어나는 연마현상에 대해서 바실레프[30]는 미시적 관점에서의 프레스턴 방정식을 제안하였다. 즉, 다음 식을 사용하여 하나의 거스러미 접촉점에서 일어나는 소재 제거량을 계산할 수 있다.

$$\overline{RR_{asp}} = K_{asp} \overline{P_{asp}} V \tag{6.37}$$

여기서 $\overline{P_{asp}}$ 는 식 (6.36)에서 구한 각 거스러미들에 가해지는 실제압력의 평균값이며, K_{asp} 는 미시적인 프레스턴 계수로서 다음과 같이 주어진다.

$$K_{asp} = \frac{\pi \lambda}{\kappa_{asp}} K_p \tag{6.38}$$

상부영역과 하부영역에서의 제거율은 다음과 같이 계산할 수 있다.

$$\begin{cases} RR^U = \overline{RR_{asp}} \dfrac{n^U}{A \rho_{eff}} = \dfrac{e^{\frac{h}{\lambda}} \kappa^U \sqrt{\kappa^D}}{\pi \lambda \left(\sqrt{\kappa^U}(1 - \rho_{eff}) + e^{\frac{h}{\lambda}} \sqrt{\kappa^D} \rho_{eff} \right)} \dfrac{F^T}{A} K_{asp} V \\[4mm] RR^D = \overline{RR_{asp}} \dfrac{n^D}{A(1 - \rho_{eff})} = \dfrac{\kappa^D \sqrt{\kappa^U}}{\pi \lambda \left(\sqrt{\kappa^U}(1 - \rho_{eff}) + e^{\frac{h}{\lambda}} \sqrt{\kappa^D} \rho_{eff} \right)} \dfrac{F^T}{A} K_{asp} V \end{cases} \tag{6.39}$$

여기서 A 는 기준압력 $P_0 = F^T/A$ 인 총 공칭면적이다. 또한 블랭킷 제거율은 다음과 같이 나타낼 수 있다.

$$RR_0 = \frac{\kappa_{asp}}{\pi \lambda} \frac{F^T}{A} K_{asp} V \tag{6.40}$$

상부영역 및 하부영역 제거율은 다음과 같이 나타낼 수 있다.

$$\begin{cases} RR^U = e^{\frac{h}{\lambda}} \sqrt{\kappa^U} \dfrac{\sqrt{\kappa^D} \sqrt{\kappa^U}}{\kappa_{asp} \left(\sqrt{\kappa^U}(1 - \rho_{eff}) + e^{\frac{h}{\lambda}} \sqrt{\kappa^D} \rho_{eff} \right)} RR_0 \\[4mm] RR^D = \sqrt{\kappa^D} \dfrac{\sqrt{\kappa^D} \sqrt{\kappa^U}}{\kappa_{asp} \left(\sqrt{\kappa^U}(1 - \rho_{eff}) + e^{\frac{h}{\lambda}} \sqrt{\kappa^D} \rho_{eff} \right)} RR_0 \end{cases} \tag{6.41}$$

식 (6.41)에는 패턴밀도와 형상크기에 의한 영향이 포함되어 있다. 만일 형상크기 효과를 고려하지 않는다면, 이 모델은 다음의 패턴밀도단차높이(PDSH) 모델로 단순화된다.

$$
\begin{cases}
RR'^{U} = \dfrac{e^{\frac{h}{\lambda}}}{(1 - \rho_{eff}) + e^{\frac{h}{\lambda}}\rho_{eff}} RR_0 \\[4mm]
RR'^{D} = \dfrac{1}{(1 - \rho_{eff}) + e^{\frac{h}{\lambda}}\rho_{eff}} RR_0
\end{cases}
\tag{6.42}
$$

식 (6.41)과 식 (6.42)의 모델에서는 모두 단차높이에 대한 얕은 도랑 소자격리(STI) 연마데이터를 활용하였으며 그림 6.16과 그림 6.17에서는 근사맞춤 결과를 서로 비교하여 보여주고 있다. 그림에 따르면, 패턴밀도가 12% 미만인 경우에는 패턴밀도와 형상크기의 영향을 모두 고려한 모델(그림 6.16(a))이 근사맞춤정확도가 패턴밀도만을 고려한 모델(그림 6.16(b))에 비해서 더 높다는 것을 확인할 수 있다. 패턴밀도가 50%에 이를 때까지는 형상크기의 영향을 고려한 모델을 사용하여 형상크기에 의해서 유발되는 단차높이 편차의 영향을 반영할 수 있다. 그림 6.17에 따르면, 형상크기가 작아질수록 연마과정에서 단차높이가 빠르게 줄어든다는 것을 알 수 있다.

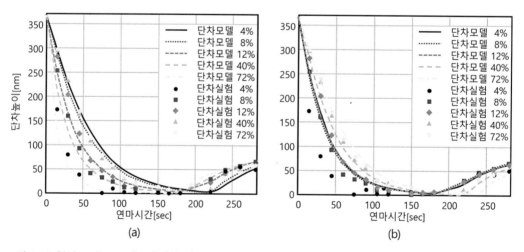

그림 6.16 형상크기는 250[μm]이며 패턴밀도가 서로 다른 경우에 단차높이 변화양상.[30] (a) 형상크기 고려, (b) 형상크기 고려 안 함

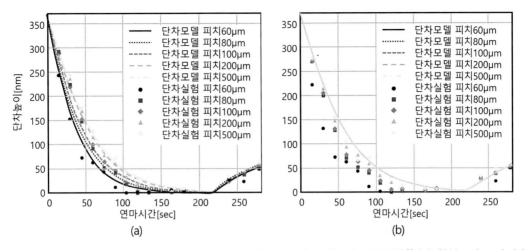

그림 6.17 패턴밀도는 50%이며 형상크기는 서로 다른 경우에 단차높이 변화양상.[30] (a) 형상크기 고려, (b) 형상크기 고려 안 함

6.4 공정분석에 적용한 화학 – 기계적 평탄화 가공 모델

칩 레이아웃 설계, 공정인자의 시험, 화학 – 기계적 평탄화 가공에 사용되는 소모품들의 성질평가 그리고 화학 – 기계적 평탄화 가공공정의 최적화 등과 같은 다양한 분야에 화학 – 기계적 평탄화 가공 모델을 적용할 수 있다. 연마실험을 통해서 이런 질문들에 대한 답을 찾는 방식에 비해서, 화학 – 기계적 평탄화 가공 모델을 사용하면 시간과 비용을 절감할 수 있다. 이 절에서는 화학 – 기계적 평탄화 가공 모델의 일반적인 활용방안에 대해서 살펴보기로 한다.

일반적으로, 특정한 화학 – 기계적 평탄화 공정의 인자들을 파악하기 위해서 화학 – 기계적 평탄화 가공 모델이 만들어진다. 일단 실험 데이터로부터 모델 인자들이 추출되고 나면, 모델이 교정되며, 화학 – 기계적 평탄화 공정 시뮬레이션에 사용할 수 있다. 일반적으로 모델에 대한 근사맞춤과 적용은 4단계로 이루어진다.

1. **실험계획**. 화학 – 기계적 평탄화 가공 공정의 연마성능을 평가하고 표적 인자들을 연구할 수 있도록 시험용 웨이퍼나 소모품들이 설계된다. 목표하는 연마조건들을 탐구할 수 있도록 공정인자들이 선정된다.
2. **연마시험**. 지정된 공정을 사용하여 시험용 웨이퍼에 대한 연마를 시행한다. 연마 전과 후에 박막두께와 단차높이를 포함하여 웨이퍼/다이 윤곽을 측정한다. 시간에 따른 두께와 윤곽의 변화를 측정할 필요가 있을 때에는 다른 연마시간분할이 선호된다.

3. **모델인자의 추출**. 화학−기계적 평탄화 가공 모델에 대한 실험데이터 근사맞춤이 시행된다. 모델 계산결과와 실험결과 사이의 근사맞춤 오차를 최소화하기 위해서 일련의 최적화된 모델인자들이 선정된다. 일단 최적화된 모델인자들이 추출되고 나면, 모델 교정이 완료된다.

4. **모델 시뮬레이션**. 교정된 모델에서 새로운 웨이퍼나 소모품을 화학−기계적 평탄화 공정 시뮬레이션을 위한 입력값으로 사용하면, 연마결과를 수치적으로 예측할 수 있다.

화학−기계적 평탄화 모델의 근사맞춤과 시뮬레이션은 반도체 제조수율을 높이는 데에 중요한 역할을 한다. 화학−기계적 평탄화 모델의 도움 없다면 제조공정은 설계에서 제조로 이어지는 단방향 공정이 되어버린다. 여기서 레이아웃 설계자는 일련의 설계원칙들을 따르며 공정 엔지니어들은 허용 가능한 수준의 연마결과와 수율을 얻기 위해서 공정인자들을 조절한다. 칩 설계는 점점 더 복잡해지며 공정제어는 점점 더 어려워지기 때문에, 설계단계와 공정단계에서 많은 노력을 기울인다 하여도, 설계에서 제조로 이어지는 단방향 공정을 사용해서는 높은 제조수율의 성취를 담보할 수 없다.

화학−기계적 평탄화 모델을 적용할 때에는 그림 6.18에 도시되어 있는 것처럼, 설계와 제조 사이에 피드백 시스템을 구축할 수 있다. 정밀하게 교정한 화학−기계적 평탄화 모델은 시스템의 핵심 요소이다. 설계자는 칩 레이아웃을 제공하며, 공정 엔지니어는 적용 가능한 공정인자들과 소모품에 대한 정보를 제공해준다. 이렇게 수집된 레이아웃 설계와 공정인자들을 교정된 화학−기계적 평탄화모델에 입력값으로 집어넣으면 연마결과를 예측할 수 있다. 공정인자들과 레이아웃 설계를 변화시켜가면서 계산 결과가 제조 요구조건을 충족시킬 때까지 모델에 대한 시뮬레이션을 반복한다. 그런 다음 모델시험을 통해서 검증된 설계와 공정에 대한 랩시험을 시행한다. 만일 시험결과가 만족스럽다면, 이 설계와 공정을 생산에 투입할 수 있다. 만일 랩시험 결과가 요구조건들을 충족시키기 못하거나 시뮬레이션 결과와 일치하지 않는다면, 결과가 일치할 때까지 연마데이터를 사용하여 화학−기계적 평탄화 모델에 대한 재교정을 시행한다. 이런 방식으로 공정을 개선하거나 시간에 따라 모델을 변경할 수 있도록 랩시험이 모델의 미세조절이나 개선을 도와준다.

화학−기계적 평탄화 모델의 도움을 받으면 제조공정의 개발에 소요되는 시간과 비용을 절감시켜준다. 모델시뮬레이션은 랩시험에 비해서 소요되는 시간이 짧다. 레이아웃 설계와 화학−기계적 평탄화 제조공정 사이에 복잡한 의존성이 존재하는 경우에, 단방향 공정개발에 비해서 더 작은 숫자의 랩시험이 필요할 뿐이다. 랩시험 결과가 요구조건을 충족시키지 못하며 모델과도 일치하지 않는 경우조차도, 설계자와 엔지니어들은 이를 통해서 모델을 업그레이드할 데이터를 얻을 수 있으며, 전체 시스템의 정확도와 견실성을 향상시킬 수 있다.

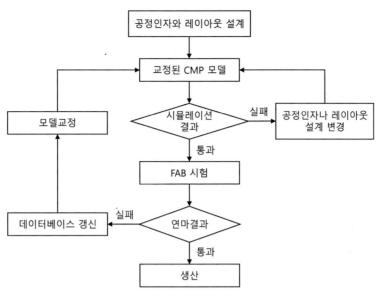

그림 6.18 화학-기계적 평탄화모델을 사용한 집적회로 설계와 제조공정

6.5 향후 전망

비록 이전의 화학-기계적 평탄화 모델에 대한 연구를 통해서 핵심 소재, 공정 및 레이아웃 설계가 끼치는 영향 등을 구분하고 고려할 수 있게 되었으며, 화학-기계적 평탄화 모델의 활용을 통해서 공정개발 과정에서 당면한 많은 기술적 어려움들을 극복할 수 있었지만, 진보된 집적회로 제조와 관련된 요구조건들을 지원하기 위해서는 화학-기계적 평탄화 공정의 일부 문제들에 대해서 여전히 더 세밀하고 정량적인 모델링이 필요하다.

슬러리 입자들은 화학-기계적 평탄화 가공에서 중요한 역할을 한다. (화학적으로 개질된)웨이퍼 표면을 누르는 입자들이 소재를 제거하는 주요 인자라고 간주하고 있으며, 대부분의 화학-기계적 평탄화 가공의 소재제거 모델에서는 이 가정을 채용하고 있다. 그런데 입자의 크기와 형상은 화학-기계적 평탄화 공정에 영향을 끼치는 중요한 성질이다. 이전에 개발된 대부분의 모델들에서는 연마과정에서 일정한 입자크기와 형상이 유지된다고 가정한다. 그런데 공정은 동적인 성질을 가지고 있으며, 연마시간이 경과함에 따라서 연마 폐기물들이 생성되므로, 웨이퍼와 패드 표면에서의 화학적 환경이 변하게 된다. 연마과정에서 입자의 뭉침이 서서히 진행되면 입자의 크기와 형상에 영향을 끼친다. 슬러리 입자들의 뭉침을 모델링하기 위해서 일부의 연구들이 수행되었다.[31,32] 그런데 화학환경의 동적인 변화, 연마부산물의 생성 그리고 입자에 가해지는 전단력 등을 감안하여 연마과정에서 일어나는 입자크기분포의 변화를 고려할 수 있는 모델이 필요하다. 이런 유형의 모델은 긁힘 결함 생성에 대한 예측과 이해를 포함하여 단일웨이퍼 연마(즉, 시작시점과 종료시점에서의 연마거동 차이)를 수행하는 동안 공정의 일관성을 크게 높일 수 있을 것이다.

차세대 금속 버프가공이나 차단층 연마공정에 사용되는 기공률이 높은 패드에 대한 화학-기계적 평탄화 모델링은 앞으로 남은 과제이다. 기공률 높은 화학-기계적 평탄화 가공용 패드는 슬러리 운반성능이 좋으며, 윤활성능이 향상되고 압축성이 높기 때문에 연마결함을 줄여준다. 패드 다공질 구조는 패드 벌크를 탄성 반무한체로 간주했던 기존의 화학-기계적 평탄화 모델과는 들어맞지 않으므로, 다공질 패드에 대한 새로운 가정이 필요하다. 패드 표면의 접촉모델 역시 수정이 필요하다. 기공률이 높으면 더 많은 슬러리가 붙잡혀서 패드-웨이퍼 계면에서의 유동이 변하게 된다. 이런 의존성에 대한 이해와 예측성을 향상시키기 위해서는 기공률이 높은 패드에 대한 새로운 모델이 필요하다.

전통적인 화학-기계적 평탄화 가공을 지원할 뿐만 아니라 새로운 평탄화 가공기술을 개발하는 데에도 모델링의 지원이 필요하다. 새롭게 제안된 **병입형 패드(PIB)**[3]를 사용한 평탄화 가공법에서는 슬러리를 함유한 폴리머 비드를 사용하는 새로운 화학-기계적 평탄화 가공 공정을 사용하였다.[33] 이 방법에서는 패드 거스러미와 화학적, 기계적 성질이 유사한 폴리머 비드들을 슬러리에 섞어서 연마가공 과정에서 가공력을 부가하며 연마접촉을 이루도록 만들었기 때문에 기존의 화학-기계적 평탄화 가공용 패드가 더 이상 필요 없다. 병입형 패드(PIB)를 사용하는 화학-기계적 평탄화 가공기술은 전통적인 연마용 패드 대신에 훨씬 더 단단한 대응면을 사용하므로 비드크기 조절을 통해서 예측과 통제가 가능한 기계적 접촉을 제공해기 때문에 다이 내 불균일(WIDNU)과 공정편차를 본질적으로 저감시켜준다. 부유하는 폴리머 비드들의 힘응답 특성과 소재제거 메커니즘을 이해하기 위해서는 물리적 제거율 모델이 필요하다. 또한 병입형 패드의 사용이 평탄화 가공 효율과 균일성을 향상시켜준다는 것을 검증하기 위한 평탄화 가공 모델이 필요하다.

---

3   pad in a bottle: 병이라고 지칭한 비드가 패드의 역할을 대신한다는 뜻. 역자 주.

참고문헌

1. Davari, B., et al., 1989. A new planarization technique using a combination of RIE and chemical mechanical polishing (CMP). Washington, D.C., USA. In: IEDM '89 Technical Digest, pp. 61e64.

2. Moy, D., et al., 1989. A two-level metal fully planarized interconnect structure Implemented on A 64 KB CMOS SRAM. Santa Clara, CA, USA. In: Proceedings of Sixth International IEEE VLSI Multilevel Interconnection Conference, pp. 26e32.

3. Kaanta, C.W., et al., 1991. Dual Damascene: a ULSI wiring technology. Santa Clara, CA, USA. In: Proceedings of Eighth International IEEE VLSI Multilevel Interconnection Conference, pp. 144e152.

4. Edelstein, D., et al., 1997. Full copper wiring in a Sub-0.25 um CMOS ULSI Technology. Washington D.C., USA. In: IEDM '97. Technical Digest, pp. 773e776.

5. Steigerwald, J.M., Murarka, S.P., Gutmann, R.J., 1997. Chemical Mechanical Planarization of Microelectronic Materials. John Wiley and Sons, New York.

6. Evans, D., 2002. The future of CMP. Boston, MA, USA. MRS Bulletin 27, 779e783.

7. Li, Y., 2008. Microelectronic Applications of Chemical Mechanical Planarization. John Wiley & Sons, New Jersey.

8. ITRS, 2013. International Technology Roadmap for Semiconductors (Online). Available at: http://www.itrs.net/ITRS%201999-2014%20Mtgs,%20Presentations%20&%20Links/2013ITRS/Summary2013.htm (accessed 2015).

9. Fu, G., Chandra, A., Guha, S., Subhash, G., 2001. A plastic-based model of material removal in chemical-mechanical polishing (CMP). IEEE Trans. Semicond. Manuf. 14 (4), 406e417.

10. Luo, J., Dornfeld, D.A., 2004. Integrated Modeling of Chemical Mechanical Planarization for Sub-micron IC Fabrication. Springer, Berlin.

11. Xie, X., 2007. Physical Understanding and Modeling of Chemical Mechanical Planarization in Dielectric Materials (Ph.D. Thesis). Massachusetts Institute of Technology, Cambridge (Massachusetts).

12. Fan, W., 2012. Advanced Modeling of Planarization Processes for Integrated Circuit Fabrication. Massachusetts Institute of Technology, Cambridge (Massachusetts).

13. Fan, W., Johnson, J., Boning, D., 2013. Modeling of "Pad-in-a-Bottle": A Novel Planarization Process Using Suspended Polymer Beads. MRS Proceedings, San Francisco, pp. mrss 13e1560.

14. Preston, F., 1927. The theory and design of plate glass polishing machines. J Soc. Glass Technol. 11, 214.

15. Tseng, W., Wang, Y., 1997. Re-examination of pressure and speed dependencies of removal rate during chemical mechanical polishing processes. J. Electrochem. Soc. 144, L15eL17.

16. Shi, F., Zhao, B., 1998. Modeling of chemical mechanical polishing with soft pads. Appl. Phys. A Mater. Sci. Process. 67, 249e252.

17. Zhang, F., Busnaina, A., 1998. The role of particle adhesion and surface deformation in chemical mechanical polishing processes. Electrochem. Solid-State Lett. 1, 184e187.

18. Zhao, B., Shi, F., 1999. Chemical mechanical polishing e threshold pressure and mechanism.

Electrochem. Solid-State Lett. 2, 145e147.

19. Maury, A., Ouma, D., Boning, D., Chung, J., 1997. A Modification to Preston's Equation and Impact on Pattern Density Effect Modeling. Materials Research Society, San Diego.

20. Stine, B., et al., 1998. Rapid characterization and modeling of pattern dependent variation in chemical mechanical polishing. IEEE Trans. Semicond. Manuf. 11 (1), 129e140.

21. Tugbawa, T., Park, T., Lee, B., Boning, D., 2001. Modeling of Pattern Dependencies for Multilevel Copper Chemical-mechanical Polishing Processes. MRS Proceedings, San Francisco.

22. Luo, J., Dornfeld, D.A., 2003. Effects of abrasive size distribution in chemical mechanical planarization: modeling and verification. IEEE Trans. Semicond. Manuf. 16 (3), 469e476.

23. Lee, H.S., Jeong, H.D., Dornfeld, D.A., 2013. Semi-empirical material removal rate distribution model for SiO2 chemical mechanical polishing (CMP) processes. Precis. Eng. 37 (2), 483e490.

24. Chekina, G., Keer, L.M., Liang, H., 1998. Wear-contact problems and modeling of chemical mechanical polishing. J. Electrochem. Soc. 145 (6), 2100e2106.

25. Johnson, K.L., 1985. Contact Mechanics. Cambridge University Press, Cambridge.

26. Stine, B., et al., 1997. A closed form analytic model for ILD thickness variation in CMP process. Santa Clara. In: Proceedings of CMP-MIC.

27. Smith, T., et al., 1999. A CMP model combining density and time dependencies. Santa Clara. In: Proceedings of CMP-MIC.

28. Ouma, D.O., 1999. Modeling of Chemical Mechanical Polishing for Dielectric Planarization (Ph.D. Thesis). Massachusetts Institute of Technology, Cambridge (Massachusetts).

29. Ouma, D., et al., 2002. Characterization and modeling of oxide chemical-mechanical polishing using planarization length and pattern density concepts. IEEE Trans. Semicond. Manuf. 15 (2), 232e244.

30. Vasilev, B., et al., 2011. Greenwood-Williamson model combining pattern-density and patternsize effects in CMP. IEEE Trans. Semicond. Manuf. 24 (2), 338e347.

31. Johnson, J., et al., 2011. Slurry particle agglomeration model for chemical mechanical planariation (CMP). In: Seoul, International Conference on Planarization Technology (ICPT).

32. Johnson, J., et al., 2012. Slurry abrasive particle agglomeration experimentation and modeling for chemical mechanical planarization (CMP). Grenoble (France). In: Conference on Planarization Technology (ICPT).

33. Borucki, L., Sampurno, Y., 2011. Method for CMP Using Pad in a Bottle. United States of America, Patent No. WO2011/142764.

34. Luo, J., Dornfeld, D.A., 2001. Material removal mechanism in chemical mechanical polishing: theory and modeling. IEEE Trans. Semicond. Manuf. 14 (2), 112e133.

CHAPTER

7

탄화규소 박막의 연마가공

7

탄화규소 박막의 연마가공

7.1 서 언

탄화규소(SiC)는 밴드갭이 넓은 반도체 소재로서 고온용 반도체에서 실리콘을 대체할 가능성이 있다. 고온에서는 실리콘 내에서 열에너지에 의해서 자연 생성된 나르개들의 양이 도핑에 의해서 생성된 나르개들보다 많아지게 되므로 실리콘을 모재로 사용하여 제조한 디바이스들이 제대로 작동하지 못하게 되어버린다. 실리콘 온 절연체 구조를 사용하여 작동온도 범위를 넓힐 수 있지만, 반도체 디바이스에 대해서 요구되는 작동온도 범위가 이론적 성능한계에 접근하고 있다.[1~5] 질화갈륨(GaN), 다이아몬드, 질화알루미늄(AlN) 등과 같이 밴드갭이 넓은 여타의 소재들에 대한 평가가 수행되고 있지만, 필요로 하는 대형의 모재성장기법이 개발되지 못하여 완전한 크기로 대량생산을 시작하기에는 오랜 시간이 필요하다.

탄화규소는 많은 폴리타이프들이 존재하며, 이들 각각은 서로 다른 용도를 가지고 있다. 예를 들어, 마이크로전자기계시스템(MEMS)과 나노전자기계시스템(NEMS)에서는 사면체구조 때문에 구조강성이 큰 3C-SiC가 가장 일반적으로 사용된다. 반도체 구조에서는 4H-SiC와 6H-SiC가 사용된다. 비정질이나 다정질의 탄화규소는 실리콘 기반의 반도체 제조공정 메인스트림의 여러 단계를 거치는 동안 하부층들을 보호하기 위한 경질마스크로 사용된다.

모재 위에 이런 디바이스 구조를 만들기 위해서는 다수의 중간단계들에서 표면 평탄화가 필요하며, 이런 경우에 화학－기계적 평탄화(CMP) 가공이 사용된다. 예를 들어, 탄화규소 반도체 디바이스를 생산하는 동안, 에피텍셜 성장을 사용하여 생성한 탄화규소 단결정 모재나 박막을 거칠기가 매우 작으며 결함도 가능한 한없는 평면으로 연마해야 한다. 이 연마의 목적은 결정성장이나 증착을 수행하는 동안 형성된 모든 윤곽들과 여타의 공정 중에 유발된 모든 표면하부 손상들을 제거하는 것이다.

7.2 결정질 탄화규소

탄화규소의 연마율이나 제거율은 결정배향에 크게 의존한다. 예를 들어, 첸 등[6]은 서로 다른 등급의 다이아몬드 기반 슬러리와 pH값이 큰 콜로이드 형태의 실리카 슬러리를 사용하여 6H-SiC에 대한 연마를 시행하였으며, 이를 통해서 Si<0001> 표면, C<0001> 표면, a<1120> 표면 그리고 m<1100> 표면에 대한 화학−기계적 평탄화 가공 연구를 수행하였다. 4가지 표면들의 표면조도가 서로 다르며, 표 7.1에 제시되어 있는 것처럼, Si−표면이 제일 매끄러운 반면에 C−표면이 제일 거칠었고, a−표면과 m−표면은 중간이었다. 소재제거율과 거칠기 차이는 원자배열의 차이와 그에 따른 표면 반응성의 차이에 의한 것이다.

표 7.1 기계식 연마와 화학−기계식 연마 이후에 각 시편의 소재제거율(MRR)과 실효값(RMS)[6]

연마방법	인자	Si−표면	C−표면	m−표면	a−표면
CMP	MRR[μm/hr]	0.153	0.006	0.108	0.104
	RMS[nm]	0.096	1.66	0.149	0.147

탄화규소 모재와 박막에 대한 전통적인 연마방법은 하나 또는 여러 등급의 다이아몬드 가루를 사용하여 래핑이나 폴리싱을 수행한 다음에 pH값이 큰 콜로이드 형태의 실리카 슬러리를 사용하여 고농도(최대 30[wt%]), 고하중(최대 627.4[kPa]) 상태에서 화학−기계적 평탄화 가공을 시행한다. 그런데 이 방법은 단결정 실리카에 대한 소재제거율이 매우 낮다(20[nm/h] 미만). 제거율이 낮기 때문에, 탄화규소에 대한 연마에는 고온(50[℃])에서 장시간의 연마가 필요하다. 이로 인하여 표면하부 손상이 초래되며, 공정비용이 증가한다. 정 등[7]은 다이아몬드가루와 콜로이드 형태의 실리카로 이루어진 **혼합연마제(MAS)**를 6H-SiC의 연마에 사용했지만, 소재 제거율을 높이지 못했다. 팬[8]은 연마제의 농도가 높은 슬러리를 사용하였으며, 탄화규소 표면의 연마는 실리카 슬러리에 의한 기계적 가공에 의한 것이라고 설명하였으며, 누름에 의한 파쇄 모델을 제안하였다.

초기 연구들 중 일부에서는 탄화규소 박막의 연마율을 높이기 위한 화학적 방법의 발견에 초점이 맞추어졌다. 크롬 기반의 화합물들은 발암물질이어서 사용이 제한되지만, 일부 연구자들[9~11]은 삼산화크롬(Cr_2O_3) 기반의 슬러리를 개발하였다. 이 삼산화크롬(Cr_2O_3)에 의해서 탄화규소가 산화되며 이 산화생성물들이 웨이퍼 표면으로부터 연마된다고 제안하였다. 이들은 C<0001> 표면의 제거율이 Si<0001> 표면에 비해서 10배나 더 높다는 것을 발견하였다. 이 개념을 확장하여, 탄화규소에 대한 전기화학-기계적 평탄화 가공에 대한 연구[12]가 수행되었다. 여기서는 탄화규소 표면의 박막을 산화시키기 위해서 H_2O_2나 KNO_3를 함유한 전해질에 탄화규소 박막 표면을 노출시켰다. 그런 다음 산화물 층을 제거해주는 전통적인 실리카 슬러리를 사용하여 연마를 수행하며, 필요한 두께가 제거될 때까지 이 과정을 반복하였다(실제 제거율은 보고되지 않았다). 양극전류밀도를 증가시키면 최종적인 박막의 표면조도가 증가하는 것이 발견되었다. 린과 카오[13]는 주철, AISI 304 스테인리스강, 크롬 도금된 S45C 탄소강, 황동 그리고 구리 등의 소재로 제작한 디스크에 슬러리를 주입하면서 탄화규소 가공을 수행하였다. 이들에 따르면 철 산화물이 탄화규소 연마 거동에 촉매역할을 한다.

다양한 유형의 탄화규소에 대한 화학-기계적 평탄화 가공용 슬러리들이 특허자료를 통해서 발표되었지만, 자세한 연마 메커니즘에 대한 설명은 거의 없는 상황이다. 예를 들어, 우루시다니 등[14]은 6H-SiC를 연마하기 위한 연마제로 CeO_2, Cr_2O_3 그리고 Fe_2O_3 등의 사용을 검토하였지만 제거율에 대해서는 보고되지 않았다. 데사이 등[15]은 과산화수소, 질산암모늄세륨(IV), 옥손, 과옥소산염, 요오드산염, 과황산염 그리고 이들의 혼합물들 같은 다양한 산화제들을 건조실리카,[1] 콜로이드 실리카, 세리아 그리고 알파 알루미나와 같은 연마제에 섞어서 사용하였다. 사용된 연마제의 농도는 5~30[wt%]에 이를 정도로 높았다. 하지만 pH값이 10보다 큰 알칼리성 연마제를 사용해서도 최대 제거율이 약 400[nm/h]에 불과할 정도로 제거율이 낮았다. 제거율은 일반적으로 알파 알루미나를 사용한 경우가 실리카를 사용한 경우보다 더 높았다고 보고되었다. 화이트 등[16]은 제거율이 높은(약 800[nm/h]) 몇 가지 슬러리들을 제시하였다. 이들에 따르면, 탄화규소 표면에 생성되는 실라놀 그룹의 숫자는 pH값에 의존하며, 이들이 탄화규소의 제거율에 강한 영향을 끼친다. 하지만 사용한 연마제나 화학첨가제들에 대해서는 밝히지 않았다.

이후에 화이트 등[17]은 과산화수소, 옥손, 질산암모늄세륨(IV), 과옥소산염, 요오드산염, 과황산염 그리고 이들의 조합과 같은 산화제들을 알루미나, 실리카, 티타니아, 지르코니아 그리고 세리아 등을 포함하는 다양한 연마제들과 섞어서 만든 다양한 조성의 슬러리들에 대한 연구를 수행하였다. 이들은 과망간산칼륨($KMnO_4$)을 산화제로 사용한 슬러리에 집중하였으며, 약 2,000[nm/h]의 높은 제거율을 구현하였다. 이들에 따르면 과망간산칼륨의 농도가 증가함에 따라서 탄화규소

----

1   fumed silica.

(SiC)의 제거율이 증가하였다. 이들은 자신들이 개발한 슬러리가 탄화규소의 모든 폴리타이프들에 대해서 높은 제거율을 가지고 있다고 주장하였다. 이들은 계속된 연구[18]를 통해서 다수의 고성능 슬러리들을 개발하였다. 이 슬러리들에는 앞서 설명했던 연마제와 산화제에 촉매제를 첨가하였다. 전형적으로 전이금속과 더불어서 음이온이나 리간드 등으로 이루어진 금속 화합물을 촉매제로 사용하였다. 이 촉매제를 최대 0.3[wt%]만큼 첨가하였으며, 이를 통해서 표면품질과 제거율을 크게 향상시킬 수 있었다. 슬러리에는 (음이온성, 양이온성, 중성 그리고 양성의)계면활성제와 소포제도 첨가하였다. 싱 등의 특허[19]로 출원한 슬러리의 조성은 연마제의 표면에 전이금속 착화물 촉매제를 코팅하여 연질의 기능성 입자를 만들었다는 것을 제외하고는 앞서 설명한 화이트와 동료들이 사용한 조성[18]과 유사하였다. 최근 들어서는 슐루터 등[20]이 고성능 연마제를 발표하였지만, 조성은 공개되지 않았다.

특허에서는 자세한 실험결과, 서로 다른 변수들이 끼치는 영향 또는 연마 메커니즘 등에 대해서 자세히 설명하지 않는다. 연마 메커니즘에 대한 지식이 부족하면 서로 다른 패턴밀도와 박막 조성에 대해서 슬러리 성능을 조절할 수 없다. 얕은 도랑 소자격리구조의 멈춤층이나 경질마스크 뿐만 아니라 미래의 새로운 용도로 디바이스 제조에 탄화규소(SiC)를 사용하기 위해서 요구되는 가공률 선택도를 얻기 위해서는 화학반응에 대한 지식이 필요하다.

야기 등[21]은 4H-SiC<0001>을 연마하기 위해서 철(Fe) 성분의 연마제와 과산화수소(H₂O₂)로 이루어진 슬러리를 개발하였다. 잘 알려진 **펜톤 반응**을 통해서 철 입자들이 과산화수소의 분해를 촉발시켜서 $OH^{\cdot}$ 자유 라디칼들을 생성한다. 이 라디칼들은 과산화수소보다 더 강력한 산화제로서, 다음과 같이 탄화규소를 산화시켜서 산화물을 생성한다.

$$SiO_2(s) + 2HO^-(aq.) \rightarrow [Si(OH)_2O_2]^{2-}(aq.)$$

이렇게 생성된 산화물은 마멸작용을 통해서 비교적 쉽게 제거할 수 있다. 최근에 쿠로카와 등[22,23]은 밀폐된 종형 챔버를 갖춘 연마기와 10[wt%]의 이산화망간(MnO₂)을 첨가한 연마제 슬러리를 사용하여 4H-SiC(Si 표면)에 대한 연마를 수행하였으며, 다양한 알칼리성 pH값(>10)에 대해서 실리카 슬러리를 사용한 것보다 10배 이상의 제거율을 구현하였다. 이 슬러리에 과산화수소(H₂O₂)와 과망간산칼륨(KMnO₄)을 첨가한 경우에 대한 평가를 통해서 이들이 이산화망간보다 더 강력한 산화제라는 것이 밝혀졌다. 챔버형 연마기 내의 대기환경을 다양하게 변화시켜가면서 연마시험을 수행하였으며, 300[kPa] 압력의 N₂ 환경하에서의 탄화규소 제거율은 대기압 공기 중에서보다 두 배에 달하는 200[nm/h]가 구현되었다. 과망간산칼륨(KMnO₄), 이산화망간(MnO₂) 그리고 과산화수소(H_2O_2)를 함유한 다양한 슬러리에 담근 탄화규소 시편에 대하여 X-선 광전자분광법(XPS)을 사용한 분석결과, 과망간산칼륨을 함유한 슬러리에 노출된 탄화규소 시편 표면의 산소(O 1s)성분의 피크강도가 매우 높았으며, 이를 통해서 탄화규소 표면에 대한 과망간산칼륨의 뛰어난 산화능력을 검증하게 되었다.

최근 들어서 시 등[24]은 과산화수소와 모노에탄올 아민을 함유한 콜로이드 실리카 슬러리를 사용하여 4H-SiC와 6H-SiC 표면에 대한 연마를 수행하여 원자 수준의 단차를 가지고 있는 고정밀 계단구조를 구현하였으며, 원자작용력현미경(AFM)을 사용하여 이를 검증하였다.

7.3 비정질 탄화규소 박막

플라스마 증강 화학기상증착 공정을 사용하여 저온(약 400[℃])에서 **비정질 탄화규소 박막**(a-SiC)을 증착할 수 있으며, 이 박막은 결정질 박막에 대해서 뛰어난 화학적 저항성과 온도저항성을 갖추고 있다. 이런 특성들은 차세대 반도체, 태양전지 그리고 마이크로전자기계시스템 등의 제조과정에서 식각 저지층으로 적합하다. 비록 결정질 탄화규소 박막과 비정질 탄화규소 박막의 제거율이 크게 다르지만, 비정질 탄화규소에 대한 슬러리의 제거 메커니즘에 대한 이해는 결정질 탄화규소 박막용 슬러리의 설계에도 도움이 될 것이다.

최근 들어서, 실리카 분산물의 이온강도가 비정질 탄화규소(a-SiC) 박막의 제거율을 높이며, 연마표면의 거칠기를 낮추는 데에 중요한 역할을 한다는 것이 밝혀졌다.[20] 결정질 탄화규소 박막의 경우와 마찬가지로, 슬러리에 과산화수소와 같은 강력한 산화제를 첨가한 경우에만 부가압력과 연마제 주입률에 따라서 비정질 탄화규소의 제거율이 증가한다는 것이 발견되었다. 첨가제를 섞지 않으면 지르코니아, 이트리아 또는 세리아과 같은 연마제를 사용하여도 실리카에 비해서 마멸성능이 증가하지 않는다. 과산화수소를 함유한 콜로이드성 실리카 슬러리의 pH값이 알칼리성(>9)으로 조절되면 제거율이 증가하였다. 또한 슬러리의 이온강도 증가에 비례하여 제거율이 증가하였다. pH값이 과산화수소의 pK_a값(약 11.7)에 근접하면, 다음 반응에서와 같이 퍼옥실수소음이온(HO_2^-)의 생성에 비례하여 이온강도가 증가한다.

$$H_2O_2(aq.) + OH^- \rightarrow HO_2^-(aq.) + H_2O(aq.)$$

이온성 염기를 첨가하여 슬러리의 이온강도가 증가하면, 그림 7.1에 도시되어 있는 것처럼, 비정질 탄화수소의 제거율이 증가하게 된다. 그림 7.1에서는 실리카, 과산화수소 그리고 두 가지 서로 다른 농도의 질산칼륨(KNO₃)을 함유한 슬러리에 대해서 pH값이 2에서 10.5까지의 범위에 대한 비정질 탄화수소의 제거율이 도시되어 있다. pH=8일 때에, 50[mM]의 질산칼륨이 첨가된 경우의 비정질 탄화수소 제거율은 질산칼륨이 첨가되지 않은 경우에 비해서 훨씬 더 높았으며, 질산칼륨의 농도가 100[mM]로 증가하면 제거율이 훨씬 더 상승하였다. 이들 두 가지 슬러리들의 제거율은 pH값이 8과 10인 경우에 질산칼륨을 첨가하지 않은 슬러리들에 비해서 훨씬 더 높은 제거율을 나타냈다. 상온에서 측정한 슬러리의 이온전도도가 표7.2에 제시되어 있으며, 이 값이 연구에 사용된 슬러리들의 이온강도 차이의 척도로 간주된다. 질산칼륨을 다른 이온염류로 바꾸어도 이와 유사한 제거율 증가효과가 나타났다.

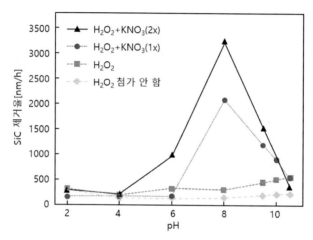

그림 7.1 10[wt%]의 실리카 슬러리의 비정질 탄화규소 박막 제거율. (a) H_2O_2 첨가하지 않음, (b) H_2O_2 1.47[M] 첨가, (c) H_2O_2 1.47[M]+KNO₃ 50[mM] 첨가, (d) H_2O_2 1.47[M]+KNO₃ 100[mM] 첨가. 2<pH<10, 연마압력 27.6[kPa][25]

표 7.2 8<pH<10 범위에 대하여 다양한 조성을 갖는 수용성 슬러리들의 이온 전도성[25]

슬러리 조성	pH	전도성[mS/cm]
실리카 10[wt%]	8	0.24
실리카 10[wt%]+H_2O_2 1.47[M]	8	0.44
실리카 10[wt%]+H_2O_2 1.47[M]+KNO₃ 50[mM]	8	6.83
실리카 10[wt%]+H_2O_2 1.47[M]+KNO₃ 100[mM]	10	15.35

　X-선 광전자분광법(XPS)을 사용하여 서로 다른 슬러리들을 사용하여 연마한 탄화규소 표면을 분석해보면 표면에 생성된 서로 다른 유형의 산화물들이 검출된다. X-선 광전자분광법(XPS)을 사용하여 그림7.2에 도시되어 있는 것처럼, 탄화규소 표면에 존재하는 탄소 원자들의 화학적 상태에 대한 세밀한 분석이 수행되었다. 표7.3에서는 연마된 탄화규소 표면에 존재하는 다양한 탄화

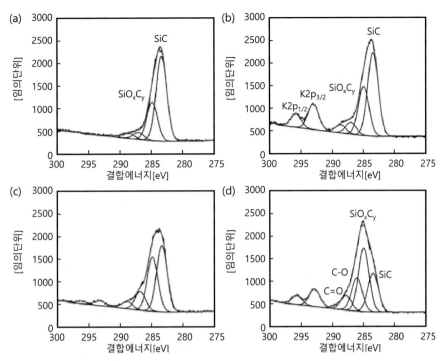

그림 7.2 Nexsil125A 실리카 입자(10[wt%])를 함유한 슬러리를 사용하여 연마한 비정질 탄화규소 표면에 대한 고분해능 X-선 광전자분광 데이터.[25] (a) pH=8, (b) H₂O₂(aq.) 1.47[M], pH=8, (c) H₂O₂(aq.) 1.47[M]+KNO₃(aq.) 50[mM], pH=8, (d) H₂O₂(aq.) 1.47[M]+KNO₃(aq.) 50[mM], pH=10 (컬러 도판 p.595 참조)

표7.3 서로 다른 조성의 슬러리들을 사용하여 연마한 탄화규소 표면에 존재하는 C-Si, SiOₓCy, C-O 그리고 C=O 탄소원자들의 상대적 비율[25]

	C-Si	SiOₓCy	C-O	C=O	C/Si
결합에너지[eV]	283.4	285	286	288	-
물에 실리카 입자 10[wt%] 분산, pH=8	62.8	28.5	5.0	3.7	1.9
H₂O₂(1.47[M]) 수용액에 실리카 입자 10[wt%] 분산, pH=8	54.8	32.2	7.7	5.3	1.8
H₂O₂(1.47[M])와 KNO₃(50[mM]) 수용액에 실리카 입자 10[wt%] 분산, pH=8	45.2	37.2	12.8	4.9	2.3
H₂O₂(1.47[M])와 KNO₃(50[mM]) 수용액에 실리카 입자 10[wt%] 분산, pH=10	25.7	42.4	22.1	9.8	3.5

물들의 표면농도를 서로 비교하여 보여주고 있다. 표면스캔 데이터로부터 C/Si의 원자비율을 구하였다.

그림 7.2 (b)~(d)에 도시되어 있는 스펙트럼에서 나타나는 293[eV] 및 295.8[eV] 피크들은 각각, 음으로 하전된 탄화규소 표면에 흡수되거나 되튕겨 나온 칼륨반대이온의 K 2p₃/₂와 K 2p₁/₂ 광전자들에 의한 것이다. 칼륨의 표면농도는 H₂O₂ 4.17[M]과 KNO₃ 50[mM]을 함유한 pH=8인 슬러리의

경우에 가장 낮았다(그림 7.2 (c)). 이 슬러리를 사용하여 연마판 표면에서 칼륨의 농도가 낮게 나타난 이유는 탄화규소와 더불어서 흡수된 칼륨이온이 많이 제거되었기 때문이다. 이 고성능 슬러리를 사용하여 연마한 표면에서 C/Si 비율이 증가했다는 것은 표면에서 실리콘이 선택적으로 제거되었다는 것을 의미한다. 이런 선택적 제거에도 불구하고 표면은 비교적 매끈하였으며, 표면 거칠기 실효값은 가공 전 웨이퍼가 0.60[nm]였던 것에 비해서 0.48[nm]로 향상되었다. 표면에는 긁힘이나 함몰이 발생하지 않았다. 그림 7.3에서는 연마된 표면에 대한 원자작용력 현미경 영상과 광촉침법 측정영상을 보여주고 있다.

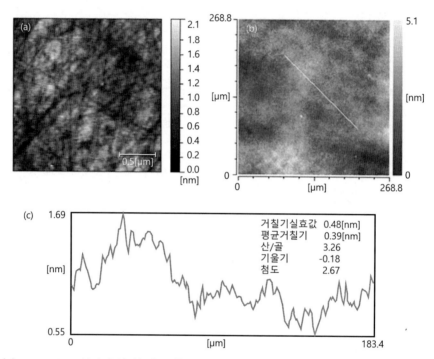

그림 7.3 (a) Nexsil125A 실리카 입자(10[wt%]), H_2O_2 1.47[M], KNO_3 50[mM]을 함유한 슬러리를 사용하여 연마한 비정질 탄화규소 표면에 대한 (a) 원자작용력현미경 영상과 (b) 광촉침법 측정영상, (c) 광촉침영상에 표시된 직선방향으로의 표면 거칠기와 윤곽 데이터, (d) 원자작용력현미경으로 측정한 $2 \times 2[\mu m]$ 스캔영역에서의 거칠기 실효값은 약 0.28[nm][25]

과산화수소(H_2O_2)는 산화제이며 표면에 존재하는 실리콘(Si)과 탄소(C) 원자들의 산화를 촉진시킨다. 실리콘 산화물과 탄소산화물의 경도는 탄화규소에 비해서 훨씬 낮기 때문에 슬러리의 마멸작용에 의해서 표면에서 훨씬 더 용이하게 제거된다. 슬러리 내의 실리카 입자들과 탄화규소 표면 사이의 정전기적 상호작용은 화학-기계적 평탄화 가공을 수행하는 동안 소재제거에 중요한 역할을 한다. 슬러리에 칼륨 염기를 첨가하면 모재-연마제(SiC-SiO₂) 사이의 반발력을 감소시켜서 소재제거율을 높여준다. pH=10 미만에서 물에 대한 실리카의 용해도는 급격하게 감소한다.[26~28] 이런 이온강도가 높은 슬러리 속에서 탄화규소의 용해율은 측정할 수 없을 정도로 낮다. 화학−기계적 평탄화 가공을 수행하는 동안 관찰되는 실리콘(Si)의 제거는 실리콘 산화물들이 슬러리의 마멸작용에 의해서 표면에서 제거되는 것이다.

탄화규소 표면에 대한 화학−기계적 평탄화 가공을 통해서 다량의 탄소가 함유된 표면박막이 형성된다. Si-C 결합의 가수분해와 실리콘의 산화로 인해서 규산, 실리카겔 그리고 규화물들이 생성되며, 화학−기계적 평탄화 가공과정에서 표면으로부터 제거된다. 연마된 탄화규소 표면에 대한 X-선 광전자분광법을 사용한 분석결과, 탄소성분도 산화되어 C-O와 C=O를 생성한다는 것이 밝혀졌으며, 이런 결과는 탄소가 과산화수소에 쉽게 산화된다는 연구결과들[29~33]과 일치한다. 그런데 이런 물질들은 표면에서 잘 깎여나가지 않는다. 교차 링크된 규산과 교차 링크된 카르복실 성분들의 가공능력 편차는 소재의 물에 대한 용해도와 기계적 특성차이 때문이다. 규소성분들이 탄소성분들에 비해서 취성이 더 크며 물에 대한 용해도가 더 높다(그림 7.1의 데이터에서). pH=8인 경우의 제거율이 pH값이 더 높은 경우보다 더 큰 이유는 주로, pH값이 더 높은 경우에 탄화물 박막이 더 빠르게 형성되어 하부의 실리콘 원자들의 제거를 방해하기 때문이다. 또한 pH>9인 범위에서는 표면에 규산겔층이 형성되기 때문에 연마용 규소 입자들이 연화되며,[34~37] 이로 인해서 pH=9.5, 10 및 10.5인 경우에 소재제거율이 감소한다. 하지만 이온농도가 심각한 문제가 아닌 경우의 탄화규소 표면연마에 이런 슬러리들을 사용할 수 있다. 이온강도가 높은 슬러리들이 실리카에 대해서도 높은 제거율을 가지고 있다는 것은 잘 알려져 있으며,[38,39] 탄화규소층 하부에 위치한 산화물에 대해서 가공을 멈추지 않기 때문에, 이런 슬러리들은 탄화규소 식각차단층의 연마에 적합지 않다.

비정질 탄화규소(a-SiC)를 연마하기 위해서 pH값을 변화시키지 않으면서 산 안정화콜로이드 규산과 함께 매우 강력한 산화제인 **질산암모늄세륨(IV)**(CAN, [(NH₄)₂Ce(NO₃)₆])이 사용된다.[40] 27.6[kPa]의 누름압력하에서 산화제로 질산암모늄세륨(CAN) 0.5[M]을 사용하며, 연마제로 실리카를 단지 10[wt%]만 사용한 경우에 측정된 제거율은 약 2,500[nm/h]였다. 놀랍게도, 10[wt%]의 실리카를 1[wt%]의 세리아로 바꾸어도 거의 동일한 제거율이 관찰되었다. 실리카와 세리아를 조합하여 사용하면 비정질 탄화규소의 제거율을 약 3,500[nm/h]까지 증가시킬 수 있었으며, 이는 질화된 세륨(IV)의 존재하에서 실리카와 실리카 사이에 상승효과가 발생했다는 것을 의미한다. 그런데 여타의 모든 연마조건들과 슬러리 인자들을 그대로 유지한 채로 세륨(IV) 질화물을 세륨(III) 질화물로 대체하면 탄화규소 제거율이 10배 정도 감소하며, 이는 세륨(IV)이 강력한 산화제라는 것을 나타낸다. 또한 이는 이온강도보다는 산화능력에 의한 것이다. 모든 연마실험들에는 모든 연마제와 염기들을 첨가하여 분산시킨 자연 pH 상태의 슬러리를 사용하였다. 모든 슬러리들의 자연 pH값은 매우 낮으며(<1), 이는 제조환경에 부적합하지만, 분산액의 pH값을 높이면 pH≒1.8만 되어도 세륨 수산화물이 석출되어버린다. 따라서 질산암모늄세륨은 pH값이 너무 낮기 때문에 이를 산화제로 사용하는 것은 현실성이 없다.

잘 분산된 이산화망간(MnO_2)은 그 자체가 훌륭한 연마제이자 산화제이고, 구리, 실리카, 저유전체 박막 그리고 다양한 형태의 결정질 탄화규소 박막 연마에 사용되고 있다.[18,19,41~43] 이산화망간, 구리 및 일산화구리가 1[wt%] 함유된 실리카 분산액을 사용하여 비정질 탄화규소 표면에 대한 연마가공을 시행[44]한 결과가 표 7.4에 제시되어 있다. (분산시키지 않은)이산화망간(MnO_2) 분말 1[wt%]만을 사용한 경우의 탄화규소 제거율은 낮았으며, 이는 아마도 마멸작용이 감소했기 때문일 것이다. 이 데이터에 따르면, 구리 및 망간 기반의 첨가물들과 비정질 탄화규소 표면 사이에 강력한 상호작용이 존재할 가능성이 있으며, 높은 제거율을 구현하기 위해서는 마멸작용이 필요하다는 점도 강조되고 있다.

표 7.4 비정질 탄화규소 표면에 대한 전이금속 화합물을 함유한 슬러리의 제거율

슬러리 조성	pH	제거율[nm/h]
SiO_2 10%+H_2O_2 5%+Cu(II) 산화물	3	2,260±110
SiO_2 10%+H_2O_2 5%+Cu 분말 1%	3	1,530±145
SiO_2 10%+MnO_2 1%	2.5	1,220±145
MnO_2 1%	5.5	260±40

이상의 결과들에 기초하여 (이산화망간보다 더) 강력한 산화제인 과망간산칼륨($KMnO_4$)을 첨가한 실리카 분산액의 비정질 탄화규소에 대한 연마성능을 2≤pH≤10의 범위에 대해서 시험하였으며, 그림 7.4에는 그 결과가 도시되어 있다. 특히 2≤pH≤6의 범위에서는 비정질 탄화규소에 대한 제거율이 높았으며, pH=4인 경우에는 제거율이 약 2,000[nm/h]에 달하였다. 이 결과들은 앞서 제시되어 있는 4H-SiC에 대한 쿠로카와 등[22,23]의 결과와도 잘 일치한다. 그런데 pH≥8 범위에서의 제거율은 훨씬 낮아지며, 이는 물과 용존산소에 의해서 과망간산칼륨($KMnO_4$)이 이산화망간(MnO_2)으로 환원되어 산화능력이 감소기 때문인 것으로 생각된다. 흥미로운 점은 슬러리에 황산구리($CuSO_4$) 3[mM]을 첨가하면, 제거율이 더욱 증가한다는 것이며, pH=6인 경우에는 제거율이 3,700[nm/h]에 달한다. 연마실험이 수행되는 동안 계속해서 슬러리를 교반하면서, 펌프로 패드에 공급하지만, pH=8과 pH=10인 경우에는 황산구리 용액에서 석출이 관찰되었다. pH=8과 pH=10인 경우에는 황산구리 용액에서 석출이 관찰되면, 용액과 슬러리 속의 Cu^{2+} 농도가 감소하며, 이로 인하여 그림 7.4에 도시되어 있는 것처럼, 이 pH값에서 과망간산칼륨의 용해도 감소와 함께 제거율의 저하가 관찰된다.

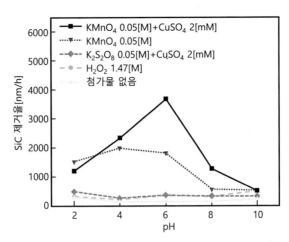

그림 7.4 2≤pH≤10 범위에 대해서 10[wt%]의 실리카가 첨가된 슬러리의 탄화규소 제거율[44]

　그림 7.5에서는 KMnO₄ 0.05[M]+CuSO₄ 2[mM]이 첨가된 슬러리에 연마제 함량을 1[wt%]까지 낮추었을 때에 비전질 탄화규소 표면의 제거율 변화를 보여주고 있다. 2≤pH≤10의 범위에서는 연마제의 함량이 10[wt%]에서 1[wt%]까지 낮아져도 제거율은 거의 감소하지 않는다. 그래서 KMnO₄ 0.05[M]+CuSO₄ 2[mM]만 첨가한 연마제가 없는 용액도 시험하였으며, pH=6인 경우의 탄화규소 연마량은 약 1,900[nm/h]에 이를 정도로 높은 값을 유지하였다. 따라서 이 첨가물 조합을 사용하는 경우에는 실리카 연마제를 단지 1[wt%]만 섞어 넣어도 제거율이 향상되며, IC 1000 번 패드 자체만으로도 충분한 연마작용이 구현된다는 것을 알 수 있다.

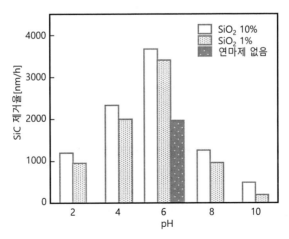

그림 7.5 연마제 함량이 비정질 탄화규소 제거율에 끼치는 영향[44]

7.3.1 비정질 탄화규소 표면에 대한 X-선 광전자분석

그림 7.6에서는 탄화규소 표면에 대한 스캔측정 스펙트럼을 보여주고 있다. 아래 그래프는 실리카 입자(1[wt%]) 이외에는 첨가제를 넣지 않고 pH=6으로 맞춘 슬러리를 사용하여 연마한 경우이며, 중간 그래프는 실리카 입자(1[wt%])와 더불어서 과망간산칼륨(KMnO4) 0.05[M]을 첨가한 후에 pH=6으로 맞춘 슬러리를 사용하여 연마한 경우 그리고 맨 위의 그래프는 실리카 입자(1[wt%])와 더불어서 과망간산칼륨(KMnO4) 0.05[M]과 황산구리(CuSO4) 1[wt%]를 첨가한 후에 pH=6으로 맞춘 슬러리를 사용하여 연마한 경우이다. 실리카 입자만을 사용하여 연마한 경우와 과망간산칼륨을 첨가한 경우의 표면연마 결과를 살펴보면, 과망간산칼륨을 첨가한 경우에 O1s 피크가 조금 더 높다는 것을 제외하고는 서로 거의 유사하다. 이는 과망간산칼륨에 의해서 훨씬 더 두꺼운 산화물층이 형성된다는 이전의 연구결과와도 일치한다.[23]

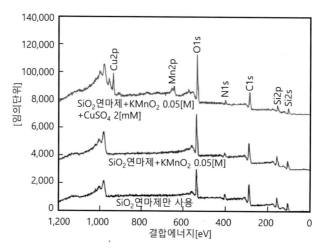

그림 7.6 다양한 조성의 슬러리를 사용하여 연마한 비전질 탄화규소 표면에 대한 X-선 광전자분광 결과. (상) 슬러리 조성: SiO₂ 입자 1[wt%]+KMnO₄ 0.05[M]+CuSO₄ 2[mM], pH=6, (중) 슬러리 조성: SiO₂ 입자 1[wt%]+KMnO₄ 0.05[M], pH=6, (하) 슬러리 조성: SiO₂ 입자 1[wt%], pH=6

Mn2p와 Cu2p는 각각, (과망간산칼륨과 황산구리 첨가물에서 유래하여)탄화규소 표면에 흡착된 망간과 구리 착화물들에 의한 것이다. 탄화규소 표면의 부동화에 일반적으로 사용되는 질소는 탄화규소 박막을 증착하는 과정에서 혼입된다. 표기가 되지 않은 970[eV] 이상 에너지 대역의 피크들은 산소원자의 오제전자들에 의한 것이므로 분석에 포함시키지 않았다. 과망간산칼륨이나 황산구리만을 첨가한 슬러리를 사용하여 탄화규소 표면을 연마한 경우에도 표면에서 구리와 망간이 검출되지 않았다. 그런데 과망간산칼륨과 황산구리를 모두 첨가한 슬러리를 사용하여 연마한 표면에서는 구리와 망간이 모두 검출되었다.

이산화망간(MnO_2)은 Mn^{+2}의 환원을 통해서 불포화결합을 가지고 있는 다양한 유기화합물들을 산화시킬 수 있는 강력한 산화제이다. 이산화망간 슬러리에 노출된 탄화규소 표면에 대하여 X-선 광전자분광법을 사용한 분석을 통해서, 노출시간에 비례하여 두께가 증가하는 산화물층이 존재한다는 것을 확인하였다.[23] 과망간산칼륨($KMnO_4$)은 망간의 산화상태가 +7로서 이산화망간(MnO_2)에 비해서 더 높기 때문에 이산화망간보다 더 강력한 산화제이며, 유기화합물을 더 쉽게 산화시킨다고 알려져 있다.[45,46] 또한 장 등[47]에 따르면, 과망간산칼륨($KMnO_4$)은 탄소나노튜브(CNT) 내에서 과산화수소(H_2O_2)나 질산(HNO_3)에 비해서 탄소원자를 훨씬 더 잘 공격하여 산화시킨다.

마 등[45]은 과망간산칼륨을 사용한 탄소나노튜브의 산화에 대한 연구를 통해서 과망간산칼륨에 노출된 탄소 표면에서 알코올, 케톤 그리고 카르복실산 그룹들이 생성된다는 것을 밝혀냈다. 이들은 과망간산칼륨 용액 속에서 탄소나노튜브가 환원제로 작용할 뿐만 아니라 이산화망간의 비균질핵화를 일으키는 모재로도 작용한다고 주장하였다. 다시 말해서, 탄소 구성체의 표면에 이산화망간이 증착된다. 규소(Si)와 탄소(C)는 모두 IV족 원소이며 유사한 성질을 가지고 있기 때문에, 탄화규소 표면에서도 이와 유사한 메커니즘이 일어날 것으로 예상된다. 따라서 탄소 표면에 생성된 이산화망간이 국부적으로 연마제처럼 작용하여 (표 7.4에 제시되어 있는 산화되지 않은 표면의 낮은 제거율에 비해서) 이미 산화된 표면의 제거율 상승에 기여할 것으로 생각된다. 이런 마멸작용이 연마제를 사용하지 않는 슬러리의 경우에 탄화규소 표면에서 나타나는 높은 제거율의 원인인 것으로 생각된다. 과망간산칼륨만을 첨가한 실리카 슬러리에 대한 제거율 데이터에 따르면, pH=2, 4 및 6인 경우에 높은 제거율이 구현되었다. 이는 산성영역에서 과망간산칼륨의 산화 강도가 더 높기 때문이며, 만일 pH값이 6보다 커지게 되면, 앞서 설명했던 것처럼, 황산구리의 불안정성이 촉발되어 제거율이 감소하게 된다. 또한 과망간산칼륨에 OH^-이 추가되면 MnO_4^-가 이산화망간(MnO_2)으로 환원되므로 산화제의 전체적인 산화능력이 감소하게 된다.

산화제 속에서 구리 화합물들은 다양한 유기화합물의 산화율을 가속시키는 촉매제로 알려져 있다.[48~52] 또한 구리와 망간은 상온에서조차도 다양한 알켄물질들을 산화시키는 **병존촉매**[2]라고 알려져 있다.[53~56] 연구자들에 따르면, 망간산화물만으로도 알켄물질의 산화에 효과적이지만, 소량의 Cu^{+2} 이온을 첨가하면 알켄들을 알코올과 알데히드로 변환시키는 능력이 크게 향상된다.

2가 구리이온(Cu^{+2}) 자체도 과망간산칼륨만큼은 아니지만, 강력한 산화제여서 1가 상태(Cu^+)로 환원되면서 다양한 물질들을 산화시킬 수 있다.[57~59] 2가 구리이온(Cu^{+2})은 앞서 설명한 과정을 통해서 과망간산칼륨에 의해서 비정질 탄화규소 표면에 형성된 알코올을 산화시킬 수 있으며, 환원된 MnO_4^- 이온들을 부분적으로 산화시켜서 혼합물의 전체적인 산화능력을 증가시킬 수 있

---

2 concomitant catalyst: 서로 상승작용을 일으키는 촉매. 역자 주.

다. 따라서 전체적인 효과를 MnO_4^{2-}와 MnO_4^- 그리고 Cu^{+2} 이온들 사이의 산화환원 시스템으로 나타낼 수 있다. 이 가설은 산화제를 과망간산칼륨(KMnO₄)에서 과황산칼륨($K_2S_2O_8$)으로 바꾸면 황산구리를 첨가하여도 비정질 탄화규소의 제거율이 높아지지 않는다는 것으로부터 확인할 수 있다. 화이트 등[18]과 싱 등[19]이 각각 발표한 소위 촉매작용도 동일한 메커니즘으로 설명할 수 있다. 또한 과망간산칼륨과 황산구리를 모두 함유한 슬러리를 사용하여 연마한 표면에만 구리와 망간이 존재하며, 이들 중 하나만 첨가한 슬러리를 사용한 표면에서는 이들이 발견되지 않는다는 것은 이들이 탄화규소 표면 위에서 서로 상호작용하거나 분해된다는 것을 시사한다. 또한 제거율 데이터에서 알 수 있듯이, Cu^{2+}이온농도를 증가시켜도 탄화규소의 제거율은 크게 증가하지 않는다. 황산구리의 첨가량을 2[mM] 대신에 1[mM]이나 4[mM]로 변화시켜도 과망간산칼륨에 의한 제거율이 크게 변하지 않는다는 사실로부터, Cu^{2+} 이온이 촉매로 작용한다는 것을 확인할 수 있다.

요약해보면 첫 번째 단계에서는 MnO_4^-가 비정질 탄화규소 표면의 탄소를 알코올 성분으로 산화시키며, Cu^{2+} 이온에 의해서 알데히드나 산물질로 변환되는 후속 산화공정이 촉진된다. 결과적으로 실리콘원자와 관련된 4개의 Si-C 결합들 중에서 2개가 잘려나가면서 표면구조가 약해지며, 탄화규소 표면이 다수의 Si-O, C-O 및 C=O와 같은 극성결합으로 변환된다. 이런 표면은 모든 원자들이 인접한 네 개의 원자들과 공유결합을 이루고 있는 원래의 비정질 탄화규소 표면보다 연마가 훨씬 용이하여, 높은 제거율이 구현된다.

7.3.2 실리카 박막에 대한 연마율과 선택도

앞서 설명했듯이 비정질 탄화규소 경질마스크를 연마하기 위해서는 탄화규소(SiC)를 선택적으로 연마하며, 하부에 위치한 실리카(SiO_2)는 연마하지 않아야 한다. 그림 7.7 (a)와 (b)에서는 SiO_2입자 1[wt%]+KMnO₄ 0.05[M]+CuSO₄ 2[mM]로 이루어진 슬러리의 실리카 및 탄화규소에 대한 제거율이 pH값의 함수로 도시되어 있다. pH값이 2~6 범위인 경우에 실리카(SiO_2) 소재제거율은 약 1,000[nm/h]이며, pH값이 8과 10인 경우에도 제거율이 약 200[nm/h]에 달하여, 수용할 수 없을 정도로 높은 제거율을 가지고 있기 때문에, 선택도 요구조건을 충족시키기 위해서는 이를 억제할 필요가 있다. Brij-35를 첨가하면 그림 7.7 (b)에 도시되어 있는 것처럼, 비정질 탄화규소(a-SiC)의 제거율에는 별다른 영향을 끼치지 않으면서도 그림 7.7 (a)에 도시된 것처럼, 실리카(SiO_2)의 제거율만을 억제하는 것을 알 수 있다. Brij-35를 단지 250[ppm]만큼 첨가하여도 실리카의 제거율을 크게 낮출 수 있으며, 특히 pH=6, 8 및 10인 경우에는 제거율을 거의 0[nm/h]까지 억제할 수 있었다. 계면활성제를 사용하지 않은 pH=6인 슬러리를 사용한 경우에 탄화규소의 최대 제거율이 관찰되었으며, 제거율은 약간 감소하여 약 2,700[nm/h]에 달하였다.

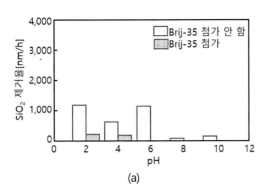
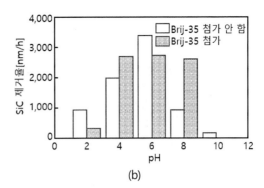

(a)　　　　　　　　　　　　　　　(b)

그림 7.7 (a) Brij-35를 첨가한 경우와 첨가하지 않은 경우에 SiO_2 입자 1[wt%]+$KMnO_4$ 0.05[M]+$CuSO_4$ 2[mM], pH=2~10인 슬러리의 SiO_2 제거율(Brij를 첨가한 경우에는 pH=6~10의 범위에 대해서 제거율이 0임), (b) Brij-35를 첨가한 경우와 첨가하지 않은 경우에 SiO_2 입자 1[wt%]+$KMnO_4$ 0.05[M]+$CuSO_4$ 2[mM], pH=2~10인 슬러리의 비정질 탄화규소(a-SiC) 제거율(Brij를 첨가한 경우에는 pH=10에 대해서 제거율이 0임)[44]

　　마지막으로, 이 슬러리를 사용하여 연마한 비정질 탄화규소 웨이퍼의 연마 후 표면은 거칠기 실효값이 0.43[nm]에 이를 정도로 매우 매끄러운 표면이 생성되었다(그림 7.8). 따라서 SiO_2입자 1[wt%]+$KMnO_4$ 0.05[M]+$CuSO_4$ 2[mM]+Brij-35 250[ppm], pH=6인 슬러리 조성은 탄화규소 제거율이 매우 높고 실리카에 대한 뛰어난 선택도를 가지고 있는 매우 매력적인 조성으로서, 비정질 탄화규소 경질마스크의 연마에 적합하다.

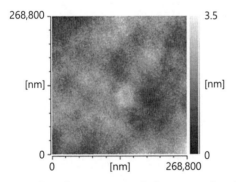

항목	평균값[nm]
평균	0.0
Sq	0.43
Sa	0.34
산/골	3.50
기울기	-0.20
첨도	2.94

그림 7.8 SiO_2 입자 1[wt%]+$KMnO_4$ 0.05[M]+$CuSO_4$ 2[mM]+Brij-35 250[ppm], pH=6인 슬러리를 사용하여 비정질 탄화규소 표면을 연마한 이후의 표면 특성[44]

7.4 요약

비정질 탄화규소에 대한 화학-기계적 평탄화 가공에서는 전형적으로 산화제를 사용하여 탄화규소 표면을 산화시킨 후에 슬러리 입자를 사용하여 마멸시키는 과정이 사용된다. 산화제는 실리콘과 탄소 사이의 사면체결합을 떼어내서 하부구조와의 결함이 약하여 연마가 비교적 손쉬운 규화물, 알코올 그리고 케톤 등을 생성한다. 과망간산칼륨($KMnO_4$) 및 삼산화크롬(Cr_2O_3)과 같은 전이금속 산화제들은 탄화규소 표면을 매우 효과적으로 산화시킨다. 또한 슬러리에 전이금속 염들을 첨가하면 탄화규소의 제거율을 크게 향상시켜준다. 탄화규소 표면은 공수성 그룹과 친수성 그룹들이 혼재해 있기 때문에 탄화규소 표면을 세정하는 것은 간단한 일이 아니다. 탄화규소 표면에 대한 화학-기계적 평탄화 가공을 실현시키기 위해서는 탄화규소 표면의 세정에 대한 보다 정확한 이해가 선행되어야 한다.

참고문헌

1. J.A. Cooper Jr., A. Agarwal, SiC power-switching devices-the second electronics revolution Proc. IEEE 90 (2002) 956e968.

2. R. Singh, M. Pecht, Commercial impact of silicon carbide, Industrial Electronics Magazine, IEEE 2 (2008) 19e31.

3. A. Elasser, T.P. Chow, Silicon carbide benefits and advantages for power electronics circuits and systems, Proc. IEEE 90 (2002) 969e986.

4. J. Camassel, S. Contreras, J. Robert, SiC materials: a semiconductor family for the next century, CR Acad. Sci. e Series IV e Physics 1 (2000) 5e21.

5. M. Willander, M. Friesel, Q. Wahab, B. Straumal, Silicon carbide and diamond for high temperature device applications, J. Mater. Sci. Mater. Electron 17 (2006) 1e25.

6. X. Chen, X. Xu, X. Hu, J. Li, S. Jiang, L. Ning, et al., Anisotropy of chemical mechanical polishing in silicon carbide substrates, Mater. Sci. Eng. B 142 (2007) 28e30.

7. H. Jeong, H. Lee, W. Shin, K.H. Kim, D.I. Kim, Chemical and mechanical balance in CMP for electronic materials: copper and SiC, in: Presented at International Conference on Planarization/CMP Technology, 2009.

8. D. Fan, A study on the polishing mechanism of silicon carbide (SiC) optic surface, Adv. Mater. Res. 337 (2011) 474e478.

9. M. Kikuchi, Y. Takahashi, T. Suga, S. Suzuki, Y. Bando, Mechanochemical polishing of silicon carbide single crystal with chromium (iii) oxide abrasive, J. Am. Ceram. Soc. 75 (1992) 189e194.

10. Z. Zhu, V. Muratov, T.E. Fischer, Tribochemical polishing of silicon carbide in oxidant solution, Wear 225 (1999) 848e856.

11. L. Zhou, V. Audurier, P. Pirouz, J.A. Powell, Chemomechanical polishing of silicon carbide, J. Electrochem. Soc. 144 (1997) L161eL163.

12. C. Li, I.B. Bhat, R. Wang, J. Seiler, Electro-chemical mechanical polishing of silicon carbide, J. Electron. Mater. 33 (5) (2004) 481e486.

13. Y. Lin, C. Kao, A study on surface polishing of sic with a tribochemical reaction mechanism, Int. J. Adv. Manuf. Technol. 25 (2005) 33e40.

14. T. Urushidani, S. Ogino, Surface Polishing of Silicon Carbide Electronic Device Substrate Using CeO2, US 5750434, 1998.

15. M. Desai, K. Moeggenborg, P. Carter, Silicon Carbide Polishing Method Utilizing Water-soluble Oxidizers, US7678700 B2, 2010.

16. M. White, K. Moeggenborg, F. Batllo, J. Gilliland, N. Naguib, High rate silicon carbide polishing to ultra-smooth surfaces, in: Presented at MRS Proceedings, 2007.

17. M.L. White, L. Jones, J. Gilliland, K. Moeggenborg, Silicon Carbide Polishing Method Utilizing Water-soluble Oxidizers, WO 2009111001 A3, 2009.

18. M. White, L. Jones, J. Gilliland, Polishing Silicon Carbide, WO/2010/129207 A3, 2010.

19. R.K. Singh, A.C. Arjunan, D. Das, D. Singh, A. Mishra, T.V. Jayaraman, Chemical Mechanical Polishing of Silicon Carbide Comprising Surfaces, 2011.

20. J. Schlueter, S. Stoeva, M. Graham, T. Shi, Development of innovative tunable polishing formulations for chemical mechanical planarization of silicon nitride, silicon carbide, and silicon oxide, in: International Conference on Planarization/CMP Technology, Grenoble, 2012.

21. K. Yagi, J. Murata, A. Kubota, Y. Sano, H. Hara, T. Okamoto, et al., Catalyst-referred etching of 4H SiC substrate utilizing hydroxyl radicals generated from hydrogen peroxide molecules, Surf. Interface Anal. 40 (2008) 998e1001.

22. S. Kurokawa, T. Egashira, Z. Tan, T. Yin, T. Doi, Removal rate improvement in SiCCMP using MnO2 slurry with strong oxidant, in: International Conference on Planarization Technology, 2013, p. 271.

23. S. Kurokawa, T. Doi, O. Ohnishi, T. Yamazaki, Z. Tan, T. Yin, Characteristics in SiC-CMP using MnO2 slurry with strong oxidant under different atmospheric conditions, in: MRS Online Proceedings Library 1560, 2013.

24. X. Shi, G. Pan, Y. Zhou, C. Zou, H. Gong, Extended study of the atomic step-terrace structure on hexagonal SiC (0 0 0 1) by chemical-mechanical planarization, Appl. Surf. Sci. 284 (1) (November 2013) 195e206.

25. U.R.K. Lagudu, S. Isono, S. Krishnan, S.V. Babu, Role of ionic strength in chemical mechanical polishing of silicon carbide using silica slurries, Colloids and Surfaces A: Physicochemical and Engineering Aspects 445 (2014) 119e127.

26. R.K. Iler, The Chemistry of Silica-Solubility, Polymerization, Colloid and Surface Properties, and Biochemistry, John Wiley and Sons, Chichester, 1979.

27. W. Vogelsberger, M. L€obbus, J. Sonnefeld, A. Seidel, Solubility of silica gel in water, Colloids Surf. A 159 (1999) 311e319.

28. Y. Hirata, K. Miyano, S. Sameshima, Y. Kamino, Reaction between SiC surface and aqueous solutions containing Al ions, Colloids Surf. A 133 (1998) 183e189.

29. Y. Peng, H. Liu, Effects of oxidation by hydrogen peroxide on the structures of multiwalled carbon nanotubes, Ind. Eng. Chem. Res. 45 (2006) 6483e6488.

30. V. Gomez-Serrano, M. Acedo-Ramos, A.J. Lopez-Peinado, C. Valenzuela-Calahorro, Oxidation of activated carbon by hydrogen peroxide, study of surface functional groups by FT-I.R. Fuel 73 (1994) 387e395.

31. J. Jaramillo, P.M. Alvarez, V. Gomez-Serrano, Oxidation of activated carbon by dry and wet methods: surface chemistry and textural modifications, Fuel. Process. Technol. 91 (2000) 1768e1775.

32. L.A. Langley, D.E. Villanueva, D.H. Fairbrother, Quantification of surface oxides on carbonaceous materials, Chem. Mater. 18 (2006) 169e178.

33. C. Moreno-Castilla, M. Lopez-Ramon, F. Carrasco-Marın, Changes in surface chemistry of activated carbons by wet oxidation, Carbon 38 (2000) 1995e2001.

34. I.U. Vakarclski, N. Tcramoto, C.E. Mcnamee, J.O. Marston, K. Higashitani, Ionic enhancement of silica surface nanowear in electrolyte solutions, Langmuir 28 (2012) 16072e16079.

35. E. Taran, Y. Kanda, I.U. Vakarelski, K. Higashitani, Nonlinear friction characteristics between silica surfaces in high pH solution, J. Colloid. Interface Sci. 307 (2007) 425e432.

36. E. Taran, B.C. Donose, I.U. Vakarelski, K. Higashitani, pH dependence of friction forces between silica surfaces in solutions, J. Colloid Interface Sci. 297 (2006) 199e203.

37. Y. Li, Y. Kanda, H. Shinto, I.U. Vakarelski, K. Higashitani, Fragile structured layers on surfaces in highly concentrated solutions of electrolytes of various valencies, Colloids Surf. A 260 (2005) 39e43.

38. P. Suphantharida, K. Osseo-Asare, Cerium oxide slurries in CMP. Electrophoretic mobility and adsorption investigations of ceria/silicate interaction, J. Electrochem. Soc. 151 (10) (2004) G658eG662.

39. W. Choi, U. Mahajan, S. Lee, J. Abiade, R.K. Singh, Effect of slurry ionic salts at dielectric silica CMP, J. Electrochem. Soc. 151 (2004) G185eG189.

40. U.R.K. Lagudu, Development of Formulations for a-SiC and Manganese CMP and Post-CMP Cleaning of Cobalt (Ph.D. Thesis), Clarkson University, 2014.

41. T. Hara, T. Tomisawa, T. Kurosu, T.K. Doy, Chemical mechanical polishing of polyarylether low dielectric constant layers by manganese oxide slurry, J. Electrochem. Soc. 146 (1999) 2333e2336.

42. T. Hara, T.Kurosu, T. Doy, Chemical mechanical planarization of copper and barrier layers by manganese (IV) oxide slurry, Electrochem. Solid-State Lett. 4 (2001) G109eG111.

43. Y. Seo, S. Park, W. Lee, Effects of manganese oxideemixed abrasive slurry on the tetraethyl orthosilicate oxide chemical mechanical polishing for planarization of interlayer dielectric film in the multilevel interconnection, J. Vac. Sci. Technol. A 26 (2006) 996e1001.

44. U.R.K. Lagudu, S.V. Babu, Effect of transition metal compounds on amorphous SiC removal rates, ECS J. Solid State Sci. Technol. 3 (6) (2014) P219eP225.

45. S. Ma, K. Ahn, E. Lee, K. Oh, K. Kim, Synthesis and characterization of manganese dioxide spontaneously coated on carbon nanotubes, Carbon 45 (2007) 375e382.

46. A.Y. Drummond, W.A. Waters, Stages in oxidations of organic compounds by potassium permanganate, Part IV, oxidation of malonic acid and its analogues, J. Chem. Soc. (Resumed) (1954) 2456e2467.

47. J. Zhang, H. Zou, Q. Qing, Y. Yang, Q. Li, Z. Liu, et al., Effect of chemical oxidation on the structure of single-walled carbon nanotubes, J. Phys. Chem. B 107 (2003) 3712e3718.

48. C.I. Herrerías, X. Yao, Z. Li, C. Li, Reactions of CH bonds in water, Chem. Rev. 107 (2007) 2546e2562.

49. M. Lin, T. Hogan, A. Sen, A highly catalytic bimetallic system for the low-temperature selective oxidation of methane and lower alkanes with dioxygen as the oxidant, J. Am. Chem. Soc. 119 (1997) 6048e6053.

50. M. Lin, C. Shen, E.A. Garcia-Zayas, A. Sen, Catalytic shilov chemistry: platinum chloride-catalyzed oxidation of terminal methyl groups by dioxygen, J. Am. Chem. Soc. 123 (2001) 1000e1001.

51. S. Stohs, D. Bagchi, Oxidative mechanisms in the toxicity of metal ions, Free Radic. Biol. Med. 18 (1995) 321e336.

52. C. Liao, M. Lu, S. Su, Role of cupric ions in the H2O2/UV oxidation of humic acids, Chemosphere 44

(2001) 913e919.

53. F. Wang, G. Yang, W. Zhang, W. Wu, J. Xu, Copper and manganese: two concordant partners in the catalytic oxidation of P-Cresol to P-Hydroxybenzaldehyde, Chem. Comm. 10 (2003) 1172e1173.

54. F. Wang, G. Yang, W. Zhang, W. Wu, J. Xu, Oxidation of P-Cresol to PHydroxybenzaldehyde with molecular oxygen in the presence of CuMn-oxide heterogeneous catalyst, Adv. Synth. Catal. 346 (2004) 633e638.

55. X. Li, J. Xu, L. Zhou, F. Wang, J. Gao, C. Chen, et al., Liquid-phase oxidation of toluene by molecular oxygen over copper manganese oxides, Catal. Lett. 110 (2006) 255e260.

56. Q. Tang, X. Gong, P. Zhao, Y. Chen, Y. Yang, Copperemanganese oxide catalysts supported on alumina: physicochemical features and catalytic performances in the aerobic oxidation of benzyl alcohol, Appl. Catal. A: General 389 (2010) 101e107.

57. C. Walling, S. Kato, Oxidation of alcohols by Fenton's reagent. Effect of copper ion, J. Am. Chem. Soc. 93 (1971) 4275e4281.

58. M. Semmelhack, C.R. Schmid, D.A. Cortes, C.S. Chou, Oxidation of alcohols to aldehydes with oxygen and cupric ion, mediated by nitrosonium ion, J. Am. Chem. Soc. 106 (1984) 3374e3376.

59. J. Anderson, The copper-catalysed oxidation of hydroxylamine, Analyst 89 (1964) 357e362.

CHAPTER

8

질화갈륨에 대한
화학 – 기계적 평탄화 가공의
물리화학적 메커니즘

질화갈륨에 대한
화학 - 기계적 평탄화 가공의
물리화학적 메커니즘

8.1 서 언

환경의 영향이 작고 에너지를 절감할 수 있는 디바이스를 구현하기 위해서, 질화갈륨(GaN) 기반의 광전 디바이스가 관심을 받고 있다. 특히 차세대 광원용 백색 발광다이오드(LED), 자외선 (UV)과 청색 반도체 레이저 다이오드(LD)의 일반화, 녹색 레이저다이오드의 실현 그리고 고출력, 고주파 디바이스의 실현 등이 중요하다. 질화갈륨을 성장시키기 위한 모재로는 사파이어, 탄화규소 그리고 실리콘이 사용되고 있지만, 이종의 모재 위에서 일어나는 부등방 에피텍셜 성장으로 인하여 디바이스의 품질이 제한되는 문제가 있다. 따라서 디바이스 품질을 높이기 위해서는 등방성 에피텍셜 성장시킨 고품질 질화갈륨 모재를 만들 필요가 있다.

모재 개발의 핵심은 일반적으로 두 가지 범주로 구분할 수 있다. (1) 모재로 사용할 벌크 결정성장기술의 개발, (2) 만들어진 벌크 결정체에 디바이스를 성장시키고, 이후에 디바이스 칩 제조공정을 통해서 최적의 형상으로 제조하기 위한 모재처리기술의 개발, 질화갈륨 모재와 관련된 최근의 개발경향을 살펴보면 첫 번째 범주의 기술이 크게 발전하고 있음을 알 수 있다. 가장 널리 사용되는 방법은 증기상 수소화물 에피텍시(HVPE) 성장을 통해서 사파이어와 같은 부등방 에피텍셜 모재 위에 약 5[mm] 정도 두께의 질화갈륨 박막을 성장시킨 다음에 모재에서 두꺼운 박막을 분리시키는 것이다.[1~5] 최근에는 최대직경이 150[mm]에 이르는 질화갈륨 결정체를 성장시켰다고 보고되었다.[6] 하지만 이렇게 만들어진 모재를 반도체 디바이스를 성장시키기 위한 모재로 사용하기 위해서는 절단, 연삭 및 연마와 같이 소재를 웨이퍼 형상으로 만드는 공정들이 필요하지만, 모재처리기술의 개발은 결정성장 기술에 비해서 크게 뒤쳐져 있다. 이는 모재 가공공정의 최종단계에서 질화갈륨 결정체의 취급이 매우 어렵기 때문이다.

그림 8.1에서는 잉곳에서부터 모재를 가공하는 공정을 보여주고 있다. 대부분의 경우, 최종가공을 시행하기 직전에는, 기존의 결정소재에 사용하는 공정기술을 그대로 사용한다. 우선 잉곳을 원통형으로 절단한 다음에 와이어절단을 통해서 웨이퍼 형태로 만든다. 질화갈륨의 경우에는 비록 성장한 결정이 얇지만, 와이어절단을 사용할 수 있다. 거친 그린카본(GC) 연마제를 사용하는 양면래핑을 통해서 양면을 평평하고 일정한 두께로 만들 수 있다. 일부의 경우에는 래핑 대신에 연삭을 시행할 수도 있다. 테두리 형상을 만들기 위해서 베벨가공(챔퍼가공)이 시행된다. 이 결정체 모재는 매우 깨지기 쉽기 때문에, 공정 중에 파손을 막기 위해서는 베벨가공이 매우 중요하다. 래핑이 끝난 후에는 다이아몬드 슬러리를 사용하여 표면에 대한 기계연마를 시행한다. 다이아몬드 연마입자의 직경을 점차로 감소시키면 점차적으로 경면이 만들어지며, 나노미터급 표면 거칠기가 구현된다. 질화갈륨의 특징적인 경도와 취성을 고려해야만 하지만, 이 연마공정은 비교적 수행하기가 용이하다.

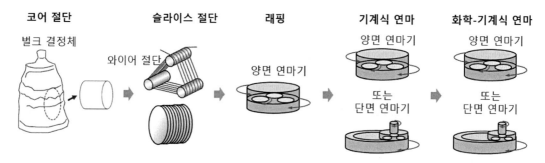

그림 8.1 전형적인 웨이퍼 가공공정의 흐름도

이 정밀한 제조공정을 시행한 이후에는, 모재 표면에는 옹스트롬 수준의 표면 거칠기가 구현되며, 이는 원자 수준의 편평도에 해당한다. 질화갈륨 모재의 특성 때문에, 단결정 원자배열을 해치지 않으면서 경면을 만들기 위한 최종공정은 구현하기가 매우 어렵다. 기존 결정소재와의 성질차이로 인하여 최종공정의 구현이 극도로 어려우며, 이로 인하여 질화갈륨 모재의 사용이 현실적으로 어려운 실정이다. 기계적 연마와 화학적 반응이 결합된 화학-기계적 연마(CMP)[1]는 거의 대부분의 결정소재에 적용할 수 있는 훌륭한 기법이지만, 이를 질화갈륨 결정에 적용하는 것은 극히

---

1   여기서 P는 polishing. 역자 주.

어렵다. 따라서 모재의 최종 가공단계가 가지고 있는 문제를 해결하기 위한 기술개발이 시급하다는 것은 말할 필요조차 없다. 다행히도 최근 들어서 모재 처리기술 개발이 점차로 관심을 받고 있으며, 결정성장 기술이 특정한 수준까지 성숙되고 나면, 이 분야에 연구개발역량이 집중될 것이다. 질화갈륨 소재의 최종다듬질에 적용할 수 있는 화학-기계적 평탄화 기법이 조금씩 발전하고 있다. 이 장에서는 화학-기계적 평탄화 가공에 초점을 맞추어 질화갈륨 결정모재 처리기술 개발의 역사, 현재의 상태 그리고 향후 전망에 대해서 살펴보기로 한다.

8.2 질화갈륨 최종다듬질 공정의 개발역사

결정가공기술은 일반적으로 결정기술의 개발과 함께 발전해왔다. 결정성장 기술이 특정한 크기(예를 들어 1[cm²] 수준)에 도달하게 되면, 결정품질의 평가와 해당 결정체 위에 박막을 성장시키려는 새로운 연구가 필요하기 때문이다. 이런 목적에 가장 적합한 결정형상을 얻기 위해서, 처음으로 만들어진 결정체에 대한 가공이 필요하였으며, 새로운 가공기술의 개발이 시작되었다. 그림 8.2에서는 질화갈륨(GaN) 가공공정개발의 역사를 요약하여 보여주고 있다. 1996년경부터 질화갈륨 모재에 대한 기초적인 표면가공특성에 대한 이해와 초기가공연구가 시작되었다. 이 시기에 고온, 고압 합성, 즉 **고압용액성장**(HPSG)[7,8] 을 통해서 질화갈륨 벌크 결정체를 성장시키려는 수많은 연구들이 수행되었으며, 고압용액성장된 결정에의 표면 윤곽을 다듬어서 매끄러운 표면을 만들기 위해서 다이아몬드 연마입자를 사용하였다. 이렇게 기계적으로 가공된 모재의 표면에 등방성 결정성장이 수행되었다.[9] 그런 다음 기계가공에 의해서 영향을 받은 손상층을 제거하기 위해서 질화갈륨 결정체에 대한 습식식각이 시행되었다. 1970년대에는 예를 들어 츄[10]와 판코브[11]에 의해서 화학약액을 사용하여 질화갈륨 박막을 식각하려는 연구가 수행되었으며, 뒤이어서 질화갈륨 벌크 결정체에 이를 적용하였다(질화갈륨 소재에 대한 습식 식각기술의 리뷰는 쟝과 에드거[12] 참조). 질화갈륨 결정체 앞면과 뒷면의 식각성질 차이에 대한 세밀한 연구가 수행되었으며, 전형적으로 디바이스의 모재로 사용되는 앞면의 <0001> 표면이 뒷면의 <000-1> 표면에 비해서 화학적 안정성이 뛰어나다는 것이 밝혀졌다. 또한 질화갈륨에 대한 식각성을 향상시키기 위해서 광화학식각에 대한 연구도 수행되었다.[13] 그런데 식각은 기계적 연마과정에서 생성된 손상을 제거할 수 있지만, 표면을 평탄화시켜주지는 못한다. 표면가공에 아주 미세한 다이아몬드 입자를 사용한다고 하여도 여전히 긁힘이나 손상층이 존재한다. 식각을 통해서 이 손상층을 제거할 수는 있지만, 원자 수준의 편평도를 갖춘 완벽한 평면을 만들 수는 없다.

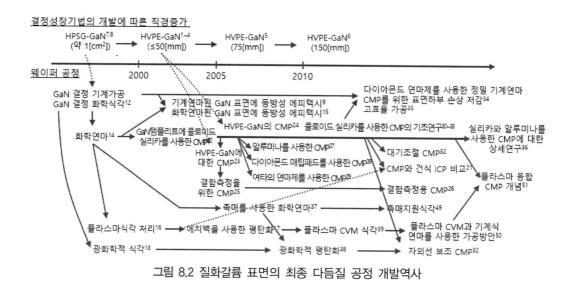

그림 8.2 질화갈륨 표면의 최종 다듬질 공정 개발역사

1997년에 웨이어 등[14]은 질화갈륨 결정을 연마하기 위해서 연질 패드 위에 수산화칼륨(KOH) 용액을 공급하는 방식으로 습식 식각과 연마를 결합시켰다. 이 논문이 최초의 질화갈륨 무손상 평탄화 가공 연구로 간주된다. 다음 해에 포로스키[15]는 이 방법으로 연마한 질화갈륨 모재 위에 질화갈륨을 등방성 에피텍셜 성장시켰다고 발표하였다. 2~6[kg/cm²]의 부가압력하에서 연마율은 1.3[μm/h]이었다. 크기가 작은(<1[cm²]) 결정체의 연마가공에서는 2~6[kg/cm²]의 압력을 부가하는 것이 그리 어려운 일이 아니지만, 대량생산을 위해서는 직경이 50[mm] 이상인 모재(약 20[cm²])를 시장에 안정적으로 공급해야 하므로, 이 부가압력을 양산에 적용하기가 어렵다. 현재 직경 75[mm](약 45[cm²])과 직경 150[mm](약 180[cm²]) 크기의 모재에 대한 시험이 시작되었다. 모재의 크기가 앞으로 더 커질지에 대해서는 명확하지 않지만, 그때가 되면 건식식각이 적용될 것이다.[16] 그런데 건식식각으로는 완벽한 평면을 얻을 수 없기 때문에, 건식식각의 역할은 기계적 연마과정에서 발생한 손상의 제거로 국한되며, 많은 경우 연마 긁힘은 그대로 남는다. 이런 문제를 해결하기 위해서 보스턴 대학교의 연구그룹에서는 2005년에 건식식각을 사용한 에치백[2] 기법을 개발하여 질화갈륨 표면의 평탄화 가능성을 확인하였다.[17] 하지만 건식식각을 통해서 기계적 연마과정에서 발생한 손상을 제거할 수 있는 반면에, 플라스마에 의해서 손상이 유발될 가능성에 대해서는 주의가 필요하다.[18~20] 화학-기계적 평탄화(CMP)와 건식식각이 질화갈륨 가공품질에 끼치는 영향에 대한 직접비교를 통해서 건식식각이 화학-기계적 평탄화에 비해서 공정속도가 월등히 빠르지만, 고속 식각조건하에서는 플라스마에 의한 손상이 초래된다는 것이 밝혀졌다.[21]

---

2 etchback: 감광제나 경질마스크를 사용하지 않고 웨이퍼 전체를 식각하는 기법. 역자 주.

2002년 타버니어 등[22]이 콜로이드 실리카 슬러리를 사용하여 질화갈륨(GaN) 결정체에 대한 화학－기계적 평탄화 가공연구를 발표하기 전까지의 여러 해 동안은 질화갈륨 결정체에 대한 다듬질 기법에 대한 논문이 거의 발표되지 않았다. 이 논문이 질화갈륨에 대한 화학－기계적 평탄화 가공에 대한 최초의 논문으로 간주되고 있다. 이들은 질화갈륨 결정체의 앞면 <0001>과 뒷면 <000-1>의 화학－기계적 평탄화 가공특성 차이에 대한 고찰을 수행하였으며, 콜로이드 형태의 실리카를 사용한 화학－기계적 평탄화 공정은 <000-1> 표면을 가공해주지만 <0001> 표면은 가공하지 않는다는 것을 발견하였다. 실험조건에 대한 고찰을 통해서 이를 이해하고 나서는 질화갈륨에 대한 화학－기계적 평탄화 가공에 대한 연구개발이 진도를 나갈 수 있게 되었으며, 이 시절에 실험결과에 따르면, 화학적으로 안정한 <0001> 질화갈륨 표면은 15분 동안의 화학－기계적 평탄화 가공에 대해서 아무런 가공도 일어나지 않았다. 이는 <000-1> 표면에 대한 다듬질 공정에 질화갈륨보다 경도가 낮은 콜로이드 형태의 실리카 슬러리를 사용할 수 있다는 것을 나타내는 가치 있는 발견이었다.

이후로 다수의 가공관련 논문들이 발표되었지만, 자세한 공정조건들은 제시되지 않았다. 이 시절은 고압용액성장(HPSG) 대신에 증기상 수소화물 에피텍시(HVPE)를 사용하여 50[mm] 크기의 질화갈륨 웨이퍼를 개발하던 시기이며, 이 방식으로는 모재크기 증가에 한계가 있었다. 증기상 수소화물 에피텍시(HVPE) 성장기술은 주로 산업체에 의해서 개발되고 있었으며, 개발된 공정이 회사의 노하우로 보호되고 있었기 때문에, 많은 개발사례들이 발표되지 않았다고 생각된다. 이런 이유 때문에 수 등[23]과 핸서 등[24]은 증기상 수소화물 에피텍시(HVPE) 기법으로 성장시킨 질화갈륨 결정체에 대해서만 화학－기계적 평탄화 가공을 시행했기 때문에, 질화갈륨 결정성장 기술만을 대상으로 하는 학술논문을 발표하였으며, 화학－기계적 평탄화에 대한 자세한 내용은 다루지 않았다. 화학－기계적 평탄화 가공용 슬러리의 식각작용으로 인하여 식각구덩이 생성과 결정전위가 유발되기 때문에, 질화갈륨 결정의 전위를 평가하기 위해서 화학－기계적 평탄화를 활용할 수 있다.[25,26]

2008년 이후로 하야시 등,[27] 얀 등,[28] 아르주난 등[29]과 같은 공정기술 관련논문들이 발표되었다. 질화갈륨 결정성장에 대한 연구개발이 오랜 기간 동안 계속되어왔기 때문에 질화갈륨 모재에 대한 가공도 오랜 기간 동안 수행되어왔지만, 증기상 수소화물 에피텍시(HVPE) 성장기술이 특정한 수준으로 확립되어 질화갈륨 모재가 시장에 진입하게 되었기 때문에, 질화갈륨 가공공정 개발과 관련된 연구가 필요하게 되었다. 질화갈륨이 정밀하게 가공하기 어려운 소재라는 것을 인식하게 된 것은 아마도 이 시절부터일 것이다. 하야시 등[27]은 차아염소산나트륨을 기반으로 하는 알루미나 슬러리를 사용하는 화학－기계적 평탄화 가공을 발표하였으며, 얀 등[27]은 다이아몬드가 매립된 연질 패드와 수산화칼륨 기반의 용액을 사용하여 화학－기계적 평탄화 가공을 수행하였으며, 공정특성에 대하여 검토하였다. 저자가 소속된 연구그룹은 콜로이드 형태의 실리카 슬러리에 초점을 맞추었으며, 화학－기계적 평탄화 가공 특성에 대한 기초연구를 통해서 공정시간을 줄일 수 있는 공정메커니즘을 제안하였다.[30~33] 또한 기계적 연마에 의해서 영향을 받은 손상층의 완화[34]나 고효율 기계식 연마공정[35] 같은 다양한 질화갈륨 모재 가공기술의 개발을 수행하였다. 우리는 현존하는 소재들 중에서 활용도가 높으며, 질화갈륨에 비해서 연마입자의 경도가 낮은 콜로이드 실리카 슬러리에 초점을 맞추었다. 알루미나 슬러리[27]와 다이아몬드가 매립된 패드[28]의 경우, 기계적 가공에 사용되는 연마입자들은 질화갈륨에 비해서 경도가 더 높기 때문에 손상층이 만들어진다. 이들 두 경우 모두, 손상층을 제거하기 위해서 염기성 용액의 화학적 식각효과를 동시에 활용한다. 즉, 기계적 가공과 더불어서 강력한 화학연마가 사용된다. 우리 연구그룹은 원자 수준의 평탄도를 구현하면서도 손상층을 제거할 수 있는 화학－기계적 평탄화 공정을 개발하는 것을 목표로 하였다. 연구결과에 따르면, 콜로이드 형태의 실리카 슬러리가 질화갈륨 모재에 대한 화학－기계적 평탄화 가공에 효과적인 것으로 판명되었다. 또한 최근 들어 아스하르 등[36]은 연마재의 pH, 첨가된 산화물, 회전수 그리고 부가압력 등과 같은 인자들이 콜로이드 형태의 실리카 슬러리를 사용하는 질화갈륨 모재에 대한 화학－기계적 평탄화 가공에 끼치는 영향에 대한 연구를 수행하였다.

그림 8.2에 도시되어 있는 것처럼, 2008년 이후로는 질화갈륨 모재에 대한 기존 가공기술과 더불어서, 새로운 공정기술이 적용되었다. 예를 들어 무라타 등[37,38]은 화학 식각의 촉매반응과 광화학적 평탄화에 대하여 고찰하였으며, 나카하마 등[39]은 **플라스마 화학기상가공**(PCVM)에 대한 연구를 수행하였다. 이 기술들은 원래 탄화규소(SiC)와 같은 결정소재를 위해서 개발 및 시험되었으며, 이렇게 습득한 가공기술에 대한 기술적 지식들이 질화갈륨(GaN) 소재에 대한 공정개발에 적용되었다. 이런 기술들을 더욱 발전시킬 새로운 유형의 평탄화 공정에 대한 기초연구가 시작되었다. 예를 들어, 대기조절 방식의 화학－기계적 평탄화 가공기술[45~48]을 질화갈륨 처리에 적용하는 방안,[32] 자외선 보조방식의 화학－기계적 평탄화 가공,[32] 촉매지원식각을 통하여 연마제를 사용하지 않는 평탄화 가공,[49] 기계적 가공과 플라스마 화학기상가공(PCVM)의 조합을 통한 무손상 평탄화 가공[50] 그리고 플라스마 융합식 화학－기계적 평탄화 가공[51,52]등의 연구가 수행되었다. 이들 각각은 기초연구 단계에 있지만, 이들 모두가 가까운 미래에 차세대 기술로 고효율 공정에 실제 적용이 가능한 혁신적인 기술들이다.

결론적으로, 질화갈륨 결정체의 개발역사에서 질화갈륨 가공공정의 개발이 수행된 짧은 기간 동안 질화갈륨 가공공정기술의 개발에서 중요한 진보가 이루어졌다. 하지만 공정개발 자체는 여전히 진행 중에 있다. 앞서 언급했듯이, 화학－기계적 평탄화 기술은 디바이스 모재에 적합한 최종적인 표면 상태로 만들기 위한 최종적인 가공단계로 사용되는 극도로 중요한 기술이다. 화학-기계적 평탄화 가공기술의 개발 없이는 질화갈륨 모재를 널리 사용할 수 없다. 지금까지 수행된 연구들을 종합해보면, 콜로이드 형태의 실리카 슬러리를 사용하는 화학-기계적 평탄화 가공이 질화갈륨 모재의 가공에 가장 적합한 것으로 생각된다. 연구자들은 현재, 공정특성에 대한 연구와 더불어서, 다양한 슬러리 조성 연구와 대량생산을 위한 공정기술의 개발을 위한 연구를 수행하고 있다.

8.3 모재의 최종다듬질 공정으로 사용되는 화학 - 기계적 평탄화 가공기술과 질화갈륨 모재에 대한 적용사례

화학-기계적 평탄화 가공(CMP)은 모재에 변형을 유발하지 않으면서 미량의 소재를 기계적으로 제거하기 위해서 기계적 작용과 화학적 작용을 조합하여 사용한다. 화학-기계적 평탄화를 통해서 원자 수준의 편평도를 구현할 수 있으며, (화학-기계적 평탄화 가공을 시행하기 전에 수행되는)기계적 가공에 의해서 유발되는 손상층을 완전히 없앨 수 있으므로 생성된 표면은 디바이스를 제작하기에 적합하다. 이 층을 표면하부 손상층이라고 부른다. 그림 8.3에 도시되어 있는 표면 평탄화 가공에 대한 단순화된 모델에서 수평축은 연마제의 입도, 수직축은 표면 거칠기를 나타낸다. 제조공정을 통해서 표면정확도가 구현되어야 하며, 화학-기계적 평탄화 가공은 최종공정이기 때문에 중요도가 가장 높다.

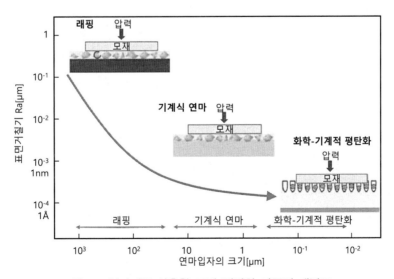

그림 8.3 연마제를 사용한 표면 평탄화 가공의 개념도

화학-기계적 평탄화 가공용 슬러리는 시편에 기계적 작용과 화학적 작용을 동시에 가한다. 기계적 작용에는 소재, 형상, 입도, 표면적 그리고 액체(수용액) 내의 연마입자농도 등이 영향을 끼친다. 화학적 작용에는 약액의 pH값과 시편의 반응 및 식각성질 등이 영향을 끼친다. 화학-기계적 평탄화 가공의 공정특성은 이런 인자들 사이의 복잡한 상호작용에 의해서 결정되므로, 다양한 연마제들을 슬러리에 사용할 수 있지만, 콜로이드 형태의 실리카 슬러리가 다양한 소재의 연마에 사용할 수 있기 때문에 가장 유용하다. 가장 일반적인 콜로이드 형태의 실리카 슬러리는 직경이 수십~수백[nm] 크기인 미세한 실리카 입자들을 수산화칼륨(KOH)이나 수산화나트륨(NaOH)과 같은 염기성 용액에 분산시킨 형태이다. 유리, 실리콘, 갈륨비소(GaAs) 그리고 사파이어와 같은 소재에 대한 화학-기계적 평탄화 가공에는 이런 유형의 슬러리가 일반적으로 사용된다.[53~56] 콜로이드 형태의 실리카 슬러리가 가지고 있는 장점은 범용성과 더불어서 실리카보다 연질이나 경질인 시편에 대해서 매끄러운 다듬질 표면을 생성한다는 것이다. 콜로이드 형태의 실리카 슬러리가 가지고 있는 범용성은, 화학적으로 활성화된 결정체 표면을 콜로이드 형태의 실리카 슬러리가 기계적으로 연마하며, 이 과정에서 실리콘을 식각하는 식각액은 작동유체로도 사용되는 특징적인 소재제거 메커니즘 때문이다. 그런데 화학적으로 안정하며, 경도가 높은 단결정 사파이어와 같은 소재의 연마 메커니즘은 연질 실리카 입자들을 사용하여 사파이어 표면에 형성된 알루미나 규화물들을 기계적으로 제거하는 방식이다. 알루미나 규화물들은 사파이어와 실리카 입자들 사이의 화학적 상호작용에 의해서 만들어지는 중간생성물인 것으로 생각된다.[55,56] 이와 마찬가지로, 구리나 탄탈륨으로 이루어진 금속박막에 대한 화학-기계적 평탄화 가공 과정에서도 수화된 실리카와 연마할 표면 사이의 화학반응(화학결합)이 관찰된다.[57,58] 또한 이런 금속소재에 대한 화학-기계적 평탄화 가공에서 실리카 입자들이 분산되어 있는 용액 내에 첨가된 과산화수소 (H_2O_2)와 같은 산화제의 역할은 구리(Cu)와 탄탈륨(Ta)의 경우에 서로 다르다. 구리소재에 대한 화학-기계적 평탄화 가공의 경우에는 산화제를 첨가하면 가공성이 향상되지만, 탄탈륨의 경우에는 가공성이 오히려 저하되어버린다. 실리카 입자를 사용한 화학-기계적 평탄화 가공에 대한 이런 사전연구를 통해서 연마할 표면에서는 화학-기계적 평탄화 가공을 수행하는 동안 복잡한 화학적 상호작용에 의해서 중간생성물층의 형성, 연마입자와 표면 사이에 부분적인 화학결합 생성 또는 화학 첨가제에 의한 표면 산화물층의 생성과 같이 다양한 유형의 개질이 일어난다는 것을 알 수 있다. 그런데 실리카 입자의 제거 메커니즘 차이에도 불구하고, 이 연구결과들에 따르면, 콜로이드 형태의 실리카 슬러리는 모든 화학적으로 안정되거나 물리적으로 단단한 결정소재를 긁힘과 손상이 없는 표면으로 가공하는 데에 효과적이므로, 이런 콜로이드 형태의 실리카 슬러리를 사용하는 화학-기계적 평탄화 공정을 질화갈륨 모재의 가공에도 적용할 수 있을 것으로 판단된다.

화학-기계적 평탄화 가공의 소재제거율은 주로 연마제와 공정조건들에 크게 의존한다. 프레스턴의 법칙을 사용하면 소재 제거량 V를 다음과 같이 나타낼 수 있다.[59]

$$V = k \cdot p \cdot \nu \cdot t \tag{8.1}$$

여기서 k는 연마환경에 의존적인 상수(프레스턴 상수)이며, p는 가공압력(부하), ν는 시편과 연마패드 사이의 상대속도 그리고 t는 가공시간이다. 따라서 식 (8.1)의 양변을 시간 t로 나누면 소재 제거율을 구할 수 있다.

$$MRR = V/t = k \cdot p \cdot \nu \tag{8.2}$$

따라서 가공효율은 k, ν 및 p에 의존한다. 상수 k는 연마제(슬러리)의 복잡한 작용에 크게 의존하므로, 적합한 연마제를 선정하는 것이 매우 중요하다. ν 및 p는 연마기의 기계적 연마조건에 의해서 결정되므로, 연마기의 설계와 운동방식도 매우 중요하다.

그림 8.4에서는 식 (8.2)의 가공압력 p를 변화시켜가면서 실리콘, 사파이어 그리고 질화갈륨 모재에 대하여 콜로이드 형태의 실리카 슬러리를 사용한 화학-기계적 평탄화 가공을 수행하여 얻어진 소재 제거율을 비교하여 보여주고 있다.[31,56] 사파이어 모재의 제거율은 실리콘 모재에 비해서 약 1/10에 불과하므로, 난삭재로 간주되고 있다. 그런데 질화갈륨의 제거율은 사파이어에 비해서도 1/10에 불과하다. 따라서 만일 사파이어가 가공하기 어려운 소재라고 한다면 질화갈륨은 극도로 가공하기 어려운 모재에 해당한다. 질화갈륨의 화학-기계적 평탄화 가공 메커니즘에 대한 분석과 대량생산을 위한 고효율 화학-기계적 평탄화 가공기술의 개발은 가공기술 개발 분야의 핵심 주제이다.

질화갈륨의 극단적으로 가공하기 어려운 성질은 큰 문제이며, 질화갈륨 표면의 화학-기계적 평탄화 가공에 충분한 시간이 허용되지 않을 수도 있다. 만일 화학-기계적 평탄화 가공을 통해서 손상층을 완벽하게 제거하지 못한다면, 이를 질화갈륨 박막의 등방성 에피텍시 성장을 위한 모재로 사용할 수 없다. 여러 연구그룹들이 이런 잔류손상층이 등방성 에피텍시 성장에 끼치는 영향에 대해서 보고하였다.[60] 그림 8.5에서는 잔류손상층에 의해서 유발되는 에피텍시 박막의 이상성장 사례를 보여주고 있다.[33,61] 질화갈륨을 디바이스 성장용 모재로 사용하기 위해서는 손상층을 완벽하게 제거해야만 한다. 따라서 충분한 수준으로 화학-기계적 평탄화 가공을 수행할 필요가 있다. 또한 손상층의 존재 여부를 효과적으로 검출할 수 있는 방법의 개발도 필요하다는 점을 잊어서는 안 된다.

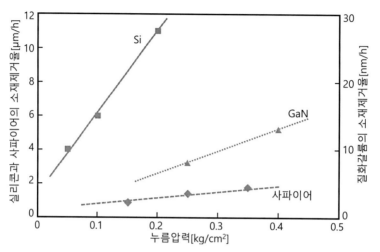

그림 8.4 부가압력에 따른 실리콘, 사파이어 및 질화규소의 제거율

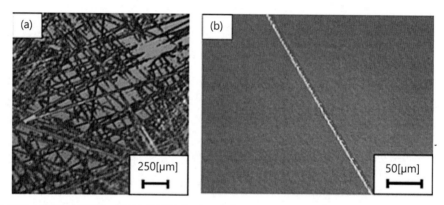

그림 8.5 화학－기계적 평탄화 가공이 충분하게 이루어지지 않은 모재가 후속 에피텍시 성장에 끼치는 영향.
(a) 질화갈륨과 (b) 사파이어 모재 위에 성장시킨 에피텍시 질화갈륨 박막의 현미경 영상[33,61]

8.4 질화갈륨에 대한 콜로이드 형태의 실리카를 사용한 화학－기계적 평탄화 가공과 잔류손상층의 평가

이 절에서는 **음극선발광(CL)**을 사용하여 질화갈륨(GaN)에 대한 콜로이드 형태의 실리카를 사용한 화학－기계적 평탄화 가공(CMP)의 손상층 제거능력을 세밀하게 평가한 결과를 살펴보기로 한다. 우선 콜로이드 형태의 실리카 슬러리를 사용하여 화학−기계적 평탄화 가공을 시행하는 동안 질화갈륨 표면에서 일어나는 변화에 대해서 살펴보기로 한다. 그림 8.6에 도시되어 있는 것과 같은 일반적인 탁상형 연마기를 사용하여 질화갈륨 모재에 대한 화학−기계적 평탄화 가공을 시행한 이후의 모재 표면은 가공시간에 따라서 그림 8.7과 같은 상태로 변하게 된다.[30] 가공속도는 17[nm/h]에 불과할 정도로 극도로 느리다. 그림 8.7을 살펴보면 몇 가지 특징적인 표면상태 변화를 관찰할 수 있다. 화학−기계적 평탄화 가공을 시작하고 12시간이 경과되고 나면, (화학−기계적 평탄화 가공을 시행하기 전에 수행된)기계연마에 따른 긁힘 자국들이 점차로 사라지게 된다. 이를 통해서 일시적으로 긁힘이 없는 표면이 얻어지지만, 이후 12시간 동안의 화학−기계적 평탄화 가공을 통해서 새로운 긁힘 자국들이 나타난다. 이는 표면 하부의 식각층이나 손상층이 드러나는 것으로 생각된다. 이 사례에서는 모든 표면 긁힘을 제거하고 원자 수준의 평탄도를 구현하기 위해서 약 40시간이 소요되었다.

앞서 설명했듯이, 가공속도가 너무 느리기 때문에, 질화갈륨에 대해서 화학−기계적 평탄화 가공을 적용하는 것은 타당하지 않아 보인다. 또한 40시간에 걸친 화학−기계적 평탄화 가공을 통해서 손상층이 완벽하게 제거되었는지를 확인할 필요가 있다. 격자구조의 뒤틀림에 의해서 손상층이 유발되며, X−선 회절(XRD)을 사용하여 이런 왜곡을 측정할 수 있다. 하지만 X−선의 투과깊이 때문에, 이 측정방법은 손상층이 비교적 깊은 경우에만 유용하다. 그런데 화학−기계적 평탄화 가공이 목표로 하는 층은 모재의 표면 바로 아래에 위치한 손상층이다. 따라서 X−선 회절은 손상층의 검출에는 적절치 못한 방법이다. 다른 결정소재들의 경우에는 원시적인 평가방법이 기는 하지만, 강산이나 강알칼리 용액을 사용한 식각이 자주 사용된다. 완벽한 결정체보다 식각

그림 8.6 연마기의 외관[30]

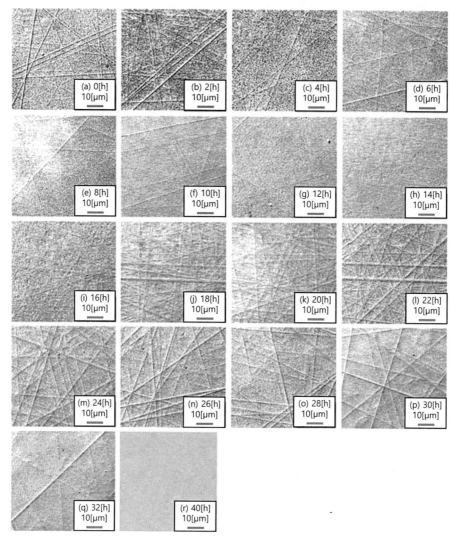

그림 8.7 화학-기계적 평탄화 가공 과정에서 일어나는 질화갈륨 모재의 표면윤곽 변화양상[30]

률이 높다면, 해당 영역에 손상층이 존재한다는 뜻이며, 이런 식각법을 사용하여 잔류손상층을 가시화시킬 수 있다. 이 방법은 질화갈륨에도 유효하다. 그런데 식각은 모재를 영구적으로 변화시켜버리기 때문에, 많은 경우에 선호하지 않는다. 또한 모재의 앞면 <0001>과 뒷면 <000-1>의 화학적 안정성이 달라서, 앞면을 식각할 수 있는 화학약품이 뒷면에 심각한 손상을 입힐 우려가 있기 때문에 다양한 화학약품들을 사용할 수 없다.[12,14,62,63] 따라서 모재를 적절하게 평가하는 데에는 음극선발광이 효과적이다.[30,64~66] 이 측정기법은 비파괴적이며 비교적 대면적에 대한 측정이 가능하다.

그림 8.8에서는 화학-기계적 평탄화 가공을 수행하는 동안 질화갈륨 모재에 대한 음극선발광

측정결과를 보여주고 있다.[30] 손상층은 검은색 선으로 보이며 연마가 진행되면서 이 검은색 선들이 점차로 사라지는 것을 확인할 수 있다. 그림 8.7의 현미경 영상과 그림 8.8에 도시되어 있는 음극선발광영상을 통해서 화학-기계적 평탄화 가공표면을 살펴보면, 30시간 이후에는 표면 긁힘의 숫자가 크게 감소한다는 것을 확인할 수 있다. 이를 통해서 음극선발광영상이 표면 하부에 존재하는 손상층을 가시적으로 포착할 수 있다는 것을 알 수 있다. 앞서 설명했듯이, 현미경 영상으로는 40시간 동안 화학-기계적 평탄화 가공을 수행한 이후에는 표면 긁힘이 완전히 제거된 것으로 관찰되지만, 음극선 영상에서는 40시간 동안 화학-기계적 평탄화 가공을 수행한 이후에도 여전히 검은 선들이 관찰되며, 이는 평면 아래에 여전히 손상층이 존재한다는 것을 의미한다. 표면 관찰을 통해서는 검출할 수 없는 이 잔류손상층을 **잠복 긁힘**[3]이라고 부른다. 이 사례에서는 잔류 긁힘을 완전히 제거하기까지 120시간의 화학-기계적 평탄화 가공이 필요하였다. 이 결과를 통해서 표면 평탄화 이후에 표면 깊이 존재하는 손상층을 완전히 제거할 수 있었다.

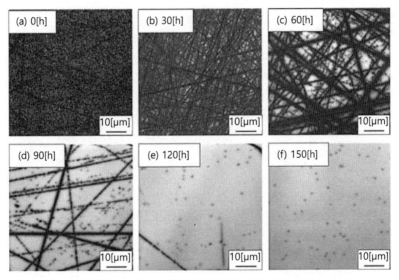

그림 8.8 화학-기계적 평탄화 가공을 수행하는 동안의 질화갈륨 표면에 대한 음극선발광영상[30]

그림 8.9에서는 0.5[μm] 크기의 다이아몬드 연마입자를 사용하여 기계연마를 수행하는 과정에서 발생한 모재층에 대한 모델을 보여주고 있다. 이 손상층 모델은 화학적 식각에 민감한 강한 손상층과 식각에 영향 받지 않는 약한(작은) 손상층으로 이루어진다. 디바이스 성장에 적합한 질화갈륨 모재를 얻기 위해서는 이 모든 층들을 제거해야만 한다. 지금까지의 연구에 따르면,

---

3 hidden scratch.

가공효율이 낮은 질화갈륨 모재에 대한 화학-기계적 평탄화 가공의 효율을 높이기 위해서는 화학-기계적 평탄화 가공의 메커니즘을 이해하고 사전 기계연마 과정에서 발생하는 손상층의 두께를 줄이는 것이 중요하다.

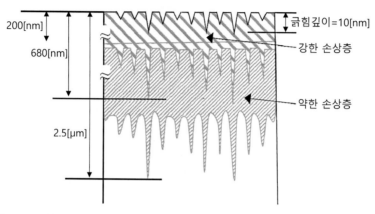

그림 8.9 제안된 모델 0.5[μm] 직경의 다이아몬드 연마제를 사용한 기계연마에 의해서 긁힘 및 손상된 층에 대하여 제안된 모델[30]

8.5 화학-기계적 평탄화 가공의 공정시간 단축방안

8.5.1 기계연마 과정에서 발생하는 손상층

앞 절에 따르면, 만일 화학-기계적 평탄화 가공(CMP)이 불충분하면, 기계연마 과정에서 영향을 받은 표면 긁힘층만이 제거되며, (잠복 긁힘)손상층은 남아 있다. 잠복 긁힘에 대한 이해를 위해서, 침형 다이아몬드공구를 사용한 긁힘 시험이 도입되었다. 화학-기계적 평탄화 가공을 통해서 손상층이 제거된 질화갈륨 모재가 시편으로 사용되었다. 그림 8.10에는 실험에 사용된 장비가 도시되어 있으며, 그림 8.11에서는 부하에 따른 표면 긁힘과 손상층의 폭이 도시되어 있다. 실험결과에 따르면 부하가 증가하면 긁힘 폭이 증가한다는 것을 확인할 수 있다. 게다가 손상층의 폭은 표면 긁힘보다 더 크며, 두 가지 유형의 폭들 사이의 차이는 부하의 증가에 따라서 변하지 않는다. 표면 긁힘이 발생하지 않는 저부하 영역에서 손상층의 존재를 확인할 수 있다는 것에 주목하여야 한다. 이를 통해서 결정표면의 외형에는 명확한 변화가 없지만 결정구조만 왜곡된다는 것을 알 수 있다. 즉, 기계적 공정조건 조절을 통해서 불충분하게 제거된 손상층에 의해서 유발된 잠복 긁힘을 모사할 수 있다. 역으로 말해서, 이 결과는 다이아몬드 연마제를 사용하여 질화갈륨 단결정에 기계가공을 시행하면 모재 표면 하부에 손상층이 발생한다는 것을 의미한다.

따라서 질화갈륨에 대한 화학－기계적 평탄화 가공의 효율을 향상시키기 위해서는 손상층이 가능한 한 얕은 위치에 생성되도록 다이아몬드 연마제를 사용한 사전 기계연마공정을 개발하는 것이 중요하다.

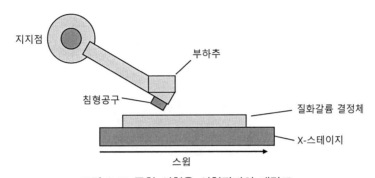

그림 8.10 긁힘 시험용 시험장비의 개략도

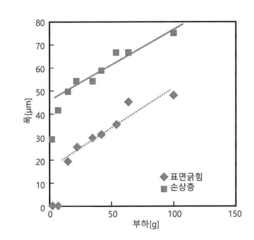

그림 8.11 부하에 따른 표면 긁힘과 손상층의 폭변화 경향

손상층을 완전히 제거하기 위해서 필요한 총 화학－기계적 평탄화 가공시간으로부터 손상층의 깊이를 추정하기 위해서 다양한 크기의 다이아몬드 연마제를 사용하여 기계 연마한 다양한 모재에 대하여 화학－기계적 평탄화 가공이 수행되었다.[34] 그림 8.12에 도시된 결과에 따르면 연마입자의 크기가 작아질수록 손상층 제거에 필요한 화학－기계적 연마시간이 더 짧아진다. 즉, 화학－기계적 평탄화 가공을 시행하기 전에 기계연마에 사용한 연마입자의 크기가 작아질수록 손상층의 생성 깊이가 얕아진다. 따라서 화학－기계적 평탄화 가공 전에 시행하는 기계연마에 의해서 유발되는 손상층의 두께를 줄이면 화학－기계적 평탄화 가공에 소요되는 시간을 크게 줄일 수 있을 뿐만 아니라 불충분한 화학－기계적 평탄화 가공으로 인하여 잠복 긁힘이 잔류할 위험을

줄일 수 있다는 것을 알 수 있다. 이 결과를 통해서 화학-기계적 평탄화 가공 속도가 느리기 때문에 가공이 극도로 어려운 소재라고 알려져 있는 질화갈륨 모재의 대량생산에 필요한 소중한 정보를 얻을 수 있다.

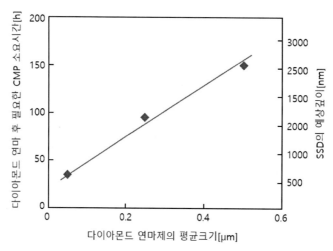

그림 8.12 화학-계적 평탄화 가공을 시행하기 전에 전처리 작업으로 시행된 기계연마에 사용된 다이아몬드 연마제의 입도 변화에 따른 표면하부 손상층의 깊이를 화학-기계적 평탄화 가공 소요시간으로 유추한 사례[34]

8.5.2 화학-기계적 평탄화 가공 메커니즘 고찰과 고효율 화학-기계적 평탄화 가공

질화갈륨(GaN) 모재에 대해서 콜로이드형 실리카를 사용하여 화학-기계적 평탄화(CMP) 가공을 시행하면 표면 산화층이 형성되며, 기계적으로 이 산화층을 제거한다고 보고되었다.[38,67] 이 메커니즘에서는 화학작용이 수반된 기계가공을 통해서 표면에 산화갈륨(Ga_2O_3)을 생성하며, 식각효과를 가지고 있는 연마제의 화학성분과 미세한 연마입자들의 기계작용을 통해서 이 산화갈륨을 제거한다. 우리는 콜로이드 형태의 실리카를 사용하여 질화갈륨과 산화갈륨에 대한 화학-기계적 평탄화 가공속도를 비교하여 화학-기계적 평탄화 가공과정에서 화학반응의 역할을 고찰하였다.[31] 이 결과를 통해서 매우 흥미로운 가설이 만들어졌다. 실험 결과, 질화갈륨의 가공속도는 10[nm/h]에 불과한 반면에 산화갈륨의 가공속도는 시간당 수 마이크로미터에 달하였다. 따라서 그림 8.13에 도시되어 있는 것처럼, 질화갈륨 모재의 표면에 산화갈륨이 형성된다면, 7~8[μm/h]의 속도로 연마할 수 있다. 하지만 질화갈륨 표면 위에 산화갈륨이 생성되는 속도는 10[nm/h]에 불과하기 때문에, 화학-기계적 평탄화 가공의 전체적인 가공속도는 약 10[nm/h]에 불과하다. 따라서 질화갈륨 모재에 대한 화학-기계적 평탄화 가공의 효율을 높이기 위해서는 표면산화 반응의 촉진이 극도로 중요하다고 결론지을 수 있다.

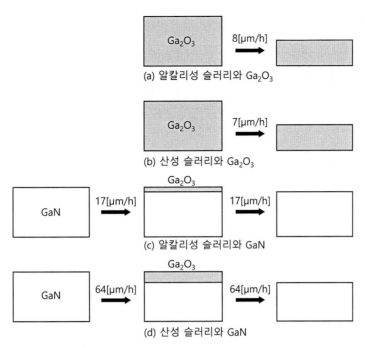

그림 8.13 질화갈륨 모재에 대한 화학-기계적 평탄화 가공의 가공속도 특성

산화반응을 촉진시킬 방안들 중 하나는 다이아몬드 연마제를 사용한 기계연마를 끝내고 화학
-기계적 평탄화 가공을 시행하기 전에 전기로에서 대기 중 풀림열처리를 시행하는 것이다. 그림
8.14에서는 열처리 시행결과를 보여주고 있다.[32] 이 사례를 통해서 대기 중 풀림열처리 온도가

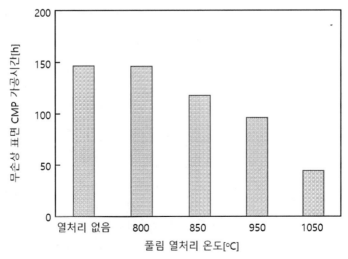

그림 8.14 사전 풀림열처리 온도가 화학-기계적 평탄화 가공을 통하여 긁힘과 손상이 없는 표면을 만드는
데에 소요되는 시간에 끼치는 영향[32]

화학-기계적 평탄화 가공의 소요시간에 끼치는 영향을 확인할 수 있다. 대기 중 풀림열처리 온도가 850[℃] 이상이 되면, 공정시간이 단축된다. 이는 850[℃] 이상의 온도에서 질화갈륨을 열처리하면 표면산화가 일어난다는 수 등[68]의 연구와도 일치한다. 실험 가능한 최고온도라고 생각되는 1,050[℃]에서 풀림열처리를 시행한 결과, 화학-기계적 평탄화 가공에 소요되는 시간이 풀림열처리를 시행하지 않은 경우의 150[h]에서 44[h]로 감소하였으며, 화학-기계적 평탄화 가공이 어려운 질화갈륨 모재의 가공에 큰 영향을 끼친다.

그림 8.15에서는 화학-기계적 평탄화 가공을 시행하는 동안 자외선(UV)을 조사하여 산화반응을 촉진시키는 개념을 보여주고 있다.[32] 그림 8.16에서는 이를 통해서 제거율이 향상된 결과를 보여주고 있다. 자외선 조사를 사용하면 화학-기계적 평탄화 가공속도가 4배 증가한다는 것이

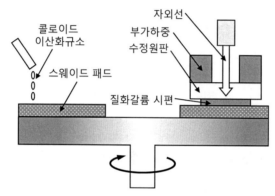

그림 8.15 자외선 지원방식 화학-기계적 평탄화 가공을 위한 실험장치의 개략도[32]

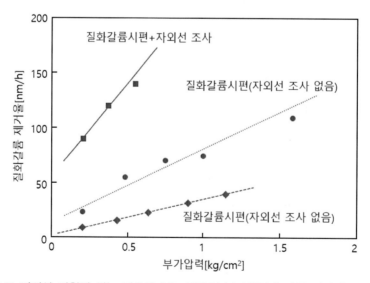

그림 8.16 자외선 지원이 있는 경우와 없는 경우의 부가압력에 따른 질화갈륨 제거율[32]

확인되었다. 질화갈륨 가공 메커니즘을 통해서 갈륨(Ga) 원자들이 산화갈륨으로 산화되며, 이 산화갈륨이 연마제의 화학약품에 용해되면, 자외선에 노출된 연마제에서 생성된 OH라디칼들이 산화제로 작용하여 산화반응이 촉진된다고 생각된다. 여러 연구그룹들이 자외선 노출이 끼치는 영향에 대하여 연구를 수행하였다.[12,13,38,62,69~71]

8.6 질화갈륨 최종다듬질에 대한 화학 – 기계적 평탄화 가공의 우월성

발광다이오드(LED)와 레이저다이오드(LD) 디바이스에 사용되는 질화물 박막의 **메사**[4]구조 생산에 건식식각이 이미 널리 사용되고 있기 때문에, 질화갈륨(GaN) 모재의 최종 표면 다듬질에 건식식각이 널리 사용되고 있다.[72~74] 여기에는 반응성 이온식각, 전자 사이클로트론 공진 그리고 유도결합플라스마(ICP) 등과 같은 기술들이 사용되고 있다. **플라스마 건식식각**의 가장 중요한 특징은 화학 – 기계적 평탄화 가공에 비해서 질화갈륨 식각속도가 훨씬 더 빠르다는 것이다.[74~77] 그런데 플라스마 건식식각을 통해서 기계연마 과정에서 생성된 표면하부 손상을 제거할 수는 있지만, 건식식각은 기준평면 없이 등방성으로 진행되기 때문에 긁힘 자국을 제거하지는 못한다. 따라서 기계연마 과정에서 생성된 긁힘은 건식식각이 끝난 이후에도 표면에 그대로 남아 있게 된다. 게다가 질화갈륨 모재의 표면에는 소위 **플라스마 유발손상**이라고 부르는 플라스마식각 자체에 의해서 유발되는 손상이 발생한다고 보고되었다.

그림 8.17에서는 화학 – 기계적 평탄화 가공기로 다듬질한 질화갈륨 표면과 뒤이어 건식식각을 시행한 이후의 질화갈륨 표면에 대한 원자작용력현미경(AFM) 사진을 보여주고 있다. 건식식각을 시행한 이후에는 화학 – 기계적 평탄화 가공 이후에 관찰되는 결정기원 표면 특성이 사라지며 줄무늬 전위가 일어난 모재 표면에는 강하게 식각된 구멍들이 관찰된다. 건식식각을 시행한 이후에는 표면 거칠기가 0.3[nm]에서 0.9[nm]로 증가한다. **그림 8.18**에서는 이 표면들에 대한 음극선발광영상을 보여주고 있다. 건식식각을 시행한 이후에는 음극선발광영상의 선명도가 떨어졌다. 그림 8.19에서는 질화갈륨 모재를 화학 – 기계적으로 평탄화 가공한 시편을 기준으로 하여 건식식각을 시행한 시편의 음극선발광 스펙트럼을 자세하게 비교하여 보여주고 있다. 유도결합 플라스마의 식각률을 높이면 음극선발광 강도가 감소하게 된다.[21] 이를 통해서 유도결합 플라스마를 사용한 건식식각이 표면손상을 일으킨다는 것을 알 수 있다. 다시 말해서, 이는 질화갈륨 모재에 플라스마 유발손상이 발생한다는 명확한 증거이다. 이 발견을 통해서 최종 다듬질 과정에 대한

---

4 mesa: 꼭대기는 평탄하고 일부 함몰이 존재하는 탁상형 표면. 역자 주.

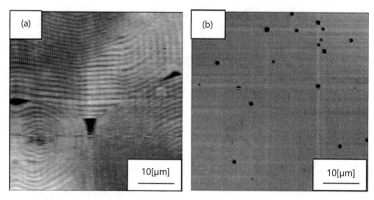

그림 8.17 (a) 화학-기계적 평탄화 가공을 시행한 이후의 질화갈륨 모재 표면에 대한 원자작용력 현미경 사진. (b) 건식식각을 시행한 이후의 질화갈륨 표면에 대한 원자작용력 현미경 사진[21]

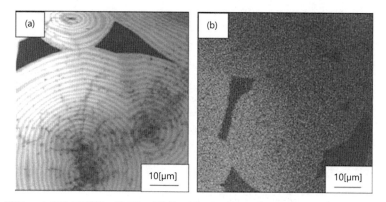

그림 8.18 (a) 화학-기계적 평탄화 가공을 시행한 이후의 질화갈륨 모재 표면에 대한 음극선발광영상. (b) 건식식각을 시행한 이후의 질화갈륨 표면에 대한 음극선발광영상[2]

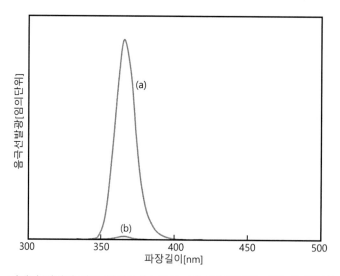

그림 8.19 (a) 화학-기계적 평탄화 가공 이후와 (b) 화학-기계적 평탄화 가공 및 건식식각 이후에 질화갈륨 표면의 음극선발광 스펙트럼[21]

화학-기계적 평탄화 가공의 우월성이 다시 한 번 확인되었으며, 따라서 화학-기계적 평탄화 가공기술의 개발이 더욱 중요하게 되었다.

8.7 질화갈륨의 비동등 결정평면과 이에 관련된 전공정과 후공정의 특성: 모재 휨의 조절

<0001> 갈륨(Ga) 표면에 대한 화학-기계적 평탄화 가공에 대해서 세밀한 연구가 수행되었다. 하지만 질화갈륨(GaN) 결정체는 비대칭 결정구조를 가지고 있기 때문에 <000-1> 질소(N) 표면의 화학-기계적 평탄화 가공 특성이 다르므로, 이에 대한 각별한 주의가 필요하다.[78] 만일 두 표면에 대해서 동일한 화학-기계적 평탄화 가공조건이 적용된다면, 두 표면의 다듬질 결과는 서로 달라진다.[79] 그림 8.20에서는 <0001> 갈륨 표면과 <000-1> 질소 표면의 화학-기계적 평탄화 가공성질 차이를 보여주고 있다. 그런데 두 표면의 연마가 동일한 속도로 진행되지 않기 때문에, 연마 이후에 변색[5]과 같은 비정상적인 특징이 나타날 수 있다. 화학-기계적 평탄화 가공을 사용하여 갈륨 표면을 다듬질하고 다이아몬드 연마제를 사용한 기계연마를 사용하여 질소 표면을 다듬질하면 이런 비정상적인 외관을 해소시킬 수 있다. 그런데 이런 방식으로 외관적인 비정상을 없앤다고 하여도 모재의 앞면과 뒷면에 존재하는 손상층의 차이로 인하여 약 100[μm] 수준의 큰 휨이 발생하게 된다. 질화갈륨의 경우, 음극선발광영상을 통하여 손상층의 영향을 확인할 수 있지만, 그림 8.21 (a) 및 (b)에 각각 도시되어 있는 것처럼, 손상층을 완벽하게 제거한 이후의 갈륨표면에 비해서 질소 표면에서 가공잔류손상을 명확하게 관찰할 수 있다.

산성 다이아몬드 슬러리를 사용한 기계연마는 휨을 완화시켜주는 효과적인 수단이다.[79] 만일 pH=1.8인 슬러리 용액을 사용하여 모재를 연마한다면, 모재의 휨 현상을 약 10[μm] 수준으로 낮출 수 있다. 음극선발광 측정을 통해서 질소 표면의 손상층도 감소하였다는 것을 확인할 수 있다(그림 8.21 (c)). 모재의 앞면과 뒷면의 손상층 차이로 인하여 발생하는 기판의 휨을 **트와이먼 효과**[80,81]라고 부르며, 질소 표면의 손상층을 줄이면 모재의 휨을 완화시킬 수 있다.

우리 연구진들은 산성 다이아몬드 슬러리와 동일한 효과를 가지고 있는 새로운 다이아몬드 슬러리와 관련된 새로운 기법을 개발하였다. 물의 마이크로-나노기포 속에 분산되어 있는 연마용 다이아몬드 슬러리를 사용하여 질화갈륨에 대한 기계연마를 수행하였으며, 마이크로-나노기포의 독특한 영향[82,88~90]으로 인하여 질소 표면의 손상층을 제거함과 더불어서 가공속도를 향상[35]

---

5   tarnishing.

시킬 수 있다는 것을 검증하였다.

질화갈륨에 대한 제조공정을 설계하기 위해서는 독특한 결정구조와 비대칭성에 대해서 이해하는 것이 중요하다. 다시 말해서 질화갈륨은 실리콘이나 사파이어와 같은 기존 결정체들의 모재 제조공정 설계와는 근본적으로 다르기 때문에 이에 대하여 세심한 주의를 기울여야 한다.

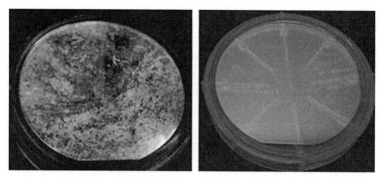

그림 8.20 50[mm] 직경의 질화갈륨 모재에 대한 연마 후 사진. 각각의 갈륨 표면에 대해서는 화학−기계적 평탄화 가공이 시행됨. (a) 질소 표면에 대한 화학−기계적 평탄화 가공 후 표면. (b) 다이아몬드 연마제를 사용하여 질소 표면에 대한 기계연마 후 표면[79]

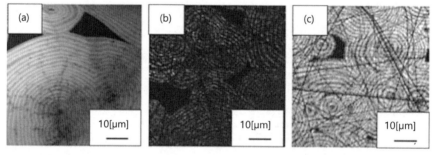

그림 8.21 질화갈륨 모재에 대한 음극선발광영상. (a) 화학−기계적 평탄화 가공으로 다듬질한 갈륨 표면, (b) 중성 다이아몬드 연마제를 사용하여 다듬질한 질소 표면, (c) 산성 다이아몬드 연마제를 사용하여 다듬질한 질소 표면[79]

8.8 결 론

질화갈륨 결정체 관련 기술들이 최근 들어서 빠르게 발전하고 있기 때문에, 질화갈륨 모재의 표면다듬질을 위한 화학−기계적 평탄화 가공기술을 하루빨리 수립해야만 한다. 화학−기계적 평탄화 가공기법을 사용한 질화갈륨 모재 제조공정의 효율을 높이는 것이 매우 중요하며, 이 장에서는 이런 관점에서 화학−기계적 평탄화 가공에 대해서 개략적으로 살펴보았다. 또한 모재의 앞면과 뒷면에 대한 화학-기계적 평탄화 가공 특성이 서로 다르기 때문에, 모재 전체에 대한 제조공정의 설계에 어려움이 발생한다.

질화갈륨은 실리콘이나 사파이어와 같은 기존의 결정성 모재와는 특성이 매우 다른 결정소재 이다. 그러므로 기존의 결정체에 대하여 개발된 공정기술들을 적용할 수 없으며, 질화갈륨만이 가지고 있는 특징적인 성질들을 충족시키도록 공정을 변경시켜야만 한다. 따라서 질화갈륨 결정 소재만이 가지고 있는 특성에 적합한 새로운 제조공정을 개발해야만 하며, 전용 연마제를 사용하는 연마기의 개발과 소모품의 최적화를 포함하여 종합적인 질화갈륨 모재 가공기술의 확립이 필요하다.

참고문헌

1. M.K. Kelly, R.P. Vaudo, V.M. Phanse, L. G€orgens, O. Ambacher, M. Stutzmann, Large free-standing GaN substrates by hydride vapor phase epitaxy and laser-induced liftoff, Jpn. J. Appl. Phys. 38 (1999) L217eL220.

2. S.S. Park, I.-W. Park, S.H. Choh, Free-standing GaN substrates by hydride vapor phase epitaxy, Jpn. J. Appl. Phys. 39 (2000) L1141eL1143.

3. K. Motoki, T. Okahisa, R. Hirota, S. Nakahata, K. Uematsu, N. Matsumoto, Dislocation reduction in GaN crystal by advanced-DEEP, J. Cryst. Growth 305 (2007) 377e383.

4. K. Fujito, S. Kubo, H. Nagaoka, T. Mochizuki, H. Namita, S. Nagao, Bulk GaN crystals grown by HVPE, J. Cryst. Growth 311 (2009) 3011e3014.

5. T. Yoshida, Y. Oshima, T. Eri, K. Ikeda, S. Yamamoto, K. Watanabe, M. Shibata, T. Mishima, Fabrication of 3-in GaN substrates by hydride vapor phase epitaxy using void-assisted separation method, J. Cryst. Growth 310 (2008) 5e7.

6. Sumitomo Electric Industries, Ltd., Sumitomo Electric Announces the World's First 6-inch GaN Substrates for White LED Applications, (Press release) November 16, 2010. Available from: http://global-sei.com/news/press/10/10_23.html (last accessed 20.02.15).

7. J. Karpinski, J. Jun, S. Porowski, Equilibrium pressure of N2 over GaN and high pressure solution growth of GaN, J. Cryst. Growth 66 (1984) 1e10.

8. S. Porowski, I. Grzegory, Thermodynamical properties of IIIeV nitrides and crystal growth of GaN at high N2 pressure, J. Cryst. Growth 178 (1997) 174e188.

9. F.A. Ponce, D.P. Bour, W. G€otz, N.M. Johnson, H.I. Helava, I. Grzegory, J. Jun, S. Porowski, Homoepitaxy of GaN on polished bulk single crystals by metalorganic chemical vapor deposition, Appl. Phys. Lett. 68 (1996) 917e919.

10. T.L. Chu, Gallium nitride films, J. Electrochem. Soc. 118 (1971) 1200e1203.

11. J.I. Pankove, Electrolytic etching of GaN, J. Electrochem. Soc. 119 (1972) 1118e1119.

12. D. Zhuang, J.H. Edgar, Wet etching of GaN, AlN, and SiC: a review, Mater. Sci. Eng. R 48 (2005) 1e46.

13. M.S. Minsky, M. White, E.L. Hu, Room-temperature photoenhanced wet etching of GaN, Appl. Phys. Lett. 68 (1996) 1531e1533.

14. J.L. Weyher, S. M€uller, I. Grzegory, S. Porowski, Chemical polishing of bulk and epitaxial GaN, J. Cryst. Growth 182 (1997) 17e22.

15. S. Porowski, Bulk and homoepitaxial GaN-growth and characterization, J. Cryst. Growth 189e190 (1998) 153e158.

16. F. Karouta, J.L. Weyher, B. Jacobs, G. Nowak, A. Presz, I. Grzegory, L.M.F. Kaufmann, Final polishing of Ga-polar GaN substrates using reactive ion etching, J. Electron. Mater. 28 (1999) 1448e1451.

17. A. Williams, T.D. Moustakas, Planarization of GaN by the etch-back method, MRS Online Proc. Libr. 892 (2005). http://dx.doi.org/10.1557/PROC-0892-FF14-11.

18. S.J. Pearton, J.C. Zolper, R.J. Shul, F. Ren, GaN: processing, defects, and devices, J. Appl. Phys. 86 (1999) 1e78.

19. H.-S. Kim, G.-Y. Yeom, J.-W. Lee, T.-I. Kim, A study of GaN etch mechanisms using inductively coupled Cl2/Ar plasmas, Thin Solid Films 341 (1999) 180e183.

20. Y.-J. Han, S. Xue, W.-P. Guo, C.-Z. Sun, Z.-B. Hao, Y. Luo, Characteristics of n-GaN after Cl2/Ar and Cl2/N2 inductively coupled plasma etching, Jpn. J. Appl. Phys. 42 (2003) 6409e6412.

21. H. Aida, H. Takeda, N. Aota, S.-W. Kim, K. Koyama, Surface treatment for GaN substrate: comparison of chemical mechanical polishing and inductively coupled plasma dry etching, Sens. Mater. 25 (2013) 189e204.

22. P.R. Tavernier, T. Margalith, L.A. Coldren, S.P. DenBaars, D.R. Clarke, Chemical mechanical polishing of gallium nitride, Electrochem. Solid State Lett. 5 (2002) G61eG64.

23. X. Xu, R.P. Vaudo, G.R. Brandes, Fabrication of GaN wafers for electronic and optoelectronic devices, Opt. Mater. 23 (2003) 1e5.

24. D. Hanser, M. Tutor, E. Preble, M. Williams, X. Xu, D. Tsvetkov, L. Liu, Surface preparation of substrates from bulk GaN crystals, J. Cryst. Growth 305 (2007) 372e376.

25. X. Xu, R.P. Vaudo, G.R. Brandes, J. Bai, P.I. Gouma, M. Dudley, Chemical mechanical polishing for decoration and measurement of dislocations on freestanding GaN wafers, Phys. Status Solidi C 0 (2003) 2460e2463.

26. P. Kumar, S. Rao, J. Lee, D. Singh, R.K. Singh, Accurate determination of dislocation density in GaN using chemical mechanical polishing, ECS J. Solid State Sci. Technol. 2 (2013) P1eP4.

27. S. Hayashi, T. Koga, M.S. Goorsky, Chemical mechanical polishing of GaN, J. Electrochem. Soc. 155 (2008) H113eH116.

28. H. Yan, X. Xiu, Z. Liu, R. Zhang, X. Hua, Z. Xie, P. Han, Y. Shi, Y. Zheng, Chemical mechanical polishing of freestanding GaN substrates, J. Semicond. 30 (2009) 23003.

29. A.C. Arjunan, D. Singh, H.T. Wang, F. Ren, P. Kumar, R.K. Singh, S.J. Pearton, Improved free-standing GaN Schottky diode characteristics using chemical mechanical polishing, Appl. Surf. Sci. 255 (2008) 3085e3089.

30. H. Aida, H. Takeda, K. Koyama, H. Katakura, K. Sunakawa, T. Doi, Chemical mechanical polishing of gallium nitride with colloidal silica, J. Electrochem. Soc. 158 (2011) H1206eH1212.

31. H. Aida, T. Doi, H. Takeda, H. Katakura, S.-W. Kim, K. Koyama, T. Yamazaki, M. Uneda, Ultraprecision CMP for sapphire, GaN, and SiC for advanced optoelectronics materials, Curr. Appl. Phys. 12 (2012) S41eS46.

32. H. Aida, T. Doi, T. Yamazaki, H. Takeda, K. Koyama, Progress and challenges for chemical mechanical polishing of gallium nitride, MRS Online Proc. Libr. 1560 (2013). http://dx.doi.org/10.1557/opl.2013.875.

33. H. Aida, S.-W. Kim, T. Suzuki, K. Koyama, N. Aota, T. Doi, T. Yamazaki, Surface planarization of GaN-on-sapphire template by chemical mechanical polishing for subsequent GaN homoepitaxy, ECS J. Solid State Sci. Technol. 3 (2014) P163eP168.

34. H. Aida, H. Takeda, S.-W. Kim, N. Aota, K. Koyama, T. Yamazaki, T. Doi, Evaluation of subsurface damage in GaN substrate induced by mechanical polishing with diamond abrasives, Appl. Surf. Sci. 292 (2014) 531e536.

35. H. Aida, S.-W. Kim, K. Ikejiri, T. Doi, T. Yamazaki, K. Seshimo, K. Koyama, H. Takeda, N. Aota, Precise mechanical polishing of brittle materials with free diamond abrasives dispersed in micro-nano-bubble water, Precis. Eng. 40 (2015) 81e86.

36. K. Asghar, M. Qasim, D. Das, Effect of polishing parameters on chemical mechanical planarization of c-plane (0001) gallium nitride surface using SiO2 and Al2O3 abrasives, ECS J. Solid State Sci. Technol. 3 (2014) P277eP284.

37. J. Murata, A. Kubota, K. Yagi, Y. Sano, H. Hara, K. Arima, T. Okamoto, H. Mimura, K. Yamauchi, Chemical planarization of GaN using hydroxyl radicals generated on a catalyst plate in H2O2 solution, J. Cryst. Growth 310 (2008) 1637e1641.

38. J. Murata, S. Sadakuni, K. Yagi, Y. Sano, T. Okamoto, K. Arima, A.N. Hattori, H. Mimura, K. Yamauchi, Planarization of GaN(0001) surface by photo-electrochemical method with solid acidic or basic catalyst, Jpn. J. Appl. Phys. 48 (2009) 121001.

39. Y. Nakahama, N. Kanetsuki, T. Funaki, M. Kadono, Y. Sano, K. Yamamura, K. Endo, Y. Mori, Etching characteristics of GaN by plasma chemical vaporization machining, Surf. Interface Anal. 40 (2008) 1566e1570.

40. K. Yagi, J. Murata, A. Kubota, Y. Sano, H. Hara, K. Arima, T. Okamoto, H. Mimura, K. Yamauchi, Defect-free planarization of 4HeSiC(0001) substrate using reference plate, Jpn. J. Appl. Phys. 47 (2008) 104e107.

41. K. Yagi, J. Murata, A. Kubota, Y. Sano, H. Hara, T. Okamoto, K. Arima, H. Mimura, K. Yamauchi, Catalyst-referred etching of 4HeSiC substrate utilizing hydroxyl radicals generated from hydrogen peroxide molecules, Surf. Interface Anal. 40 (2008) 998e1001.

42. Y. Mori, K. Yamamura, K. Yamauchi, K. Yoshii, T. Kataoka, K. Endo, K. Inagaki, H. Kakiuchi, Plasma CVM (chemical vaporization machining): an ultra precision machining technique using high-pressure reactive plasma, Nanotechnology 4 (1993) 225e229.

43. Y. Mori, K. Yamauchi, K. Yamamura, Y. Sano, Development of plasma chemical vaporization machining, Rev. Sci. Instrum. 71 (2000) 4627e4632.

44. Y. Sano, M. Watanabe, T. Kato, K. Yamamura, H. Mimura, K. Yamauchi, Temperature dependence of plasma chemical vaporization machining of silicon and silicon carbide, Mater. Sci. Forum 600e603 (2009) 847e850.

45. T. Doi, A. Philipossian, K. Ichikawa, Design and performance of a controlled atmosphere polisher for silicon crystal polishing, Electrochem. Solid State Lett. 7 (2004) G158eG160.

46. T.K. Doi, S. Watanabe, H. Doy, S. Sakurai, D. Ichikawa, Impact of novel bell-jar type CMP machine on CMP characteristic of optoelectronics materials, Int. J. Manuf. Sci. Technol. 9 (2007) 5e10.

47. T.K. Doi, T. Yamazaki, S. Kurokawa, Y. Umezaki, O. Ohnishi, Y. Akagami, Y. Yamaguchi, S. Kishii,

Study on the development of resource-saving high performance slurry: polishing/CMP for glass substrate in a radical polishing environment, using manganese oxide slurry as an alternative for ceria slurry, Adv. Sci. Technol. 64 (2011) 65e70.

48. K. Kitamura, T.K. Doi, S. Kurokawa, Y. Umezaki, Y. Matsukawa, Y. Ooki, T. Hasegawa, I. Koshiyama, K. Ichikawa, Y. Nakamura, Basic characteristics of a simultaneous double-side CMP machine, housed in a sealed, pressure-resistant container, Key Eng. Mater. 447e448 (2010) 61e67.

49. Y. Sano, K. Arima, K. Yamauchi, Planarization of SiC and GaN wafers using polishing technique utilizing catalyst surface reaction, ECS J. Solid State Sci. Technol. 2 (2013) N3028eN3035.

50. Y. Sano, T.K. Doi, S. Kurokawa, H. Aida, O. Ohnishi, M. Uneda, K. Shiozawa, Y. Okada, K. Yamauchi, Dependence of GaN removal rate of plasma chemical vaporization machining on mechanically introduced damage, Sens. Mater. 26 (2014) 429e434.

51. T.K. Doi, Y. Sano, S. Kurowaka, H. Aida, O. Ohnishi, M. Uneda, K. Ohyama, Novel chemical mechanical polishing/plasma-chemical vaporization machining (CMP/P-CVM) combined processing of hard-to-process crystals based on innovative concepts, Sens. Mater. 26 (2014) 403e415.

52. H. Aida, T. Doi, Y. Sano, S. Kurokawa, S.-W. Kim, K. Oyama, T. Miyashita, M. Uneda, O. Ohnishi, C. Wang, Innovation in chemical mechanical polishing (CMP): plasma fusion CMP for highly efficient processing of next-generation optoelectronics single crystals, in: Proc. 8th Manufacturing Institute for Research on Advanced Initiatives (MIRAI 2015), pp. 80e84.

53. R.L. Lachapelle, Process for Polishing Crystalline Silicon, U.S. Pat. 3328141, 1967.

54. J.C. Dyment, G.A. Rozgonyi, Evaluation of a new polish for gallium arsenide using a peroxide-alkaline solution, J. Electrochem. Soc. 118 (1971) 1346e1350.

55. H.W. Gutsche, J.W. Moody, Polishing of sapphire with colloidal silica, J. Electrochem. Soc. 125 (1978) 136e138.

56. T.K. Doy, Colloidal silica polished based on micromechanical removal action and its applications, Sens. Mater. 1 (1998) 153e157.

57. Y. Li, M. Hariharaputhiran, S.V. Babu, Chemical-mechanical polishing of copper and tantalum with silica abrasive, J. Mater. Res. 16 (2001) 1066e1073.

58. K.A. Assiongbon, S.B. Emery, C.M. Pettit, S.V. Babu, D. Roy, Chemical roles of peroxidebased alkaline slurries in chemical-mechanical polishing of Ta: investigation of surface reactions using time-resolved impedance spectroscopy, Mater. Chem. Phys. 86 (2004) 347e357.

59. F.W. Preston, The theory and design of plate glass polishing machines, J. Soc. Glass Tech. 11 (1927) 214e256.

60. M. Kamp, C. Kirchner, V. Schwegler, A. Pelzmann, K.J. Ebeling, M. Leszczynski, I. Grzegory, T. Suski, S. Porowski, GaN homoepitaxy for device applications, MRS Online Proc. Libr. 537 (1998). http://dx.doi.org/10.1557/PROC-537-G10.2.

61. H. Aida, S.-W. Kim, K. Sunakawa, N. Aota, K. Koyama, M. Takeuchi, T. Suzuki, III-Nitride epitaxy on atomically controlled surface of sapphire substrate with slight misorientation, Jpn. J. Appl. Phys. 51

(2012) 025502.

62. Y. Gao, T. Fujii, R. Sharma, K. Fujito, S.P. Denbaars, S. Nakamura, E.L. Hu, Roughening hexagonal surface morphology on laser lift-off (LLO) n-face GaN with simple photo-enhanced chemical wet etching, Jpn. J. Appl. Phys. 43 (2004) L637eL639.

63. H.M. Ng, N.G. Weimann, A. Chowdhury, GaN nanotip pyramids formed by anisotropic etching, J. Appl. Phys. 94 (2003) 650e653.

64. M.A. Velednitskaya, V.N. Rozhanskii, L.F. Comolova, G.V. Saparin, J. Schreiber, O. Br€ummer, Investigation of the deformation mechanism of MgO crystals affected by concentrated load, Phys. Status Solidi A 32 (1975) 123e132.

65. Y. Enomoto, K. Yamanaka, Cathodoluminescence at frictional damage in MgO single crystals, J. Mater. Sci. 17 (1982) 3288e3292.

66. K. Maeda, K. Nakagawa, S. Takeuchi, K. Sakamoto, Cathodoluminescence studies of dislocation motion in IIbeVIb compounds deformed in SEM, J. Mater. Sci. 16 (1981) 927e934.

67. S. Sadakuni, J. Murata, K. Yagi, Y. Sano, K. Arima, A.N. Hattori, T. Okamoto, K. Yamauchi, Influence of the UV light intensity on the photoelectrochemical planarization technique for gallium nitride, Mater. Sci. Forum 645 (2010) 795e798.

68. X.F. Xu, R. Zhang, P. Chen, Y.G. Zhu, Z.Z. Chen, S.Y. Xie, W.P. Li, Y.D. Zheng, The oxidation of GaN epilayers in dry oxygen, Proc. 6th Int. Conf. Solid State Integrated Circuit Technol. 2 (2001) 1205e1208.

69. J.A. Bardwell, J.B. Webb, H. Tang, J. Fraser, S. Moisa, Ultraviolet photoenhanced wet etching of GaN in K2S2O8 solution, J. Appl. Phys. 89 (2001) 4142e4149.

70. R.T. Green, W.S. Tan, P.A. Houston, T. Wang, P.J. Parbrook, Investigations on electrode-less wet etching of GaN using continuous ultraviolet illumination, J. Electron. Mater. 36 (2007) 397e402.

71. C. Youtsey, I. Adesida, G. Bulman, Highly anisotropic photoenhanced wet etching of n-type GaN, Appl. Phys. Lett. 71 (1997) 2151e2153.

72. H.P. Gillis, D.A. Choutov, P.A. Steiner IV, J.D. Piper, J.H. Crouch, P.M. Dove, K.P. Martin, Low energy electron-enhanced etching of Si(100) in hydrogen/helium direct-current plasma, Appl. Phys. Lett. 66 (1995) 2475e2477.

73. I. Adesida, A. Mahajan, E. Andideh, M. Asif Khan, D.T. Olsen, J.N. Kuznia, Reactive ion etching of gallium nitride in silicon tetrachloride plasmas, Appl. Phys. Lett. 63 (1993) 2777e2779.

74. I. Adesida, A.T. Ping, C. Youtsey, T. Dow, M. Asif Khan, D.T. Olsen, J.N. Kuznia, Characteristics of chemically assisted ion beam etching of gallium nitride, Appl. Phys. Lett. 65 (1994) 889e891.

75. J.W. Lee, J. Hong, J.D. MacKenzie, C.R. Abernathy, S.J. Pearton, F. Ren, P.F. Sciortino, Formation of dry etched gratings inGaNand InGaN, J. Electron.Mater. 26 (1997) 290e293.

76. C.B. Vartuli, S.J. Pearton, J.W. Lee, J. Hong, J.D. MacKenzie, C.R. Abernathy, R.J. Shul, ICl /Ar electron cyclotron resonance plasma etching of IIIeV nitrides, Appl. Phys. Lett. 69 (1996) 1426e1428.

77. R.J. Shul, A.J. Howard, S.J. Pearton, C.R. Abernathy, C.B. Vartuli, P.A. Barnes, M.J. Bozack, High rate electron cyclotron resonance etching of GaN, InN, and AlN, J. Vac. Sci. Technol. B 13 (1995) 2016e2021.

78. R. Held, G. Nowak, B.E. Ishaug, S.M. Seutter, A. Parkhomovsky, A.M. Dabiran, P.I. Cohen, I. Grzegory, S. Porowski, Structure and composition of GaN (0001) A and B surface, J. Appl. Phys. 85 (1999) 7697e7704.

79. K. Koyama, H. Aida, M. Uneda, H. Takeda, S.-W. Kim, H. Takei, T. Yamazaki, T. Doi, N-face finishing influence on geometry of double-side polished GaN substrate, Int. J. Autom. Technol. 8 (2014) 121e127.

80. F. Twyman, Prism and Lens Making, Hilger & Watts, London, 1952, 318.

81. F.W. Preston, The structure of abraded glass surfaces, Tran. Opt. Soc. 23 (1922) 141e164.

82. M. Takahashi, K. Chiba, P. Li, Free-radical generation from collapsing microbubbles in the absence of a dynamic stimulus, J. Phys. Chem. B 111 (2007) 1343e1347.

83. T. Marui, An introduction to micro/nano-bubbles and their applications, Syst. Cybern. Inform. 11 (4) (2013) 68e73.

84. H. Onari, Fisheries experiments of cultivated shells using micro-bubbles techniques, J. Heat Transfer Soc. Jpn. 40 (2001) 2e7 (in Japanese).

85. J. Park, K. Kurata, Application of microbubbles to hydroponics solution promotes lettuce growth, Hort. Technol. 19 (2009) 212e215.

86. K. Ago, N. Nagasawa, J. Takita, R. Itano, N. Morii, K. Matsuda, K. Takahashi, Development of an aerobic cultivation system by using a microbubble aeration technology, J. Chem. Eng. Jpn. 38 (2005) 757e762.

87. S.E. Burns, S. Yiacoumi, C. Tsouris, Microbubble generation for environmental and industrial separations, Separ. Purif. Technol. 11 (1997) 221e232.

88. M. Takahashi, T. Kawamura, Y. Yamamoto, H. Ohnari, S. Himuro, H. Shakutsui, Effect of shrinkingmicrobubble on gas hydrate formation, J. Phys. Chem. B 107 (2003) 2171e2173.

89. P.K. Pandey, A. Jain, S. Dixit, Micro and nanobubble water, Int. J. Eng. Sci. Technol. 4 (2012) 4734e4738.

90. K. Suzuki, M. Ishida, H. Sekine, S. Ninomiya, M. Iwai, T. Uematsu, A new coolant method with a micro bubble coolant, Proc. JSPE Semestrial Meet. 2004A (2004). B07 (in Japanese).

CHAPTER

9

연마제를 사용하지 않거나
극소량만을 사용하는
화학 – 기계적 연마가공

연마제를 사용하지 않거나 극소량만을 사용하는 화학 - 기계적 연마가공

9.1 서 언

화학−기계적 연마(CMP)[1]는 IBM社에 의해서 최초로 반도체 제조에 도입되었다. 이제는 현대적인 반도체 제조와 웨이퍼의 대량가공에서 없어서는 안 될 기술로 자리 잡게 되었다. 화학−기계적 연마는 현재 평면을 생성하며 (증착, 노광 및 식각과 같은) 패터닝에 의한 윤곽의 글로벌 평탄화를 실현시켜주는 실용기술이다. 노광과 같은 여타의 기법들은 초점심도의 한계와 에치백 문제 때문에 글로벌 평탄화를 구현하기가 어렵다. 노광기법으로는 국부적인 평탄화가 가능할 뿐이다. 이 기술은 칩 제조업체들이 다중층 배선을 실현하며, 점점 더 작은 치수로 줄어드는 기술노드를 지원하고, 수십억 개의 트랜지스터들을 집적할 수 있는 유일한 가공방법이다.

화학−기계적 연마는 이름 자체가 의미하듯이, 연마 및 평탄화 표면에서 일어나는 화학적 작용과 기계적 작용 사이의 상승작용을 이용한다. 이 가공을 수행하는 동안, 반도체 모재는 누름압력에 의해서 폴리우레탄 패드에 압착되며, 높은 전단율로 패드와 모재를 회전시키면서 그 사이에 슬러리를 주입한다. 패드의 홈, 기공 그리고 질감 등으로 인하여 웨이퍼와 패드 사이에는 슬러리가 균일하게 공급된다. 이 패드−연마제와 모재 사이의 접촉에 의해서 소재가 제거된다. 소재제거율, 평탄화, 디싱, 거칠기, 균일성 그리고 결함도 등과 같은 화학−기계적 연마성능의 최적화를

---

1   9장에서는 CMP의 P가 planarizaton(평탄화)가 아니라 polishing(연마)를 의미한다.

위해서 장비와 소모품(패드, 보호필름, 컨디셔너 그리고 슬러리)과 관련된 공정인자들이 조절된다. 화학-기계적 연마가공과 수율에 직접적인 영향을 끼치는 중요한 소모품들 중 하나는 슬러리로서, 콜로이드 형태의 나노 연마제와 수용성 화학약품(폴리머, 계면활성제, 산화제, 억제제, 부동화 첨가제 및 착화제)들을 물에 섞은 다음 pH값을 조절한 액체이다. 오염, 미량금속, 화학적 퇴화, 연마제 함량 또는 전단율과 같은 슬러리의 성질들이 조금만 변하여도 연마성능이 변하며, 수율에 영향을 끼친다. 슬러리 성질측정결과와 웨이퍼 연마율, 평면도 그리고 결함 발생률 사이의 상관관계를 밝히면 연마성능이 저하되는 근본 원인을 알아낼 수 있다. 웨이퍼-연마제-패드 사이의 접촉과정에서 슬러리는 단순히 기계적 마멸을 일으키거나, 이 기계적 작용에 의해서 화학적 식각이 가속화되도록 만들어서 소재를 제거한다. 슬러리에 사용되는 연마제는 입자의 크기와 형상이 서로 달라야 한다. 대부분의 경우, 염가에, 제조와 취급이 용이하기 때문에 콜로이드 형태의 실리카 연마제가 사용된다. 얕은 도랑 고립구조에 대한 화학-기계적 연마에서는 평탄화 가공능력이 월등하며 하부 질화막을 만나면 거의 디싱을 일으키지 않으면서 가공이 중단되어 거의 완벽한 평면이 만들어지기 때문에, 실리카 슬러리 대신에 세리아 슬러리가 사용된다.

대부분의 경우에 연마속도를 높이기 위해서 연마입자가 첨가되지만, 여기에는 몇 가지 단점이 존재한다. 연마가공을 수행하는 동안, 연마입자가 웨이퍼 표면을 긁어서 전기연결과 디바이스 성능에 손상을 유발한다. 이런 긁힘은 수 옹스트롬에서 거대 긁힘 자국에 이르기까지 넓은 범위를 가지고 있다. 따라서 긁힘을 최소화시키는 첨가제를 사용하거나 연마입자를 첨가하지 않는 슬러리를 개발해야 한다. 연마입자를 사용하지 않는 슬러리는 다양한 장점들을 가지고 있다. 이런 용액들은 연마제의 분산성을 안정화시키기 위한 노력이 필요 없다. 이들은 필터링이나 용액탱크 내에서의 연속교반이 필요 없다. 또한 입자 뭉침을 방지하기 위해서 글로벌 공급루프 내에서 최소 유동속도를 유지할 필요도 없다.

그런데 몇 가지 용도에 대해서는 연마제를 첨가하지 않은 용액을 사용하기가 어렵다. 고체물질의 함량을 가능한 한 낮추려는 다양한 노력이 수행되었다. 예를 들어, 이전의 유전체 슬러리에는 30[wt%]의 고체물질을 첨가했던 반면에, 현재는 고체물질의 함량이 12[wt%]까지 감소하였다. 최근 들어서 캐벗[1]은 특수하게 제조된 실리카 슬러리를 사용하여 연마율을 저하시키지 않으면서 고체 함량을 2[wt%]까지 낮춘 실리카 슬러리를 개발하였다.

이 장에서는 저자의 연구를 중심으로 하여, 다양한 화학-기계적 연마가공을 위해서 개발된 무연마제 용액들에 대해서 살펴보기로 한다. 이런 용액설계 기술에 대한 이해는 반도체산업의 성장과 더불어서 지속적으로 변하고 있는 화학-기계적 연마가공에서 발생하는 문제의 해결에 도움이 될 것이다. 비록 무연마제 용액은 계속 발전하고 있으며, 대부분의 화학-기계적 연마가공에서는 여전히 연마제를 첨가한 슬러리를 사용하고 있지만, 이 장에서는 무연마제 슬러리의 개발과 관련된 기술적 도전에 대해서 살펴보기로 한다.

9.2 폴리실리콘에 대한 화학 – 기계적 연마가공용 무연마제 슬러리

폴리실리콘 박막은 후속 고온공정에 견딜 수 있으며, 열 산화된 실리카와 뛰어난 접착력, 알루미늄 게이트소재보다 높은 신뢰성 그리고 급경사 윤곽표면에 대한 등각증착능력 등으로 인하여 금속산화물 반도체 회로 내에서 게이트 전극과 배선, NAND 플래시 셀의 부동게이트, 금속산화물 반도체 전계효과 트랜지스터(MOSFET)의 고유전체 금속 게이트를 제조하는 과정에서 금속 게이트 대체기법의 희생층 그리고 마이크로전자기계시스템의 운동부 구조요소 등으로 널리 사용되고 있다. 디바이스의 기술노드가 45[nm] 미만으로 줄어들면서 짧은채널 효과를 감소시키고 선폭을 더욱 축소하기 위해서 전통적인 평면형 단일게이트 금속산화물 전계효과 트랜지스터(MOSFET) 디바이스를 대체하여 제안된 3차원 비평면형 핀펫[2] 트랜지스터구조를 개발하는 과정에서 사용되는 폴리실리콘 소재에 대한 화학–기계적 연마가공을 포함하여 더 엄격하고 새로운 화학–기계적 연마공정이 필요하게 되었다.

펜타 등[2~4]은 폴리실리콘 박막의 연마 및 평탄화를 위해서 매우 낮은 농도(250[ppm])의 양이온 및 비이온성 폴리머 첨가제를 사용하는 무연마제 용액을 개발하였다. 이런 폴리머들을 함유한 용액에 대한 부식률이 무시할 수준이지만, 다결정질 실리콘 소재에 대한 제거율은 **그림 9.1 (a)** 및 (b)에 도시되어 있는 것처럼 최대 600[nm/min]에 달한다. IC1000 패드에 대해서 매우 높은 가공률을 나타낸 폴리머 용액이 이보다 더 연한 폴리텍스(Politex™)에 대해서는 매우 낮은 가공률을 나타내었다. 여기서 폴리텍스는 다우화학社의 상품 명칭이다. 연구자들은 패드 표면의 기능그룹 차이로 인하여 폴리텍스보다는 IC1000 패드가 폴리머를 더 잘 붙잡고 있다고 추정하였다. 또한 폴리텍스 패드의 질감이 IC1000 패드보다 부드러워서 제거율이 낮아졌다. 이 결과를 통해서 패드와 용액의 조합을 통해서 연마제를 사용하지 않고도 폴리실리콘 박막의 화학–기계적 연마율을 조절할 수 있다는 것을 알 수 있었다. 특히, **폴리–염화디알릴디메틸암모니아(PDADMAC)**를 첨가한 경우에는 세리아 입자를 사용해도 폴리실리콘의 제거율이 상승하지 않는다는 사실로부터 제거 메커니즘이 폴리머에 의해서 주도된다는 것을 알 수 있다.

2　fin field effect transistor.

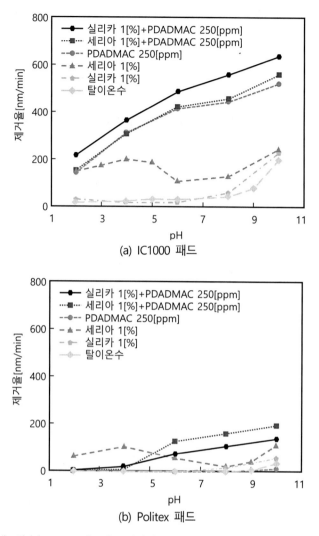

(a) IC1000 패드

(b) Politex 패드

그림 9.1 (a) IC1000 패드와 (b) Politex 패드의 폴리실리콘 박막에 대한 제거율. 세리아/실리카 입자에 PDADMAC를 250[ppm]만큼 첨가한 경우와 첨가하지 않은 경우 그리고 무연마제 용액을 사용한 경우에 대해서 pH값의 변화에 따른 제거율을 비교하였다.[4]

그림 9.2에 도시되어 있는 것처럼, 정전흡착이나 화학적 상호작용에 의해서 폴리실리콘 표면에 폴리머가 흡착된다. 수산기나 염소이온들이 인접한 표면 실리콘 원자들 사이의 분극화를 유발하며, 뒤이어서 패드와 폴리머 사이 그리고 실리콘 표면과 폴리머 사이에서는 이온−쌍극자 상호작용을 통해서 PDADMAC의 양전하로 하전된 질소원자가 음의 쌍극자와 결합한다. 이런 결합이 가능한 모드는 폴리실리콘 표면과 IC1000™ 패드 사이에서 일어나는 소위 **브리지견인**[3] 작용 때문이다. IC1000은 다우화학社의 상품 명칭이다. 브리지견인의 경우, 인접한 다른 표면상에 자유흡

---

3 bridging attraction.

착 위치가 존재한다면 표면에 흡착된 분자들이 이 표면을 잡아당긴다. 따라서 화학-기계적 연마가공을 수행하는 동안, 폴리실리콘 표면과 결합한 PDADMAC 분자들은 브리지견인 작용에 의해서 IC1000 패드 쪽으로 잡아당겨진다.

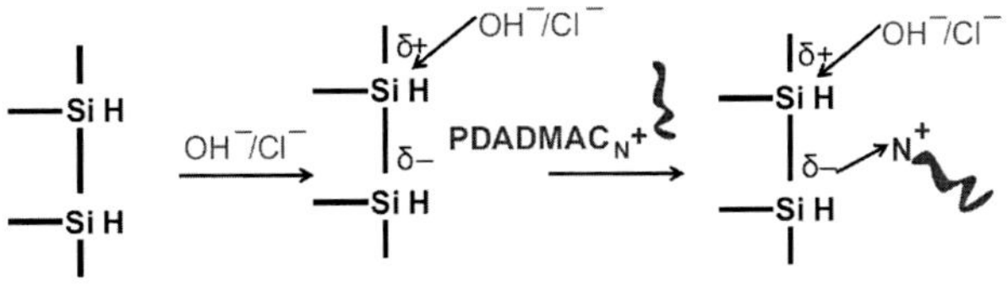

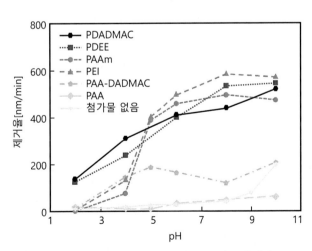

그림 9.2 PDADMAC 수용액 내에서 PDADMAC와 폴리실리콘의 결합과정에 대한 개략도

그림 9.3에서는 다양한 폴리머 화합물들을 첨가한 무연마제 용액을 사용한 경우의 폴리실리콘 박막 제거율을 보여주고 있다. 이를 통해서 폴리머의 하전밀도와 연마율 사이의 상관관계를 확인할 수 있다. 폴리머의 양전하밀도가 증가하면, 실리콘 표면과 연마용 패드 사이에 강력한 폴리머 브리지가 형성되어 제거율이 증가한다. 이를 통해서 개별 폴리머들의 전하밀도를 다음 순서로 구분할 수 있다.

PDADMAC/PDEE/PAAm/PEI > PAA-DADMAC > PAA

또한 견인력과 그에 따라서 폴리머들에 의해서 유발되는 패드와 박막 표면 사이의 브리지 상호작용 강도 역시 동일한 순서를 갖는다.

그림 9.3 pH값이 조절된 탈이온수와 폴리전해질이 250[ppm] 함유된 수용액과 IC1000 패드를 사용한 경우의 폴리실리콘 박막 제거율[2]

댄두 등[5]은 아민과 아미노산 화합물을 사용하여 무연마제 용액을 개발하였다. **그림 9.4**에 도시되어 있는 것처럼, 폴리실리콘 제거율 증강 메커니즘은 α-아민이나 아미노산의 첨가에 의존한다. 폴리실리콘 표면에 흡착되는 첨가물들이 분극 되면서 하부의 Si-Si 결합을 약화시키며, 아산화물의 생성을 가속화하며 높은 제거율을 구현한다.

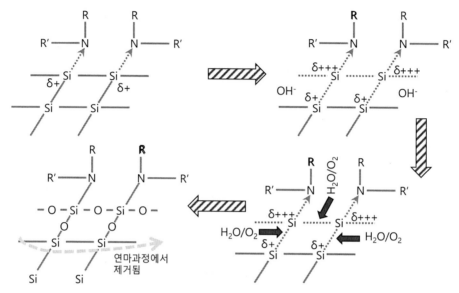

그림 9.4 α-아민 첨가제의 존재하에서 도핑된 폴리실리콘과 도핑되지 않은 폴리실리콘의 개략적인 제거 메커니즘[5]

강 등[6]은 실리콘의 연마 메커니즘을 이해 및 비교하기 위해서 무연마제 슬러리와 실리카를 첨가한 슬러리를 사용하여 실리콘 웨이퍼와 다결정질 실리콘 박막의 연마를 수행하는 동안 슬러리의 pH값이 끼치는 영향에 대한 연구를 수행하였다. 이들은 폴리실리콘에 대한 화학-기계적 연마가공이 기계적 인자에 심하게 의존한다는 것을 알게 되었다. 그런데 베어 실리콘 웨이퍼의 연마는 화학적 영향에 더 크게 의존한다.

9.3 구리 다마스커스 표면에 대한 연마제를 사용하지 않는 화학-기계적 연마가공

화학-기계적 연마가공은 Cu/SiO_2 시스템의 평탄화를 위해서 주로 사용되었다. 그런데 최근 들어서 금속(Cu)배선을 분리하는 절연성 유전체를 저유전체로 대체하면 트랜지스터들 사이를 연결하는 배선의 저항−정전용량(RC) 지연이 감소하여 작동속도가 향상되며, 고성능 디바이스를 구현할 수 있다. 저유저성 소재의 사례로는 SiCOH 기반의 소재와 블랙 다이아몬드(Black Diamond^{TM})가 있다. 여기서 블랙다이아몬드는 어플라이드 머티리얼즈社의 상품 명칭이다. 층간 절연체로 저유전성 소재를 사용하기 위해서는 구리/저유전체 사이를 성공적으로 결합하기 위해서 수많은 기술적 문제를 해결해야만 한다. 저유전체들은 기계적으로 취약하며 다공질의 특성을 가지고 있다. 따라서 저유전성 소재들은 투수성을 가지고 있으며, 화학적, 기계적 손상에 취약하다. 따라서 낮은 누름력, 낮은 상대속도, 연질 패드 그리고 연마제를 사용하지 않는 슬러리를 사용하는 가벼운 화학−기계적 연마가 필요하다. 다시 말해서, 기계적 작용력을 줄이고 슬러리의 화학작용을 증가시켜야 한다. 구리소재에 대한 화학−기계적 연마를 위한 연마제를 첨가하지 않은 용액에 대한 관심이 높으며, 이를 통해서 웨이퍼 전체의 평탄화 균일성 향상과 결함밀도 저감 등을 구현할 수 있을 것이다. 이를 위해서는 구리소재에 대한 화학−기계적 연마에 사용되는 슬러리를 구성하는 서로 다른 화학성분들과 pH의 역할에 대한 이해가 필요하다. 그림 9.5에서는 기존의 화학−기계적 연마가공과 연마제를 사용하지 않는 화학−기계적 연마가공을 서로 비교하여 보여주고 있다.[7,8]

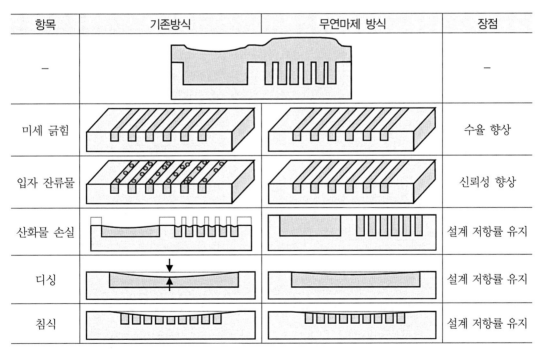

항목	기존방식	무연마제 방식	장점
−			−
미세 긁힘			수율 향상
입자 잔류물			신뢰성 향상
산화물 손실			설계 저항률 유지
디싱			설계 저항률 유지
침식			설계 저항률 유지

그림 9.5 기존방식의 구리 다마스커스 표면에 대한 화학−기계적 연마와 연마제를 사용하지 않는 공정의 상호 비교[7,8]

슬러리에 연마제를 사용하지 않는 방식은 구리 산화물층을 연마제의 도움 없이 제거할 수 있도록 화학적 조성과 기계적 성질이 다른 구리 착화물 층으로 개질하는 방법에 의존한다. 연마제를 첨가하지 않은 연마용액은 구성이 복잡하며 최적화를 위해서는 각 구성성분들(산화제, 착화제, 부식억제제 그리고 pH 조절용 버퍼액)이 구리 착화물의 생성과 결함발생률에 끼치는 영향을 이해하여야 한다.

구리 박막을 평탄화 및 세척한 이후에 하부의 차단층에 대해서는 디싱과 침식을 최소화하면서 가공을 멈출 수 있는 다양한 종류의 무연마제 약액들이 개발되었다. 예를 들어, 미국 특허 6561283 (콘도)에서는 산화제(과산화수소), 수용성 금속산화물을 생성하는 착화제라고 알려져 있는 물질들(시트르산과 같이 주로 하이드록시카르복실산으로 이루어진 유기산들), 시크너[4] 그리고 물 등을 조합하여 연마제를 사용하지 않는 연마액을 발명하였다. 이 조성은 금속박막에 대해서 긁힘, 박리, 디싱 및 침식 등의 발생을 억제하면서 높은 제거율을 구현할 수 있는 연마액이다. 시크너는 폴리아크릴산, 폴리메타아크릴산 그리고 폴리비닐피롤리돈 등의 폴리머와 더불어서 카르복실 그룹과 인산염 그룹으로 이루어진 화합물이다. 연구자들은 초기에 이 폴리머들이 구리 박막의 표면에 흡착되어 금속 박막의 볼록하거나 오목한 부분들을 모두 보호한다고 추정하였다. 금속 박막의 볼록한 부분에 흡착된 보호용 폴리머 박막은 연마용 패드에 의해서 우선적으로 기계연마되어 금속박막이 노출된다. 연마용액에 노출된 금속박막은 산화제에 의해서 산화되며, 뒤이어 산화된 수용성 화합물과 착이온을 형성하면서 산화물층이 용해된다. 산화물층의 두께가 감소한 영역은 다시 산화제에 노출되며, 이로 인하여 산화물층의 두께가 다시 증가하게 된다. 이런 반응이 반복되면서 화학-기계적 연마가공이 진행된다. 이런 산화와 수용체화 반응은 폴리머 박막에 의해서 보호를 받고 있는 오목한 영역에 비해서 볼록한 영역에서 더 빠르게 반복된다. 그 결과 볼록한 부분의 제거율은 오목한 부분에 비해서 더 높으므로 평탄화가 진행되어, 연마가공이 끝날 시점에는 디싱이 통제된다.

미국 특허 6562719(콘도)에서는 에탄올, 이소프로필알코올, 에틸렌글리콜 그리고 메틸에틸케톤 등을 사용한 연마제가 첨가되지 않은 연마액 조성에 대해서 발표하였다. 억제제인 벤조트리아졸(BTA)의 용해도를 증가시키기 위해서 이 화합물들을 첨가하였다.

미국 특허 6632259(고시와 와인스타인)에서는 금속산화제, 억제제, 착화제 및 특수하게 제조된 공중합체들로 이루어진 연마제를 첨가하지 않은 연마액 조성을 발표하였다. 공중합체들은 아크릴산 단량체와 메타크릴산 단량체를 1 : 20에서 20 : 1의 몰 비율로 섞은 혼합물로부터 추출하였다. 이 조성은 화학-기계적 연마가공을 수행하는 동안에, 과도 성장한 구리에 대하여 높은 가공

---

4   thickener: 액체를 걸쭉하게 만드는 물질. 역자 주.

률(3,000~5000[Å/min])과 세척능력을 가지고 있는 반면에 연마용 패드 표면과 모재 표면 사이의 접촉-매개반응을 통해서 함몰영역의 공중합체 제거를 최소화하여 디싱 발생을 최소화시켜준다. 또한 연마제를 첨가하지 않은 조성을 사용하므로 침식이 방지된다. 특수 제조된 공중합체 분자들의 첫 번째 반족은 최소한 하나 이상의 카르복실, 하이드록실, 할로겐, 아인산, 인산염, 술폰산염, 황산염, 질산염 등과 같은 친수성 기능그룹을 가지고 있으며, 두 번째 반족은 첫 번째 반족에 비해서 친수성이 약하다. 두 번째 반족은 하나 이상의 공수성 기능그룹으로 이루어진다. 특수 제조된 공중합체 분자들의 첫 번째 반족은 모재 표면과 결합(주로 배위결합)된다. 특수 제조된 공중합체 분자들의 두 번째 반족은 공중합체 분자와 연마용 패드 표면 사이의 상호작용을 견딜 수 있는 구조강성을 제공해준다.

미국 특허 7086935(왕)에서는 물과 혼합되는 유기용제(알코올과 케톤), 카르복실산 기능성을 갖도록 개질된 수용성 셀룰로오스(카르복실 메틸 셀룰로오스), 아크릴산/메타아크릴산 공중합체, 벤조트리아졸, 과산화수소(산화제), 옵션사양으로는 인 함유 화합물과 착화제 그리고 물로 이루어진 연마제를 사용하지 않는 연마액을 발표하였다. 인을 함유한 화합물의 장점은 미량만 첨가하여도 낮은 누름압력하에서도 연마율을 증가시킬 수 있다는 것이다. 왕이 제안한 약액 조성은 (약 300[Å] 이내로)디싱 발생을 억제하면서도 (약 2,000[Å/min]에 이르는) 높은 제거율을 구현하여 생산성을 크게 저하시키지 않으면서도 구리소재를 제거 및 세척할 수 있다는 것이다. 그런데 이 조성은 연마용 패드와 웨이퍼상에 녹색의 구리-벤조트리아졸 화합물을 석출시킨다. 이 석출물들은 검딱지 형태로 패드에 들러붙어 연마율을 저하시킬 수 있기 때문에, 연마 후에는 연마패드에 대한 세척이 필요하다. 웨이퍼 역시 결함생성을 방지하기 위해서는 연마 후 세척이 필요하다. 이런 추가적인 세척단계에서는 강력하고 값비싼 세정용 약액이 필요하며, 웨이퍼 처리속도 지연에 따른 소유비용 문제가 발생하게 된다.

미국 특허 8540893(고시 등)에서는 구리소재 제거율과 금속 세정능력이 높으며 디싱과 석출물 생성이 최소화된 연마제를 첨가하지 않은 연마액 조성을 발표하였다. 이 연마액은 폴리(에틸렌글리콜)메틸에테르메타크릴레이트와 1-비닐리미다졸 공중합체, 수용성 산, 산화제(H_2O_2), 구리배선 금속의 반응 억제제(벤조트리아졸), 수용성으로 개질된 셀룰로오스(카르복실메틸셀룰로오스) 등과 옵션사양으로 착화제와 인산염 화합물 그리고 중성의 물 등으로 이루어진다. 이 성분들은 산성의 pH값을 가지고 있다. 수용성 산물질이 환원되면 구리-벤조트리아졸(Cu-BTA) 석출물로 이루어진 녹색의 얼룩이 생성된다.

미국 특허 8440097에서는 아졸 억제제(벤조트리아졸), 알칼리성 유기금속 계면활성제, 향수성 물질,[5] 인함유물질, 산화제, 옵션사양으로 수용성 비단당류 폴리머와 착화제 그리고 물로 이루어진 안정적이며, (8배 이상) 농축이 가능하고, 셀룰로오스와 연마제를 참가하지 않은 연마액 조성을 발표하였다. 농축성은 주로 물에 대한 벤조트리아졸의 용해도 한계에 의존한다. 알칼리금속 계면활성제와 향수성 물질들은 벤조트리아졸과 연마과정에서 생성되는 구리−벤조트리아졸 석출물의 용해도 증가에 도움을 준다.

판디자 등[9,10]은 구리소재에 대한 화학−기계적 연마를 위하여 옥살산(OA)과 과산화수소 수용액으로 이루어진 연마제를 첨가하지 않은 연마액 조성에 대한 연구를 수행하였으며, 이를 통해서 그림 9.6에 도시되어 있는 것처럼, 콜로이드 형태의 실리카 입자를 첨가하여도 구리소재의 연마율에 별다른 영향이 없다는 것을 밝혀냈다. 여기서 옥살산은 산화제인 H_2O_2 존재하에서 구리 표면에 생성되는 구리 산화물들을 용해시키는 착화제의 역할을 한다. pH값이 매우 낮은 경우에 착화제는 전기화학적인 반응으로 인하여 매우 활성화된다.

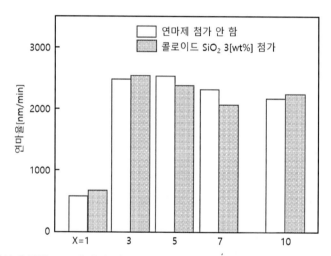

그림 9.6 pH=3.0에서 옥살산 0.065[M]과 서로 다른 농도의 H_2O_2에 콜로이드 형태의 실리카 3[wt%]를 섞은 슬러리와 섞지 않은 슬러리의 구리소재에 대한 연마율 비교[9]

이 데이터에 따르면 이 시스템에서는 구리 표면층이 기계적 효과보다는 화학적 효과에 의해서 제거된다는 것을 알 수 있다. 이 슬러리의 산성도와 H_2O_2 함량을 조절하여 이 슬러리의 구리소재에 대한 제거율을 조절할 수 있다.

그림 9.7에서는 옥살산 0.065[mol/dm³] + H_2O_2 5[wt%]에 (약 50[nm] 직경의 콜로이드 실리카 3[wt%]인) 연마제를 첨가한 경우와 첨가하지 않은 경우의 구리소재에 대한 연마율을 비교하여 보여주고 있다. pH≥3인 범위에서는 연마제를 첨가한 경우와 첨가하지 않은 경우의 연마율이

---

5 hydrotrope.

서로 유사한 반면에 pH값이 낮은 경우에는 연마제의 유무에 따라서 연마율에 큰 차이가 나타났다. 이런 pH값과 연마제 유무에 따른 제거율 의존성을 연마조건 및 비연마조건하에서 개회로전압(OCP) 데이터를 사용하여 설명할 수 있다(그림 9.8).

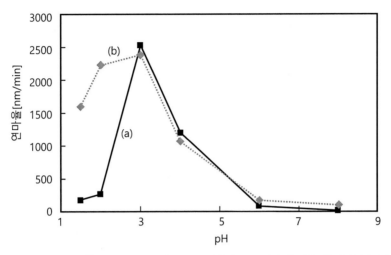

그림 9.7 옥살산 0.065[mol/dm³]+H₂O₂ 5[wt%]에 (a) 연마제를 첨가하지 않은 용액과 (b) 연마제(콜로이드 실리카 3[wt%])를 첨가한 슬러리의 pH값 변화에 따른 구리 디스크의 연마율[10]

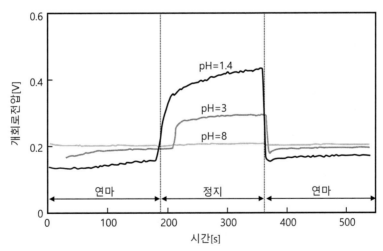

그림 9.8 옥살산 0.065[mol/dm³]+H₂O₂ 5[wt%]를 기반으로 하는 용액의 pH값이 1.4, 3.0 및 8.0일 때의 구리소재에 대한 개회로전압곡선. 용액에는 연마제가 첨가되지 않았음[10]

그림 9.8에서는 옥살산 0.065[mol/dm³]+H₂O₂ 5[wt%]를 기반으로 하는 연마액의 pH값이 1.4, 3.0 및 8.0일 때에 각각 3분 동안 연마－정지－연마 사이클을 반복하면서 측정한 개회로전압 그래프

를 보여주고 있다. 자연 pH값(pH=1.4)의 경우에는 구리의 개회로전압이 급격하게 증가하므로, 연마가 중지되면 표면변성이 빠르게 진행된다는 것을 알 수 있다. 연마용 패드를 사용하여 이 박막을 빠르게 제거할 수 없으므로 연마작용을 지속시키기 위해서는 연마제에 의한 약간의 기계 작용이 필요하다. 이는 자연 pH값에서 연마제를 사용하지 않는 경우에 발생하는 큰 연마율 차이 로부터 명확하게 확인할 수 있다(그림 9.7). pH=3.0인 경우에 연마가 중지되면 개회로전압이 약간 상승한다는 것은 구리 표면에 형성되는 표면 변성층이 얇다는 것을 의미하며, 연마가 다시 시작 되면 개회로 전압이 급격하게 떨어진다는 것은 이 변성층이 표면으로부터 빠르고 쉽게 제거된다 는 것을 나타낸다. 슬러리의 pH=8.0인 경우에는 연마가공 중이나 정지 상태에서 구리 표면의 개회로전압이 크게 변하지 않는다. 이는 변성층이 구리 표면에 항상 존재하며, 박막 생성속도가 제거속도보다 빠르다는 것을 의미한다. 또한 슬러리의 pH=8.0인 경우에 구리 표면에 생성된 변성층은 단단하고 반응성이 작아서 연마를 통해서 완전히 제거할 수 없을 수도 있다. pH=8.0인 용액을 사용한 경우에 구리소재의 제거율이 매우 낮다는 점이 이를 설명하고 있다(그림 9.7).

그림 9.9에서는 옥살산 0.065[mol/dm^3]+H$_2$O$_2$ 5[wt%]에 콜로이드 형태의 실리카를 3[wt%]만큼 첨가한 연마액의 pH값이 1.5, 3.0 및 8.0일 때에 연마–정지–연마 사이클을 반복하면서 측정한 개회로전압 그래프를 보여주고 있다. 연마가 중지된 상태에서 pH=1.5와 pH=3.0인 경우의 개회로 전압 상승량은 서로 거의 동일하였다. 이는 구리 표면에 생성된 변성층의 성질이 서로 유사하며, 패드와 연마제의 기계작용을 통하여 이를 쉽게 제거할 수 있다는 것을 의미한다. pH=8.0인 경우에 는 그림 9.8에서 관찰했던 것과 마찬가지로, 구리와 슬러리 사이의 개회로 전압이 거의 변하지 않았다.

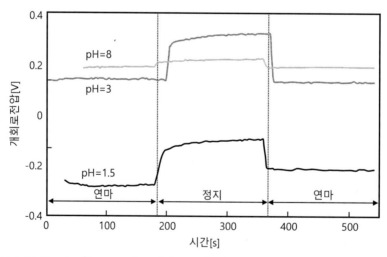

그림 9.9 옥살산 0.065[mol/dm^3]+H$_2$O$_2$ 5[wt%]에 콜로이드 형태의 실리카 3[wt%]를 첨가한 연마액의 pH값 이 1.5, 3.0 및 8.0일 때에 연마–정지–연마 사이클을 반복하는 동안 측정한 개회로전압곡선

9.4 연마제가 첨가되지 않은 조성과 차단층에 대한 화학 – 기계적 연마가 공에서 연마제의 역할

탄탈럼(Ta)과 질화탄탈럼(TaN)은 구리 기반 디바이스의 흡착 촉진과/또는 확산 차단층으로 다마스커스 공정에 적용하기에 특히 적합한 소재이다. 그런데 탄탈럼과 질화탄탈럼의 성질은 구리와 달라서 화학적으로 훨씬 더 비활성이기 때문에, 구리소재에 적합한 연마제를 첨가하지 않은 연마액으로는 하부의 탄탈럼 층이나 질화탄탈럼 층을 제거할 수 없다. 따라서 배선용 금속(구리)이나 유전체의 손실에 따른 디싱 없이 탄탈럼/질화탄탈럼을 제거하기 위한 전용 약액이 개발되었다.

미국 특허 7491252에서는 산화제, 비철금속 억제제, 비철금속 착화제, 포름아미딘에서 추출한 탄탈럼 제거제, 포름아미딘 염기, 포름아미딘 추출물, 구아니딘 추출물 그리고/또는 구아니딘 염기 등으로 이루어진 탄탈럼 소재 제거를 위한 화학 – 기계적 연마용 용액을 발명하였다. 이 화학 – 기계적 연마액은 탄탈럼 차단층을 매우 빠른 속도(약 2,000[Å/min])로 제거해주지만, 유전체의 침식이나 금속 배선의 디싱, 침식 및 긁힘은 최소화시켜준다. 이 연마액은 반도체 웨이퍼 표면의 저유전체 박막층을 손상시키지 않으면서 탄탈럼 차단층을 제거할 수 있다.

미국 특허 7241725와 7767581에서는 탄탈럼을 함유한 차단층들을 제거하기 위한 연마제를 첨가하지 않은 연마액을 발명하였다. 이 연마액은 배선금속 제거를 저감하기 위한 억제제, 산화제, 착화제 그리고 최소한 두 개의 질소원자들을 가지고 있는 이민과 히드라진 화합물들로 이루어진 질소함유 화합물로 이루어진다. 예를 들어, 이민 화합물들은 1,3-디페닐 구아니딘, 구아니딘 염화수소산염, 테트라메틸구아니딘, 포름아미딘 아세트산염 또는 아세트아미딘 염화수소산염 등에서 선택하며, 히드라진 화합물들은 카르보하이드라자이드, 아세트산 하이드라자이드, 세미카바자이드 염화수소산염 또는 포름 하이드라자이드 등에서 선택한다. 이 화합물들은 탄탈럼/질화탄탈럼 소재의 제거율을 가속(약 2,000[Å/min])시켜주지만, 유전체나 배선용 금속을 연마하지는 않으므로 침식과 디싱 억제에 도움이 된다. 하지만 이런 질소함유 화합물들이 탄탈럼 소재의 제거율을 어떻게 가속시키는지에 대해서는 알지 못한다.

캐벗 마이크로일렉트로닉스社에서 출원한 미국 특허 8551202에서는 탄탈럼 소재의 제거율을 가속시키기 위해서 극미량(0.25%)의 연마제를 첨가한 슬러리 용액을 발표하였다. 이 슬러리는 요오드 이온, 질소를 함유한 4-20C 헤테로고리나 1-20C 알킬아민으로 이루어진 질소함유 화합물 그리고 물을 주성분으로 하는 액상의 캐리어 등으로 구성되어 있다. 연마액의 pH값은 1~5의 범위를 가지고 있다. 요오드 이온은 산화제로 작용한다. 연구자들은, 질소함유 화합물과 요오드 이온을 사용한 경우에 탄탈럼과 구리 제거율이 더 높았으며, 벤조트리아졸과 같은 질소함유 화합물과 요오드 사이의 상승작용으로 인하여 탄탈럼 제거율이 증가한다는 것을 발견하였다. 그런데 탄탈럼과 구리 표면에서 일어나는 반응 메커니즘을 이해하기 위해서는 이 상승작용에 대한 추가적인 연구가 필요하다. 미국 특허 8529680에 따르면, 9,10-안트라퀴논-1,5 디술폰산과 요오드화칼륨을 사용하면 구리와 탄탈럼 금속의 제거율이 서로 비슷하게 증가하는 현상이 관찰되었다.

브라운 등[11]은 과요오드화칼륨을 산화제로, 실리카를 연마제로 첨가하여 pH=9인 루테늄(Ru) 연마용 슬러리를 개발하였다. 산화제를 첨가하지 않은 실리카 슬러리(1~5[wt%])만을 사용한 경우의 루테늄 박막에 대한 연마율은 0[nm/min]에 근접하므로, 루테늄에 비하여 상대적으로 경도가 낮은 실리카 연마제의 기계적 작용은 루테늄 표면을 마멸시킬 만큼 강력하지 못하다는 것을 알 수 있다. 또한 연마제를 첨가하지 않은 과요오드화칼륨(0.01~0.1[M])을 사용한 경우에도 루테늄 표면과의 전기화학적 반응에도 불과하고 매우 낮았다.

과요오드화칼륨은 아래의 반응식을 통해서 루테늄 표면을 RuO_4, RuO_4^- 그리고 RuO_4^{2-}와 같은 루테늄 산화물들로 산화시킨다.

$$Ru + [IO_4]^- = RuO_4 + I^- (pH \leq 7)$$

$$Ru + [IO_4]^- + 2OH^- = [RuO_4]^{2-} + H_2O + \frac{1}{2}O_2 + I^- (8 \leq pH \leq 14)$$

$$4[RuO_4]^- + 4OH^- = 4[RuO_4]^{2-} + 2H_2O + O_2 (8 \leq pH \leq 14)$$

그런데 과요오드화칼륨 함유용액에 실리카 연마제를 첨가하면 (그림 9.10에 도시되어 있는 것처럼)연마율이 증가하므로, 연마제를 사용하여 이 pH값에서 생성된 루테늄과 루테늄 과산화물들을 기계적으로 손쉽게 제거할 수 있지만, 연마패드만으로 제거하기에는 너무 단단하다. 이 결과에 따르면, 연마제를 첨가하지 않은 용액과 연마용 패드만을 사용하여 소재를 제거하는 경우에는 연마제에 첨가한 첨가제가 박막 표면을 약화시키는 것이 매우 중요하다.

마찬가지로, 아마나푸 등[12]은 과산화수소(산화제), 탄산 구아니딘(착화제) 그리고 실리카 연마제를 함유한 pH=9인 루테늄 박막용 연마제를 개발하였다. 그림 9.11에는 루테늄, 질화 티타늄 그리고 탄탈럼/질화 탄탈럼 박막에 대한 제거율이 도시되어 있다. 산화제와 실리카 연마제를 사용하여도 루테늄 박막의 제거율은 매우 낮았다. 그런데 탄산 구아니딘을 첨가하면 루테늄 박막의 제거율이 향상되었다. 탄산 구아니딘이 루테늄 산화물들과 착화물을 형성하여 표면이 약화되면 연마제의 기계적 작용으로 이를 쉽게 연마할 수 있지만, 연마패드만으로는 이를 연마하기 어렵다는 주장은 논쟁의 여지가 있다.

탄탈럼 소재에 대한 화학－기계적 연마용 슬러리 약액의 개발과정에서도 이와 유사한 연마제의 역할이 관찰되었다. 젠잼 등[13]은 착화제로 옥살산, 산화제로 과산화수소 그리고 연마제로 실리

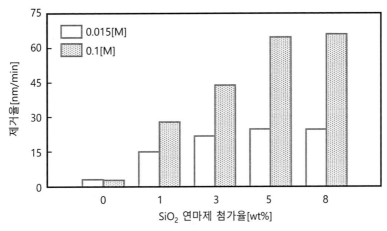

그림 9.10 과요오드화칼륨(KIO_4)을 0.015[M]과 0.1[M]을 첨가한 pH=9인 슬러리의 연마제 첨가율[wt%] 변화에 다른 루테늄 제거율[11]

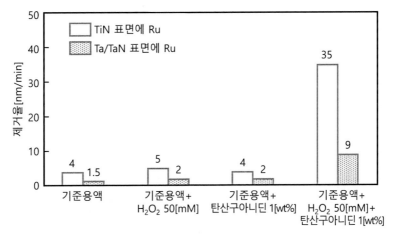

그림 9.11 실리카 슬러리를 5[wt%]만큼 첨가한 pH=9인 슬러리에 과산화수소를 첨가한 경우와 첨가하지 않은 경우에 대하여 탄산 구아니딘이 두 가지 유형의 루테늄 표면의 제거율에 끼치는 영향[12]

카를 사용한 산성용액에 대한 연구를 수행하였다. 그림 9.12에서는 이 용액의 제거율을 보여주고 있다. 누름압력이 43.4[kPa]와 13.8[kPa]인 경우 모두에 대해서, 옥살산과 과산화수소가 첨가되지 않은 채로 실리카만을 첨가한 슬러리의 탄탈럼에 대한 제거율은 낮으며, 옥살산과 과산화수소는 첨가했지만 연마제를 첨가하지 않은 슬러리의 탄탈럼 제거율도 매우 낮았다. 옥살산과 과산화수소에 실리카 연마제를 첨가하면 두 가지 누름압력에 대해서 탄탈럼의 제거율이 모두 향상되었으며, 이를 통해서 용해성/약한 용해성을 가지고 있는 탄탈럼-수산염 착화물의 생성을 통해서 탄탈럼 연마가 화학적으로 촉진되며, 구조적으로 약화된 층은 기계적으로 제거할 만큼 약화되었지만, 연마패드만을 사용하여 제거할 만큼 약하지는 않다는 것을 의미한다.

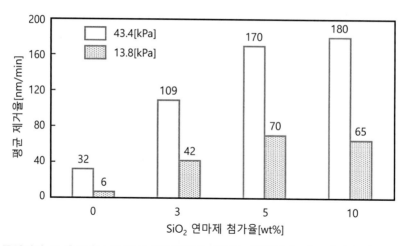

그림 9.12 누름압력이 43.4[kPa]와 13.8[kPa]인 경우에 대해서 과산화수소 5[wt%]와 옥살산 0.13[M]을 첨가한 pH=3인 슬러리의 실리카 연마제 첨가량에 따른 탄탈럼 디스크의 연마율

옥살산 슬러리에 과산화수소가 첨가되면 시료 표면에 생성되는 Ta_2O_5의 양이 증가하는 것으로 생각된다. 이 산화과정에는 여러 단계가 개입되지만, 전체적인 반응은 $2Ta_2N+5H_2O_2 \leftrightarrow Ta_2O_5 + 5H_2O+2TaN$의 형태를 갖는다. 이 탄탈럼 산화물이 H_2O_2의 분해를 촉진시키는 촉매위치로 작용하며 이 과정에서 생성되는 불안정한 물질들이 탄탈럼 표면에서 Ta_2O_5로부터 $Ta(OH)_5$를 생성한다. 이렇게 생성된 $Ta(OH)_5$가 약한 Ta-수산염 착화물들의 추가적인 생성을 초래하며, 이를 통해서 연마율이 증가하게 된다.

이 연구들을 통해서 폴리실리콘 박막에 대한 화학-기계적 연마시 활용한 브리지 메커니즘이나 구리소재에 대한 화학-기계적 연마시 활용한 착화제를 사용한 표면약화 메커니즘은 연마제를 사용하지 않는 화학-기계적 연마가공을 가능케 해주는 유용한 방법이라는 것을 시사하고 있다.

9.5 향후 전망

연마제를 사용하지 않으면 결함과 긁힘을 제거할 수 있다는 가능성 때문에, 거의 모든 화학-기계적 연마가공 분야에서 연마제를 사용하지 않는 슬러리의 개발에 대해서는 지속적인 관심과 노력이 수행되고 있다. 과거의 기술노드들에서는 긁힘에 따른 결함을 수용할 수 있었지만, 트랜지스터의 크기가 축소함에 따라서 이런 긁힘 결함이 디바이스 성능에 치명적인 영향을 끼치며 지수함수적으로 디바이스의 수율을 감소시킨다. 화학-기계적 평탄화 가공을 수행하는 동안 연마제를 사용하지 않는 수용액을 사용하면 연마제에 의해서 유발되는 오염, 이동성 이온, 다양한 결함과 긁힘들 그리고 표면의 구조적 손상 등을 제거할 수 있으며, 동시에 제조비용도 절감할 수 있다.

참고문헌

1. S. Grumbine, M. Cavanaugh, M. Willhoff, E. Shen, in: 19th International Symposium on ChemicaleMechanical Planarization (CMP), Albany, NY, 2014.

2. N.K. Penta, P.R. Dandu Veera, S.V. Babu, Role of Poly(diallyldimethylammonium chloride) in selective polishing of polysilicon over silicon dioxide and silicon nitride films, Langmuir 27 (2011) 3502e3510.

3. N.K. Penta, P.R. Dandu Veera, S.V. Babu, Charge density and pH effects on polycation adsorption on poly-Si, SiO2, and Si3N4 films and impact on removal during chemical mechanical polishing, ACS Appl. Mater. Interfaces 3 (2011) 4126e4132.

4. N.K. Penta, J.B. Matovu, P.R. Dandu Veera, S. Krishnan, S.V. Babu, Role of polycation adsorption in poly-Si, SiO2 and Si3N4 removal during chemical mechanical polishing: effect of polishing pad surface chemistry, colloids and surfaces A, Physicochem. Eng. Aspects 388 (2011) 21e28.

5. P.R. Dandu Veera, N.K. Penta, B.C. Peethala, S.V. Babu, J. Colloid Interface Sci. 348 (2010) 114e118.

6. Y-J. Kang, B-K. Kang, J-G. Park, Y-K. Hong, S-Y. Han, S-K. Yun, B-U. Yoon, C-K. Hong, Effect of Slurry PH on Poly Silicon CMP, International Conference on Planarization/CMP Technology, Dresden, Germany (2007).

7. J. Amanokura, Y. Kamigata, M. Habiro, H. Suzuki, M. Hanazono, Mat. Res. Soc. Symp. Proc. 732 E (2002) I 1.2.1.

8. Y. Kamigata, Y. Kurata, K. Masuda, J. Amanokura, M. Yoshida, M. Hanazono, Mat. Res. Soc. Symp. Proc. 671 (2001) M 1.3.1.

9. S. Pandija, D. Roy, S.V. Babu, Chemical mechanical planarization of copper using abrasive-free solutions of oxalic acid and hydrogen peroxide, Mater. Chem. Phys. 102 (2007) 144e151.

10. S. Pandija, Abrasive Free Slurries for Copper Polishing, Master thesis, Clarkson University, 2005.

11. B.C. Peethala, S.V. Babu, Ruthenium polishing using potassium periodate as the oxidizer and silica abrasives, J. Electrochemical Soc. 158 (2011) H271eH276.

12. H.P. Amanapu, K.V. Sagi, L.G. Teugels, S.V. Babu, Role of guanidine carbonate and crystal orientation on chemical mechanical polishing of ruthenium films, ECS J. Solid State Sci. Technol. 2 (11) (2013) P445eP451.

13. S. Janjam, Chemical Mechanical Polishing of Tantalum and Tantalum Nitride, PhD thesis, Clarkson University, Potsdam, NY, 2009.

CHAPTER

10

평탄화 공정의 환경적 측면

평탄화 공정의 환경적 측면

10.1 서 언

이 장에서는 반도체 제조시설(FAB)에서 화학－기계적 평탄화(CMP) 가공을 수행하는 과정에서 생성되는 폐수에 함유된 알루미나, 세리아 및 비정질 실리카 입자들의 발생, 거동 및 처리에 대해서 살펴보기로 한다. 화학－기계적 평탄화 가공용 슬러리에 사용되는 입자들은 일반적으로 100[nm] 미만의 크기를 가지고 있으므로 **제조된 나노입자(ENP)**라고 간주할 수 있다. 비록 앞으로도 반도체의 제조에 나노입자를 사용할 가능성이 많겠지만, 현재로서는 반도체 업계에서 제조된 나노입자의 주요 용도는 화학－기계적 평탄화 가공용 슬러리용 연마입자이다. 화학－기계적 평탄화 가공용 슬러리는 반도체를 제조하는 과정에서만 사용되며, 완성된 반도체 제품 속에 남아 있어서는 안 된다. 이 장에서는 화학－기계적 평탄화 가공용 슬러리의 폐수처리설비 설계에 대해서 살펴보며, 이런 목표를 달성하기 위해서 유용한 문헌상의 정보들도 함께 제시되어 있다.

이 장의 2절에서는 화학－기계적 평탄화 가공용 슬러리의 조성과 슬러리 폐수의 조성에 대한 문헌상의 정보들을 취합하여 제시하고 있다. 3절에서는 나노입자들의 거동에 영향을 끼치는 물리화학적 공정들과 폐수처리에 사용되는 시스템에 대해서 살펴본다. 후속되는 절들에서는 입자의 거동과 응고, 응집, 침강, 부유 그리고 전기응고 공정을 사용한 처리에 대해서 살펴본다. 마지막 절에서는 생물학적 폐수처리공장에서 알루미나, 세리아 그리고 실리카 나노입자들의 거동에 대한 선택된 문헌상의 정보들을 살펴본다.

10.2 폐수의 발생과 특성

표 10.1에서는 화학−기계적 평탄화 가공용 슬러리를 구성하는 연마입자들과 화학적 첨가제들을 요약하여 보여주고 있다. 첨가물들은 연마입자의 분산능력에 따라서 선정되며 제거해야 하는 특정한 소재에 맞추어 선택적인 화학−기계적 평탄화 가공이 일어나도록 최적화된다. 반도체 제조에 사용되는 상용 화학−기계적 평탄화 가공용 슬러리에서는 거의 예외 없이 알루미나(Al_2O_3), 세리아(CeO_2) 또는 비정질 실리카(SiO_2) 등의 연마입자들이 사용된다. 화학−기계적 평탄화 가공용 슬러리의 연마입자 크기는 용도에 따라서 대략적으로 20[nm]에서 200[nm]의 크기를 갖는다. 전형적으로 500[nm] 이상의 크기를 가지고 있는 입자와 응집체들은 높은 결함률을 초래한다.[1] 화학−기계적 평탄화 가공용 슬러리용 연마입자의 원 소재 입자크기분포는 매우 좁지만 약간의 다중모드 분포가 보고되었다.[1,2] 용도에 따라서 슬러리에는 몇 가지에서 십여 가지의 화학물질들이 첨가된다.[3] 첨가물에는 산이나 염기와 완충제, 산화제, 분산제, 착화제, 계면활성제, 항균제, 부식억제제제 등이 포함되며, 표 10.1에 요약되어 있다.

표 10.1 전형적인 화학−기계적 평탄화 가공용 슬러리의 첨가제들

성분	기능	사례	참조
연마입자	−	Al_2O_3, CeO_2, 비정질 SiO_2	
pH 조절	pH값 조절과 완충	HCl, KOH, HNO_3, NH_4OH, H_3PO_4, TMAH, 완충액	[3]
착화제	용해금속의 용해도 향상	아미노산(글리세린 등), 카르복실산(시트르산 등)	[4], [5]
산화제	산화용해를 통한 금속제거 촉진	H_2O_2, 질산제이철, KIO_4, $KMnO_4$ 등	[3]
부식억제제제	특정 표면에 대한 선택적 제거, 부식억제	벤조트리아졸(BTA), 3-아미노트리아졸	[3], [6]
유기표면활성제	금속산화물 입자들을 분산된 상태로 유지	폴리아크릴산, 폴리에틸렌 글리콜 폴리머, 브롬화센틸트리메틸암모늄	[1], [7], [8]
고분자 폴리머	연마능력을 완충시키기 위한 연마제 응집 및/또는 코팅	고분자(약 8백만)폴리에틸렌 산화물	[1]
살균제	미생물 성장 방지	−	[7]

반도체 팹에서는 다수의 화학−기계적 평탄화 장비들을 운영하고 있으며, 사용하는 슬러리의 유형이나 연마기 작동방식에 따라서 이들을 분류할 수 있다. 슬러리들은 분산장비를 사용하여 사전에 혼합하며, 슬러리에 가해지는 전단력이 최소화되도록 설계된 재순환 공급 시스템을 사용하여 화학−기계적 연마장비로 공급한다. 웨이퍼 연마단계가 시작되면 슬러리가 공급되며, 후속 연마단계를 시작하기 전에 웨이퍼를 헹구는 단계를 포함하여 다양한 단계마다 물이 추가된다.

웨이퍼 연마용 패드의 컨디셔닝과 세정을 돕기 위해서 화학 첨가물들을 주입할 수도 있다. 전형적인 웨이퍼 가공과정에서 0.2~0.8[L]의 슬러리, 1~2[L]의 헹굼용 물 그리고 추가로 5[L] 이상의 패드 세정과 웨이퍼 헹굼용 물이 사용된다. 화학-기계적 연마가공 과정에서 웨이퍼 한 장당 배출되는 폐수의 양은 전형적으로 10[L] 이상에 달한다. 일부의 연구에 따르면, 팹에서 사용되는 물의 30~40%가 화학-기계적 평탄화 가공과정에서 소비된다.[9,10]

화학-기계적 평탄화 가공기에서 배출되는 폐수에는 가공과정에서 웨이퍼로부터 제거된 용해성분과 입자성분들뿐만 아니라 슬러리, 헹굼용 물 그리고 패드 및 패드 컨디셔닝과정에서 배출된 잔류물질 등이 포함되어 있다. 폐수에 포함되는 웨이퍼 소재의 양과 조성은 웨이퍼 표면에서 제거하는 박막층의 조성과 두께에 의존하며, 그 두께는 수[nm]에서 100[nm] 이상에 이른다. 만일, 예를 들어 300[mm] 직경의 웨이퍼에서 100[nm] 두께의 블랭킷 구리층이 제거된다면, 웨이퍼 당 64[mg]의 구리가 폐수에 섞여 있다. 마찬가지로, 실리카 블랭킷 층을 100[nm]만큼 제거한다면 폐수에는 입자 및 용해된 실리카가 섞여서 배출된다.

화학-기계적 평탄화 가공과정에서 발생한 폐수의 처리방법은 사용 가능한 공간의 크기와 위치 및 인프라뿐만 아니라 팹에서 직접 폐수를 처리한 후에 취수원으로 방류하는가 아니면 지자체의 폐수처리 시설로 배출하는가와 같은 수많은 지역적 고려사항들에 의존한다. 그림 10.1의 사례에서는 화학-기계적 평탄화 가공과정에서 발생한 폐수를 팹에서 배출된 여타의 폐수와 섞기 전에 화학-기계적 평탄화 가공에 알맞은 물리화학적 처리를 시행한 다음에 시설 내에 위치한

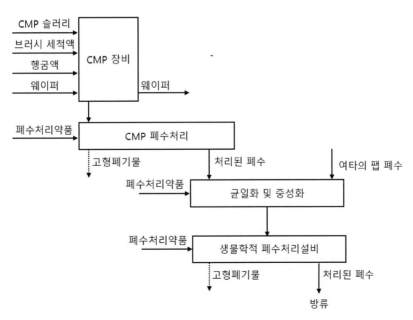

그림 10.1 화학-기계적 평탄화 가공과정에서 발생한 폐수를 팹에서 자체적으로 처리하는 방안

생물학적 폐수처리장치를 거치도록 배치되어 있다. 이런 방식의 경우에는 희석되지 않은 화학-기계적 평탄화 가공 후의 폐수를 일차적으로 처리한 다음에 많이 희석하고 생물학적 폐수처리설비를 거친 후에 자연수계로 방출한다. 다른 많은 팹들에서는 복합폐수를 지자체에서 정한 폐수기준에 맞게 전처리한 이후에 지자체에서 운영하는 생물학적 폐수처리설비로 배출한다.

표 10.2에서는 문헌을 통해서 추출한 화학-기계적 평탄화 가공과정에서 발생하는 폐수의 조성을 요약하여 보여주고 있다. 수처리공정 내에서 시료가 채취된 자세한 위치나 유량과 같은 자세한 정보를 제시한 문헌이 매우 작지만, 표 10.2에 제시되어 있는 폐수의 조성 중 대부분은 팹의 여타 공정에서 발생된 폐수들과 섞이기 전에 화학-기계적 평탄화 가공 과정에서 발생된 폐수의 조성이라고 간주할 수 있다. 표 10.2에 제시되어 있는 화학-기계적 평탄화 가공 후의 슬러리 폐수들 대부분은 중성에서 알칼리성의 pH 범위를 가지고 있다. 입자의 크기는 20[nm]에서 800[nm] 이상의 범위에 걸쳐서 분포하고 있지만, 입자크기분포와 관련된 자세한 정보는 거의 발표되지 않았다. 화학-기계적 평탄화 가공 후 폐수의 입자분포에 대한 연구결과[11,12]에 따르면 처음에 투입된 슬러리에 비해서 입자크기의 분포가 확장되었다. 입자크기가 더 커지는 쪽으로 분포가 확장되었다는 것은 원래의 슬러리 입자들이 응집되었으며/또는 입자의 크기가 커졌다는 것을 의미한다. 반대로, 입자의 크기가 더 작아지는 쪽으로 확장되었다는 것은 웨이퍼 표면에서 작은 입자들이 제거되었으며/또는 침전물이 형성되었다는 것을 의미한다. 예를 들어 후앙 등의 연구[13,14]에 따르면, 구리소재에 대한 화학-기계적 평탄화 가공 후의 폐수에는 용해된 구리성분과 13[nm] 크기의 고체상태 구리산화물 입자들이 대략적으로 균일하게 분포되어 있었다.

표 10.2에 제시되어 있는 총고체 농도는 1,500~8,200[mg/L]의 범위를 가지고 있다. 관례상 총고체농도는 부유고체와 용해고체로 이루어진다. 역사적으로, 용해된 고체와 부유고체를 분리하기 위해서 0.45[μm] 필터가 사용되었다.[24] 그런데 화학-기계적 평탄화 가공용 슬러리의 입자크기는 거의 모두가 450[nm] 미만이므로 용해고체에 대한 기존의 구분을 용해 및 콜로이드화된 물질의 조합으로 바꿀 필요가 있다. 발표된 모든 폐수의 제타전위는 음의 값을 가지고 있었다. 화학-기계적 평탄화 가공 후 폐수에 함유된 구리 성분은 일반적으로 금속배선층에서 유래한 것이며, 과거 수년간 구리배선의 사용이 증가하고 있다. 단 하나의 논문에서만 과산화수소의 농도가 제시되었지만, 금속연마용 슬러리에는 과산화수소가 일반적으로 사용되므로 폐수의 조성에 중요한 영향을 끼칠 수 있다.[20] 총 유기탄소(TOC) 농도는 2~25[mg/L] 수준이며, 다음에 설명하듯이, 이보다 더 낮은 농도의 표면활성 유기화학물질만으로도 입자의 거동에 중요한 영향을 끼칠 수 있다. 총 규소농도는 2~4,000[mg/L] 수준이며 실리카 슬러리 입자와 웨이퍼에서 제거된 규소에 의한 것이다. 총 알루미늄 농도에 대해서 보고된 자료에 따르면 1~19[mg/L] 미만에 불과하다. 마지막으로 폐수에서 세륨 성분은 발견되지 않았다.

표 10.2 화학-기계적 평탄화 가공 후 폐수의 조성

참고문헌	[15]	[16]	[13]	[17]	[18]	[19]	[20]	[21]	[22],[23]	[22]
pH	8~9	6.8~9.1	8.7	8.54	6~8.7	9.5	9.5~10	9.4	8.6	>8.5
총고체 [mg/L]	4000~5000			3836	4000~5000	2575		8200	1522	
총용해고체 [mg/L]							72~117		62	
총부유고체 [mg/L]	10~20				0.1~0.4		3.6~6.2		1460	
평균입도 [nm]	85~95	50~150	78~205		100	78		55~220 평균 106	25~800 평균 173	173
제타전위 [mV]	−28~ −35	~ −60		−41.6		pH>6에서 <−40		−50	−78	
총Si [mg/L]		400~800	0.45μm 이상 362~810	0.2μm 이상 398~1580		467	98~224	4000	609	
총Al [mg/L]						1.2	0.01~11.8		4.8	
총Fe [mg/L]						<1		6.4	0.32	
총W [mg/L]						4.2	2.8~6.0		7.2	
총Cu [mg/L]					45~120	<1		<0.02	0.39	
탁도 [NTU]	200~300	200~600	334	316		130		550	135	
전도도 [μs/cm]	100~200	50~150		247	450~470		65~180	680	127	
TOC [mg/L]	3~5					6	2~5		15	
COD [mg/L]	300~600				210~480				10	
비고	①	②	③	④	⑤	⑥	⑦	⑧	⑨	⑩

① 대만 타이중 소재 중부과학공업원 내 DRAM팹에서 산화물 대상 화학-기계적 평탄화 가공 후 방출되는 폐수
② 대만 신추공단에서 산화물 대상 화학-기계적 평탄화 가공 후 방출되는 폐수
③ 대만 신추공단에서 화학-기계적 평탄화 가공 후 방출되는 폐수
④ 대만 남부지역에 소재하는 300[mm] 팹에서 화학-기계적 평탄화 가공 후 방출되는 폐수
⑤ 대만 북부지역에 소재하는 대형 반도체 제조업체
⑥ 대만 신추공단의 DRAM 제조업체
⑦ 대만 소재 반도체 팹에서 산화물과 금속소재에 대한 화학-기계적 평탄화 가공 후 방출되는 폐수
⑧ 대만 신추공단의 DRAM 제조업체에서 한외여과기를 거친 후의 폐수
⑨ 대만 남부지역에 소재하는 팹에서 산화물 대상 화학-기계적 평탄화 가공 후 방출되는 폐수
⑩ 대만 소재 반도체 팹에서 혼합산화물과 금속소재에 대한 화학-기계적 평탄화 가공 후에 방출되는 폐수

10.3 수질기준

미국의 **환경보건국**(EPA)에서는 수중생태계와 인체건강을 보호하기 위한 폐수 수질기준을 제시하고 있으며, 수질정화법에 근거하여 이 기준을 강제할 수 있다. 미국은 각 주마다 환경보건국의 기준과 동등하거나 더 엄격한 자체적인 수질기준을 제정할 수 있다. 만일 어떤 주에서 자체적인 기준을 제정하지 않는다면 환경보건국의 기준이 적용된다. 환경보건국에서 추천하는 수질기준은 "오염물질의 최대 농도가 주어진 환경하에서 대부분의 생물들에게 심각한 위해를 가하지 않는 수준"이 되도록 규정하고 있으며, 대략적으로 150가지의 오염물질을 대상으로 하고 있다.[25] 환경보건국에서는 총 고체, 알루미늄 및 구리에 대한 기준을 제시하고 있지만, 알루미나, 세리아 및 실리카 입자들에 대해서는 구체적으로 규정하지 않았다.

10.3.1 화학 - 기계적 평탄화 가공 후 폐수에 함유된 입자들의 특성과 이들의 제거

폐수에 섞여 있는 입자들은 용해, 흡착, 응집 및 침전 등을 포함하여 다양한 물리, 화학적인 공정들을 거치게 된다. 이 공정들은 입자의 숫자와 질량농도, 입도분포, 표면적 그리고 전하 등의 영향을 받는다. 기계론적인 관점에서 입자 형태의 나노입자에 대한 폐수처리공정의 효용성을 평가하기 위해서는 폐수처리과정의 유동경로를 따라가면서 일련의 분석인자들에 대한 측정을 시행하는 것이 바람직하다. 착화물과 물속에 함유된 나노입자들은 분석하기가 매우 어려우며 특수한 분석방법이 필요하다.[26,27] 입도분포측정을 통해서 입자의 크기별 숫자에 대한 정보를 얻을 수는 있지만, 입자들의 화학적 조성은 구분할 수 없다. 또한 동적광산란(인)과 같은 일반적인 입자크기분포 측정기법을 사용하는 경우에는 대형 입자들이 작은 입자들을 가려서 측정을 방해하기 때문에, 입자들이 불균하게 분포되어 있는 폐수 속에서 신뢰성 있는 입자크기 분포를 측정하기가 어렵다.[28] 질량 기반 농도측정을 통해서 알루미늄, 세륨 및 실리콘의 총 농도를 측정할 수는 있지만, 크기분류기법과 조합하여 사용하지 않는다면, 어떤 성분들이 용해되어 있거나 입자 형태로 존재하는지를 구분할 수 없다.[29] 또한 팹 내의 어디에나 실리카와 알루미늄성분이 존재하며 심지어는 수처리용 약품 속에도 섞여 있기 때문에, 질량평형방식의 측정을 어렵게 만든다. 또한 용해물질과 입자물질 사이의 구분을 위한 수단으로 0.45[μm] 필터를 사용하는 방식의 수질 분석기법이 일반적으로 사용되고 있지만, 이렇게 큰 기공을 가지고 있는 필터를 사용하는 방식을 나노입자 수용액의 분석에 사용하기는 어렵다.[24]

10.3.2 입자의 거동

물속에 함유된 입자들을 제거하기 위한 단위공정을 개발하기 위해서는 용액 내의 입자들을 안정화시키는 작용력과 이 입자들을 불안정화시켜서 제거하기 위한 시스템 조작방법에 대한 이해와 분석이 필요하다. 물속의 입자거동에 영향을 끼치는 중요한 물리화학적 인자들은 중력침전, 수착, 응집 그리고 용해 등이다.[30,31] 표면적 대 질량비가 큰 소형입자들은 중력침전의 영향이 작은 반면에 표면작용에 더 큰 영향을 받는다. 주어진 입자농도에 대해서, 10[nm] 크기의 입자들은 동일한 농도인 1,000[nm] 크기의 입자들에 비해서 숫자는 백만 배 이상, 표면적은 100배 이상이다.

입자의 중력침전은 입자에 작용하는 중력, 부력 그리고 항력 사이의 작용력 평형관계에 기초하는 **스토크스의 법칙**으로 나타낼 수 있다. 이 상관관계를 사용하여 유체 내에서 구형 입자의 종단 침강속도를 구할 수 있다.

$$u_p = \frac{2(\rho_p - \rho_w)gr_p^2}{9\mu} \tag{10.1}$$

여기서 ρ_p는 입자의 밀도, ρ_w는 물의 밀도, r_p는 입자의 반경, g는 중력가속도 그리고 μ는 물의 동적 운동속도이다.[30] 그림 10.2에서는 스토크스 침강속도를 사용하여 물속에서 실리카 입자가 1[m] 깊이를 침강하는 데에 소요되는 시간을 계산하여 보여주고 있다. 직경이 수[μm] 미만인 입자들은 물속에서 중력침강 속도가 거의 무시할 수준이므로, 유동장 내에서 부유한다고 간주하여도 무방하다. 다음에서 살펴볼 응집/침강작용이 미세입자의 불안정부유를 유발하며, 중력침강이 일어나기 쉬운 더 큰 질량체로 뭉치도록 도와준다.

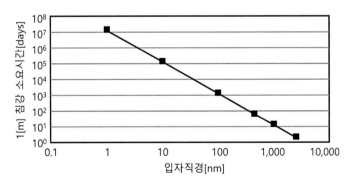

그림 10.2 물속에서 실리카 입자가 1[m] 침강하는 데에 소요되는 시간

10.3.3 표면전하

입자의 분산성이나 응집성향은 표면전하에 크게 의존한다. 하전입자들은 서로를 밀쳐내며, 반대로 하전된 입자들은 서로를 잡아당기는 경향이 있다. 다음에 열거된 세 가지 방식으로 물속에 부유하는 입자들이 하전된다.[24]

(1) 입자 표면에서의 화학반응
(2) 격자구조의 불완전 또는 동종치환
(3) 하전된 유기물질의 흡착

주로 표면 기능성 그룹들의 양자부가와 탈양자 작용을 통해서 알루미나, 세리아 및 실리카 입자들의 표면이 하전된다. 물과 접촉하는 실리카(SiO_2)의 표면은 비정질인 중성 실라놀 그룹($\equiv$SiOH)으로 나타낼 수 있으며, 양자화를 통해서 양전하($\equiv SiOH_2^+$)를 띠거나 탈양자화를 통해서 음전하($\equiv SiOH^-$)를 띠게 된다. 더 일반적으로 말하면, 표면의 Si, Al 및 Ce 원자들을 다음의 pH-의존성 평형식을 따르는 $\equiv$Me로 나타낼 수 있다.[24]

$$\equiv MeOH + H^+ \leftrightarrow MeOH_2^+ \quad K_{a1} \tag{10.2 a}$$

$$\equiv MeOH - H^+ \leftrightarrow MEO^- \quad K_{a2} \tag{10.2 b}$$

알루미나, 세리아 및 실리카의 양자화 및 탈양자화 반응 평형상수값들이 음의 로그값인 pK_{a1} 및 pK_{a2}으로 표 10.3에 제시되어 있다. 전하가 중성인 pH값을 **영점전하**(pH_{zpc})라고 부르며, 이 또한 표 10.3에 제시되어 있다. 청정수 속에서 실리카는 pH_{zpc}값이 낮으며, pH>2가 되면 음전하를 띤다. 알루미나의 pH_{zpc}는 약 9이며 pH값이 낮은 범위에서는 양전하를 띠는 반면에 pH값이 높은 범위에서는 음전하를 띤다. 세리아 입자들의 pH_{zpc}값은 pH값이 중성인 범위에 대해서는 낮은 값을 갖기 때문에, 앞서와 마찬가지로 산성 상태에서는 양전하를, 알칼리성 상태에서는 음전하를 띤다.[32]

수용액 속에서 pH값에 대한 입자 표면전하의 의존성을 전기화학적 적정이나 **전기영동 이동도** 측정을 통해서 분석할 수 있다. 입자의 표면전하를 측정하는 데에 일반적으로 사용되는 **제타전위**를 구하기 위해서 전기영동 이동도 측정을 사용할 수 있다. 경험적으로 입자들의 제타전위가 ±20~30[mV]보다 커야 안정 상태를 유지하며, 그렇지 못하다면 **입체장해**[1]와 같은 여타의 수단을

---

1   steric hindrance: 분자 내의 인접한 원자 또는 원자단 사이의 교환반발력으로 인해 분자의 불안정화 등이 발생하는 현상. 역자 주.

통해서 안정화시킬 수 있다.[33,34] 실제의 경우, pH값과 전하 중성화를 위해서 첨가하는 화학 첨가제의 조합에 따라서 폐수 속에서 일어나는 입자의 응집에 대한 식견을 얻기 위해서 넓은 pH값 범위에 대해서 폐수시료에 대해서 제타전위와 입자크기 분포를 자주 측정한다. 알루미나, 세리아 및 실리카에 대하여 이런 측정을 시행한 사례가 다음에 제시되어 있다.

표 10.3 알루미나, 세리아 및 실리카의 pH_{zpc}, pK_{a1} 및 pK_{a2} 데이터

	알루미나(Al_2O_3)	세리아(CeO_2)	비정질 실리카(SiO_2)
분자량	101.96	172.1	60.08
형태	α, γ, δ-Al_2O_3 분말형 Al_2O_3	Ce(IV): CeO_2, Ce(III): Ce_2O_3	열분해 분말 콜로이드 침전물
입자밀도[g/cm^3]	3.95	7.65	2.65
용해도	낮음: 5~8	산성에 용해	알칼리성에 느린 용해
표면밀도[$site/nm^2$]	3		5~15
pH_{zpc}	9	6~8	~2
pK_{a1}	7.5		-1.1
pK_{a2}	10.4		8.1
참고문헌	[35]	[32]	[35], [36]

분자크기가 인접한 입자들 사이에서 수용성 이온들의 분포뿐만 아니라 여타의 입자들 및 표면들과의 상호작용에도 영향을 끼치기 때문에, 분자크기에 따른 표면전하를 살펴보는 것이 유용하다. 하전된 입자의 표면과 바로 인접한 위치에는 반대로 하전되어 표면 쪽으로 견인되는 이온 **치밀층**이 존재하며, 이를 **반대이온**이라고 부른다.[30] 이 치밀층은 1[nm] 수준에 불과할 정도로 매우 얇다. 치밀층의 외곽에는 반대이온과 동전하 이온들이 혼합된 **확산층**이라고 부르는 2차층이 존재하며, 이들의 농도와 분포는 입자 표면의 전하에 의해서 영향을 받는다. 동전하 이온은 입자 표면과 동일한 전하를 가지고 있으며, 전하반발의 영향 때문에 주변의 벌크 물속의 이온농도보다 낮은 농도를 갖는다. 확산층 내에서 반대이온의 분포도 입자 표면의 전하에 영향을 받기 때문에, 벌크 물속의 이온농도보다 높은 농도를 갖는다.

치밀층과 확산층 사이의 경계를 **d-평면**이라고 부르며, 그림 10.3에 도시된 단순화된 확산층 모드에서 입자의 표면전위(ψ_d)는 이 d-평면에 대해서 정의된 값이다. 그러므로 이 모델에서 치밀층도 입자의 일부분으로 간주한다.[30] 전위 $\psi(x)$는 입자 표면으로부터 확산층을 가로질러서 벌크 물속으로 멀어질수록 감소하며 이온분포에 영향을 끼친다. 확산층의 두께를 일반적으로 **디바이 거리**[2]라고 부르며, 수학적으로 엄밀하게 말해서 디바이 길이는 전위값이 입자표면 전위에 비해서

....

2   Debye length.

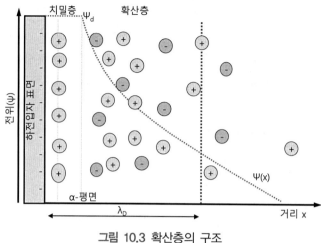

그림 10.3 확산층의 구조

$1/e$로 감소하는 특성거리 λ_D로 정의된다.[33] 식 (10.3)을 사용하여 확산층의 특성거리를 계산할 수 있으며 다음 식을 통해서 전해질 농도와 전하가 입자분산의 불안정화에 끼치는 영향을 살펴볼 수 있다.

$$\lambda_D = \left(\frac{e^2 \Sigma n_i z_i^2}{\varepsilon_w k_B T} \right)^{-0.5}$$

(10.3)

여기서 e =기본전하$(1.6022 \times 10^{-19}[\text{C}])$

n_i =i번째 물질의 농도$[\text{molecules/m}^3]$

z_i =I번째 물질의 전하수

k_B =볼츠만상수$(1.3807 \times 10^{-23}[\text{J/K}])$

T =온도$[\text{K}]$

ε =물의 유전율$[\text{C}^2/\text{J/m}]$

N_A =아보가드로수$(6.022 \times 10^{23}[\text{molecules/mol}])$

10.4 입자의 안정성과 불안정화

물속에서 입자의 안정성을 입자 간에 작용하는 견인력과 반발력 사이의 차이를 사용하여 나타낼 수 있다. **데르자긴, 로다우, 버위 및 오버비크(DLVO) 이론**은 정전력에 의해서 유발되는 반발력과 반데르발스 힘에 의해서 유발되는 견인력 사이의 평형에 기초하여 한 쌍의 입자들 사이에서 발생하는 상호 작용력을 설명하고 있다.[31] 정전기력은 입자표면에 존재하는 전하로부터 발생하며, 비교적 먼 거리에 걸쳐서 작용한다. 반데르발스 견인력은 쌍극-쌍극 상호작용에 의해서 생성되며 짧은 거리에 대해서만 작용한다. 따라서 분리거리 s로부터 서로 접근하는 두 입자들 사이에는 견인력 V_{vdW}와 반발력 V_{es}가 작용한다.

$$V_T V_{vdW}(r_p, s, A_H) + V_{es}(\psi_d, r_p, s, n_b, z, \kappa, T) \tag{10.4}$$

만일 반발력이 지배적이라고 한다면, 서로 접근하는 입자들은 서로 방향을 바꾸지만, 이 반발력이 억제되거나 극복된다고 한다면, 입자들 사이의 견인력이 지배적이 될 정도로 가깝게 접근할 수 있으며, 입자들이 서로 들러붙어서 응집물을 이루게 된다. 견인 에너지 항은 입자반경(r_p), 두 입자 간의 분리거리(s) 그리고 하마커 상수(A_H)의 함수이다. 하마커 상수는 특정한 입자의 물질특성에 의존하며, 극성을 가지고 있다. 반발에너지 항은 표면전하(ψ_d), 입자반경(r_p), 분리거리(s), 용액 내 이온농도(n_b), 이온전하(z) 그리고 온도(T)의 함수이다. 동일한 직경과 동일한 소재로 이루어진 두 개의 구형 입자의 경우, 정전에너지는 다음과 같이 주어진다.[33]

$$V_{es} = 64\pi \frac{n_b k_B T}{\kappa^2} \frac{r_p^2}{(s + 2r_p)} \left[\tanh\left(\frac{z \overline{\psi}_d}{4} \right) \right]^2 \exp(-\kappa s) \tag{10.5}$$

여기서 $\overline{\psi}_d$ = 무차원 표면전위 $\left(= \dfrac{e\psi_d}{k_B T} \right)$

$\quad\quad n_b$ = 단위체적 벌크용액 내의 양이온 또는 음이온 수[#/m³]

$\quad\quad k_B$ = 볼츠만 상수

$\quad\quad e$ = 입자의 전하량

동일한 직경과 동일한 소재로 이루어진 두 개의 구형 입자의 경우, 반데르발스 견인력은 다음

과 같이 주어진다.[33]

$$V_{dwW} = -\frac{A_H}{6}\left(\frac{2}{\overline{s}^2 - 4} + \frac{2}{\overline{s}^2} + \ln\frac{\overline{s}^2 - 4}{\overline{s}^2}\right)$$ (10.6)

여기서 A_H = 하마커 상수

r_p = 입자반경

s = 상호작용하는 두 입자들 사이의 표면거리

$\overline{s}$ = 입자들 사이의 중심 간 거리 무차원 값$\left(=\dfrac{s + 2r_p}{r_p}\right)$

그림 10.4에서는 25[°C]의 물속에서 각각 50[mV]의 표면전하를 가지고 있는 두 개의 100[nm] 직경 입자들 사이의 분리거리에 따른 반데르발스와 정전기 에너지 그리고 이들의 합을 보여주고 있다. 분리거리에 따른 에너지의 상관관계를 살펴보면, 입자들이 50[nm] 이상 떨어지면, 상호작용 에너지가 거의 무시할 정도의 수준으로 떨어진다는 것을 알 수 있다. 분리거리가 감소함에 따라서 총 상호작용 에너지가 반발력의 방향으로 증가하여 최댓값에 도달하게 된다. 하지만 이보다 분리거리가 더 감소하면 견인에너지가 지배적으로 바뀌면서 입자들이 접촉하게 된다. 만일 입자의 접촉을 막는 에너지 장벽이 충분히 작다면, 혼합과정에서 공급된 운동에너지가 반발력을 능가하여 응집이 일어난다.

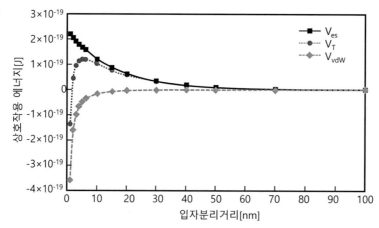

그림 10.4 −50[mV]의 표면전하를 가지고 있는 100[nm] 크기의 두 구형입자들 사이의 상호작용 에너지

데르자긴, 로다우, 버위 및 오버비크(DLVO) 이론은 매우 유용하지만, 입자의 분산 안정성을 설명하기에는 불완전하다. 따라서 입자들의 거동에 영향을 끼치는 추가적인 인자들의 역할을 고려하기 위해서 데르자긴, 로다우, 버위 및 오버비크(DLVO) 이론에 대한 다양한 확장이 시도되었으며, 이들을 일반적으로 **확장된 DLVO 이론**이라고 부른다.[31] 이들 중에서 특히 중요한 인자는 입자의 표면에 흡착되는 유기화학물질들의 역할이다. 다음에서 설명하듯이, 입자에 흡착된 유기화학물질들은 유효입자크기와 표면전하를 변화시키며 두 입자들이 서로 접근하는 것을 방해하거나 유기물들이 서로 들러붙어서 입자들 사이에 브리지를 형성한다.[37]

10.5 입자의 불안정화

다음에 제시되어 있는 네 가지 주요 메커니즘들을 통해서 분산된 입자의 불안정이 유발된다.[33]

1. 반대이온의 흡착에 따른 표면전하의 중성화
2. 확산층 두께를 줄이기 위해서 전해질 첨가
3. 입자 간 브리지를 만들기 위해 표면활성유기물 첨가
4. 스윕플록 내에 입자를 포획한 침전물 생성

다음 절들에서는 이 메커니즘들에 대해서 살펴보기로 한다.

10.5.1 흡착과 전하 중성화

다양한 종류의 대형 유기폴리머들을 입자 표면에 흡착시켜서 입자들 사이를 연결시켜서 정착시키거나 필터링할 수 있는 **플록**[3]으로 만들 수 있다. 분자량이 큰 유기폴리머들이 전형적으로 이런 용도에 사용된다. 일부의 경우 유기화학약품도 입자 표면과 동일한 전하를 갖고 있지만, Ca^{2+}와 같은 다원자가 이온들과 함께 사용하면, 이들이 분산액 내에서 입자들 사이의 브리지 작용을 해준다.

---

3   floc: 물속에 형성되는 응집물질. 역자 주.

10.5.2 흡착과 입자 간 연결

흡착과 입자 간 연결을 촉진시켜서 침전시키거나 필터링이 가능한 플록의 형태로 만들기 위해서 다양한 대안적인 대형 유기폴리머들을 사용할 수 있다. 이런 용도로 사용할 수 있는 전형적인 유기화학물질들은 분자량이 큰 유기폴리머들이다. 일부의 경우 유기화학물질들은 입자의 표면과 동일한 전하를 가질 수 있지만, Ca^{2+}와 같은 다원자가 이온들과 커플되면 분산용액 내에서 입자들 사이의 연결로 작용한다.

10.5.3 확산층의 축소

전해질을 첨가하면 용액 내의 이온강도가 강해지면서 확산층이 축소되어 정전 반발력의 작용범위를 줄여준다. 식 (10.3)을 살펴보면, 이온농도가 증가하면 λ_D가 감소한다는 것으로부터 이를 확인할 수 있다. 1가 이온의 경우, 100[mol/m³]의 농도에 대해서 $\lambda_D \sim 1$[nm]인 반면에, 1[mol/m³]의 경우에는 $\lambda_D \sim 10$[nm]에 달한다. 더 많이 하전된 이온들이 입자들 사이의 전하반발력을 감소시켜준다. 예를 들어 Na^+, Ca^{2+} 및 Al^{3+}와 같이 z=1, 2, 3인 경우의 등가이온농도는 100 : 1.56 : 0.137 이다. λ_D는 또한 온도의 제곱근에 비례하여 증가한다. 입자들 사이의 견인력이 지배적이 되도록 만들기 위해서는, 두 입자들을 둘러싸고 있는 확산층들이 대략적으로 λ_D보다 짧은 거리가 되도록 합쳐져야 한다. 열운동이 없는 경우에는 확산층이 무한히 얇아진다.[30]

10.5.4 스윕플록

백반이나 염화제이철과 같은 다원자가 금속염들을 첨가하여 치전시키면, **스윕플록**이라고 부르는 과정을 통해서 입자를 포획하여 조밀하고 즉시 분리 가능한 플록을 생성할 수 있다. 철이나 알루미늄 수산화물로 이루어진 플록들은 입자들을 물리적으로 포획할 뿐만 아니라, 넓고 활성화된 표면적을 가지고 있어서, 폐수 속에 용해되어 있는 특정한 화학성분을 제거할 수도 있다.

10.6 알루미나, 세리아 및 실리카 입자들의 물리화학적 특성

10.6.1 실리카 입자

비정질 실리카(SiO_2)의 분자량은 60.08[g/mol], 밀도는 약 2.65[g/cm³], pH_{zpc}는 약 2이며, 열분해 공정이나 석출공정을 통해서 제조할 수 있다. 결정질 실리카는 매우 낮은 용해도를 가지고 있으며 비정질 실리카보다 독성이 높아서 화학–기계적 평탄화(CMP) 가공에는 사용하지 않는다. 비정질 실리카를 합성하는 방법에 따라서 표면 기능성과 독성이 영향을 받는다. 스퇴버 공정[4]에서는 물과 암모니아에 용해되어 있는 테트라에틸오소실리케이트에서 실리카(SiO_2)입자들을 석출하며, 이 과정에서 입자의 크기분포와 입자의 기공도를 조절할 수 있다.[38] $SiCl_4$와 같은 기체상 실리카로부터 열합성 방식으로 생산한 실리카를 **흄드실리카**[5]라고 부른다.

화학–기계적 평탄화 가공 후 폐수에 함유된 실리카에는 슬러리에 첨가되었던 연마용 실리카 입자들과 더불어서 웨이퍼에서 제거된 실리카가 포함되어 있다. 실리카의 기원과는 상관없이, 화학–기계적 평탄화 가공 후 폐수에 함유된 입자형태의 실리카와 용해된 실리카의 비율은 용해, 침전 및 입자응집의 상대적인 비율에 의존하며, 이 비율은 화학–기계적 평탄화 가공 후 폐수의 최적 처리방법에 중요한 영향을 끼친다. 실리카는 스케일[6]을 형성하고 맴브레인을 막아버리는 성질을 가지고 있으므로, 고농도 실리카를 함유한 폐수를 처리할 때에는 세심한 고려가 필요하다. 저농도 폐수의 경우, 용해된 실리카는 주로 약산성인 규산(H_4SiO_4)으로 이루어지며, 2단계로 분해된다.

$$H_4SiO_4^0 \leftrightarrow H_3SiO_4^- + H^+ \qquad \log K_1 = -9.82$$

$$H_3SiO_4^- \leftrightarrow H_2SiO_4^{-2} + H^+ \qquad \log K_2 = -13.1$$

그림 10.5에 도시되어 있는 것처럼, 물에 대한 실리카의 용해도는 pH<9의 범위에서는 pH값에 거의 영향을 받지 않지만, 이후에는 pH값에 따라서 용해도가 급격하게 증가한다. 마찬가지로, pH<9인 범위에 대해서는 중성의 H_4SiO_4가 지배적이지만, 이후에는 음이온의 중요도가 크게 증가한다.

과포화조건에서는 농축된 Si-O-Si 결합이 생성되면서 1규소 규산(H_4SiO_4)이 2규소, 3규소 및 4규소로 이루어진 규산으로 농축되며, 이로 인하여 실리콘 원자의 숫자가 3을 넘어서는 링형 구조가 만들어진다.[39] 실리카 단량체와 이량체가 환상 올리고머에 우선 부착되면서 크기가 증가하며, 2<pH<7인 범위에서는 2~3[nm] 크기의 콜로이드 형태로 안정화되거나 계속 성장하여 침전된다.[39] 실리카의 침전율은 pH값, 이온강도 그리고 과포화도에 의존한다. 예를 들어, 이코피니 등의 연구[39]에 따르면, 21[mM]의 실리카가 용해되어 있으며 이온강도가 0.24[M]인 용액의 pH

4　Stöber process.

5　fumed silica.

6　scale: 배관 등의 표면에 점착되는 녹이나 이물질. 역자 주.

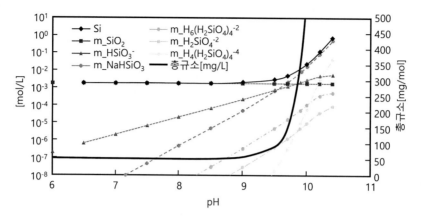

그림 10.5 PHREEQC를 사용하여 로렌스리버모어 국립연구소(LLNL)의 K값 데이터로 계산한 비정질 실리카의 pH값에 따른 용해도

값을 11에서 7로 조절하면 3~6시간 만에 침전이 거의 끝난다. 반면에 이온강도가 0.01[M]이라면, 동일한 용액의 반주기 수명이 거의 수백만 배 증가한다. 화학－기계적 평탄화 가공 후 폐수의 처리방법을 설계 및 운영하는 과정에서 실리카의 침전속도는 중요한 고려사항이다.

아베 등,[40] 비지,[41] 카카라 등,[42] 코바야시 등[43,44] 그리고 리우 등[45]을 포함하여 수많은 연구자들이 이상적인 초순수 속에서 비정질 SiO_2 입자들의 거동에 대한 연구를 수행하였다. 이들의 연구에 따르면, 베어 SiO_2 입자들의 거동은 일반적으로 데르자긴, 로다우, 버위 및 오버비크(DLVO) 이론에 따른다는 것이 밝혀졌다. 베어 SiO_2 입자들은 pH값이 낮은 경우 거의 중성전하를 가지고 있으며, pH값이 증가함에 따라서 음의 전하를 띄게 된다. 주어진 pH값에 대해서 1가에서 2가 양이온으로 이온강도의 증가에 따라서 전하량이 감소할 것으로 예상된다.[42,43] 이온강도가 낮은 경우에 폴리(N,N-디알릴디메틸염화암모늄)(DADMAC)와 같은 양이온 폴리머를 첨가하면, pH_{zpc}의 농도 의존성 시프트가 유발되어 전해질강도(1[M])를 높일 수 있다. 양이온 폴리머 농도를 높이면, 베어 SiO_2 입자 표면의 음전하가 감소하며, 양전하로 전환된다.[41] 아베 등[40]은 탈이온수 내에서 $CaCl_3$, $MgCl_2$ 및 KCl을 사용하여 이온강도를 조절한 상태에서 부식산, 풀브산 그리고 알긴산 나트륨등을 사용하여 pH값을 조절해가면서 150[nm] 크기를 가지고 있는 비정질 SiO_2 입자의 응집특성을 측정하였다. 부식산이나 알긴산과 Ca^{2+}를 조합하여 사용하면 응집률을 크게 높일 수 있으며, 이는 2가 칼슘이 유기물 표면의 카르복실 그룹과 음으로 하전된 SiO_2 표면 사이에 브리지를 형성하기 때문이다. Ca^{2+}의 함량대비 K^+나 Mg^{2+} 이온의 첨가량에 의해서 응집성이 약화된다. Ca^{2+}의 함량에 관계없이, 풀브산은 SiO_2의 응집을 유발하지 않는다. 카카라 등[42]은 다양한 이온강도와 폴리(N,N-디알릴디메틸염화암모늄)(DADMAC)의 주입량에 따라서 114[nm] 직경을 가지고 있는 스퇴버 SiO_2 입자의 응집성을 고찰하기 위해서 입자크기분포, 제타전위 그리고 탁도 등을 측정하였다. 주어진 pH하에서, 이온강도를 증가시키면 1가에서 2가 양이온으로 전환되므로 제타전위의 감소가 예상된다.[42] 비지[41]는 폴리(N,N-디알릴디메틸염화암모늄)(DADMAC)와 리니어 폴리아민 양이온성 유기폴리머를 응고제로 사용하여 탈이온수 내에서 50[nm] 크기의 비정질 SiO_2의 응집에 대한 연구를 수행하였다. 예상했던 것처럼 탁도 증가를 통해서 전기영동 이동도가 0을 통과하는 시점에서 최대응집이 발생한다는 것을 확인할 수 있었다. 코바야시 등[43]은 pH값과 NaCl 농도의 함수로 탈이온수 내에서 30, 50 및 80[nm] 직경의 비정질 SiO_2 입자들의 표면전하와 응집에 대한 연구를 수행하였다. 예상했던 것처럼, pH값이 낮은 경우에는 표면전하가 중성을 유지하지만, pH값이 증가함에 따라서 점점 더 음의 전하를 띠게 된다. 그런데 입자가 큰 경우에만 응집거동은 데르자긴, 로다우, 버위 및 오버비크(DLVO) 이론에 따른다. pH값이 낮은 경우에는 작은 입자일수록 안정하다는 것은 데르자긴, 로다우, 버위 및 오버비크(DLVO) 이론을 따르지 않는 추가적인 반발력이 존재한다는 것을 시사한다. 연구자들은 폴리규산의 입자표면에 수[nm] 수준의 거친 층이 조재하기 때문에 추가적인 반발력이 발생한다고 추정하였다.

의도적으로 유기첨가물들을 사용함과 더불어서, 물속에 존재하는 여타의 유기성분들이 입자의 거동에 중요한 영향을 끼칠 수 있다. 예를 들어, 자비 등[46]은 (비이온성 폴리소르베이트 계면활성제인) 트윈[7]으로 코팅된 SiO_2 입자들은 탈이온수 내에서 안정 상태를 유지하지만, 폐수 속에서는 빠르게 응고되어 침전한다는 것을 발견하였다.

10.6.2 알루미나 입자

알루미나(Al_2O_3)의 분자량은 101.96[g/mol], 밀도는 3.95[g/cm^3] 그리고 pH_{zpc}는 약 9이다. 그림 10.6에서는 $Al+$, $Al(OH)^{2+}$, $Al(OH)_2^+$, $Al(OH)_3(aq)$ 및 $Al(OH)_2^-$와 같은 다양한 알루미늄 가수분해물질들의 pH값에 따른 용해도를 보여주고 있다. 알루미늄을 함유한 폴리머들의 pH는 4.5 이상이며, 알루미늄의 함량이 높을수록 pH값이 높아진다. 백반($KAl(SO_4)_2*12H_2O$), $AlCl_3$ 그리고 폴리염화알루미늄(PACl)과 같은 알루미늄 함유물질들은 전하 중성화 응고능력뿐만 아니라 흡착성과 스윕플록 능력 때문에 수처리에 일반적으로 사용된다.

---

7   Tween.

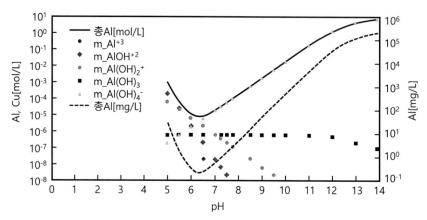

그림 10.6 PHREEQC를 사용하여 계산한 pH값에 따른 알루미늄의 용해도

10.6.3 세리아

세륨 산화물이라고도 알려져 있는 **세리아**(CeO₂)는 분자량 172.115[g/mol], 밀도 7.65[g/cm³], pH$_{zpc}$는 약 7 그리고 용융온도는 2,100[°C]이다.[47] 비록 세륨은 희토류 원소들 중에서 가장 흔하여 지표성분 중의 약 0.005[wt%]에 달하지만, 강물 속의 평균 세륨 농도는 1.9[nM](0.33[$\mu g/L$])에 불과하다.[48] 다양한 침전반응을 사용하여 CeO₂를 상업적으로 생산할 수 있다. 예를 들어, 질화세륨(Ce(NO₃)₃*6H₂O) 용액으로부터 Ce(OH)₃(s)를 침전시킨 다음에 산화 처리를 통하여 세리아를 제조할 수 있다.[49]

$$Ce(OH)_3 + \frac{1}{2}O_2 \rightarrow CeO_2(s) + 3H_2O$$

세륨은 용해도가 낮다. 또한 Ce(III)는 물에 대해서 Ce(IV)에 비해서 높은 용해도를 가지고 있다. 발표된 자료[50]에 따르면, Ce(OH)₃(s)의 K$_{sp}$값은 1.6×10^{-20}이며, Ce(OH)₄(s)의 K$_{sp}$값은 2×10^{-14}이다. 그림 10.7에서는 PHREEQC 소프트웨어를 사용하여 수치해석으로 시뮬레이션한 NaOH로 적정한 CeO₂(s)의 용해도를 보여주고 있다. 달 등[51]은 33[nm]와 78[nm] 크기를 가지고 있는 CeO₂ 입자의 용해도를 평가하였으며, pH<5인 경우에 대해서만 용해도를 측정할 수 있었다고 보고하였다. 인을 함유한 폐수의 경우, 세륨은 인과 반응하여 K$_{sp}$=1×10^{-23}인 불용성 CePO₄(s)를 형성한다.[51]

세리아 입자들은 Ce(III)나 Ce(IV) 상태로 존재할 수 있으며, 이들이 Ce(III)/Ce(IV) 산화환원 사이클에 참여할 수 있는 능력 덕분에 코팅시 자외선 차단제와 촉매제로 사용하는 것을 포함하여 다양하게 상업적으로 사용되고 있다. 대장균,[52] 인간 섬유아세포,[53] 선충,[54] 달팽이[55] 그리고 폐수처

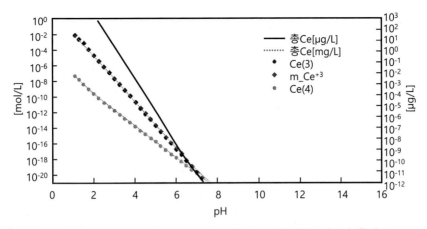

그림 10.7 PHREEQC를 사용하여 계산한 pH값에 따른 세륨의 용해도

리장의 생물침전물[56] 등에 대해서 CeO_2의 [Ce(IV) 에서 Ce(III)로]환원반응이 관찰되었다.

세리아의 등전점은 대략적으로 pH=8 근처이다.[57] 산성조건하에서 CeO_2 입자들은 양전하를 띄며, 이는 금속 산화물들의 일반적인 양자부가반응 때문이다.[58]

$$\equiv CeOH + H^+ \leftrightarrow \equiv CeOH_2^+$$

세리아 입자들은 실리카,[58] 크롬,[59,60] 납,[59] 및 비소[61~63]들 포함하여 용해된 특정한 무기물들에 대해서 강력한 친화력과 큰 흡착능력을 하지고 있다. 이를 통해서 세륨 입자들이 유해금속에 대한 매개체처럼 작용할 수 있을 뿐만 아니라 세리아 입자들의 전하와 거동이 용해된 이온의 존재에 의해서 영향을 받을 수 있다는 것을 알 수 있다. 예를 들어 수판타리다[58]의 연구에 따르면, pH=4인 베어 CeO_2의 표면은 강력한 양전하를 가지고 있지만, 실리카가 용해되어 있는 경우에는 음의 제타전위가 형성된다. 폐수에 대한 수질검사를 시행할 때에는 화학-기계적 평탄화 가공을 수행하는 동안 일어나는 유해성분에 대한 세리아의 친화성을 고려해야 한다.

CeO_2 나노입자의 거동에 pH, 이온강도 그리고 유기성분들이 끼치는 영향은 일반적으로 데르자긴, 로다우, 버위 및 오버비크(DLVO) 이론의 예측을 추종하며, 천연수 속에서 CeO_2 나노입자들은 일반적으로 응집되어 수지상태가 된다.[55,64,65] 퀵 등[64]은 부식산과 풀브산이 CeO_2의 안정성에 영향을 끼치지만, 강물 속에서 CeO_2 입자들은 자연생성 콜로이드와 헤테로응집을 일으킨다는 것을 발견하였다.

10.7 화학 – 기계적 평탄화 가공에서 발생되는 폐수처리

이 절에서는 화학–기계적 평탄화 가공 후의 폐수처리에 적용하고 있는 단위조작들에 대해서 살펴보기로 한다. 응결과 응집, 침전, 막여과(MF), 부유 및 전기응고 등에 대해서 살펴보기로 한다. 고체–액체 분리공정을 시행하기 전에 부유입자들을 불안정화시켜서 응집시키기 위해서 응결과 응집공정이 사용된다. 침전, 막여과 및 부유는 고체–액체 분리공정의 대안으로 사용된다. 전기응고는 불안정화와 분리를 하나의 단계로 결합시킨 공정이다. 그림 10.8에서는 이런 공정들의 작용력과 적용 범위를 요약하여 보여주고 있다. 비록, 화학–기계적 평탄화 가공 후의 폐수처리의 주요 수단으로는 사용되지 않지만, 생물학적 폐수처리공정에서 화학–기계적 평탄화 가공용 입자들의 거동에 대해서도 살펴보기로 한다.

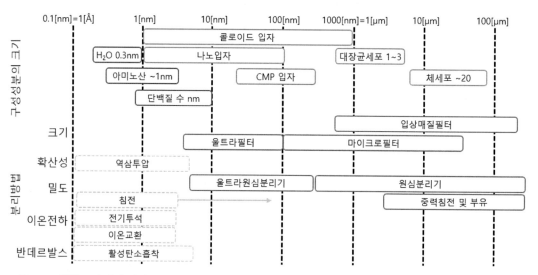

그림 10.8 화학–기계적 평탄화 가공용 슬러리 입자 및 여타 입자들의 크기와 적용 가능한 폐수처리방법들

10.7.1 응결과 응집

응결[8]은 응결제를 첨가하여 입자들을 불안정화시키는 것이며, **응집**[9]은 고체–액체 분리가 용이하도록 입자 집적물(플록)을 만들기 위해서 불안정화된 입자들을 서로 접촉시키는 과정이다.[66] 실제의 경우, 응결과 응집 사이의 구분은 모호하다.[33]

응결과 관련된 중요한 설계변수에는 특정한 응결제의 선정, 응결제 최적 첨가량 그리고 pH이

....

8   coagulation.
9   flocculation.

다. 설계목표는 일반적으로 화학약품 첨가량의 최소화와/또는 화학첨가물 비용최소화, 고체 − 액체 분리공정과 관련된 성능 극대화 그리고 고체폐기물 생성량의 최소화 등이다. 경쟁이온들의 존재 여부와 농도, 표면활성 유기물질의 존재 여부를 포함한 폐수의 화학적 특성들이 응결제 첨가량과 공정성능에 중요한 영향을 끼친다. 최적의 응결제 유형과 첨가량에 대한 평가는 일반적으로 실험실 **자테스트**[10]를 통하여 수행되며, 탁도나 총 실리카 농도와 같은 입제제거 관련 벤치마킹 기준을 적용한다. 전형적으로, 넓은 H 범위와 다양한 첨가량에 대해서 자테스트가 수행된다. 가능하다면, 입자계수와 입자 크기분포 그리고 제타전위 측정을 통해서 입자의 표면전하, pH, 이온강도 그리고 응결성능 사이의 상관관계에 대한 깊은 식견을 얻을 수 있다.

입자분산농도 자체는 응결공정의 메커니즘과 성능에 영향을 끼친다.[67] 콜로이드의 농도가 높은 경우에는 불안정화된 입자들이 여타의 입자들과 접촉하여 응결될 기회가 많아진다. 입자의 농도가 높으면, 일반적으로 하전된 입자들에 비해서 첨가된 응결제의 화학량론적인 평형이 이루어진다.[68] 그런데 입자의 농도가 낮으면, 불안정화된 입자들 사이의 접촉 기회가 줄어들기 때문에 입자들을 효과적으로 제거하기 위해서는 추가적으로 스윕플록이 필요하다. 스윕플록이 필요한 경우에는 전하중화와 스윕플록작용을 촉발시키기 위한 침전제 형성을 위해서 응결제를 첨가하여야만 한다.[33] 아이러니하게도, 입자농도가 낮으면 스윕플록 작용을 유발하기 위하여 다량의 응결제를 주입하여야 하며, 이로 인하여 다량의 고체 폐기물들이 생성된다.

일반적으로 철염이나 알루미늄 염을 사용한 응결을 통해서 음으로 하전된 입자들을 제거할 수 있다.[67] 철염에는 황산제이철과 염화제이철이 포함되는데, 둘 다 물속에서 가수분해되어 수용성 물질인 Fe^{3+}, $Fe(OH)^{2+}$, $Fe(OH)_2^+$, $Fe(OH)_3^0$ 그리고 $Fe(OH)_4^-$ 뿐만 아니라 고체침전물인 $Fe(OH)_3(s)$들 형성한다. 일반적인 알루미늄 염들에는 백반, 폴리염화알루미늄(PACl) 및 $AlCl_3$ 등이 포함되며, 이들이 가수분해 되어 Al^{3+}, $Al(OH)^{2+}$, $Al(OH)_2^+$, $Al(OH)_3^0$ 그리고 $Al(OH)_4^-$ 뿐만 아니라 고체침전물인 $Al(OH)_3(s)$들 형성한다. 알루미늄은 일반적인 가수분해물질들과 더불어서, 알루미늄계 폴리머 물질들을 형성하는 경향이 있다. 백반은 황화알루미늄($Al_2(SO_4)_3*18H_2O$)이며, 백반 1[g]당 0.081[g]의 알루미늄이 함유되어 있다.

반도체 생산시설에서는 금속이나 불소를 함유한 폐수를 처리하기 위해서 일반적으로 응결이나 침전을 사용한다. 이런 공정들은 전형적으로 표적 금속성분들을 제거하며, 탁도가 낮고 부유물질이 작은 정화된 폐수를 배출하도록 설계된다. 그런데 이런 폐수들은 전형적으로 착화 혼합물을 생성하며, 이런 공정에서 알루미나, 세리아 및 실리카 입자들의 특정한 거동에 대해서는 발표된 정보가 거의 없다. 성분을 고려한 입자의 거동분석은 어려운 주제이므로, 이런 시스템의 성능

10 jar test.

은 일반적으로 탁도나 총고체 함량과 같은 응집인자들을 사용하여 평가한다. 일부의 경우, 입자의 구성성분에 따른 정량적 평가결과가 발표되었다. 예를 들어 창 등[69,70]은 대만의 신추공단 복합 폐수처리공정에서 추출한 100[nm] 크기의 입자들이 $CaF_2(s)$ 침전물과 화학−기계적 평탄화 가공용 SiO_2 입자들로 구성되어 있음을 확인하였다.

화학−기계적 평탄화 가공 후 폐수의 처리를 위한 응결공정의 성능에 대해서는 창 등[69,70], 황 등[13], 쿠안과 후[17] 그리고 리우 등[71,72]이 연구를 수행하였다. 표 10.4에서는 이 연구결과들을 요약하여 보여주고 있다. 많은 연구들이 흥미로운 발견들을 보고하였다. 황 등[13]은 0.2[mg/L]의 양이온성 폴리아크릴산(PAA)을 첨가하면 폐수의 필터 거름성능이 향상되지만, 폐수 속의 실리콘 농도에 따라서 비용이 증가한다. 폴리아크릴산을 1[mg/L] 수준까지 증가시키면, 필터 막힘이 심해진다는 것을 발견하였다. 쿠안과 후[17]에 따르면, pH값이 증가하면 용해된 실리콘의 농도가 감소하며, 이는 실리카에 대한 일반적인 pH−용해도 관계와는 반대되는 결과이다. 실리콘 입자의 표면 위에 용해도가 낮은 알루미늄이 침전되었기 때문에 이런 비정상적인 거동이 나타난 것이다. 신 등[68]에 따르면, 음용수 처리공정의 경우에 139[nm] 크기의 비정질 SiO_2 입자를 제거하기 위해서 필요한 최적의 백반 첨가량은 SiO_2 농도와 용존유기탄소(DOC)의 농도에 정비례하여 증가한다. 예를 들어, 초기에 폐수 속에 200[mg/L]의 SiO_2와 더불어서 6[mg/L]의 용존유기탄소가 함유되어 있으며, pH=7이었다면, 이들을 효과적으로 제거하기 위해서는 56[mg/L]의 백반이 필요하지만, 용존유기탄소가 20[mg/L]라면, 단지 20[mg/L]의 백반이 필요할 뿐이다. 천연유기물들이 SiO_2의 응결에 끼치는 영향은 천연유기물들의 응결에 필요한 응결제의 양에 의존한다.

표 10.4 실리카 입자제거에 사용된 응결제 사용량

참고문헌		[13]	[17]	[70]	[68]	[68]	[68]
응결제		PACl	백반	PACl	백반	백반	백반
첨가량		30	32.4	3~5	8	36	15
pH		6	4.5	7.5	7	7	6
폴리머		PAA					
탁도	초기	334	316	85	10		
	최종	10	1.4	41	0.5		
	제거율[%]	97	99.6	51.8			
실리카	초기	810	1,580			600	600
	최종	32	83				
	제거율[%]	96	95	9		>95	>95

10.8 침 전

침전공정에서는 고체와 액체를 분리시키기 위해서 입자에 가해지는 중력을 사용한다. 대부분의 폐수처리시설에서는 폐수 속의 주요 입자들을 침전방식으로 제거하기 용이한 크기와 밀도가 되도록 만들기 위해서 불안정화와 응집을 사용한다. 스토크스의 법칙을 통해서 침강속도를 일차적으로 추정할 수 있으며, 이에 따르면, 침강속도는 입자 직경의 제곱에 비례하며, 입자와 물 사이의 밀도차이에 정비례한다. 실제의 경우, 효과적인 침전을 위해서는 입자/플록 직경이 일반적으로 수십$[\mu m]$ 이상이 되어야만 한다.

대부분의 침전조들은 배치방식보다는 연속유동방식으로 제작된다. 연속침전조의 일반적인 설계목표는 침전조 전체 영역에 대해서 입자의 수직방향 침강속도가 수평방향 이동속도보다 크도록 준정적인 상태를 만드는 것이다. 침전조 내에서 입자의 궤적은 수평방향 속도성분과 수직방향 속도성분에 의해서 결정된다. 개념상 원형수조 내에서 입자의 하강속도는 시간 $t = X$가 경과한 이후에 등가의 특성시간$(X = V / Q)$을 가지고 있는 사각형 반응기나 배치 반응기에서와 동일하다.[33]

침전조는 전형적으로 사각형이나 원형의 형태로 제작되며, 폐수공급, 고체 농축물질의 제거 그리고 정화수 방출 등이 수행된다. 또한 침전반응의 촉발과 침강작용을 도와주기 위해서 고체 농축물들 중 일부를 베셀의 공급단으로 되돌려 보낸다. 사각형 수조는 공간활용도가 높고 투입되는 폐수가 넓게 퍼지도록 효율적인 입구설계가 가능하다. 원형 수조는 공간의 활용도가 떨어지며 투입구 설계가 조금 더 복잡하지만, 바닥에 침전된 고체 농축물들을 제거하기 용이한 원추형 바닥과 긁개 설계가 가능하다. 원형 침전조에서 폐수는 수조의 중앙부에서 공급되며 벽체 쪽에 위치한 둑을 넘어서 배출된다. 따라서 입자의 궤적은 반경방향을 향한다.

침전조의 선정을 위한 설계기법은 표면부하식(Q/A)을 단순 적용하는 수준에서부터 벤치스케일 시험에서 구한 입자크기분포를 사용한 이산화분석에 이르기까지 발전하였다.[33] 많은 경우에 침전과 동시에 응집이 일어나므로 작은 입자들이 뭉쳐서 큰 입자가 만들어짐과 동시에 침전을 통해서 큰 입자들이 제거된다. 따라서 데이터분석 방법은 독자적으로 작용하는 입자와 응집을 일으키는 입자의 농도에 따라서 변하며, 심지어는 입자의 이동이 수조 내에서 물의 유동에 영향을 끼칠 수도 있다.

그림 10.9에서는 화학−기계적 평탄화 가공 후 폐수에 특화된 폐수처리공정을 개략적으로 보여주고 있다. 이 공정은 주로 구리소재를 제거하기 위해서 설계 밀 운영되지만, 화학−기계적 평탄화 가공에 사용된 슬러리 입자들에 대해서도 높은 제거 성능을 가지고 있다. 석회를 첨가하면, 높은 농도로 공급된 2가 양이온(Ca^{2+})이 입자들을 불안정화시켜서 입자제거에 도움을 주는 스윕 플록이 생성된다.

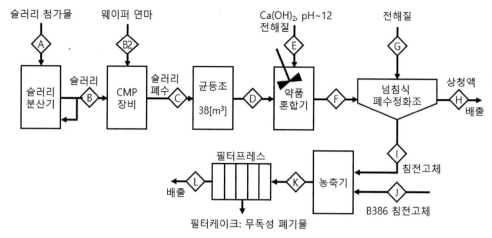

그림 10.9 화학-기계적 평탄화 가공 후 폐수의 응결 및 침전을 위한 석회처리공정의 흐름도

10.8.1 막필터

막필터(MF) 여과는 입자와 거대분자들을 기계-화학적으로 걸러내는 여과막(맴브레인)을 사용하는 압력구동방식의 분리공정이다.[33] 맴브레인 필터는 막힌 끝 구조로도 사용할 수 있지만, 가압된 공급수가 여과막 표면을 가로질러서 고속으로 재순환되는 교차유동방식이 더 일반적이다. 물이 여과막을 통과하는 것을 **투과**라고 부르며, 여과막을 통과하지 못한 물, 고체 및 용해물질들을 **농축물** 또는 **배출물**이라고 부른다. 공급수에 전단력을 부가하여 여과막 표면에 고체물질들이 집적되는 것을 방지하기 위해서 공급수는 전형적으로 고속으로 재순환시킨다. 여과막 양단의 차압을 **막간차압**(TMP)이라고 부르며, 여과막을 통과하여 물을 이동시키는 구동력으로 작용한다. 막간차압을 나타내는 방법들은 여러 가지가 있지만, 가장 일반적인 방법은 공급량과 투과압력(P_p) 사이의 차이를 계산하는 것이다. 여기서 공급압력은 식 (10.7)에 제시되어 있는 것처럼, 모듈 입구측압력(P_i)과 출구측압력(P_o)의 평균값을 취한다.[33]

$$\text{TMP} = \frac{P_i + P_o}{2} - P_p \tag{10.7}$$

여과막 통과유량은 여과막 표면의 단위면적당 투과유량이며, 전형적으로 막간차압에 비례한다. 청정수만을 사용하여 측정한 신품 여과막의 통과유량을 **청정수통과유량**이라고 부르며, 유용한 기준으로 사용된다. 폐수처리에 사용되는 여과막의 청정수통과유량은 $3 \sim 4[\text{m}^3/\text{m}^2/\text{day}]$ 수준이다. 폐수가 여과막을 통과하면, 여과막의 상류측에는 고체 덩어리가 형성된다. 이 고체덩어리의

두께는 전형적으로 교차유동의 전단작용에 의해서 제한되며, 초기에는 통과유량이 감소하지만, 곧이어 정상상태 값으로 안정화된다. 여과막을 연속적으로 사용하는 과정에서 고체덩어리가 조밀해지기 시작하면, 통과유량이 더 이상 감소하기 전에 여과막을 세척해야만 한다. 만일 공급수에 함유된 고체입자나 용해된 화학물질들이 필터의 기공을 막아버리면, 통과유량이 회복 불가능한 수준까지 줄어들어 버린다. 여과막의 상류측에 고체덩어리가 형성되는 문제와 더불어서, 농축물의 분극화도 여과막을 통과하는 유량을 감소시키는 요인이다. 만일 통과유량이 일정한 수준을 유지한다면 여과막이 막혀갈수록 막간차압이 증가한다. 역으로, 만일 막간차압이 일정한 수준을 유지한다면, 여과막이 막혀갈수록 통과유량이 감소한다. 대부분의 경우 일정한 통과유량을 유지하는 것이 바람직하므로 세척이 필요할 때까지 막간차압을 증가시킨다.

다양한 상용 여과막들이 출시되어 있으므로 폐수의 물리적, 화학적 특성들과 폐수처리의 목적을 고려하여 필요한 여과막을 선정할 수 있다. 여과막은 제거할 입자나 분자의 크기와 작동 막간차압에 따라서 표 10.5와 같이 분류할 수 있다.[33,73] 여과막 선정에 중요한 인자로는 기계적 강도, 기공크기 및 표면전하 등이 고려되어야 하며, 여과막을 깨끗하게 유지하기 위해서는 반드시 필요한 세정용 화학약품에 대한 내구성도 고려해야 한다. 그림 10.10에는 전형적인 막필터 구조가 도시되어 있다. 그림에서, 폐수는 급수조로 공급되며, 고속으로 필터를 거쳐서 재순환되면서 투과 및 농축된다. 이 시스템은 연속작동이 가능하며 총 공급수량은 투과량과 농축수 배출량의 합과 평형을 이룬다.

막필터는 고체-액체의 성상분리에 매우 효과적인 수단으로서, 다양한 폐수처리 시스템에서 효과적으로 사용되고 있다. 그런데 임의의 입자가 함유된 폐수에 대한 막분리공정을 평가하기 위해서는 막분리의 아킬레스건인 여과막의 파손민감성에 대해서 세심하게 평가할 필요가 있다. 중요한 성능변수에는 고체분리성, 막간차압, 유량비 그리고 체적농도 등이 포함되며, 이를 통해서 장기간 막분리 성능을 가장 잘 평가할 수 있다. 여과막에 고체물질이 쌓이기 때문에 전형적으

표 10.5 압력구동방식 여과막 분리공정

	분리기법	막간차압[kPa]	시스템 복구율[%]	기준
마이크로필터	100[nm] 이상의 입자와 용해거대분자들이 걸러짐	10~100	90~99+	기공크기, 여과막 계면거름
울트라필터	2[nm] 이상 100[nm] 미만의 입자와 용해거대분자들이 걸러짐	50~300	85~95+	
나노필터	2[nm] 미만의 입자와 용해거대분자들이 걸러짐	200~1,500	75~90+	용액, 여과막 통과확산
역삼투압		500~8,000	60~90	

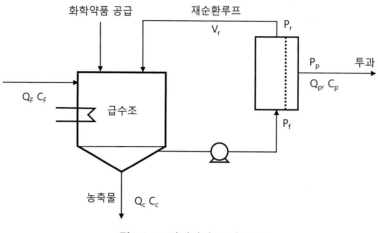

급수조

화학약품 공급   재순환루프

V_r P_r

P_p 투과

$Q_F\,C_F$ $Q_{p,}\,C_p$

P_f

농축물 $Q_c\,C_c$

그림 10.10 막필터의 공정흐름도

로 통과유량은 시간에 따라서 감소하므로, 필터에 대한 주기적 재생이 필요하다. 일반적으로 펄스형태의 부압부가, 여과막 흔들기 그리고 화학적 세정 등의 조합을 통해서 맴브레인을 재생한다. 특정한 폐수에 대한 막여과 공정의 효용성을 평가할 때에는 주기적인 여과막 세척을 통해서 복구가 가능한 가역적 막힘과 필터능력의 복구 불가능한 손상진행을 초래할 수 있는 비가역적 막힘을 구분하는 것이 중요하다. 필터 사용과정에 주기적인 세정단계를 도입하여 가역적 막힘을 완화시킬 수 있지만, 용도별 공정개발에는 필터 시스템설계, 용량선정 그리고 운영계획 등이 포함되어야 한다.

화학-기계적 평탄화 가공 후 폐수의 재활용을 위해서도 막필터가 사용된다. 물을 재생하는 것이 목적인 재활용 시스템에서는 막필터를 통과시킨 물을 추가정제하기 위해서 역삼투압을 사용한다. 반면에, 슬러리 자체를 재생시키기 위해서는 막필터를 통과하기 못한 성분을 사용한다.[74,75]

폐수처리에 막필터를 사용하는 방안에 대해서는 창 등,[69] 황 등,[13,76,77] 주앙 등,[78] 김 등,[79] 로와로,[20] 판 등,[80] 스프링거 등,[81] 수 등,[82] 테스타 등,[75] 우 등,[83] 양과 양,[22] 양 등[84]을 통해서 실험실 규모와 파일럿 규모의 평가연구가 수행되었다. 스프링거 등[81]의 연구에서는 평균 입자크기가 28[nm]인 SiO_2를 1.4[g/L]로 희석시킨 클레보솔 30R50 슬러리를 처리하기 위하여 사용되는 재생 셀룰로오스 여과막으로 만들어진 분자량이 10 및 100[kDa]인 차단여과기에 대한 평가를 수행하였다. 100[kDa] 여과막의 정상상태 투과율은 막간차압이 80[kPa]인 경우에 0.37[m^3/m^2/day]이며, 막간차압이 200[kPa]인 경우에는 0.41[m^3/m^2/day]였다. 반면에 10[kDa] 여과막의 투과율은 80[kPa]와 200[kPa]의 막간차압이 부가되었을 때에 각각, 0.35와 0.51[m^3/m^2/day]였다. 그런데 여과막을 반복하여 사용하면, 100[kDa] 여과막의 투과율은 복원되지 않는 반면에 10[kDa] 여과막의 투과율은 다시 복원되었다. 수 등[82]의 연구에서는 평균입자크기가 75[nm]인 클레보솔 1501-50 실리카 슬러리의 처리를 위해서 사용되는 30[kDa]인 GE 오스모닉스社의 폴리비닐리딘 플루오라이드 여과막에 대한 평가연구를 수행하였다. 이들은 500, 1,000, 1,500 및 2,000[mg/L]의 SiO_2 농도에 대한 정상상태 투과율 측정을 통해서 농도증가에 따라서 투과율이 지속적으로 감소한다는 것을 발견하였다. 폐수농도가 1,500[mg/L]인 경우에 275[kPa]의 압력하에서 2시간이 지난 후의 정상상태 유동은 1.36[m^3/m^2/day]였다. 수 등[82]은 평균 입자직경이 150[nm]인 캐벗 SS-25 실리카 슬러리의 경우에 275[kPa]의 막간차압을 부가하여 1.05[m^3/m^2/day]의 투과율을 얻었다. 양 등[84]은 평균 기공 직경이 40[nm]인 GE 오스모닉스社의 나선형 권취 폴리술폰 여과막을 사용하여 반도체 뒷면연삭 폐수(총고체 1,366[mg/L]; 총용존고형물 546[mg/L], 네펠로메타 탁도 1,366, pH=7.9)에 대한 처리 성능을 평가하였다. 이들은 처리되지 않은 폐수의 경우에 40[kPa]의 차압하에서 1.92[m^3/m^2/day]의 투과율을 얻은 반면에 폴리염화알루미늄(PACl)을 사용하여 급수조에서 사전응결을 시행한 경우에는 2.16[m^3/m^2/day]의 투과율을 얻었다. 사전응결과정에서 평균입도는 1,680[nm]에서 17,800[nm]로 증가하였다. 황 등[13]은 0.2[mg/L]의 양이온 폴리아크릴산을 첨가하여 필터 투과성능을 향상시켰지만, 투과되는 실리콘의 농도가 증가하였다. 그런데 폴리아크릴산 첨가량을 1[mg/L]까지 과도하게 증가시키면 필터가 빠르게 막혀버린다. 실리카 농도가 높은 화학-기계적 평탄화 가공 후 폐수에 막필터를 사용하는 방안에 대해서는 실리카의 느린 침전반응과 실리카 함유 폴리머의 생성을 고려하여 세심한 평가가 필요하다.

10.9 응결과 부유

부유는 폐수가 공기기포의 유동과 만나는 과정에서 입자들이 기포에 들러붙어서 부력에 의해서 용기 밖으로 배출되는 방식의 고체-액체 분리공정이다. 부유공법은 식수처리에서 채광에 이르기까지 다양한 분야에서 사용되고 있다. 그림 10.11에서는 특정한 방식의 **용존공기부상법** (DAF)을 개략적으로 보여주고 있다. 폐수에 미리 응결제와 계면활성제를 주입하여 입자의 전하를 중성화시키며 응결물에서 플록으로의 변환을 촉발시킨다. 용존공기부상용 수조는 전형적으로 접촉영역과 분리영역과 같은 두 개의 영역으로 구분된다. 접촉영역에서는 플록이 공기기포와 접촉하면서 기포에 들러붙어서 플록-기포 응집물이 생성된다. 분리영역에서는 플록-기포 응집물들이 거품의 형태로 모이며, 시간이 지남에 따라서 농축되므로, 이를 포집 및 제거할 필요가 있다. 플록이 들러붙지 않은 기포들은 분리영역을 지나쳐 배출된다. 기포를 생성하기 위해서 포화조에는 전형적으로 400~600[kPa]의 가압공기가 공급된다. 포화조는 그림 10.11에 도시되어 있는 것처럼, 일반적으로 재순환루프에 설치되며, 급수조와도 연결되어 있다. 재순환율($R = Q_r/$

Q_f)은 전형적으로 8~12[%]가 사용된다.[33] 재순환 폐수는 용존공기부상 수조의 바닥에서 특수노즐을 통해서 접촉영역으로 공급된다. 이 노즐은 전형적으로 10~100[μm] 직경의 미세기포를 생성하도록 만들어진다. 공기주입률과 재순환비율은 플록에 대해서 최적의 기포크기와 밀도를 갖도록 선정된다. 주어진 직경의 공기기포가 물속에서 상승하는 속도는 스토크스의 법칙을 사용하여 계산할 수 있다. 예를 들어 20[℃]의 물속에서 10, 20 및 100[μm] 직경을 갖는 기포의 상승속도는 각각 0.2, 0.8 및 2.0[m/h]이다.[33] 이와 마찬가지로, 플록-기체 응집물의 상승률도 플록의 직경, 밀도 그리고 형상뿐만 아니라 플록에 들러붙어 플록-기포 응집물을 형성한 기포의 크기와 숫자를 고려하여 스토크스의 법칙으로 추정할 수 있다. 일반적으로 말해서 접촉조 내에서 플록-기포 응집물이 의미 있는 속도로 상승하려면 플록의 크기에 비해서 기포가 더 커야만 한다. 100[μm] 크기의 기포 하나와 50[μm] 크기의 플록 하나로 이루어진 플록-기포 응집물의 상승속도는 약 20[m/h] 수준인 반면에, 동일한 크기의 기포에 200[μm] 크기의 플록이 붙어 있다면 상승하지 못한다.[85] 따라서 부유공법 설계에서는 유입되는 플록의 크기와 밀도에 적합한 기포의 숫자와 크기를 고려해야 하며, 높은 비율로 기포와 플록이 접촉하도록 만들어야 한다. 일반적으로 말해서, 용존공기부상법(DAF)을 적용하기에 이상적인 플록의 크기는 수십[μm]이며 100[μm] 이상의 크기를 가지고 있는 플록에 대해서는 전형적으로 침전법이 사용된다.[85]

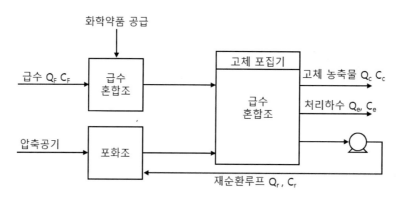

그림 10.11 용존산소 부유공법의 개략도

리우와 리앤[19]의 연구에서는 화학-기계적 평탄화 가공 후의 폐수를 처리하기 위해서 용존공기부상법을 적용한 벤치스케일의 폐수처리장치를 사용하였다. 폐수는 약간의 알칼리성 pH를 가지고 있으며, 탁도는 130[NTU] 그리고 평균 입자직경은 78[nm]였다. 이들은 센틸트리메틸 브롬화암모늄(CTAB), 염화 n-도데실아민(DAC), 올레산나트륨(SOI) 그리고 황산도데실나트륨(SDS)과 같은 네 가지 유형의 부력증가제를 시험하기 위해서 높이 60[cm], 직경 15[cm]인 칼럼형 수조를 사용하였다. 플록의 크기는 쿨터 계수기를 사용하여 측정하였다. 총고체와 탁도를 측정하여 부유 보조제 첨가량에 따른 제거효율을 추정하였으며, 반응시간은 5분, 부가된 압력은 5[kg/cm^2], 재순환 비율은 30% 그리고 pH=6.5이다. 최적의 제거효율은 세틸트리메틸 브롬화암모늄 30[mg/L]을 첨가했을 때에 구현되었으며, 이때의 탁도 감소율은 98.7%이며 총고체 감소율은 92%에 달하였다. 이들은 포화압력과 재순환비율을 증가시키면 제거가 약간 빨라지는 것을 관찰하였다. 4.5< pH<8.5 범위 내에서 pH값을 증가시키면 제거효율이 약간 영향을 받는다. 세틸트리메틸 브롬화암모늄을 사용하면 입자의 공수성이 증가되어 부착효율이 높아지며, 전하 중성화에도 도움을 주는 것으로 생각된다. 백반이나 FeCl$_3$들 첨가하면 화학-기계적 평탄화 가공용 슬러리 입자들의 전하 중성화에 도움을 주기 때문에, 세틸트리메틸 브롬화암모늄만을 사용하는 경우보다 성능이 향상된다. 백반을 첨가했을 때의 플록크기(12[μm])는 세틸트리메틸 브롬화암모늄만을 사용했을 경우의 플록크기(23.7[μm])보다 작지만, 백반과 세틸트리메틸 브롬화암모늄을 조합하여 사용한 경우의 제거효율이 더 높았다.

차이 등[21]은 랩 스케일과 파일럿 스케일에서 화학-기계적 평탄화 가공 후 폐수에 대한 부유처리에 대한 연구를 수행하였다. 이들이 연구에 사용한 화학-기계적 평탄화 가공 후 폐수는 pH= 9.4, 총고체 8,200[mg/L], 총규소 4,000[mg/L], 탁도 550[NTU], 제타전위 -50[mV] 그리고 평균입도 106[nm]이었다. 다양한 응결제와 계면활성제들을 조합하여 폴리염화알루미늄(PACl) 농도, 올레산나트륨 농도, 수리학적 체류시간 그리고 재순환비율 등의 네 가지 작동변수를 사용하여 2,000 계승(2,000!)의 설계들에 대하여 총고체, 용해실리카 그리고 탁도와 같은 제거효율을 평가하였다. 알루미늄 성분으로는 폴리염화알루미늄 50[mg/L], 올레산나트륨 5~10[mg/L], 재순환비율 10~ 20% 그리고 수리학적 체류시간 1[h]의 경우에 최적의 제거율이 얻어졌다.

10.9.1 전기응집

전기응집공정에서는 응결현상을 촉발시키기 위해서 양극과 음극 사이에 전위 차이를 부가한다. 화학-기계적 평탄화 가공 후 폐수의 처리에 전기응집을 사용하는 방안은 벨롱기아 등,[86] 덴과 후앙,[87] 초우 등,[88] 드루이체 등,[89] 킨 등[90] 그리고 라이와 린 등[91]이 연구하였다. 중요한 설계변수들에는 전극소재, 표면적, 전류밀도, pH 그리고 폐수공급량 등이 포함된다. 양극소재로는 전형적으로 철이나 알루미늄이 사용되며, 양극용해를 통해서 수용성 폐수 매트릭스에 용해된 철이온이나 알루미늄 이온을 공급하기 위해서 희생모드로 운영한다. 음극소재로는 전형적으로 불활성 물질들이 사용되며, 여기서 물은 수산이온으로 전기분해된다. 전체적인 반응은 수산화된 철이나 알루미늄 응결물질들을 용해시키는 것이다. 전해조 내의 음극에서는 전형적으로 수소기포가 생성되므로, 부유반응을 통해서 상승하는 수소기포가 플록들을 포집하여 표면으로 운반하므로, 전기응집성능이 향상된다.

전극들 사이에 부가된 전위 차이로 인해서 음이온과 음으로 하전된 입자들은 양극 쪽으로 전기영동하며, 양이온들은 음극 쪽으로 전기영동한다. 음으로 하전된 입자들이 양이온과 접촉하면 전하 중성화가 일어나며, 입자가 불안정화된다. 금속 양이온들과 수산화 음이온들의 가수분해와 결합을 통해서 금속 수산화물의 침전이 일어난다. 수산화된 금속 침전물들은 특정한 이온의 제거에 도움을 주는 수착성 표면을 가지고 있으며, 입자의 포획과 제거에 도움을 주는 스윕플록을 생성한다. 플록이 전극에 들러붙으면 공정반응이 느려지므로, 전극세척을 시행하거나 주기적으로 전류를 반전시켜서 이를 제거해야 한다.

전기응집 전류효율(η_I)은 양극에서 떨어져나간 금속의 실제 중량과 전자 1[mol]당 떨어져나가는 금속의 이론적인 중량 사이의 비율로 정의된다.[87]

$$\eta_I = \frac{m_{actual}^{Fe}}{m_{theo}^{Fe}}$$

$$m_{theo}^{Fe} = \frac{i\tau MW_{Fe}}{zF}$$

여기서 i = 공급전류[A]

τ = 지속시간[min]

MW = 양극에서 떨어져나간 금속의 분자량

z = 원자가(예를 들어 Fe^{2+}는 2)

F = 패러데이상수(96,500[C/mol])

Fe(II)이온(Fe^{2+})과 그 후에 일어나는 Fe(III)수성산화(Fe(OH)$_3$(s))는 전기응집공정에서 중요한 반응이다. Fe^{2+} 이온은 용해성이 높은 반면에 Fe^{3+} 형태의 용해도는 훨씬 더 낮으며, 수착력이 매우 크며 스윕플록을 생성하는 Fe(OH)$_3$(s)를 형성한다. 사실, 철소재 양극반응을 통해서 Fe^{3+}가 아니라 Fe^{2+}가 생성된다는 것은 비교적 최근에 밝혀졌다.[92] Fe^{2+}에서 Fe(OH)$_3$(s)로의 수용성 산화율은 pH값과 용존산소량에 의존한다. 용존산소량이 작고, pH는 6.5~7.5의 범위인 경우에는 생성된 Fe(II)가 용해된 Fe^{2+}와 Fe(OH)$_3$(s)로 변환되는 반면에, 용존산소와 pH값이 높은 경우에는 Fe^{2+}가 빠르고 더 완전하게 산화되어 Fe(OH)$_3$ 형태의 Fe(III)를 형성하며, 이는 Fe(OH)$_2$보다 용해도가 낮다.[92] 캔과 바야모글루[93]는 전기응집으로 생성된 알루미늄 플록과 일반적인 화학 첨가물인 백반을 사용하여 생성된 알루미늄 플록에 대한 비교연구를 수행하였다. 이들에 따르면 전기응집으로 생성한 플록이 더 크며, 더 빠르게 침강하고, 브루나우어, 에메트, 텔러(BET) 표면을 갖추고 있어서, 백반을 사용하여 생성한 기존의 플록보다 수분함량이 작은 월등한 고형물을 형성한다.

10.9.2 생물학적 폐수처리기법을 사용한 입자의 제거

생물학적 폐수처리방법은 화학−기계적 평탄화 가공 후의 폐수처리에 거의 사용되지 않지만, 알루미나, 세리아 및 실리카 입자들에 끼치는 영향에 대해서 이해하는 것이 중요하다. 많은 팹들에서는 전처리한 폐수를 생활폐수 처리장으로 배출하며, 여기서는 희석된 산업용 폐수와 생활하수가 뒤섞여서 생물학적 폐수처리를 거치게 된다. 일부의 팹들에서는 자체적인 생물학적 폐수처리시설을 갖추고 있지만, 이는 소수에 불과하다.

생물학적 폐수처리에서는 미생물 성장을 지속시켜서 용해성 유기탄소, 질소 및 인 화합물들을 퇴화시키기 위해서 활성 바이오매스 미생물을 사용한다. 바이오매스는 호기성과/또는 혐기성 미생물들로 이루어지며 특정한 형태의 급수 및 배수조건들을 수용할 수 있도록 설계된 부유성 바이오플록이나 고정형 바이오필름을 사용하는 다양한 반응조를 사용할 수 있다.[94] 대부분의 생활폐수 처리장에서는 그림 10.12에 도시되어 있는 것과 같은 **완전혼합 활성슬러지**(CMAS)라고 부르는 호기성 부유성장 시스템을 사용한다.

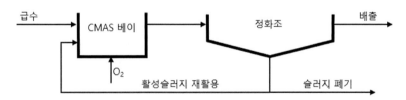

그림 10.12 완전혼합 활성슬러지 처리공정의 개략도

생물학적 폐수처리시스템에서 알루미나, 세리아 및 실리카 나노입자들이 끼치는 잠재적인 영향에 대해서는 다음의 세 가지 주요 고려사항이 있다.

(1) 생물학적 처리공정의 성능을 저해하는 입자농도
(2) 폐수에서 제거되는 입자의 비율
(3) 제거되는 입자들의 변형된 형태와 최종처리방법

산소흡수속도,[95~97] 탄소와 질소제거효율,[98,99] 미생물 충만도[98] 그리고 효소활성도[98,99] 등의 다양한 생물작용 지표들을 사용하여 나노입자들이 생물학적 폐수처리시스템에 끼치는 영향을 측정하였다. 고농도의 알루미늄,[98] 세리아[96,97] 및 실리카[95,99] 나노입자들이 랩-스케일 생물학적 폐수처리시스템의 처리성능을 저하시키는 것이 보고되었다. 첸 등[98]에 따르면 50[mg/L]의 Al_2O_3에 의해서 질소제거효율이 22% 저하되었으며, 이는 탈질소세균의 충만도가 감소했기 때문이다. 가르시아 등[97]은 12[nm] 크기의 세리아 입자의 농도가 280[mg/L]와 50[mg/L]일 때에 각각 종속영양생물과 암모니아 산화 박테리아의 수가 50% 감소하였다고 보고하였다. 고메즈 등[96]은 50[nm] 크기의 CeO_2 입자의 농도가 950[mg/L]일 때에 산소 흡수속도가 50% 저하되었다고 보고하였다. 젱 등[99]은 80[nm] 크기의 SiO_2 입자의 농도가 50[mg/L]일 때에 질소제거효율이 35% 저하되었다고 보고하였다. 이와 조[99]는 45~50[nm] 크기의 SiO_2 입자의 농도가 50[mg/L]일 때에 산소 흡수속도가 37% 저하되었다고 보고하였다.

시험의 유형과 종료시점, 지속시간 및 입자공급농도가 알루미나, 세리아 및 실리카 나노입자들이 생물학적 폐수처리 공정의 생물학적 활성도에 끼치는 영향을 평가하는 중요한 인자이다. 젱 등[99]은 약 80[nm] 크기의 SiO_2 나노입자들이 연속배치 반응조의 작동성능에 끼치는 영향을 70일 동안 관찰하였다. SiO_2 주입량이 1[mg/L]인 경우에는 어떠한 장애도 관찰되지 않았지만, SiO_2 농도가 50[mg/L]로 증가한 이후에는 총질소 제거효율이 79.6%에서 51.6%로 감소하였으며, 배출수의 질산성 질소농도가 4.8[mg/L]에서 12.1[mg/L]로 증가하였다. 젱 등[99]은 중합효소 연쇄반응(PCR) 분석을 통해서 질소제거율 저하는 질산환원효소의 질소제거 활성도 저하에 의한 것이며 또한 질소제거 박테리아의 충만도가 전반적으로 감소하였다는 것을 확인하였다. 비록 질소제거 박테리아의 숫자나 그로 인한 질소제거 효율에 큰 영향을 끼쳤지만, 예민시험이나 만성적 세포독성시험(세포증식 및 유당 탈수효소 방출측정)은 수행하지 않았으므로, 폐수처리과정에서 SiO_2의 박테리아에 대한 세포독성작용 여부를 검증하지는 못하였다. 첸 등[98]도 앞서와 유사하게 50[mg/L]의 Al_2O_3가 질소제거 박테리아의 충만도 감소와 그에 따른 (80.4에서 62.5%로) 총질소 제거효율 저하와 관련된 영향을 분석하기 위해서 중합효소연쇄반응 분석을 사용하였다.

여러 연구자들이 랩 스케일의 생물반응기를 사용하여 알루미나, 세리아 및 실리카 입자를 높은 비율로 제거하였다고 발표하였다. 바톤 등[56]은 랩-스케일의 완전혼합 활성슬러지 시스템을 사용하여 베어 CeO_2와 구연산염이 코팅된 CeO_2 1.5[mg/L]가 함유된 생활하수 속에서 3~4[nm] 크기의 CeO_2 입자들의 거동을 고찰하였다. 이들에 따르면, 완전혼합 활성슬러지 시스템의 제거효율은 98% 이상이 되어서, 베어 세륨 나노입자를 투입한 경우에는 배출수의 세륨 농도가 28[μg/L]에 불과하였으며, 구연산염이 코팅된 CeO_2 입자의 경우에는 배출수의 세륨 농도가 27[μg/L]에 불과하였다. 고메즈 등[96]은 벤치-스케일의 완전혼합 활성슬러지 시스템에 50[nm] 크기의 CeO_2 입자 55[mg/L]을 투입한 경우에 배출수의 CeO_2 농도가 0.11[mg/L]로 감소하였다고 보고하였다. 이들은 연속유동방식의 반응기를 사용하여 생활폐수처리장에서 취수한 시료와 경제협력개발기구(OECD) 합성폐수 매트릭스를 시험하였으며, 두 가지 시료의 CeO_2 입자 거동이 크게 다르다는 것을 발견 하였다. 실제의 생활폐수 시료에서는 제조된 나노입자(ENP)로부터 응집된 평균입도는 2,547[nm] 인 반면에 합성매트릭스에서 응집된 유효입자들의 크기는 158[nm]였다. 배치분할실험을 통해서 이들은 pH=6에서 바이오솔리드[11]에 약 45%의 CeO_2 나노입자들이 흡착되며, 나머지 입자들은 나노입자의 응집, 응결 및 침전을 통해서 제거된다는 것을 밝혀냈다. 림바흐[32]는 CeO_2 나노입자를 첨가한 합성폐수와 랩-스케일 완전혼합 활성슬러지 시스템을 사용하여 CeO_2가 94% 제거되었다 고 보고하였다.

베어 실리카 입자들의 pH_{zpc}(약 2)가 낮기 때문에, 생활폐수의 일반적인 pH 범위에 대해서 실리 카 입자들은 강력한 음전하를 띠게 된다. 일부의 연구에서는 생활하수에서의 실리카 입자들 제거 효율이 나쁘다고 보고[46]된 반면에 다른 연구에서는 높은 제거율[56]을 보고하였다. 앞서 설명했듯이, 폐수 속에서 실리카 입자들을 측정하고 총 실리카에서 용융된 성분과 입자성분의 비율을 구분하 는 것은 매우 어려운 일이다. 이에 대한 다양한 대안들이 시도되었다. 자비 등[46]은 스침각 중성자 산란을 사용하여 폐수 속에서 실리카의 거동을 분석하기 위해서 철심이 내장된 SiO_2 입자를 사용 하였으며, 그라스 등[100]은 DNA 태그가 부착된 SiO_2 나노입자를 사용하였다. 자비 등[46]은 침전시험 을 통해서 52[nm] 크기의 베어 SiO_2 입자들은 24시간 동안 응집이 일어나지 않았지만, 트윈 코팅 된 SiO_2 입자들은 응집되어 수분 내로 침전되었다. 그라스 등[100]은 250[nm] 크기의 SiO_2 입자들을 사용한 배치 침전시험을 통해서 필터를 통과하지 않은 슬러지의 SiO_2 입자들이 99% 이상 제거되 지만, 필터링된 슬러지의 경우에는 폐수 속에서 응집 및 침전이 일어나지 않는다는 것을 발견하 였다. 이를 통해서 바이오솔리드의 분할과 헤테로응집이 생물학적 폐수처리 시스템에서 SiO_2 입 자들을 제거하는 주요 제거 메커니즘이라는 것을 알 수 있다. 오테로 등[101]의 연구는 신규입자들 과 더불어서 화학-기계적 평탄화 가공 후의 슬러리 폐수를 사용한 소수의 연구들 중 하나로서, 생활폐수에서 알루미나 세리아 및 실리카 나노입자들의 제거가 매트릭스에 심하게 의존한다고 보고하였다. 새로운 알루미나와 세리아 입자들은 생활폐수 속에서 집적 및 침전되는 경향이 심한 반면에 실리카 입자들은 훨씬 더 안정적이었다. 반면에, 상용 화학-기계적 평탄화 가공장비에서 연마가공 후에 배출된 폐수를 탈이온수로 1:1 희석한 경우의 알루미나, 세리아 그리고 실리카 입자들은 모두 안정상태를 유지하였다. 연구자들에 따르면 전형적인 생물학적 폐수처리시스템에

---

11 biosolid: 폐수부산물. 역자 주.

존재하는 첨가물들의 농도보다 1:1의 비율로 희석된 경우에는 안정화 첨가물들의 농도가 비교적 높기 때문에 더 지배적인 영향을 끼친다.

10.10 요 약

이 장에서는 화학-기계적 평탄화 가공 후 폐수 속에서 알루미나, 세리아 및 실리카 입자들의 발생, 거동 및 처리에 대해서 살펴보았다. 많은 팹들에서는 구리와 여타 금속들에 대한 폐수방출 기준을 충족시키기 위해서 화학-기계적 평탄화 가공 후의 폐수에 대한 처리를 시행하지만, 현재 까지는 폐수 속의 나노입자 제거와 관련된 별도의 규정은 없는 형편이다. 수많은 논문들을 통해서 랩-스케일 또는 파일럿-스케일에서 알루미나, 세리아 및 실리카 입자들의 거동과 제거에 대해서 고찰을 수행하였지만, 생산 스케일의 폐수처리 시스템이 가지고 있는 복잡하고 다양한 환경에서 나노크기 입자들의 거동을 분석하기에는 어려움이 있다. 세리아는 수용해성이 낮으며 화학-기계적 평탄화 가공용 슬러리입자 이외에는 팹에서 거의 사용하지 않으므로 총 세리아의 질량농도 측정은 폐수처리 과정에서 배출되는 세리아의 상한값을 산출하는 유용한 수단이다. 그런데 실리카와 알루미늄은 반도체 팹에서 매우 널리 사용되고 있으므로, 이들이 기원을 분석하고 처리공정에서 이들을 제거하기 위해서는 용융성 물질과 입자성 물질의 농도를 구분해야만 한다.

데르자긴, 로다우, 버위, 오버비크(DLVO) 이론을 통해서 폐수 속에서 알루미나, 세리아 및 실리카 입자들의 안정성을 정량적으로 나타낼 수 있지만 폐수의 복잡하고 다양한 환경에 대해서 이를 예측하는 것은 어려운 일이다. 알루미늄이나 철염과 같은 다가의 금속염이나 석회와 같은 응결제를 첨가하여 입자들을 불안정화시키면 입자의 표면전하가 중성화되며 확산층이 수축된다. 금속염이나 석회를 고농도로 첨가하고 pH값을 조절하여 생성된 침전물들은 물리 및 화학적으로 입자들을 포획한 스윕플록을 형성한다. 자테스트를 통해서 특정한 폐수에 대해서 최적의 응결제 주입량과 pH값을 이상적으로 구할 수 있으며, 입자크기와 제타전위 측정 데이터들도 큰 도움이 된다. 넘침률을 기반으로 하여 침전조의 크기가 선정되며, 이상상태 발생을 방지하기 위해서는 수량평형을 세심하게 관리해야만 한다. 비록 응결-침전공정을 수행하기 위해서 필요한 공간이 여타의 공법들에 비해서 크기는 하지만, 본질적으로 유연성과 견실성을 갖추고 있어서 많은 엔지니어들이 응결공정을 선호한다. 응결제를 첨가하는 대신에 전기응고방법을 사용하면 응결제가 현장에서 만들어지며, 전극 방향으로 생성되는 이온들의 전기영동에 의해서 폐수 구성성분들과 응결제의 접촉이 촉진된다. 파일럿 스케일의 처리장치를 사용한 다수의 연구들을 통해서 전기응고 방법이 화학-기계적 평탄화 가공 후 폐수의 탁도 감소에 효과적이라는 것을 검증하였다. 응결공정의 도움을 받는다면, 교차유동 막필터는 화학-기계적 평탄화 가공 후 폐수에서 나노크기의 알루미나, 세리아 및 실리카 입자들을 제거하는 효과적인 방법이다. 막필터는 기공의 크기와 전하반발이 조합되어 작용한다. 공급폐수의 pH와 조성을 조절하는 것은 막필터의 효용성을 높이는 데에 중요한 사안이다. 일반적으로 여과막 막힘 문제를 평가하기 위해서는 장기간 파일럿 시험이 필요하다. 복원이 가능한 막힘 문제는 주기적인 필터 세척을 통해서 해결이 가능하지만 일부의 폐수들에서 일어나는 복원이 불가능한 막힘은 공정의 가용성에 심각한 영향을 끼친다.

응집, 헤테로응집 및 바이오솔리드 표면의 흡착과 세포외중합체물질들을 생물학적 폐수처리공정과 조합하여 알루미나, 세리아 및 실리카 입자들을 제거할 수 있다. 일부의 연구에 따르면 실리카 입자들은 세리아나 알루미나 입자들에 비해서 제거가 용이하지 않다. 생물학적 폐수처리 시스템을 사용한 알루미나, 세리아 및 실리카 제거와 관련된 대부분의 정보들은 파일럿-스케일이나 랩-스케일 시험을 통한 결과이며, 실제의 화학-기계적 평탄화 가공 후 폐수를 사용한 연구결과는 매우 드물다. 다수의 연구결과들에 따르면 알루미나, 세리아 및 실리카 나노입자들의 농도가 높다면 생물학적 폐수처리공정의 성능이 저하된다.

폐수처리 관련 문헌들을 살펴보면 앞으로도 많은 연구가 필요하다는 것을 알 수 있다. 폐수속이나 천연수에 섞여 있는 알루미나, 세리아 및 실리카 입자들을 분석하기 위한 계측에는 어려움이 있다. 실제의 폐수 속에서 나노소재의 개별 성분들을 정량적으로 구분하고 크기, 숫자 및 질량 농도를 측정할 수 있는 유용한 방법이 필요하다. 폐수처리공정을 통한 알루미나, 세리아 및 실리카 나노입자들의 제거연구와 관련된 소수의 논문들에서는 주로 생활폐수 처리용 생물학적 폐수처리공정을 다루고 있다. 반면에 팹에서 외부로 폐수를 방출하기 전에 시행하는 물리화학적 전처리공정에 다른 알루미나, 세리아 및 실리카 나노입자들의 제거와 관련되어서는 정보가 거의 없다.

화학-기계적 평탄화 가공용 슬러리에는 입자의 거동에 영향을 끼치기 위해서 다양한 표면활성용 화학첨가제들이 사용된다. 실제 폐수의 흐름 속에서 이런 첨가제들이 입자의 거동과 제거에 끼치는 영향에 대한 고찰이 필요하다. 모든 수처리 공정들은 어떤 형태의 농축된 고체 폐기물들을 생성한다. 고체폐기물의 형태로 제거되는 알루미나, 세리아 및 실리카 나노입자들의 기원과 안정성은 앞으로 연구가 필요한 중요한 고려사항들이다.

참고문헌

1. Basim, G.B., 2011. Effect of slurry aging on stability and performance of chemical mechanical planarization process. Adv. Powder Technol. 22, 257e265.

2. Kamiti, M., Popadowski, S., Remsen, E., 2007. Advances in the characterization of particle size distributions of abrasive particles used in CMP. Mater. Res. Soc. Symp. Process 991, 119e124.

3. Krishnan, M., Nalaskowski, J., Cook, L.M., 2010. Chemical mechanical planarization: slurry chemistry, materials and mechanisms. Chem. Rev. 110, 178e204.

4. America, W.G., Babu, S.V., 2004. Slurry additive effects on the suppression of silicon nitride removal during CMP. Electrochem. Solid-State Lett. 7 (12), G327eG330.

5. Gopal, T., Talbot, J.B., 2006. Effects of CMP slurry chemistry on the zeta potential of alumina abrasives. J. Electrochem. Soc. 153 (7), G622eG625.

6. Du, T., Luo, Y., Desai, V., 2004. The combinatorial effect of complexing agent and inhibitor on chemical mechanical planarization of copper. Microelectron. Eng. 71, 90e97.

7. Armini, S., Whelan, C.M., Moinpour, M., Maex, K., 2008. Mixed oganic/inorganic abrasive particles during oxide CMP. Electrochem. Solid-State Lett. 11 (7), H197eH201.

8. Babel, A.K., Mackay, R.A., 1999. Surfactant based alumina slurries for copper CMP. In: Babu, S.V., Danyluk., S., Krishnan, M., Tsijimura, M. (Eds.), Chemical-mechanical polishing e fundamentals and challenges: symposium held April 5e9, San Francisco, California, USA, pp. 135e142.

9. Corlett, G., 2000. Targeting water use for chemical mechanical planarization. Solid State Technol. 43 (6), 201e206.

10. Klusewitz, G., McVeigh, J., 2002. Reducing water consumption in semiconductor fabs. Micro 20 (9), 42e49.

11. Golden, J.H., Small, R., Pagan, L., Shang, C., Raghavan, S., October 1, 2000. Evaluating and Treating CMP Wastewater. Semiconductor International.

12. Coetsier, C.M., Testa, F., Carretier, E., Ennahali, M., Laborie, B., Mouton-arnaud, C., Fluchere, O., Moulin, P., 2011. Static dissolution rate of tungsten film versus chemical adjustments of a reused slurry for chemical mechanical polishing. Appl. Surf. Sci. 257 (14), 6163e6170.

13. Huang, C., Jiang, W., Chen, C., 2004. Nano silica removal from IC wastewater by precoagulation and microfiltration. Water Sci. Technol. 50, 133e138.

14. Huang, C.-H., Wang, H.P., Huang, H.-L., Hsiung, T.-L., Tang, F.C., 2007. Enhanced dissolution of nanosize CuO in the presence of meso and mico pores. J. Electron Spectrosc. Relat. Phenomena 156e158, 217e219.

15. Chou, W.L., Wang, C.T., Chang, S.Y., 2009. Study of COD and turbidity removal from real oxide-CMP wastewater by iron electrocoagulation and the evaluation of specific energy consumption. J. Hazard. Mater. 168, 1200e1207.

16. Den, W., Huang, C., 2005. Electrocoagulation for the removal of silica nano-particles from

chemicalemechanical-planarization wastewater. Colloid Surf. A 254 (2005), 81e89.

17. Kuan, W.-H., Hu, C.-Y., 2009. Chemical evidences for the optimal coagulant dosage and pH adjustment of silica removal from chemical mechanical polishing (CMP) wastewater. Colloids Surf. A: Physicochemical Eng. Aspects 342, 1e7.

18. Lai, C.L., Lin, S.H., 2003. Electrocoagulation of chemical mechanical (CMP) wastewater from semiconductor fabrication. Chem. Eng. J. 95, 205e211.

19. Liu, J.C., Lien, C.Y., 2006. Dissolved air flotation of polishing wastewater from semiconductor manufacturer. Water Sci. Technol. 53 (7), 133e140.

20. Lo, R., Lo, S.-L., 2004. A pilot plant study using ceramic membrane microfiltration, carbon adsorption and reverse osmosis to treat CMP (chemical mechanical polishing) wastewater. Water Sci. Technol. 4 (1), 111e118.

21. Tsai, J.-C., Kumar, M., Chen, S.-Y., Lin, J.-G., 2007. Nano-bubble flotation technology with coagulation process for the cost effective treatment of chemical mechanical polishing wastewater. Sep. Purif. Technol. 58, 61e67.

22. Yang, G.C.C., Yang, T.-Y., 2004. Reclamation of high quality water from treating CMP wastewater by a novel crossflow electrofiltration/electrodialysis process. J. Membr. Sci. 233, 151e159.

23. Yang, G.C.C., Tsai, C.-M., 2006. Performance evaluation of a simultaneous electrocoagulation and electrofiltration module for the treatment of Cu-CMP and oxide-CMP wastewaters. J. Membr. Sci. 286, 36e44.

24. Stumm, W.E., Morgan, J.J., 1996. Aquatic Chemistry, third ed. John Wiley & Sons.

25. EPA, 2014. Water Permitting 101. Office of Wastewater Managemente Water Permitting. http://water. epa.gov/polwaste/npdes/basics/index.cfm.

26. Handy, R.D., Cornelis, G., Fernandes, T., Tsyusko, O., Decho, A., Sabo-Attwood, T., Metcalfe, C., Steevens, J.A., Klaine, S.J., Koelmans, A.S., Horne, N., 2012. Nanomaterials in the environment, a critical review; ecotoxicity test methods for engineering nanomaterials: practical experiences and recommendations from the bench. Environ. Toxicol. Chem. 31 (1), 15e31.

27. von der Kammer, F., Ferguson, L., Holden, P., Maison, A., Rogers, K., Klaine, S., Koelmans, A., Horne, N., Unrine, J., 2012. Analysis of engineerined nanomaterials in complex matrices (environment and biota): general considerations and conceptual case studies. Environ. Toxicol. Chem. 31 (1), 32e49.

28. Buykx, S., van Den Hoop, M., Cleven, R., Buffle, J., Wilkinson, K., 2000. Particles in natural surface waters: chemical composition and size distribution. Intern. J. Environ. Anal. Chem. 77 (1), 75e93.

29. Speed, D., Westerhoff, P., Sierra-Alvarez, R., Draper, R., Pantano, P., Aravmudhan, S., Chen, K.L., Hristovski, K., Herckes, P., Bi, X., Yang, Y., Zeng, C., Otero-Gonzalez, L., Mikoryak, C., Wilson, B., Kosaraju, K., Tarannum, M., Crawford, S., Yi, P., Liu, X., Babu, S.V., Moinpour, M., Ranville, J., Montano, M., Corredor, C., Posner, J., Shadman, F., 2015. Physical, chemical, and in vitro toxicological characterization of nanoparticles in chemical mechanical planarization suspensions used in the semiconductor industry: towards environmental health and safety assessments. Environ. Sci. Nano 2,

227e244.

30. Probestein, R.F., 2003. Physicochemical Hydrodynamics, second ed. John Wiley & Sons.

31. Elimelech, M., Gregory, J., Jia, X., Williams, R.A., 1998. Particle Deposition & Aggregation: Measurement, Modelling and Simulation. Butterworth-Heinemann.

32. Limbach, L.K., Bereiter, R., Muller, E., Krebs, R., Galli, R., Stark, W.J., 2008. Removal of oxide nanoparticles in a model wastewater treatment plant: influence of agglomeration and surfactants on clearing efficiency. Environ. Sci. Technol. 42, 5828e5833.

33. Benjamin, M.M., Lawler, D.F., 2013. Water Quality Engineering: Physical/Chemical Treatment Processes. John Wiley & Sons.

34. Baalousha, M., Ju-Nam, Y., Cole, P., Gaiser, B., Fernandes, T., Hriiljac, J., Jepson, M., Stone, V., Tyler, C., Lead, J., 2012a. Characterization of cerium oxide nanoparticles e Part 1: size measurements. Environ. Toxicol. Chem. 31 (5), 983e993.

35. Sverjensky, D.A., Sahai, N., 1996. Theoretical prediction of single site surface protonation equilibrium constants for oxides and silicates in water. Geochim. Cosmochim. Acta 60 (40), 3773e3797.

36. Sahai, N., 2002. Is silica really an anomalous oxide ? Surface acidity and aqueous hydrolysis revisited. Environ. Sci. Technol. 36, 445e452.

37. Li, K., Chen, Y., 2012. Effect of natural organic matter on the aggregation kinetics of CeO2 nanoparticles in KCl and CaCl2 solutions: measurements and modeling. J. Hazard. Mater. 209e210, 264e270.

38. Stöber, W., Fink, A., Bohn, E., 1968. Controlled growth of monodisperse silica spheres in the micron size range. J. Colloid Interface Sci. 26 (1), 62e69.

39. Icopini, G., Brantley, S., Heaney, P., 2005. Kinetics of silica oligomerization and nanocolloid formation as a function of pH and ionic strength at 25 C. Geochim. Cosmochim. Acta 69 (2), 293e303.

40. Abe, T., Kobayashi, S., Kobayashi, M., 2011. Aggregation of colloidal silica particles in the presence of fulvic acid, humic acid, or alginate: effects of ionic composition. Colloids Surf.A: Physicochem. Eng. Asp. 379, 21e26.

41. Bizi, M., 2012. Stability and flocculation of nanosilica by conventional organic polymer. Nat. Sci. 4 (6), 372e385.

42. Cakara, D., Kobayashi, M., Skarba, M., Borkovec, M., 1 May, 2009. Protonation of silica particles in the presence of a strong cationic polyelectrolyte. Colloids Surf. A: Physicochem. Eng. Asp. 339 (1e3), 20e25.

43. Kobayashi, M., Juillerat, F., Galletto, P., Bowen, P., Borkovec, M., 2005a. Aggregation and charging of colloidal silica particles: effect of particle size. Langmuir 21, 5761e5769.

44. Kobayashi, M., Skarba, M., Galletto, P., Cakara, D., Borkovec, M., 2005b. Effects of heat treatment on the aggregation and charging of St€ober-type silica. J. Colloid Interface Sci. 292, 139e147.

45. Liu, X.,Wazne,M., Chou, T., Xiao, R., Xu, S., 2011. Influence ofCa2Dand Suwannee river humic acid on aggregation of silicon nanoparticles in aqueous media. Water Res. 5, 105e112.

46. Jarvie, H.P., Al-Obaidi, H., King, S.M., Bowes, M.J., Lawrence, M.J., Drake, A.F., Green, M.A., Dobson, P.J., 2009. Fate of silica nanoparticles in simulated primary wastewater treatment. Env. Sci. Technol. 43,

8622e8628.

47. Cotton, F.A., Wilkinson, G., Murillo, C.A., Bochmann, M., 1999. Advanced Inorganic Chemistry, sixth ed. Wiley.

48. Gaillardet, J., Viers, J., Dupré, B., 2005. Trace elements in river water. In: Drever, J.I. (Ed.), Surface and Groundwater, Weathering, and Soils. Elsevier, Amsterdam.

49. Zhou, X.-D., Huebner, W., Anderson, H.U., 2003. Processing of nanometer-scale CeO2 particles. Chem. Mater. 15, 278e382.

50. Dahle, J.T., Arai, Y., 2015. Review: environmental geochemistry of cerium: applications and toxicology of cerium oxide nanoparticles. Int. J. Environ. Res. Public Health 12, 1253e1278.

51. Dahle, J.T., Livi, K., Arai, Y., 2015. Effects of pH and phosphate on CeO2 nanoparticle dissolution. Chemosphere 119, 1365e1371.

52. Thill, A., Zeyons, O., Spalla, O., Chauvat, F., Rose, J., Auffan, M., Flank, A.M., 2006. Cytotoxicity of CeO2 nanoparticles for Escherichia coli. Physico-chemical insight of the cytotoxicity mechanism. Environ. Sci. Technol. 40, 6151e6156.

53. Auffan, M., Rose, J., Orsiere, T., De Meo, M., Thill, A., Zeyons, O., Proux, O., Masion, A., Chaurand, P., Spalla, O., Botta, A., Wiesner, M.R., Bottero, J.-Y., 2009. CeO2 nanoparticles induce DNA damage towards human dermal fibroblasts in vitro. Nanotoxicology 3 (2), 54. 161e171.

54. Collin, B., Auffan, M., Johnson, A., Kaur, I., Keller, A., Lazareva, A., Lead, J., Ma, X., Merrifield, R., Svendsen, C., White, J., Unrine, J., 2014. Environmental release, fate and ecotoxicological effects of manufactured ceria nanomaterials. Environ. Sci. Nano 1, 533e548.

55. Tella, M., Auffan, M., Brousset, L., Issartel, J., Kieffer, I., Pailles, C., Morel, E., Santella, C., Angeletti, A.B., Artells, E., Rose, J., Thiery, A., Bottero, J.-Y., 2014. Transfer, transformation, and impacts of ceria nanomaterials in aquatic mesocosms simulating a pond ecosystem. Environ. Sci. Technol. 48, 9004e9013.

56. Barton, L.E., Auffan, M., Bertrand, M., Barakat, M., Santaella, C., Masion, A., Borschneck, D., Olivi, L., Roche, N., Wiesner, M.R., Bottero, J., 2014. Transformation of pristine and citrate-functionalized CeO2 nanoparticles in a laboratory-scale activated sludge reactor. Environ. Sci. Technol. 48 (13), 7289e7296.

57. Baalousha, M., et al., 2012b. Characterization of cerium oxide nanoparticles e Part 2: nonsize measurements. Environ. Toxicol. Chem. 31 (5), 994e1003.

58. Suphantharida, P., Osseo-Asare, K., 2004. Cerium oxide slurries in CMP. Electrophoretic mobility and adsorption investigations of ceria/silicate interaction. J. Electrochem Soc. 151 (10), G658eG662.

59. Cao, C.Y., Cui, Z.M., Chen, C.Q., Song, W.G., Cai, W., 2010. Ceria hollow nanospheres produced by a template-free microwave-assisted hydrothermal method for heavy metal ion removal and catalysis. J. Phys. Chem. C 114 (2010), 9865e9870.

60. Recillas, S., Colon, J., Casals, E., Gonzalez, E., Puntes, V., Sanchez, A., Font, X., 2010. Chromium VI adsorption on cerium oxide nanoparticles and morphology changes during the process. J. Hazard. Mater. 184 (2010), 425e431.

61. Deng, S., Li, Z., Huang, J., Yu, G., 2010. Preparation, characterization and application of a CeeTi oxide

adsorbent for enhanced removal of arsenate from water. J. Hazard. Mater. 179, 1014e1021.

62. Li, R., Li, Q., Gao, S., Shang, J.K., 2012. Exceptional arsenic adsorption performance of hydrous cerium oxide nanoparticles: Part A. Adsorption capacity and mechanism. Chem. Eng. J. 185e186, 127e135.

63. Sun, W., Li, Q., Gao, S., Shang, J.K., 2012. Exceptional arsenic adsorption performance of hydrous cerium oxide nanoparticles: Part B. Integration with silica monoliths and dynamic treatment. Chem. Eng. J. 185e186, 136e143.

64. Qwik, J., Lynch, I., Van Hoecke, K., Miermans, C., De Schamphelaere, K., Janssen, C., Dawson, K., Cohen Stuart, M., Van De Meent, D., 2010. Effect of natural organic matter on cerium dioxide nanoparticles settling in model fresh water. Chemosphere 81, 711e715.

65. Rhoder, L., Brandt, T., Sigg, L., Behra, R., 2014. Influence of agglomeration of cerium oxide nanoparticles and speciation of cerium(III) on short term effects to the green algae Chlamydomonas reinhardtii. Aquatic Toxicol. 152, 121e130.

66. Reynolds, T.D., Richards, P.A., 1996. Unit Operations and Processes in Environmental Engineering, second ed. PWS Publishing Company.

67. Stumm, W., O'Melia, C.R., 1968. Stoichiometry of coagulation. J. Am. Water Works Assoc. 60 (5), 514e539.

68. Shin, J.Y., Spinette, R.F., O'Melia, C.R., 2008. Stoichiometry of coagulation revisited. Environ. Sci. Technol. 42, 2582e2589.

69. Chang, M.R., Lee, D.J., Lai, J.Y., 2006. Coagulation and filtration of nanoparticles in wastewater from Hsinchu Science-Based Industrial Park (HSIP). Sep. Sci. Technol. 41, 1303e1311.

70. Chang, M.R., Lee, D.J., Lai, J.Y., 2007. Nanoparticles in wastewater from a science-based industrial park— Coagulation using polyaluminum chloride. J. Environ. Manage. 85, 1009e1014.

71. Liu, Y., Tourbin, M., Lachaize, S., Guiraud, P., 2012. Silica nanoparticle separation from water by aggregation with AlCl3. Ind. Eng. Chem. Res. 51 (2012), 1853e1863.

72. Liu, Y., Tourbin, M., Lachaize, S., Guiraud, P., 2013. Silica nanoparticles separation from water: aggregation by cetyltrimethylammonium bromide (CTAB). Chemosphere 92 (2013), 681e687.

73 Koros, W.J., Ma, Y., Shimidzu, T., 1996. Terminology for membranes and membrane processes, IUPAC recommention. Pure Appl. Chem. 68 (7), 1479e1489.

74. Testa, F., Coetsier, C., Carretier, E., Ennahali, M., Laborie, B., Serafino, C., Bulgarelli, F., Moulin, P., 2011. Retreatment of silicon slurry by membrane processes. J. Hazard. Mater. 192 (2011), 440e450.

75. Testa, F., Coetsier, C., Carretier, E., Ennahali, M., Laborie, B., Moulin, P., 2014. Recycling a slurry for reuse in chemical mechanical planarization of tungsten wafer: effect of chemical adjustments and comparison between static and dynamic experiments. Microelectron. Eng. 113, 114e122.

76. Huang, C.P., Lin, J.L., Lee, W.S., Pan, J.R., Zhao, B.Q., 2011a. Effect of coagulation mechanism on membrane permeability in coagulation-assisted microfiltration for spent filter backwash water recycling. Colloid Surf. A 378, 72e78.

77. Huang, C.J., Yang, B.M., Chen, K.S., Chang, C.C., Kao, C.M., 2011b. Application of membrane

technology on semiconductor wastewater reclamation: a pilot-scale study. Desalination 278 (1e3), 203e210.

78. Juang, L.C., Tseng, D.H., Lin, H.Y., Lee, C.K., Liang, T.M., 2008. Treatment of chemical mechanical polishing wastewater for water reuse by ultrafiltration and reverse osmosis separation. Environ. Eng. Sci. 25 (2008), 1091e1098.

79. Kim, M.S., Woo, S.W., Park, J.G., 2002. Point of use regeneration of oxide chemical mechanical planarization slurry by filtrations. Jpn. J. Appl. Phys. 41 (2002), 6342e6346.

80. Pan, J.R., Huang, C.P., Jiang, W., Chen, C.S., 2005. Treatment of wastewater containing nano-scale silica particles by dead-end microfiltration: evaluation of pretreatment methods. Desalination 179 (2005), 31e40.

81. Springer, F., Laborie, S., Guigui, C., 2013. Removal of SiO2 nanoparticles from industry wastewaters and subsurface waters by ultrafiltration: investigation of process efficiency, deposit properties and fouling mechanism. Sep. Purif. Technol. 108 (2013), 6e14.

82. Su, Y.-N., Lin, W.-S., Hou, C.-H., Den, W., 2014. Performance of integrated membrane filtration and electrodialysis processes for copper recovery from wafer polishing wastewater. J. Water Process Eng. 4, 149e158.

83. Wu, M., Sun, D., Tay, J.H., 2004. Process-to-process recycling of high-purity water from semiconductor wafer backgrinding wastes. Resour. Conserv. Recycl. 41, 119e132.

84. Yang, B.M., Haung, C.J., Lai, W.L., Chang, C.C., Kao, C.M., 2012. Development of a threestage system for the treatment and reclamation of wastewater containing nano-scale particles. Desalination 284, 182e190.

85. Edzwald, J.K., 2007. Developments of high rate dissolved air flotation for drinking water treatment. J. Water Supply: Res. Technol. e AQUA 56 (6), 399e409.

86. Belongia, B.M., Haworth, P.D., Baygents, J.C., Raghavan, S., 1999. Treatment chemical mechanical polishing waste by electrodecantation and electrocoagulation. J. Electrochem. Soc. 146, 4124e4130.

87. Den, W., Huang, C., Ke, H.C., 2006. Mechanistic study on the continuous flow electrocoagulation of silica nanoparticles from polishing wastewater. Ind. Eng. Chem. Res. 45, 3644e3651.

88. Chou, W.L., Wang, C.T., Chang, W.C., Chang, S.Y., 2010. Adsorption treatment of oxide chemical mechanical polishing wastewater from a semiconductor manufacturing plant by electrocoagulation. J. Hazard. Mater. 180 (2010), 217e224.

89. Drouiche, N., Ghaffour, N., Lounici, H., Mameri, M., 2007. Electrocoagulation of chemical mechanical polishing wastewater. Desalination 214 (2007), 31e37.

90. Kin, K.T., Tang, H.S., Chan, S.F., Raghavan, S., 2006. Treatment of chemicalemechanical planarization wastes by electrocoagulation/electro-Fenton method. IEEE Trans. Semicond. Manuf. 19 (2006), 208e215.

91. Lai, C.L., Lin, S.H., 2004. Treatment of chemical mechanical polishing wastewater by electrocoagulation: system performances and sludge settling characteristics. Chemosphere 54 (2004),

235e242.

92. Lakshmanan, D., Clifford, D.A., Samanta, G., 2009. Ferrous and ferric ion generation during electrocoagulation. Environ. Sci. Technol. 43, 3853e3859.

93. Can, O.T., Bayramoglu, M., 2014. A comparative study on the structure-performance relationships of chemically and electrochemically coagulated Al(OH)3 flocs. Ind. Eng. Chem. Res. 53, 3528e3538.

94. Grady Jr, C.P.L., Daigger, G.T., Lim, H.C., 1999. Biological Wastewater Treatment, second ed. Marcel Dekker, New York.

95. Lee, S.M., Cho, W., 2014. Inhibition effect of silica nanoparticle on the oxygen uptake rate of activated sludge. J. Korean Soc. Water Wastewater 28 (1), 47e54.

96. Gomez-Rivera, F., Field, J.A., Brown, D., Sierra-Alvarez, R., 2012. Fate of cerium dioxide (CeO2) nanoparticles in municipal wastewater during activated sludge treatment. Bioresour. Technol. 108, 300e304.

97. Garcia, A., Delgado, L., Tora, J.A., Casals, E., Gonzalez, E., Puntes, V., Fonta, X., Carrera, J., Sanchez, A., 2012. Effect of cerium dioxide, titanium dioxide, silver, and gold nanoparticles on the activity of microbial communities intended in wastewater treatment. J. Haz. Mat. 199e200, 64e72.

98. Chen, Y., Su, Y., Zheng, X., Chen, H., Yang, H., 2012. Alumina nanoparticles-induced effects on wastewater nitrogen and phosphorus removal after short-term and long-term exposure. Water Res. 46 (14), 4379e4386.

99. Zheng, X., Su, Y., Chen, Y., 2012. Acute and chronic response of activated sludge viability and performance to silica nanoparticles. Environ. Sci. Technol. 46, 7182e7188.

100. Grass, R.N., Schalchli, J., Paunescu, D., Soellner, J.O.B., Kaegi, R., Stark, W.J., 2014. Tracking trace amounts of submicrometer silica particles in wastewaters and activated sludge using silica-encapsulated DNA barcodes. Environ. Sci. Technol. Lett. 1, 484e489.

101. Otero-Gonzalez, L., Barbero, I., Field, J.A., Shadman, F., Sierra-Alvarez, R., 2014. Stability of alumina, ceria, and silica nanoparticles in municipal wastewater. Water Sci. Technol. 70 (9), 1533e1539.

CHAPTER

11

화학 – 기계적 평탄화 가공용 슬러리의
특성과 제조방법

CHAPTER 11 화학 – 기계적 평탄화 가공용 슬러리의 특성과 제조방법

11.1 서 언

화학－기계적 평탄화(CMP) 공정은 IBM社에 의해서 1980년대에 개발된 이래로, 집적회로의 제조에서 핵심적인 역할을 수행하고 있다.[1] 집적회로 제조공정의 경우, 화학－기계적 평탄화 가공은 전공정(FEOL)과 후공정(BEOL)에서 핵심적인 역할을 하고 있다.[2] 전공정에서는 화학－기계적 평탄화 가공을 통해서 SiO_2와 같은 간극충진 소재를 연마하여 얕은 도랑 소자격리(STI)구조를 만든다. 전공정에서는 알루미늄, 텅스텐 및 구리소재로 만들어진 금속배선을 완성하기 위해서 화학－기계적 평탄화 가공이 사용된다. 일반적으로 화학－기계적 평탄화 가공용 슬러리들은 연마제, 산화제, 분산제 및 부동화제와 같은 유기화합물 그리고 탈이온수로 이루어진다. 특정한 슬러리의 조성은 연마할 소재에 따라서 달라진다. 화학－기계적 평탄화 가공의 성능에 영향을 끼치는 슬러리의 물리화학적 특성은 이 조성들 사이의 복잡한 상호작용에 의해서 결정된다. 설계 원칙(또는 임계치수)이 줄어들면서, 화학－기계적 평탄화 가공 성능에 대한 요구조건은 더욱 엄격해지게 되었다. 따라서 슬러리의 물리화학적 성질들에 대한 이해는 새로운 소재와 복잡한 구조를 포함하여 차세대 디바이스의 제조를 위한 화학－기계적 평탄화 가공용 슬러리의 개발에서 필수적인 요소이다.

11.2 화학-기계적 평탄화 가공용 슬러리의 제조

화학-기계적 평탄화 가공은 층간 절연체(ILD) 연마, 얕은 도랑 소자격리(STI) 연마 그리고 금속(텅스텐, 구리 및 알루미늄) 연마용 화학-기계적 평탄화 가공으로 나누어진다. 층간절연체에 대한 화학-기계적 평탄화 가공의 경우, 금속 배선들 사이에 증착되어 있는 SiO_2와 같은 유전체 소재들을 연마한다. 슬러리는 연마제, 분산제 및 여타의 첨가제들로 이루어진다. 얕은 도랑 소자격리용 화학-기계적 평탄화 가공은 간극충진공정에 의해서 만들어진 SiO_2 절연층의 단차높이를 균일하게 연마하는 가공으로서, Si_3N_4나 폴리실리콘 박막과 같은 멈춤층 위에서 가공이 멈춰야 한다. 멈춤층의 침식을 방지하기 위해서는 SiO_2와 멈춤층 소재 사이에 높은 연마 선택도가 필요하다. 이런 이유 때문에 얕은 도랑 소자격리용 화학-기계적 평탄화 가공에 사용되는 슬러리에는 높은 선택도를 가지고 있는 부동화 첨가제가 함유되어 있다.

층간절연체 연마나 얕은 도랑 소자격리를 위한 화학-기계적 평탄화 가공과는 달리, 금속박막은 둔감성 때문에 연마입자를 사용하여 제거하기가 매우 어렵다. 따라서 금속 연마용 슬러리에는 연마제로 손쉽게 제거할 수 있는 산화층이 표면에 형성되도록, 적절한 산화제를 첨가하여야 한다.

각각의 화학-기계적 평탄화 가공에 적합한 슬러리를 제조하기 위해서는, 슬러리를 구성하는 개별 성분들의 역할과 특성에 대한 이해가 필요하다. 이 절에서는 각각의 조성들이 화학-기계적 평탄화 가공에 끼치는 역할과 특성에 대해서 상세히 살펴보기로 한다.

11.2.1 연마용 입자

연마용 입자는 화학-기계적 평탄화 가공용 슬러리를 구성하는 주요 성분들 중 하나이다. 연마제로는 실리카, 세리아, 알루미나 및 여타의 소재들이 사용되고 있다. 층간절연체(ILD), 얕은 도랑 소자격리(STI) 및 금속배선에 대한 화학-기계적 평탄화 가공에는 실리카 연마제가 널리 사용되고 있다. 실리카 연마제로는 **열분해 실리카와 콜로이드 실리카**가 사용되고 있다. 그림 11.1에서는 이들의 투과전자현미경 사진을 보여주고 있다.[3] 사염화규소의 화염 열분해를 통해서 제조($SiCl_4 +$ $2H_2O \rightarrow SiO_2 + 4HCl$)한 열분해 실리카는 염가, 고순도 및 합성의 용이성 등으로 인하여 연마제로 널리 사용되고 있다. 그런데 약한 수소결합 때문에 이 연마제가 수용성 매질 속에서는 네트워크 구조를 형성하므로 응집이 초래된다. 따라서 열분해 실리카를 사용하여 화학-기계적 평탄화 가공용 슬러리를 제조하기 위해서는 미소유동화 처리나 필터링 공정과 같은 후속공정이 반드시 필요하다. 열분해 실리카와는 달리, 콜로이드 실리카는 유기금속 전구체의 가수분해를 통해서 필요한 크기의 입자를 균일하게 제조할 수 있다(총 반응은 $\equiv Si-OH+HO-Si \equiv \leftrightarrow Si-O-Si\equiv$).

콜로이드 실리카를 제조하기 위한 전구체로 규산나트륨과 유기규산이 사용된다. 규산나트륨을 사용하여 제조한 콜로이드 실리카에는 어쩔 수 없이 다량의 나트륨 이온이 섞여 있으며, 이로 인하여 디바이스의 게이트 산화물에 손상을 유발하는 심각한 문제를 가지고 있다. 이를 사용하기 위해서는 나트륨 이온을 제거하기 위한 이온교환공정이 필요하다. 유기규산은 규산나트륨에 비해서 고순도 실리카를 제조할 수 있으며, 세척과 디켄트공정 이후에 잔류 전구체들을 제거하기 위한 연마에 연마제로 사용된다. 디바이스의 치수가 감소함에 따라서 결함에 대한 요구조건들이 점점 더 엄격해지고 있다. 따라서 높은 품질의 연마피막을 필요로 하는 화학－기계적 평탄화 공정에는 최근 들어서 열분해 실리카가 콜로이드 실리카로 대체되고 있다.

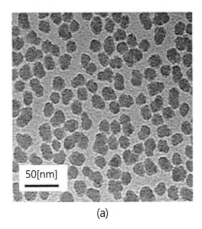
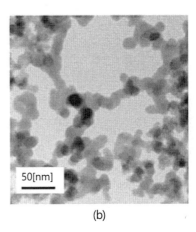

(a) (b)

그림 11.1 (a) 콜로이드 실리카와 (b) 나노입자들이 응집되어 있는 열분해 실리카의 투과전자현미경 영상[3]

층간절연체와 얇은 도랑 소자격리구조에 대한 화학－기계적 평탄화 가공에는 SiO_2 제거율이 높기 때문에 세리아가 사용되었다. SiO_2 연마과정에서 강력한 Ce-O-Si 결합이 형성되어서 높은 SiO_2 제거율이 구현되는 것이다.[4]

$$-Ce-OH +-Si-O^- \leftrightarrow -Ce-O-Si-+OH^- \tag{11.1}$$

세리아 연마제는 실리카 연마제보다 높은 표면품질과 선택도뿐만 아니라 높은 SiO_2 제거율을 가지고 있다. 따라서 SiO_2에 대한 화학－기계적 연마가공에서는 실리카 대신에 세리아가 연마제로 사용된다. 그림 11.2에서는 고체성장 방식과 용액성장 방식으로 합성한 세리아의 투과전자현미경 영상을 보여주고 있다.[5] 고체성장 방식의 경우에는 합성조건에 따라서 결정체의 크기를 조절하여 세리아 연마제를 제조한다.[6] 그런데 이 방식으로 제조한 연마입자는 크기가 크고 입도분포가 나쁘며, 모서리진 형상을 가지고 있다(그림 11.2 (a)). 따라서 필요한 입자크기와 균일한 크기분포를 얻기 위해서는 기계적 밀링과 필터링 공정이 필수적으로 사용된다.[7] 고체성장 방식과는 달리 용액성장 방식에서는 필요한 크기와 균일한 크기분포를 가지고 있는 구형의 세리아 입자들이 만들어진다(그림 11.2 (b)). 용액성장 방식의 세리아를 사용하면 화학-기계적 평탄화 가공 과정에서 낮은 결함이 구현된다. 최근 들어서 많은 연구자들이 화학-기계적 평탄화 가공용 무결함 슬러리를 개발하기 위해서 용액성장 방식 세리아의 물리화학적 성질에 대한 연구를 수행하였다. 11.3.3절에서는 용액성장 방식으로 제조한 세리아의 물리화학적 성질에 대해서 세말하게 살펴볼 예정이다.

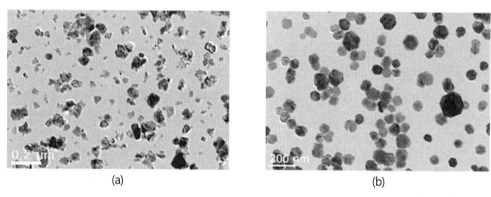

그림 11.2 (a) 고체성장 방식의 세리아와 (b) 용액성장 방식 세리아에 대한 투과전자현미경 사진[5]

알루미나는 높은 연마율과 더불어서 금속(텅스텐이나 구리)과 차단금속(Ti/TiN 또는 Ta/TaN) 사이의 선택도 때문에 금속소재에 대한 화학-기계적 평탄화 가공용 연마제로 사용되고 있다.[2] 알루미나 연마제는 하소[1]온도에 따라서 다양한 상태가 존재한다(α, β, γ, δ). 그런데 알루미나는 경도가 높기 때문에 연마과정에서 일반적으로 많은 결함들이 생성된다. 이런 한계를 극복하기 위해서 다양한 연구들이 수행되었다.[8,9] 레이와 장[8]은 경질의 디스크형 모재를 연마하기 위한 알루미나/실리카 코어-셸 연마제를 개발하였다. 장과 레이[9]는 유리소재 연마를 위한 폴리메타크릴산이 첨가된 알루미나 합성물로 이루어진 연마제를 발표하였다. 이 알루미나 합성물은 구조적인 쿠셔닝 효과 덕분에 순수한 알루미나 연마제보다 표면평탄화성능이 개선되었으며 긁힘은 줄어들었다. 이런 이유 때문에 알루미나 연마제들은 순수한 형태보다는 합성물의 형태로 사용되고 있다.

---

1 calcination: 가열분해공정. 역자 주.

11.2.2 분산제

분산 안정성을 향상시키기 위해서 **분산제**가 널리 사용되고 있다. 데르자긴, 로다우, 버워, 오버비크(DLVO) 이론에 따르면, 수용성 매질 속 입자들의 반데르발스 힘이 정전 반발력보다 클 때에 집적이 일어난다.[10,11] 적절한 분산제를 첨가하면, 연마입자들 사이에서는 연마제들의 집적을 막아주는 입체장해와 정전안정화가 일어난다.

일반적으로 분산제의 농도가 증가함에 따라서 슬러리 내의 연마입자들은 브리지 집적 → 안정화 → 감손응집을 일으킨다.[12] 농도가 낮은 경우에는 분산제가 연마입자들의 표면을 모두 덮을 만큼 충분치 못하다. 연마입자의 표면에 흡착된 분산제의 자유단(루프와 꼬리)이 다른 연마입자에 부착되어 브리지 집적이 초래된다. 적당한 양의 분산제가 첨가되면, 연마입자들의 표면을 완전히 덮어버리므로 입체장해와 정전안정화를 통해서 분산 안정성이 개선된다. 또한 분산제는 연마입자의 표면과 강한 흡착에너지를 가지고 있다. 분산제와 연마입자 표면 사이의 흡착 에너지가 약하면 입자들이 충돌하는 과정에서 분산제가 탈착되어 브리지응집이 일어난다.[13] 분산제의 농도가 높으면, (흡착되지 않은)자유분산제가 감손기전[2]을 통해서 안정된 슬러리의 응집을 촉진시킬 수 있다.[14,15] 분산제가 흡착되지 않은 입자의 유효직경보다 짧은 거리에서 두 입자의 표면이 서로 접근하면, 입자 간 간극에서 분산제가 밀려나가면서 삼투압이 발생한다. 이 삼투압으로 인하여 입자들 사이의 견인력이 생성되어 응집이 촉진된다. 따라서 분산 안정성을 개선하기 위해서는 적당한 양의 분산제를 사용하는 것이 중요하다.

연마입자의 표면에서 분산제의 흡착거동을 나타내기 위해서 랭뮤어와 프로인드리히의 흡착모델을 사용할 수 있다. **랭뮤어의 등온흡착모델**에서는 입자의 표면이 분산제 단분자층으로 균일하게 덮여 있다고 가정한다.

$$\frac{C_e}{Q_e} = \frac{C_e}{Q_m} + \frac{1}{K_L Q_m} \tag{11.2}$$

여기서 $Q_e [\text{mg/m}^2]$는 평형상태에서 입자의 표면적당 흡착된 분산제의 양, $C_e [\text{mg/L}]$는 벌크용액 내의 분산제 농도, $Q_m [\text{mg/m}^2]$은 입자 표면에 흡착될 수 있는 분산제의 최대량 그리고 $K_L [\text{L/mg}]$은 흡착의 밀착성과 관련된 계수이다. **프로인드리히의 등온흡착모델**에서는 불균일계를 사용한다.

---

2 depletion mechanism

$$Q_e = K_F C_e^{1/n} \tag{11.3}$$

프로인드리히 상수 K_F와 $1/n$은 각각 상대흡착용량과 흡착강도를 나타낸다. K_F와 $1/n$의 값은 각각, $\log C_e$에 대한 $\log Q_e$ 직선의 절편과 기울기이다.

$$\log Q_e = \log K_F + \frac{1}{n}\log C_e \tag{11.4}$$

$1/n$ 값이 작다는 것은 분산제와 입자표면 사이의 결합이 강하다는 것을 의미한다. 분산제의 흡착거동을 구분하기 위해서 랭뮤어와 프로인드리히의 흡착모델을 사용하여 데이터 피팅을 수행하였으며, 상관계수가 큰 흡착모델을 선정하였다.

그림 11.3에서는 세리아 표면에 대한 폴리아크릴산(PAA)의 등온흡착을 보여주고 있다. 랭뮤어 흡착모델($R^2 = 0.99$)이 프로인드리히 흡착모델($R^2 = 0.87$)에 비해서 정합성이 높으며, 이를 통해서 폴리아크릴산이 세리아 표면에 균일하게 흡착되었음을 알 수 있다.

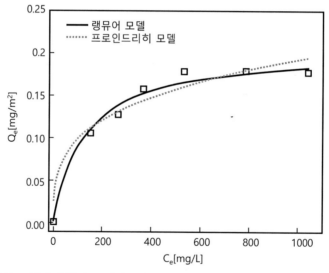

그림 11.3 세리아 표면에 흡착된 폴리아크릴산에 대한 랭뮤어와 프로인드리히의 등온흡착모델

화학-기계적 평탄화 가공용 연마입자들을 분산시키기 위해서 다양한 분산제에 대한 연구가 수행되었다. 실리카 슬러리에 대해서는 세틸트리메틸 브롬화암모늄(CTAB)과 황산도데실나트륨(SDS)과 같은 계면활성제의 사용방안이 연구되었다.[16,17] 바심 등[17]은 실리카 연마입자 표면에 흡

착된 세틸트리메틸 브롬화암모늄이 연마입자들 사이에 강력한 반발력을 부가하기 때문에 슬러리가 안정화된다고 보고하였다. 그런데 이로 인하여 실리카 연마제와 산화막 사이의 직접접촉도 방해를 받아서 연마과정에서 마찰력의 감소가 초래된다(그림 11.4). 실리카 연마제의 소재제거 메커니즘은 기계적 성질에 지배되기 때문에, 마찰력의 감소는 소재 제거율을 저하시켜버린다.

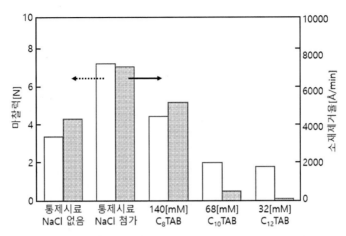

그림 11.4 NaCl 0.6[M], pH=10.5 상태에서 기준슬러리(12[wt%], 입자직경 2.0[μm])와 다양한 농도의 세틸 트리메틸 브롬화암모늄(CTAB)이 함유된 슬러리들에 대해서 측정한 마찰력과 소재제거율[17]

수용성 매질 속에서 세리아 연마입자들을 분산시키기 위해서 다양한 분산제들이 사용된다. 화학-기계적 평탄화 가공용 세리아 연마제의 분산에는 폴리아크릴산이 널리 사용되고 있다.[18,19] 음이온성 계면활성제인 폴리아크릴산은 견인성 정전작용력을 통해서 높은 양전하로 하전된 세리아 표면에 흡착된다. 세리아 표면에 흡착된 폴리아크릴산의 카르복실(-COOH) 그룹들은 pK_a>4.5 인 경우에 탈양성자화되어 음으로 하전된 카르복실(-COO$^-$) 그룹으로 변환되면서, 연마제들 사이의 반발력이 증가되어 분산안정성이 향상된다. 세리아 연마제는 표면과 박막의 활성위치들 사이의 상호작용을 통해서 소재를 제거하는 반면에, 실리카 연마입자들은 물리적으로 소재를 제거한다.[20,21] 이런 이유 때문에 연마입자의 표면에 흡착된 폴리아크릴산으로 인한 소재제거율의 현저한 감소가 관찰되지 않았다. 김 등[22]은 세리아 표면에 폴리메틸메타아크릴레이트(PMMA)와 수소시트르산을 동반흡착시키면 연마입자들 사이의 반발력을 증가시킬 수 있으며, 분산 안정성이 향상된다고 제안하였다. 그림 11.5에서는 얕은 도랑 소자격리에 대한 화학-기계적 평탄화 가공에서 SiO$_2$ 소재제거율과 웨이퍼 내 불균일(WIWNU)을 보여주고 있다. 도표에 따르면, 분산안정성이 향상되면 SiO$_2$ 소재제거율과 균일성이 향상된다는 것을 알 수 있다. 또한 연마제와 박막 사이의 반발력이 증가하여 잔류 연마입자들이 현저히 감소하였다.

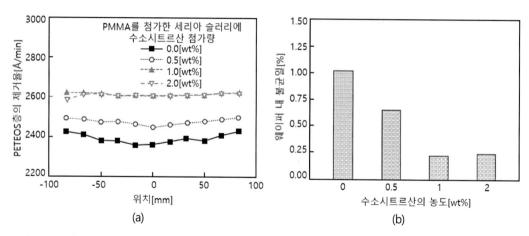

그림 11.5 얕은 도랑 소자격리(STI)를 위한 화학-기계적 평탄화 가공에 대한 (a) 반경방향 위치별 SiO₂ 박막
의 제거율과 (b) SiO₂ 박막의 웨이퍼 내 불균일[22]

다수의 연구들에서 세리아 표면의 고활성 Ce^{3+}가 SiO₂ 소재제거율에 영향을 끼친다고 보고하
였다.[23,24] 단두 등[21,23]은, 자외선-가시광선 분광법을 사용하여 다양한 첨가물(아르기닌, 오르니틴
및 라이신)들이 세리아 표면에서 Ce^{3+}와 상호작용을 일으킨다는 것을 확인하였다. 이 첨가물들은
SiO₂ 연마를 수행하는 동안 Ce-O-Si 결합을 형성하면서 연마입자 표면의 Ce^{3+}를 차단하여 소재제
거율을 현저히 저하시킨다. 따라서 연마제와의 화학적 상호작용을 고려하여 분산제를 선정하여
야 한다.

11.2.3 선택도를 높이기 위한 부동화 첨가제

화학-기계적 평탄화 가공(CMP)을 수행하는 동안 다양한 소재들 중에서 특정한 소재를 선택
적으로 제거하기 위해서 부동화 첨가제들이 사용된다. 얕은 도랑 소자격리(STI)를 위한 화학-
기계적 평탄화 가공의 경우, SiO₂ 단차구조에 대한 평탄화 가공이 끝난 이후에 Si₃N₄층 위에서
연마가공이 종료되어야 한다. 부동화 첨가제를 사용하지 않는다면, Si₃N₄ 박막이 침식되어 디바이
스 수율에 직접적인 영향을 끼칠 수 있다. 일반적으로 폴리아크릴산(PAA)과 같은 음이온 계면활
성제가 SiO₂와 Si₃N₄ 사이의 높은 연마선택도를 얻기 위한 부동화 첨가제로 널리 사용되었다.[25,26]
폴리아크릴산은 견인정전력으로 인하여 양으로 높게 하전된 Si₃N₄ 표면에 선택적으로 흡착된다.[27]
이 폴리아크릴산 흡착층이 연마입자들이 Si₃N₄박막을 연마하지 못하도록 막아주어 SiO₂와 Si₃N₄
사이에 높은 연마선택도가 구현된다. 김 등[26]은 KNO₃들 첨가하여 Si₃N₄ 박막 표면에 폴리아크릴
산이 흡착되는 형태를 조절하였다. 그림 11.6에 도시되어 있는 것처럼, 이들은 KNO₃ 농도가 높아
질수록 Si₃N₄ 박막층 표면에 흡착된 폴리아크릴산 층이 조밀해진다는 것을 밝혀냈다. 이는 칼륨이

온에 의해서 폴리아크릴산의 전하선별이 일어났기 때문이다. 높은 이온강도하에서 Si_3N_4 박막 위에 조밀하게 흡착된 폴리아크릴산 층이 Si_3N_4 층을 세리아 연마입자들에 의한 연마가공으로부터 보호해주어 Si_3N_4 박막의 제거율을 72[Å/min]에서 61[Å/min]으로 감소시켜주며, SiO_2와 Si_3N_4 사이의 높은 연마선택도를 구현해준다.

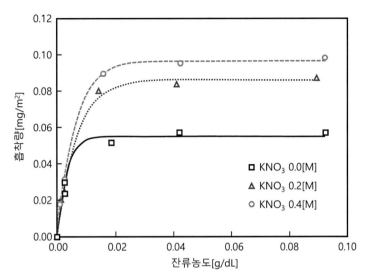

그림 11.6 pH＝6.5에서 Si_3N_4의 이온강도에 따른 폴리아크릴산의 흡착등온선[26]

펜타 등[28]은 얕은 도랑 소자격리를 위한 화학－기계적 평탄화 가공의 높은 선택도를 구현하기 위한 부동화 첨가제로 서로 다른 기능그룹들을 갖추고 있는 네 가지의 음이온 계면활성제에 대하여 고찰하였다. 그림 11.7에서는 네 가지의 서로 다른 음이온 계면활성제들에 따른 SiO_2와 Si_3N_4의 제거율을 비교하여 보여주고 있다. 모든 음이온 계면활성제들은 Si_3N_4의 등전점 밑에서 Si_3N_4 박막 위에 이중층을 형성할 수 있다. SiO_2와 Si_3N_4 사이의 정전기 상호작용을 통해서 단분자층이 형성되며, 계면활성제의 꼬리들 사이의 공수성 상호작용에 의해서 두 번째 층이 형성된다. 이 흡착층들이 연마 중에 Si_3N_4 층의 가공을 억제해주어, SiO_2와 Si_3N_4 사이에 높은 연마선택도가 구현된다. 이런 계면활성제들과는 반대로, K_2SO_4 이온염은 Si_3N_4 박막 위에 약하게 흡착되기만 하므로, Si_3N_4의 제거를 억제하지 못한다.

최근 들어서 얕은 도랑 소자격리를 위한 화학－기계적 평탄화 가공용 부동화 첨가제로 다양한 아미노산들이 연구되었다.[29,30] 펜타 등[29]에 따르면, 아민 그룹과 카르복실 그룹을 모두 가지고 있는 아미노산들은 아미노산의 양자화된 아미노 그룹과 Si_3N_4의 질소원자들 사이에 수소결합을 형성하여 Si_3N_4의 제거를 억제한다. Si_3N_4 표면에 흡착된 아미노산은 Si_3N_4의 가수분해를 억제할

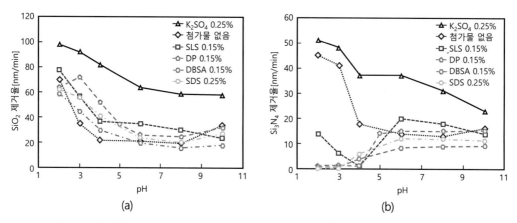

그림 11.7 음이온성 계면활성제를 첨가한 경우의 (a) SiO₂와 (b) Si₃N₄의 제거율 변화[29]

수 있다. 이를 통해서 Si₃N₄의 제거를 현저히 억제할 수 있다. Si₃N₄ 박막과는 달리 SiO₂ 박막 표면에서 아미노산은 약한 결합을 이루기 때문에 연마과정에서 연마입자들에 의해서 손쉽게 제거된다. 그 결과 SiO₂와 Si₃N₄ 사이에는 높은 연마 선택도가 구현된다. 이 아미노산들은 pH값의 변화에 민감하므로, pH값을 사용하여 Si₃N₄의 부동화 작용을 켜고 끌 수 있다. 아미노산의 이런 거동 특성을 새로운 소재와 복잡한 구조를 포함하는 차세대 디바이스에 대한 화학-기계적 평탄화 가공용 슬러리의 제조에 적용할 수 있을 것이다.

60[nm] 이후의 NAND 플래시 메모리에서는 Si₃N₄를 증착하지 않고서 자가정렬 폴리실리콘 플로팅게이트 구조가 만들어진다. 따라서 SiO₂와 폴리실리콘 사이의 연마율 선택도가 NAND 플래시의 얕은 도랑 소자격리를 위한 화학-기계적 평탄화 가공에서 핵심적인 역할을 한다. SiO₂와 폴리실리콘 사이에 높은 선택도를 구현하기 위한 부동화 첨가제로, 폴리실리콘 박막 위에 우선적으로 흡착되는 공수성 계면활성제에 대한 연구가 수행되었다. 이들의 서로 다른 표면에너지를 이용하여 선택도를 조절할 수 있다. 폴리실리콘 박막은 SiO₂ 박막에 비해서 낮은 표면에너지를 가지고 있으며, 이런 차이로 인해서 폴리실리콘 박막에 대한 부동화 첨가제의 선택흡착이 가능해진다. 이 부동층은 연마제에 의한 폴리실리콘 박막의 연마를 방지해주어 높은 연마 선택도를 구현시켜준다. 이 등[31]은 얕은 도랑 소자격리를 위한 화학-기계적 평탄화 가공에서 다양한 비이온성 계면활성제들이 SiO₂와 폴리실리콘 사이의 선택도에 끼치는 영향을 연구하였다. 그림 11.8에 도시되어 있는 것처럼, SiO₂와 폴리실리콘 사이의 선택도는 1/HLB 값(친유 균형가)과 계면활성제의 분자량에 높은 연관을 가지고 있다. 또한 비이온성 계면활성제를 첨가한 화학-기계적 평탄화 가공용 슬러리들은 기존의 산화물 슬러리에 비해서 웨이퍼 내 불균일이 1/4만큼 감소하였다.

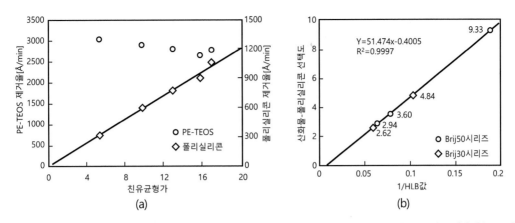

그림 11.8 첨가된 Brij 계면활성제의 친유 균형가에 따른 제거율과 SiO_2-폴리실리콘 선택도. (a) 친유 균형가 (HLB)에 따른 SiO_2와 폴리실리콘의 제거율, (b) 1/HLB값에 따른 SiO_2와 폴리실리콘의 선택도[31]

11.2.4 산화제

금속의 기계적 둔감성과 강도로 인하여, 연마입자로 금속박막을 제거하는 것은 어려운 일이다. 하지만 적절한 산화제를 첨가하면, 금속 표면에 산화물층이 생성되어 화학-기계적 연마가공을 통해서 이를 손쉽게 제거할 수 있다. 카우프만 등[32]이 $K_3(Fe(CN)_6)$들 사용하는 텅스텐 소재에 대한 화학-기계적 평탄화 가공 모델을 최초로 제안한 이후로, 다양한 산화제(KIO_3, $Fe(NO_3)_3$, H_2O_2, 유기산 및 이들의 혼합물)를 첨가한 금속 슬러리들에 대한 많은 연구가 수행되었다. 그런데 텅스텐의 용해와 산화반응으로 인하여 두꺼운 다공질의 산화물층과 조악한 표면품질이 초래될 우려가 있다.[33]

Fe 이온은 팬톤 반응을 통해서 H_2O_2를 강력한 산화제인 수산기(•OH) 라디칼로 분해시키는 촉매이다. 이 라디칼들은 텅스텐 박막 위에 조밀한 산화물층을 빠르게 생성하므로 높은 소재제거율과 더불어서 개선된 표면윤곽을 구현해준다. 그림 11.9에서는 H_2O_2 1[wt%]하에서 $Fe(NO_3)_3$의 변화에 따른 텅스텐 박막의 동전위 분극곡선을 보여주고 있다.[33] $Fe(NO_3)_3$들 첨가하지 않은 경우에 텅스텐 박막의 분극곡선을 살펴보면, 텅스텐 박막 위에 생성된 산화물층이 얇기 때문에 활성 부식거동을 나타낸다. 그런데 $Fe(NO_3)_3$를 첨가하면, 텅스텐 박막의 분극곡선이 양극산화 거동을 나타낸다. $Fe(NO_3)_3$의 농도가 증가하면, 전류밀도가 낮은 값 쪽으로 분극곡선이 이동한다. 이는 조밀한 산화물층이 형성되어 텅스텐 박막의 용해가 감소했다는 것을 의미한다.

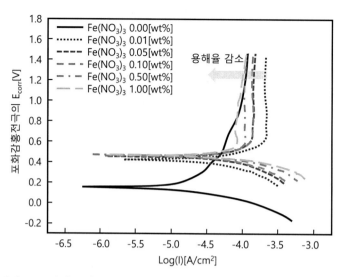

그림 11.9 pH＝2.30이며, H_2O_2가 1[wt%] 첨가된 용액 속에서 $Fe(NO_3)_3$의 농도변화에 따른 텅스텐 박막 표면의 동전위분극곡선[33]

다중의 산화환원 상태를 가지고 있는 다양한 금속(Al, Ru, Ce, Co, Mn, Cu 및 Cr)염들도 팬톤 반응과 유사한 반응을 통해서 H_2O_2를 •OH로 분해시킨다.[34] 그런데 다음의 이유들 때문에 H_2O_2를 •OH로 분해시키는 촉매로 Fe 이온을 사용한다.

(1) 흔한 소재
(2) 환경친화성
(3) 저독성
(4) Fe^{2+}와 Fe^{3+} 사이의 고반응성 산화환원 사이클
(5) 염가

최근 들어서 새로운 용도에 루테늄(Ru)과 탄화실리콘(SiC) 같은 저활성 신소재를 첨가한 화학－기계적 평탄화 가공용 슬러리들의 사용이 제안되고 있다.[35,36] 많은 연구자들이 저활성 소재를 산화제로 사용하는 화학－기계적 평탄화 가공에 대한 연구를 수행하고 있다. 쿠이 등[35]은 Ru/RuO_2 박막과 산화제 사이에 적절한 에너지장벽이 존재하기 때문에 루테늄과 $NaIO_4$ 및 NaClO를 함께 사용하면 높은 제거율을 구현할 수 있다고 보고하였다. 쿠로카와 등[36]은 N_2 및 O_2 가스와 더불어서 $KMnO_4$를 사용하면 SiC에 대한 제거율을 증가시킬 수 있다는 것을 발견하였다. 결론적으로, 적절한 산화제를 선정하는 것은 높은 제거율, 높은 선택도, 균일성 그리고 저결함과 같은 화학－기계적 평탄화 가공 성능을 개선하는 데에 매우 중요한 역할을 한다.

11.2.5 억제제

높은 제거율(MRR)을 구현하기 위해서, 다양한 화학－기계적 평탄화 가공(CMP)들을 금속 박막에 대한 분해율을 높인 상태에서 시행한다. 그런데 이로 인하여 표면품질의 저하, 함몰생성 그리고 국부식각 증가 등의 문제들이 초래된다. 구리소재에 대한 화학－기계적 평탄화 가공에서 이런 문제들을 해결하기 위한 부식 억제제로 벤조트리아졸(BTA)이나, 다양한 파생물들이 사용되고 있다.[37,38] 노토야 등[39]은 pH값에 따른 다양한 Cu-BTA 착화물들의 생성에 대한 연구를 수행하였다. 이들에 따르면 pH=6에서 구리에 대한 부식억제가 극대화되었다. pH가 산성인 경우에는 벤조트리아졸이 양자화되어, 양으로 하전된 구리 표면과 반발력이 생성되므로 착화물을 형성하기가 어렵다. pH>6이 되면, 용해도가 높은 Cu^{2+} 이온들이 $Cu(OH)_2$를 비롯한 다양한 형태로 침전된다.

구리박막에 대한 부식 억제제로 세틸트리메틸 브롬화암모늄(CTAB), 황산도데실암모늄 그리고 황산도데실나트륨(SDS)과 같은 계면활성제들에 대한 연구도 수행되었다. 그런데 이런 계면활성제들은 슬러리 안정성이 나쁘고 부식억제성능도 불충분하였다. 논문으로 발표된 다양한 부식억제제들 중에서 벤조트리아졸이 여전히 가장 뛰어난 성능을 가지고 있다. 비록 부식억제제를 첨가하면 구리 박막의 용해가 감소하여 소재제거율이 떨어지지만, 평탄도 향상과 표면품질 개선을 위해서는 반드시 필요한 성분이다.

11.3 화학－기계적 평탄화 가공용 슬러리의 분석

연마입자의 크기와 분포, 표면의 화학적 특성, 분산안정성 그리고 유동학적 거동 특성 등과 같은 슬러리의 특성들은 슬러리 구성성분들 사이의 복잡한 상호작용에 의해서 결정되며, 화학－기계적 평탄화(CMP) 가공의 성능에 큰 영향을 끼친다.

슬러리의 다양한 특성들 중에서, 연마입자의 크기는 소재제거율(MRR)에 큰 영향을 끼친다. 소재제거를 설명하기 위해서는 접촉영역 모델과 눌림 체적 모델 같이 두 가지 모델이 사용된다. 연마입자의 크기가 작은 경우에는 접촉영역 모델이 지배적이다. 하지만 연마입자의 크기가 증가함에 따라서 눌림 체적 모델이 더 적합해진다.[40] **쿡의 가설**에 따르면, 연마입자 표면의 활성위치도 소재제거율에 중요한 역할을 한다. 이 활성위치들은 pH, 이온강도, 온도 및 농도와 같은 다양한 물리화학적 조건에 영향을 받는다. 패드상에서 슬러리의 질량이동이 3물체(슬러리－패드－웨이퍼) 사이의 상호작용에 영향을 끼칠 수 있기 때문에, 화학－기계적 평탄화 가공용 슬러리의 유동학적 거동도 중요한 인자이다. 이렇게 슬러리의 특성들이 화학－기계적 평탄화 가공의 성능에 중요한 영향을 끼치기 때문에, 슬러리의 특성을 이해하는 것은 중요한 일이다.

11.3.1 연마제의 크기와 농도

연마에는 30~300[nm](응집물의 크기)의 크기 범위를 가지고 있는 연마입자들이 사용된다. 그런데 연마입자의 크기가 화학-기계적 평탄화(CMP) 가공성능에 끼치는 영향은 상반된 특성을 가지고 있다(그림 11.10). 비엘만 등[41]은 텅스텐 박막의 제거 메커니즘은 연마입자와 웨이퍼 사이의 접촉면적과 관련되어 있다고 발표하였다. 그림 11.10 (a) 도시되어 있는 것처럼, 연마입자의 크기가 감소할수록 텅스텐 소재의 제거율이 증가한다.[41] **접촉영역 모델**에 기초한 소재제거율은 다음 식으로 나타낼 수 있다.[40]

$$MRR \propto \left(A \propto \sqrt[3]{\frac{C_0}{\Phi}} \right) \tag{11.5}$$

여기서 A는 연마입자와 박막 사이의 총 접촉면적, C_0는 연마입자의 농도 그리고 Φ는 연마입자의 직경이다. 화학-기계적 평탄화 가공의 조건과 고체입자의 농도가 일정하다면, 연마입자의 크기가 감소할수록 소재제거율이 증가한다.

그런데 다른 연구자들은 반대의 결론을 제시하였다.[42,43] 탐볼리 등[42]은 탄탈륨에 대해 테트라에틸오소실리케이트를 사용한 화학-기계적 평탄화 가공의 경우에 연마입자의 크기가 증가할수록 소재제거율이 증가한다고 제시하였다. 그림 11.10 (b)에 도시되어 있는 것처럼, 레이 등[43]도 경질디

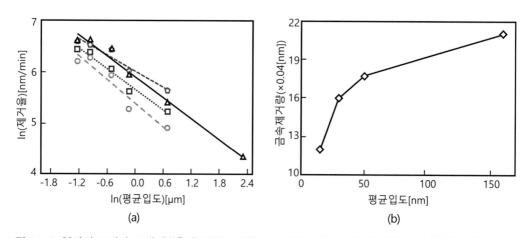

그림 11.10 입자의 크기가 소재제거율에 끼치는 영향. (a) 입자크기에 따른 텅스텐 소재제거율,[41] (b) 입자크기에 따른 경질디스크 모재의 소재제거율[43]

스크 모재에 대한 연마시에는 입자크기가 클수록 소재제거율이 증가한다고 제시하였다. 연마입자의 크기가 큰 경우에는 **눌림 체적 모델**이 더 적합하다.

$$MRR \propto \left(V \propto \sqrt[3]{\frac{\Phi^4}{C_0}} \right) \tag{11.6}$$

여기서 V는 웨이퍼 속으로 눌려 들어간 연마입자의 체적이다. 웨이퍼 속으로 눌려 들어가는 연마입자의 체적은 연마입자의 크기에 비례하여 증가하며, 이로 인하여 소재제거율이 증가하게 된다.

이런 상반된 결론은 연마할 소재의 유형에 따라서 슬러리의 조성과 소재제거 메커니즘이 달라지기 때문이다. 하지만 모든 경우, 입자의 크기가 커지면 화학-기계적 평탄화 가공을 수행하는 도중에 긁힘 결함이 생성될 우려가 있다.[44,45] 디바이스의 크기가 줄어들면서 허용최대결함의 숫자가 지속적으로 감소하게 되어서, 더 작은 크기의 연마입자를 사용하는 화학-기계적 평탄화 가공용 슬러리에 대한 연구가 수행되고 있다.

연마입자의 농도뿐만 아니라 크기도 소재제거율에 영향을 끼친다. 입자농도가 소재제거율에 영향을 끼치는 영향은 세 가지 영역으로 구분할 수 있다(그림 11.11).[46,47] 우선 저농도에서는 연마입자의 농도가 증가하면 소재제거율이 빠르게 증가한다. 이를 통해서 저농도에서는 화학적 소재제거가 지배적이라는 것을 알 수 있다. 기계적 제거가 지배적인 두 번째 영역에서는 소재제거율이

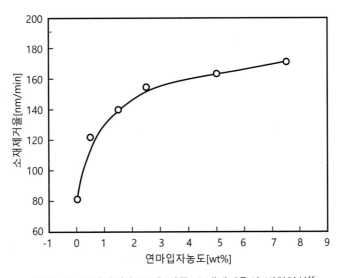

그림 11.11 연마제 농도에 따른 소재제거율의 변화양상[46]

연마제의 농도에 비례한다. 세 번째 영역에서는 연마입자와 웨이퍼 표면 사이의 접촉면적이 최대에 도달하여 지배적인 기계적 효과가 포화되어버린다. 비록 소재제거율이 연마제의 농도뿐만 아니라 연마제, 박막 및 첨가제의 유형에도 영향을 받지만, 이들이 끼치는 영향은 그리 크지 않다. 실제의 경우, 실리카 슬러리는 5~50[wt%]에 이를 정도로 높은 고체함량을 사용하는 반면에 세리아와 알루미나 슬러리의 경우에는 약 5[wt%] 미만의 낮은 고체함량을 사용한다.

11.3.2 표면전하

연마제는 수용성매질 속에서 연마제의 표면과 수소이온이나 이온물질 사이의 흡착 또는 탈착을 통해서 고체－액체 계면에서 계면전하를 생성한다.

$$-M-OH+H^+\leftrightarrow-M-OH_2^+ \ (pH < pH_{pzc}) \tag{11.7}$$

$$-M-OH\leftrightarrow-M-O^-+H^+ \ (pH > pH_{pzc}) \tag{11.8}$$

영전하점(pzc)은 $[-M-OH_2^+]$와 $[-M-O^-]$의 숫자가 동일한 pH값이다. pH_{pzc} 상태에서 연마입자들의 제타전위는 0이다. 연마입자들 사이의 이런 불충분한 표면전하는 집적에 대한 에너지장벽을 낮추므로 분산안정성이 떨어지게 된다. 따라서 연마입자들의 표면이 높은 전하를 갖도록 $pH < pH_{pzc}$ 또는 $pH > pH_{pzc}$가 되도록 슬러리를 제조해야만 한다.

그림 11.12에서는 얕은 도랑 소자격리구조에 대한 화학－기계적 평탄화 가공에 사용되는 소재들의 동전기거동을 보여주고 있다.[6] 모든 소재들의 표면전위는 용액의 pH값에 강하게 의존한다. SiO_2는 $pH_{pzc} > 3$에 대해서 음전하를 나타낸다. pH > 9 이상으로 pH값이 증가하면 전하가 약간 감소하며, 이는 용해된 Si 이온들에 의해서 전자 이중층이 수축되었기 때문이다.[48] Si_3N_4는 $pH_{pzc} > 6.5$의 범위에 대해서 SiO^-를 생성하면서 음전하를 나타낸다. $3 < pH < 6.5$의 범위에서 SiO_2와 Si_3N_4 박막은 서로 다른 표면전하를 나타낸다. 이렇게 서로 다른 표면전위는 부동화 첨가제가 Si_3N_4 박막에 선택적으로 흡착되도록 만들어주어서, SiO_2와 Si_3N_4 사이에 높은 선택도를 구현해준다. 세리아 연마제의 $pH_{pzc} = 8$이다. 여기에 음이온 분산제를 첨가하면, 세리아 연마입자들은 $2.5 < pH < 11$의 범위에 대해서 높은 음전하를 갖는다.

세리아의 표면전하는 제조방법에 따라서 서로 다르다(그림 11.13). 반면에 고체성장 세리아는 수용성 매질 속에서 수산기 그룹을 형성하므로 용액성장 세리아는 필연적으로 질산세륨과 같은 전구체에서 유래한 고농도 질산염 이온을 함유하게 된다.[49] 이 질산염 이온들은 합성과정에서 표면에 선택적으로 흡착된다. 이런 이유 때문에 고체성장 세리아와 용액성장 세리아의 pH_{pzc}는

pH값이 각각 8.3과 10.4로 약간 다르다. pH값에 따라서, 연마입자 표면에 흡착된 특정 이온들이 표면전하를 변화시키며, 이로 인하여 화학-기계적 평탄화 가공성능이 변하게 된다. 이 문제에 대해서는 3.3.3절에서 논의되어 있다.

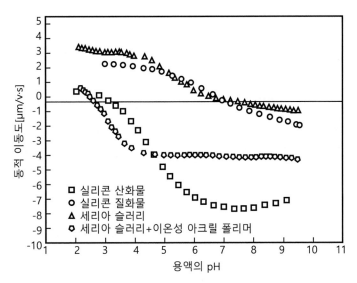

그림 11.12 SiO_2, Si_3N_4, CeO_2 및 음이온 계면활성제가 첨가된 CeO_2의 수용액 pH값에 따른 동전기거동 특성[6]

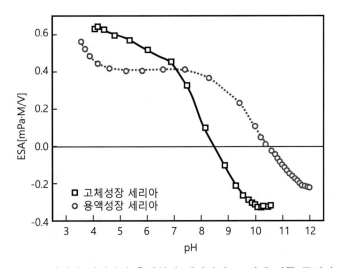

그림 11.13 고체성장 세리아와 용액성장 세리아의 pH값에 따른 동전기거동[5]

반면에 얕은 도랑 소자격리구조에 대한 화학－기계적 평탄화 가공용 슬러리와는 달리, 금속소재에 대한 화학－기계적 평탄화 가공용 슬러리는 산화제, 억제제 및 착화제를 첨가했기 때문에 이온강도가 더 높다. 이온강도가 높으면, 반대이온들이 하전계면에 들러붙으며 입자표면 근처에 확산이온구름을 형성한다. 입자계면을 둘러싼 반대이온들이 전하선별을 통해서 입자의 표면전하를 감소시켜서 집적과 침전을 유발한다. 최 등은 이온강도가 화학－기계적 평탄화 가공에 끼치는 영향에 대한 연구를 수행하였다.[50] 이들은 전하선별에 의해서 이온강도가 높은 표면의 전하가 감소하여 유발되는 입자의 집적에 대해서 연구를 수행하였다. 비록 큰 입자들이 집적된 입자들이 소재제거율을 증가시킬 수 있지만, 연마과정에서 박막에 표면손상을 유발할 우려가 있다.

　　그림 11.14에서는 CPC(양이온성 계면활성제), SDS(음이온성 계면활성제) 그리고 트리톤 X-100 (비이온성 계면활성제)과 같은 다양한 계면활성제 첨가의 영향을 보여주고 있다.[51] 비록 침전된 체적비율은 계면활성제들에 따라서 서로 다르지만, 이 슬러리들은 모두 매우 빠르게 침강되었다. 팔라와 사[1]는 이온강도가 높은 연마입자들을 분산시키기 위한 다양한 전략들을 제시하였다(그림 11.15). 이들은 음이온성 및 무이온성 계면활성제가 혼합된 슬러리는 입체안정화를 통해서 분산 안정성을 개선할 수 있다고 제안하였다. 음이온성 계면활성제는 알루미나 입자 표면에 흡착되며, 비이온성 계면활성제는 음이온성 계면활성제와 상호작용을 한다. 이런 계면활성제 구조는 이온 강도의 영향을 받지 않는다.

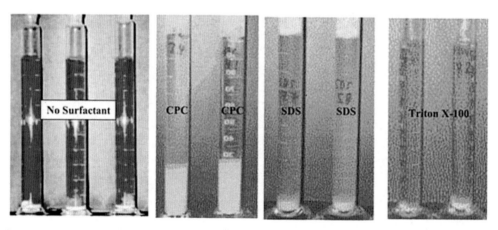

그림 11.14 산화제인 페리시안화칼륨 0.1[M]을 함유하여 이온강도가 큰 슬러리에 이온성 계면활성제와 무이온성 계면활성제를 첨가한 영향. 슬러리는 ALP-50 알루미나 1[wt%]에 계면활성제 10[mM]을 첨가하였으며, pH값은 4이다. 사진은 24시간 동안 침전시킨 이후에 찍은 것이다.[51]
(컬러 도판 p.595 참조)

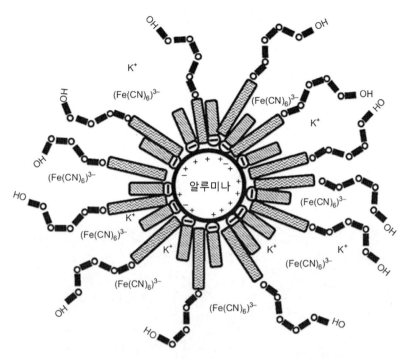

그림 11.15 이온강도가 높은 슬러리의 분산 안정성 확보전략[51]

11.3.3 표면의 화학적 특성

수용성매질 속에서 연마입자들은 표면의 화학적 성질에 큰 영향을 끼치는 pH, 이온강도, 온도 및 농도를 포함한 물리화학적 조건의 변화에 민감하게 반응한다. 따라서 연마입자 표면의 화학적 특성에 대한 이해는 화학－기계적 평탄화 가공에서 중요한 사안이다. 서 등[5]은 푸리에 변환 적외선분광(FTIR)을 통해서 합성방법에 따라서 세리아 입자의 표면 기능그룹들이 변한다는 것을 밝혀냈다. 세리아 표면의 –OH 그룹은 결함위치에 존재하는 H_2O의 해리반응에 의해서 생성될 수 있다. 일반적으로 고체성장 세리아는 수용성매질 속에서 –OH 그룹을 생성한다. 그런데 질산세륨과 같은 전구체로부터 제조하는 용액성장 세리아에는 필연적으로 고농도의 질산염 이온이 함유되어 있다. 이 질산이온들은 합성과정에서 표면과 공유결합을 이루며, 화학－기계적 평탄화 가공 성능에 영향을 끼친다. 서 등[5]은 –NO_3 및 –OH 그룹과 같은 표면 기능성 그룹들이 화학－기계적 평탄화 성능에 끼치는 영향을 실험 및 이론적으로 규명하였다. 세리아 표면에 존재하는 규산이온들의 흡착등온선으로부터 얻은 실험결과들에 따르면, –NO_3 그룹이 –OH 그룹에 비해서 규산염과 훨씬 더 높은 친화도를 가지고 있다. 밀도함수이론을 사용하여 이론적 분석을 수행한 결과에 따르면, SiO_2 표면에 대한 NO_3-세리아의 결합에너지(-4.383[eV])는 OH-세리아의 결합에너지(－3.813[eV])보다 훨씬 더 높다(그림 11.16). 그림 11.17에 도시되어 있는 화학－기계적 평탄화 가공결과에 따르면, NO₃-세리아의 SiO₂에 대한 제거율(360[nm/min])은 OH-세리아(274[nm/min])보다 더 높았다. 이 결과에 따르면 입자 표면에 흡착된 표면 기능그룹들이 화학-기계적 평탄화 가공 성능에 큰 영향을 끼친다.

합성방법뿐만 아니라 반응매질의 pH값도 합성된 소재의 표면 화학특성에 큰 영향을 끼친다. 우 등[52]에 따르면, 반응매질의 pH값은 열수법[3]하에서 세리아의 결정화에 영향을 끼친다. 이들에 따르면 전구체의 용해속도 때문에, 알칼리성 매질보다는 산성매질 속에서 입자의 성장이 더 빠르다. 산성매질 속에서 합성된 세리아는 알칼리성 매질 속에서 합성된 세리아보다 표면의 Ce^{3+}

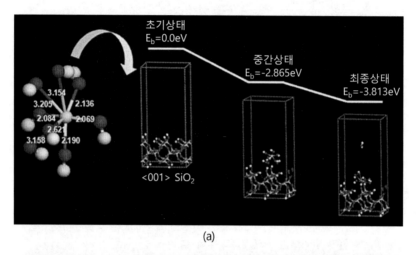

(a)

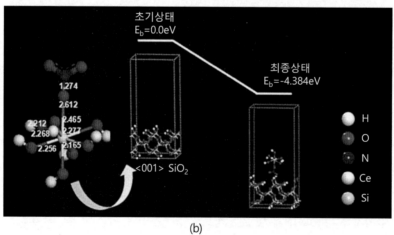

(b)

그림 11.16 SiO₂ ⟨001⟩ 표면에서 기능화된 세리아 흡착의 반응에 대하여 완전히 최적화된 구조. (a) OH-세리아, (b) NO₃-세리아. 원자구조에 병기된 숫자들은 Ce 원자에 인접한 위치에 대해서 두 원자들 사이의 결합거리를 나타낸다.[5](컬러 도판 p.596 참조)

---

3 hydrothermal method.

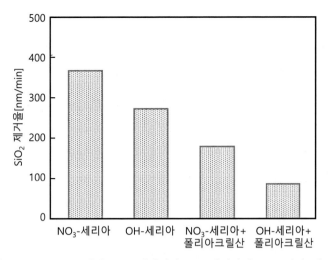

그림 11.17 pH=7.0에서 NO₃-세리아와 OH-세리아의 SiO₂ 박막 제거율[5]

농도가 더 높다. 그리고 Ce^{3+}의 농도가 높으면 SiO_2의 제거율이 높아진다고 간주할 수 있다.

100[nm] 미만의 연마입자들은 이보다 더 큰 입자들에 비해서 표면에너지가 높기 때문에 물리-화학적 환경의 변화에 극도로 민감하다. 산소공극이 형성되면 표면에 전자가 잔류하며 Ce^{4+}를 Ce^{3+}로 환원시킨다.[53] 그림 11.18에서는 세리아 입자의 크기에 따른 격자계수의 변화를 보여주고 있다. 쓰네카와 등[33]은 전자회절패턴으로부터 크기가 작은 세리아의 Ce^{3+} 농도가 벌크 세리아에 비해서 더 높다는 것을 발견하였다. 이들은 작은 입자들의 체적대비 표면적이 더 크기 때문이라고 결론지었다.

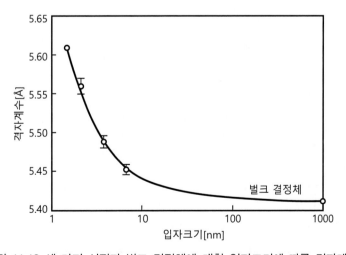

그림 11.18 세 가지 시편과 벌크 결정체에 대한 입자크기에 따른 격자계수[53]

실리카 표면의 화학적 특성도 합성방법에 따라서 변한다.[9] 그림 11.19 (a)에서는 열분해 실리카와 콜로이드 실리카에 대한 정규화된 라만 스펙트럼을 보여주고 있다. 600[1/cm], 490[1/cm] 및 450[1/cm]의 스펙트럼 대역들은 각각 3요소, 4요소 및 5요소 실록산 고리구조와 관련되어 있다. 열분해 실리카는 변형된 3요소 고리구조뿐만 아니라 고온합성(1,300[℃] 이상)과 고속 열소광에 의해서 만들어지는 이보다 더 큰 무변형 고리구조를 함께 가지고 있다. 반면에 콜로이드 실리카는 이론적으로 무변형 4요소 고리구조와 연속적인 농축반응을 통해 만들어지는 이보다 더 큰 고리구조를 갖는다. 그림 11.19 (b)에서는 열분해 실리카와 콜로이드 실리카의 실라놀 농도에 대한 푸리에 변환 적외선분광 해석결과를 보여주고 있다. 4,500[1/cm] 주변의 넓은 피크는 (수소결합 및 고립된)총 수산기 농도와 관련되어 있으며, 3,460[1/cm]과 3,750[1/cm]의 피크들은 각각 실라놀과 인접한 수소결합과 고립된 수소결합과 관련되어 있다. 열분해 실리카는 총 수산기 성분이 낮으며(2.8[OH/nm²]), 콜로이드 실리카(4.5[OH/nm²])보다는 고립된 실라놀의 비율이 더 높다. 이런 표면상의 반응성 위치들은 팬톤 반응과 유사한 반응을 통해서 H_2O_2나 물과 •OH를 생성한다.[55] 금속 슬러리에는 H_2O_2가 널리 사용되기 때문에, 실리카와 H_2O_2 사이의 반응성이 매우 중요하다.

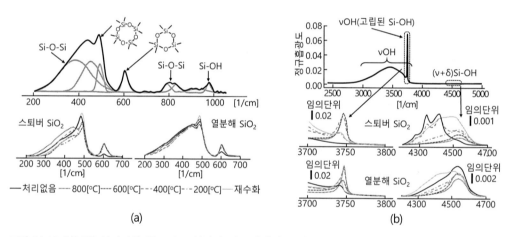

그림 11.19 열분해 실리카와 콜로이드 실리카 나노입자의 물리적 성질과 분광특성. (a) 3요소 및 4요소 고리구조의 상대농도를 검증하기 위해서 실리카 시료에 대해서 적용된 라만 분광법. (b) 푸리에 변환 적외선분광의 3,745[1/cm](무수소결합 실라놀)과 4,500[1/cm](총 실라놀)의 진동대역을 사용하여 열분해 실리카와 콜로이드 실리카 내의 실라놀 농도를 측정한 사례[3]

연마입자의 크기가 줄어들수록 실리카 연마입자의 표면은 다른 화학적 성질을 나타낸다. 카미야 등[56]은 푸리에 변환 적외선분광법을 사용하여 실리카 입자의 크기가 표면 실라놀 구조에 끼치는 영향을 고찰하였다. 입자의 크기가 비교적 작은(직경 10[nm] 미만) 경우에는 고립된 실라놀이 관찰된다. 그런데 입자의 직경이 30[nm] 이상으로 증가하면, 고립된 실라놀이 감소하며, 실라놀들 사이의 강력한 수화 작용력 때문에 수소 결합된 실라놀 그룹들이 증가한다. 실리카 표면 화학반 응 성질의 이런 크기의존성은 실리카 표면전하의 변화를 초래한다[57](그림 11.20). 입자의 크기가 증가하면, 표면전하의 증가가 관찰된다. 비록 화학－기계적 평탄화 가공성능이 입자크기에 따른 표면화학특성 변화에 의존한다는 논문이 발표된 것은 없지만, 표면의 화학적 특성이 화학－기계 적 평탄화 가공 성능에 중요한 영향을 끼치기 때문에 연마입자의 표면 화학적 특성을 이해하는 것은 중요한 일이다.

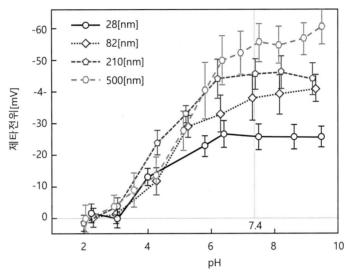

그림 11.20 pH값의 변화에 따른 실리카 나노입자들의 제타전위[57]

11.3.4 유변학적 거동

연마가공을 수행하는 동안, 고속회전에 의해서 화학－기계적 평탄화 가공용 슬러리들이 연마 용 패드의 기공 속으로 전달된다. 이 슬러리들은 연마용 패드와 웨이퍼 사이에서 수막을 형성하 며, 이들 사이의 접촉조건을 결정한다. 그림 11.21에서는 **스트리벡 곡선**을 통해서 윤활계수들의 변화에 따른 마찰계수(COF)의 변화를 보여주고 있다. 이 그래프는 경계윤활 혼합윤활 및 동수압 윤활의 세 가지 영역으로 구분된다.[58] 경계윤활은 고체 간 접촉에 의해서 지배되는 영역이다. 이 영역의 경우, 고체표면들 사이의 직접접촉으로 인해서 높은 마찰계수 값을 갖는다. 이 범위에서 는 윤활계수 값들이 증가하여도 마찰계수는 크게 변하지 않는다.

부분윤활이라고 알려진 두 번째 영역에서는 패드와 웨이퍼 사이에 형성된 수막이 더 중요해지 며, 윤활계수 값이 증가함에 따라서 마찰계수가 감소한다. 세 번째 영역은 동수압윤활 영역으로 서, 낮은 마찰계수 값을 갖는다. 이때에는 두꺼운 수막이 형성되어 패드와 웨이퍼가 완전히 분리된다. 하지만 윤활계수들이 증가함에 따라서 마찰계수 값은 약간 증가하는 경향을 나타낸다. 멀러니 등[60]은 슬러리의 점도가 소재제거율에 끼치는 영향을 이론적 및 실험적으로 고찰하였다. 속도나 압력과 같은 여타의 변수들은 일정하게 유지한 채로 점도만 증가시키면, 수막의 두께가 증가한다(그림 11.22 (a)). 두꺼운 수막은 마찰계수 값을 감소시켜서 소재제거율을 감소시킨다(그림 11.22 (b)). 윤활계수들과 마찰계수 사이에는 음의 상관관계를 가지고 있다. 따라서 이들은 부분윤활 영역에 대해서 시험을 수행해야 한다고 제안하였다.

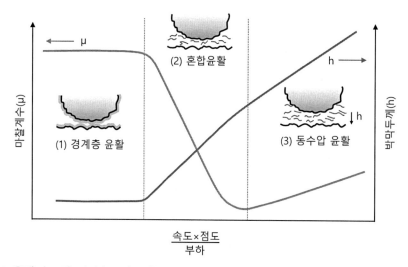

그림 11.21 유체 속도와 전단속도의 곱을 부하로 나눈 값에 따른 마찰계수와 해당 유막두께 그래프[59]

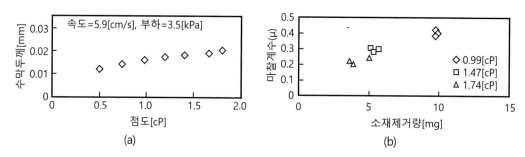

그림 11.22 (a) 슬러리의 점도변화에 따른 유막두께의 변화, (b) 슬러리의 점도와 마찰계수 변화에 따른 소재제거율의 변화(속도=12.6[cm/s], 압력=3.5[kPa])[60]

11.4 결 론

이 장에서는 화학-기계적 평탄화(CMP) 가공용 슬러리의 역할에 대해서 살펴보았으며, 화학-

기계적 평탄화 가공용 슬러리의 특성에 대해서 논의하였다. 화학-기계적 평탄화 가공이 최초로 개발된 1980년대 이후로, 많은 연구자들이 다양한 방식으로 화학-기계적 평탄화 가공용 슬러리에 대한 연구를 수행하였다. 그런데 슬러리의 특성들이 어떻게 화학-기계적 평탄화 가공에 영향을 끼치는가에 대해서는 더 심도 깊은 이해가 필요하다. 분말기술, 표면화학 그리고 콜로이드 화학 등에 대한 기초연구를 통해서 이 문제들을 풀어낼 수 있을 것이다.

참고문헌

1. Beyer, K.D., 1999. A "Dirty" Risk. In: Innovative Leader. 8, 407.

2. Krishnan, M., Nalaskowski, J.W., Cook, L.M., 2009. Chemical mechanical planarization: slurry chemistry, materials, and mechanisms. Chem. Rev. 110, 178e204.

3. Zhang, H., Dunphy, D.R., Jiang, X., Meng, H., Sun, B., Tarn, D., Xue, M., Wang, X., Lin, S., Ji, Z., 2012. Processing pathway dependence of amorphous silica nanoparticle toxicity: colloidal vs pyrolytic. J. Am. Chem. Soc. 134, 15790e15804.

4. Cook, L.M., 1990. Chemical processes in glass polishing. J. Non-Cryst. Solids 120, 152e171.

5. Seo, J., Lee, J.W., Moon, J., Sigmund, W.M., Paik, U., 2014. The role of surface chemistry of ceria surfaces on the silicate adsorption. ACS Appl. Mater. Interfaces 6, 7388e7394.

6. Kim, S.K., Lee, S., Paik, U., Katoh, T., Park, J.G., 2003. Influence of the electrokinetic behaviors of abrasive ceria particles and the deposited plasma-enhanced tetraethylorthosilicate and chemically vapor deposited Si3N4 films in an aqueous medium on chemical mechanical planarization for shallow trench isolation. J. Mater. Res. 18, 2163e2169.

7. Kim, D.-H., Kang, H.-G., Kim, S.-K., Paik, U., Park, J.-G., 2006. Reduction of large particles in ceria slurry by aging and selective sedimentation and its effect on shallow trench isolation chemical mechanical planarization. Jpn. J. Appl. Phys. 45, 6790.

8. Lei, H., Zhang, P., 2007. Preparation of alumina/silica core-shell abrasives and their CMP behavior. Appl. Surf. Sci. 253, 8754e8761.

9. Zhang, Z., Lei, H., 2008. Preparation of a-alumina/polymethacrylic acid composite abrasive and its CMP performance on glass substrate. Microelectron. Eng. 85, 714e720.

10. Verwey, E.J.W., Overbeek, J.T.G., Overbeek, J.T.G., 1999. Theory of the Stability of Lyophobic Colloids. Courier Dover Publications. -

11. Derjaguin, B.V., Landau, L.D., 1941. Theory of the stability of strongly charged lyophobic sols and of the adhesion of strongly charged particles in solutions of electrolytes. Acta Phys. Chim. 14, 633e662.

12. Kim, H.M., Venkatesh, R.P., Kwon, T.Y., Park, J.G., 2012. Influence of anionic polyelectrolyte addition on ceria dispersion behavior for quartz chemical mechanical polishing. Colloids Surf. Physicochem. Eng. Aspects 411, 122e128.

13. Sigmund, W.M., Bell, N.S., Bergstr, M.L., 2000. Novel powder-processing methods for advanced ceramics. J. Am. Ceramic Soc. 83, 1557e1574.

14. Asakura, S., Oosawa, F., 1954. On interaction between two bodies immersed in a solution of macromolecules. J. Chem. Phys. 22, 1255e1256.

15. Asakura, S., Oosawa, F., 1958. Interaction between particles suspended in solutions of macromolecules. J. Polym. Sci. 33, 183e192.

16. Bu, K.-H., Moudgil, B.M., 2007. Selective chemical mechanical polishing using surfactants. J. Electrochem. Soc. 154, H631eH635.

17. Basim, G.B., Vakarelski, I.U., Moudgil, B.M., 2003. Role of interaction forces in controlling the stability and polishing performance of CMP slurries. J. Colloid Interface Sci. 263, 506e515.

18. Sehgal, A., Lalatonne, Y., Berret, J.F., Morvan, M., 2005. Precipitation-redispersion of cerium oxide nanoparticles with poly(acrylic acid): toward stable dispersions. Langmuir 21, 9359e9364.

19. Pettersson, A., Marino, G., Pursiheimo, A., Rosenholm, J.B., 2000. Electrosteric stabilization of Al2O3, ZrO2, and 3Y-ZrO2 suspensions: effect of dissociation and type of polyelectrolyte. J. Colloid Interface Sci. 228, 73e81.

20. Wang, L., Zhang, K., Song, Z., Feng, S., 2007. Ceria concentration effect on chemical mechanical polishing of optical glass. Appl. Surf. Sci. 253, 4951e4954.

21. Dandu, P.R.V., Peethala, B.C., Amanapu, H.P., Babu, S.V., 2011. Silicon nitride film removal during chemical mechanical polishing using ceria-based dispersions. J. Electrochem. Soc. 158, H763eH767.

22. Kim, Y.H., Kim, S.K., Park, J.G., Paik, U., 2010. Increase in the adsorption density of anionic molecules on ceria for defect-free STI CMP. J. Electrochem. Soc. 157, H72eH77.

23. Dandu, P.R.V., Peethala, B.C., Babu, S.V., 2010. Role of different additives on silicon dioxide film removal rate during chemical mechanical polishing using ceria-based dispersions. J. Electrochem. Soc. 157, Ii869eIi874.

24. Kelsall, A., 1998. Cerium oxide as a mute to acid free polishing. Glass Technol. 39, 6e9.

25. Park, J.-G., Katoh, T., Lee, W.-M., Jeon, H., Paik, U., 2003. Surfactant effect on oxide-to-nitride removal selectivity of nano-abrasive ceria slurry for chemical mechanical polishing. Jpn. J. Appl. Phys. 42, 5420.

26. Kim, Y.H., Lee, S.M., Lee, K.J., Paik, U., Park, J.G., 2008. Constraints on removal of Si3N4 film with conformation-controlled poly(acrylic acid) in shallow-trench isolation chemicalmechanical planarization (STI CMP). J. Mater. Res. 23, 49e54.

27. Hackley, V.A., 1997. Colloidal processing of silicon nitride with poly(acrylic acid). 1. Adsorption and electrostatic interactions. J. Am. Ceram. Soc. 80, 2315e2325.

28. Penta, N.K., Amanapu, H.P., Peethala, B.C., Babu, S.V., 2013a. Use of anionic surfactants for selective polishing of silicon dioxide over silicon nitride films using colloidal silica-based slurries. Appl. Surf. Sci. 283, 986e992.

29. Penta, N.K., Peethala, B.C., Amanapu, H.P., Melman, A., Babu, S.V., 2013b. Role of hydrogen bonding on the adsorption of several amino acids on SiO2 and Si3N4 and selective polishing of these materials using ceria dispersions. Colloids Surf. A: Physicochem. Eng. Aspects 429, 67e73.

30. Veera, P.D., Natarajan, A., Hegde, S., Babu, S., 2009. Selective polishing of polysilicon during fabrication of microelectromechanical systems devices. J. Electrochem. Soc. 156, H487eH494.

31. Lee, J.D., Park, Y.R., Yoon, B.U., Han, Y.P., Hah, S., Moon, J.T., 2002. Effects of nonionic surfactants on oxide-to-polysilicon selectivity during chemical mechanical polishing. J. Electrochem. Soc. 149, G477eG481.

32. Kaufman, F., Thompson, D., Broadie, R., Jaso, M., Guthrie, W., Pearson, D., Small, M., 1991. Chemical-Mechanical polishing for fabricating patterned W metal features as chip interconnects. J.

Electrochem. Soc. 138, 3460e3465.

33. Lim, J.-H., Park, J.-H., Park, J.-G., 2013. Effect of iron (III) nitrate concentration on tungsten chemical-mechanical-planarization performance. Appl. Surf. Sci. 282, 512e517.

34. Bokare, A.D., Choi, W., 2014. Review of iron-free Fenton-like systems for activating H2O2 in advanced oxidation processes. J. Hazard. Mater. 275, 121e135.

35. Cui, H., Park, J.-H., Park, J.-G., 2013. Effect of oxidizers on chemical mechanical planarization of ruthenium with colloidal silica based slurry. ECS J. Solid State Sci. Technol. 2, P26eP30.

36. Kurokawa, S., Doi, T., Ohnishi, O., Yamazaki, T., Tan, Z., Yin, T., 2013. Characteristics in SiC-CMP using MnO2 slurry with strong oxidant under different atmospheric conditions. MRS Proc. Cambridge Univ Press, mrss13-1560-bb03-01.

37. Ein-Eli, Y., Abelev, E., Rabkin, E., Starosvetsky, D., 2003. The compatibility of copper CMP slurries with CMP requirements. J. Electrochem. Soc. 150, C646eC652.

38. Du, T., Luo, Y., Desai, V., 2004. The combinatorial effect of complexing agent and inhibitor on chemicalemechanical planarization of copper. Microelectron. Eng. 71, 90e97.

39. Notoya, T., Poling, G.W., 1976. Topographies of thick Cu-benzotriazolate films on copper. Corrosion 32, 216e223.

40. Basim, G.B., Adler, J.J., Mahajan, U., Singh, R.K., Moudgil, B.M., 2000. Effect of particle size of chemical mechanical polishing slurries for enhanced polishing with minimal defects. J. Electrochem. Soc. 147, 3523e3528.

41. Bielmann, M., Mahajan, U., Singh, R.K., 1999. Effect of particle size during tungsten chemical mechanical polishing. Electrochem. Solid State Lett. 2, 401e403.

42. Tamboli, D., Banerjee, G., Waddell, M., 2004. Novel interpretations of CMP removal rate dependencies on slurry particle size and concentration. Electrochem. Solid State Lett. 7, F62eF65.

43. Lei, H., Luo, J., 2004. CMP of hard disk substrate using a colloidal SiO2 slurry: preliminary experimental investigation. Wear 257, 461e470.

44. Remsen, E.E., Anjur, S., Boldridge, D., Kamiti, M., Li, S., Johns, T., Dowell, C., Kasthurirangan, J., Feeney, P., 2006. Analysis of large particle count in fumed silica slurries and its correlation with scratch defects generated by CMP. J. Electrochem. Soc. 153, G453eG461.

45. Remsen, E.E., Anjur, S.P., Boldridge, D., Kamiti, M., Li, S., 2005. Correlation of defects on dielectric surfaces with large particle counts in chemical-mechanical planarization (CMP) slurries using a new single particle optical sensing (SPOS) technique. MRS Proc. Cambridge Univ Press.

46. Lee, H., Joo, S., Jeong, H., 2009. Mechanical effect of colloidal silica in copper chemical mechanical planarization. J. Mater. Process. Technol. 209, 6134e6139.

47. Luo, J., Dornfeld, D.A., 2003. Material removal regions in chemical mechanical planarization for submicron integrated circuit fabrication: coupling effects of slurry chemicals, abrasive size distribution, and wafer-pad contact area. IEEE Trans. Semicond. Manuf. 16, 45e56.

48. Paik, U., Kim, J., Jung, Y., Jung, Y., Katoh, T., Park, J., Hackley, V., 2001. The effect of Si dissolution

on the stability of silica particles and its influence on chemical mechanical polishing for interlayer dielectric. J. Korean Phys. Soc. 39, S201eS204.

49. Nabavi, M., Spalla, O., Cabane, B., 1993. Surface-chemistry of nanometric ceria particles in aqueous dispersions. J. Colloid Interface Sci. 160, 459e471.

50. Choi, W., Lee, S.-M., Singh, R.K., 2004. pH and down load effects on silicon dioxide dielectric CMP. Electrochem. Solid-State Lett. 7, G141eG144.

51. Palla, B.J., Shah, D.O., 2000. Stabilization of high ionic strength slurries using the synergistic effects of a mixed surfactant system. J. Colloid Interface Sci. 223, 102e111.

52. Wu, N.C., Shi, E.W., Zheng, Y.Q., Li, W.J., 2002. Effect of pH of medium on hydrothermal synthesis of nanocrystalline cerium(IV) oxide powders. J. Am. Ceramic Soc. 85, 2462e2468.

53. Tsunekawa, S., Sivamohan, R., Ito, S., Kasuya, A., Fukuda, T., 1999. Structural study on monosize CeO2-x nano-particles. Nanostruct. Mater. 11, 141e147.

54. Brinker, C., Kirkpatrick, R., Tallant, D., Bunker, B., Montez, B., 1988. NMR confirmation of strained "defects" in amorphous silica. J. Non-Cryst. Solids 99, 418e428.

55. Fubini, B., Hubbard, A., 2003. Reactive oxygen species (ROS) and reactive nitrogen species (RNS) generation by silica in inflammation and fibrosis. Free Radic. Biol. Med. 34, 1507e1516.

56. Kamiya, H., Mitsui, M., Takano, H., Miyazawa, S., 2000. Influence of particle diameter on surface silanol structure, hydration forces, and aggregation behavior of alkoxide-derived silica particles. J. Am. Ceram. Soc. 83, 287e293.

57. Puddu, V., Perry, C.C., 2014. Interactions at the silica-peptide interface: the influence of particle size and surface functionality. Langmuir 30, 227e233.

58. Philipossian, A., Olsen, S., 2003. Fundamental tribological and removal rate studies of interlayer dielectric chemical mechanical planarization. Jpn. J. Appl. Phys. 42, 6371.

59. Coles, J.M.,Chang, D.P., Zauscher, S., 2010.Molecularmechanisms of aqueous boundary lubrication by mucinous glycoproteins. Curr. Opin. Colloid Interface Sci. 15, 406e416.

60. Mullany, B., Byrne, G., 2003. The effect of slurry viscosity on chemicalmechanical polishing of silicon wafers. J. Mater. Process. Technol. 132, 28e34.

CHAPTER

12

화학 – 기계적 평탄화 가공의
품질을 평가하기 위한
화학계측방법

CHAPTER 12

화학 – 기계적 평탄화 가공의 품질을 평가하기 위한 화학계측방법

12.1 서 언

화학–기계적 평탄화 가공(CMP)의 연마과정과 연마 후 세정과정에서 사용되는 화학약품의 품질과 일관성은 화학–기계적 연마공정의 효용성에 결정적인 영향을 끼치는 인자들이다. 화학–기계적 평탄화 가공에 사용되는 화학약품들과 관련된 중요한 인자들을 측정 및 제어하는 것은, 후속 공정에서 필요로 하는 원하는 결과(가능한 한 잔류 입자들이 제거된 평면)를 구현할 수 있는 핵심 요인이다. 화학–기계적 평탄화 가공에서 웨이퍼의 품질에 영향을 끼치는 주요 인자들은 연마율, 선택도, 결함, 부식 및 오염의 검출과 방지이다. 연마용 약품, 즉 슬러리의 측정에 사용되는 방법들은 연마 후 세정용 약품들에 대한 측정방법과는 약간 다르다. 전형적으로 계측방법들은 예를 들어 수용성 화학약품에 사용되는 물과 같이 약품을 수용하는 주변 환경으로부터 관심인자들을 구분할 수 있도록 개발된다. 예를 들어, 연마소재의 밀도는 물의 밀도와는 크게 다르기 때문에 이를 측정하여 슬러리 분산액 속의 연마입자 농도를 조절할 수 있으며, 슬러리 농도는 웨이퍼의 연마율에 직접적인 영향을 끼친다. 마찬가지로 용해된 이온물질들의 전기전도도는 순수의 전기전도도와 큰 차이를 가지고 있기 때문에, 이를 측정하여 헹굼액의 화학농도를 조절할 수 있다. 헹굼액의 화학농도는 연마 후 헹굼 단계에서 입자의 제거에 직접적인 영향을 끼친다. 이 장에서는 화학–기계적 평탄화 가공에 사용되는 다양한 화학물질들에 대한 계측의 중요성과 적용사례에 대해서 살펴보며, 이들이 웨이퍼의 연마와 연마 후 웨이퍼 세정에 어떤 영향을 끼치는지에 대해서 논의한다. 계측방법의 정밀도는 웨이퍼 공정의 요구조건들을 충족시기기 위한 화학-기계적 평탄화 가공의 공차와 관련되어 있는 것으로 알려져 있기 때문에, 통계학적 정합성이나 측정능력에 대해서도 논의되어 있다. 마지막으로 교란검출과 방지를 위한 실시간 응답성과 공정제어서의 측면에서 오프라인(탁상형) 측정방법과 온라인 측정방법에 대한 비교를 수행하였다.

12.2 입도분포

슬러리 속 연마 성분들의 **입도분포(PSD)**는 연마율에 결정적인 영향을 끼친다. 웨이퍼 연마메커니즘에서 연마입자의 크기는 사포지에 붙여놓은 모래입자의 크기에 비유할 수 있으며, 연마입자의 농도(12.3절 참조)는 사포지에 붙여놓은 모래입자의 양에 비유할 수 있다. 연마입자의 크기가 크면 연마율이 높은 반면에 연마입자의 크기가 줄어들면 연마율도 감소한다. 입도분포는 웨이퍼 연마를 주도하는 모집단을 이루는 연마입자로 이루어진다. **그림 12.1**에서는 연마용 슬러리의 입도분포 사례를 보여주고 있다. 분포의 최댓값에 인접한 모집단의 평균적인 입자크기를 **평균입도(MPS)**라고 부른다. 연마율을 정밀하게 조절하기 위해서는 모집단의 분포가 좁을수록 좋기 때문에, 모집단의 폭도 중요한 인자이다. 다수의 연마입자들이 조밀하게 뭉쳐진 것을 **집적물**이라고 부르며, 이로 인하여 입도분포가 높아지는 효과가 있다. 그런데 일반적으로 이런 집적물들의 상대농도는 입도분포 계측장비의 민감도 이하로 유지되므로, 이를 측정하기 위해서는 다른 방법이 필요하다(12.4절 참조) **그림 12.2**에서는 연마용 슬러리를 이루는 입자들의 유형을 보여주고 있다. 그리고 **그림 12.3**에서는 입도분포에 대해서 도식적으로 설명되어 있으며, 평균입도의 계산도 매우 중요한 사안이다. 전형적으로 평균입도는 체적에 기초하여 산출한다.

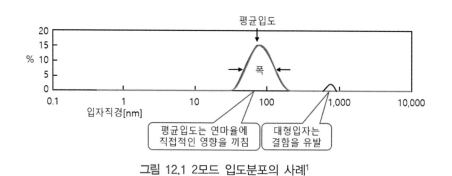

그림 12.1 2모드 입도분포의 사례[1]

---

1   Proceedings from the 16th Annual International Symposium on Chemical Mechanical Planarization, August 8, 2011, slide 6,

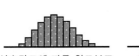

구체나 여타 형상의
단일고체로 이루어진
연마입자들

입자들이 조밀하게
뭉친 형태의 집적물

그림 12.2 연마용 슬러리에 첨가된 연마입자들의 유형[2]

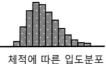
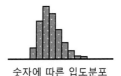

신호강도에 따른 입도분포   체적에 따른 입도분포   숫자에 따른 입도분포

전형적인 슬러리 시료의 평균입자크기와 폭

분포	평균[nm]	폭[nm]
강도	87	32
체적	65	25
숫자	50	14

그림 12.3 입자크기분포 표시방법: 신호강도, 체적 및 숫자

다양한 유형의 계측장비들을 사용하여 입도분포를 측정할 수 있다. 동적 광산란 방식의 경우에는 유체 내에서 입자들의 브라운운동에 의해서 유발되는 광선강도의 변화를 측정한다.[1] 정적 광산란 방식의 경우에는 입자의 크기를 측정하기 위해서 용액내 슬러리를 투과하는 광선의 회절을 사용한다.[1] 원판형 원심기의 경우에는 유체의 회전에 의해서 생성되는 원심력을 사용하여 서로 다른 크기의 입자들을 분리한 후에 이를 측정한다.[2] 영상분석을 통해서 입자의 크기를 광학적으로 측정할 수도 있다.[3] 모세관 동수압분리방법의 경우에는 고압 크로마토그래피 방법을 사용하여 서로 다른 입자들을 분리한다.[4] 일반적으로 입도분포는 안정적이며, 새로운 로트가 투입될 때에만 변하기 때문에, 전형적으로 입도분포의 측정에는 탁상형 측정방식이 사용된다.

입도분포는 슬러리 공급, 혼합 및 분산시스템 내에서 일어나는 작용들뿐만 아니라 웨이퍼상에서 일어나는 연마작용에 의해서도 영향을 받는다. 슬러리장비 내에서나 연마단계에서 일어나는 전단응력이 슬러리 입자들의 분리 상태를 유지시켜주는 반발력보다 커져 버리면 집적이 유발된다. 연마입자들의 전단은 입도분포를 큰 쪽으로 이동시켜버리며 균일한 연마율을 유지하기 어렵도록 만든다. 펌핑 작용, 작은 오리피스 구멍을 통과하는 슬러리 유동, 캐비테이션, 패드 웨이퍼

sponsored by Clarkson University, Potsdam, NY.를 기반으로 재구성.

2   Proceedings from the 16th Annual International Symposium on Chemical Mechanical Planarization, August 8, 2011, slide 6, sponsored by Clarkson University, Potsdam, NY.를 기반으로 재구성.

간극의 닿음 그리고 슬러리 속으로 공기유입 등에 의해서도 전단유발 집적이 일어날 수 있다. 화학약품을 혼합하는 과정에서 일어나는 pH 충격도 집적을 유발할 수 있다(12.5절 참조). 그림 12.4와 그림 12.5에서는 전단력이 콜로이드 실리카 슬러리와 열분해 실리카 슬러리에 끼치는 영향을 보여주고 있다.

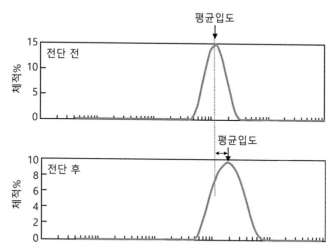

그림 12.4 콜로이드 실리카 슬러리에 전단이 작용하여 평균입도와 폭이 증가하였다.[3]

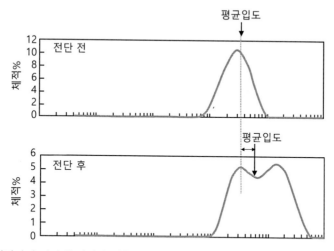

그림 12.5 열분해 실리카 슬러리에 전단이 작용하여 평균입도가 증가하고 이중모드 분포가 나타났으며, 폭이 크게 증가하였다.[4]

....

3 Proceedings from the 16th Annual International Symposium on Chemical Mechanical Planarization, August 8, 2011, slide 6, sponsored by Clarkson University, Potsdam, NY.를 기반으로 재구성.

4 Proceedings from the 16th Annual International Symposium on Chemical Mechanical Planarization, August 8, 2011, slide 6, sponsored by Clarkson University, Potsdam, NY.를 기반으로 재구성.

12.3 밀도

화학-기계적 평탄화 가공용 슬러리의 **밀도**는 연마가공에 중요한 역할을 한다. 많은 경우에 연마 제거율은 슬러리 밀도에 비례하며, 따라서 연마율을 일정하게 유지하기 위해서는 밀도를 엄격하게 조절해야만 한다. 일반적으로 슬러리 연마제의 함량에 비례하여 슬러리 밀도가 증가하며, 이 연마입자들이 화학-기계적 연마의 기계적 작용을 책임진다.[5] **그림 12.6**에서는 알루미나 슬러리의 중량농도 증가에 따라서 구리와 탄탈륨 소재에 대한 제거율이 선형적으로 증가하는 현상을 보여주고 있다.[6] **그림 12.7**에서는 연마제의 중량퍼센트농도에 따른 소재제거율을 보여주고 있으며, 연마제의 농도에 따른 소재제거율 의존성을 급속증가 영역, 완만한 선형영역 그리고 고체의 함량이 증가하여도 더 이상 소재제거율이 증가하지 않는 포화영역과 같은 세 개의 영역으로 구분하여 정의하고 있다.

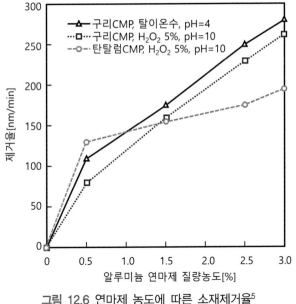

그림 12.6 연마제 농도에 따른 소재제거율[5]

5 Polishing for Integrated Circuit Fabrication(PhD Dissertation), 2003, Figure 5.11, page 178, with permission from University of California at Berkeley.를 기반으로 재구성.

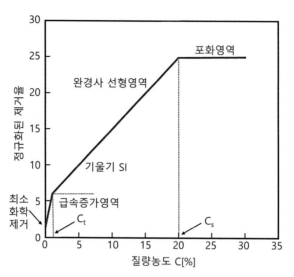

그림 12.7 연마제 농도에 따른 정규화된 소재제거율[6]

용액 기반 슬러리에 함유되어 있는 모든 성분들은 가중평균의 형태로 사용밀도에 기여를 한다.

$$\rho = \sum_i x_i \rho_i$$

여기서 ρ는 혼합물의 밀도[kg/m₃], ρ_i는 i번째 성분의 밀도 그리고 x_i는 i번째 성분의 질량비이다. 정의상 $\sum_i x_i \equiv 1$이다. 첨가제의 특성상, 밀도는 자동화된 슬러리 혼합과 공급 시스템에서 혼합 정확도를 판정하는 중요한 척도이다. 만일 열역학적인 관점에서 이상적인 상태에서 용액 혼합이 이루어진다면, 즉 몰부피의 변화가 무시할 수준이라면, x_i 대신에 구성성분들의 체적비율을 사용할 수 있다.[7]

초순수(UPW)와 연마제만 사용된 단순한 이원혼합물의 경우에는, 윗식이 다음과 같이 단순화된다.

$$\rho = \rho_a x + \rho_w (1 - x)$$

여기서 ρ_a는 연마제(또는 슬러리 원소재)의 밀도이며 ρ_w는 물의 밀도이다. 그리고 x는 연마제

6　Polishing for Integrated Circuit Fabrication(PhD Dissertation), 2003, Figure 5.11, page 178, with permission from University of California at Berkeley.를 기반으로 재구성.

의 질량비율이다. 표 12.1에는 다양한 온도하에서 초순수의 밀도가 제시되어 있다. 실제의 경우, 연마제는 농축된 수용성 혼합물의 형태로 외부의 제조업체에서 공급받으며, 연마가공을 시행하기 전에 추가적으로 희석시킨다. 이런 경우, ρ_a는 반입된 수용성 연마제 혼합물의 밀도를 사용한다. 초순수와 슬러리 원소재만으로 이루어진 단순한 이원혼합물의 경우에는 엔지니어가 혼합 레시피(구성성분들의 상대체적)를 계산할 때에 윗식을 사용하여 새로 투입되는 슬러리 원소재의 밀도 ρ_a(공급업체의 로트별 편차가 있다)가 혼합물의 밀도 ρ에 끼치는 영향을 구할 수 있다. 혼합물에 예를 들어 과산화수소와 같은 성분이 추가되면, 혼합물 내의 과산화수소 질량과 같은 추가적인 미지수를 알아내기 위해서 과산화물 적정과 같은 추가적인 측정수단을 사용할 수 있다. 문헌들에서는 동일한 온도하에서 물의 밀도를 기준으로 시료의 밀도를 구한 무차원 값인 비중도 자주 언급된다. 피크노미터, 액체비중계, 초음파 트랜스듀서 그리고 진동자 트랜스듀서 등과 같은 다양한 방법들을 사용하여 밀도를 측정한다. 진동자 측정기의 경우에는 진동자를 유체와 접촉시키거나 유체가 채워진 U-튜브를 사용하여 유체밀도에 의존적인 공진주파수를 측정한다.[8] 이런 개념을 활용하여 진동하는 질량체와 접촉하고 있는 유체의 점성 감쇄에 의해서 진동이 감쇄되는 스프링-질량 시스템이 구현되었다. 이 감쇄진동의 주파수를 사용하여 유체의 특성을 분석할 수 있다. 유체의 온도가 공진주파수에 영향을 끼칠 수 있으므로, 필요한 온도 범위에 대해서 일정한 온도하에서 밀도를 측정할 수 있도록 온도안정화 수단이 구비되어야 한다. 이런 기술을 사용하여 0.000005[g/mL]의 정확도를 구현할 수 있다.[9]

표 12.1 다양한 온도하에서 초순수의 밀도[g/mL][7]

°C	0.0	0.1	0.2	0.3	0.4	0.5	0.6	0.7	0.8	0.9
15	0.999099	0.999084	0.999069	0.999054	0.999038	0.999023	0.999007	0.998991	0.998975	0.998959
16	0.998943	0.998926	0.998910	0.998893	0.998877	0.998860	0.998843	0.998826	0.998809	0.998792
17	0.998774	0.998757	0.998739	0.998722	0.998704	0.998686	0.998668	0.998650	0.998632	0.998613
18	0.998595	0.998576	0.998558	0.998539	0.998520	0.998501	0.998482	0.998463	0.998444	0.998424
19	0.998405	0.998385	0.998365	0.998345	0.998325	0.998305	0.998285	0.998265	0.998244	0.998224
20	0.998203	0.998183	0.998162	0.998141	0.998120	0.998099	0.998078	0.998056	0.998035	0.998013
21	0.997992	0.997970	0.997948	0.997926	0.997904	0.997882	0.997860	0.997837	0.997815	0.997792
22	0.997770	0.997747	0.997724	0.997701	0.997678	0.997655	0.997632	0.997608	0.997585	0.997561
23	0.997538	0.997514	0.997490	0.997466	0.997422	0.997418	0.997394	0.997369	0.997345	0.997320
24	0.997296	0.997271	0.997246	0.997221	0.997196	0.997171	0.997146	0.997120	0.997095	0.997069
25	0.997044	0.997018	0.996992	0.996967	0.996941	0.996914	0.996888	0.996862	0.996836	0.996809
26	0.996783	0.996756	0.996729	0.996703	0.996676	0.996649	0.996621	0.996594	0.996567	0.996540
27	0.996512	0.996485	0.996457	0.996429	0.996401	0.996373	0.996345	0.996317	0.996289	0.996261
28	0.996232	0.996204	0.996175	0.996147	0.996118	0.996089	0.996060	0.996031	0.996002	0.995973
29	0.005944	0.995914	0.995885	0.995855	0.996826	0.995796	0.995766	0.995736	0.995706	0.995676
30	0.995646	0.995616	0.005586	0.995555	0.995525	0.995494	0.995464	0.995433	0.995402	0.995371

7   Reproduced from Handbook of Chemistry and Physics, 53rd ed., CRC Press, Boca Raton, FL, 1972, pp. F4.

12.4 대형입자의 계수

연마 후 헹굼에 사용되는 화학약품 속에 함유된 입자들과 연마 슬러리에 함유된 대형의 (집적된) 입자들이 화학-기계적 평탄화(CMP) 가공과정에서 웨이퍼상에 결함을 유발할 수 있다. 그림 12.8에서는 연마 후 세정이 끝난 후에 웨이퍼 표면에 남아 있는 입자를 보여주고 있다. 이로 인하여 인접한 회로형상들 사이에 합선이 일어날 수도 있다. 그림 12.9에서는 개별 슬러리 입자들과 슬러리 집적물의 사례를 보여주고 있으며, 그림 12.10에서는 슬러리 속에 포함될 수 있는 대형의 집적물들에 의해서 연마과정에서 웨이퍼 표면에 발생할 수 있는 긁힘을 보여주고 있다. 슬러리 분산 시스템 내에서 유해한 대형의 집적물들을 제거하면서 크기가 작은 양품의 슬러리 입자들은 통과할 수 있는 입체형 필터가 고안되었다.

그림 12.8 연마 후 세정이 끝난 후에 웨이퍼 표면에 남아 있는 대형입자의 사례. 이로 인하여 금속배선들 사이에 전기적 합선이 일어날 수도 있다.[8]

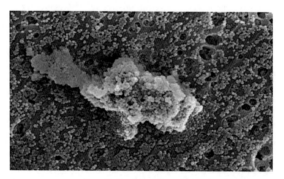

그림 12.9 개별 슬러리 입자들의 크기는 약 90[nm]인 반면에 집적된 대형 슬러리의 크기는 약 5[μm]이다.[9]

---

8 Proceedings from the 16th Annual International Symposium on Chemical Mechanical Planarization, August 8, 2011, slide 24, sponsored by Clarkson University, Potsdam, NY.

9 Proceedings from the 16th Annual International Symposium on Chemical Mechanical Planarization, August 8, 2011, slide

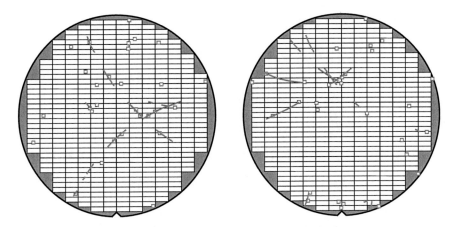

그림 12.10 슬러리 내에 포함되어 있는 대형입자들에 의해서 유발된 웨이퍼 긁힘 사례. 유사한 경로상에 나타난 긁힘을 원호 긁힘이라고 부르며, 연마과정에서 동일한 대형입자가 웨이퍼 표면을 긁고 지나가면서 발생한 결함이다.[10]

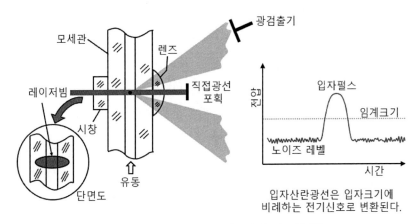

그림 12.11 광학식 입자계수기의 작동원리[11]

광학식 입자계수기(OPC)는 광선경로를 통과하는 개별 입자들에 의해서 산란되는 광선의 양을 측정하여 입자검출 및 크기측정을 수행한다. 그림 12.11에서는 광학식 입자계수기의 작동원리를 보여주고 있다. 레이저 다이오드에 의해서 생성된 레이저광선이 유체시료가 통과하는 투명한 모세관에 조사된다. 모세관이 반대쪽에 설치되어 있는 수광소자를 사용하여 레이저광선을 측정한다. 맑은 날 유리창을 통해 햇볕이 들어오면 실내의 먼지들이 빛나는 것처럼, 유체시료 속에

34, sponsored by Clarkson University, Potsdam, NY.

10 Proceedings from the 16th Annual International Symposium on Chemical Mechanical Planarization, August 8, 2011, slide 23, sponsored by Clarkson University, Potsdam, NY.

11 Used with permission from Particle Measuring Systems, Boulder, Colorado.

포함되어 있는 입자들이 레이저 광선경로를 통과하면 모든 반향으로 광선이 산란된다. 광원과 반대편에 각도를 두고 설치되어 있는 광검출기가 산란광선을 포획하여 미약한 전기신호 속의 펄스성분을 검출한다. 이 펄스의 크기는 입자의 크기와 정비례한다. 펄스 신호와 입자크기 사이의 상관관계를 구하기 위해서는 (폴리스티렌 라텍스 비드와 같이) 이미 크기를 알고 있는 입자들을 사용한 교정방법이 사용된다. 따라서 입자계수기는 유체 내의 입자 수를 검출할 수 있을 뿐만 아니라 입자의 크기도 검출할 수 있다. 임계크기를 기준으로 하여 이보다 큰 신호는 입자로 간주하는 반면에 이보다 작은 신호는 배경노이즈로 간주한다. 용액입자계수기의 경우에는 $0.04 \sim 20[\mu m]$ 범위의 입자를 검출할 수 있다.

슬러리 내의 대형입자들에 대한 측정은 헹굼용 약품의 경우보다 더 복잡하다. 슬러리에 대한 측정의 목표는 입도분포의 상한을 측정하는 것이다.[10,11] 웨이퍼 연마에 사용되는 슬러리 벌크의 입도는 그림 12.12에 도시되어 있는 것처럼 대부분의 입자들이 측정한계 아래에 위치한다. 이런 작은 입자들에 의해서 산란된 신호는 입자계수기 센서의 측정 임계값 이하의 수준이다. 웨이퍼에 긁힘을 유발하는 대형의 입자들은 센서의 측정한계값보다 큰 신호를 송출하며, 입자의 크기는 펄스높이에 비례한다. 센서의 검출한계를 넘어서지 않으면서 입자를 측정하기 위해서는 슬러리를 희석시켜야만 한다. 고농도 슬러리에 대해서 측정기가 측정한계보다 더 많은 입자를 계수하여 포화상태에 이르지 않도록 만들기 위해서는 슬러리를 희석하여야 한다. 슬러리 입자계수기는 전형적으로 $0.5 \sim 20[\mu m]$ 범위의 입자를 검출할 수 있다.[12,13]

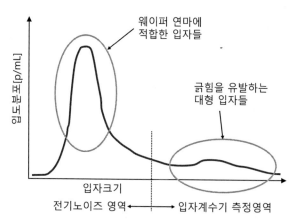

그림 12.12 슬러리 입자계수결과. 측정의 목적은 긁힘을 유발하는 대형입자를 계수하는 것이므로 양품입자들은 무시한다. 농축된 슬러리의 경우에는 사전희석이 필요하다.[12]

12 Proceedings from the 16th Annual International Symposium on Chemical Mechanical Planarization, August 8, 2011, slide 25, sponsored by Clarkson University, Potsdam, NY.

그림 12.13에 도시되어 있는 것처럼, 온라인 슬러리 입자측정은 슬러리 필터의 상태를 검출할 수 있는 가치 있는 수단이다. 슬러리 시스템의 필터교체를 위한 입자레벨 허용한계는 웨이퍼 연마과정에서 긁힘을 유발하기에 충분한 수준보다 훨씬 전으로 설정되어야 한다.

그림 12.14에 도시되어 있는 온라인 슬러리 입자측정의 또 다른 사례에서는 슬러리 공급 시스템에 새로운 로트가 투입된 경우를 보여주고 있다. 그림을 통해서 이전에 투입되었던 로트들보다 입자크기가 훨씬 더 큰 새로운 로트의 입자들이 투입된 상태를 확인할 수 있다. 분배 시스템에 장착된 필터만으로는 투입된 다량의 대형 입자들을 모두 걸러낼 수 없기 때문에 공급 시스템 전체의 입자레벨 관리도가 떨어지게 된다. 이런 상황에서는 대형입자들의 비율이 너무 높아져서 웨이퍼 긁힘이 발생하지 않도록 입자크기가 작은 슬러리 로트로 교체해야만 한다.

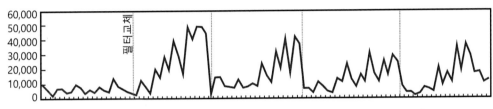

그림 12.13 온라인 슬러리입자 계측기가 필터투과성능을 측정한 사례[13]

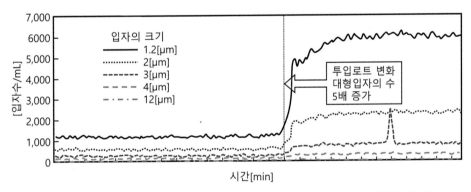

그림 12.14 대형입자 로트의 투입을 온라인 슬러리 입자계측기가 검출한 사례[14]

13 Reproduced from CMP Filter Monitoring with AccuSizer POU Systems. http://pssnicomp.com/applications/chemical-mechanical-polishing/filter-monitoring/ (last accessed November 2014).

14 Reproduced from Field Validation of Sub-Micron Defect Correlation with 1 Micron Particle Behavior in Undiluted POU CMP Slurry, http://www.vantagetechcorp.com/images/pdf/Vantage_CMPUG_140709 _SubMicron_Defect_Correlation.pdf (last accessed November 2014).

12.5 제타전위

입자들의 콜로이드 안정성을 판별하기 위해서 슬러리 입자의 **제타전위**(ζ[mV])가 자주 사용된다. 제타전위는 벌크매질 내의 한 점에 대한 미끄럼면의 전기전위로서(그림 12.15), 입자의 표면이나 입자의 서로 다른 위치에 대해서 정의되는 스턴전위나 표면전위와는 다른 개념이다. 슬러리 운반과정에서 주로 입자의 스턴층과 미끄럼 면에 포함되어 있는 이온들이 입자들과 함께 운반되며, 따라서 제타전위는 입자의 유효전하라고 간주할 수 있다. 두 층들에서 멀어질수록 입자의 표면전위가 점차로 감소하여 벌크 용액의 전위에 접근하게 되며, 이를 포괄적으로 **전기 이중층**이라고 부른다. 동일한 극성의 전하를 가지고 있는 입자들은 절대전위가 증가하기 때문에 집적되기 어려우며, 경험적으로 입자의 제타전위가 대략적으로 $\zeta > 30$인 경우에는 콜로이드 형태가 안정적으로 유지된다고 간주한다(표 12.2 참조).

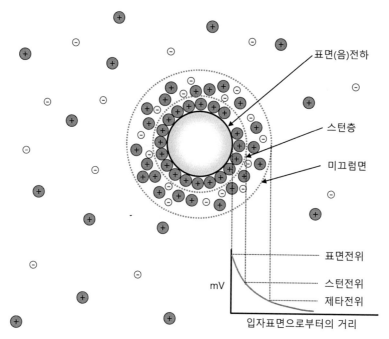

그림 12.15 제타전위의 정의

표 12.2 제타전위에 따른 콜로이드 안정성

제타전위(ζ)[mV]	콜로이드 안정성
$0 \sim \pm 5$	빠른 응집
$\pm 10 \sim \pm 30$	미약한 안정상태
$\pm 30 \sim \pm 40$	보통의 안정상태
$\pm 40 \sim \pm 60$	양호한 안정상태
± 60이상	뛰어난 안정상태

잘 알려진 것처럼 집적된 입자들이 화학-기계적 평탄화 가공에 유해한 영향(긁힘과 함몰)을 끼치므로, 슬러리의 제타전위에 대한 이해와 그에 따른 영향들을 이해하는 것은 중요한 일이다. 다양한 화학-기계적 평탄화 가공 공정들이 필요한 연마성능을 구현하기 위해서 예를 들어 산, 알칼리 또는 과산화수소와 같은 여타의 화학물질들이 혼합된 슬러리를 필요로 하며, 이런 성분들을 첨가하고 나면, 초기에 안정적이던 슬러리의 콜로이드가 불안정하게 변해버릴 우려가 있다. 다른 절들에서 설명했듯이, (pH값이나 전도도와 같은)슬러리 매트릭스의 변화가 (연마율에 영향을 끼쳐서)화학-기계적 평탄화 가공에 도움이 되지만, 슬러리가 불안정화되어 집적이 일어날 우려가 있으므로, 엔지니어는 제타전위에 유해한 영향이 초래되지 않도록 주의해야만 한다.

콜로이드 분산체의 제타전위는 분산체의 pH값에 심하게 의존한다. 그림 12.16에서는 pH값에 따른 제타전위의 변화양상을 정성적으로 보여주고 있다. 수평축을 따라서 pH값이 증가함에 따라서, 제타전위는 **등전점**이라고 부르는 0전위를 가로지른다. 이 점의 pH값으로부터 $\zeta = \pm 30\,[mV]$의 범위에서는 콜로이드가 불안정한 반면에, 이 제타전위를 넘어서는 pH값에서는 안정상태를 유지한다고 간주한다. 웨이퍼 연마 후 세정과정에서 최적의 결과를 얻기 위해서는 화학-기계적 평탄화 가공 후의 세정에 사용되는 화학약품의 pH값을 슬러리의 콜로이드 안정성을 유지하거나 높이도록 선정되어야 한다.

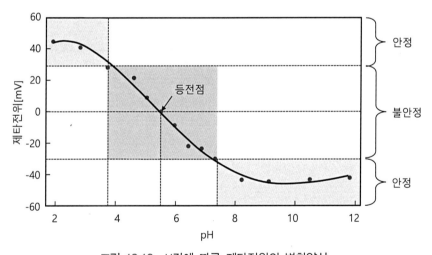

그림 12.16 pH값에 따른 제타전위의 변화양상

전기영동, 전기음향현상, 유동전위 그리고 전기삼투유동 등을 사용하여 제타전위를 측정할 수 있다.[14] 그런데 수용성 슬러리 현탁액에 대한 제타전위 측정에는 전기음향 기법이 널리 사용되기 시작하였다.[15] 전기음향 기법을 사용하여 제타전위를 측정과정에서 조사하는 초음파 음향신호는 콜로이드의 분산을 촉진시켜준다. 음향신호에 의한 압력구배는 콜로이드 입자들을 분산상태로 만들어준다. 이런 상대운동이 전기 이중층을 왜곡시켜서 생성한 쌍극자 모멘트는 측정 가능한 수준의 전기장을 유발하므로, 이를 이용하여 제타전위를 측정할 수 있다. 전기음향기법으로 측정한 제타전위의 전형적인 표준편차는 약 0.3[mV]이다.[16]

실제의 경우 화학−기계적 평탄화 가공용 슬러리의 정확도에 영향을 끼칠 수 있는 경향과 변화를 검출하기 위해서는 슬러리 혼합과 공급 시스템의 제타전위를 주기적으로 모니터링하여야 한다. 그림 12.17에 도시된 사례에서는 전형적인 슬러리에 대한 제타전위 순시측정 결과를 보여주고 있다. 그림에 따르면 제타전위가 점차로 불안정 영역을 향해서 감소하는 경향을 보이고 있다. 이런 경우에 공정 엔지니어는 선제적으로 문제를 해결하거나 (입도분포 측정과 같은) 추가적인 측정을 통해서 입자집적 여부를 검사해야 한다.

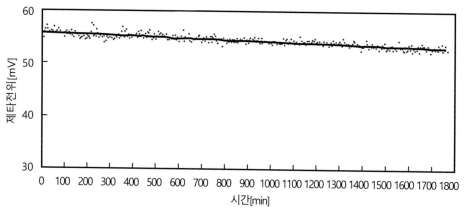

그림 12.17 전형적인 슬러리에 대한 순시 제타전위 측정사례[15]

12.6 전도도

화학−기계적 평탄화 가공용 슬러리에 용해된 화학성분들은 주로 웨이퍼 표면을 공격하는 역할을 수행하여 슬러리 입자의 마멸작용을 도와준다. 이런 용해물질들은 pH 조절제, 산화제, 가속제, 억제제, 착화제 및 계면활성제 등으로 구성되며, 웨이퍼 연마과정에서 모재의 제거율에 영향을 끼친다.[17,18] 슬러리 용액 속의 화학성분들은 또한 연마제를 현탁액의 형태로 안정화시켜준다.

----

15 Reproduced from Characterization of CMP Slurries: A New Composite Method Comprised of Acoustic and Electroacoustic Spectroscopy and Sedimentation Monitored with Ultrasound, Dispersion Technology Inc., http://www.dispersion.com/characterization-of-cmp-slurries-part2 (last accessed November 2014).

연마 후 헹굼용 약품들은 전형적으로 산성이나 알칼리성 화학약품들로 이루어지며, 웨이퍼 표면에 들러붙은 입자들의 부상을 촉진시켜준다.[19,20] 이런 연마용 슬러리와 연마 후 세정약품 속에는 이온물질들이 함유되어 있다.

납품받는 화학약품들은 전형적으로 농축된 상태이므로, 화학약품들을 혼합하거나 최초의 농도로부터 희석하는 동안 농도를 조절하기 위해서는 용액 속에 녹아 있는 특정한 화학성분과 관련된 목표 값으로 **전도도**를 사용할 수 있다. 혼합과정에서 이런 측정방법을 사용하는 것은 특정 성분에 대한 전용 분석방법을 개발할 필요가 없으며, 일반적이고 즉시 사용가능한 경제적 방법(전도도)을 사용할 수 있기 때문에 유용하다.

전기전도도를 사용하여 이온성분의 농도를 측정하기 위해서는 전형적으로 화학용액 속에 이중전극 프로브를 담그는 방법을 사용한다.[21] 온도보상이 중요하므로 측정된 전도도 값들을 표준 레퍼런스 온도에 대해서 일관되게 보정해야만 한다. 도전율계/프로브는 측정할 화학약품의 전도도 측정 범위에 대해서 미국표준국의 추적 가능한 교정표준을 사용하여 교정을 시행한다.

그림 12.18에서는 연마 후 세정용 화학약품 공급 시스템에서 농축된 화학약품이 투입되어 전도도가 시프트 된 경우에 대한 시뮬레이션 결과를 보여주고 있다. 이 시프트로 인하여 공급약품의 농도가 거의 시스템 허용 상한값에 근접하므로 웨이퍼의 세정효율이 최적을 벗어날 우려가 있다. 따라서 이 공급 시스템의 전도도를 목표농도로 되돌리기 위해서는 시스템 인자들의 조절이 필요하다.

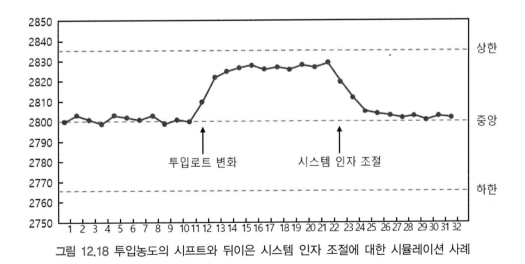

그림 12.18 투입농도의 시프트와 뒤이은 시스템 인자 조절에 대한 시뮬레이션 사례

12.7 적 정

화학－기계적 평탄화 가공용 슬러리와 헹굼용 화학약품 속에 포함되어 있는 산화제나 산－알칼리 함유성분의 농도는 화학－기계적 평탄화(CMP) 가공에서 매우 중요한 인자들이다. 예를 들어 금속소재에 대한 화학－기계적 평탄하가공의 경우 대부분의 화학반응들은 전기화학적 성질을 가지고 있다. 산화제는 금속표면과 반응하여 금속의 산화상태를 촉진시키며, 산화환원반응을 통해서 금속의 용해나 금속표면에 박막을 생성한다.[5] 금속소재에 대한 화학－기계적 평탄화 가공의 경우, 연마율은 이런 산화환원반응의 비율에 비례한다.[5] 알루미늄 슬러리를 사용하여 산화물에 대한 연마를 수행하는 경우, 그림 12.19에 도시되어 있는 것처럼, 제거율은 KOH, HCl 및 NH4OH의 농도에 크게 의존하므로, 화학－기계적 평탄화 가공을 통제하기 위해서는 이런 성분들의 농도를 정확하게 측정하는 것이 매우 중요하며, pH값의 측정이나 매우 정밀한 **적정법**을 사용하여 이를 측정할 수 있다.

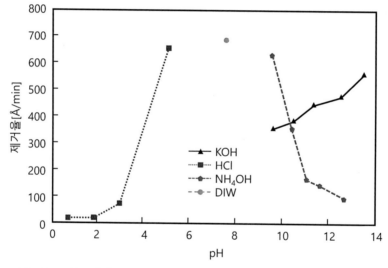

그림 12.19 알루미나 슬러리의 pH값 변화에 따른 산화물 연마량 변화경향[16]

많은 경우, (수동 또는 자동 방식의) **산화환원 적정법**을 사용하여 슬러리 속에 함유되어 있는 과산화수소의 농도를 측정할 수 있다. 다양한 자동 적정기들이 판매되고 있으며, 종료시점을 눈으로 확인(개인별 편차발생)하는 대신에 전기적으로 검출하기 때문에 일반적으로 수동 적정방법

---

16 Reproduced from J.M. Steigerwald, et al. Chemical Mechanical Planarization of Microelectronic Materials, Wiley-Interscience, New York, NY, 1997, Figure 5.18, page 152 with permission from John Wiley and Sons.

에 비해서 월등한 정확도와 정밀도를 가지고 있다. 과산화수소의 적정에는 일반적으로 과망간산 칼륨이 적정제로 사용되며, 다음의 산화환원반응이 일어난다.

$$H_2O_2(aq.) \rightarrow O_2(g) + 2H^+(aq.) + 2e^-$$

$$\underbrace{MnO_4^-(aq.)}_{\text{보라색}} + 8H^+(aq.) + 5e^- \rightarrow \underbrace{Mn^{+2}(aq.)}_{\text{투명}} + 4H_2O(l)$$

과산화수소는 첫 번째 반응에서 과망간산 이온에 의해서 산화되어 산소기체가 생성된다. 두 번째 반응에서는, 처음에 보라색이었던 과망간산 이온들이 +7가의 산화상태에서 +2가의 산화상태로 환원되어 용액이 투명해진다. 모든 과산화수소들이 반응되고 나면, 용액은 과도한 MnO_4^- 이온들에 의해서 보라색으로 변하게 된다. 이런 종료시점을 눈으로 검출하는 경우에는 용액이 투명한 상태에서 약한(정성적인 개념이므로 사람마다 기준이 다르다) 분홍색으로 변하는 시점을 찾아내거나 또는 자동화된 계측기에서는 전극을 사용하여 전기적으로 이를 검출한다. 그림 12.20에서는 자동화된 적정장비에서 측정된 전형적인 적정곡선을 보여주고 있으며, 산화환원 전극 게이지에서 측정된 [mV] 값을 통해서 산화환원 반응의 전개상황을 살펴볼 수 있다. 일반적으로, 전형적인 S-자 형태를 가지고 있는 적정곡선의 (2차 미분값이 0이 되는) 변곡점이 적정반응의 종료시점으로 간주되지만, 구체적인 적정방법이나 사용하는 소프트웨어에 따라서 여타의 다양한 방법(접선, 터브법 그리고 1차 미분 등)들을 사용할 수 있다.[22] 그림 12.20에서는 1차 미분법(점선)을 사용하여 과산화수소 농도 적정의 종료시점을 검출하였다(과망간산칼륨을 적정제로 사용하였다). 종료시점에 도달하기 위해서 사용된 적정제의 양이 시료 내에 함유된 과산화수소의 농도를 결정하는 화학반응량으로 간주된다. 이 사례에서는 5[mol]의 H_2O_2가 2[mol]의 MnO_4^- 이온들과 반응하며, 따라서 만일 종료시점에 (그림 12.20에서 대략적인 값을 취하여) 약 12[mL]의 과망간산이 사용되었다고 한다면, 이는 0.001[mol]의 MnO_4^- 이온에 해당하므로(이는 당연히 사용된 과망간산의 농도에 의존한다), 다음 식을 사용하여 과산화수소의 농도를 계산할 수 있다.

$$MnO_4^- \ 0.001[mol] \times \frac{H_2O_2 \ 5[mol]}{MnO_4^- \ 2[mol]} = H_2O_2 \ 0.0025[mol]$$

따라서 만일 적정에 과산화수소를 함유한 용액 1[mL]이 사용되었다고 한다면, 슬러리 속에 존재하는 과산화수소의 농도는 2.5[M]이라는 것을 알 수 있다.

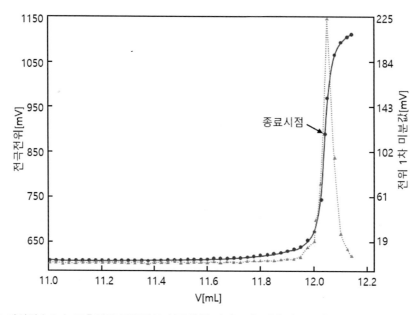

그림 12.20 과산화수소 농도측정의 전형적인 산화환원 적정곡선. 좌측의 수직축은 산화환원 전극을 사용하여 측정한 전위값[mV]이며, 우측의 수직축은 이 전위의 1차 미분값[mV]이다. 적정제(과망간산)의 사용량[mL]은 수평축에 표시되어 있다. 종료시점은 1차 미분을 사용하여 계산하였으며, 점선의 최댓값에 해당한다.

예를 들어 NH_4OH가 첨가된 헹굼액처럼, 헹굼액이나 슬러리 내에 첨가되어 있는 H^+나 OH^-이온들을 함유한 화학약품 농도를 정량적으로 측정하기 위해서 산−알칼리 적정이 수행된다. NH_4OH 농도를 구하기 위해서 적정을 시행하는 경우에는 pH값이 중성이 되는(또는 pH값이 급격하게 떨어지는) 종료시점에 도달할 때까지 NH_4OH 용액에 산물질을 첨가한다. 종료시점에서는 산성 적정제에 포함된 H^+의 몰 량이 OH^-와 정확히 일치하므로 NH_4OH가 모두 분해된다. 이를 통해서 NH_4OH의 화학량을 구할 수 있다. 수작업으로 적정을 시행하는 경우에는 pH값에 따라서 색이 변하는 (페놀프탈레인과 같은)시약을 사용하여 종료시점을 찾아낸다. 그림 12.21에서는 전형적인 자동화된 산−알칼리 적정곡선을 사용하여 알칼리성 시료를 적정하는 과정을 보여주고 있다. 그림에 따르면, 종료시점에 도달할 때까지 약 27[mL]의 산성 적정제가 사용되었다. 만일 적정제가 0.1[M]의 일양성자산[17]이라면, 적정과정에서 0.0027[mol]의 OH^-가 중성화되었을 것이다. 사용된 시료의 양(체적)을 이미 알고 있으므로, (NH_4OH의) 농도를 구할 수 있다.

수작업 적정에 비해서 자동식 적정기가 가지는 장점은 명확하다. 이미 설명했듯이, 산화환원식 적정의 종료시점 판정이 주관적이기 때문에 개인 간 편차가 클 수밖에 없다. 회전원판형 시료꽂

---

17 monoprotic acid

이에 시료를 투입하면 측정기가 자동으로 적정을 시행하는 자동화된 장비를 사용하면 수작업에
비해서 인력을 크게 절감할 수 있다.

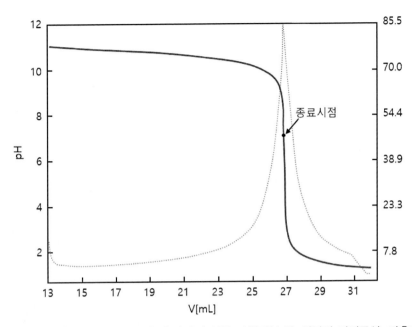

그림 12.21 OH$^-$를 포함한 화학약품 함량을 측정하기 위한 전형적인 산-알칼리 적정곡선. 좌측의 수직축은
자동화된 pH 전극의 측정값이며, 우측의 수직축은 이 pH 곡선의 1차 미분값이다. 적정제(산물질)
의 사용량[mL]은 수평축에 표시되어 있다. 종료시점은 1차 미분을 사용하여 계산하였으며, 점선
의 최댓값에 해당한다.

12.8 pH

화학-기계적 평탄화 가공의 화학적 인자로서 수용액의 **pH값** 또는 산-알칼리성이 자주 측정
된다. pH값은 주로 수소반응성 유리전극을 사용하여 측정한다.[23] 하지만 화학용액에 대한 유리의
적합성에 대해서 살펴볼 필요가 있다. 온도보상도 중요하므로, 표준온도에 대한 pH값을 사용한
다. pH 전극을 교정하기 위해서는 pH 표준 버퍼용액을 사용한다. pH값이 7 미만이면 산성이며,
7을 초과하면 알칼리성이다. 순수한 물은 pH값이 7에 근접한다. 때로는 슬러리들이 다공질 유리
전극을 막아서 pH 측정에 영향을 끼치므로, 주기적인 세척이나 교체 이후에 재교정을 수행할
필요가 있다. 또한 화학-기계적 평탄화 가공용 슬러리의 연마입자들이 민감한 pH 유리전극을
마멸시킬 수 있으므로 특히 (슬러리 공급 장비에 설치되어)고속으로 전극을 가로질러 통과하는
슬러리에 대한 인라인 측정 시에는 세심한 주의가 필요하다.

화학-기계적 평탄화 가공용 화학약품들에 대한 pH 측정값은 다양하게 활용되고 있다. pH값은 슬러리의 오염이나, 예를 들어 다른 종류의 약품이 투입되거나, 심지어는 누수된 물이 시스템에 유입되는 경우 등과 같이, 연마 후 세정용 약품의 상태를 판단하는 유용한 지표이다. 또한 슬러리의 pH값은 슬러리의 집적 가능성을 판단하는 중요한 기준이다(12.5절 참조). 연마 제거율과 서로 다른 모재에 대한 선택도는 pH값에 의하여 심한 영향을 받는다.[24,25] 그림 12.22에서는 pH값의 변화에 따른 연마 제거율을 보여주고 있다. 산성영역에서는 폴리실리콘의 제거율이 최소이다. 그런데 알칼리성 영역에서는 폴리실리콘의 제거율이 pH값이 증가함에 따라서 급격하게 증가하는 것을 확인할 수 있다.

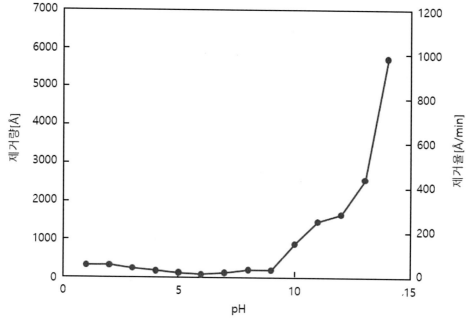

그림 12.22 pH값의 변화에 따른 폴리실리콘 연마제의 소재제거율[18]

pH값은 화학용액 속의 산물질 양에 의해서 결정되므로, 이 값을 사용하여 웨이퍼 표면의 부식 전위를 감시할 수 있다.[26,27] 그림 12.23에서는 서로 다른 pH값에 대해서 구리의 다양한 원자가상태를 조여주고 있다. 화학-기계적 평탄화 가공을 수행하는 동안 구리의 용해도를 조절하기 위해서는 슬러리의 pH값을 특정한 값으로 묶어두는 것이 중요하다.

....

18 Reproduced from A.A. Yasseen, N.J. Mourlas, M. Mehregany, Chemical-mechanical polishing for polysilicon surface micromachining, J. Electrochem. Soc. 144 (1) (1997) 239.

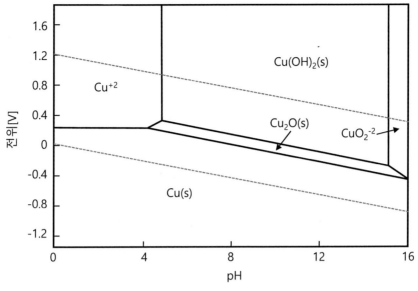

그림 12.23 물속의 구리에 대한 풀베이 선도[28]

12.9 점 도

　점도는 액체가 얼마나 쉽게 흐르는지에 영향을 미치며, 전단력에 의한 점진적 변형에 대한 유체저항성의 척도이다. 고점성 슬러리는 반응물을 웨이퍼 표면으로 전송하고 반응생성물들을 웨이퍼 표면으로부터 방출하는 성질이 취약하다.[5] 점도는 또한 웨이퍼 표면으로 슬러리 전송과 웨이퍼－패드 표면 사이의 윤활에 영향을 끼친다. 슬러리의 점도는 **허시 수**[19]에 영향을 끼쳐서 슬러리의 막두께와 그에 따른 패드와 웨이퍼 사이의 마찰계수에 변화시키며, 이로 인하여 화학－기계적 평탄화 가공의 성능(연마율, 평탄도, 표면 거칠기 및 결함밀도)이 영향을 받는다.[29~31] 멀러니 등[30]의 실험과 이론연구에 따르면, 실리콘 소재에 대한 화학－기계적 평탄화 가공의 소재 제거율은 허시 수가 증가할수록 감소하는 경향을 가지고 있다. 그로버 등[32]의 연구에 따르면, 점도는 산화물과 텅스텐 소재에 대한 화학－기계적 평탄화 가공에 다양한 영향을 끼치며, 이는 **스트리벡 곡선**(그림 12.24)에 도시되어 있는 다양한 소재접촉과 제거 메커니즘 때문인 것으로 생각된다.

$$\text{허시 수} = \frac{\text{점도×속도}}{\text{압력}}$$

19　Hersey number.

모세관 유동법(오스왈드 점도계[20]), 잔컵법,[21] 공 낙하법, 진동법 그리고 회전법 등과 같은 다양한 방법들을 사용하여 유체의 점도를 측정할 수 있다. 회전형 점도계의 경우에는 유체에 잠겨 있거나 유체와 접촉하고 있는 물체의 회전에 필요한 토크를 측정하며, 이 토크가 유체의 점도와 상관관계를 가지고 있다. 이런 유형의 측정기들 중에서 잘 알려진 사례가 쿠에트 점도계[22]이다. 그런데 일부의 화학−기계적 평탄화 가공용 슬러리들은 비−뉴턴 유체이며, 이들의 점도는 회전률(전단률)의 함수이다. 이런 사례로는 대칭성 입자들이 침전되어 있는 슬러리의 딜레이턴트 거동(전단이 증가하면 점도가 증가하는 현상)을 들 수 있다.[33] 또한 화학−기계적 평탄화 가공용 연마기는 전단률이 10^6[1/s] 이상인 대형의 회전판 점도계라고 간주할 수 있으며, 겉보기 점도를 변화시킬 수 있다. 이 주제에 대해서 관심을 가진 독자들에게는 점도측정기법에 대하여 종합적인 고찰을 수행한 비스와나스 등[34]의 책을 추천한다.

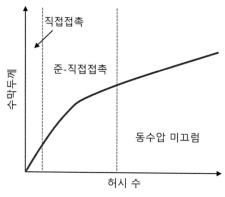

그림 12.24 스트리벡 곡선의 정성적인 형태

12.10 온 도

앞의 절들에서 살펴보았던 거의 모든 측정방법들은 화학−기계적 평탄화 가공과정이나 화학약품 내부의 온도구배, 가공 전 슬러리 혼합, 취급 및 공급과정에서의 온도편차에 어느 정도 영향을 받는다. 물의 경우, 예를 들어 온도가 25[°C]에서 35[°C]로 상승하면, 밀도, 점도 및 pH값은 각각 0.3%, 20% 및 2%만큼 감소하게 된다(표 12.1에 제시되어 있는 밀도표 참조). 온도에 따라서

20 Ostwald viscometer.
21 Zahn cup method.
22 Couette viscometer.

전기전도도는 약 2[%/℃]만큼 증가한다고 보고되어 있다. 또한 이온, 유기물, 연마입자 그리고 여타의 화학－기계적 평탄화 가공용 슬러리를 구성하는 화학성분들이 이런 거동에 영향을 끼친다. 그림 12.25에서는 전형적인 슬러리의 온도변화에 따른 pH값의 변화를 보여주고 있다. 온도보상기능을 갖추고 있는 가장 세련된 계측기를 사용하면 기준곡선에 대하여 측정온도를 보간하여 25[℃]와 같은 기준온도에 대하여 측정값을 표시할 수 있다.

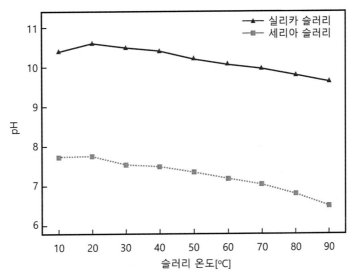

그림 12.25 전형적인 슬러리의 온도변화에 따른 pH 의존성[23]

프란실라[35]의 연구에 따르면, 화학－기계적 평탄화 가공과정에서 발생하는 열 때문에, 슬러리 온도가 약 10[℃] 정도 상승할 수 있으며, 이로 인하여 연마가공이 재현성과 균일성이 저하되고, 화학반응과 연마제거율이 두 배로 증가할 수도 있다. 코르넬리 등[36]은 금속소재에 대한 화학－기계적 평탄화 가공의 경우, 웨이퍼의 금속표면과 슬러리 화학약품 사이의 발열반응으로 인하여 온도가 더 상승할 우려가 있다. 화학－기계적 평탄화 가공용 슬러리와 화학약품들을 펌핑 및 취급하는 과정에서, 펌프의 기계적 일에 의해서 온도상승이 초래될 수 있으며, 슬러리 및 화학첨가물들을 혼합 및 교반하는 과정에서 용해과정에 의한 열역학적 발열로 인하여 온도구배가 생성될 수 있다. 이런 문제들이 화학－기계적 평탄화 가공에 끼치는 영향은 온도교란의 크기에 의존하며, 이런 슬러리나 화학약품을 연마기에 투입하기 전에 충분한 열전달을 통해서 상온과 평형을 맞춰야만 한다.

....

23 Reproduced from N.H. Kimi, P.J. Ko, Y.J. Seo, W.S. Lee, Improvement of TEOS-chemical mechanical polishing performance by control of slurry temperature, Microelectr. Eng. 83 (2006) 286e292.

12.11 통계학적 측정

새로운 측정장비의 성능을 평가하거나 기존 장비의 건전성을 평가할 때에는 통계학적인 방법이 유용하다. 모든 측정장비들은 공정측정 과정에서 변동성이 더해진다. 새로운 측정장비를 선정하거나 현재 사용하고 있는 장비의 건전성을 평가하는 경우에는, 이 장비의 성능을 정량적으로 검증하거나 측정할 공정의 밀도, pH, 박막두께 등과 같은 환경에 대한 상대적인 변동성을 평가하는 것이 중요하다. 이런 목적으로는 공차비율에 대한 정밀도(P/T)가 공정 변수들에 대한 측정장비의 허용편차 또는 변동성을 비교하는 데에 유용하다. 측정 정밀도 P는 동일한 시료에 대해서 동일한 측정기를 사용하여 반복적으로 측정을 수행하여 얻을 수 있다. 공정의 변화에 따른 측정장비에 의한 변동량 σ_M이 가능한 한 작아야만 측정장비가 유용하다. 공정공차(T)는 주어진 공정 모니터의 상한(USL)과 하한(LSL) 사양 범위로 정해지며, 만일 전체 공정의 변동량 σ_P를 알고 있다면, $T = 6\sigma_P$를 사용하여 다음과 같이 나타낼 수 있다.

$$\frac{P}{T} = \frac{6\sigma_M}{(USL - LSL)}$$

또는

$$\frac{P}{T} = \frac{6\sigma_M}{6\sigma_P} = \frac{\sigma_M}{\sigma_P}$$

여기서는 사양 범위를 6σ로 간주하였다. 계측장비의 능력을 평가할 때에는 구현 가능한 최소의 P/T를 사용하며, 계측기의 경우에는 경험적으로 $P/T < 0.3$을 사용한다.

다음은 가상의 전도도 측정기에 대한 측정능력을 평가하기 위한 P/T 계산사례이다. 그림 12.26에서는 헹굼액－화학약품 혼합물(초순수로 화학약품을 희석시킨 경우)에 대한 가상의 전기전도도 공정 모니터링 데이터를 보여주고 있다. 여기서 상한값과 하한값은 각각 918과 417[mS/cm]이다. 그러므로

$$T = USL - LSL = 501[\mathrm{mS/cm}]$$

새로운 측정장비의 변동성을 평가하기 위해서 표 12.3에 제시되어 있는 것처럼, 하나의 혼합된 헹굼액 시료에 대해서 여러 번의 측정이 수행되었다.

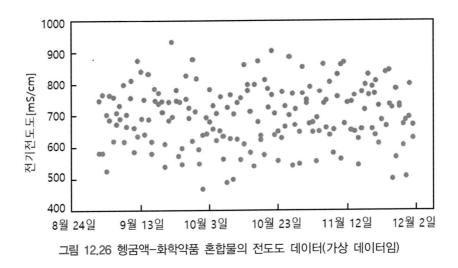

그림 12.26 헹굼액-화학약품 혼합물의 전도도 데이터(가상 데이터임)

표 12.3 하나의 헹굼액-화학약품 혼합시료에 대한 전기전도도 반복측정 결과. σ_P는 이 데이터세트의 표준편차 값이다(가상의 데이터임).

측정횟수	전도도[mS/cm]
1	708
2	707
3	724
4	730
5	724
6	723
7	723
8	725
9	729
σ_P	8.29

여기서 주의할 점은 측정 시료나 계측장비 교정들 사이에 과도적인 변동성분들이 존재할 우려가 있으므로, 그림 12.26에 도시되어 있는 모든 개별측정들이 측정을 수행하는 전체 기간 동안 동일한 셋업, 과정 및 장비를 사용하여 수행되어야만 한다.

표 12.3에 따르면 $\sigma_P = 8.29$이므로,

$$\frac{P}{T} = \frac{6\sigma_M}{(USL - LSL)} = \frac{6 \times 8.29}{501} \simeq 0.1$$

$P/T = 0.1$이므로, 새로운 측정 장비에서 발생 가능한 공정 전체에 대한 변동성은 약 10% 정도임을 알 수 있다.

12.12 탁상측정과 인라인 측정

화학−기계적 평탄화 가공용 화학약품 공급 시스템에 대한 측정방법에는 시료를 채취하여 탁상형 측정기에서 측정을 수행하는 방식과 인라인 측정 시스템을 사용하여 시스템 내에서 직접 측정을 시행하는 두 가지 방법이 사용되고 있다. 탁상형 측정방법은 일반적으로 측정 정확도가 높은 반면에 인라인 측정방법은 실시간 측정을 통해서 시스템 내의 농도변화를 실시간으로 검출할 수 있다는 것이다.

측정의 정확도 측면에서 살펴보면, 인라인 농도계의 측정 정확도는 $1 \times 10^{-4}[\text{g/cm}^3]$이며, 반복도는 $1 \times 10^{-5}[\text{g/cm}^3]$인 반면에,[37] 탁상형 농도계의 측정 정확도는 $5 \times 10^{-5}[\text{g/cm}^3]$이며, 반복도는 $1 \times 10^{-6}[\text{g/cm}^3]$이다.

약품혼합에 대한 허용편차가 점점 더 엄격해지고 있기 때문에, 이들을 통제 범위 이내로 유지하기 위해서는 궁극적으로는 화학−기계적 평탄화 가공에 사용되는 화학약품에 대한 일상적인 탁상형 측정분석이 필요하다. 하지만 탁상형 분석법만을 사용한다면, 시료 채취기간 사이의 오랜 시간 동안 시스템이 통제 범위를 벗어나서, 이 기간 동안 작업된 웨이퍼에 불량이 발생할 우려가 있다. 그러므로 약간 정확도가 떨어지더라도, 편차발생을 조기에 발견하고, 이런 편차발생의 원인 (혼합문제, 투입농도의 시프트 또는 누수 등)을 보정하기 위해서는 인라인 모니터링이 필요하다.

다수의 시스템들에 모두 측정장비를 설치하고 운영하는 것은 많은 비용이 소요되기 때문에, 비용도 고려사항들 중 하나이다. 편차가 발생했을 때에 얼마나 많은 웨이퍼들의 생산이 영향을 받게 되는가에 대한 비용분석결과를 인라인 모니터링의 소유비용과 비교해보아야만 한다. 때로는 수작업으로 시료를 채취하여 탁상형 측정기로 분석하는 측정주기를 줄이는 것이 화학시스템에 측정용 하드웨어를 설치하고 운영하는 데에 소요되는 비용을 고려할 때에 편차발생 가능성을 줄이는 경제적인 대안이 될 수 있다.

감사의 글

저자는 이 장의 저술을 도와준 인텔社의 조 슈타이거발트와 다닐로 카스틸로메지아에게 감사를 드린다.

참고문헌

1. Examples of Dynamic Light Scattering and Static Light Scattering Type PSD Instruments Are the Horiba Instruments LA950 (see http://www.horiba.com/scientific/products/particle-characterization/particle-size-analysis/details/la-960-laser-particle-size-analyzer-20235/, last accessed November 2014) and the Malvern Instruments Zetasizer (see http://www.malvern.com/en/products/product-range/zetasizer-range/zetasizer-nano-range/default.aspx, last accessed November 2014).

2. Example of Disc Centrifuge Is the CPS Instruments Disc Centrifuge DC12000 (see http://www.cpsinstruments.com/cps_website_003.htm, last accessed November 2014).

3. Example of Image Analysis Is theMalvern Instruments Sysmex FPIA3000 (see http://www.malvern.com/en/products/product-range/sysmex-fpia-3000, last accessed November 2014).

4. Example of Capillary Hydrodynamic Fractionation Is the Matec Applied Sciences CHDF-3000 (see http://www.matecappliedsciences.com/mas/products/chdf-3000, last accessed November 2014).

5. J.M. Steigerwald, et al., Chemical Mechanical Planarization of Microelectronic Materials, Wiley-Interscience, New York, 1997.

6. Jindal, S. Hegde, S.V. Babu, Evaluation of alumina/silica mixed abrasive slurries for chemical-mechanical polishing of copper and tantalum, in: Proceedings of the 18th Intl VLSI Multilevel Interconnection Conference, 2001, p. 297.

7. J.M. Smith, H.C. Van Ness, Introduction to Chemical Engineering Thermodynamics, fourth ed., McGraw Hill, New York, 1987.

8. S.V. Gupta, Practical Density Measurement and Hydrometry, CRC Press, 2002.

9. See http://www.anton-paar.com/us-en/products/group/density-meter/ (last accessed November 2014).

10. For a good overview of metrology methods for measurement of larger agglomerate particles in slurries see: G. Vasilopoulos, Z. Lin, K. Adrian, Techniques for evaluating particles in CMP slurries Semiconductor Online (2000). See, http://www.semiconductoronline.com/doc/techniques-for-evaluating-particles-in-cmp-sl-0001 (last accessed November 2014).

11. The following journal article presents an on-line continuous type slurry LPC setup which utilizes a Particle Measuring System (PMS) Liquilaz sensors in conjunction with pre-dilution of the slurry stream: E. Remsen, S. Anjur, D. Boldridge, M. Kamiti, L. Shoutian, T. Johns, C. Dowell, J. Kasthurirangan, P. Feeney, Analysis of large particle count in fumed silica slurries and its correlation with Scratch defects generated by cmp J. Electrochem. Soc. 153 (5) (2006) G453eG461.

12. The Particle Sizing System (PSS) Accusizer LPC Is Available for Both Bench-top Bottle Sample Measurement and On-line Semi-continuous Particle Measurement (see http://pssnicomp.com/products/accusizer last accessed November 2014).

13. The Vantage Technology Corporation SlurryScope LPC Can Measure the Concentration of Larger Agglomerate Particles in Slurries without Pre-dilution (see http://www.vantagetechcorp.com/products/slurryscope, last accessed November 2014).

14. R.J. Hunter, Zeta Potential in Colloid Science, Academic Press, NY, 1981.

15. R. Greenwood, Review of the measurement of zeta potentials in concentrated aqueous suspensions using electroacoustics, Adv. Colloid Interface Sci. 106 (2003) 55e81.

16. From http://www.dispersion.com/images/DT1202,100,300,310,700.pdf (last accessed November 2014).

17. K. Robinson, Chemical-Mechanical Planarization of Semiconductor Materials, in: Springer Series in Materials Science, vol. 69, 2004, 216.

18. H. Lee, B. Park, J. Haedo, Influence of slurry components on uniformity in copper chemical mechanical planarization, Microelectron. Eng. 85 (4) (2008) 689.

19. K.A. Reinhardt, R.F. Reidy, J. Daviot, Handbook of Cleaning for Semiconductor Manufacturing, Scrivener Publishing, Salem, 2011. Massachusetts, 10.4.2, 380.

20. D.W. Peters, Handbook of Cleaning for Semiconductor Manufacturing, Scrivener Publishing, Salem, 2011. Massachusetts, 11.4.2, 423.

21. Examples of Conductivity Meters and Probes Are Manufactured by Horiba Instruments (model HE-480C, see http://www.horiba.com/us/en/process-environmental/products/waterquality-measurement/for-utility/details/industrial-conductivity-meter-low-concentration-typehe-480c-1089, last accessed November 2014) and VWR (see https://us.vwr.com/store/catalog/product.jsp? product_id¼4789283, last accessed November 2014).

22. From http://www.metrohmsiam.com/petrochemist/PC_23/PC23_Monograph_955428_80165003.pdf (last accessed Nov 2014).

23. A.K. Covington, R.G. Bates, R.A. Durst, Definitions of pH scales, standard reference values, measurement of pH, and related terminology, Pure Appl. Chem. Great Britain 57 (3) (1985) 531e542.

24. Y.J. Kang, B.K. Kang, J.G. Park, Y.K. Hong, S.Y. Han, S.K. Yun, B.U. Yoon, C.K. Hong, Effect of slurry pH on poly silicon cmp, in: Proceedings of the International Conference on Planarization/CMP Technology, Dresden, Germany, 2007.

25. J. Zhang, S. Li, P. Carter, Chemical mechanical polishing of tantalum, J. Electrochem.Soc. 154 (2) (2007) H109eH114.

26. X.I. Song, D.Y. Xu, X.W. Zhang, X.D. Shi, N. Jiang, G.Z. Qui, Electrochemical behavior and polishing properties of silicon wafer in alkaline slurry with abrasive CeO2, Trans. Non-Ferrous Metals Soc. China 18 (2008) 178e182.

27. D.W. Peters, Handbook of Cleaning for Semiconductor Manufacturing, Scrivener Publishing, Salem, 2011. Massachusetts, 11.4.2, 395e428.

28. M. Pourbaix, Atlas of Electrochemical Equilibria in Aqueous Solutions, 2nd English Ed., NACE, Houston Texas, 1974.

29. M.D. Hersey, Theory and Research in Lubrication, John Wiley & Sons, New York, 1966, 137.

30. B. Mullany, G. Byrne, The effect of slurry viscosity on chemicalemechanical polishing of silicon wafers, J. Mater. Process. Technol. 132 (2003) 28e34.

31. Y. Moon, D.A. Dornfeld, The effect of slurry film thickness variation in chemical mechanical polishing

(CMP), Proc. Am. Soc. Precision Eng. 18 (1998) 591e596.

32. G.S. Grover, H. Liang, S. Ganeshkumar, W. Fortino, Effect of slurry viscosity modification on oxide and tungsten CMP, Wear 214 (1) (1997) 10e13.

33. M.R. Oliver (Ed.), Chemical-Mechanical Planarization of Semiconductor Materials, Springer-Verlag, New York, 2003.

34. D.S. Viswanath, et al., Viscosity of Liquids, Springer, Dordrecht, NL, 2007.

35. S. Franssila, Introduction to Microfabrication, second ed., Wiley, Hoboken, New Jersey, 2010.

36. J. Cornely, C. Rogers, V.P. Manno, A. Philipossian, In situ temperature measurement during oxide chemical mechanical planarization,Mater. Res. Soc. Symp. Proc. 767 (2003).

37. From Densitrak website at http://www.densitrak.com/index.php/products/analyticalflow-technologies-llc-densitrakandreg-d625-a0-00-01/ (last accessed November 2014).

38. From Anton Parr website at http://www.anton-paar.com/us-en/products/details/densityand-sound-velocity-meter-dsa-5000-m/density-meter/ (last accessed November 2014).

CHAPTER

13

다이아몬드 디스크를 사용한 패드 컨디셔닝

다이아몬드 디스크를 사용한 패드 컨디셔닝

13.1 서 언

화학－기계적 연마(CMP)[1]는 반도체용 웨이퍼를 평탄화하여 거울면처럼 다듬질하기 위해서 광범위하게 사용되는 핵심 최종다듬질 공정이다. 2011년에 화학－기계적 연마용 패드 시장은 6억 2천6백만 달러였던 반면에 슬러리 시장은 10억 달러였으며, 2012년에는 7.0% 성장할 것으로 예상되고 2016년이 되면 13억 달러를 넘어설 것으로 예상된다.[1] 웨이퍼 가공 분야에서 화학－기계적 연마는 현재는 물론이고 미래에도 여전히 평탄화기술을 선도할 것이다.[2]

화학－기계적 연마가공기의 구조는 다양한 형태를 가지고 있다. 화학－기계적 연마기의 기본 설계는 리테이너 링을 갖춘 하나 또는 다수의 웨이퍼 캐리어와 회전판에 얹은 하나의 회전하는 연마패드로 구성되어 있다. 그림 13.1에 도시되어 있는 것처럼, 웨이퍼는 회전하는 캐리어에 의해서 고정되어 있으며, 패드 방향으로 누름력이 부가된다.

화학－기계적 연마의 소재제거 메커니즘에서는 화학적 작용과 기계적 힘이 특수하게 조합되어 있다.[3] 화학적으로 활성화된 슬러리에 함유되어 있는 미세한 연마입자들이 다공질 패드 위로 공급되면, 일차로는 평탄화할 박막을 화학적으로 공격한다. 뒤이어서 패드의 3물체 접촉운동을 통한 기계적 마멸작용이 일어나며, 웨이퍼의 소재가공이 용이하도록 누름압력이 부가된다.[4~6]

---

1   이 장에서는 CMP Chemical Mechanical Polishing으로 표기하였기 때문에 화학－기계적 연마로 번역한다. 역자 주.

화학-기계적 연마가공에 대한 추천 문헌으로는 잔타예[4]에서는 화학-기계적 연마공정에 대하여 개괄적으로 다루었으며, 리[7]는 『마이크로일렉트로닉스 분야에서 화학-기계적 연마의 활용』이라는 그의 저서를 통해서 최신의 진보된 화학-기계적 연마기술에 대해서 소개하였다. 크리슈난[8]의 논문은 주로 화학-기계적 연마가공의 물리화학적 공정에 초점을 맞추고 있다.

화학-기계적 연마가공에서 사용된 슬러리와 웨이퍼와 패드에서 제거된 거스러미들이 연마용 패드의 표면에 들러붙어서 패드 표면을 반질반질하게 만들어버릴 우려가 있다. 패드 재생공정이 없다면, 이로 인하여 패드 표면이 퇴화되어버린다. 그러므로 반질반질해진 영역을 긁어내서 패드 표면을 재생하기 위해서 컨디셔닝 공정이 사용된다. 바람직한 공정조건을 유지하기 위해서 패드를 컨디셔닝하여 새로운 패드 거스러미를 만들어내며, 필요한 표면윤곽으로 재생하기 위해서 그림 13.2에 도시되어 있는 **다이아몬드 디스크 컨디셔너**가 자주 사용된다.[4]

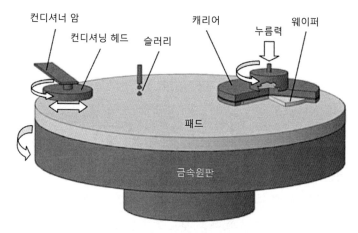

컨디셔너 암   컨디셔닝 헤드   슬러리   캐리어   누름력   웨이퍼

패드

금속원판

그림 13.1 화학-기계적 연마가공기의 개략도

그림 13.2 화학-기계적 연마가공기에서 사용되는 다이아몬드 디스크 컨디셔너[2]

2   Photo courtesy of Abrasive Technology Inc.

다이아몬드 디스크 패드 컨디셔닝 공정에서는 연마를 수행하는 동안,[10] 또는 연마작업 사이[11]에 다이아몬드가 매립된 디스크가 회전하면서 (그림 13.1에 도시되어 있는 것처럼) 패드 표면 위를 반경방향에 대해서 앞뒤로(또는 반원형으로[9]) 움직인다. 후쿠시마[12]의 연구에 따르면 연마를 수행하는 동안 컨디셔닝을 시행(동시 컨디셔닝)하는 것이 높은 제거율과 더 낮은 평탄도를 구현해준다. 또한 동시 컨디셔닝은 생산성이 높고, 실시간 공정제어를 통해서 안정적으로 패드의 표면성질을 관리할 수 있다.[12]

패드 컨디셔닝의 지배적 원리는 연마용 패드와 다이아몬드 디스크 사이의 마찰을 도입하는 것으로서, 2물체 연마 메커니즘으로 모델링할 수 있다. 그림 13.3에 도시되어 있는 것처럼, 디스크에 매립되어 있는 다이아몬드 연마입자들이 패드 표면에 미세절단이나 홈을 만들어서, 연속적으로 새로운 패드 표면과 거스러미들을 재생시켜준다. 이와 동시에 이들이 연마용 패드의 반질반질해진 표면이나 누적된 입자들을 제거해준다.

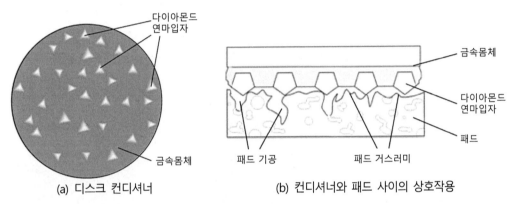

(a) 디스크 컨디셔너   (b) 컨디셔너와 패드 사이의 상호작용

그림 13.3 디스크 컨디셔너와 화학 기계적 평탄화 가공에서 컨디셔너와 패드 사이의 상호작용

이런 목적을 위해서 화학−기계적 연마가공기에 컨디셔닝 유닛이 설치된다. 그림 13.4에 도시되어 있는 컨디셔닝 유닛 조립체는 전형적으로 컨디셔너, 컨디셔너용 헤드, 방향조절 암, 연결용 암 그리고 암 구동 메커니즘 등으로 이루어진다.[13] 작동 중에는 컨디셔너와 패드 표면 사이에 필요한 접촉압력을 유지하면서 컨디셔닝 조립체가 패드 표면 위를 가로질러 움직인다. 컴퓨터 프로그래밍을 통해서 컨디셔너의 작동 프로파일을 가변시켜서 연마표면의 위치별로 서로 다른 정주시간을 갖도록 이송속도를 조절한다.[14]

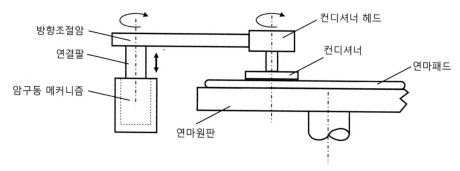

그림 13.4 다이아몬드 디스크 컨디셔닝 유닛 조립체의 사례[13,14]

그림 13.5는 이미 발표된 논문[15~19]들을 조합하여 구성되었다. 그림에서는 다이아몬드 디스크를 사용한 패드 컨디셔닝이 패드 표면의 거스러미, 표면윤곽 그리고 공정조절 인자들에 끼치는 영향을 보여주고 있다. 그림 13.5에 따르면, 다이아몬드 디스크를 사용한 컨디셔닝이 패드 표면 거스러미와 표면윤곽을 재생해주어, 제거율 유지,[15] 웨이퍼 내 불균일(WIWNU) 그리고 패드 수명 연장[16~18]에 핵심적인 역할을 한다는 것을 알 수 있다. 주 등[19]에 따르면 적절한 패드 컨디셔닝을 통해서 소재 제거율(MRR)을 동일한 수준으로 유지하며, 웨이퍼 내 불균일을 향상시킬 수 있다.

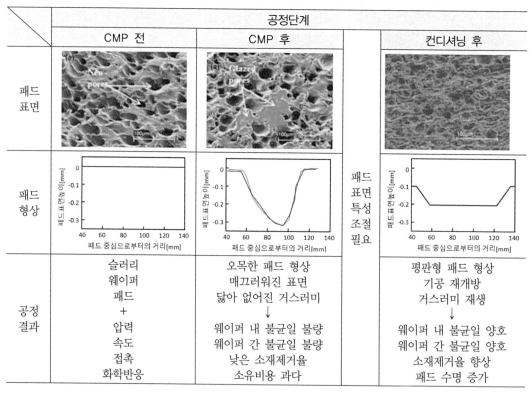

	공정단계		
	CMP 전	CMP 후	컨디셔닝 후
패드 표면			
패드 형상			패드 표면특성 조절 필요
공정 결과	슬러리 웨이퍼 패드 + 압력 속도 접촉 화학반응	오목한 패드 형상 매끄러워진 표면 닳아 없어진 거스러미 ↓ 웨이퍼 내 불균일 불량 웨이퍼 간 불균일 불량 낮은 소재제거율 소유비용 과다	평판형 패드 형상 기공 재개방 거스러미 재생 ↓ 웨이퍼 내 불균일 양호 웨이퍼 간 불균일 양호 소재제거율 향상 패드 수명 증가

그림 13.5 화학-기계적 연마에서 패드 컨디셔닝의 필요성[15~19]

이 장에서는 화학－기계연마에 사용되는 컨디셔닝용 다이아몬드 디스크 패드의 최근 발전에 대해서 살펴볼 예정이다. 13.2절에서는 다이아몬드 디스크 컨디셔너의 설계와 제조에 대해서 살펴보기로 한다. 이와 더불어서 다이아몬드 디스크 컨디셔닝 기술의 발전 역사에 대해서도 간략하게 다룰 예정이다. 13.3절에서는 다이아몬드 패드 컨디셔닝의 공정관리에 대해서 논의한다. 13.4절에서는 다이아몬드 디스크 패드 컨디셔닝 공정의 모델링과 시뮬레이션에 대한 최근의 연구에 대해서 살펴본다. 그리고 13.5절에서는 최종 논의를 수행키로 한다.

13.2 다이아몬드 디스크 컨디셔너의 설계와 제작

13.2.1 다이아몬드 디스크 컨디셔너의 발전

과거의 20여 년간, 다이아몬드 디스크 컨디셔너의 형상, 소재 및 제조기법이 크게 발전하였다. 그림 13.6에서는 중요한 발전단계들을 요약하여 보여주고 있다. 브리보겔 등[20]은 다이아몬드 팁이 부착되어 있는 스테인리스 막대들이 다수 설치되어 있는 평평한 블록 형태의 패드 컨디셔닝 디바이스를 최초로 발명하였다. 이 막대들은 블록 속에 나사로 박혀 있으며, 수작업을 통해서 원하는 위치로 조절할 수 있다. 이 디바이스는 패드 위에 국부 압착을 가할 수 있으며, 다이아몬드 팁이 소수에 불과하기 때문에, 유효 컨디셔닝 면적은 제한되어 있었다.[21] 또한 이 컨디셔너 블록은 공정 유체의 소재제거 성능이나 패드의 능동세정에는 아무런 영향을 끼치지 않는다.[21]

잭슨 등의 마멸디스크[14]와 같은 이후의 개발에서는 마멸 저항성, 화학적 불감성 그리고 패드나 웨이퍼에 대한 낮은 오염 유발성 등으로 인하여 다이아몬드 입자들이 연마용 입자로 더 자주 사용되었다.[21] 초기의 단점을 극복하기 위해서, 다이아몬드 연마입자들이 균일하게 배열 및 코팅되어 있는 대형의 금속원판을 사용하는 방안이 제안되었다.[13] 이 경우 다이아몬드 디스크에 부가되는 압력을 사용하여 패드의 가공깊이(또는 투과깊이)를 조절한다.

더 최근의 개발에서는, 마멸저항성을 향상시키기 위해서 화학기상증착(CVD)을 사용하여 다이아몬드 연마입자들을 덮는 방안이 개발되었다.[23,26] 성 등[24,27~29]과 싸이 등[25,30~32]이 제안한 여타의 진보된 설계에서는 다정질 다이아몬드 입자들을 방전가공하는 소위 **차세대 다이아몬드 디스크**와, 다이아몬드 디스크의 베이스로 폴리머를 사용하는 **유기 다이아몬드 디스크**가 제안되었다. 이런 설계들은 다이아몬드 입자들의 형상이 매우 균일하며, 패드 거스러미를 매우 균일하게 재생시켜준다.

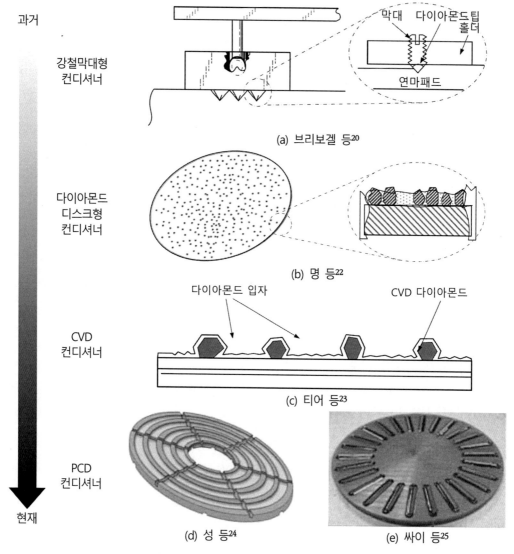

강철막대형
컨디셔너

막대　다이아몬드팁
홀더

연마패드

(a) 브리보겔 등[20]

다이아몬드
디스크형
컨디셔너

(b) 명 등[22]

다이아몬드 입자

CVD 다이아몬드

CVD
컨디셔너

(c) 티어 등[23]

PCD
컨디셔너

현재

(d) 성 등[24]

(e) 싸이 등[25]

그림 13.6 다이아몬드 디스크 컨디셔너의 발전사

13.2.2 다이아몬드 디스크 컨디셔너의 설계

디스크 설계 시 주요 고려사항은 패드와 컨디셔닝 디스크의 수명을 극대화하면서도 뛰어나고 안정된 컨디셔닝 성능을 구현하는 것이다. 화학－기계적 연마기용 컨디셔너의 성능지표는 다이아몬드 입자들의 노출, 패드 가공률, 컨디셔너 수명 그리고 컨디셔너의 배치 간 일관성 등이다.[26]

수많은 설계인자들이 컨디셔너의 성능에 영향을 끼칠 수 있다.[23,33~35] 전형적으로 다이아몬드 입자의 크기,[32,34,36~38] 형상,[39] 밀도,[40] 그리고 노출[25,41~43] 등이 화학－기계적 연마가공용 컨디셔너의 특정을 결정한다. 표 13.1에는 디스크 설계 시 고려되는 인자들을 요약되어 있다. 하이[26]는

화학-기계적 연마기에 사용되는 다이아몬드 패드 컨디셔너의 개발경향에 대한 연구를 통해서 화학-기계적 용마용 패드의 유형과 웨이퍼 크기에 따라서 컨디셔너의 성능 요구조건이 달라지기 때문에, 이를 고려하여 컨디셔너 설계를 결정해야 한다고 제시하였다.

표 13.1 디스크 설계 시 고려되는 사항들

특징	설계 고려사항
디스크 크기	컨디셔너/패드 비율에 영향을 끼친다. 이 비율이 높을수록 다이아몬드 파손율이 감소하며 컨디셔닝 효율이 높아진다.
다이아몬드 크기	입도분포의 변화폭이 비교적 작다는 전제하에서, 입자가 패드 속으로 파고드는 평균 침투깊이가 표준편차의 한 배 또는 두 배 미만이라면, 컨디셔너 성능의 극단적인 편차가 유발될 수 있다.
다이아몬드 형상	다이아몬드의 형상(임의형상, 6면체, 8면체 등)이 컨디셔닝의 균일성과 무결성에 영향을 끼친다. 다이아몬드의 형상이 양호하여야 회전속도, 다이아몬드 분포, 돌출형태 그리고 연마 패드 누름력 등의 최적화가 가능하다.
다이아몬드 밀도	작용입자밀도는 컨디셔너의 전체면적에 대한 접촉을 이루는 입자의 숫자의 비율이다. 이 밀도가 낮으면 생성되는 홈의 숫자가 감소한다. 컨디셔너의 영역별 입자분포가 다르다면 작용밀도가 높은 영역과 낮은 영역이 발생한다. 소형입자에 인접한 대형입자가 큰 홈을 생성하면 소형 입자는 비활성화되어버리며, 이로 인하여 패드의 형상왜곡이 유발된다.
분산	입자를 임의분산 또는 균일 분산시킬 수 있다. 최근의 설계에서는 특정한 용도에 맞춰서 일련의 입자들을 격자형, 환형, 방사형 또는 나선형으로 배치한다.
다이아몬드 노출	돌출높이는 연마용 패드에 생성되는 최적 그루브 깊이와 관련되어 있다.
다이아몬드 배향	입자의 선단각도 및 위치와 관련되어 있다. 다이아몬드 입자들의 배향이 임의적이라면, 입자들의 높이가 서로 달라지며, 선단부 편평도가 변화하여 연마 균일성이 영향을 받게 된다.
디스크 편평도	컨디셔너 모재 표면이 평면이 아니라면 전체적으로 작용입자밀도가 영향을 받는다. 50[mm] 직경의 컨디셔너에 40[μm]의 곡률이 존재한다면, 작용입자밀도가 최대 50% 정도 변하게 된다. 이로 인하여 넓은 영역의 비평면화가 초래되며 유효면적과 높이가 큰 고립된 (다이아몬드)입자들이 작용하게 된다.
제작방법	그림 13.7에 도시되어 있는 것처럼 금속모재에 다이아몬드 입자들을 접착하는 방법이 디스크 설계에서는 중요하게 사용된다.
접착두께	접착두께에 따라서 다이아몬드 고정능력과 공구수명이 영향을 받는다.

13.2.3 다이아몬드 디스크 컨디셔너의 제작

다이아몬드 디스크 컨디셔너를 제작하는 다양한 방법들이 제시되었다.[13,22,44,45] 비엘론스키 등[45]의 경우, 스테인리스강을 사용하여 제작한 금속원판에 연마입자들을 단일층으로 코팅하여 다이아몬드 디스크를 제작하는 방법을 제시하였다.

다이아몬드 입자로는 천연 다이아몬드나 입방정질화붕소[3]를 사용한다. 기존의 방법들을 사용

---

3   cubic boron nitride.

하여 이 입자들을 임의산포 또는 구조화된 패턴으로 배치한다. 니켈과 같은 결합소재를 증착하여 다이아몬드 입자들을 모재에 고정시킨다. 그림 13.7에는 전형적인 다이아몬드 디스크 컨디셔너 구조가 도시되어 있다.

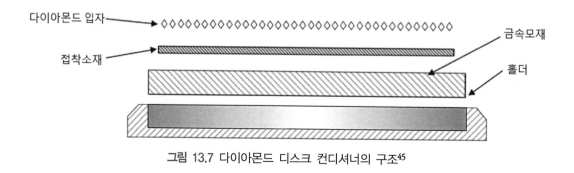

그림 13.7 다이아몬드 디스크 컨디셔너의 구조[45]

전기도금, 브레이징, 금속소결 그리고 화학기상증착(CVD) 등의 다이아몬드 접착기법들을 사용하여 초연삭재들을 모재에 접착한다. 그림 13.8에서는 다양한 다이아몬드 접착방법들[46]에 대해서 설명하고 있다. 브레이징 접착은 다이아몬드 입자와 모재 사이에 강력한 결합을 형성하기 때문에 선호되는 방법이다. 브레이징 접착의 경우, 전기도금 컨디셔닝 디스크에 비해서 다이아몬드 입자들이 잘 떨어져나가지 않는다.[45] 입자들을 증착한 다음에는, 홀더에 모재 디스크를 장착하여 연마기에 설치한다.

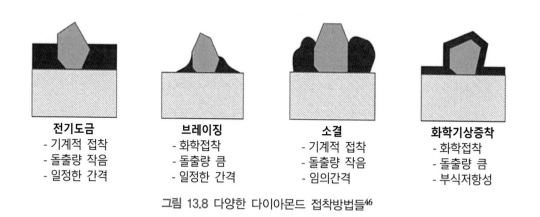

그림 13.8 다양한 다이아몬드 접착방법들[46]

13.3 다이아몬드 디스크 패드 컨디셔닝 공정의 조절

13.3.1 다이아몬드 디스크 컨디셔닝의 공정인자들

패드 컨디셔닝은 매우 기계적인 공정이다. 표 13.2에서는 컨디셔닝이 연마공정에 끼치는 영향을 설명하고 있으며, 표 13.3에서는 패드와 컨디셔너의 성질에 영향을 끼치는 여러 가지 인자들에 대해서 설명하고 있다.[40,47~49] 제어기를 사용하여 연마가공 중에 장비의 세팅을 조절하는 공정제어 자동화가 구현되었다.[50,51]

회전하는 다이아몬드 디스크가 연마용 패드의 연마영역 내에서 반경방향 또는 반원형 궤적을 따라서 이동하면서 최적의 패드 컨디셔닝을 위해서 연속적으로 컨디셔닝 인자들을 조절한다. 임과 이[52]의 연구에서는 다이아몬드 디스크의 이동궤적을 다수의 영역들로 구분하고, 각 영역별로 이동속도를 변화시켰다. 다이아몬드 디스크는 연마용 패드의 테두리 영역에서 가장 빠른 속도로 움직이며, 중간영역에서는 가장 느린 속도로 움직이고, 중앙영역에서는 중간 속도로 움직인다.[52] 다이아몬드 디스크와 연마용 패드 사이의 접촉압력도 각 영역별로 변화시켰다. 연마용 패드의 테두리 영역에서는 누름압력이 가장 높고, 중간영역에서는 가장 낮으며, 중앙영역에서는 중간 정도로 유지하였다.

표 13.2 패드 컨디셔닝의 기구학적 인자들

인자	설명
압력	컨디셔닝 압력은 컨디셔너 디스크에 부가되는 누름압력과 관련되어 있다. 다이아몬드 디스크와 연마용 패드 사이의 접촉압력이 높아질수록 패드의 마모율이 증가한다.
속도	패드와 컨디셔너 사이에서 일어나는 모든 평면방향 운동이 조합된 값이다. 컨디셔닝 속도가 증가할수록 패드 마모율이 증가한다. 반면에, 컨디셔닝 속도가 높아지면 표면 거칠기가 증가한다. 패드 속도에 따라서 웨이퍼의 소재제거율이 증가한다.
시간	각 영역별로 디스크 컨디셔닝에 투입된 시간이다. 첸[17]에 따르면, 실제 컨디셔닝 시간이 패드 마모를 결정하는 가장 중요한 인자이다. 또한 컨디셔너가 특정한 영역에 오랜 시간 동안 머물러 있는 다면, 국부 패드 두께가 감소하며, 국부 컨디셔너 접촉압력도 감소한다. 따라서 컨디셔닝 시간이 길어질수록 소재제거율이 점차로 감소하게 된다.
스윕패턴	패드상의 할당된 영역에서 컨디셔닝 디스크가 움직이도록 지정된 궤적과 스윕진동 주파수로 표현된다. 궤적은 직선형이거나 반원 형태를 갖는다.

표 13.3 패드와 컨디셔너의 특성인자들

부품	인자	설명
패드	온도	패드 온도가 높아지면 패드 기공이 확장되고 슬러리 이동도가 높아지며, 패드의 평탄도와 윤곽 평활도가 향상되어 제거율이 개선된다.[40,48] 하지만 정상상태 도달시간이 길어지며 구리소재에 대한 화학-기계적 연마가공의 경우에는 디싱이나 침식과 같은 결함이 생성될 우려가 있다.[49]
	패드 상대경도	패드 속도가 증가할수록 패드의 유효경도가 증가하며, 입자의 패드 침투깊이가 감소한다. 이로 인하여 컨디셔닝 효과가 저하된다.
	패드 함침시간	패드 함침시간은 패드의 동적 전단경도에 큰 영향을 끼친다. 또한 패드 구조가 더 유연해져서 패드 소재의 마모율이 점차로 증가하게 된다.
	슬러리의 pH값	연마할 시편에 따라서 슬러리의 pH값이 결정된다. 알칼리성이 높아지면 다이아몬드 입자의 가공력이 저하된다. 즉 날카로운 다이아몬드 모서리가 침식되어 컨디셔닝 패드의 가공력이 떨어진다.
컨디셔너	작용입자밀도	극소수의 입자들만이 패드와 접촉하고 있는 상황에서 누름력이 증가한다면, 투과깊이가 증가하면서 작용입자밀도가 증가하게 된다. 만일 작용입자밀도가 너무 많이 증가하게 되면, 패드에 그루브가 만들어지는 대신에 표면이 연마되어버리며, 패드의 성능이 저하되어버린다.
	입자크기	다이아몬드 입자들의 평균절단각도나 평균 그루브 폭을 사용하여 입자크기를 나타낼 수 있다. 이 값들은 연마용 패드에 생성되는 그루브의 깊이와 폭에 해당한다.
	디스크 크기	디스크 크기에 따라서 컨디셔너/패드 비율이 결정된다. 이 비율이 크면 다이아몬드 파손율이 감소하며 컨디셔닝 효율이 향상된다. 디스크 직경이 작을수록 패드 윤곽성형이 용이하다.
	디스크 채터	컨디셔너와 패드 사이의 접촉면적 변화는 컨디셔닝에 영향을 끼친다. 디스크 채터로 인하여 접촉면적이 심하게 변한다. 그러므로 공정인자들의 세심한 관리와 컨디셔너 홀더 및 고정용 하드웨어 설계를 통해서 이를 최소화시켜야만 한다.
	다이아몬드 입자마멸	다이아몬드 입자들이 마멸되면, 먼저 날카로운 모서리들이 둥글려지며, 서서히 모든 입자들이 둥근 모서리를 가진 평면을 이루게 된다. 다이아몬드 입자들이 마멸되어 동일한 침투깊이를 이루며, 작용입자 밀도가 높아지는 경우에만 일정한 속도의 컨디셔닝을 구현할 수 있다.

13.3.2 패드 표면에 대한 측정과 평가

계측은 모든 형태의 화학-기계적 연마공정 제어에서 결정적인 역할을 하며, 사용된 측정기법, 공정 내의 측정위치 그리고 생성되는 데이터의 유형과 양 등에 기초하여 다양한 방식으로 구현할 수 있다. 화학-기계적 연마 사이클을 수행하는 동안 패드의 두께, 영계수 그리고 점성과 같은 패드 특성들이 지속적으로 변한다. 그러므로 이런 성질들을 실시간으로 측정하는 것은 연마의 불균일성에 대해서 이해하고 웨이퍼 내 불균일과 웨이퍼 간 불균일을 허용 가능한 수준으로 유지하기 위해서 매우 중요하다.

패드 두께를 측정하는 파괴적인 방법은 패드를 절단한 후에 마이크로미터를 사용하여 두께를 직접 측정하는 것이다. 하지만 1990년대부터 연마용 패드의 두께를 비파괴적으로 측정하는 방법이 개발되었다. 메이클[53~55]은 레이저빔 검출기를 사용하여 연마용 패드의 두께변화를 모니터링하는 방법과 기구를 고안하였으며, 이를 사용하여 패드 컨디셔닝 사이클이 끝난 이후에 패드 두께를 측정할 수 있었다. 그림 13.9에서는 광원과 검출기를 갖춘 레이저 위치센서나 레이저 간섭계를 사용하는 측정장치를 보여주고 있다. 패드 두께가 변하기 전과 후에 연마용 패드에 레이저 광선을 조사하며, 검출기를 사용하여 반사광선을 검출한다. 이 측정방법의 단점은 패드 두께 데이터가 불연속적으로 얻어진다는 것이다. 연마용 슬러리가 패드 표면에 덮여 있으면, 어떤 데이터가 유효한지를 판단하기 어렵다. 또한 패드 컨디셔닝이 끝난 이후에 측정을 수행할 수 있으며, 화학-기계적 연마가공 사이클이 수행되는 동안은 측정이 불가능하다.

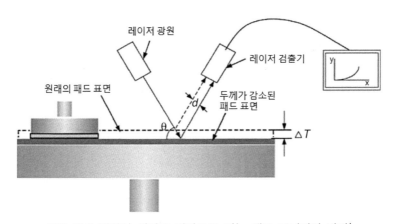

그림 13.9 레이서 센서를 기반으로 하는 패드 모니터링 방법[4]

그림 13.10에서는 패드 두께 측정에 레이저 센서를 사용한 츄앙 등[56]의 발명을 보여주고 있다. 이전 발명들과의 차이점은 화학-기계적 연마 사이클을 수행하는 동안 패드의 두께를 모니터링하기 위해서 측정용 디바이스가 연마용 헤드 밖으로 돌출되어 있다는 것이다. 측정용 디바이스는 변위센서, 레이저 광원, 인터셉터 그리고 디스플레이 디바이스 등으로 구성되어 있다. 인터셉터로 레이저가 조사되며, 측정용 디바이스로 반사된다. 이를 통해서 패드 표면(그에 따른 패드 두께)을 검출한다. 이 발명을 통해서 화학-기계적 연마가공을 수행하는 동안 실시간 두께측정이 실현되었다.

홍 등[57]은 그림 13.11에 도시되어 있는 것처럼, 웨이퍼와 중첩되지 않은 위치에서 연마용 패드의 반경방향 두께를 검출하기 위한 선형 다차원 스캐닝 디바이스를 발표하였다. 이 스캐닝 디바이스는 두 구역으로 구성되어 있다. 첫 번째 구역에서는 웨이퍼와 간헐적으로 접촉하는 연마용 패드

4 Zhang, X.H., Pei, Z.J., and Fisher, G.R., 2007, Measurement methods of pad properties for chemical mechanical polishing, Proceedings of the 2007 ASME International Mechanical Engineering Congress and Exposition (IMECE 2007), Seattle, WA, November 11e15, vol. 3, pp. 517~522.

의 첫 번째 구역을 스캔한다. 두 번째 구역에서는 화학−기계적 연마 사이클 동안 웨이퍼와 결코 접촉하지 않는 연마패드의 두 번째 구역을 스캔한다. 연마용 패드의 표면을 스캔하고 나면, 이 프로파일을 사용하여 컴퓨터가 패드 교체 여부를 판단한다. 또한 화학−기계적 연마가공기가 작동하는 동안 패드의 두께를 모니터링한다.

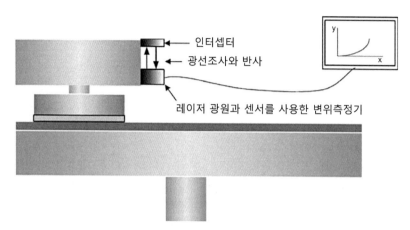

그림 13.10 연마기에 설치되어 있는 레이저 센서를 사용한 패드 모니터링 디바이스[5]

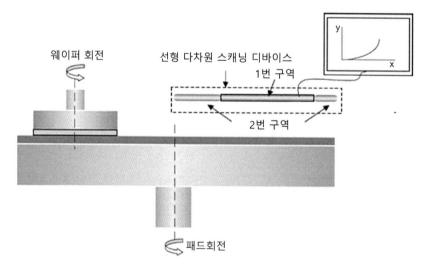

그림 13.11 패드 표면 측정용 선형 다차원 스캐닝 디바이스[6]

5 Zhang, X.H., Pei, Z.J., and Fisher, G.R., 2007, Measurement methods of pad properties for chemical mechanical polishing, Proceedings of the 2007 ASME International Mechanical Engineering Congress and Exposition (IMECE 2007), Seattle, WA, November 11e15, vol. 3, pp. 517~522.

6 Zhang, X.H., Pei, Z.J., and Fisher, G.R., 2007, Measurement methods of pad properties for chemical mechanical polishing, Proceedings of the 2007 ASME International Mechanical Engineering Congress and Exposition (IMECE 2007), Seattle, WA,

나가이 등[58]은 패드 표면을 모니터링하기 위해서 레이저 초점변위계(LFDM)[7]를 사용하였다. 이 레이저초점 변위계를 사용하여 비접촉 방식으로 패드 표면의 변위와 표면 거칠기를 실시간 관찰하였다.

또한 피셔 등[59]은 초음파나 전자기파 송수신기를 사용하여 그림 13.12에 도시되어 있는 것처럼, 연마용 패드의 반경방향 에 대한 임의영역을 관찰하였다. 단일 센서나 다중 센서로부터의 신호들은 새로운 패드의 기준신호에 비해서 위상변화나 시간지연을 나타낸다. 패드 두께의 변화에 따른 위상변화(신호전달경로 차이) 상관관계로부터 패드 두께변화를 측정한다. 모든 센서들은 전자기파 송신기와 수신기가 결합되어 있다.

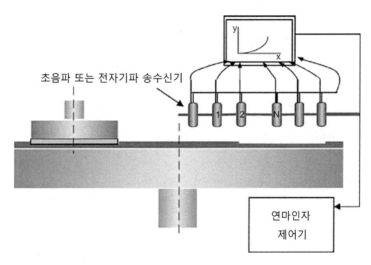

그림 13.12 패드 표면 측정용 선형 초음파 또는 전자기파 센서[8]

아데반조 등[60]은 그림 13.13에 도시되어 있는 것처럼, 연마용 패드의 두께변화를 현장에서 측정할 수 있는 비파괴 접촉식 측정방법을 고안하였다. 두 장의 강체 평판을 각각 연마용 패드의 컨디셔닝된 영역과 컨디셔닝되지 않은 영역에 올려놓는다. 컨디셔닝된 영역에 매달려 있는 두께 게이지를 사용하여 평면 부재들 사이의 높이 차이를 측정한다.

November 11e15, vol. 3, pp. 517~522.

7 LT-8110 레이저센서헤드, 키엔스社.

8 Zhang, X.H., Pei, Z.J., and Fisher, G.R., 2007, Measurement methods of pad properties for chemical mechanical polishing, Proceedings of the 2007 ASME International Mechanical Engineering Congress and Exposition (IMECE 2007), Seattle, WA, November 11e15, vol. 3, pp. 517~522.

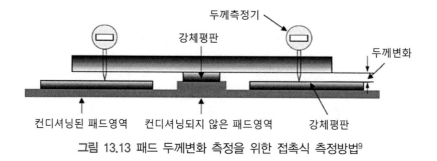

두께측정기

강체평판

두께변화

컨디셔닝된 패드영역   컨디셔닝되지 않은 패드영역   강체평판

그림 13.13 패드 두께변화 측정을 위한 접촉식 측정방법[9]

13.4 다이아몬드 디스크 패드 컨디셔닝의 모델링과 시뮬레이션

13.4.1 발표된 모델들에 대한 개괄

비록 과거 10여 년 동안 화학-기계적 연마에 대한 모델링이 발전을 이루었지만 웨이퍼, 슬러리 그리고 패드 사이의 물리적 상호작용에 초점이 맞춰져 왔다.[61] 그런데 패드 컨디셔닝과 화학-기계적 연마가공 사이에 상관관계가 존재한다는 것이 규명되었다. 패드 컨디셔닝이 웨이퍼 표면 거칠기(두께편차), 소재제거율, 패드 표면 윤곽 그리고 패드 성질에 끼치는 영향을 나타내기 위한 다양한 모델들이 제안되었다. 이 이론은 원하는 연마목표의 달성, 공정의 신뢰성과 수율 향상 그리고 공정제어성 등을 달성하기 위해서는 컨디셔너를 어떻게 매칭 시키거나 설계할지에 대해서 지침을 제시해준다. 이런 이해는 반도체 제조업계에서 진보된 원가관리, 공정최적화 그리고 자동화를 위해서 중요한 사안들이다.

컨디셔닝을 주로 2물체 마멸 메커니즘[8]으로 이루어지는 기계적 가공이라고 간주하기 때문에, 소재제거(연마) 과정을 모사하기 위해서 원래는 유리소재 연마의 모델링[61]을 위해서 사용되었던 고전적인 프레스턴 방정식[62]이 널리 사용되었다. 웨이퍼와 패드 사이의 상호작용과 패드와 컨디셔너 사이의 상호작용에는 상호 유사성이 있으므로, 컨디셔닝에 의해서 유발되는 패드 마모를 모델링하기 위해서 프레스턴 방정식이 자주 채용되었다. 프레스턴 방정식에 따르면, 소재제거율(MRR)은 부가압력 P와 웨이퍼와 패드 사이의 상대속도 V 그리고 프레스턴 계수 K_p에 비례한다.

$$MRR = K_p PV \tag{13.1}$$

9　Zhang, X.H., Pei, Z.J., and Fisher, G.R., 2007, Measurement methods of pad properties for chemical mechanical polishing, Proceedings of the 2007 ASME International Mechanical Engineering Congress and Exposition (IMECE 2007), Seattle, WA, November 11e15, vol. 3, pp. 517~522.

프레스턴 방정식은 단순하고 적용이 용이하여 널리 사용되고 있다. 많은 연구자들이 다양한 용도에 적용하기 위해서 이 식을 수정하였다. 일부 연구자들은 K_p값이 진보된 물리학에 영향을 받으며[63~65] 패드 거칠기, 거스러미, 탄성, 표면의 화학조성 그리고 마멸뿐만 아니라 컨디셔너의 특성에도 의존한다. 패드 컨디셔닝에 대한 모델링에서 K_p가 끼치는 영향을 이해하기 위해서는 추가적인 분석연구가 필요하다.

일반적으로 사용되는 모델링 방법을 기구학적 방법과 통계학적 방법으로 분류할 수 있다. 기구학적 방법에서는 컨디셔닝 공정을 나타내기 위해서 운동과 그에 관련된 컨디셔너와 패드의 작용력을 사용한다. 통계학적 방법에서는 패드 표면의 한 점에서 동일한 가공이 반복될 확률과 같은 통계모델을 사용한다. 표 13.4에서는 구분된 공정 모델별로 사용되는 주요 변수들과 모델링 목적 등을 설명하고 있다.

표 13.4 패드 컨디셔닝 분석모델의 분류

연도	문헌	목표	핵심가정	접근방법	핵심변수들				
					기구학	시간	다이아몬드 특성	온도	패드 성질
1999	77	패드 윤곽	프레스턴 방정식	기구학	O	O			
2000	61	패드 윤곽	프레스턴 방정식	기구학	O	O			
2003	72	패드 변형	탄성변형	기구학	O				O
2004	71	패드 MRR	소모동력	기구학	O		O		
2004	47	패드 MRR	프레스턴 방정식	기구학	O		O		O
2004	74	패드 표면 변산도	등가막대컨디셔너	통계학	O	O	O		O
2005	78	패드 마모분포	컨디셔닝 밀도	기구학	O	O			
2006	75	패드 표면 변산도	등가막대컨디셔너	통계학		O	O		O
2006	76	패드 MRR	컨디셔닝, 마찰 및 제거	조합	O	O	O	O	O
2007	67	패드 윤곽	프레스턴 방정식	기구학	O	O			
2009	70	패드 윤곽	프레스턴 방정식과 긁힘수	기구학	O	O			
2009	9	패드 윤곽	프레스턴 방정식과 미끄럼거리	기구학	O	O			
2010	65	복원면적비율	컨디셔닝 밀도	기구학	O	O			
2012	68	패드 윤곽	프레스턴 방정식과 스윕면적	기구학	O	O			
2012	69	패드 윤곽	컨디셔닝 밀도	기구학	O	O			

13.4.2 기구학적 모델링 방법

첸,[61] 펭,[66] 장,[67] 이,[9] 리[68] 그리고 바이시즈[69]의 모델들에서는 프레스턴 방정식을 사용하여 패드 표면에서 발생하는 마모량을 예측하기 위해서 **기구학적 방법**을 사용한다. 기구학적 방법의 가장 중요한 가정은 패드 마모가 패드의 미끄럼거리에 의해서 결정된다는 것이다. 첸[70]은 다이아몬드 입자에 의해서 패드 표면에 생성된 긁힘의 개수 분포와 패드 윤곽 사이의 상관관계를 나타내기 위해서 기구학적 방법을 사용하였다. 예[65]는 경사층이 최종적으로 제거되어 유효 프레스턴 상수가 복원되기 전까지 특정한 위치에서 발생하는 다중가공현상을 모델링하기 위해서 첸[70]의 모델을 개선하였다. 컨디셔닝의 유효성을 측정하기 위해서 예[65]는 **복원면적비율**이라고 부르는 총 패드면적에 대한 복원면적의 비율을 사용하여 성능기준을 정의하였다.

초와 호[47] 그리고 리아오[71]의 모델은 컨디셔너 인자들과 패드 마모율 사이의 관계정립에 더 초점을 맞추었다. 그런데 초와 호는 프레스턴 방정식을 사용한 반면에 리아오의 모델은 금속절삭 이론에 기초하였다. 반면에 홍[72]의 모델에서는 여타의 모델들에서는 고려하지 않았었던 패드 표면에서의 패드 변형을 계산하였다. 표 13.5와 표 13.6에서는 앞서 제시한 모델들에 대한 개략적인 설명, 가정, 유도 그리고 주요결론 등을 요약하여 보여주고 있다.

13.4.3 통계학적 모델링 방법

화학-기계적 연마가공은 비선형적이며, 때로는 비-가우시안적인 공정 동특성을 가지고 있기 때문에 비교적 복잡하여 공정의 모니터링과 제어가 매우 어렵다. 콩 등,[73] 보루키 등[74] 그리고 위간드 등[75]의 모델에서는 패드 표면 거칠기의 크기와 변동성을 고찰하기 위해서 통계학적 방법을 사용하였다. 보루키 등[76]의 후기모델에서는 소재제거율을 예측하기 위해서 컨디셔닝에 따른 패드 표면 윤곽과 마찰계수를 조합하여 사용하였다. 보루키 등의 모델과 위간드 등의 모델 역시 표 13.5와 표 13.6에서 개략적인 설명, 가정, 유도 그리고 주요결론 등을 요약하여 보여주고 있다.

13.5 결론

반도체업계에서는 화학-기계적 연마용 패드의 표면에 새로운 거스러미를 재생하고 균일한 표면윤곽을 유지하기 위해서 다이아몬드 디스크 컨디셔닝을 가장 널리 사용하고 있다. 컨디셔닝 장비는 전형적으로 한쪽 표면에 다이아몬드 입자들이 돌출되어 있는 금속 디스크를 사용한다. 컨디셔너 설계 시 고려해야 할 사항들에는 다이아몬드 입자의 크기, 형상, 돌출량, 배향, 기하학적 배열, 밀도, 디크스의 크기, 디스크의 앞면 편평도, 접착두께 그리고 제조방법 등이 포함된다.

현재 다이아몬드 디스크 패드 컨디셔닝에서 고려되는 주요 공정제어인자들에는 컨디셔닝 시간과 더불어서 상대속도와 스윕패턴(스윕궤적) 같은 기구학적 인자들이 포함된다. 컨디셔너와 패드 사이의 상호작용을 모델링하기 위해서 많은 연구자들이 프레스턴 방정식을 사용하여 왔다. 핵심 모델링 변수들에는 압력, 패드 속도, 컨디셔너 속도, 컨디셔닝 시간, 디스크 반경, 입자크기, 입자밀도, 패드 온도, 패드의 상대경도 등이 포함된다. 유용한 분석모델들에서는 패드의 마모율, 패드 높이분포, 패드 표면조도, 패드 변형, 웨이퍼 제거율 그리고 패드 표면 복원면적비율 등을 예측할 수 있다. 컨디셔너의 설계, 패드 특성 그리고 화학−기계적 연마가공 관련인자들과 같은 많은 조건들을 최적화하여 패드 표면 특성의 균일화나 소모품 사용수명 연장과 같은 다양한 목표들을 실현할 수 있다.

표 13.5 패드 컨디셔닝 분석모델들이 사용한 기하학적 구성

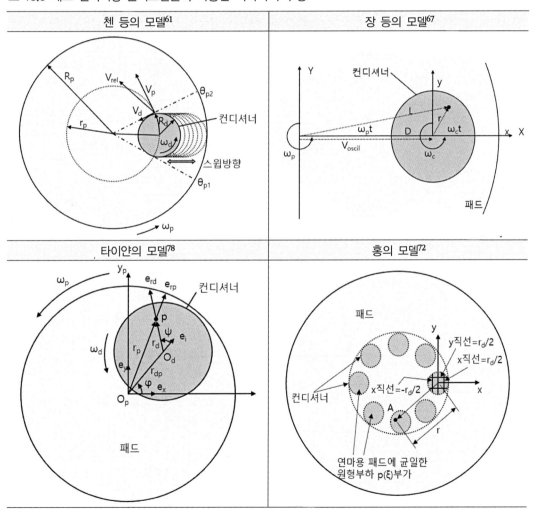

표 13.5 패드 컨디셔닝 분석모델들이 사용한 기하학적 구성(계속)

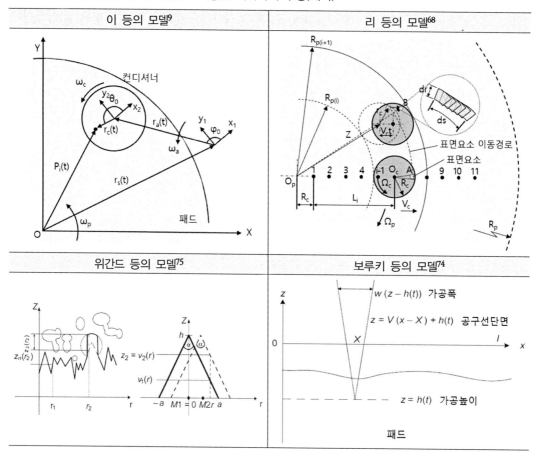

표 13.6 패드· 컨디셔닝 분석모델들의 특징 요약

리아오 등의 모델[71]	
가정	- 패드의 단위체적을 제거하기 위해서 소모된 동력을 구하기 위해서 컨디셔닝을 금속 절삭처럼 간주한다. - 컨디셔닝 공정에서 소비된 총 에너지율 P는 CMP 가공기의 동력 소모량 ΔP와 거의 선형 비례하므로 $P = \Delta P$라고 간주한다. - 입자크기의 영향과 패드의 경도를 고려한다.
제안된 분석모델	$$\Delta P = K\frac{D^1 F^b}{N^c w^d} \qquad (13.2)$$ D: 드레싱율 $\qquad\qquad\qquad\qquad$ w: 다이아몬드에 의해서 긁힌 그루브의 평균 폭 F: 누름력 $\qquad\qquad\qquad\qquad\qquad$ K,a,b,c,d는 모두 상수들 N: 작용 다이아몬드의 총 수
주요결론	1. 드레싱율 D는 CMP 가공기의 동력소모량과 관련되어 있다. 2. 개발된 드레싱 모델은 누름력 이외에는 컨디셔너의 설계인자들로만 구성되어 있다. 3. 다른 연구자들이 사용한 프레스턴 방정식에는 누름력과 패드 속도가 고려되었지만, CMP 장비업체에서는 이를 조절할 수 없게 고정시켜놓았기 때문에 이 모델이 더 유용하다.

표 13.6 패드 컨디셔닝 분석모델들의 특징 요약(계속)

초와 호의 모델[47]

가정	연성소재에 대한 래핑모델을 가정하였다.
제안된 분석모델	드레싱율 $= K_D \dfrac{V_D}{R \cdot A} \lambda d_0 \left(\dfrac{P}{H_p}\right)^{1.5}$ (13.3) K_D: 드레싱율 상수 　　　　　　　　 d_0: 연마입자의 직경 A: 드레싱 면적 　　　　　　　　　 λd_0: 다이아몬드들 사이의 분리거리 λ: 연마입자의 밀도분포 　　　　　 H_p: 연마용 패드의 경도 V_D: 컨디셔닝 속도 　　　　　　　　 P: 컨디셔닝 압력 R: 다이아몬드 입자들의 나이프엣지
주요결론	1. 컨디셔닝 압력과 속도가 패드의 드레싱율에 직접적인 영향을 끼치므로, 과도한 패드 가공을 피하면서 이상적인 컨디셔닝을 구현하기 위해서는 컨디셔닝 압력과 속도를 낮춰야만 한다. 2. 함침시간이 길어지면 드레싱율이 증가한다. 3. 슬러리의 pH값에 따라서 다이아몬드 컨디셔너의 다이아몬드 입자들의 강도가 영향을 받는다.

이 등의 모델[9]

가정	−패드 마모를 분석하기 위해서 프레스턴 형태의 관계식을 적용하였다. −컨디셔너는 패드에 균일한 압력과 일정한 접촉을 가한다. −패드는 등방성이다. −점상의 다이아몬드 입자들이 컨디셔너 위에 균일하게 분산되어 있다. −스윙암 회전중심의 정주시간은 무시한다.
제안된 분석모델	$q_j = k_c p_c \left(\dfrac{1}{a_j} \sum \int_{t_{j,in}}^{t_{j,out}} \nu_i(t)\,dt \right)$ (13.4) q_j: 패드 내 미소원형면적의 마모량 　　 a_j: 패드상의 j번째 미소원형면적 k_c: 컨디셔닝과 관련된 상수 　　　　　 $v_i(t)$: 패드에 대한 P점의 속도 p_c: 컨디셔닝 압력
주요결론	컨디셔너 속도 프로파일, 미끄럼거리분포 그리고 패드 표면윤곽들 사이에는 밀접한 상관관계가 있다.

첸 등의 모델[61]

가정	−주어진 위치에서, 상대속도(V_{rel})는 패드 속도(V_p) 및 컨디셔너 속도(V_c) 그리고 중심 간 거리(D_{cc})의 함수이다. −D_{cc} 범위 내의 주어진 반경방향 위치에서, 디스크로 패드를 컨디셔닝 한다. 즉, $r_p - R_d \leq D_{cc} \leq r_p + R_d$ −패드 마모율을 모사하기 위해서 일반화된 프레스턴 방정식을 사용하였다. −반경방향위치에서의 국부압력 $P(r_p)$은 국부 마모두께 $\Delta h(r_p)$와 반비례한다. −$\overline{P}$는 상수이며 $\Delta \overline{h}$는 이미 알고 있는 값이다.
제안된 분석모델	$WR = \dfrac{\Delta h}{\Delta t} = K_p P^\alpha V_{avg,s}^\beta$ (13.5) $P = \dfrac{\overline{P}}{\Delta h / \Delta \overline{h}}$ (13.6) WR: 마모율 　　　　　　　　　　　 Δt: 실제 컨디셔닝 시간 $V_{avg,s}$: 평균스윕속도 　　　　　　　 P: 압력 Δh: 패드의 마모두께 　　　　　　 $\overline{P}$: 평균압력 $\Delta \overline{h}$: 반경방향 위치의 패드 평균마모율 　 K_p: 상수

표 13.6 패드 컨디셔닝 분석모델들의 특징 요약(계속)

주요결론	1. 속도항($V_{avg,s}$)이 비교적 중요한 역할을 한다. 정말 중요한 인자는 실제 컨디셔닝 시간(Δt)이므로, 가공균일성을 구현하기 위해서는 이들의 분포를 최적화하는 것이 필요하다. 2. 패드 윤곽 최적화를 위해서는 (a) 디스크와 플레이트의 각속도의 편차를 작게 설정한다(디스크 반경 대 패드반경의 비율을 가능한 한 작게 만든다). (b) 디스크 직경을 스윕 범위의 정수배로 설계한다. (c) 스윕 범위를 넓힌다. (d) 영역의 숫자를 늘린다.

리 등의 모델[68]

가정	−개별 사이클마다, 컨디셔너는 미리 정해진 궤적을 따라서 반경 범위를 한차례 스윕한다. −평균 컨디셔닝 압력은 일정하다. 마모두께는 스윕면적(표면요소들의 합)에 정비례하며 패드 표면적에 반비례한다.
제안된 분석모델	$$A_{swept(i)} = \int_0^{2\pi} \int_0^{R_c} \int_0^{t_i} \sqrt{\dot{\varphi}^2 r^2 + \dot{r}^2}\, dt\,dr_c\,d\varphi \qquad (13.7)$$ $$\Delta h_i = kN \frac{A_{swept(i)}}{\pi(L_{i+1} + 2R_c)^2 - \pi L_i^2} \qquad (13.8)$$ $A_{swept(i)}$: 세그먼트 스윕시간 t 동안 컨디셔너 궤 $\quad \Delta h_i$: 패드의 영역별 마모량 $\quad$적의 스윕면적 $\qquad\qquad\qquad\qquad\quad k$: 상수 R_c: 컨디셔너 반경 $\qquad\qquad\qquad\qquad N$: 스윕 사이클 시행횟수 (r, φ): 궤적의 극좌표 함수형태 $\qquad\quad L$: 컨디셔너 중심의 초기위치
주요결론	1. 총 컨디셔닝 시간이 일정하다면, 세그먼트 스윕시간은 패드 표면형상에 영향을 끼치지 않는다. 2. 스윕 프로파일이 패드 표면형상에 전사된다. 따라서 직선형 스윕 프로파일을 사용할 때에 최고의 패드 형상이 구현된다. 3. 패드 회전속도가 빠를수록 패드 마모가 증가하며 패드 표면형상이 더 오목해진다. 4. 패드 회전속도에 비해서 컨디셔너의 회전속도가 패드 표면형상에 끼치는 영향은 훨씬 작다. 5. 컨디셔너의 직경이 작을수록 패드 표면형상이 평평해진다.

홍의 모델[71]

가정	−컨디셔너와 연마용 패드 사이의 접촉표면을 매끄러운 평면이라고 간주한다. −컨디셔닝 모델에서는 플레이트는 다수의 균일한 원형부하가 가해진다고 단순화하였다. −다수의 컨디셔너들이 동시에 작용한다.
제안된 분석모델	−x-축과 평행하며 길이는 $2\sqrt{r_d^2 - \xi^2}$ 이고 폭은 $d\xi$인 부하에 의해서 y=0 직선상의 한 점에 발생하는 부하를 $\omega(r,0,z)$라고 나타낸다. −반경방향을 따라 움직이는 하나의 컨디셔너에 의해서 유발되는 패드 변형을 반무한체 내에서 기준점($r=0, z=H$)에 대해서 계산할 수 있다. −따라서 $\xi=-r_d$에서 $\xi=r_d$의 범위에 대해서 균일하게 작용하는 부하에 의해서 $(r,0,0)$과 $(0,0,H)$ 사이에서 유발되는 상대변위는 다음과 같이 주어진다. $$u_i(r) = \int_{-r_d}^{r_d} [\omega(r,0,0) - \omega(0,0,H)]d\xi, \ \ i = 1,2,...N_d \qquad (13.9)$$ 여기서 r_d는 원형부하반경, H는 패드직경이다. 총 변형은 다음과 같이 주어진다. $$\delta_{total} = \sum_{i=1}^{N_d} u_i(r) \qquad (13.10)$$

표 13.6 패드 컨디셔닝 분석모델들의 특징 요약(계속)

주요결론	1. 패드깊이 H가 증가하면 패드강성이 감소하여 변형이 증가한다. 2. 원형부하는 중앙부위에서 최대가 되므로 y-축과 평행한 직선에 대해서 x-축 음의 방향으로의 변형은 항상 양의 방향에 비해서 더 크며, 이 조건은 x-축과 평행한 직선에 대해서는 항상 성립한다. 3. x-축과 평행한 직선의 경우, 원래의 점으로부터 측정한 거리가 증가하면, 편형도 증가한다. 4. y-좌표의 경우, 다중원형 부하가 음의 y-좌표에 대해서 더 강하기 때문에 음의 방향 변형이 양의 방향 변형보다 항상 더 크다.

장 등의 모델[67]

가정	− 일정한 압력하에서 패드 마모율을 분석하기 위해서 프레스턴 형태의 관계식이 적용되었다. − 상대속도분포를 해석하는 과정에서 컨디셔너의 진동속도를 무시하였다. − 슬러리나 패드와 같은 모든 소모품들은 등방성이다. − 패드의 주어진 위치에서 패드 마모량은 시간에 따른 패드 마모량 적분값을 평균하여 사용하였다.
제안된 분석모델	$$S = \int_{\nu}^{t'} \nu_{p/c} dt = 2D\cos^{-1}\left(\frac{D^2+L^2-r_c^2}{2DL}\right) \times \left\{R + \frac{(\rho'\zeta)^2}{4R}\left(\frac{R-1}{R}\right) + \rho'\zeta\right\} \quad (13.11)$$ 여기서 D는 패드중심과 컨디셔너 회전중심 사이의 거리, $\nu_{p/c}$는 컨디셔너에 대한 패드상의 한 점의 상대속도, $S = S(L)$은 패드상에서의 미끄럼길이이다. 다음에 제시되어 있는 심슨의 근사법을 적용한 매트랩 프로그램을 사용하여 반경방향 위치 L_1에서의 패드 마모량 $H_{avg}(L_1)$을 구할 수 있다. $$H_{avg}(L) = \frac{1}{2\pi L}\int_0^{t'} H dt = \frac{1}{2\pi L}\int_0^{t'} kps\,dt = \frac{kp}{2\pi L}\int_0^{t'} S(D,R)dt \quad (13.12)$$ 여기서 $R(t)$는 회전/속도비율(ω_c/ω_p)의 함수이며, $D(t)$는 회전중심 간 거리의 함수 그리고 t'은 진동주기의 절반시간이다.
주요결론	1. 패드상에서 미끄럼거리의 공간분포는 균일하지 않으며, 회전/속도비율 R에 따라서 오목한 형태를 갖는다. 2. 컨디셔닝을 오래 수행하면 연마용 패드가 심하게 오목해진다. 3. 중요한 변수들인 $D(t)$와 $R(t)$를 사용하여 패드 마모량 프로파일을 조절할 수 있다.

등타이얀의 모델[78]

가정	− 다이아몬드 입자들이 균일하게 분산되어 있다. − 드레싱을 수행하는 동안 스위핑 운동을 느리게 진행한다.
제안된 분석모델	패드상의 전체 궤적은 다음과 같이 주어진다. $$\bigoplus_{j=1}^{N_d}\begin{bmatrix}\rho_{pj}\cos(\psi_{pj})\\\rho_{pj}\sin(\psi_{pj})\end{bmatrix} = R - (-\tau)R(\omega_{dn}\tau) \times \left\{\bigoplus_{j=1}^{N_d}\begin{bmatrix}\rho_{pj}\cos(\psi_{dj})\\\rho_{dj}\sin(\psi_{dj})\end{bmatrix} + R(-\tau)\begin{bmatrix}\rho_c(\tau)\\0\end{bmatrix}\right\} \quad (13.13)$$ 여기서 N_d는 컨디셔너에 접착된 입자의 수이며, 위 식은 (ρ_{pj}, ψ_{pj})에 위치한 j번째 단일 다이아몬드 입자에 의해서 생성된 j번째 연마궤적이다. 한 점에 가해진 마멸은 컨디셔닝 밀도와 반경방향 단위면적당 총 세그먼트 길이의 평균값에 비례한다. $$CD(\rho_p) = \frac{1}{T}\int_0^T \lim_{d\rho_p \to 0}\frac{\sum_{j\in I(\rho_p)}\dfrac{dI_j}{d\tau}d\tau}{2\pi\rho_p d\rho_p} \quad (13.14)$$ 여기서 ρ_p는 연마패드상에서 할당된 반경, T는 $(2\pi/\omega_{sn})$도메인 내에서 경과시간, dI_j는 컨디셔너 위의 (ρ_{pj}, ψ_{pj})에 위치한 j번째 입자의 궤적길이이다. $I(\rho_p) \coloneqq [j \mid \rho_p \le \rho_{pj} \le \rho_p + d\rho_p,\ j=1,...,N_d]$는 해당 궤적이 패드상의 $2\pi\rho_p d\rho_p$인 환형영역 내에 위치하는 일련의 인덱스 세트이다(일반적으로 $I(\rho_p)$는 시간에 따라서 변한다).
주요결론	1. 패드 마모율을 일정하게 유지하려면, 패드반경에 대한 디스크 반경을 가능한 한 작게 유지해야 한다. 2. 입자분포 패턴이 컨디셔닝 밀도함수에 끼치는 영향은 미미하다. 3. 느린 단순조화방식 스윕 공정을 사용해서는 균일한 컨디셔닝 밀도를 구현할 수 없다.

표 13.6 패드 컨디셔닝 분석모델들의 특징 요약(계속)

위간드 등의 모델[75]

가정	−패드 표면은 일련의 (정적인)등방성과 미확정성을 가지고 있는 임의필드 조각 $[Zn(x)]$로 모델링된다. −x는 극좌표 $x = (r, \theta)$로 주어진다. 이때, $0 \leq r \leq r_{pad}$이며 $0 \leq \theta \leq 2\pi$이다. −$Zn(x)$는 시간 n에 위치 x에서의 패드 표면깊이로서 양의 값을 갖는다. −이산화된 시간 n은 패드의 회전속도 ω에 의존한다. −패드 표면깊이의 시작값은 $Z_0(x) = 0$이다. −정상성을 가정하였으므로, 확률장의 1차원 분포함수는 다음과 같이 주어진다. $$Fn(z) = P(Zn(x) \leq z)$$ −컨디셔너는 일정한 깊이에 머물며 컨디셔너 디스크의 영향은 막대형 1차원 컨디셔너로 근사화된다. 디스크에 접착된 N개의 절단요소들은 평균간극 l을 가지고 일직선으로 배열되어 있다. 이때 $l \leq r_{pad}$이다.
제안된 분석모델	고체 패드를 사용하며 n번의 절삭 후에 표면깊이의 확률밀도함수는 다음과 같이 주어진다. $$f_n(z) = \begin{cases} \dfrac{n}{h} \exp\left(\dfrac{n}{h}z - h\right) & \text{if } z \geq h \\ 0 & \text{if } z < h \end{cases} \tag{13.15}$$ 반경 r에서 기공절단에 의해서 유발되는 추가적인 깊이를 나타내는 임의변수의 밀도함수는 다음과 같이 주어진다. $$g(z) = \begin{cases} p\delta(z) + (1-p)h_1(z) & \text{if } z \geq h \\ 0 & \text{if } z < 0 \end{cases} \tag{13.16}$$ 부울 모델의 경우 선형접촉분포함수는 다음과 같다. $$h_z(z) = \lambda_2 \exp(-\lambda_2 z) \tag{13.17}$$ 다공질 패드를 컨디셔닝하는 경우, 콘볼루션(*)을 통해서 다음과 같이 확률밀도함수 Z_n^*를 구할 수 있다. $$f(z) = f_n(z) * g(z)$$ $$= \begin{cases} \dfrac{\dfrac{n}{h}(1-p)\lambda_2}{\dfrac{n}{h}+\lambda_2}(\exp(\lambda_2(h-z)) - \exp(-n-\lambda_2 z)) & \text{if } z > h \\ p\dfrac{n}{h}\exp\left(\dfrac{n}{h}(z-h)\right) + \dfrac{\dfrac{n}{h}(1-p)\lambda_2}{\dfrac{n}{h}+\lambda_2}\left(\exp\left(\dfrac{n}{h_2}z - n\right) - \exp(-n-\lambda_2 z)\right) & \text{if } 0 \leq z \leq h \\ 0 & \text{if } z < 0 \end{cases} \tag{13.18}$$
주요결론	1. 절단 깊이 h가 크면 패드 제거량이 많아지며 패드 수명이 짧아진다. 그러므로 현장에서는 작은 h값을 선호한다. 2. 패드 표면의 불균일을 제거하기 위해서는 여러 번 컨디셔닝을 수행해야 한다. 3. 패드계수 λ_2의 경우, 패드가 너무 매끄러우면 기공의 크기가 작고 편차도 거의 없다. 반면에 4. λ_2가 크면 함수의 기울기가 급격하며 제거량이 너무 작다. 5. 만일 패드가 너무 거칠다면 제거량의 편차가 크며 웨이퍼 표면이 거칠어진다.

표 13.6 패드 컨디셔닝 분석모델들의 특징 요약(계속)

보루키의 모델[74]

가정	−공구의 절단표면은 선단각도가 α인 삼각형의 동일한 다이아몬드 팁들이 배열되어 있다고 가정한다. −이 이론에서는 단단한 패드 위의 컨디셔너 다이아몬드들에 의하여 평균 도랑형상이 가공된다고 가정한다. −컨디셔너는 충분히 느리게 회전하므로 패드가 회전할 때마다 각각의 다이아몬드들이 도랑형상의 홈을 만든다. −각 패드반경마다의 도랑 평균밀도(단위길이당 도랑의 개수)는 컨디셔너의 회전률에 의존하지 않는다. −원형 컨디셔너를 절반 스윕마다 동일한 밀도의 새로운 홈을 생성하는 등가의 막대형 컨디셔너로 대체할 수 있다. −패드 소재를 절단하는 다이아몬드의 능력은 다이아몬드가 마주치는 패드 표면의 형상에 의존하지 않는다.
제안된 분석모델	고체 패드상을 움직이는 컨디셔너의 경우, z와 $z+dz$ 높이 사이에서 어떤 점을 만날 확률인 표면높이 확률밀도함수는 다음과 같이 주어진다. $$\phi(z,t) = \frac{\dfrac{\Omega}{\pi cvl}(z-h_0-ct)}{1-\exp\left[-\dfrac{\Omega}{2\pi cvl}(h_0-ct)^2\right]}\exp\left[-\frac{\Omega}{2\pi cvl}(z-h_0ct)^2\right] \qquad (13.19)$$ 평균표면높이는 다음과 같이 주어진다. $$\bar{s}(t) = \frac{1}{1-e^{-\Lambda}}\left(1-\frac{\sqrt{\pi}\,erf\sqrt{\Lambda}}{2\sqrt{\Lambda}}\right)(h_0-ct) \qquad (13.20)$$ 실효 거칠기 $\sigma(t_n)$은 다음과 같이 주어진다. $$\sigma^2(t) \sim \frac{(4-\pi)\pi cvl}{2\Omega}t \rightarrow \infty \qquad (13.21)$$ 컨디셔닝과 마모가 동시에 일어나는 다공질 패드의 경우에 상보성 누적확률밀도, 즉 시간 t에 주어진 높이 z에 남아 있는 패드 소재의 밀도는 다음과 같이 주어진다. $$q_f(z,t) = \int_z^0 q(\zeta,t)\Phi(z-\zeta)d\zeta \qquad (13.22)$$
주요결론	1. 이 모델은 다공질 패드의 고유 기능을 포함하는 컨볼루션을 통해서 다공질 패드의 확률밀도함수를 동일한 조건의 가상고체 패드의 상보성 누적확률밀도함수와 연관시켜준다. 2. 결과는 이에 해당하는 몬테카를로 시뮬레이션과 일치한다. 3. 고체 패드와 다공질 패드의 상보성 누적확률밀도함수를 연관시켜주는 기초 컨볼루션을 사용하여 가상고체 패드의 발전방정식을 결합시켜서 다공질 패드의 컨디셔닝과 마모를 모델링한다.

참고문헌

1. L. Shon-Roy, CMP Market Outlook and New Technology e Dynamic Slurry Metrology, Electronic Materials Information. Techcet Electronic Materials, 2012.

2. D. Dornfeld, CMP process modeling for improved process integration, development and control, JSPS Jpn. Soc. Precis. Eng. (2010). Article retrieved from: http://planarizationcmp.org/contents/houkoku/2002_message.html.

3. B.J. Hooper, G. Byrne, S. Galligan, Pad conditioning in chemical mechanical polishing, J. Mat. Process. Technol. 123 (2002) 107e113.

4. P.B. Zantye, A. Kumar, A.K. Sikder, Chemical mechanical planarization for microelectronics applications, Mater. Sci. Eng. Rep. 45 (2004) 89e220.

5. A. Philipossian, S. Olsen, Fundamental tribological and removal rate studies of interlayer dielectric chemical mechanical planarization, Jpn. J. Appl. Phys 42 (2003) 6371e6379.

6. D. Bozkaya, S. Muftu, A material removal model for CMP based on the contact mechanics of pad, abrasives, and wafer, J. Electrochem. Soc. 156 (2009) H890eH902.

7. Y. Li, Microelectronic Applications of Chemical Mechanical Planarization, John Wiley & Sons, Inc., Hoboken, New Jersey, 2008.

8. M. Krishnan, J.W. Nalaskowski, L.M. Cook, Chemical mechanical planarization: slurry chemistry, materials, and mechanisms, Chem. Rev. 110 (2009) 178e204.

9. S. Lee, S. Jeong, K. Park, H. Kim, H. Jeong, Kinematical modeling of pad profile variation during conditioning in chemical mechanical polishing, Jpn. J. Appl. Phys. 48 (2009) 126502e126505.

10. J.C. Sung, M.-C. Kan, The in-situ dressing of CMP pad conditioners with novel coating protection, in: 11th International CMP-mic Conference. Fremont, California, 2006.

11. D. Fukushima, Y. Tateyama, H. Yano, Impact of pad conditioning on CMP removal rate and planarity, in: Montreal, Que., Canada. Materials Research Society, 2001, pp.699e704.

12. D. Fukushima, Y. Tateyama, H. Yano, Impact of pad conditioning on CMP removal rate and planarity, in: Advanced Metallization Conference (AMC). Montreal, Que., Canada. Materials Research Society, 2001.

13. R. Skocypec, A. La Belle, W. Whisler, Method and Apparatus for Conditioning a Polishing Pad, 2007 (US patent application).

14. P.D. Jackson, S.C. Schultz, J.E. Sanford, G. Ong, R.B. Rice, P.S. Modi, J.G. Baca, Conditioner for a Polishing Pad and Method Thereof, 1995 (US patent application).

15. J.H. Lee, S.W. Yoon, Apparatus and Method for Conditioning Polishing Pad for Chemical Mechanical Polishing Apparatus, 2008 (WO patent application).

16. T. Pei-Lum, H. Zhe-Hao, C. Sheng-Wei, S. Cheng-Yi, Study on the CMP pad life with its mechanical properties, Key Eng. Mat. 389-390 (2009) 481e486.

17. L. Charm, H. Tam, Methods for determination of CMP pad life: simulation by conditioning vs. Wafer passes, in: 11th International CMP-mic Conference. Fremont, California, 2006.

18. T. Dyer, J. Schlueter, Characterizing CMP pad conditioning using diamond abrasives, in: Wet Surface Technology, MICRO January 2002, 2002, pp. 47e53.

19. Z. Zhou, J. Yuan, B. Lv, J. Zheng, Study on pad conditioning parameters in silicon wafer CMP process, Trans Tech Publications Ltd, Laubisrutistr. 24, Stafa-Zuerich, CH-8712, Switzerland, 2008, 309e313.

20. J.R. Breivogel, L.R. Blanchard, M.J. Prince, Polishing Pad Conditioning Apparatus for Wafer Planarization Process, 1993 (US patent application).

21. S.J. Benner, R.L. Benner, Polishing Pad Conditioning System, 2003 (US patent application).

22. B.Y. Myoung, S.N. Yu., Conditioner for Polishing Pad and Method for Manufacturing the Same, 2004 (US patent application).

23. E. Thear, F. Kimock, Chemical Mechanical Planarization (CMP)-factors Controlling the Consistency of Conditioning July 2010, 2004. Article retrieved from: http://www.azom.com/details.asp?ArticleID¼3633.

24. J.C. Sung, C.-S. Chou, Y.-T. Chen, C.-C. Chou, Y.-L. Pai, S.-C. Hu, M. Sung, Polycrystalline diamond (PCD) shaving dresser: the Ultimate diamond disk (UDD) for CMP pad conditioning, in: ISTC/CSTIC 2009. 1 PART 1 ed. Electrochemical Society Inc., Shanghai, China, 2009.

25. M.-Y. Tsai, Polycrystalline diamond shaving conditioner for CMP pad conditioning, J. Mat. Process. Technol. 210 (2010a) 1095e1102.

26. T. Ohi, Trends and future developments for diamond CMP pad conditioners, Ind. Diamond Rev. 64 (2004) 14e17.

27. J.C. Sung, The next generation diamond pad conditioners for chemical mechanical planarization. Kinik-USA whitepaper, 2005.

28. J.C. Sung, PCD planer for dressing CMP pads, in: 11th International CMP-mic Conference. Fremont, California, 2006.

29. J.C. Sung, T. Ming-Yi, M. Aoki, C. Cheng-Shiang, M. Sung, PCD pad conditioners for low pressure chemical mechanical planarisation of semiconductors, Int. J. Abrasive Technol. 1 (2008) 327e355.

30. M.-Y. Tsai, S.-T. Chen, Y.-S. Liao, J. Sung, Novel diamond conditioner dressing characteristics of CMP polishing pad, Int. J. Mach. Tools Manuf. 49 (2009) 722e729.

31. M.Y. Tsai, Blade diamond disk for conditioning CMP polishing pad, in: 2009 International Conference on Manufacturing Science and Engineering, ICMSE 2009, December 26e28, 2009, Trans Tech Publications, Zhuhai, China, 2009, pp. 3e6.

32. M.Y. Tsai, J.C. Sung, Dressing behaviors of PCD conditioners on CMP polishing pads, in: 12th International Symposium on Advances in Abrasive Technology, ISAAT2009, September 27e30, 2009, Trans Tech Publications, Gold Coast, QLD, Australia, 2009, pp. 201e206.

33. Z. Li, H. Lee, L. Borucki, C. Rogers, R. Kikuma, N. Rikita, K. Nagasawa, A. Philipossian, Effects of disk design and kinematics of conditioners on process hydrodynamics during copper CMP, J. Electrochem. Soc. 153 (2006) 399e404.

34. E. Thear, F. Kimock, Improving Productivity through Optimization of the CMP Conditioning Process, 2004. Article retrieved from: http://www.morgantechnicalceramics.com/resources/echnical_articles/

improving-productivity-through-optimization-of-thecmp-conditioning-process/?page_index¼1.

35. C.C. Garretson, S.T. Mear, S.T. Rudd, S.T. G. Prabhu, T. Osterheld, D. Flynn, B. Goers, V. Laraia, R.D. Lorentz, S.A. Swenson, T.W. Thornton, New pad conditioning disc design delivers excellent process performance while increasing CMP productivity, CMP Technology for ULSI Interconnection, SEMICON West 2000, 2000.

36. C. Manocha, A. Kumar, V.K. Gupta, Study of conditioner abrasives in chemical mechanical planarization, in: 2009 MRS Spring Meeting, Materials Research Society, San Francisco, CA, United states, 2010.

37. T. Sun, L. Borucki, Y. Zhuang, A. Philipossian, Investigating the effect of diamond size and conditioning force on chemical mechanical planarization pad topography, Microelectron. Eng. 87 (2010) 553e559.

38. J. Yang, D. Oh, H. Kim, T. Kim, Investigation on surface hardening of polyurethane pads during chemical mechanical polishing (CMP), J. Electron. Mat. 39 (2010) 338e346.

39. M. Bubnick, S. Qamar, S. Mcgregor, T. Namola, T. White, Effects of diamond shape and size on polyurethane pad conditioning, Abrasive Technol. TECHVIEW (2010) [Online]. Article retrieved from: http://www.abrasive-tech.com/literature#CMP.

40. Q.-F. Hua, H.-S. Fang, J.-L. Yuan, Influencing factors of conditioning effect about polishing pad conditioning for chemical mechanical polishing, Light Ind. Mach. 27 (2009) 48e51.

41. Y.S. Liao, C.T. Yang, Investigation of the wear of the pad conditioner in chemical mechanical polishing process, Adv. Mat. Res. 76-78 (2009) 195e200.

42. L. Borucki, H. Lee, Y. Zhuang, N. Nikita, R. Kikuma, A. Philipossian, Theoretical and experimental investigation of conditioner design factors on tribology and removal rate in copper chemical mechanical planarization, Jpn. J. Appl. Phys. 48 (2009) 115502.

43. J. Andersson, P. Hollman, M. Forsberg, S. Jacobson, A geometrically defined alldiamond pad conditioner, United States. American Society of Mechanical Engineers, New York 10016-5990, 2005, 361e362.

44. W. Huang, C.-H. Chou, C.-C. Chou, Diamond Disc Manufacturing Process, 2008 (US patent application 2008/0022603 A1).

45. R.F. Wielonski, L.M. Peterman Jr., CMP Diamond Conditioning Disk, 2007 (US patent application).

46. J. Park, CMP pad conditioners, SHINHAN DIAMOND Presentation Semiconductor TFT (2005).

47. P.L. Tso, S.Y. Ho, A study on the dressing rate in CMP pad conditioning, Key Eng. Mat. 257-258 (2004) 377e380.

48. N.-H. Kim, Y.-J. Seo, W.-S. Lee, Temperature effects of pad conditioning process on oxide CMP: polishing pad, slurry characteristics, and surface reactions, Microelecron. Eng. 83 (2006) 362e370.

49. S. Mudhivarthi, N. Gitis, S. Kuiry, M. Vinogradov, A. Kumar, Effect of temperature on pad conditioning process during chemical-mechanical planarization, in: 11th International CMP-mic Conference. Fremont, California, 2006.

50. L. Karuppiah, B. Swedek, M. Thothadri, W.-Y. Hsu, T. Brezoczky, A. Ravid, Overview of CMP process

control strategies, in: 11th International CMP-mic Conference. Fremont, California, 2006.

51. H. Fukuzawa, ChemicaleMechanical Polishing Apparatus, 2002 (US patent application).

52. K.P. Lim, K.E. Lee, Real Time Monitoring of CMP Pad Conditioning Process, 2007 (US patent application).

53. S.G. Meikle, Method and Apparatus for Measuring a Change in the Thickness of Polishing Pads Used in ChemicaleMechanical Planarization of Semiconductor Wafers, 1997 (US Patent 5609718).

54. S.G. Meikle, L.F. Marty, Method for Selectively Reconditioning the Polishing Pad Used in ChemicaleMechanical Planarization of Semiconductor Wafers, 1997 (US Patent 5655951).

55. S.G. Meikle, Method and Apparatus for Measuring a Change in the Thickness of Polishing Pads Used in ChemicaleMechanical Planarization of Semiconductor Wafers, 1998 (US Patent 5801066).

56. S.Y. Chuang, Monitoring Apparatus for the Polishing Pad and Method Thereof, 2001 (US Patent 6995850 B2).

57. H.C. Hong, K.H. Liu, Method for Monitoring the Polishing Pad Used in hemicaleMechanical Planarization Process, 2001 (US Patent 6194231 B1).

58. S. Nagai, T. Fujishima, K. Sameshima, Nondestructive monitoring of CMP pad surface, Semicond. Manuf. 2003 IEEE Int. Symp. (2003) 343e346.

59. T.R. Fisher Jr., Method and Apparatus for Monitoring the Polishing Pad Wear During Processing, 2001 (US Patent 6186864 B1).

60. R.O. Adebanjo, W.G. Easter, A. Maury, F. Miceli, J.O. Rodriguez, Apparatus and Method for In-situ Measurement of the Polishing Pad Thickness Loss, 2002 (US Patent 6354910 B1).

61. C.-Y. Chen, C.-C. Yu, S.-H. Shen, M. Ho, Operational aspects of chemical mechanical polishing polish pad profile optimization, J. Electrochem. Soc. 147 (2000) 3922e3930.

62. F.W. Preston, The theory and design of plate glass polishing, Soc. Glass Technol. e J. 11 (1927) 214e256.

63. G. Nanz, L.E. Camilletti, Modeling of chemicalemechanical polishing: a review, IEEE Trans. Semicond. Manuf. 8 (1995) 382e389.

64. J.-Y. Lai, Mechanics, Mechanisms, and Modeling of the Chemical Mechanical Polishing Process. Doctor of Philosophy Dissertation, Massachusetts Institute of Technology, 2001.

65. H.-M. Yeh, K.-S. Chen, Development of a pad conditioning simulation module with a diamond dresser for CMP applications, Int. J. Adv. Manuf. Technol. 50 (2010a) 1e12.

66. T. Feng, Pad conditioning density distribution in CMP process with diamond dresser, IEEE Trans. Semicond. Manuf. 20 (2007) 464e475.

67. O. Chang, H. Kim, K. Park, B. Park, H. Seo, H. Jeong, Mathematical modeling of CMP conditioning process, Microelectron. Eng. 84 (2007) 577e583.

68. Z.C. Li, E. Baisie, X.H. Zhang, Diamond disc pad conditioning in chemical mechanical planarization (CMP): a surface element method to predict pad surface shape, Precis. Eng. 36 (2) (2012) 356e363.

69. E.A. Baisie, Z.C. Li, X.H. Zhang, Diamond disc pad conditioning in chemical mechanical polishing: a conditioning density distribution model to predict pad surface shape, Int. J. Manuf. Res. 8 (1) (2012)

103e119.

70. K.-R. Chen, H.-T. Young, Modelling on dressing effects in chemical mechanical polishing with diamond dressers, Int. J. Abrasive Technol. 3 (2010) 1e10.

71. Y.S. Liao, P.W. Hong, C.T. Yang, A study of the characteristics of the diamond dresser in the CMP process, Key Eng. Mat. 257e258 (2004) 371e376.

72. T.-L. Horng, An analysis of the pad deformation for improved planarization, Key Eng. Mat. 238e239 (2003) 241e246.

73. Z. Kong, A. Oztekin, O.F. Beyca, U. Phatak, S. Bukkapatnam, R. Komanduri, Process performance prediction for chemical mechanical planarization (CMP) by integration of nonlinear Bayesian analysis and statistical modeling, IEEE Trans. Semicond. Manuf. 23 (2010) 316e327.

74. L.J. Borucki, T. Witelski, C. Please, P.R. Kramer, D. Schwendeman, A theory of pad conditioning for chemicalemechanical polishing, J. Eng. Math. 50 (2004) 1e24.

75. S. Wiegand, D. Stoyan, Stochastic models for pad structure and pad conditioning used in chemicalemechanical polishing, J. Eng. Math. 54 (2006) 333e343.

76. L.J. Borucki, N. Rikita, Y. Zhuang, H. Lee, R. Zhuang, T. Yamishita, R. Kikuma, A. Philipossian, Causal analysis of conditioner design factors on removal rates in copper CMP, in: 11th International CMP-mic Conference. Fremont, California, 2006.

77. Y.-Y. Zhou, E.C. Davis, Variation of polish pad shape during pad dressing, Mat. Sci. Eng. B: Solid-State Mat. Adv. Technology 68 (1999) 91e98.

78. F. Tyan, Pad conditioning density distribution in CMP process with diamond dresser, IEEE Trans. Semicond. Manuf. 20 (2005) 464e475.

CHAPTER

14

산화물에 대한
화학 – 기계적 연마가공 중
FTIR 분광법을 사용한 표면분석

CHAPTER

14

산화물에 대한
화학 – 기계적 연마가공 중
FTIR 분광법을 사용한 표면분석

14.1 서 언

산화물에 대한 화학－기계적 연마(CMP)를 포함하여 화학－기계적 연마 연구와 관련된 현재의 경향과 논제들에 대해서는 포괄적인 서적[1~3]과 이를 보충하는 다수의 논문들[4~6]을 통해서 광범위하게 논의되어 있다. 이 장에서는 산화물에 대한 화학－기계적 연마가공에 대한 이론적 이해와 공정제어성능의 향상에 기여할 수 있는 새로운 현장측정기법인 **푸리에 변환 적외선(FTIR)**분광법에 대해서 살펴보기로 한다.

화학－기계적 연마가공에 대한 연구는 주로 연마 및 평탄화 가공의 기계적 또는 화학적 효과에 영향을 끼치는 하나 또는 다수의 인자들을 변화시키는 방법을 사용하고 있다. 가공특성을 분석하기 위해서 전형적으로 가공이 끝난 후에 외부에서 제거율(RR), 윤곽형상, 국부균일성과 글로벌 균일성, 표면 거칠기, 긁힘 생성 등을 측정한다. 이런 인자들은 누름력, 헤드 내의 압력분포, 상대속도, 진동, 슬러리유동, 컨디셔닝 등의 요인들과 관련되어 있다. 가공의 적합성을 나타내기 위해서 이런 결과들을 평탄화/연마품질, 소재 선택효율 그리고 여타의 특성들에 대해서 평가한다. 예를 들어 버퍼, 염기, 착화제, 계면활성제, 억제제 및 여타 첨가물들의 조성과 농도와 같은 화학적 변수들을 추가하면 연구과정에서 고려해야 하는 변수들이 매우 복잡해지게 된다.[1,7] 지금도 대부분의 경우에 pH값이나 제타전위와 같은 기본적인 화학적 성질들을 측정하고 있다.

공정에서 필요한 정보를 추출하기 위해서 연구자들과 공정 엔지니어들은 서로 다른 측정기법들을 사용하거나 이들을 조합하여 사용하고 있다. 하지만 시간과 공정이 통합된 상황이 가지고 있는 정보들을 현장외 연구를 통해서 효율적으로 평가하기는 쉽지 않다. 예를 들어, 개별 연마과정은 자연적으로 다소 복잡하며 느리게 시작하여 오래 지속되는 효과를 수반하며, 잔류물들을 제거하고 부식을 방지하기 위해서 버퍼링 단계로 끝난다. 또한 연마작용은 상호작용 계면의 온도, 침투 또는 마찰과 같은 다양한 인자들의 시간과/또는 시간 의존적인 변화에 의존한다.

따라서 시편인자들에 대한 현장측정은 연구개발과정에서 기초연구에 항상 도움이 되며, **종료시점 검출(EPD)** 시스템에서 특히 중요하다.[8] 잘 알려져 있으며, 이미 사용 중인 종료시점 검출 시스템은 다음의 방법들을 사용한다.[9]

(1) 파브리−페로 간섭계를 사용한 투명층 두께측정
(2) 금속층의 광학반사도 측정
(3) 모터전류나 압전소자를 사용한 마찰력 측정
(4) 테이블 운동방향에 대해서 캐리어 바로 뒤에 위치한 패드 온도 측정
(5) 암모니아/암모늄과 Ci^{2+}이온 등과 같은 연마부산물의 농도측정

이 모든 기법들에서는 연마시스템 전체의 복잡한 성질들이 혼합되어 측정된 단 하나의 광학신호나 전기신호를 평가한다. **신호 대 잡음비(SNR)** 를 향상시키기 위해서 자동적으로 측정신호에서 기생신호를 필터링한다.

이 장에서는 산화물층과 슬러리의 성질뿐만 아니라 푸리에 변환적외선분광을 사용한 패드 접촉위치 측정에 초점을 맞추어 산화물에 대한 화학−기계적 연마가공을 수행하는 동안 일어나는 공정특성을 분석하기 위한 방법과 기법들에 대해서 살펴본다. 푸리에 변환적외선(FTIR)분광법은 실리콘(Si) 표면의 이산화규소(SiO_2) 계면 또는 고체/액체 계면에 대한 현장분석에서 약화된 전반사(ATR)방법에 비해서 장점을 가지고 있는 것으로 밝혀졌다.[10~12] 산화물에 대한 화학−기계적 연마가공은 열산화 웨이퍼를 사용하여 뒤에서 자세히 설명할 특별한 형태의 샘플링 요소와 시편을 동시에 제작하기가 용이하기 때문에, 사례로 활용하기가 좋다. 비록 연마의 목적이 평탄화와 구조생성이기는 하지만 이 장에서는 편의상 **연마** 라는 용어를 사용하기로 한다.

14.2 실리카에 대한 화학−기계적 연마가공

다양한 종류의 분산된 실리카(SiO_2)와 세리아(CeO_2)를 사용하는 이산화규소(SiO_2)에 대한 화학−기계적 연마(CMP) 기법은 광학유리소자에 대한 연마에서 유래되었으며, 반도체 기술의 웨

이퍼 가공에 적용되어 사용되고 있다. 프레스턴 방정식에 따르면, 소재제거율은 원판과 웨이퍼 캐리어 사이의 상대속도와 압력(누름력)에 선형적으로 비례한다.[13] 신뢰성 있는 변수구간을 찾기 위해서 이 식은 현재까지도 사용되고 있다. 쿡[14]은 유한한 직경을 가지고 있는 경질의 비압축성 입자가 누름력을 받아서 유한한 영계수를 가지고 있는 층 속으로 **헤르츠 침투**를 일으키는 경우에 대한 동력학적 모델을 제안하였다. 또한 그는 기계적으로 자극된 가수분해에 의해서 유발되는 중합체의 분해로 인한 실리카 용해를 모사하는 단순화된 화학반응식을 도입하였다.

$$(SiO_2)_x + 2H_2O \leftrightharpoons (SiO_2)_{x-1} + Si(OH)_4 \tag{14.1}$$

세리아 연마입자들이 연마층을 이루고 있는 실리카와 접촉하는 경우, 활성화된 산화환원 거동에 의하여 제거율이 추가적으로 영향을 받는다. 이런 효과를 화학적 **치형효과**[1]라고 부른다.
산화물에 대한 화학-기계적 연마는 다음의 인자들에 영향을 받는 매우 복잡한 공정이다.

(1) 연마제와 박막의 성질, 제조 및 처리방법
(2) 버퍼의 pH값, 슬러리에 첨가된 염기, 계면활성제, 억제제 및 여타의 여러 성분들
(3) 패드의 유형과 컨디셔닝상태
(4) 기계적 가공인자들의 변화

그러므로 현장계측을 통한 연구수행이나 전용의 종료시점 검출 시스템을 구축하기 위해서는 이런 인자들에 대한 알맞은 선정과 효과적인 실험계획이 필요하다. 초기의 논문들에서는 비교적 복잡한 슬러리 시스템의 pH값, 연마제 농도 그리고 여타 슬러리 첨가물들이 산화물 연마에 끼치는 영향에 대하여 고찰하였다. 산이나 알칼리를 첨가하여 단순히 pH값을 변화시킨 경우에 이들이 슬러리의 유효이온강도, 표면전하 그리고 응결에 끼치는 영향을 무시할 수 없었다. 대부분이 열분해 실리카를 연마제로 사용하는 상용 슬러리의 경우, 입자의 분산도와 높은 pH값이 산화물에 대한 연마에 대해서 제거율을 높여주는 인자인 것으로 밝혀졌다. pH값이 높은 경우에 제거율이 증가하는 것을 순수한 화학적 측면에서 해석해보면, SiO_2 층의 양자부가평형상태에서의 브뢴스테드 산-염기 상호작용(식 (14.2))에 따른 결과이다. 이는 표면 수산기(실라놀: Si-OH) 그룹의 해리상태가 높을 뿐만 아니라 표면의 중간층 속으로 물의 표면확산이 증가했기 때문이다.[14]

$$\equiv Si - OH_2^+ \leftrightarrow \equiv Si - OH \leftrightarrow \equiv Si - O^- \tag{14.2}$$

....

1   chemical tooth.

pH > 10인 범위에서 제거율이 높아지는 이유는 SiO₂ 착화물의 용해가 급증하였기 때문이다.

최근 들어서 화학−기계적 연마가공에 콜로이드 슬러리를 사용하는 방안에 대한 실험연구가 증가하였으며,[5,15,16] 이들은 콜로이드 형태로 분산된 실리카의 성질/기원, 크기분포/형상 그리고 전하/제타전위뿐만 아니라 이들의 총이온강도에 대하여 고찰을 수행하였다. 물속에 15%의 SiO₂ 가 첨가된 세 가지 서로 다른 유형의 나노분산제들을 사용한 연마실험을 통해서 제타전위와 입자 크기분포에 대한 개별실험들이 수행되었다.

(1) 테트라 알콕실란의 가수분해를 통해 제조한 스튀버-졸[17]
(2) 이온교환법을 사용하여 정제하여 제조한 알칼리-실리카-졸[18]
(3) 실란을 연소시켜서 제조한 고도로 분산된 실리카인 열분해 − 실리카 분산물

에스텔 등[19]의 연구를 통해서 계측기와 실험조건에 대한 상세한 내용도 살펴볼 수 있겠지만, 이들의 연구는 어떠한 염기도 첨가하지 않은 고도로 청결하며 안정화되지 않은 졸을 사용하여 pH값이 일정하며 서로 다른 이온강도를 가지고 있거나 이온강도가 일정하며 pH값이 서로 다른 분산물을 제조할 수 있었다는 점에 초점을 맞추고 있다.

그림 14.1 (a)에서는 NH₄Cl의 농도가 0.05~0.1[M]인 범위에 대해서 알칼리-실리카-졸(pH=2.6) 과 스튀버-졸(pH=7)을 사용하여 SiO₂ 소재를 연마하는 경우의 제거율을 보여주고 있으며,

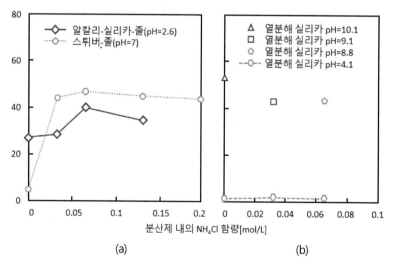

(a)　　　　　　　　(b)

그림 14.1 염기의 농도가 연마율에 끼치는 영향. (a) 스튀버−졸과 알칼리−실리카−졸, (b) 열분해 실리카 분산물[2]

2　From Estel et al. (2010), redrawn with permission of Cambridge publication.

최 등[20]의 연구와 유사한 결과를 얻었다. 염기를 첨가하지 않은 분산제(잔류 Na_2O가 0.04[wt%] 미만)의 제거율은 스튀버-졸을 사용한 경우에는 무시할 정도의 수준이었으며, 알칼리-실리카-졸을 사용한 경우에는 낮은 값을 가졌다.

열분해 실리카 분산물의 경우(그림 14.1 (b)), 제거율이 pH값에 크게 의존하지만, 이온강도의 영향은 미미하다는 것을 알 수 있다. 염기가 첨가되지 않은 분산물의 제거율은 pH=4.1인 경우에는 무시할 수준인 반면에, pH=10.1인 경우에는 매우 높은 값을 가지고 있다.

총 이온첨가량을 일정(0.065[M])하게 유지한 슬러리를 사용하여 pH값이 제거율에 끼치는 영향을 측정한 결과가 그림 14.2에 도시되어 있다. 그림에 따르면, pH값이 증가할수록 알칼리-실리카 졸과 스튀버-졸의 제거율은 감소하는 반면에 열분해 실리카 분산물의 제거율은 증가한다는 것을 알 수 있다. 두 가지 졸들의 거동은 같은 극성으로 하전된 입자들과 SiO_2 층 사이에 반발력이 증가했기 때문이라고 설명할 수 있다. 반면에 열분해 실리카 분산물의 경우에는 구조적 이유 때문에 다른 거동을 나타낸다. 세 가지 분산물들의 pH값에 따른 제타전위 의존성은 서로 유사한 경향을 보이고 있다(그림 14.3).

입자크기측정(그림 14.4)과 크라이오-투과전자현미경 영상(그림 14.5)에서 확인할 수 있듯이, 스튀버-졸과 알칼리-실리카 졸들의 입자크기는 pH값과는 무관하게 각각 21[nm]와 40[nm]임을 알 수 있다. 특히 스튀버-졸은 입자크기가 작고 좁은 분포를 나타낸다. 그림 14.5에 따르면, 열분해 실리카는 작은 구형의 입자들이 화염융합에 의하여 응집되어 있음을 알 수 있다. 동적광선산란법을 사용하여 측정하는 경우에는 입자가 구형이라고 가정하기 때문에, 이들의 실제 크기를 정확히 측정할 수는 없다. pH<4인 경우에는 응집효과 때문에, 겉보기 입자크기가 증가하게 된다.

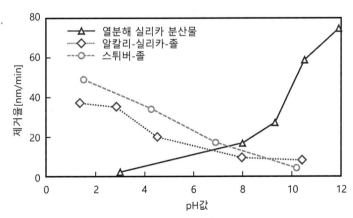

그림 14.2 pH값 변화에 따른 스튀버-졸, 알칼리-실리카-졸 그리고 열분해 실리카 분산물의 제거율 의존성[3]

---

3 From Estel et al. (2010), redrawn with permission of Cambridge publication.

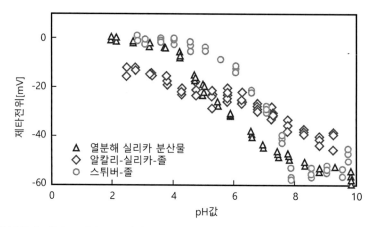

그림 14.3 pH값 변화에 따른 스튀버-졸, 알칼리-실리카-졸 그리고 열분해 실리카 분산물의 제타전위 의존성[4]

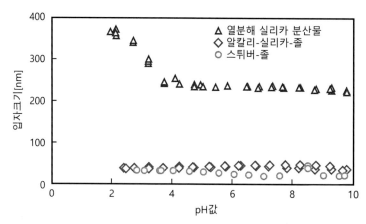

그림 14.4 pH값 변화가 입자크기에 끼치는 영향[5]

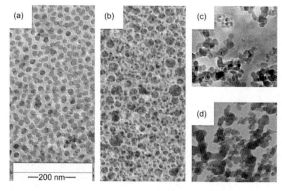

그림 14.5 (a) 스튀버-졸, (b) 알칼리-실리카-졸, (c) pH=4인 열분해 실리카 분산물, (d) pH=11인 열분해 실리카 분산물의 크라이오-투과전자현미경 영상

4 From Estel et al. (2010), redrawn with permission of Cambridge publication.
5 From Estel et al. (2010), redrawn with permission of Cambridge publication.

산성 열분해 실리카 분산물의 동점성을 유동학적으로 측정해보면, 화학－기계적 연마에 적합한 전단률인 <10,000[1/s] 범위에서조차도, 알칼리성 분산물에 비해서 현저히 높은 값을 갖는다. 안정적인 분산물의 경우에 등전점에 접근하면 실리카 응집물의 상호 작용력이 증가하며, 집적물이 형성되고, 전하량이 커지면 상호 작용력이 감소한다는 것이 명확하다.

14.3 적외선분광법

특정한 용도(예를 들어 화학－기계적 연마시 일어나는 표면가공이나 소재특성의 측정)로 사용되는 **적외선분광법**과 기술에 대해서 살펴보기 위해서, 우선 이 기법에 대해서 개괄적으로 살펴볼 필요가 있다.

14.3.1 적외선분광법의 이론과 분석정보

적외선분광법은 결정격자, 표면그룹, 분자 등이 각자의 물리적인 조건에 따라서 여기가진되면서 조사된 적외선을 흡수하는 특성에 기반을 두고 있다. 흡수는 항상 분자/소재의 쌍극자 모멘트 변화를 수반한다. 따라서 쌍극자 모멘트의 변화를 수반하지 않는 분자, 격자, 표면그룹 등의 진동과/또는 회전모드들은 적외선을 흡수하지 않으므로 적외선 스펙트럼이 관찰되지 않는다. 즉, 이들은 적외선에 의해서 활성화되지 않는다.

일부의 희소기체들과 H_2, O_2, N_2 등의 단핵 이원자 분자들을 제외하고는 적외선분광법을 사용하여 대부분의 유기물들과 다수의 무기화합물들에 대해서 정량적, 정성적 분석이 가능하다. 또한 분자구조 및 결정구조, 화학결합, 벌크소재 속이나 표면에 흡수/흡착 및 결합된 원자 및 분자 등의 정보를 얻을 수 있다. 이 기법은 비파괴적이며 대부분의 경우에 비접촉 측정방식이기 때문에, 적외선분광법을 사용하여 현장측정과 원격검출이 가능한, 매우 다재다능한 분석기법이다. 적외선분광법에 더 자세한 이론적 정보는 다수의 문헌들을 통해서 얻을 수 있다.[21,22]

14.3.2 적외선분광기의 일반적인 구조

적외선분광기는 일반적으로 다음의 네 가지 기능요소들로 이루어진다.

- 전통적인 방열체(실리콘카바이드 봉, 네른스트막대)로 이루어진 적외선 광원
- 전통적인 프리즘이나 격자형 모노크로미터(더 최근에는 간섭계)와 같은 광학분산 및/또는

변조기

- 홀더/샘플링 셀을 포함하는 시편과 이를 지지하는 요소
- 적외선 검출기(초전체나 반도체 요소 또는 차동 가스압력 센서(볼로미터))

전통적인 분산형 분광계의 경우에는 위의 네 가지 요소들이 위의 순서대로 배치되어 있다. 광학분산요소를 회전시켜가면서 순차적으로 파장을 스윕하는 동안 검출된 신호를 저장하여 투과스펙트럼을 기록한다. 시료가 없는 경우에 대한 기준신호로 시편을 투과한 신호강도를 나누여 흡수율을 계산한다. 이를 통해서 계측기가 가지고 있는 파장별 특성이 자동적으로 소거된다. 일부의 경우에는 기생광선과/또는 배경잡음을 제거하기 위해서 입사신호를 변조시킨다. 배기가스의 측정에 사용되는 광학분산이 없는 단순한 시스템의 경우에는 적외선−광학 대역만을 투과시키는 에지필터나 간섭필터를 사용한다. 특별한 용도에 대해서는 현대화된 파브리−페로 필터 검출기나,[23,24] 소위 선형가변필터라고 부르는 비냉각방식 초전기 라인어레이 센서[25]가 사용되며, 휴대용 시스템에서는 마이크로−핫플레이트와 특수한 샘플링 요소가 함께 사용된다.

오늘날, 전통적인 광분산방식 적외선분광기는 거의 대부분이 **푸리에 변환 적외선(FTIR)분광기**로 대체되었다. 그림 14.6에 도시되어 있는 이 새로운 세대의 분광기에서, 입사광선은 진동반사경을 갖춘 (예를 들어 마이컬슨 형태의)간섭계를 통과하면서 변조되며, 시편을 통과한 다음에는 적외선 검출기로 조사된다. 푸리에 변환기(FT)가 이 시간의존성 신호를 파수 의존성 적외선 스펙트럼으로 변환시킨다.

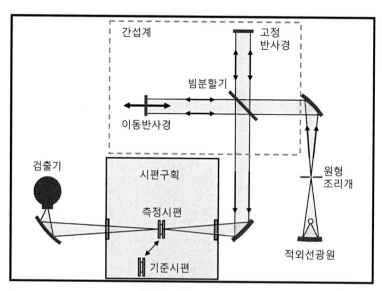

그림 14.6 마이컬슨 간섭계를 갖춘 푸리에 변환 적외선분광계의 개략도

간섭계의 진동반사경 대신에 마이크로-광기전 변환시스템을 사용하는 새로운 방법[26]이 전통적인 푸리에 변환적외선분광기와 마이크로시스템을 연결하는 방안으로 제안되었다. 이들은 분광계를 소형화시키는 것을 목표로 삼았다.

14.3.3 푸리에 변환 적외선분광기

광분산 시스템을 사용한 순차측정은 오랜 시간이 소요되는 반면에 푸리에 변환원리는 소위 멀티플렉스 방식을 통해서 이동식 반사경의 전향 및 후향 스캔마다 스펙트럼 전체를 측정할 수 있다. 분해능은 반사경의 이동길이에 의존하는 반면에 신호 대 잡음비(SNR)는 스캔횟수의 제곱근과 센서특성에 의존한다. 스펙트럼 대역은 적외선 광원의 스펙트럼 특성, 빔분할기 및 검출기 등에 의존한다. 또한 시창 및 반사경의 투명도와 반사율뿐만 아니라 광선경로상의 어디에나 존재하는 교란기체(대부분이 수증기와 이산화탄소)에 대해서도 고려해야만 한다.

최근의 개발을 통해서 높은 민감도, 빠른 스캔속도와 충분한 분해능 그리고 15인치 노트북 크기로 소형화된 **푸리에 변환 적외선분광기**가 개발되었다. 이런 높은 기준에 따라서 이제는 스펙트럼 대역을 빠르고 손쉽게 변환시키며, 중간대역 적외선 스펙트럼에 대해서 고도로 투명한 파이버 시스템을 포함한 부분적으로 통합된 샘플링 기법과 관련된 새로운 개발 추세에 초점이 맞춰져 있다. 이런 시스템들을 화학-기계적 연마장비에 탑재하여 푸리에 변환적외선(FTIR)분광과 같은 분자분광법을 활용할 수 있게 되었다.

14.3.4 푸리에 변환 적외선분광법의 샘플링 방법

이 장의 실제적용 부분을 이해하기 위해서는 푸리에 변환 적외선분광법의 샘플링 방법에 대해서 간략히 살펴볼 필요가 있다. 샘플링 방법에 대한 더 자세한 논의는 참고문헌을 참조하기 바란다.[12,21,22,27]

일반적으로 적외선 흡수율이 낮은 고체시편에 대하여 투과율을 측정하며 시편의 단일채널 강도 스펙트럼을 (시편이 없는 경우의)기준 스펙트럼으로 나누어 스펙트럼을 계산한다. 상호투과 스펙트럼에 대한 10을 밑으로 하는 로그값이 흡수 스펙트럼이다. 비어-램버트의 법칙에 따르면, 흡수스펙트럼은 시편의 흡광계수와 농도에 비례한다. 양의 흡광신호는 모재/그룹/격자 등의 생성을 나타내며, 음의 흡광신호는 이들이 소멸을 의미한다.

모든 화학-기계적 연마가공용 슬러리의 주성분인 물은 높은 적외선 흡수성을 가지고 있기 때문에, 가장 일반적인 투과기법은 현장외 측정에만 사용할 수 있다. 반사손실과 굴절률이 다른 착화물들로 이루어진 계면에서 발생하는 간섭에 대해서 고려 및 보정해야 한다. 적외선에 대해서 투명한 소재인 브롬화칼륨(KBr)을 밀링한 후에 소결하여 광학적으로 투명하게 만든 펠릿을 도핑되지 않은 기준펠릿으로 사용하여 예를 들어 건조된 화학-기계적 연마가공용 시료나 기준모재용 분말에 대한 투과율을 측정할 수 있다. 또한 시료를 파라핀 오일(뉴졸)이나 여타의 함침용 오일에 분산시켜서 적외선 대역특성을 교란시키지 않도록 브롬화칼륨 시창들 사이의 좁은 틈새에 채워 넣는다.

전반사 기법을 사용하는 경우, 광선의 진행방향에 대해서 일련의 굴절계수들에 따라서 외부반사와 내부반사를 구분해야 한다(그림 14.7). 광학적으로 덜 조밀한 슬러리를 입사매질로 사용하고 반사모재로는 반사율이 높은 웨이퍼를 사용하여 외부반사를 측정하는 경우에도 투과기법에서와 동일한 제약조건이 적용된다. 적외선반사흡수분광법(IRRAS)의 경우에는 반사율이 매우 높은 모재(전형적으로 실리콘 모재 위에 증착된 금속층) 위에 증착되어 있는 얇은 흡수박막이나 유전체 층을 측정한다.

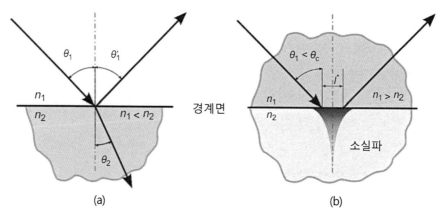

그림 14.7 (a) 외부반사기법, (b) 내부반사기법. n_1: 입사매질의 굴절률, n_2: 반사매질의 굴절률, θ_1: 입사각도, θ_c: 전반사 임계각도, l^*: 구스-푄헨시프트, θ'_1: 반사각도, θ_2: 굴절각도

내부반사의 경우, 입사된 적외선 빔이 굴절률이 n_1인 광학적으로 조밀한 매질 속을 통과하여 굴절률이 n_2인 대기와의 계면에서 반사된다. 입사각도와 두 매질의 굴절계수들에 따라서, 정반사나 전반사가 일어난다. 두 개의 투명한 상들 사이에서의 전반사 임계각도는 다음 식과 같이 주어진다.

$$\theta_{crit} = \arcsin\left(\frac{n_2}{n_1}\right) \tag{14.3}$$

입사각도가 θ_{crit}보다 크면, 광선의 전반사가 일어난다. 이 경우 소실파[6]가 대기를 투과하여 매우 짧은 거리까지 전파되며, 흡수를 통해서 표면방향으로의 정보를 수집할 수 있다. 이 기법을 약화된 전반사(ATR)라고 부른다.

14.4 약화된 전반사 FTIR 분광법

약화된 전반사(ATR)는 화학−기계적 연마가공의 현장측정을 위한 사용이 편리하고, 비파괴적이며, 표면에 대해서 민감한 적외선 샘플링 기법인 것으로 밝혀졌다.[10] 이 기법은 해릭이 최초로 발표하였으며,[28] 그의 초기 저서들과 미라벨라와 함께 저술한 책[29]에서 자세히 다루고 있다. 약화된 전반사분광법이라는 명칭 대신에 내부반사분광법, 소실파분광법, 수손내부전반사(FTIR)[7] 그리고 내면다중반사(MIR)[8] 등과 같이 다양한 명칭과 약간 기만적인 이름들도 함께 사용되고 있다. 그러므로 약화된 전반사(ATR)라는 용어에 대해서는 14.4.1절에서 정의하고 있으며, 그림 14.8에서는 이를 도식적으로 설명하고 있다.

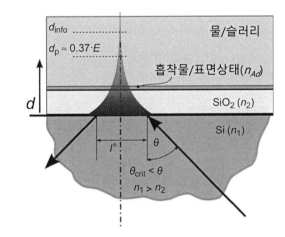

그림 14.8 Si/SiO₂/흡착물질/물의 적층구조에 대한 약화된 전반사의 작용원리. 여기서 거리 l^*를 구스−푄헨 시프트라고 부른다.

---

6 evanescent wave.

7 Frusrated Total Internal Reflection: 受損內部全反射, Fourier Transform Infrared와 혼동 가능.

8 Multiple Internal Reflection: Mid-Infrared Reflection과 혼동 가능.

14.4.1 원리

약화된 전반사(ATR)는 반사율이 높은 소재로 만들어진 하나 또는 다수의 소위 내면반사요소(IRE) 표면들에 의해서 전반사를 일으킨 후에 일어나는 적외선 복사광의 강도손실에 기초하고 있다. 전반사 과정에서 반사면에서는 내면반사요소(IRE) 속에서 표면과 연직방향으로의 정재파가 형성된다. 이 파장은 반사계면을 통과한 위치에도 존재하지만, 광학적으로 얇은 매질을 투과한 이후에는 강도가 지수함수적으로 감소한다. 소실파의 엔빌로프 내에서는 모재가 적외선을 흡수하지 않고 에너지를 전반사시킨다(그림 14.8). 광학적으로 얇은 매질 내에서는 적외선을 흡수하는 화합물, 격자, 흡착물 등으로 인해서만 강도가 감소한다. 만일 소실파의 강도가 0으로 감소하기 전에 굴절률이 높은 소재와 만난다면, 파장 중 일부가 이 소재 속으로 투과된다. 이런 상태를 **수손내부전반사(FTIR)**라고 부른다.

예를 들어 셀렌화 아연(ZnSe), 브론화탈륨과 요오드 혼합물(KRS-5), 텔루르화카드뮴(CdTe) 또는 게르마늄(Ge)과 같이, 굴절률이 높으며, 적외선에 대해서 투명한 소재로 이루어진 내면반사요소로 이루어진다.[10] 외관적 형상은 기능적 성격에 의해서 결정된다.

(1) 적외선 빔은 시료측에서 전반사가 일어나도록 입사 및 반사되어야 한다.
(2) 전반사 횟수가 결정되어야만 한다.
(3) 설계는 전용의 측정 액세서리에 따라서 결정된다.

다양한 형상의 내면반사요소를 사용하는 설계들이 제안되었다.[28] 단일반사를 사용하는 가장 단순한 내면반사요소는 삼각형 프리즘(그림 14.9 (a))이나 평면부에서 전반사가 일어나는 반원통 형상이다. 다중반사의 경우, 적외선 빔이 들어가는 면과 나오는 면이 경사면이나 연직면으로 이루어진 평행판 형상으로 이루어진다. 가장 일반적인 형상은 사다리꼴 형상이다(그림 14.9 (b)).

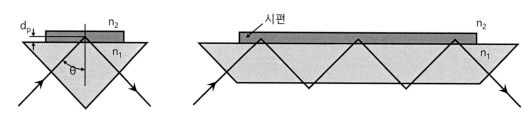

그림 14.9 일반적으로 사용되는 단일전반사/다중전반사 방식의 약화된 전반사 분광기의 반사구조. d_p: 투과 깊이, θ: 입사각도, n_i: 내면반사요소의 굴절률, n_2: 시편의 굴절률

14.4.2 투과깊이와 유효두께

약화된 전반사(ATR) 스펙트럼은 시편을 투과하여 측정하는 기존의 흡수 스펙트럼과 매우 유사하다. 그런데 소실파의 파장 의존적 성질 때문에 결정적인 차이가 존재한다. 전기장 진폭이 E인 소실파가 E/e값으로 감소하는 거리를 투과깊이 d_p라고 부르며, 다음 식을 사용하여 계산할 수 있다.

$$d_p = \frac{\lambda}{2\pi \sqrt{n_1^2 \sin\theta - n_2^2}} \tag{14.4}$$

여기서 n_1과 n_2는 각각 내면반사요소와 대기/시편 사이의 굴절률이다. λ는 사용된 파장길이이며, θ는 조사된 적외선복사광선의 표면 연직방향에 대한 각도이다.

투과깊이 d_p는 파장길이 또는 파수의 역수에 비례한다. 이 값은 개별 계면에서 굴절률이 파수에 의존하는 비율로 정의되며, 전반사 임계각도 θ_{crit}에 접근할수록 증가한다. 이처럼 투과깊이가 제한되기 때문에, 슬러리와 같이 강력한 흡수성을 가지고 있는 환경 속에서 Si 위의 SiO_2와 같은 계면의 표면 특성 측정에 약화된 전반사분광법을 사용할 수 있다. 투과깊이에 대하여 살펴보기 위해서 그림 14.10에서는 3,000~400[1/cm]의 파수 범위와 35°~65°의 입사각도 범위에 대해서 소재 굴절률의 파수에 비의존적인 투과깊이 실수부를 계산하여 보여주고 있다. 예를 들어, 입사각도가 35°인 경우에 d_p값은 파수가 3,000[1/cm]인 경우에 0.5[μm]에서 파수가 400[1/cm]인 경우에 3[μm]까지 변한다.

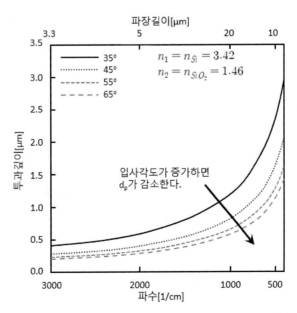

그림 14.10 서로 다른 입사각도에 대해서 단순한 Si/SiO₂ 시스템의 파수에 대한 투과깊이 d_p의 의존성

d_p 깊이에서 E는 0이 아니기 때문에, d_p는 약화된 전반사 실험으로 샘플링된 깊이가 아니라는 점을 명심해야 한다. 이 값은 어떤 깊이정보를 얻을 수 있는지와 스펙트럼 변화에 따라서 이 값이 어떻게 변하는지를 대략적으로 알려줄 뿐이다. 실제의 깊이정보는 투과깊이와 관련되어 있을 뿐만 아니라 사용된 적외선 장비의 민감도와 신호 대 노이즈 비율에 크게 의존한다. 수직으로 입사하여 투과된 광선은 동일한 흡광도를 가지고 있으므로 이를 측정하여 구한 소재의 두께를 유효두께(d_e)라고 부른다.

투과스펙트럼에 비해서 약화된 전반사 스펙트럼의 흡광도는 투과깊이에 반비례하기 때문에, 파수가 작을수록 증가하고 파수가 높을수록 감소한다. 상용 측정 소프트웨어를 사용해서 입사각도뿐만 아니라 내면반사요소와 시료의 굴절률에 대해서 이런 파장 의존성을 어느 정도 보정할 수 있다(소위 약화된 전반사 보정이라고 부른다). 실리콘 음향양자 진동대역에서 기록된 스펙트럼[30,31]에 대해서는 주파수 의존성 굴절률에 대해 더 진보된 보정 알고리즘이 필요하다. 보정 없이는 허위의 흡광대역과 어깨들이 관찰되어 오해를 불러일으킬 우려가 있다. 예를 들어, 14.6.5절의 그림 14.23에서는 물의 평동모드[9]에 의한 넓은 대역의 610[1/cm] 위치에 실리콘 결정의 TO+TA 다중−음향양자 대역에 의한 음의 피크가 관찰된다.[30]

제한된 투과깊이 덕분에 수용성 용제나 전해질과 같이 적외선을 강력하게 흡수하는 물질들에 대한 적외선분광연구가 가능해졌다. 약화된 전반사 기법의 초기 응용사례에 대해서는 넥클과 동료들의 저술[32~34]을 참조하기 바란다. 이들은 도전성 폴리머의 생성과 개질, 금속박막의 사이클링 등을 수행하는 동안 Ge, ZnSe 또는 CdTe 등으로 이루어진 사다리꼴 내면반사요소들의 다중반사를 사용하여 전기화학적 공정에 대한 현장측정방법인 **적외선분광전기화학**[10] 분야를 개척하였다. 다른 그룹들[35]도 이와 유사한 기법을 사용하였으며, 현장실험을 평가하기 위해서 분말의 약화된 전반사 기준 스펙트럼을 기록하기 위한 기법들[36]이 개발 및 적용되었다.

14.5 약화된 전반사 FTIR 분광법을 적용하기 위한 실리콘 기반의 반사요소

약화된 전반사 푸리에 변환 적외선(ATR-FTIR)분광을 적용하기 위한 내면반사요소(IRE)에 앞서 언급했던 소재들과 더불어서, 실리콘(Si)이 사용되었다. 실리콘은 불활성 소재이며 불소 화합물과 조합된 강한 알칼리성과 산화제에만 영향을 받는다. 전통적인 내면반사를 사용하는 내면다

---

9 libration mode.

10 IR spectroelectrochemistry.

중반사 광학계에 실리콘을 사용하는 경우에는 다음과 같은 단점이 존재한다.

(1) 높은 굴절률 때문에 계면에서 반사손실이 일어난다.
(2) 음향양자 진동에 의해서 1,500[1/cm]과 300[1/cm] 사이의 범위에 강력한 흡광대역이 존재한다.[10,31]

반도체 산업에서 가장 중요한 모재로 사용되는 실리콘 결정은 여타의 약화된 전반사 소재들에 비해서 비교적 낮은 가격으로 높은 품질과 순도의 소재가 제조된다. 그럼에도 불구하고 표준형상의 내면반사요소들은 여전히 매우 비싸며, 약 500~1,000[μm]인 표준 웨이퍼 두께를 사용하는 실리콘소재 내면반사요소는 일반적으로 사용되지 않는다. 이들은 여전히 예외적으로 사용되며, 실리콘 표면이나 실리콘 표면 위의 매우 얇은 유전체 박막에 대한 실험적 연구에만 제한적으로 사용되고 있을 뿐이다. 그럼에도 불구하고 고품질 실리콘을 사용하기가 용이하며, 표준장비에 탑재할 수 있으므로, 반도체업계에서는 약화된 전반사 푸리에 변환 적외선분광법에 대해서 각별한 관심을 가지고 있다.

이 절에서는 일반적으로 사용되는 실리콘 내면반사요소들의 장점과 단점에 대해서 간략하게 요약하였다. 마지막으로 기존의 실리콘 내면반사요소들이 가지고 있던 주요 단점들을 극복할 수 있는 새로운 개발과 다양한 적용 분야에 대해서는 14.6절에서 살펴볼 예정이다.

14.5.1 표준 실리콘 다중반사요소

약화된 전반사에 사용되는 내면반사요소는 용도와 사용된 액세서리에 따라서 변하며, 전형적으로 양쪽 단면은 45°로 기울어진 사다리꼴 형상으로서, 폭은 10~20[mm] 그리고 전형적인 유효길이는 50[mm]가 일반적으로 사용된다. 두께가 3[mm]인 경우에는, 판의 양면에서 7회의 내면반사가 일어나지만, 두께가 2[mm]로 줄어들면, 반사 횟수는 25회로 증가하게 된다. 평행육면체 형상을 사용하는 경우에는 이보다 더 많은 횟수의 반사가 일어난다.[37] 이런 형태의 요소들을 일반적으로 **내면다중반사(MIR)**요소라고 부른다. 중간대역 적외선과의 혼동을 피하기 위해서는 이를 **다중반사요소(MRE)**라고 부르는 것이 더 낫다. 해석 가능한 분석신호에 반사 횟수가 곱해진다. 실리콘 음향양자의 광선 진행방향 종진동이 다중반사요소 속으로 흡수되므로 사용 가능한 중간대역 적외선 스펙트럼이 제한된다(그림 14.11). 그러므로 유기화합물들 지문영역에 대한 분석이나 실리콘 산화물과 질화물의 1차 진동을 기록하는 목적으로 이런 요소들을 약화된 전반사 적외선 분석에 사용할 수 없다.[38~41] 또한 이들은 매우 비싸며, 반도체 제조에 일반적으로 사용되는 장비에 탑재할 수 없다.

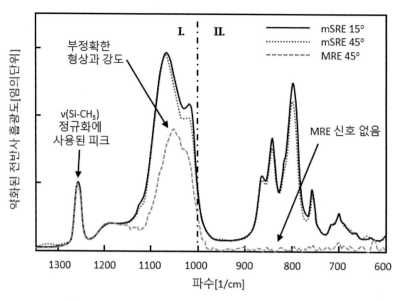

그림 14.11 Si-O-Si 종진동과 굽힘 모드 스펙트럼 대역에 대해서 미세구조단일반사요소(mSRE)와 다중반사요소(MRE)를 사용하여 기록한 PDMS/SiO₂의 스펙트럼. 1,257[1/cm]에서의 $\nu(Si-CH_3)$에 대해서 정규화되었다.[11]

14.5.2 웨이퍼 기반의 실리콘 다중반사요소

{100} 또는 {111} 배향을 가지고 있는 일반적인 100[mm] 크기의 실리콘 웨이퍼를 사용하여 대략적인 크기가 $37.5 \times 15 \times 0.5[mm^3]$ 크기의 광학경로길이가 짧은 다중반사요소를 제작하였다.[42~44] 혼동을 피하기 위해서, 이 내면다중반사요소를 **웨이퍼 기반 다중반사요소(wMRE)**라고 부른다. 표준 실리콘 웨이퍼를 사용하면, 예를 들어 특정한 소재를 증착할 때에 기존의 반도체 장비를 활용할 수 있다. 위에 제시되어 있는 형상의 경우, 최대 75회의 반사가 일어나며, 전반사에 대해서 높은 신호비율을 나타낸다.[42,45] 웨이퍼 기반 다중반사요소의 광학경로는 여전히 비교적 길기 때문에, 1,000[1/cm] 이상의 파수에 대해서는 표준 다중반사요소와 유사한 제약조건을 가지고 있다.[44] 또한 적외선을 포집하여 베벨이 성형되어 있는 작은 표면에 적외선의 초점을 맞추기 위해서는, 개별 웨이퍼 기반 다중반사요소에 대해서 별도의 45° 베벨을 제작해야 하며, 액세서리들이 필요하다.

대신에 서로 다른 거리/내부반사 길이를 가지고 있는 두 개의 실리콘 커플링 프리즘을 갖춘 상용의 웨이퍼용 약화된 전반사(ATR) 액세서리를 사용하여 양면이 폴리싱된 실리콘 웨이퍼에 대한 측정이 가능하지만,[46] 1,500[1/cm] 미만의 대역에 대한 투과율은 차단되어 있다.

---

11 From Schumacher et al. (2010a), reprinted with permission of the Society for Applied Spectroscopy.

14.5.3 미세구조 단일반사요소

실리콘을 통과하는 광학경로길이를 줄이기 위해서, 양면이 연마된 직경 100[mm], 두께 525[μm]인 표준 실리콘 웨이퍼를 사용하여 새로운 단일반사형 내면반사요소(IRE)가 개발 및 제작되었다.[11] 열산화, 노광, 산화물 식각 및 이방성 실리콘 습식식각을 포함하는 일련의 표준 반도체 제조공정들을 사용하여, 100[mm] 크기의 (100) 실리콘 웨이퍼의 뒷면에 대한 (111) 면을 식각하여 <110> 배향의 주기성을 갖춘 마이크로 구조 어레이를 제작하였다. 이렇게 해서 만들어진 (111) 표면들은 (100) 웨이퍼 표면에 대해서 54.7°의 각도를 가지고 있으며, 소위 **미세구조 단일반사요소**(mSRE)로 입사된 후에 웨이퍼의 반댓면에서 일회 전반사된 후에 출사되는 적외선을 커플링하기 위해서 사용된다. (직선 마스킹을 위해서 사용된)구조물 위의 좁은 평행면을 무시한다면, 미세구조 단일반사요소의 형상은 순수하게 기계적으로 제작된 프레넬 내면반사요소와 동일하다. 서로 다른 미세구조 단일반사요소 구조들이 성형된 100[mm] 크기의 실리콘 웨이퍼에 대한 사진과 서로 다른 크기의 <111> 파셋 어레이들에 대한 주사전자현미경 사진이 **그림 14.12**에 도시되어 있다. 대부분의 반도체 제조당비들은 이런 미세구조 내면반사요소들이 성형된 웨이퍼들에 대한 증착, 식각, 표면개질 또는 연마와 같은 취급과 현장분석이 가능하다.

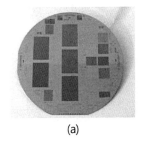 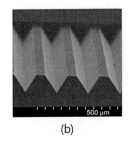 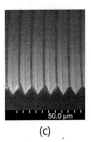

(a)　　　　　　　　　　　(b)　　　　　　　　　　　(c)

그림 14.12 (a) 다양한 미세구조 단일반사요소(mSRE)들이 성형되어 있는 100[mm] 크기의 실리콘 웨이퍼, (b) 및 (c) 서로 다른 피치를 가지고 있는 미세구조 단일반사요소에 대한 주사전자현미경 사진[12]

미세구조 단일반사요소(mSRE)의 가장 큰 장점은 실리콘 웨이퍼 내에서 1[mm] 미만의 매우 짧은 단일반사 광학경로길이를 가지고 있다는 것이다. 그러므로 이 새로운 설계는 유기소재의 지문영역과 실리콘 화합물들의 일반모드들에 해당하는 중간대역 적외선 및 원적외선(FIR) 스펙트럼 범위에 대해서도 완전히 적용할 수 있다(그림 14.11의 II번 영역).[11] 이 스펙트럼 대역의 중요성에 대해서는 앞 절에 설명되어 있으며, SiO_2와 질화물에 대한 화학-기계적 연마에서 전형적으

12 Partially from Schumacher et al. (2010a), redrawn with permission of the Society for Applied Spectroscopy.

로 사용되는 소재들에 대한 스펙트럼을 명확하게 관찰할 수 있게 되었다. 그림 14.13에서는 탈이
온수를 기준으로 하여 순수한 실리카 및 세리아 부유액에 대한 약화된 전반사−흡수 스펙트럼을
보여주고 있다. 1,100, 800 및 450[1/cm]에 위치하고 있는 SiO_2의 적외선 활성 정상모드들은 매우
강력한 흡광강도를 보여주고 있다(14.6.2절 참조). 반면에 시리아의 경우에는 F_{1u}의 삼중진동만이
적외선에 대해서 활성화되며, 원적외선 대역인 360[1/cm]에 위치하고 있다(14.6.5절 참조). 그림
14.13에 도시되어 있는 세리아 스펙트럼의 신호 대 잡음비가 나쁜 이유는 상온에서 듀테로화
황산 트라이글라이신(DTGS) 검출기와 일반적인 실리콘 카바이드 광원을 사용하는 측정 장비의
민감도가 낮았기 때문이다. 만일 원적외선에 대해서 최적화된 푸리에 변환 적외선분광기를 사용
한다면 이런 제약을 극복할 수 있을 것이다.[21]

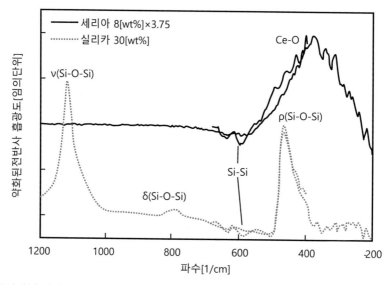

그림 14.13 중간대역 적외선과 원적외선 대역에서 탈이온수를 기준으로 하여 실리카와 세리아 슬러리에 대하
여 측정한 약화된 전반사 흡수 스펙트럼

  그런데 미세구조 단일반사요소(mSRE)의 단점은 단일반사로 인해서 다중반사요소(MRE)나 웨
이퍼 기반 다중반사요소(wMRE)에 비해서 반사신호성분의 비율이 낮다는 것이다. 그럼에도 불구
하고 사용 가능한 빔의 직경이 크기 때문에 광학 처리량이 매우 많으며, 반사 액세서리가 두
개의 반사경들만으로 구성되기 때문에 반사손실이 저감되어 미세구조 단일반사요소의 신호 대
잡음비가 약간 더 높다.

  반사경에 대해서 기준소재를 사용하거나 시료가 없는 경우에는 미세구조 단일반사요소의 주
기적인 커플구조가 간섭을 일으켜서 적외선 스펙트럼의 강도진동이 나타난다. 동일한 위치에서

동일한 미세구조 단일반사요소를 사용하는 경우에 이런 일이 발생한다. 푸리에 필터링이나 소위 웨이브릿법을 사용하여 간섭도를 조작하여 이에 대한 수학적 보정이 가능하다.[47]

14.6 mSRE를 사용한 약화된 전반사 FTIR의 공정적용

SiO$_2$와 여타 유전체들에 대한 화학-기계적 연마를 고찰하기 위해서 미세구조 단일반사요소(mSRE)를 보편적으로 사용할 수 있다는 것을 강조하기 위해서 다음의 사례들을 살펴보기로 한다. 단일반사요소를 기술적으로 구현한 측정 시스템, 화학적 식각과 화학-기계적 연마(CMP)를 통한 산화물 제거의 고찰, 슬러리와 표면개질뿐만 아니라 패드와의 상호작용에 대한 분석 등을 다룬다.

14.6.1 mSRE 실험장치 셋업

미세구조 단일반사요소(mSRE)는 평면형상의 단순한 설계이므로, 취급하기가 매우 용이하다. 액체시료를 분석하기 위해서는 간단한 수평의 반사 액세서리가 필요할 뿐이다. 고정기구는 V-그루브가 입사평면과 수직되도록 미세구조 단일반사요소를 아래로 향하여 고정한다. 미세구조 단일반사요소의 상부표면에 액체시료를 주입한다. 입사광선이 시료를 향해 조사하고, 반사광선을 검출기로 안내하기 위해서는 단지 두 개의 평면형 반사경이 필요할 뿐이다. 전형적으로 입사각은 15°~55° 사이를 사용한다. 실리콘의 굴절률이 크기 때문에, 광선의 전반사 유효각도는 입사각에 크게 영향을 받지 않는다. 그런데 35°의 입사각도는 실리콘 표면의 (111) 배향과 거의 직각을 이루기 때문에, 가장 효과적인 것으로 밝혀졌다. 그림 14.14에 도시되어 있는 것처럼, 식각할 층이 위치한 미세구조 단일반사요소의 구조물 측에 O-링으로 밀봉된 셀을 압착하여 식각액을 손쉽게 주입할 수 있다. 화학-기계적 연마에 대한 모델링 연구를 위해서는, 트레이 형태의 슬러리 탱크 속에서 연마할 층이 증착된 미세구조 단일반사요소의 구조물측 위를 연마용 패드조각으로 누른 상태에서 이동시킨다. 이런 배치는 일반적인 화학-기계적 연마장비와는 뒤집힌 구조이다. 비록 측면방향 배치형태가 다르기는 하지만 이 셋업이 현장 폴리싱 시뮬레이션에 최초로 적용되었다. 폴리싱 실험을 수행하는 동안, 공압을 사용하여 이동패드가 미세구조 단일반사요소에 적당한 누름력을 부가하였다.

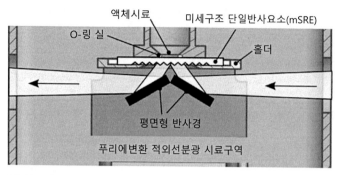

그림 14.14 약화된 전반사(ATR) 액세서리가 위를 향하도록 배치된 미세구조 단일반사요소(mSRE)의 샘플링 형상

일반적인 화학-기계적 연마장비에서는 연마원판과 웨이퍼가 각각 회전하며, 웨이퍼 고정구는 연마할 표면이 아래로 향하는 구조를 가지고 있다. 이 경우 미세구조 단일반사요소는 그림 14.15에 개략적으로 도시되어 있는 형태로 배치되어야만 하며, 적외선 광선은 시료의 상부측에서 조사되어야 한다. 이를 위해서 두 번째 유형의 화학-기계적 연마가공용 약화된 전반사 액세서리가 제작되었으며, 분광기의 시료구역 내부에 설치되었다(그림 14.16). 시료구역의 공간이 매우 협소하기 때문에, 위를 향하여 원판 위에 설치된 패드는 궤적을 그리며 운동한다.[2] 두 개의 커플된 회전운동이 시행되는 동안, 정지해 있는 미세구조 단일반사요소 위로 슬러리를 공급하면서 공압을 사용하여 패드를 압착하였다. 적외선 스펙트럼에서 수증기와 이산화탄소의 회전-진동 대역에 의한 교란을 피하기 위해서, 시료구역 내의 고정반사경을 갖춘 샘플 캐리어와 광선경로를 밀봉한 후에 질소를 주입하였다.

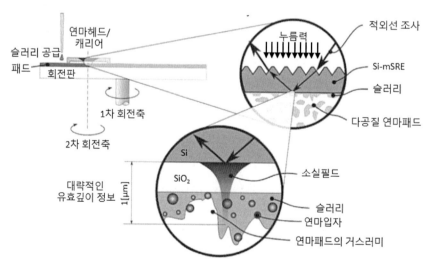

그림 14.15 푸리에 변환 적외선분광(FTIR)과 미세구조 단일반사요소(mSRE)를 사용하여 화학-기계적 연마가공의 현장분석을 시행하기 위한 약화된 전반사(ATR) 샘플링 기법의 개략도

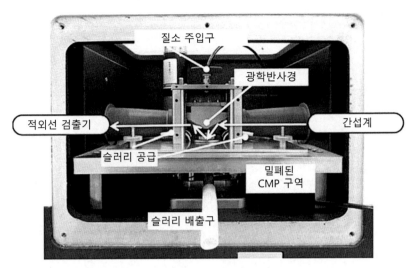

그림 14.16 브루커 버텍스 80v 푸리에 변환 적외선분광기의 시료구역 내에 설치되어 있는 화학-기계적 연마-
약화된 전반사 액세서리의 사진(반사경구역을 열어놓은 상태)

14.6.2 mSRE 위에 자연 생성된 SiO_2에 대한 화학적 식각

수평방향으로 설치된 단일반사 셀로 이루어진 정적 셋업을 사용하여 미세구조 단일반사요소 약화된 전반사 푸리에 변환 적외선분광(mSRE-ATR-FTIR) 기법을 사용하여 실리콘 표면에 존재하는 자연 산화막과 표면조성을 분석하는 방법의 타당성을 검증하기 위한 초기연구가 수행되었다.[11] 희석된 불화수소산을 사용하여 자연 생성된 SiO_2층을 식각하는 방법이 실리콘 표면이 (실리콘 원자들에 수소가 결합되어 있는)실란그룹들로 마감되기 때문에, 기준실험 방법으로 선정되었다. 이 주제에 대해서는 웨이퍼 기반의 다중반사 요소들[42,48~50]뿐만 아니라 박막 외부투과구조[50~52] 등을 사용한 적외선분광법을 통해서 집중적인 연구가 수행되었다.

그림 14.17에서는 미세구조 단일반사요소 위에 주입된 탈이온수 기준용액에 희석된 불화수소산을 추가하는 방식으로 자연 생성된 SiO_2층을 식각하는 동안 중간상태와 최종상태에서 측정한 현장 스펙트럼을 보여주고 있다. 탈이온수를 희석된 불화수소산으로 대체하고 나면, 즉각적으로 SiO_2의 식각이 시작되며, 1,250~1,000[1/cm] 대역에서 산화물 용해에 의한 음의 흡수대역이 관찰된다. 이들은 SiO_2 초박막의 비대칭 신축진동의 횡방향 광학모드(TO, 1,059[1/cm]) 및 종방향 광학모드(LO, 1,224[1/cm])들이다.[51,53~55] 이론에 따르면, 무한시편에서는 종방향 광학모드(LO)는 관찰될 수 없다. 그런데 사용된 파장 길이보다 층두께가 얇고, 표면 연직방향 이외의 각도로 광선이 입사되면, 종방향 광학모드가 관찰될 수 있으며, 심지어는 횡방향 광학모드보다도 더 뚜렷하다(**브레멘 효과**라고 부른다).[55] 산화물이 제거되는 동안은 종방향 광학모드가 1,229[1/cm]에서 1,224[1/cm]로

적색편이되는 것이 관찰되었으며, 이는 얇은 산화물 층의 구조변화나 중간층의 존재 때문인 것으로 추정된다.[51,54]

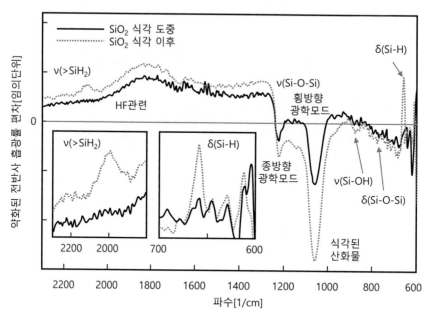

그림 14.17 기존의 불화수소산 담금 방식으로 자연 생성된 이산화규소(SiO_2)를 식각하는 동안 측정된 적외선 차동스펙트럼[13]

최종단계(점선)에 이르면, SiO_2의 제거에 따른 음의 피크가 최대가 된다. 베어 실리콘 표면이 노출되고 나면, 그림 14.17의 삽입도표에 도시되어 있는 것처럼, 2,100[1/cm]와 660[1/cm]에 두 개의 양의 피크가 나타난다. 산화물이 완전히 제거되고 나면, 이 영역에서는 아무런 변화가 나타나지 않는다. 두 피크들은 수소로 마감된 실리콘 표면에 존재하는 Si-H 결합에 의한 것들이다.[31,42,52,56]

이 간단한 실험의 결과들은 약화된 전반사 기법을 사용한 실리콘 소재에 대한 화학-기계적 연마의 현장내 및 현장외 측정을 통해서 검증되었다.[40,43] 이들은 미세구조 단일반사요소-약화된 전반사 기법을 사용하여 초박막과 표면개질에 대한 검출이 가능함을 규명하였다. 앞서의 설명과 해당 문헌[11]을 통해서 더 자세히 논의되어 있는 연구들에 따르면, 실리콘으로 제작된 미세구조 단일반사요소를 사용하면, 기존의 측정방법이나 웨이퍼 기반의 다중반사요소를 사용하는 경우와는 달리 스펙트럼 범위가 1,000[1/cm]로 제한되지 않는다.

---

13 From Schumacher et al. (2010a), reprinted with permission of the Society for Applied Spectroscopy.

14.6.3 mSRE 표면의 SiO₂ 층에 대한 화학적 식각과 두께교정

산화물에 대한 화학–기계적 연마가공의 경우, 수백 나노미터 두께의 SiO₂ 층들이 특히 중요하며, 실리콘 웨이퍼에 대한 현장외 적외선 측정방법들이 다수 발표되었다.[42,53,57~59] 대부분의 논문들은 낮은 내면다중반사 영역에서 나타나는 좌우 진동 모드(약 450[1/cm], ρ), 굽힘 모드(약 800[1/cm], δ) 그리고 900~1,300[1/cm]의 스펙트럼 영역에서 나타나는 신축모드(ν)의 넓은 흡광대역과 같은 Si-O-Si 기준진동들에 초점을 맞추고 있다. 이 측정들은 일반적으로 수직입사 투과방식과 거의 정반사각도로 수행된다. 최대 주흡광이 발생하는 위치, 강도 및 폭을 통해서 비정질 실리콘 산화물 네트워크의 산소함량/화학량뿐만 아니라 변형률과 밀도에 대한 정보도 얻을 수 있다.

수십~수백 나노미터 두께의 SiO₂ 층에 대한 현장측정을 위한 연구는 아직 소수에 불과하다.[60,61] 연마를 수행하는 동안 슬러리 조성과 더불어서 SiO₂ 층의 두께와 같은 추가적인 정보를 얻기 위해서 실리콘–미세구조 단일반사요소(Si-mSRE)를 사용한 약화된 전반사–푸리에 변환 적외선분광(ATR-FTIR)법이 제안되었다.[41] 처음에는 버퍼된 산화물 식각액(BOE, HF와 NH₄F가 혼합된 수용액)을 사용하여 열 산화된 750[nm] 두께의 SiO₂층을 제거하면서 공정에 대한 현장 모니터링을 수행하였다. 그림 14.18에서는 식각을 수행하는 동안 시간경과에 따라서 SiO₂층과 인접한 버퍼된 산화물 식각액에 대한 약화된 전반사–흡수 스펙트럼의 변화를 보여주고 있다. 측정된 스펙트럼에서 베어 실리콘–미세구조 단일반사요소에 대한 측정결과를 차감하여 이 스펙트럼을 구성하였다. 그러므

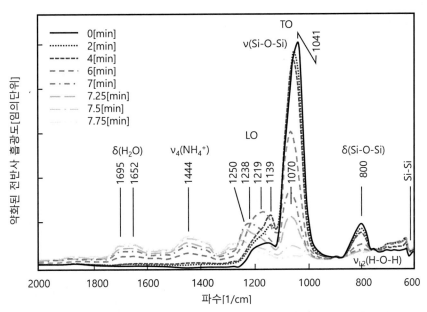

그림 14.18 베어 실리콘–미세구조 단일반사요소를 식각하는 동안 측정된 스펙트럼을 기준신호로 차감하여 구성한 약화된 전반사 흡광 스펙트럼

로 강도감소는 용해 등을 통해서 소재가 제거되었다는 것을 의미한다. 적외선에 의해서 활성화된 SiO_2의 모든 기준모드들은 447[1/cm](도시되지 않음), 880[1/cm] 그리고 1,040~1,250[1/cm] 대역에서 관찰된다.[41] 버퍼된 산화물 식각액에 시편을 담근 직후에 종방향 광학모드의 신축진동을 제외한 모든 대역들의 강도가 즉시 감소한다는 것은 SiO_2가 용해되고 있다는 것을 의미한다(그림 14.18과 그림 14.19 참조). 반면에 버퍼된 산화물 식각액에 할당된 흡광대역의 강도는 증가한다. 파수가 낮은 대역에서는 전기장의 지수함수적인 감소와 소실파의 투과깊이 증가로 인하여, 초기두께인 750[nm]에서조차도 물의 칭동모드인 L1과 L2의 넓은 대역만이 관찰된다.[55] 파수가 높은 영역에서 나타나는 물과 버퍼된 산화물 식각액의 여타 진동들은 뚜렷하지 않으며, 적절한 기준(도시되지 않음)과의 비교를 통해서만 관찰할 수 있지만, 산화물 층이 얇아지는 경우에는 더 뚜렷해진다.

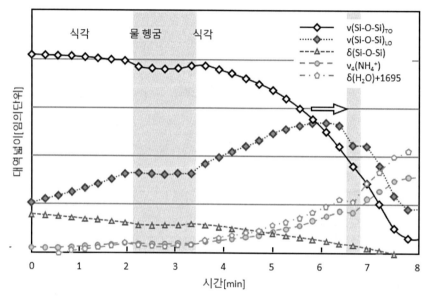

그림 14.19 선정된 SiO_2, NH_4^+ 및 H_2O 진동 대역넓이의 식각시간에 따른 변화양상

굽힘과 로킹 모드의 위치는 고정되어 있다. 반면에, 횡방향 광학모드의 최대피크 위치는 1,041[1/cm] (d_{SiO_2} =750[nm])에서 1,066[1/cm](dir 120[nm])로 청색편이된다. 얇은 산화물 박막의 경우, 청색편이는 식각시간 동안 계속되며, 1,070[1/cm]에서 종료된다. 여타의 연구들에서도 유사한 편이가 보고되었다.[55,57] 이들은 Si-O-Si의 결합각도 θ의 변화와 변하지 않는 힘상수값에 관련되어 있다. 일반적으로 유연한 Si-O-Si 결합을 가정하므로, 결합각도는 크게 변하는 반면에($120° < \theta < 180°$), Si-O 결합의 길이는 거의 일정하다(1.59~1.62[Å]).[55] 이런 가정을 통해서, 산화막 두께의 감소에 따라서 관찰되는 청색편이는 결합각도 θ의 증가에 따른 것이다.

램버트-비어의 법칙에 따르면, 흡광률은 측정대상 시편의 흡광계수, 농도 c 그리고 체적에 선형적으로 비례한다. 흡광계수, 농도 및 단면적이 변하지 않는다면, 시편의 흡광률은 두께에 선형적으로 비례한다. 이는 투과율이나 유사한 샘플링 기법들을 사용하여 측정한 대부분의 데이터들과도 일치하는 결과이다. 약화된 전반사 스펙트럼의 경우, 밴드넓이와 막두께에 대한 보정을 위해서는 소실파의 지수함수적 감소를 고려해야만 한다. 약화된 전반사 스펙트럼을 사용하기 위해서는 경험적으로, 램버트-비어의 법칙을 다음과 같이 수정해야 한다.

$$A = \alpha \cdot c \cdot (n + m \cdot e^{-d \cdot l}) \tag{14.5}$$

여기서 A는 흡광률, α는 분자 흡광계수, d는 막두께 그리고 n, m 및 l은 각각 맞춤계수들이다. 이 관계식에서는 특정한 미세구조 단일반사요소의 기하학적 형상과 산화물 층의 광학적 성질들을 고려하고 있다. 따라서 현장 적외선 스펙트럼으로부터 산화물층의 두께를 산출할 수 있다. 식 (14.5)에서 사용된 맞춤계수 n, m 및 l을 구하기 위한 회귀분석에는 서로 다른 두께에 대해서 측정한 약화된 전반사 푸리에 변환 적외선분광과 현장외 타원편광을 사용해서 얻은 데이터들이 사용된다. 앞서 설명했던 버퍼된 산화물 식각액을 사용한 실험으로부터 얻은 데이터를 사용하여 이 교정 알고리즘을 적용한 결과가 그림 14.20에 도시되어 있다.

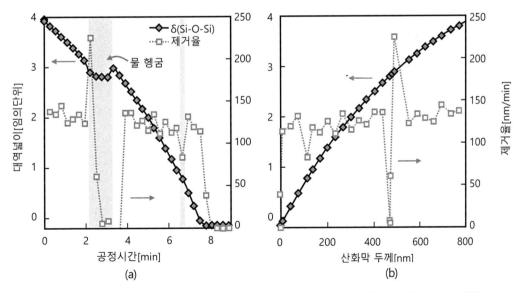

그림 14.20 δ(Si-O-Si) 모드의 식각시간과 산화막 두께에 따른 밴드넓이와 소재 제거율

이 사례의 경우, 여타의 흡수대역들과 중첩되지 않기 때문에 δ(Si-O-Si)진동이 사용되었다. 이에 따르면 강도가 비교적 낮기는 하지만, 현장측정된 푸리에 변환 적외선분광 데이터를 두께 맞춤에 사용하는 것이 적합하다. 반면에, SiO_2의 신축 모드는 식각액을 구성하는 물과 여타의 화합물들에 의한 다수의 흡광대역들과 중첩된다. 이로 인하여 잘못된 해석이 초래될 수 있다. 예를 들어, 그림 14.19에 도시된 것처럼 식각액을 물로 대체하면 신호가 크게 감소하므로, 물 헹굼을 시행하는 동안의 계산값이 식각률의 증가를 나타낸다. 건조된 상태의 미세구조 단일반사요소를 식각액으로 적시면 이와 유사하지만 반대의 현상이 관찰된다.

이 실험의 눈에 띄는 측면은 종방향 신축에 따른 광학모드의 이상거동이다. 그림 14.18과 그림 14.19에서 볼 수 있듯이, 주어진 상관관계를 사용하여 단순하게 종방향 광학모드의 강도와 대역 적분을 산화막 두께와 연관 지을 수는 없다.

14.6.4 미세구조 단일반사요소 표면의 SiO_2 층에 대한 화학 - 기계적 연마가공

식각실험에서 유사하게, 앞서 설명했던 푸리에 변환 적외선분광기의 시료구역 내에 연마용 액세서리를 설치한 후에 열 산화된 SiO_2 층에 대한 화학-기계적 연마가공에 대한 현장 모니터링을 수행하였다.[41] 실제의 가공공정과 유사한 환경을 구현하기 위해서 알칼리-실리카 슬러리와 (조각으로 잘라낸 다음에 상용 연마기로 컨디셔닝을 시행한) IC1000 패드가 사용되었다. 그림 14.21에서는 화학-기계적 연마가공으로 산화막을 완전히 제거하는 동안 SiO_2 층과 이를 덮고 있는 실리카 슬러리에 대해서 현장에서 측정한 약화된 전반사-흡광 스펙트럼을 보여주고 있다. 연마가공된 미세구조 단일반사요소의 표면을 기준신호로 사용하여 이 스펙트럼을 구성하였다. 앞서 설명했던 SiO_2 식각실험들과 마찬가지로, 연마를 수행하는 동안 Si-O-Si 신축, 굽힘 및 로킹 모드들의 대역강도가 감소하였으며, 이는 SiO_2층이 제거되고 있다는 것을 의미한다.

산화막 두께가 감소함에 따라서 SiO_2 층 신축대역의 강도감소와 더불어서 1,107[1/cm] 어깨가 형성되는 것을 관찰할 수 있다. 이 어깨는 슬러리 내의 콜로이드 실리카와 관련되어 있으며, 산화막 층이 얇아지면서 소실파가 슬러리 속으로 투과되는 비율이 높아진다는 것을 나타낸다. SiO_2의 굽힘 모드(약 800[1/cm])와 로킹모드(약 450[1/cm])에서도 이와 유사한 현상을 관찰할 수 있다.

이 사례를 통해서 미세구조 단일반사요소를 사용하는 약화된 전반사 기법으로 화학-기계적 연마가공으로 소재를 제거하는 동안 중간대역 적외선과 원적외선 대역의 스펙트럼을 측정하는 방법의 타당성을 확인할 수 있었다. 산화물층의 두께가 감소함에 따라서, 슬러리 조성에 대한 더 많은 정보를 얻을 수 있다. 신호 대 잡음비가 높은 스펙트럼을 얻기 위해서는, 분광계 설치방법이 크게 개선되어야만 하며, 액체질소로 냉각되는 HgCdTe형 반도체 검출기를 사용하여 이를 가속시킬 수 있다. 그리고 CeO₂ 시편에 대한 연구를 위해서는 수은증기 등을 원적외선 광원으로 사용하고, 원적외선 검출기로는 헬륨냉각방식 볼로미터를 사용하여야 한다.

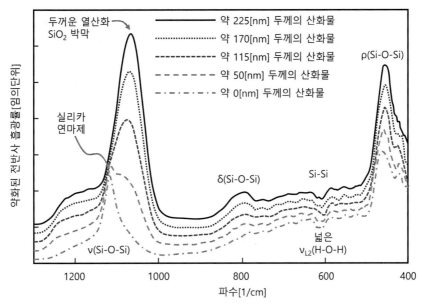

그림 14.21 알칼리-실리카 졸 기반의 슬러리를 사용하여 연마과정을 진행하는 동안 측정된 저대역 및 중간대역 적외선에 대한 약화된 전반사-흡광 스펙트럼의 변화양상[14]

14.6.5 미세구조 단일반사요소를 사용한 연마제와 슬러리 분석

슬러리 연마제의 분석, 이들의 연마가공이 수행되는 동안 이들의 변성과 변화에 대한 분석은 소재제거 메커니즘에 대한 해석에 도움이 되며, 슬러리 연마제와 첨가제들 사이의 상호작용에 대한 정보도 얻을 수 있다. 이런 적외선분광을 사용한 분석방법들은 대부분 현장외 기법[62~65]들로서, 연마가공 전후의 성질들을 측정[66]할 수 있다. 시료와 표면을 건조시켜야만 하며, 때로는 고온에서의 기체유동이 이들의 광학적 성질들과 표면 상태에 큰 영향을 끼치거나 변화시킨다. 약화된 전반사-푸리에 변환 적외선분광법은 일반적으로 액체시료와 분산물에 적합한 기법이지만, 실리카와 세리아 슬러리에 대한 현장외 및 현장내 분석을 통해서 이런 문제들을 극복하고 사용할 수 있다.

---

14 From Schumacher et al. (2010b), reprinted with permission of Cambridge publication.

14.6.5.1 실리카 연마제

SiO₂뿐만 아니라 (폴리)실리콘이나 구리와 같은 여타의 소재들에 대한 연마에 실리카 기반의 슬러리들이 널리 사용된다. 14.2절에서 제시 및 분석했듯이, 스튀버-졸, 알칼리-실리카-졸 그리고 열분해 실리카 분산액과 같은 세 가지 유형의 SiO₂ 연마제들이 일반적으로 사용되고 있다.[19,20,67,68]

그림 14.22에는 유사한 입자크기를 가지고 있는 세 가지 서로 다른 유형의 슬러리들에 대하여 미세구조 단일반사요소(mSRE)를 사용하여 측정한 약화된 전반사-흡광 스펙트럼이 도시되어 있다. 모든 스펙트럼들은 강도의 측면에서 일반적으로 비교가 가능한 탈이온수를 기준으로 구성되었다. 도표에 따르면 800[1/cm]과 1,200∼1,000[1/cm] 대역에 강력한 양의 대역들이 존재하며, 이들은 각각 Si-O-Si의 굽힘 및 신축모드에 의한 것이다. 700[1/cm] 이하에서 나타나는 넓은 음의 대역은 물이 실리카 입자들에 의해서 밀려났기 때문이다.

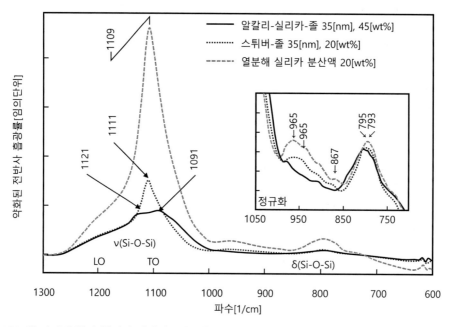

그림 14.22 세 가지 유형의 실리카 연마제들에 대한 약화된 전반사 흡광 스펙트럼. 내부에 삽입된 그래프에서는 실리콘 표면그룹들과 이산화규소의 변형진동 대역을 정규화하여 상세하게 보여주고 있다.

1,250∼1,000[1/cm] 범위에 있는 Si-O-Si의 신축진동 형태는 1,120/1,110/1,090[1/cm]의 횡방향 광학모드(TO)에 지배를 받는다. 1,200[1/cm] 주변에서는 종방향 광학모드나 종방향-횡방향 광학모드 분리대역에 의해서 유발되는 훨씬 더 작은 어깨를 관찰할 수 있다.[69] 스튀버-졸과 알칼리-실리카졸들은 1,110[1/cm]에서 서로 매우 유사한 좁은 횡방향 광학모드 피크를 가지고 있으며, 이는 비정질 SiO₂ 박막(열 산화물이나 테트라에틸 오소실리케이트 산화물)과는 달리, 균일한 소재조성

을 가지고 있다는 것을 시사한다. 피크강도의 차이는 연마제의 농도와 관련되어 있다. 열분해 실리카의 대역형태는 매우 달라서, 횡방향 광학모드에 이중피크(1,121과 1,091[1/cm])가 관찰된다. 두 개의 대역요소들이 존재한다는 것은 열분해 실리카나 나노분산 실리카의 경우와 마찬가지로 최소한 두 가지의 비정질 SiO_2 구조가 동시에 존재한다는 것을 의미한다. 그림 14.22의 내부 삽입 그래프의 1,000~850[1/cm] 대역과 ν_{TO}(Si-O-Si) 대역에 대해서 정규화된 1,100[1/cm] 주변에서는 더 많은 차이점들을 발견할 수 있다. 950~965[1cm] (-Si-O-H), 906[1/cm] 및 867[1/cm]에서 관찰되는 다중 피크들은 표면에 잔류하는 수산(실라놀) 그룹의 Si-OH나 탈양자화된 Si-O⁻ 성분들이라고 생각된다.[70] 이들은 반응되지 않은 Si-OH 그룹들의 부분점유에 의해서 유발된다. 반면에, 알칼리-실리카 졸들의 피크가 스튀버-졸의 피크보다 높다는 것은 반응되지 않은 Si-OH 그룹들이 더 많다는 것을 의미한다. 열분해 실리카의 경우에는 이런 특성들이 거의 나타나지 않는다.

동일한 샘플링 기법을 사용하여, 연마제 농도가 서로 다른 세 가지(0.2, 1 및 10[wt%])의 알칼리 실리카 졸에 대한 적외선 스펙트럼을 측정하였다(그림 14.23). 강력한 Si-O-Si 신축모드의 대역넓이는 슬러리 내에 함유된 실리카의 농도나 시료체적에 비례한다.[71] 따라서 이런 기법은 일반적으로 연마공정을 수행하는 동안 연마제 농도의 현장측정에 적합하다.

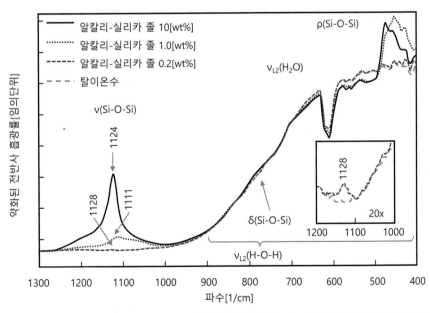

그림 14.23 낮은 적외선 대역에서 연마제의 농도변화에 따른 알칼리-실리카 졸의 약화된 전반사 흡광 스펙트럼

화학-기계적 연마가공의 또 다른 흥미로운 영역은 산화물에 대한 화학-기계적 연마가공을 수행하는 동안 연마입자의 성질을 맞춤형으로 수정하기 위해서 연마입자에 코팅이나 표면기능성을 추가하는 것이다. 이런 슬러리들은 화학-기계적 연마가공을 수행하는 동안 예를 들어, 소재 제거율 향상,[62,66,72] 선택도 향상,[73~76] 그리고 긁힘 감소[63] 등을 목적으로 하고 있다. 코팅이나 표면 기능성이 추가된 연마제들은 열 중량분석, 접촉각, 제타전위, 동적광선산란, 흡착등온선, X-선 회절측정, 주사전자현미경, 투과전자현미경, X-선 광전자분광법 그리고 현장외 적외선분광법 등을 사용하여 분석할 수 있다. 일반적으로는 입자들을 건조된 상태에서 분석하지만, 슬러리가 실제로 사용되는 젖은 상태와는 분자의 특성이 크게 다르다. 그림 14.24에서는 3-아미노프로필로 기능성이 추가된 실리카 입자들에 대한 미세구조 단일반사요소-약화된 전반사(mSRE-ATR) 흡광 스펙트럼을 알칼리-실리카 졸의 유사한 스펙트럼과 비교하여 보여주고 있다. 유기 화학적으로 기능성이 추가된 입자의 스펙트럼은 매우 강력한 기능성을 갖추고 있다. 코팅 및 표면 기능성이 추가된 입자들을 분석하기 위해서 현장에서 측정한 약화된 전반사-푸리에 변환 적외선 스펙트럼 (ATR- FTIR)을 사용할 수 있다.

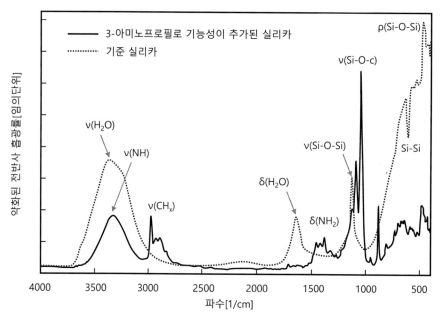

그림 14.24 3-아미노프로필로 기능성이 추가된 실리카 기반의 슬러리와 알칼리-실리카 졸 기반의 슬러리에 대한 약화된 전반사 흡광 스펙트럼

14.6.5.2 세리아 연마제

과거 수십 년 동안 광학용 규산유리의 화학-기계적 연마가공에 사용되어왔던 세리아(CeO_2)

기반의 슬러리들이 몇 년 전부터 반도체 제조에 적용되어 높은 연마성능, 높은 소재제거율 그리고 뛰어난 표면품질을 구현하게 되었다. 실리카 기반의 슬러리들에 비해서, 이들은 실리콘 산화물과 질화물들에 대해서 월등한 소재제거 선택도를 가지고 있으며, 아미노산과 같은 첨가제를 사용하여 선택도를 조절할 수도 있다.[77~79]

세리아 연마제에 대한 현장적외선 측정은 어려운 과제이다. 세륨(IV) 산화물은 형석[15]구조 (공간유형 Fm$\overline{3}$m) 속에서 결정화되며, 이들은 모두 원적외선 대역에 위치하는 3가지의 기저진동모드($2 \times F_{1u}$, $1 \times F_{2g}$)만을 가지고 있지만, 여기서는 3배만큼 감소한 횡방향 광학모드의 F_{1u} 진동만이 적외선에 활성화된다.[22,80,81] 그림 14.25에서는 선택도가 높은 두 가지 상용 세리아 기반의 슬러리들을 실리콘 모재 위의 세리아 졸-젤 박막에 대한 투과율 측정결과와 비교하여 보여주고 있다. 졸-젤 시료는 275[1/cm]에서 날카로운 피크를 나타내며, 이는 순수한 CeO_2에 의한 F_{1u} 모드이다.[80,82] 반면에, 세리아 슬러리의 경우에는 330[1/cm]에서 넓은 대역이 나타난다. 여러 논문들을 통해서 이와 유사한 대역들이 보고되었으며, 밴드의 최댓값은 360[1/cm]에 위치한다.[81] 10~50[wt%]의 고체로 이루어진 일반적인 콜로이드 실리카 슬러리와 비교해서, 세리아 슬러리의 고체함량은 10[wt%] 미만이기 때문에, 대역강도가 낮게 나타난다.

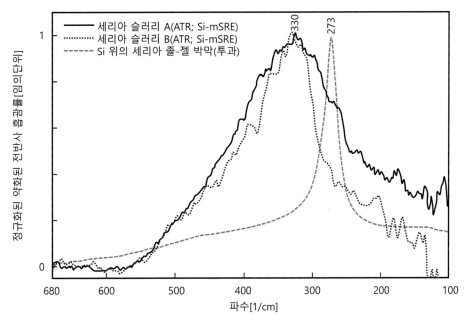

그림 14.25 원적외선 대역에서 서로 다른 광원을 사용하여 세리아에 대해서 정규화한 약화된 전반사 흡광률 도표

---

15 fluorite.

세리아를 연마제로 사용하는 경우에 실리콘 산화물에 대한 화학−기계적 연마가공 과정을 설명하기 위해서 두 가지 경쟁적 모델이 제안되었다.[83] 쿡은 소위 **화학적 치형모델**[16]을 제안하였다.[14] 여기서는 실리카에 의한 화학−기계적 연마과정을 다단계로 설명하였다. 초기에는 세리아 연마제와 실리카 박막 사이에 일시적인 결합이 생성된다. 그런 다음 실리카가 슬러리 속으로 용해된다. 쿡은 pH값이 등전점에 근접한 슬러리를 사용하면 연마제의 표면전하가 거의 0이 되어서, 최대 연마율을 구현할 수 있다고 제시하였다. 호시노 등은 이와 유사하지만 연마제로 사용된 세리아가 SiO_2 박막과 결합하여 생성된 SiO_2/세리아 덩어리가 연마과정에서 제거된다는 약간 더 기계적인 메커니즘을 제안하였다.[84] 이들 두 가지 모델의 주요 인자는 일시적이거나 영구적인 연마제−박막 결합이다.

단두 등[85]은 2.0에서 9.5 사이의 서로 다른 pH값들을 가지고 있는 여과된 세리아 슬러리의 Ce^{3+} 이온이 가지고 있는 자외선/가시광선에 대한 300[nm] 스펙트럼 대역의 흡광률과 질화물에 대한 화학−기계적 연마가공의 소재 제거율 사이에 직접적인 연관관계가 있다는 것을 발견하였다. 또한 Ce^{3+}/SiO_x 합성물[86]이나 Ce^{4+} 이온[87]의 특성이라고 제시되었던, 이 피크가 320[nm]로 시프트되는 현상은 상청액 내의 Ce^{3+} 이온들과 질화 실리콘 표면에 존재하는 자연 생성된 아산화물들 사이의 상호작용에 의해서 Ce-Si가 생성되었다는 명확한 증거라고 추측하였다.[85]

Ce-O-Si 브리지나 Ce-O-Si(OH)$_3$와 같은 표면그룹들과 같은 화합물이 생성된다는 진동 스펙트럼적 증거는 아직까지도 웨이퍼/산화물 층이나 거스러미들에 대한 (현장외) 분석을 통해서는 발견되지 않았다.[84] 산화물에 대한 화학−기계적 연마가공을 시행하는 동안 Ce-O-Si 브리지가 생성된다는 것을 검증하는 최초의 중요한 단계는 Ce-O-Si 진동모드를 검출하는 것이다. 세리아−실리카 결합이나 표면개질에 대한 연구에 진동 스펙트럼을 사용한 연구는 소수에 불과하다.[62,65,88] 완전한 검증은 안 되지만, 세리아 결합으로 인한 추가적인 흡광대역이 1,200∼200[1/cm]에 존재한다고 보고되었다. Ce-O-H, Ce-O-Si 또는 Ce-Si 진동 각각의 에너지를 처음부터 계산하기 어렵기 때문에, 이들의 진동에 대해서는 잘 알려져 있지 않다. 그러므로 산화물에 대한 화학−기계적 연마가공을 수행하는 동안 Ce-O-Si 결합이 생성된다는 것을 증명하는 일은 아직까지도 도전과제로 남아 있다.

14.6.6 미세구조 단일반사요소를 사용하여 측정한 표면성질의 변화

pH값과 이온강도의 변화 그리고 첨가제 첨가는 연마제와 산화물 표면 사이의 상호작용에 따른

---

16 chemical tooth model.

연마거동에 영향을 끼치는 중요한 인자들이라는 것이 잘 알려져 있다(14.2절 참조). 버퍼용액에서부터 안정화, 산화 또는 킬레이트제, 계면활성제 등으로 작용하는 유기화합물들에 이르기까지 다양한 첨가물들이 사용되고 있다.[6,89,90]

그림 14.26에서는 분해 실리카 슬러리의 pH값 증가에 따른 약화된 전반사-흡광 스펙트럼 변화를 보여주고 있다. pH=3.4에서 출발하여 KOH를 첨가해가면서 pH값을 증가시켰다. pH값이 높은 영역에서 실리콘으로 제작된 미세구조 단일반사요소의 식각을 방지하기 위해서, 18[nm] 두께의 SiO_2 층이 증착되어 있는 실리콘 기반의 미세구조 단일반사요소를 사용하여 현장에서 모든 측정과 pH-값 수정이 수행되었다. 이 실험에 따르면, pH값이 증가함에 따라서, 양의 흡광대역들이 450, 797, 1,079 및 1,128[1/cm]에서 관찰되었다. 이 대역들은 열분해 실리카의 Si-O-Si 진동모드들로서, 시료체적 내의 SiO_2 함량이 증가한다는 것을 나타내고 있다. 유동학, 제타전위, 동적 광선산란 등을 사용한 연구들과 14.2절에서의 논의에 따르면, pH값이 낮은 영역에서는 주로 SiO_2 입자들로 이루어진 열분해 실리카 분산액 속의 집합체들이 대형의 응집물을 형성하지만, pH값이 증가하여 음의 제타전위가 형성되면, 이 과정이 반대로 진행되어, 작고 더 조밀하게 밀집된 입자들이 미세구조 단일반사요소(mSRE)의 표면에서 발견된다.

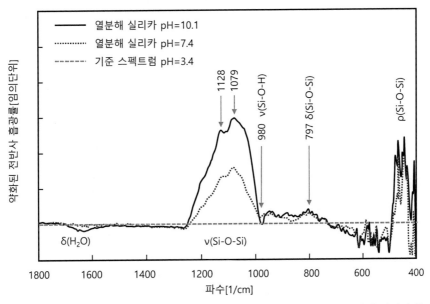

그림 14.26 pH=3.4를 기준으로 하여 pH=7.4와 10.1에서 측정된 열분해 실리카의 약화된 전반사 흡광 스펙트럼

또한 pH값이 높아지면 980[1/cm] 대역에서 음의 흡광대역이 나타난다. 이 대역은 양자화된 실라놀 그룹(Si-OH)의 굽힘 진동에 의한 것이다. 이는 실리카 연마입자들과 실리카 박막 표면의

Si-OH가 탈양자화되어 Si-O⁻가 생성되었다고 해석할 수 있다. 스튀버-졸과 같은 다른 형태의 실리카 연마제에서도 이와 유사한 거동이 관찰되었다. 아미노산은 세리아 기반의 슬러리를 사용하는 경우 산화물에서 질화물에 이르는 소재들에 대한 소재제거 선택도에 영향을 끼치기 때문에 흥미로운 소재이다. 이들은 질화실리콘 표면에 흡착되어 가수분해 반응을 억제하며/또는 세리아 표면이 특정한 위치를 가로막아서 마멸을 억제하는 것으로 생각된다.[75~78,85,91] 아미노산들의 전하량, 기능성 그룹의 유형 그리고 극성뿐만 아니라 pH값[92]도 제거율에 큰 영향을 끼친다. 그런데 실리콘 산화물 및 질화물층뿐만 아니라 세리아 입자와 아미노산 사이의 분자 상호작용에 대해서는 아직도 완전히 이해되지 못하였다. 부가적인 코팅이 되어 있는 연마입자들에 대하여 **적외선 확산반사 푸리에 변환**(DRIFT) 액세서리를 사용한 현장외 측정[91]이 수행되었지만, 측정된 스펙트럼에 대한 설명이 어려우며, 불확실하였다. 현장내 푸리에 변환 적외선분광 측정과 같은 추가적인 연구들을 통해서 아미노산을 첨가한 경우에 실리콘 질화물의 연마 메커니즘에 대한 이해를 향상시킬 수 있을 것이다.

14.6.7 연마용 패드가 미세구조 단일반사요소를 사용한 측정에 끼치는 영향

다수의 화학-기계적 연마(CMP) 모델들에서 물, 연마입자 그리고 연마용 패드 사이의 소위 윤활거동에 대한 논의가 수행되었다.[93,94] 약화된 전반사-푸리에 변환 적외선분광(ATR-FTIR)과 같은 현장내 및 현장외 측정방법들을 사용하여 화학-기계적 연마가공을 수행하는 동안 일어나는 복잡한 접촉상태를 분석하려는 연구들이 시도되었다.[95,96]

탈이온수에 적셔진 패드(IC1000)와 미세구조 단일반사요소(mSRE)가 직접 접촉하여 움직이는 경우에, 약화된 전반사 구조의 정보획득 깊이가 슬러리층과 산화물 층을 합한 두께인 1[μm]를 넘어서면 약화된 전반사(ATR) 스펙트럼에 전형적인 폴리우레탄 흡광대역이 관찰된다(그림 14.27). 물을 기준으로 한 약화된 전반사 스펙트럼에서, 정적인 패드 누름압력이 15, 50 및 100[kPa]로 증가함에 따라서, 폴리우레탄의 대역도 이에 비례하여 증가한다. 이와 동시에 물과 관련된 강도는 감소하므로, 이를 통해서 누름압력이 증가함에 따라서 연마용 패드에서 물이 밀려나간다는 것을 알 수 있다. 비록 이런 관찰 결과를 정량화시키기는 어렵지만, 그림 14.28에 도시되어 있는 것처럼, 압력과 대역넓이 사이의 상관관계를 구하려는 시도를 통해서 패드가 정보깊이보다 가깝게 전반사 표면에 근접하여야만 정적인 누름압력에 비례하는 특성 적외선 대역이 나타난다는 것을 알게 되었다.

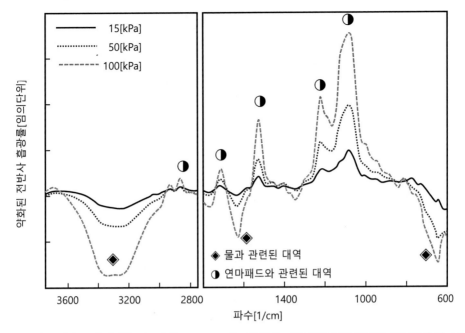

그림 14.27 서로 다른 누름압력을 받고 있는 IC1000 패드의 물에 대해 정규화된 약화된 전반사 흡광 스펙트럼[17]

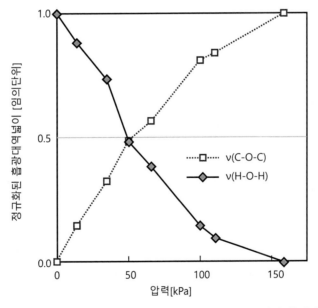

그림 14.28 정적 누름압력 변화에 따른 물과 패드에 관련된 정규화된 흡광대역의 적분값

17 From Schumacher et al. (2010b), reprinted with permission of Cambridge publication.

적외선분광기의 시료구획 내에 연마용 액세서리를 설치하여, 연마가공을 수행하는 동안 발생하는 동적압력하에서의 거동에 대한 시뮬레이션을 수행할 수 있다. 그림 14.29에서는 40[kPa]의 누름압력이 부가된 평판이 (표준 화학−기계적 연마가공장비의 전형적인 상대속도에 비해서 매우 느린 속도인)속도 5[cm/s]와 2.5[cm/s]로 움직이는 경우에 비해서 정적 모드인 경우에 스펙트럼 강도가 감소하는 것을 보여주고 있다. 정적 압력이 부가된 상태에서 가장 높은 신호가 나타나며, 이 신호는 동적 가공의 속도가 증가할수록 감소하는 경향을 보인다. 따라서 매우 느린 속도에서 조차도 패드와 웨이퍼 표면 사이의 접촉이 부분적으로 떨어진다는 것을 알 수 있다.

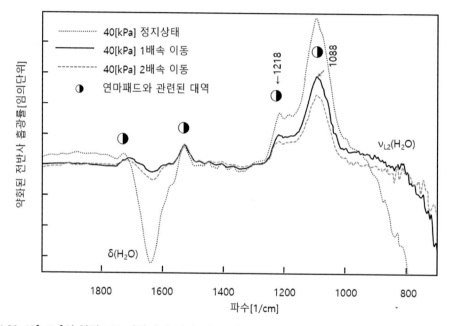

그림 14.29 40[kPa]의 압력으로 가압되어 정지 및 두 가지 상대속도로 움직이는 습식 연마용 패드에 대한 약화된 전반사(ATR) 흡광률 현장측정 결과; 모든 스펙트럼은 패드가 없는 경우의 물을 기준으로 정규화되었다.

그림 14.30에서는 상대속도가 느린 상태(회색영역)와 정지상태(백색영역)를 반복하면서 세리아 슬러리를 사용하여 미세구조 단일반사요소 위에 증착되어 있는 수십[nm] 두께의 SiO_2 층을 연마하는 동안 두 개의 물에 의한 흡광대역들과 하나의 폴리우레탄 흡광대역의 시간의존성이 도시되어 있다. 이렇게 해서 측정한 강도들에는 다음의 두 가지 영향들이 섞여 있다.

(1) 연마에 의해서 산화물 층이 얇아지면 증가하는 신호
(2) 정적인 압력과 동적인 압력이 수막 두께에 끼치는 영향

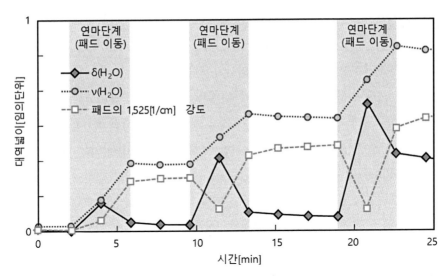

그림 14.30 물로 적신 연마패드에 40[kPa]의 정적인 압력을 부가한 경우와 두 가지 상대속도로 움직인 경우에 대하여 현장측정된 약화된 전반사 흡광 스펙트럼. 모든 스펙트럼들은 패드가 없는 상태의 물의 스펙트럼을 기준으로 사용하였다.

물의 신축진동인 $\nu(H_2O)$의 경우, 동작/정지상태를 반복하는 동안 지속적으로 대역넓이가 증가하는 것은 주로 산화막의 두께가 감소했기 때문이다. 높은 파수대역에서는 정보획득 깊이가 얕아지기 때문에, 동수압 층의 두께를 크게 넘어서지 않는다. 정지상태에서는 정적 누름압력 때문에 패드에서 물이 빠져나가면서 신호가 약간 감소한다. 연마가 수행되는 기간 동안 물의 굽힘 진동인 $\delta(H_2O)$의 양의 피크는 정보획득 깊이가 증가하여 동수압층의 두께증가를 검출한 때문이다. 앞서와 마찬가지로 정지상태에서는 수막두께가 감소하기 때문에, 신호가 약간 감소한다. 폴리우레탄 대역의 거동은 물의 굽힘진동 강도와는 반대의 경향을 나타낸다.

(1) 연마기간 동안은 동수압층의 두께가 증가하기 때문에 감소 피크가 발생한다.
(2) 정지상태에서는 패드의 이완 등에 의해서 시편과 패드의 접촉이 늘어나기 때문에 신호가 약간 증가한다.

이 결과로부터 추론할 수 있듯이, 이런 분광학적 실험연구를 통해서 동수압적 효과, 화학약품 등에 의한 패드 표면성질의 변화 등의 패드와 관련된 인자들이 연마 메커니즘에 끼치는 영향을 고찰할 수 있다. 또한 패드 접촉과 관련된 대략적인 치수도 추산할 수 있다.

14.7 결 론

이 장에서는 SiO$_2$에 대한 화학-기계적 연마가공의 다양한 특성을 분석하기 위해서 푸리에 변환 적외선분광(FTIR)법을 활용하는 방안에 대해서 살펴보았다. 약화된 전반사-푸리에 변환 적외선분광법은 연마가공을 수행하는 동안 표면을 광학적으로 직접 측정할 수 있는 방법이다. 중간대역 적외선을 사용하는 기존의 실리콘 기반 내면반사요소(IRE)들과는 달리, 소위 미세구조 단일반사요소(mSRE)는 매우 짧은 광학경로길이를 가지고 있다. 이로 인하여 Si-O나 Si-N과 같이 지금까지는 접근할 수 없었던 실리콘 화합물 진동의 스펙트럼 대역인 1,000[1/cm]과 유기분자의 지문대역을 포함하는 원적외선과 중간대역 적외선을 모두 분석할 수 있게 되었다.

약화된 전반사 기법을 사용하면 연마가공이 진행되는 동안의 소재제거 현상을 측정 및 분석할 수 있다. 시료에 특화된 교정을 통해서 현장측정 스펙트럼에 대한 사후분석이나, 심지어는 가공 중에도 층두께와 제거율을 구할 수 있다. 또한 실리카와 세리아 입자들뿐만 아니라 연마용 패드에 대해서도 분석이 가능하다는 것이 밝혀졌다.

중요한 문제점들은 주로 적외선분광기의 민감도와 복잡한 스펙트럼에 대한 분석능력에 집중되어 있다. 약화된 전반사 스펙트럼의 정보획득깊이는 1[μm] 내외로서, 박막과 표면의 정보뿐만 아니라 연마용 패드, 슬러리 그리고 실험에 사용된 연마입자의 신호도 포함되어 있다. 이 신호들의 분리는 복잡한 연마과정의 분석에서 매우 중요한 사안이다. 지능적 신호처리 기법을 사용하면, 웨이퍼와 패드 사이의 슬러리층 내에서 일어나는 패드 접촉과 동적 가공과정에 대한 정보를 얻을 수 있다.

현장측정 방식의 약화된 전반사-푸리에 변환 적외선분광법은 연마과정을 수행하는 동안 표면의 표적물질을 분석하는 유일한 방법이다. 획득된 정보는 화학-기계적 연마과정에서 일어나는 소재 제거 메커니즘과, 예를 들어 아미노산과 같은 첨가물들의 상호작용이나 pH값의 영향과 같은, 여타의 화학적 공정에 대한 이해를 도와준다. 이 장에 제시되어 있는 미세구조 단일반사요소를 사용하는 기법은 질화 실리콘과 같은 모든 유형의 유전체 소재들, 저유전체 그리고 매우 얇은 금속박막 등에 적용할 수 있다. 적절한 기술적 지원이 시행된다면, 14.2.3절에서 설명되어 있는 것처럼, 이 기법을 공정제어의 종료시점검출(EPD)뿐만 아니라 소형화된 분광계로도 사용할 수 있을 것이다.

감사의 글

저자들은 드레스덴 기술대학 소재의 반도체 및 마이크로시스템 기술연구소(IHM)를 맡고 있는 요한 바사 교수의 지원과, 라이프니츠 폴리머연구소(IPF)의 캐스린 에스텔과 코넬리아 벨만 박사의 도움이 되었던 연구와 논의 그리고 반도체 및 마이크로시스템 기술연구소(IHM) 클린룸 공정팀의 실험지원에 감사를 드린다. 이 연구는 독일연방교육연구부의 재정지원(BMBF, FKZ: 13N10347 & 13N10808)으로 수행되었으며, 이에 감사를 드린다.

참고문헌

1. Steigerwald, J.M., Murarka, S.P., Gutmann, R.J., 1997. Chemical Mechanical Planarization of Microelectronic Materials. John Wiley, New York.

2. Oliver, M.R., 2004. Chemical Mechanical Planarization of Semiconductor Materials, first ed. Springer, Berlin.

3. Li, Y., 2008. Microelectronic Applications of Chemical Mechanical Planarization. John Wiley, Hoboken, NJ.

4. Luo, J., Dornfeld, D.A., 2001. Material removal mechanism in chemical mechanical polishing: theory and modeling. IEEE Trans. Semicond. Manuf. 14 (2), 112e133.

5. Matijevic, E., Babu, S.V., 2008. Colloid aspects of chemical mechanical planarization. J. Colloid Interface Sci. 320 (1), 219e237.

6. Krishnan, M., Nalaskowski, J.W., Cook, L.M., 2010. Chemical mechanical planarization: slurry chemistry, materials, and mechanisms. Chem. Rev. 110 (1), 178e204.

7. Singh, R.K., Bajaj, R., 2002. Advances in chemical mechanical planarization. MRS Bull. 743e751.

8. Hocheng, H., Huang, Y.L., 2002. A comprehensive review of end point detection in chemical mechanical polishing for deep-submicron integrated circuits manufacturing. Int. J. Nano Technol. 1, 1e18.

9. Zeidler, D., Pl€otner, M., Drescher, K., 2000. Endpoint detection method for CMP of copper. Microelectron. Eng. 50 (1e4), 411e416.

10. Hind, A.R., Bhargava, S.K., McKinnon, A., 2001. At the solid/liquid interface: FTIR/ATR e the tool of choice. Adv. Colloid Interface Sci. 93 (1e3), 91e114.

11. Schumacher, H., Künzelmann, U., et al., 2010a. Applications of microstructured silicon wafers as internal reflection elements in attenuated total reflection fourier transform infrared spectroscopy. Appl. Spectrosc. 64 (9), 1022e1027.

12. Zaera, F., 2012. Probing liquid/solid interfaces at the molecular level. Chem. Rev. 112 (5), 2920e2986.

13. Preston, F.W., 1927. The theory and design of plate glass polishing machines. J. Soc. Glass Tech. 11, 214.

14. Cook, L.M., 1990. Chemical processes in glass polishing. J. Non-Cryst. Solids 120 (1), 152e171.

15. Zantye, P.B., Kumar, A., Sikder, A.K., 2004. Chemical mechanical planarization for microelectronics applications. Mat. Sci. Eng. R 45 (3e6), 89e220.

16. Johnson, J.M., Boning, D., 2010. Slurry particle agglomeration model for chemical mechanical planarization (CMP). MRS Online Proc. Libr. 1249. E04eE03.

17. Stöber, W., Fink, A., Bohn, E., 1968. Controlled growth of monodisperse silica spheres in the micron size range. J. Colloid Interface Sci. 26 (1), 62e69.

18. Iler, R.K., 1979. The Chemistry of Silica: Solubility, Polymerization, Colloid and Surface Properties, and Biochemistry. Wiley, New York.

19. Estel, K., et al., 2010. Influence of ionic strength and pH-value on the silicon dioxide polishing behaviour of slurries based on pure silica suspensions. MRS Proc. 1249, 97e102.

20. Choi, W., et al., 2004a. Effect of slurry ionic salts at dielectric silica CMP. J. Electrochem. Soc. 151 (3), G185eG189.

21. Chalmers, J.M., Griffiths, P.R., 2002. Handbook of Vibrational Spectroscopy: Sample Characterization and Spectral Data Processing. Wiley, Chichester.

22. Günzler, H., Heise, M.H., 2003. IR-spektroskopie. Wiley-VCH, Weinheim. Gűurel, T., Eryigit, R., 2006. Ab initio pressure-dependent vibrational and dielectric properties of CeO2. Phys. Rev. B 74 (1), 14302e14305.

23. Neumann, N., et al., 2008. Tunable infrared detector with integrated micromachined Fabry-Perot filter. J. Micro/Nanolithogr MEMS MOEMS 7 (2), 021004.

24. Ebermann, M., et al., 2012. Widely tunable Fabry-Perot filter based MWIR and LWIR microspectrometers. In: Proc. SPIE 8374. Next-Generation Spectroscopic Technologies V, pp. 83740X.

25. Passerini, R., et al., 2003. Room temperature spectrometry in the MIR range. Proc. SPIE 5251, Detectors and Associated Signal Processing 89e96.

26. Kenda, A., et al., 2011. A compact and portable IR analyzer: progress of a MOEMS FT-IR system for mid-IR sensing. In: Orlando, S. (Ed.), Proc. SPIE 8032. Next-Generation Spectroscopic Technologies IV, 80320O1e8.

27. Karge, H.G., Geidel, E., 2004. Vibrational spectroscopy. In: Molecular Sieves e Science and Technology. Characterization. I, vol. 4. Springer, Berlin, pp. 1e200.

28. Harrick, N., 1967. Internal Reflection Spectroscopy. Interscience Publishers, John Wiley & Sons Inc, New York.

29. Mirabella, F.M., Harrick, N.J., 1985. Internal Reflection Spectroscopy: Review and Supplement. Harrick Scientific Corporation Ossining, NY.

30. Pradhan, M.M., Garg, R.K., Arora, M., 1987. Multiphonon infrared absorption in silicon. Infrared Phys. 27, 25e30.

31. Lau, W.S., 1998. Infrared Characterization for Microelectronics. World Scientific Pub Co, Singapore.

32. Neckel, A., 1984. In situ-Untersuchungen der Grenzfl€ache Festk€orper/L€osung. Fresenius Z. Anal. Chem. 319, 682e694.

33. Neckel, A., 1987. Recent developments in infrared spectroelectrochemistry. Mikrochim. Acta (Wien) Ill, 263e280.

34. Neugebauer, H., et al., 1984. In situ investigations of the 3-methylthiophene polymer with attenuated total reflection Fourier transform infrared spectroscopy. J. Phys. Chem. 88, 652e654.

35. Zimmermann, A., Kunzelmann, U., Dunsch, L., 1998. Initial states in the electropolymerization of aniline and p-aminodiphenylamine as studied by in situ FT-IR and UV-Vis spectroelectrochemistry. Synthetic Met. 93, 17e25.

36. Kűnzelmann, U., Neugebauer, H., Neckel, A., 1994. A novel technique for recording infrared spectra of powders: attenuated total reflection immersion medium spectroscopy. Langmuir 10, 2444e2449.

37. Singh, P.K., et al., 2001. Investigation of self-assembled surfactant structures at the solid-liquid interface

using FT-IR/ATR. Langmuir 17 (2), 468e473.

38. Collins, R.J., Fan, H.Y., 1954. Infrared lattice absorption bands in germanium, silicon, and diamond. Phys. Rev. 93 (4), 674.

39. Chabal, Y.J., Raghavachari, K., 2002. Applications of infrared absorption spectroscopy to the microelectronics industry. Surf. Sci. 502e503, 41e50.

40. Ogawa, H., et al., 2003. Study on the mechanism of silicon chemical mechanical polishing employing in situ infrared spectroscopy. Jpn. J. Appl. Phys. 42 (2A), 587e592.

41. Schumacher, H., Künzelmann, U., Bartha, J.W., 2010b. Characterisation of surface processes during oxide CMP by in situ FTIR spectroscopy with microstructured reflection elements at silicon wafers. MRS Proc. 1249, 135e140.

42. Chabal, Y.J., et al., 1989. Infrared spectroscopy of Si(111) and Si(100) surfaces after HF treatment: hydrogen termination and surface morphology. J. Vac. Sci. Technol. A 7 (3), 2104e2109.

43. Pietsch, G.J., Higashi, G.S., Chabal, Y.J., 1994. Chemomechanical polishing of silicon: surface termination and mechanism of removal. Appl. Phys. Lett. 64, 3115.

44. Weldon, M.K., et al., 1996. Infrared spectroscopy as a probe of fundamental processes in microelectronics: silicon wafer cleaning and bonding. Surf. Sci. 368 (1), 163e178.

45. Pietsch, G.J., Chabal, Y.J., Higashi, G.S., 1995. Infrared-absorption spectroscopy of Si(100) and Si(111) surfaces after chemomechanical polishing. J. Appl. Phys. 78 (3), 1650e1658.

46. Rochat, N., et al., 2000. Multiple internal reflection infrared spectroscopy using two-prism coupling geometry: a convenient way for quantitative study of organic contamination on silicon wafers. Appl. Phys. Lett. 77 (14), 2249e2251. Cited in personally supplied: BRUKER Application Notes, e.g.: # AN124; A460-L15/Q and A460-L40/Q Wafer ATR for Ultrathin Layer Analysis on Si Wafers.

47. Sauer, T., 2014. The continous wavelet transform: fast implementation and pianos. Monografías Matematicas García de Galdeano 39, 187e194.

48. Queeney, K.T., et al., 2001. In-situ FTIR studies of reactions at the Silicon/Liquid interface: wet chemical etching of ultrathin SiO2 on Si(100). J. Phys. Chem. B 105 (18), 3903e3907.

49. Watanabe, S., 1995. In-situ infrared characterization of a chemically oxidized silicon surface dissolving in aqueous hydrofluoric acid. Surf. Sci. 341 (3), 304e310.

50. Watanabe, S., 1996. Vibrational study on Si(110) surface hydrogenated in solutions. Surf. Sci. 351 (1e3), 149e155.

51. Queeney, K.T., et al., 2000. Infrared spectroscopic analysis of the Si/SiO2 interface structure of thermally oxidized silicon. J. Appl. Phys. 87 (3), 1322e1330.

52. Weldon, M.K., et al., 2000. SieH bending modes as a probe of local chemical structure: thermal and chemical routes to decomposition of H2O on Si(100)-(2 1). J. Chem. Phys. 113 (6), 2440e2446.

53. Kirk, C.T., 1988. Quantitative analysis of the effect of disorder-induced mode coupling on infrared absorption in silica. Phys. Rev. B 38 (2), 1255e1273.

54. Miyazaki, S., et al., 1997. Structure and electronic states of ultrathin SiO2 thermally grown on Si(100) and

Si(111) surfaces. Appl. Surf. Sci. 113e114, 585e589.

55. Tolstoy, V.P., Chernyshova, I.V., Skryshevsky, V.A., 2003. Handbook of Infrared Spectroscopy of Ultrathin Films. Wiley-Interscience, Hoboken, NJ.

56. Kulkarni, M., et al., 2009. Role of etching in aqueous oxidation of hydrogen-terminated Si(100). J. Phys. Chem. C 113 (23), 10206e10214.

57. Lisovskii, I.P., et al., 1992. IR spectroscopic investigation of SiO2 film structure. Thin Solid Films 213 (2), 164e169.

58. Fonseca, C.D., Ozanam, F., Chazalviel, J.N., 1996. In situ infrared characterisation of the interfacial oxide during the anodic dissolution of a silicon electrode in fluoride electrolytes. Surf. Sci. 365, 1e14.

59. Gunde, M.K., 2000. Vibrational modes in amorphous silicon dioxide. Phys. B 292 (3e4), 286e295.

60. Han, S.M., Aydil, E.S., 1996. Study of surface reactions during plasma enhanced chemical vapor deposition of SiO2 fromSiH4, O2, and Ar plasma. J. Vac. Sci. Technol. A 14 (4), 2062e2070.

61. Ullal, S.J., et al., 2002. Deposition of silicon oxychloride films on chamber walls during Cl2/O2 plasma etching of Si. J. Vac. Sci. Technol. A 20 (2), 499e506.

62. Song, X., et al., 2008. Synthesis of CeO2-coated SiO2 nanoparticle and dispersion stability of its suspension. Mater. Chem. Phys. 110 (1), 128e135.

63. Chen, Y., Lu, J., Chen, Z., 2011. Preparation, characterization and oxide CMP performance of composite polystyrene-core ceria-shell abrasives. Microelectron. Eng. 88 (2), 200e205.

64. Pan, G., et al., 2011. Preparation of silane modified SiO2 abrasive particles and their Chemical Mechanical Polishing (CMP) performances. Wear 273 (1), 100e104.

65. Hu, J., Zhou, Y., Sheng, X., 2014. Preparation and characterization of polysiloxane@CeO2@PMMA hybrid nano/microspheres via in situ one-pot process. J. Inorg. Organomet. Polym. Mater. 24 (6), 1086e1091.

66. Siddiquey, I.A., et al., 2008. Silica coating of CeO2 nanoparticles by a fast microwave irradiation method. Appl. Surf. Sci. 255 (5 Part 1), 2419e2424.

67. Choi, W., Abiade, J., et al., 2004b. Effects of slurry particles on silicon dioxide CMP. J. Electrochem. Soc. 151 (8), G512eG522.

68. Choi, W., Lee, S.-M., Singh, R.K., 2004c. pH and down load effects on silicon dioxide dielectric CMP. Electrochem. Solid State Lett. 7 (7), G141eG144.

69. Osswald, J., Fehr, K.T., 2006. FTIR spectroscopic study on liquid silica solutions and nanoscale particle size determination. J. Mater. Sci. 41 (5), 1335e1339.

70. Fidalgo, A., Ilharco, L.M., 2001. The defect structure of sol-gel-derived silica/polytetrahydrofuran hybrid films by FTIR. J. Non-Cryst. Solids 283 (1e3), 144e154.

71. Falcone, J.S., et al., 2010. The determination of sodium silicate composition using ATR FT-IR. Ind. Eng. Chem. Res. 49 (14), 6287e6290.

72. Zhao, X., et al., 2010. Synthesis, characterization of CeO2@SiO2 nanoparticles and their oxide CMP behavior. Microelectron. Eng. 87 (9), 1716e1720.

73. Dandu, P.R.V., et al., 2010a. Novel phosphate-functionalized silica-based dispersions for selectively polishing silicon nitride over silicon dioxide and polysilicon films. J. Colloid Interface Sci. 348 (1), 114e118.

74. Dandu, P.R.V., Devarapalli, V.K., Babu, S.V., 2010b. Reverse selectivityehigh silicon nitride and low silicon dioxide removal rates using ceria abrasive-based dispersions. J. Colloid Interface Sci. 347 (2), 267e276.

75. Dandu, P.R.V., Penta, N.K., Babu, S.V., 2010d. Novel alpha-amine-functionalized silica-based dispersions for selectively polishing polysilicon and Si(100) over silicon dioxide, silicon nitride or copper during chemical mechanical polishing. Colloids Surf. A 371 (1e3), 131e136.

76. Penta, N.K., et al., 2013. Role of hydrogen bonding on the adsorption of several amino acids on SiO2 and Si3N4 and selective polishing of these materials using ceria dispersions. Colloids Surf. 429, 67e73.

77. America, W.G., Babu, S.V., 2004. Slurry additive effects on the suppression of silicon nitride removal during CMP. Electrochem. Solid State Lett. 7, G327.

78. Carter, P.W., Johns, T.P., 2005. Interfacial reactivity between ceria and silicon dioxide and silicon nitride surfaces. Electrochem. Solid State Lett. 8 (8), G218eG221.

79. Praveen, B.V.S., et al., 2014. Abrasive and additive interactions in high selectivity STI CMP slurries. Microelectron. Eng. 114, 98e104.

80. Mochizuki, S., 1982. Infrared optical properties of cerium dioxide. Phys. Status Solidi B 114 (1), 189e199.

81. Sanchez Escribano, V., et al., 2003. Characterization of cubic ceria-zirconia powders by X-ray diffraction and vibrational and electronic spectroscopy. Solid State Sci. 5 (10), 1369e1376.

82. Santha, N.I., et al., 2004. Effect of doping on the dielectric properties of cerium oxide in the microwave and far-infrared frequency range. J. Am. Ceram. Soc. 87 (7), 1233e1237.

83. Abiade, J.T., et al., 2004. Investigation and control of chemical and surface chemical effects during dielectric CMP. In: Advances in Chemical Mechanical Polishing as Held at the 2004 MRS Spring Meeting, pp. 283e288.

84. Hoshino, T., et al., 2001. Mechanism of polishing of SiO2 films by CeO2 particles. J. Non-Cryst. Solids 283 (1e3), 129e136.

85. Dandu, P.R.V., et al., 2011. Silicon nitride film removal during chemical mechanical polishing using ceria-based dispersions. J. Electrochem. Soc. 158 (8), H763eH767.

86. Dandu, P.R.V., Peethala, B.C., Babu, S.V., 2010c. Role of different additives on silicon dioxide film removal rate during chemical mechanical polishing using ceria-based dispersions. J. Electrochem. Soc. 157 (9), H869eH874.

87. Tolstobrov, E.V., Tolstoi, V.P., Murin, I.V., 2000. Preparation of ce(IV)-O and Ce(IV)-La-O containing nanolayers on the silica surface by ionic layering. Inorg. Mater. 36 (9), 904e907.

88. Zhang, Z., et al., 2010. Surface modification of ceria nanoparticles and their chemical mechanical polishing behavior on glass substrate. Appl. Surf. Sci. 256 (12), 3856e3861.

89. Takahashi, H., et al., 2004. Interaction between ultrafine ceria particles and glycine. J. Ceram. Process.

Res. 5 (1), 25e29.

90. Manivannan, R., Ramanathan, S., 2009. The effect of hydrogen peroxide on polishing removal rate in CMP with various abrasives. Appl. Surf. Sci. 255 (6), 3764e3768.

91. Dandu, P.R.V., et al., 2009. Selective polishing of polysilicon during fabrication of microelectromechanical systems devices. J. Electrochem. Soc. 156 (6), H487eH494.

92. Manivannan, R., Victoria, S.N., Ramanathan, S., 2010. Mechanism of high selectivity in ceria based shallow trench isolation chemical mechanical polishing slurries. Thin Solid Films 518 (20), 5737e5740.

93. Liang, H., Craven, D.R., 2005. Tribology in Chemical-mechanical Planarization. Taylor & Francis, Boca Raton.

94. Kasai, T., Bhushan, B., 2008. Physics and tribology of chemical mechanical planarization. J. Phys. 20 (22), 225011.

95. Ekgasit, S., Padermshoke, A., 2001. Optical contact in ATR/FT-IR spectroscopy. Appl. Spectrosc. 55 (10), 1352e1359.

96. Yeruva, S.B., et al., 2009. Impact of pad-wafer contact area in chemical mechanical polishing. J. Electrochem. Soc. 156 (10), D408eD412.

CHAPTER

15

새로운 화학 – 기계적 평탄화 가공용 슬러리 공급 시스템

CHAPTER 15

새로운 화학 - 기계적 평탄화 가공용
슬러리 공급 시스템

15.1 서 언

1990년대 초반에 IBM社의 기술이 공개된 이후로 화학-기계적 평탄화(CMP) 가공이 반도체 업계에서 가장 일반적으로 사용하는 가공법으로 자리 잡게 되었다.[1~3] 다층구조의 금속배선, 새로운 차세대 디바이스 구조 그리고 여타의 집적회로에서 필요로 하는 형상들에 대해서 화학-기계적 평탄화 가공을 시행할 수 있기 때문에, 수많은 제조단계들이 이 공정에 의존하게 되었으며, 이 공정에 할당되는 공장 면적이 점점 더 늘어나고 있다.[4] 이에 따라서 화학-기계적 평탄화 가공에 소요되는 소모품의 양도 늘어나고 있다.

15.1.1 공정개요

많은 화학-기계적 평탄화 공정들이 단일웨이퍼 회전식 연마기를 사용하여 수행되고 있다. 웨이퍼 캐리어는 웨이퍼의 상부 표면을 아래로 향하도록 붙잡고 회전시키면서 회전하는 폴리머 패드에 압착한 상태에서 화학적으로 활성화된 슬러리를 주입한다. 다양한 소재들의 제거율은 부가된 압력, 동역학 그리고 화학과 슬러리 속의 입자함량 등에 의존한다. 웨이퍼 표면에 존재하는 서로 다른 소재들과 이 소재들의 조합에 대해서 원하는 제거율과 노출된 소재들에 대한 제거율 선택도 그리고 필요한 균일성, 표면품질 그리고 결함률 등을 구현하기 위해서는 서로 다른 슬러리들이 필요하다. 패드의 소재특성과 표면구조 역시 균일성, 표면품질 및 결함률에 영향을 끼친다. 그러므로 패드와 슬러리들은 가공의 중요한 구성요소들로서, 집적회로 제조비용의 상당한 부분을 차지한다.[5]

15.1.2 슬러리 공급

이 장에서는 **슬러리 공급방법**에 초점을 맞추고 있다. 여기서 **점공급(PA)**이라고 부르는 가장 일반적인 슬러리 공급방법에서는 슬러리 공급용 팔의 끝에서 튜브를 사용하여 패드로 연속적 또는 단속적으로 슬러리를 공급한다. 공급 위치는 일반적으로 회전원판의 중심에 고정되어 있다. 점공급 되는 슬러리의 유량은 웨이퍼와 평판의 크기에 따라서 일반적으로 120~250[mL/min] 수준에서 변한다.

점공급 방식에서 슬러리 유동에 의해서 공급위치 아래의 패드 표면에는 작은 웅덩이가 형성되며, 원판의 회전에 의해서 웨이퍼 캐리어와 접촉할 때까지 반경방향으로 밀려나간다. 캐리어의 선단부에서 슬러리는 수 밀리미터 높이의 활모양 파동을 형성한다. 이 활모양 파동속의 슬러리 중 일부는 캐리어와 웨이퍼 속으로 흘러들어가서 웨이퍼와 리테이너 링, 사이에 존재하는 20~30[μm] 수준의 좁은 틈새 속과 거친 패드 속으로 스며들어간다. 이 거칠기는 다수의 기공들을 함유한 패드의 소재특성과 다이아몬드 가루를 함유한 디스크를 사용한 주기적 또는 연속적인 드레싱을 통해서 만들어진다. 웨이퍼 하부로 흘러들어가지 못한 과도한 슬러리들은 캐리어의 회전과 구심가속도에 의해서 회전원판의 테두리 쪽으로 밀려나가 버린다. 이 과도한 슬러리들 중 일부는 소재제거에 사용되지 못한 채로 원판의 테두리 쪽에 도달하여 버려진다. 따라서 이런 낭비를 줄이기 위해서는 활모양 파동을 관리하는 것이 필요하다.

패드/웨이퍼 간극 속으로 진입한 슬러리만이 소재를 제거할 수 있으며, 대부분의 슬러리들은 사용되지 못하고 버려진다.[6] 웨이퍼 하부로 흘러들어간 슬러리는 회전원판에 의해서 여러 번 선회하면서 매 회전마다 간극 속으로 재진입하거나 활모양 파동과 합류하게 된다. 간극 내에서는 슬러리에 함유된 화학약품들이 웨이퍼 표면을 변질시킨다. 그런데 소재 제거는 화학반응에 의해서 직접적으로 일어나는 것이 아니며, 웨이퍼 표면과 접촉하는 패드 거스러미 그리고 슬러리 또는 접촉영역 내에 존재하는 슬러리 입자들의 동시작용에 의해서 이루어진다. 윤활작용이 이루어지는 3물체(패드 거스러미, 웨이퍼, 슬러리 그리고 슬러리 입자들) 사이의 접촉이 연마과정에서 일어나는 지배적인 소재제거 메커니즘인 것으로 생각되고 있다.[6,7] 패드와 웨이퍼 사이의 접촉면적은 전형적으로 웨이퍼 표면적의 1%에 훨씬 못 미칠 정도로 매우 작기 때문에,[8~10] 극소수의 입자들만이 소재제거에 직접적으로 관여하는 것으로 생각된다.

15.1.3 슬러리 절약을 위한 정밀한 계획

여기서는 다공질 구조를 가지고 있는 패드를 사용하여 유전체와 금속 표면을 평탄화하기 위해서 사용되는 특정한 실리카 슬러리에 대한 슬러리 사용량 절감방안에 초점을 맞춘다. 이런 논의를 하는 이유에 대해서는 아래에 설명되어 있다. 일단 슬러리 사용량을 줄이는 방법은 공급유량을 줄이는 것이다. 일부의 공정에서는 이것만으로도 충분하다. 그런데 대부분의 공정들에서는 생산성에 영향을 끼치는 제거율의 감소나 결함률의 증가와 같은 바람직하지 않은 부작용들이 나타난다. 우리의 목표는 다음과 같다.

- 슬러리 사용량을 크게 절감하면서도 동일한 제거율을 구현
- 슬러리 사용량을 절감하면서도 동일하거나 더 낮은 균일성 구현
- 슬러리 사용량을 절감하면서도 동일하거나 더 감소된 결함발생률과 더 높은 수율 구현

따라서 우리의 목표는 부정적인 부작용들을 유발하지 않으면서 슬러리 사용량을 줄이는 것이다. 이에 덧붙여서 슬러리 소비량을 절감시켜주는 모든 기술적 해결책들의 적용을 위해서 소요되는 비용은 빠르게 감가 상각할 수 있어야만 하며, 이 소요비용이 슬러리 비용의 총 절감액보다 훨씬 저렴해야만 한다.

15.2 패드 헹굼이 슬러리의 성능에 끼치는 영향

일반적으로 시행되는 작업들이 슬러리의 성능과 소모량에 영향을 끼친다. 두 가지 주요 작업들은 **패드 헹굼**과 **패드 충진**이다.

15.2.1 패드 헹굼

웨이퍼 한 장을 연마하고 난 다음에 다음 웨이퍼를 연마하기 전에, 반경방향 분무막대나 슬러리 주입위치 근처에 설치된 별도의 배관 또는 두 가지 방식 모두를 사용하여 물이나 물 기반의 세정액을 고압으로 분무하여 수십 초 동안 패드를 헹구는 방법이 널리 사용되고 있다. 헹굼 작업을 통해서 패드를 헹구며, 웨이퍼가 패드와 접촉하고 있다면, 웨이퍼와 리테이너 링을 헹구는 데에도 사용할 수 있다. 가공 후 컨디셔닝을 사용하는 장비라면, 헹굼작업을 진행하는 동안 컨디셔닝을 시행할 수 있다. 헹굼작업을 통해서 누적된 슬러리, 연마거스러미, 부산물 그리고 패드

컨디셔닝 거스러미들을 제거한다. 헹굼의 목적은 다음 번 웨이퍼를 연마할 때에 결함을 저감하기에 충분할 정도로 패드를 충분히 세정하는 것이다.

그런데 물은 (패드의 도랑 부위나 노출된 기공과 같은)패드 표면의 형상과 패드 그루브들 속에 남아 있는 슬러리 잔류물들을 배출 및 희석시킬 수 있다. 이전 웨이퍼의 연마과정에서 슬러리가 누적되므로, 다음 번 웨이퍼는 약간 희석된 슬러리를 사용하여 가공을 시작한다. 일부의 화학–기계적 연마장비 사용자들은 이를 인식하고 있으며, 다음 번 웨이퍼를 투입하기 전에 스피닝을 통해서 잔류수분을 털어내버리면 이 문제를 부분적으로 해결할 수 있다.

15.2.2 헹굼 후 실리카 슬러리 공급량 감소에 따른 영향

이산화규소의 연마에 사용되는 대부분의 실리카 슬러리들은 공급량을 줄이면 헹굼에 의한 제거율 감소현상이 나타나게 된다. 이는 슬러리들이 물에 의해 희석되면서 제거율이 감소하는 것이다.

그림 15.1에서는 고체함량이 높은 열분해 실리카와 동심형 그루브가 성형된 경질 패드를 사용하여 블랭킷 이산화규소 표면을 가공하는 과정에서 슬러리 공급유량 변화에 따른 산화물 제거율 변화를 보여주고 있다. 이 실험에서는 다음 번 웨이퍼를 가공하기 전에 1리터의 물을 사용하여 패드를 헹궜다. 그림에 따르면, 슬러리 공급량을 150[mL/min]에서 30[mL/min]으로 줄이면 제거율이 30% 감소하였다. 헹굼 없이 동일한 공정을 진행시켜보면, 모든 슬러리 공급량에 대해서 항상 헹굼을 시행한 경우보다 제거율이 더 높았다. 헹굼을 시행하지 않은 경우의 제거율은 슬러리 공급량이 150[mL/min]인 경우에 비해서 30[mL/min]인 경우에 단지 6%가 낮을 뿐이었다. 그러므로

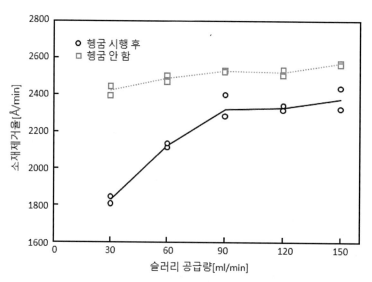

그림 15.1 실리카 슬러리 공급량 감소가 제거율에 끼치는 영향

헹굼 공정에 따른 제거율 감소현상은 다음과 같이 단순화하여 설명할 수 있다. 이는 물에 의해서 슬러리가 희석되었기 때문이며, 사용된 물의 양이 일정하기 때문에, 슬러리 공급량이 감소하면 연마를 시작하는 시점에서의 슬러리가 더 많이 희석되어버린다. 이를 통해서 제거율의 급격한 감소현상도 함께 설명된다.

15.2.3 패드 충진

헹굼에 의한 희석문제를 완화하기 위하여 패드를 회전시키는 것과 더불어서 두 번째 방법이 사용되고 있다. 일부의 공정에서는 회전원판을 돌리기 수 초에서 수십 초 전에 슬러리 공급을 먼저 시작하는 방식의 패드 충진이 사용된다. 헹굼을 시행한 직후의 패드에 새로운 슬러리를 공급하면 헹굼액에 의한 희석문제를 완화시킬 수 있지만, 공정에 더 많은 슬러리를 사용하여 비용이 증가한다. 또한 이는 슬러리 사용량을 줄이려는 현재의 목적에 반하는 일이다.

15.2.4 헹굼 희석이 세륨 슬러리에 끼치는 영향

모든 슬러리들이 실리카 슬러리처럼 작용하는 것은 아니다. 그림 15.2에서는 세륨 산화물 슬러리의 이산화규소 제거율을 슬러리와 함께 공급하는 물의 비율인 희석률의 함수로 보여주고 있다. 여기서 권장되는 희석비율은 1 : 1이다. 희석률이 1 : 1에서 1 : 2 사이인 경우의 제거율은 희석률

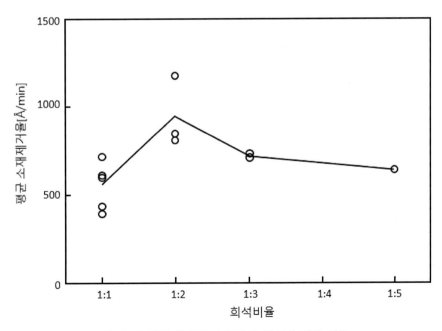

그림 15.2 세륨 산화물 슬러리의 희석에 따른 거동

증가에 비례하여 증가하지만, 희석률이 1 : 3에서 1 : 5인 범위에서는 제거율이 거의 일정하였다. 물을 사용한 헹굼 공정 이후에 이 슬러리를 사용하면, 슬러리 공급량이 감소함에 따라서 제거율이 오히려 증가한다는 것을 발견하였다(그림 15.3). 심지어 희석률이 1 : 1에서 1 : 2인 범위에서도 동일한 경향을 나타냈다.

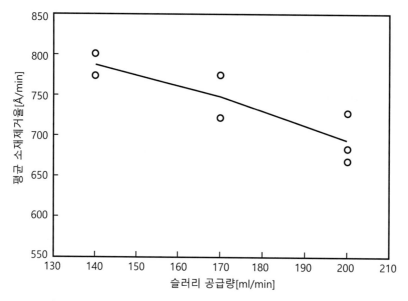

그림 15.3 세륨 산화물 슬러리의 공급량 감소에 따른 제거율 변화양상

희석된 상태에서 일부의 실리카와 세륨 슬러리들이 반대의 경향을 나타내었다는 것은 중요한 의미를 갖는다. 희석을 완화시켜서 실리카 슬러리의 제거율을 증가시켜주는 모든 기술적 수단들이 희석에 대해서 반대의 경향을 가지고 있는 세륨 슬러리에 대해서는 부정적인 영향을 끼치게 된다. 따라서 제거율을 희생시키지 않으면서 슬러리 공급량을 줄이려는 첫 번째 슬러리 사용량 절감목표는 실리카 슬러리에서 요구되는 희석완화 디바이스와 같이, 동일한 작동모드를 가지고 있는 하나의 디바이스를 사용하여 모든 슬러리에 대해서 한 번에 구현할 수는 없다. 구체적인 이유는 다르지만, 이런 문제는 구리나 텅스텐 소재에 대한 연마에 사용되는 다양한 슬러리에까지 확장된다. 현재 사용되고 있는 다양한 패드 소재들과 패드 그루브 패턴도 영향을 끼친다. 주어진 패드에 사용되는 한 가지 형태의 슬러리에 대해서 잘 적용되는 전략이 슬러리는 동일하지만 다른 형태의 패드가 사용되는 경우에는 전혀 소용이 없을 수도 있다. 이런 관점에서, 화학–기계적 평탄화 가공의 다른 여러 문제들과 마찬가지로, 슬러리 관리에서는 하나의 방법을 전체에 적용할 수는 없다.

15.3 새로운 슬러리 공급 시스템

다음으로는 실리카 슬러리와 상용 패드용으로 개발되어 앞서 언급했던 슬러리 사용량 절감을 위한 여타의 목표들을 충족시키면서도 슬러리 사용량을 50%에 이를 정도로 크게 절감한 아라카社에서 개발한 **슬러리 공급 시스템**(SIS)[11~14]에 대해서 살펴보기로 한다. 이 디바이스는 많은 슬러리와 패드 조합에 사용할 수 있지만, 특히 실리카 슬러리와 다공질 구조를 가지고 있는 패드에 적합하다.

그림 15.4에서는 200[mm] 연마기용 원판의 캐리어 상류측이며 패드 컨디셔너의 하류측에 설치되어 있는 아라카社의 슬러리 공급 시스템(어플라이드 머티리얼즈社의 Mirra® 가공기용)을 보여주고 있다. 디바이스의 바닥은 700~1,400[Pa] 수준의 약한 접촉압력으로 패드와 가볍게 접촉하고 있다. 이 디바이스의 바닥면은 리테이너 링에 사용되는 것과 동일한 소재(폴리에테르 에테르케톤이나 폴리에틸렌 설파이드)로 되어 있으며, 새로운 패드나 향후에 개발될 패드에도 적용할 수 있도록 충분히 유연하게 설계되었다. 누름력이 약하기 때문에 패드에 의한 디바이스의 마모는 다이아몬드 마멸에 의한 컨디셔닝이나 높은 누름압력하에서 수행되는 웨이퍼 연마의 마모에 비해서 극도로 작다.

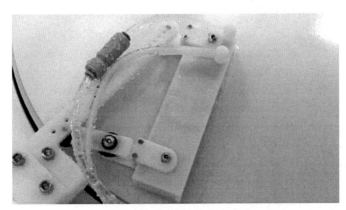

그림 15.4 어플라이드 머티리얼즈社의 Mirra® 장비를 위해서 개발된 아라카社의 슬러리 공급 시스템(SIS)

퍼지되는 물과 같은 여타의 유체들과 장비의 상부에서 슬러리가 하나 또는 다수의 주입구를 통해서 슬러리 공급 시스템에 공급된다. 서로 다른 유형의 슬러리들이나 패드에 사용하기 위해서 다수의 공급구들이 설치되어 있다. 예를 들어, 동심형태로 그루브가 성형된 패드를 사용하는 경우에는 일반적으로 하나의 공급구만을 사용하는 반면에, XY 그루브가 성형된 패드의 경우에는 세 개나 네 개의 공급구가 가장 적합하다. 하지만 이로 인하여 슬러리가 그루브 속으로 빠르게 소모된다. 슬러리가 공급구를 통과하고 나면, 패드 표면을 향하여 디바이스의 길이방향 전체에 성형되어 있는 수평 채널을 따라서 흐른다(그림 15.5). 원판이 회전하기 시작하면, 패드는 채널에서 디바이스의 후방 모서리 쪽으로 슬러리를 잡아당겨서 얇은 수막형태로 만든다. 이를 통해서 슬러리 소모의 주요 원인으로 지목되는 캐리어의 활모양 파동의 크기를 크게 줄일 수 있다. 슬러리가 웨이퍼의 하부를 통과하고 나면, 회전원판은 슬러리를 다시 공급기의 전방 모서리 쪽으로 이동시켜준다. 공급기는 패드와 접촉하고 있기 때문에, 전방 모서리는 사용된 슬러리의 대부분을 패드에서 밀어내버린다. 헹굼을 시행하고 난 직후에는 이와 유사하게 전방 모서리가 과도한 물을 패드에서 제거해준다. 슬러리 공급기가 공급기의 하류측에 배치되어 있으므로, 컨디셔닝 과정에서 생성되는 패드 거스러미들 대부분도 함께 제거해준다. 이 거스러미들은 결함의 원인으로 알려져 있으므로,[15] 만일 패드 거스러미가 결함의 주요 원인이라면 이 슬러리 공급기가 결함을 저감시켜줄 수 있다.

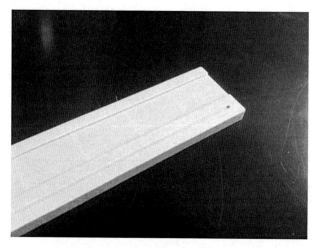

그림 15.5 슬러리 공급 시스템의 바닥면에 성형되어 있는 슬러리 공급채널의 형상

표준 슬러리 공급방식과 슬러리 공급 시스템(SIS)은 비교적 큰 차이를 가지고 있다. 그림 15.6에서는 후지코시기계社의 APD-80 연마기와 마찰계를 사용하여 동일한 조건(51[rpm], 150[mL/min]) 하에서 슬러리 공급 시스템과 점공급에 대한 유동가시화 결과를 보여주고 있다. 이 실험에는 슬러리에 형광 다이를 첨가한 다음에 자외선을 조사하는 소위 UVIZ라고 부르는 가시화기법을 사용하였다.[16] 교정을 통해서 발광강도를 사용하여 유동의 두께를 추정할 수 있다. 그림에 따르면 점공급에 의해서 캐리어 테두리에는 0.28~0.74[mm] 두께의 불균일한 활모양의 파동이 형성된다. 슬러리 공급 시스템(SIS)을 적용한 경우에는 공급위치 주변에 얇은 슬러리의 약한 띠모양이 관찰

된다. 캐리어 위치에서 활모양의 파동은 점공급 방식에 비해서 훨씬 작으며(0.22~0.24[mm]), 사용된 슬러리에 의해서 주입기의 외곽부 근처에 작은 활모양 파동이 형성되는 것을 볼 수 있다.

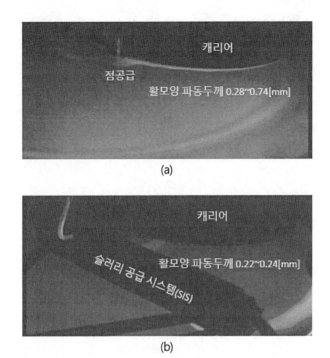

그림 15.6 (a) 점공급 및 (b) 슬러리 공급 시스템(SIS)을 사용한 경우의 슬러리 유동에 대한 자외선을 사용한 유동가시화 실험사례

아라카社는 대부분의 단일 웨이퍼 가공방식 상용 연마기에 장착할 수 있는 슬러리 공급 시스템(SIS)을 개발하였다. 그림 15.7에서는 어플라이드 머티리얼즈社의 연마기에 탑재하는 슬러리 공급 시스템의 형상을 보여주고 있다. 그리고 그림 15.8에서는 에바라社의 연마기에 탑재하는 시스템을 보여주고 있다. 주입기의 크기와 설치방법에 따라서 설계가 달라지며, 기존의 하드웨어와의 간섭을 피하기 위해서 개별 연마기의 구조를 고려하여 설계된다. 하지만 어떤 경우라도 연마기의 개조에는 대략 1~2시간이면 충분하다. 아라카社의 슬러리 공급 시스템은 기존을 슬러리 배관을 사용하며 표준 공급기를 제거할 필요가 없다. 또한 별도의 소프트웨어나 동력을 필요로 하지 않는다. 패드를 교환할 때에는, 손잡이가 달린 나사 하나를 제거한 다음에 퀵커넥터를 분리하는 방식으로 1~2분 이내에 시스템을 탈착할 수 있다. 시스템은 수동식이며 단순하기 때문에, 매우 염가의 슬러리를 사용하는 경우를 포함하여 대부분의 사용자들의 투자회수조건을 충족시킬 수 있다.

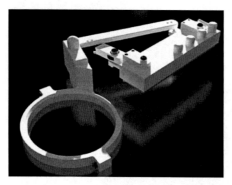 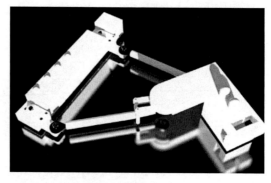

그림 15.7 어플라이드 머티리얼즈社의 Mirra®용 슬러리 공급 시스템의 형상

그림 15.8 에바라社의 연마기용 슬러리 공급 시스템의 형상

15.4 아라카社 슬러리 공급 시스템의 성능

이 절에서는 아라카社의 슬러리 공급 시스템에 대한 성능 데이터를 살펴본다. 그림 15.9에서는 200[mm] SpeedFAM/IPEC 472 연마기에 설치된 점공급(PA)과 슬러리 공급 시스템(SIS)의 제거율에 대한 베타시험 결과를 보여주고 있다. 캐벗 마이크로일렉트로닉스社의 SS25 슬러리와 k-그루브가 성형된 IC1000™ 패드를 사용하여 블랭킷 테트라에틸 오소실리케이트(TEOS)를 제거하였다. 기준공정에서는 150[mL/min]의 유량을 사용하였다. 새로운 웨이퍼를 투입하기 전에 물을 고압으로 분사하여 헹군 다음에 7초 동안 웨이퍼와 패드 사이에 슬러리를 충진한다. 그림에 따르면, 모든 공급유량에 대해서 슬러리 공급 시스템(SIS)이 점공급(PA)에 비해서 약간 더 높은 제거율을 나타내었다. 제거율 차이는 크지 않았지만, 슬러리의 사용량을 55%나 줄이고도 기본 제거율을 구현할 수 있었기 때문에 이것만으로도 충분하였다. 그림 15.10에서는 불균일과 결함발생률 실험 결과를 보여주고 있다. 슬러리 공급량이 감소할수록 불균일이 서서히 증가하였으며, 이는 두 가지 슬러리 공급방식 모두에서 동일하게 나타났다. 그런데 대형입자의 발생 숫자는 공급유량에 무관하게 점공급(PA) 방식보다는 슬러리 공급 시스템(SIS)의 경우에 훨씬 더 작았다. 슬러리 공급 유량을 임의로 변경해가면서 점공급 시스템을 슬러리 공급 시스템으로 교체해가면서 실험한 결과이므로, 이 결과는 확실하다. 슬러리 공급 시스템을 설치했을 때마다, 제거율은 증가하고 결함 발생 숫자는 감소하였으며, 표준 슬러리 공급장치를 다시 설치하면 제거율이 감소하였으며, 결함이 증가하였다.

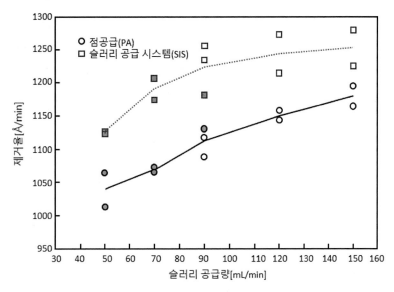

그림 15.9 SpeedFAM/IPEC 472 연마기에 탑재된 슬러리제거 시스템의 제거 성능

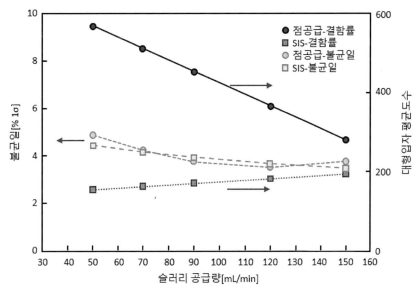

그림 15.10 표준 점공급장치와 슬러리 공급 시스템을 사용한 경우에 IPEC 472에서 측정된 불균일과 결함 데이터

그림 15.11에서는 현재 상업적으로 사용되고 있는 에바라社의 150[mm] 웨이퍼 연마기용으로 설계된 슬러리 공급 시스템(SIS)에서 수집된 제거율 데이터를 보여주고 있다. 그림에 도시되어 있는 데이터는 생산 공장에 설치하기 전에 실험실용 연마기(AD-800)를 사용하여 수집된 것이지만, 결과는 양산용 에바라 연마기와 동일한 결과를 나타내었다. 양산용 연마기에서는 실리카 함

량이 높은 슬러리와 일반적인 동심형상 그루브가 성형된 패드를 사용하여 이산화규소 표면을 연마한다. 그림에서는 120[mL/min]의 슬러리를 일반적인 점공급(PA) 방식으로 주입하는 경우의 제거율을 함께 보여주고 있다. 또한 슬러리 공급 시스템(SIS)을 사용하여 슬러리 공급량을 60~120[mL/min]으로 변화시켰을 때의 제거율을 함께 보여주고 있다. 그림에 따르면 슬러리 공급 시스템(SIS)을 사용하여 부분적으로는 점공급(PA)의 절반에 불과한 사용량을 구현할 수 있었다. 제품의 가공 불균일과 생산수율(도시되지 않음)은 점공급에서와 동일한 수준을 유지하였으므로, 유일한 차이점은 슬러리 소모량일 뿐이었다. 주입기의 바닥면은 리테이너 링과 마찬가지로 소모품으로서, 서서히 마모되며 약 4~5개월의 수명을 가지고 있는 것으로 밝혀졌다. 마모가 느리게 진행되기 때문에, 수명이 다했음을 쉽게 알아차릴 수 있다.

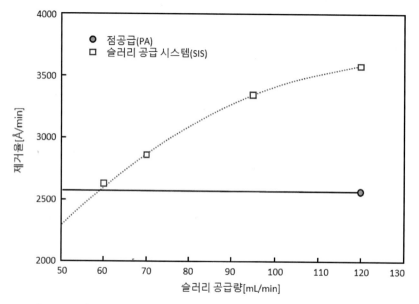

그림 15.11 에바라 연마기에서 측정된 슬러리 공급 시스템의 제거율 데이터

다음으로, 그림 15.12에서는 F-REX 300 에바라 연마기를 사용하여 텅스텐 표면을 가공한 경우의 제거율과 결함발생도수 데이터를 보여주고 있다. 이 공정에서는 IC 패드와 250[mL/min]으로 W2000 슬러리를 사용하였다. 이 공정의 경우 슬러리 공급량을 줄이면 점공급을 사용한 경우의 제거율은 급격하게 감소하는 반면에 슬러리 공급 시스템을 사용한 경우의 제거율은 거의 일정하게 유지되었다. 슬러리 공급 시스템을 사용한 경우의 결함도수 역시 점공급을 사용한 경우의 절반에 불과하며, 슬러리 공급량이 절반으로 감소하여도 거의 변하지 않았다(그림 15.12). 불균일과 캐리어 후방모서리에서의 최고 패드 온도(도시되지 않음)도 측정하였으며, 두 공급방법 모두가 동일한 값을 가지고 있음이 확인되었다.

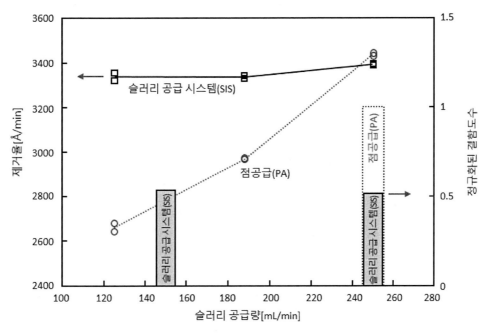

그림 15.12 에바라 연마기를 사용하여 텅스텐 공정을 수행한 경우의 제거율과 정규화된 결함 데이터

이 시험들의 결과가 매우 훌륭하며, 슬러리 사용량 절감 목표를 실현하였지만, 최고의 성능이 발현되는 슬러리 공급 시스템의 구조는 슬러리와 패드에 의존한다는 점을 여기서 다시 한 번 강조한다. 세륨 산화물 슬러리를 사용하는 경우에는 슬러리 공급 시스템(SIS)을 제대로 구성하지 않는다면 제거율이 향상되지 않고 오히려 감소해버린다. 마찬가지로, IC1000™ 패드에 대해서는 매우 잘 작용하는 실리카 슬러리를 자주 사용하지 않는 특정한 유형의 패드에 적용하는 경우에도 이 디바이스가 잘 작동하지 않는다. 하지만 소모품들의 화학적, 물리적 조건들이 디바이스의 물리적 특성과 잘 들어맞는 경우에는 슬러리 소비량을 약 30~50% 정도 절감할 수 있다.

15.5 아라카社 슬러리 공급 시스템의 작동원리

이 절에서는 아라카社 슬러리 공급 시스템의 작동원리에 대해서 살펴보기로 한다. 다음의 두 가지 기본적인 메커니즘들을 사용하여 성능향상을 설명할 수 있다. 희석으로 인하여 제거율이 감소하므로 슬러리의 희석을 완화시켜주며, 높은 연마속도하에서 패드상의 과도한 슬러리들에 의하여 발생하는 동수압적 윤활현상을 감소시켜주기 때문이다. 다음에서는 동수압적 윤활현상에 대해서 자세히 살펴보기로 한다.

15.5.1 패드 접촉의 필요성

우선 슬러리 공급용 패드 디바이스가 패드와 전혀 접촉하지 않아야 하는가에 대해서 살펴봐야 한다. 직관적으로는 이 조건이 불합리해 보이기 때문이다. 그 이유는 매우 간단하다. 만일 슬러리가 주입위치들 중 하나를 통해서 공급되며, 패드의 바닥면이 패드 위로 들려져 있다면, 이는 동일한 위치에서 점공급(PA)이 이루어지는 것과 동일한 구조이다. 즉, 일단 슬러리가 주입구를 떠나고 나면, 슬러리의 유동은 점공급 토출단에서의 슬러리 유동과 동일한 상태가 된다. 그러므로 제거율 성능은 점공급의 경우와 동일해진다. 이런 이유 때문에 슬러리 공급 시스템(SIS)의 바닥면은 사용 중에 패드와 접촉을 이루어야만 한다. 이것이 패드가 유연해야만 하는 이유이다.

15.5.2 희석의 완화와 주입의 필요성

다음으로, 캐벗 마이크로일렉트로닉스사의 SS25 슬러리와 k-그루브가 성형되어 있는 IC1000™ 패드를 사용한 가공실험을 통해서 슬러리 공급 시스템이 희석을 완화시켜주는 이유에 대하여 조금 더 심도 깊은 고찰을 수행하였다. 실험에는 어플라이드 머티리얼즈社의 Mirra®에 장착된 슬러리 공급 시스템을 사용하였다(그림 15.7). 이 주입기는 최대 4점의 공급위치를 사용할 수 있다. 모든 실험에는 패드의 중앙에 가장 근접한 1번 주입구만을 사용하였다. Mirra®의 슬러리 공급 시스템은 하나의 측면방향 채널이 성형되어 있으며, 이 형상을 **동수압 단차**라고 부른다. 이 단차의 용도는 웨이퍼 하부에서 생성되는 것과 유사한 방식으로 디바이스의 하부에서 생성될 수 있는 슬러리의 흡입압력을 완화시켜주는 것이다.[17] 흡입압력은 웨이퍼가 척에서 떨어지는 원인들 중하나로서 친숙하게 알고 있는 문제이다. 슬러리 공급 시스템의 경우, 이 흡입압력이 발생하는 주요 원인은 동수압적 불안정성이나 진동 때문이며, 단차는 이런 문제를 완화시켜준다.

직관적으로, 슬러리 공급 시스템에 의해서 생성되는 전방 모서리의 압착 현상이 헹굼 이후에 잔류하는 과도한 물을 빠르게 제거해주기 때문에 희석이 완화되는 것이라고 생각하기가 쉽다. 하지만 실제로는 이와는 다르다.

그림 15.13에서는 점공급(PA), 1번 주입구를 사용하는 슬러리 공급 시스템(SIS), 1번 주입구 바로 뒤에 위치한 점공급(PA)용 튜브를 사용하여 슬러리 공급 시스템에 슬러리를 공급한 경우에 대해서 헹굼 이후의 제거율 실험결과를 보여주고 있다. 슬러리 공급 시스템을 사용하지 않는 점공급의 경우, 슬러리는 동일한 위치에서 공급된다. 세 번째 실험의 경우, 슬러리 공급 시스템이 패드 위에 안착되며 전방 모서리가 헹굼에 사용되었던 물과 슬러리를 제거해준다. 유일한 차이점은 슬러리가 주입구를 통해서 공급되는 것이 아니라 슬러리 공급 시스템의 바로 뒤에 위치한 패드 위로 주입된다는 것이다. 예상했던 것처럼 디바이스에 내장된 채널을 사용하여 슬러리를

공급한 슬러리 공급 시스템(SIS)이 점공급에 비해서 제거율이 향상되었다. 그런데 슬러리 공급 시스템의 바로 옆에서 슬러리를 공급한 경우에는 여전히 슬러리 공급 시스템이 밀착되어 있지만 제거율이 점공급의 수준으로 저하되어버린다. 이는 전방 모서리에서의 압착이 제거율 향상에 기여하지 못한다는 것을 의미한다.

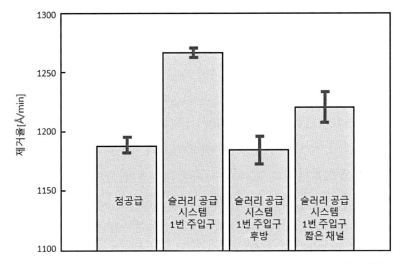

그림 15.13 긴 채널을 통해서 슬러리를 공급해야 하는 필요성 검증실험

그림 15.13에서는 위에서 사용한 것과 동일한 주입구를 디바이스의 길이방향으로 배치된 긴 채널에 연결하는 대신에 패드의 중심방향으로 슬러리가 안내되는 매우 짧은 채널에 연결한 경우의 제거율 결과를 보여주고 있다. 이 경우에도 공급기구가 제거율을 약간 향상시켜주지만, 긴 채널에 비해서는 부족하다. 이를 통해서 물을 밀어내 주지만 이 면적과는 접촉하지 못하는 전방 모서리 압착에 비해서 채널은 패드 표면 기공에서 헹굼용 물을 더 효과적으로 제거해주므로, 희석을 완화시켜주는 중요한 역할을 한다는 것을 알 수 있다. 리테이너 링과 웨이퍼에 의해서 패드 표면이 압착되면, 기공과 홈 속에 존재하는 물이 슬러리 희석의 주요 원인으로 작용한다. 아마도 이와 동일한 이유 때문에, 슬러리 공급 시스템은 기공이 작거나 없는 구조의 패드 위에서 와는 다른 거동을 한다.

15.5.3 마이크로 동수압윤활

다음으로는 희석완화와는 무관하게 슬러리 공급 시스템에 의해서 영향을 받는 것으로 추정되는 증거들에 대해서 살펴보기로 한다. 이를 **마이크로 동수압윤활**(MHL)이라고 부르며, 적절한 데이터를 제시한 이후에 이에 대해서 정의를 내리기로 한다. 마이크로 동수압윤활은 원판의 회전속도가 빠르고 연마압력이 낮은 경우에 주로 일어난다.

APD-800 연마기와 Klebosol™ 및 k-그루브가 성형되어 있는 IC1000™ 패드를 사용하는 마찰계를 사용하여 마이크로 동수압윤활에 대한 증거를 수집하였다. 연마가공을 수행하는 동안 웨이퍼에 가해지는 전단력과 수직력을 측정하기 위해서 APD-800 연마기에 로드셀을 설치하였다. 이 장비는 또한 시간의 함수로 컨디셔너의 위치를 기록한다. 기기가 작동하는 동안, 모세관 작용력이 웨이퍼를 교체 가능한 폴리카보네이트 소재의 웨이퍼 템플리트에 부착된 연질 접착필름과 부착시켜준다. 템플리트는 패드와 접촉하지 않는 리테이너 링을 갖추고 있다.

마이크로 동수압윤활 실험에서, 원판과 헤드의 회전속도는 각각 90과 45[rpm]이며, 연마압력은 13.8[kPa] 그리고 슬러리 공급량은 100[mL/min]이다. 원판의 회전속도는 웨이퍼 중심위치에서의 미끄럼 속도가 2.1[m/s]에 달하는 비교적 빠른 속도이다. 웨이퍼들 사이의 희석문제를 없애기 위해서 헹굼작업 없이 모든 실험들이 수행되었다. 그림 15.14에서는 연마 작업 중에 점공급으로 패드를 컨디셔닝하는 경우에 시간에 따른 마찰계수의 변화를 보여주고 있다. 그림에 따르면 컨디셔너의 스윕 주파수에 맞춰서 마찰계수가 주기적으로 변화한다는 것을 알 수 있다. 컨디셔너가 원판의 중앙에서 테두리 쪽으로 이동할 때마다, 마찰계수가 최소가 되며, 중앙부로 되돌아오면 마찰계수가 최대가 된다. 또한 그림에서는 연마작업을 수행하는 동안 패드를 컨디셔닝하지 않는 경우의 마찰계수도 함께 보여주고 있다. 이 경우에는 예상했던 것처럼 마찰계수가 원판의 회전주파수에 따른 주기적 성분을 가지고 있지만 컨디셔닝에 따른 성분은 보이지 않는다. 컨디셔닝을 시행하지 않는 경우의 마찰계수 값은 컨디셔닝을 시행하는 경우의 마찰계수 최댓값에 근접한다.

컨디셔닝에 따른 주기적인 신호성분이 나타나는 이유는 무엇일까? 점공급을 사용하는 경우, 슬러리는 패드의 중앙부 근처에서 작은 슬러리 웅덩이가 형성된다. 컨디셔너가 이 웅덩이로 진입하면, 패드와 컨디셔너 사이의 간극이 슬러리 중 일부를 포획한다. 패드의 중앙부에서는 컨디셔너의 외곽부가 슬러리를 운반하지만, 패드 속도가 증가하면 결국은 슬러리가 밀려나가 버린다. 이렇게 생성된 과잉슬러리의 펄스가 캐리어의 전방 모서리에 도달하면 일시적으로 활모양의 파동이 증폭된다. 따라서 가능한 설명들 중 하나는 마찰계수의 최솟값은 활모양 파동의 증폭과 관련되어 있다는 것이다. 그런데 예를 들어 컨디셔너가 스윕의 내측 및 외측부에서 서로 다른 표면질감을 만들어낸다는 것과 같은 다른 가능성도 존재한다.

그림 15.15에서는 활모양 파동의 증폭에 대한 설명을 보여주고 있다. 이 사례에서는 컨디셔닝이 수행되지 않았다. 연마가 수행되는 20초와 40초 순간에 20[mL]의 새로운 슬러리를 비이커를 사용하여 웨이퍼 트랙에 빠르게 쏟아 부었다. 그 직후에 마찰계수는 일시적으로 최솟값을 나타내었다. 이를 통해서 과도한 슬러리가 마찰계수를 감소시킨다는 것을 확인할 수 있다.

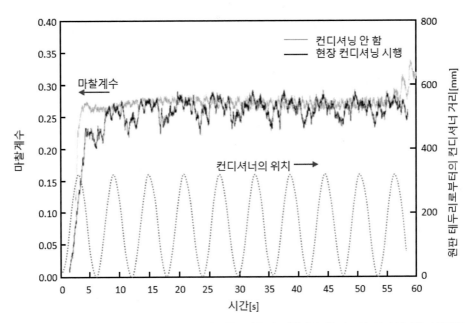

그림 15.14 컨디셔닝을 시행하는 경우와 시행하지 않는 경우의 마찰계수에 따르면 컨디셔닝을 시행하는 경우
에는 마찰계수가 컨디셔너의 위치와 상관관계를 가지고 있다.

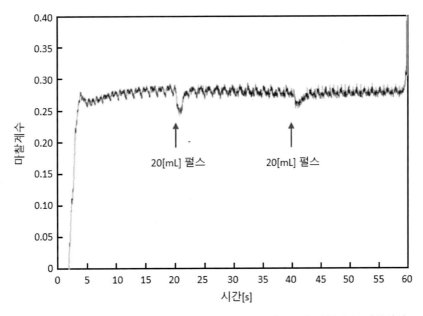

그림 15.15 비이커를 사용하여 슬러리 펄스를 가했을 때의 마찰계수 변화양상

마이크로동수압(MHL)이 슬러리 공급 시스템(SIS)과 제거율에 어떤 영향을 끼치는가? **그림 15.16**에서는 동일한 웨이퍼 연마조건하에서 헹굼 없이 슬러리 공급 시스템을 사용하는 경우의 제거율을 점공급과 헹굼을 시행하는 경우 및 점공급과 헹굼을 시행하지 않는 경우와 비교하여 보여주고 있다. 그림에 따르면 점공급 상태에서 헹굼을 시행하지 않으면 제거율이 약 20% 증가한다. 슬러리 공급 시스템을 사용하면 희석의 영향을 완화시키지 않아도 제거율이 이보다도 약 10% 더 증가한다. 이 경우 슬러리 공급 시스템의 전방 모서리가 컨디셔너에서 방출되어 패드에 압착되는 과도한 슬러리를 포획한다. 이로 인하여 캐리어가 아니라 슬러리 공급 시스템에서 활모양 파동의 증폭이 일어나지만, 이 파동은 작고 안정적이어서 마찰계수는 컨디셔닝에 따른 최솟값을 나타내지 않는다(그림 15.17). 이와 더불어서 제거율은 헹굼을 시행하지 않는 경우보다도 더 증가하게 된다.

이 실험과정에서 어떤 일들이 벌어졌는지를 이론적으로 정리해보기로 한다. 앞서 설명했듯이, 이산화규소의 제거를 위해서 고체함량이 높은 실리카 슬러리를 사용하는 경우, 웨이퍼와 접촉하는 거스러미의 정상부에서 제거가 일어난다는 증거가 있다. 혼성 탄성동수압윤활이론으로부터의 관찰[18,19]에 따르면, 슬러리는 항상 접촉영역으로 진입하며, 이 접촉영역 중 일부는 고체-고체 접촉을 이루고 있으며, 나머지 영역은 나노미터 스케일의 유체층에 의해서 윤활되고 있다. 윤활이 이루어지는 영역에서는 유체압력이 형성되어 물체들 사이가 약간 분리되며 부하 중 일부가 지지된다. 여기서 고체-고체 접촉만이 마찰계수에 기여한다. 어떠한 경우라도, 정상상태 접촉조

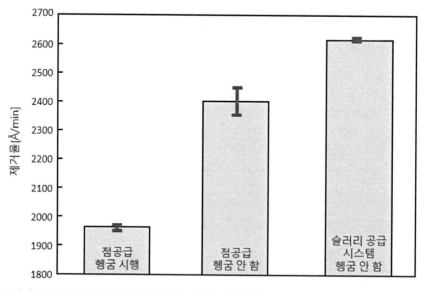

그림 15.16 마이크로 동수압윤활 때문에 헹굼을 시행하지 않은 점공급 시스템에 비해서 헹굼을 시행하지 않은 슬러리 공급 시스템의 소재제거율이 더 높다.

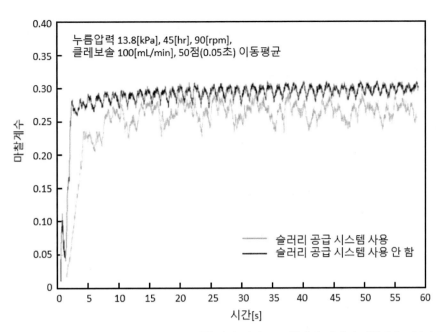

그림 15.17 슬러리 공급 시스템이 컨디셔너에서 방출된 슬러리를 포획하며 웨이퍼 마찰계수로부터 컨디셔닝에 의한 신호성분을 제거해준다.

건이 이루어지기 위해서는 시간이 필요하다. 이 실험에서 활모양의 파동이 과도한 슬러리를 포집하고 있는 경우에는 전방 모서리와 마주하는 패드 표면에도 과도한 슬러리가 존재한다. 웨이퍼가 과도한 슬러리를 압착하여 정상상태 접촉조건에 도달하기 위해서는 일정한 시간이 필요하다. 미끄럼 속도가 빠르기 때문에, 이 과도기간 동안에는 더 많은 유체가 하중을 지지하며, 웨이퍼하부의 고체-고체 접촉은 줄어들어서 일시적으로 마찰계수가 줄어든다. 유체지지가 증가하면서접촉부위의 유막층 두께가 증가하므로, 과도상태에서는 제거율이 감소한다. 과도한 슬러리에 의해서 유발되는 고체-고체 접촉의 감소를 마이크로 동수압윤활이라고 부른다. 슬러리 공급 시스템(SIS)을 사용하면 과도한 슬러리가 캐리어의 활모양 파동에 도달하기 전에 이를 압착해 제거해준다. 이를 통해서 마이크로동수압이 감소하며 단지 희석완화만으로 구현한 것보다 제거율이증가한다.

15.5.4 슬러리 공급기구 회전의 영향

슬러리 공급 시스템의 역할에 대한 추가적인 단서는 공급기구의 회전각도 변화실험을 통해서 얻을 수 있다. 공급기구의 토출면 중심을 통과하는 위치와 원판 중심 사이의 반경방향 회전각도를 측정한다. 반시계 방향으로 회전하는 원판의 경우, 공급기구의 중심선이 반경방향에 대해서 반시계 방향으로 회전하면 회전각도가 양이며 공급기구의 중심선이 반경방향과 일치하면 0 그리고 공급기구의 중심선이 반경방향에 대해서 시계방향으로 회전하면 음의 값을 갖는다. 가공 도중에 공급기구가 양의 회전각도를 가지고 있는 경우에 더 빨리 슬러리를 제거해주며, 음의 각도를 가지고 있는 경우에는 더 많은 슬러리를 포획한다.

그림 15.18에서는 그림 15.11에서와 동일한 헹굼, 소모품 그리고 슬러리 공급유닛을 사용하여 공급기구 회전실험을 수행한 결과를 보여주고 있다. 그림 15.11에서는 목표 제거율이 2,600[Å/min]이었다. 그림 15.18에 따르면, 공급기구에서 슬러리가 토출되고 있는 경우조차도 회전각도가 0 미만인 경우의 제거율이 목표값에 미치지 못한다. 회전각도가 증가함에 따라서, 슬러리와 물이 패드로부터 더 빠르게 제거되며, 제거율이 증가하여 약 10°에서는 최댓값에 도달하게 된다.

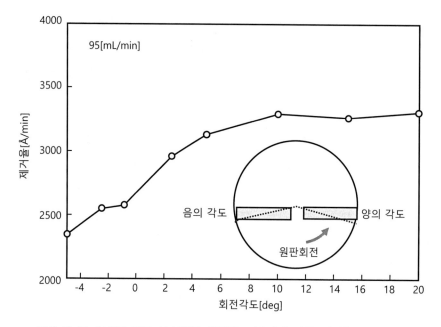

그림 15.18 슬러리 공급 시스템의 회전각도 증가에 따른 제거율의 변화양상

회전각도가 증가함에 따라서 슬러리 공급기구가 물과 슬러리를 더 빠르게 제거해주지만, 그림 15.13에 도시된 후방 모서리 실험결과에 따르면, 이것이 제거율 증가의 이유는 아니다. 또 다른 이론에 따르면 회전각도가 증가함에 따라서 채널이 패드 표면의 미끄럼속도와 더 잘 정렬을 맞춘다. 채널의 하류 측을 향하는 속도성분이 증가하며 슬러리를 더 빠르게 패드의 모서리 쪽으로 이동시켜준다. 이는 채널이 더 많은 일을 한다는 것을 의미한다. 만일 채널이 성능 구현의 핵심요소라면, 채널의 역할이 늘어날수록 제거율이 증가하게 될 것이다. 반대로 말해서 슬러리 공급기

구가 음의 회전각도로 배치되어 있다면, 패드의 회전이 슬러리의 채널길이가 짧아지는 효과가 발생하므로 채널의 역할이 감소하게 되어버린다.

15.6 요약과 결론

이 장에서는 대부분의 단일 웨이퍼 화학−기계식 연마기에 사용되는 표준 슬러리 공급기와 함께 사용할 수 있는 새로운 유형의 슬러리 공급 시스템에 대해서 살펴보았다. 이 슬러리 공급 시스템은 설치가 용이하며, 단순하고 수동방식이지만, 제거율이나 불균일 발생을 증가시키지 않으며 슬러리 사용량을 최대 50% 절감시켜줄 뿐만 아니라, 보너스로 결함발생률을 저감시켜준다. 모든 공정에 적용할 수는 없지만, 실리카 슬러리와 발포 또는 다공질 패드를 사용하는 대다수의 컴포넌트 공정에 잘 적용된다. 여기에는 (일부의 세륨 기반 공정을 포함한)산화물 제거공정, 텅스텐 연마공정 그리고 일부의 구리 및 차단층 연마공정이 포함된다. 이 공정에 사용되는 슬러리들 중 일부는 1990년대부터 사용되어왔으므로, 이들에 대해서 뭔가 새로운 것들을 발견할 수 있다는 것은 놀라운 일이다.

실험결과에 따르면, 성공적인 슬러리 공급 시스템의 적용을 위해서는 노출된 기공과 홈 속에서 희석의 완화와 접촉위치에서의 마이크로 동수압윤활을 제거라는 두 가지 주 메커니즘들이 작용한다. 후자의 경우에는 원판의 회전속도가 빠르거나 누름력이 약한 경우에 발생한다. 동일한 실험을 통해서 패드와 웨이퍼 사이의 간극 속에서 어떤 일이 발생하는지에 대한 새로운 단서를 찾을 수 있다.

얼마나 많은 종류의 슬러리들에 대해서 사용량 저감이 가능한지에 대해서는 아직 질문이 남아 있다. 여기에는 몇 가지 구리함유 슬러리들이 포함되어 있다. 해답을 찾기 위해서는 개별 슬러리 또는 일련의 슬러리들에 대한 특정 성질들과 이들이 어떻게 제거율에 영향을 끼치는가에 대한 기본적인 이해가 필요하다. 예를 들어, 일부의 구리 슬러리들은 온도에 매우 민감하다. 여기서 설명한 슬러리 공급 시스템 설계에서는 새로운 슬러리를 상온에서 공급하며 캐리어 하부를 통과하면서 따듯해진 슬러리가 제거된다. 이로 인해서 연마온도가 낮아지며, 제거율도 떨어지게 된다. 그런데 이미 사용한 슬러리를 포집하는 공급기구의 하부구조를 설계할 수 있으며, 이를 통해서 온도강하를 저지하며 원하는 제거율을 구현할 수 있다. 이런 방식으로 한 번에 한 가지 유형의 슬러리에 대하여 사용량 저감을 실현할 수 있다.

참고문헌

1. Patrick, W.J., Guthrie, W.L., Standley, C.L., Schiable, P.M., 1991. Application of chemical mechanical polishing to the fabrication of VLSI circuit interconnections. J. Electrochem. Soc. 138 (6), 1778e1784. http://dx.doi.org/10.1149/1.2085872.

2. Kaufman, F.B., Thompson, D.B., Broadie, R.E., Jaso, M.A., Guthrie, W.L., Pearson, D.J., Small, M.B., 1991. Chemical-mechanical polishing for fabricating patterned W metal features as chip interconnects. J. Electrochem. Soc. 118 (11), 3460e3465. http://dx.doi.org/10.1149/1.2085434.

3. Landis, H., Burke, P., Cote, W., Hill, W., Hoffman, C., Kaanta, C., Koburger, C., Lange, W., Leach, M., Luce, S., 1992. Integration of chemical-mechanical polishing into CMOS integrated circuit manufacturing. Thin Solid Films 220 (1e2), 1e7. http://dx.doi.org/10.1016/0040 -6090(92)90539-N.

4. Linx Consulting, 2010. CMP Technologies & Markets to the 16 Nm Node. Available from:httpf//:www.linx-consulting.com/pages/CMP2011.html (accessed 04.11.14.).

5. Moinpour, M., 2007. Current and future challenges in CMP materials. In: Li, Y. (Ed.), Microelectronic Applications of Chemical Mechanical Planarization. Wiley Interscience, pp. 25e56.

6. Philipossian, A., Mitchell, E., 2003. Slurry utilization studies in chemical mechanical planarization. Jpn. J. Appl. Phys. 42, 7259. http://dx.doi.org/10.1143/JJAP42.7259.

7. Wang, C., Paul, E., Kobayashi, T., Li, Y., 2007. Pads for IC CMP. In: Li, Y. (Ed.), Microelectronic Applications of Chemical Mechanical Planarization. Wiley Interscience, pp. 123e170.

8. Elmufdi, C.L., Muldowney, G.P., 2006. A novel optical technique to measure pad-wafer contact area in chemical mechanical planarization. Mater. Res. Soc. Symp. Proc. 914, F12. http://dx.doi.org/10.1557/ PROC-0914-F12-06.

9. Sun, T., Zhuang, Y., Borucki, L., Philipossian, A., 2010. Characterization of pad-wafer contact and surface topography in chemical mechanical planarization using laser confocal microscopy. Jpn. J. Appl. Phys. 49, 066501. http://dx.doi.org/10.1143/JJAP.49.066501.

10. Jiao, Y., Zhuang, Y., Liao, X., Borucki, L.J., Naman, A., Philipossian, A., 2012. Effect of temperature on pad surface contact area in chemical mechanical planarization. ECS Solid State Lett. 1 (2), N13eN15. http://dx.doi.org/10.1149/2.016202ssl.

11. Borucki, L., Philipossian, A., Sampurno, Y., Theng, S., (Araca incorporated), 12 June, 2012. Method and Device for the Injection of CMP Slurry. US patent 8197306.

12. Borucki, L., Sampurno, Y., Philipossian, A., (Araca incorporated), 2014a. Method and Device for the Injection of CMP Slurry. Japanese patent application 2008e300248. Granted 10 June 2014.

13. Borucki, L., Sampurno, Y., Philipossian, A., (Araca incorporated), 2014b. Method and Device for the Injection of Chemical Mechanical Planarization Slurry. Korean patent, 1394745. Granted July 2014.

14. Borucki, L., Sampurno, Y., Philipossian, A., (Araca incorporated), 30 September, 2014c. Method and Device for the Injection of CMP Slurry. US patent 8845395.

15. Prasad, Y.N., Kwon, T.-Y., Kim, I.-K., Kim, I.-G., Park, J.-G., 2011. Generation of pad debris during

oxide CMP process and its role in scratch formation. J. Electrochem. Soc. 158 (4), H394eH400. http://dx.doi.org/10.1149/1.3551507.

16. Xiaoyan, Y., Sampurno, Y., Zhuang, Y., Philipossian, Y., 2012. Effect of slurry appication/injection schemes on slurry availability during chemical mechanical planarization (CMP). Electrochem. Solid-State Lett. 15 (4), H118eH122. http://dx.doi.org/10.1149/2.009205esl.

17. Shan, L., Zhou, C., Danyluk, S., 2001. Mechanical interactions and their effects on chemical mechanical polishing. IEEE Trans. Semi. Man. 14 (3), 207e213. http://dx.doi.org/10.1109/66.939815.

18. Guo, F., Wong, P.L., 2004. Experimental observation of a dimple-wedge elastohydrodynamic lubricating film. Trib. Inter. 37 (2), 119e127. http://dx.doi.org/10.1016/S0301-679X(03)00042-2.

19. Hu, Y.-Z., Zhu, D., 1999. A full numerical solution to the mixed lubrication in point contacts. J. Tribol. 122 (1), 1e9. http://dx.doi.org/10.1115/1.555322.

20. Borucki, L., Philipossian, A., 2007. Modeling. In: Li, Y. (Ed.), Microelectronic Applications of Chemical Mechanical Planarization. Wiley Interscience, pp. 171e200.

CHAPTER

16

화학 – 기계적 연마가공의
제거율 균일성과 캐리어인자의 역할

CHAPTER 16 화학 - 기계적 연마가공의 제거율 균일성과 캐리어인자의 역할

디바이스에 대한 화학－기계적 연마(CMP) 가공의 가장 중요한 역할은 다이 내 평탄도를 디바이스 설계사양 이내로 관리하는 것이다. 디바이스의 크기가 축소되어감에 따라서 이 디바이스 설계사양이 최소화되고 있으며, 현재는 나노미터 수준이 요구되고 있다. 이런 극한의 정확도를 300[mm] 웨이퍼 전체에 대하여 완벽하게 유지해야 한다. 즉, 웨이퍼 내(WIW) 불균일과 대량생산되는 모든 웨이퍼, 즉 웨이퍼 간(WTW) 불균일을 완벽하게 통제해야만 한다. 화학－기계적 평탄화(CMP) 가공용 하드웨어만을 사용해서 이를 구현하는 것은 매우 어려운 일이므로, 디바이스 설계, 통합, 모니터링 그리고 패드와 슬러리 같은 소모품 등의 도움이 필요하다. 화학－기계적 평탄화 가공에 의해서 유발되는 결함도 품질관리 조건에 맞춰서 엄격하게 통제되어야 한다. 무엇보다도 긁힘과 같은 기계적 결함은 캐리어와 드레서 설계와 밀접한 연관관계를 가지고 있다. 다음으로 디바이스에 대한 화학－기계적 평탄화 가공 시에는 습식 상태에서 다양한 소재들을 연마하기 때문에, 부식과 같은 화학적 결함이 중요한 문제로 대두된다. 디바이스에 대한 화학－기계적 평탄화 가공의 역할은 웨이퍼 내 글로벌 불균일, 다이 내 국부 평탄도와 결함 등을 필요한 수준 이하로 관리하는 것이다.

다음으로, 다이 내(WID) 평탄도 개선방법에 대해서 살펴본 다음에 웨이퍼 내 불균일을 개선하는 다양한 방법들에 대해서 논의한다. 프레스턴의 법칙에 따르면, 연마율은 웨이퍼에 부가된 하중과 웨이퍼와 테이블 사이의 상대속도에 비례한다. 웨이퍼 내 글로벌 불균일을 개선하기 위해서는 웨이퍼에 가해지는 부하 프로파일과 웨이퍼와 테이블 사이의 상대속도를 조절하는 것이 매우 중요하다. 웨이퍼에 부가되는 부하는 캐리어 설계를 통해서 조절할 수 있다. 웨이퍼와 테이블 사이의 상대속도는 웨이퍼와 테이블 각각의 회전속도를 변화시켜서 조절할 수 있다.

다이 내 평탄도를 개선하는 데에는, 드레서와 같은 하드웨어뿐만 아니라, 패드 및 슬러리와 같은 소모품도 효과적인 인자들이다.

16.1 회전식 테이블

화학-기계적 평탄화(CMP) 가공의 제거율 불균일에 대해서 논의하기 전에, 그림 16.1의 그림을 통해서 화학-기계적 평탄화 가공의 유형에 대해서 살펴보기로 하자. 장비에 따라서 캐리어의 유형이 서로 다르다. 또한 장비에 따라서 화학-기계적 평탄화 가공기의 제어성과 그에 따른 제거율 불균일도 서로 다르다. 그림 16.1에는 다양한 유형의 연마기들이 도시되어 있다.[1] 지금부터

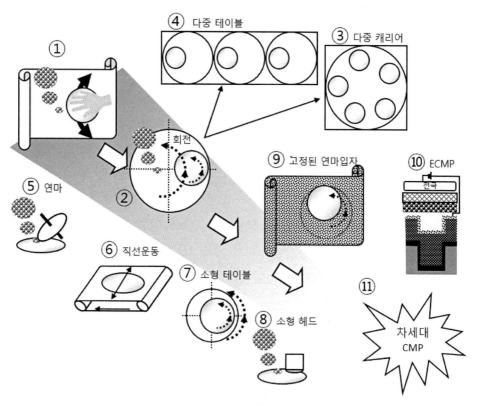

그림 16.1 다양한 유형의 연마기들

역사적 배경을 포함하여 개별 연마기들의 특징에 대해서 간략하게 살펴보기로 하자. ①에 따르면, 연마는 기본적으로 슬러리가 도포된 패드 위에서 작업자가 손으로 웨이퍼를 문지르는 작업이다. 작업자가 웨이퍼를 패드에 세게 누르거나 빠르게 움직이면 연마율이 증가한다는 것을 경험적으로 알 수 있다. 또한 패드와 슬러리의 유형에 따라서 연마율과 연마된 웨이퍼의 상태가 결정되며, 힘을 가하는 손가락의 위치에 따라서 웨이퍼의 연마 균일도가 변한다는 것도 경험적으로 알 수 있다. 이런 경험들이 현재의 연마장비에 기계적으로 반영되었다. 다음에서는 다양한 유형의 연마 장비들이 소개되어 있다.

②에서는 현재 가장 널리 사용되고 있는 회전 테이블 방식이 도시되어 있다. 이 방법의 경우, 패드는 회전 테이블에 고정되어 있으며, 이 패드 위에 슬러리를 방울방울 떨어트리면서 웨이퍼 표면을 아래로 향하여 패드에 압착한 다음에 테이블과 웨이퍼를 회전시킨다. 이런 조건하에서 웨이퍼가 연마된다. 과거 수십 년 동안, 다음에 설명할 다양한 유형의 장비들이 개발되어 시장에 출시되었다. 현재는 회전 테이블 방법이 반도체 제조의 주류를 이루고 있다. 그러므로 이 장에서 는 회전 테이블 방법에 대해서 살펴보기로 한다.

③번 방법은 다수의 캐리어를 사용하는 일종의 회전 테이블 방법이다. 다중캐리어 방법의 목적 은 생산성을 높이는 것이다. 그런데 반도체 디바이스에 대한 화학-기계적 평탄화 가공의 적합성 을 고려한다면, 단일 캐리어 방법에 비해서 다중캐리어 방법을 사용하여 평탄화 성능을 향상시키 는 것은 매우 어려운 일이다. 그러므로 ③번의 방법은 더 이상 사용되지 않고 있다.

④번 방법에서는 다수의 모듈들이 사용되며, 이들 각각은 하나의 테이블 위에 하나의 캐리어가 사용된다. 비록 이 방법도 생산성을 높이는 것이 목적이지만, 이 방법을 사용하여 구현된 평탄화 성능은 단일 캐리어를 사용한 경우와 동일한 수준이다. 그 결과, 현재 대량생산공정에서는 이 방법이 가장 널리 사용되고 있다.

⑤번 방법의 경우, 웨이퍼는 앞면이 위로 향하여 배치되며, 연삭기를 사용하여 웨이퍼를 연마 한다.

⑥번은 직선운동 방법이다. 아래를 향해 놓인 웨이퍼의 표면을 연마하기 위해서 벨트 위에 놓인 패드는 직선으로 움직인다. 이 때문에 이 방법을 직선운동 방법이라고 부른다. 연마이론상, 이 방법이 가장 합리적인 방법이다. 그런데 벨트 위에 패드를 설치하는 것은 어려운 일이므로, 현재는 이 방법이 거의 사용되지 않고 있다.

⑦번은 소형 테이블을 사용하는 방법이다. ②번, ③번 및 ④번과 같은 회전 테이블 방법에서 웨이퍼는 일반적으로 테이블의 중심축과 어긋나게 배치된다. 반면에 소형 테이블을 사용하는 방법에서는 웨이퍼가 테이블의 중앙에 위치한다. 이 상태에서 슬러리는 테이블 하부에서 공급되

며, 이로 인하여 슬러리의 흡착과 같은 많은 문제들이 유발된다. 그러므로 현재는 이 방법이 자주 사용되지 않고 있다.

⑧번은 소형헤드를 사용하는 방법이다. 비록 이 방법은 **그림 16.1**의 ⑤번과 유사하지만, 연마방법이 다르다. ⑧번 방법의 경우, 슬러리는 표면을 위로 향하고 있는 웨이퍼 위로 공급된다. 여기서는, 소형 헤드에 설치되어 있는 패드가 웨이퍼를 연마한다. 이 방법에서는 패드가 심하게 마모된다. 그러므로 이 방법은 넓은 면적의 연마에는 적합하지 않으며, 단순화된 터치업 연마와 같은 일부의 경우에만 사용된다.

⑨번은 고정된 연마입자를 사용하는 방법으로서, 슬러리는 사용하지 않으며, 대신에 연마입자를 패드에 코팅해놓았다. 이 방법은 일부의 경우에 사용된다. 그런데 이 방법에서는 웨이퍼 표면에 많은 긁힘이 유발되므로, 긁힘을 방지하는 수단이 필요하며, 주류 가공방법으로는 사용되지 못한다.

⑩번은 전기-화학-기계적 연마(ECMP)방법이다. 도금된 전극의 도금박리와 같이 연마할 박막에 전기를 가한다. 이 방법은 특히 구리배선과 같이 금속의 연마를 위해서 개발되었다. 다양한 이유 때문에 이 방법도 주류가 되지 못하였다.

⑪번의 경우 평탄도를 향상시키기 위해서 다양한 이론에 기반을 둔 새로운 화학-기계적 연마 방법들이 여전히 개발되고 있다.

이 절에서는 지금까지 개발되거나 현재 주류로 사용되기 시작한 화학-기계적 평탄화 가공의 방법들에 대해서 살펴보았다. 지금부터는 현재 널리 사용되고 있는 회전 테이블 방법에 대해서 집중해서 살펴보기로 한다.

그림 16.2에서는 회전 테이블 방법을 보여주고 있다. 그림에서 패드 ⑤는 회전 테이블 ② 위에 부착된다. 캐리어 ①은 웨이퍼 ⑥을 붙잡고 있으며 표면을 아래로 향하고 있는 웨이퍼를 패드 위에 압착한다. 슬러리 ④는 일반적으로 튜브를 통해서 패드 ⑤의 중심에서 공급된다. 연마가 이루어지는 동안, 캐리어 ①과 테이블② 는 동일한 방향으로 회전한다.

패드 ⑤의 표면은 연마를 시행하는 도중이나 연마공정 사이에 드레서 ③을 사용하여 다듬질한다. 연마를 시행하는 동안 이루어지는 드레싱을 **가공 중 드레싱**이라고 부르며, 연마공정 사이에 이루어지는 드레싱을 **가공 간 드레싱**이라고 부른다.

그림 16.2에서는 또한 캐리어의 단순화된 구조도 함께 보여주고 있다. 캐리어 ①에는 패드 ⑤의 되튐을 막기 위한 리테이너 링 ⑦과 웨이퍼 ⑥의 뒷면에 가해지는 압력을 조절하기 위한 뒷면필름(맴브레인) ⑧과 같이 두 가지 중요한 기능요소가 갖추어져 있다. 이들에 대해서는 나중에 자세히 살펴보기로 한다.

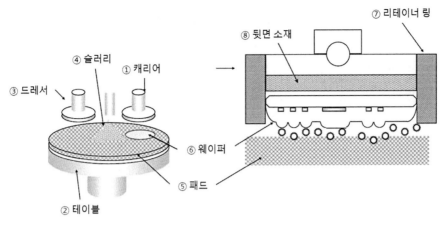

그림 16.2 연마가공의 원리

16.2 화학－기계적 연마가공의 제거율 균일성

화학－기계적 평탄화 가공의 제거율 균일성에 대해서 살펴보기 전에, 이 절에서는 화학－기계적 평탄화 가공의 제거율은 웨이퍼와 테이블 사이의 누름압력(P)과 상대속도(V)에 비례한다는 프레스턴의 법칙에 대해서 살펴보기로 하자.

$$\text{프레스턴의 법칙: 제거율}[m/s] \propto P[Pa] \times V[m/s]$$

그런데 반도체 제조용 화학－기계적 평탄화 가공에서는 일부의 경우에 프레스턴의 법칙을 따르지 않는 슬러리도 사용한다. 그림 16.3에서는 프레스턴 영역과 비－프레스턴 영역에서의 제거율을 보여주고 있다. 그림에 도시되어 있는 것처럼 프레스턴 영역에서는 제거율이 프레스턴의 법칙을 따르며 웨이퍼와 테이블 사이의 누름압력(P)과 상대속도(V)에 비례한다. 여기서 비례상수는 k라고 표시되어 있다. 비－프레스턴 영역에서 예를 들어 Cu를 함유한 슬러리의 제거율은 온도에 따라서 변화하며, 세리아 슬러리의 제거율은 연마표면의 상태에 따라서 갑자기 떨어지기도 한다.

다음으로, 그림 16.4를 통해서 화학－기계적 평탄화 가공의 제거율 불균일에 대해서 살펴보기로 하자. 반도체 디바이스에 대한 화학－기계적 평탄화 가공의 궁극적인 목표는 모든 웨이퍼의 다이 내 평탄도 ③을 요구조건 이내로 충족시키는 것이다. 일반적으로 ③에서와 같이 다이 내에는 패턴이 자리 잡고 있다. 그림에서는 구리도금증착의 사례를 보여주고 있다. 넓음, 좁음 및 희박과 같은 패턴밀도 조건에 따라서, 다이 내에서 도금층의 두께가 불균일하게 증착된다(이 불균일을 평탄도라고 부른다). 이 경우 불균일(즉, 초기단차)을 감소시키기 위해서 웨이퍼를 연마한다. 그런데 ⑤-1에서 볼 수 있듯이, 일반적으로 디싱현상이 발생한다. 디싱이나 침식과 같은 현상으로 인하여 다이 내 평탄도가 영향을 받는다. 다이 내(WID) 평탄도는 이런 디싱과 침식을 통칭하는 포괄적인 용어이다.

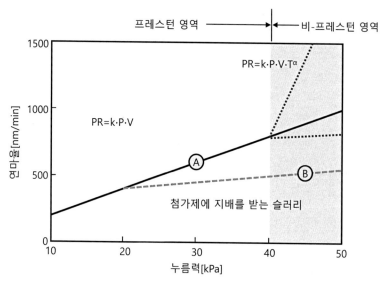

그림 16.3 프레스턴 영역과 비-프레스턴 영역

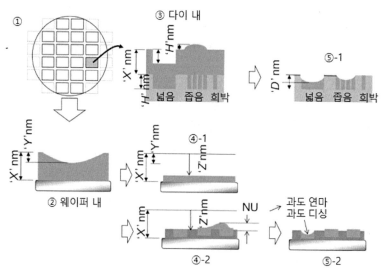

그림 16.4 다이 내 평탄도와 웨이퍼 내 불균일을 개선하는 방법(컬러 도판 p.596 참조)

다음으로 웨이퍼 내(WIW) 불균일과 웨이퍼 간(WTW) 불균일이 어떻게 다이 내 평탄도에 영향을 끼치는지에 대해서 살펴보기로 하자. **웨이퍼 내 불균일**은 하나의 웨이퍼 내에서 발생하는 화학-기계적 평탄화 가공에 따른 제거율의 최대편차를 의미한다. **웨이퍼 간 불균일**은 동시에 다수의 웨이퍼들을 연마가공했을 때에 웨이퍼 간에 발생하는 화학-기계적 평탄화 가공에 따른 제거율의 최대편차를 의미한다. ②에 따르면, 일반적으로 투입된 웨이퍼상의 증착두께 차이에 의해서 불균일(Y)이 생성된다. 이 증착층을 ④-1에서와 같이 Z[nm]만큼 제거하는 것이 최선이겠으나, 현실적으로는 이를 구현하기가 어렵다. 실제로는 ④-2에서와 같이 UN[nm]만큼의 잔류 두께 편차가 남게 된다. 그림 16.4의 사례에서 알 수 있듯이, 만일 리세스 가공과정에서 이런 불균일이 생성된다면, 두께가 UN[nm]인 불균일부를 제거하기 위해서 증착물에 대한 과도연마가 시행된다. 이 과정에서 ⑤-2의 경우와 같은 디싱이 발생하게 된다. 불균일부의 두께 UN[nm]가 증가하면 이에 비례하여 오랜 시간 동안 과도연마를 수행해야 하므로, 디싱깊이는 불균일부의 두께에 비례하게 된다. 따라서 웨이퍼 내 또는 웨이퍼 간 불균일의 개선을 통해서 다이 내 평탄도를 향상시킬 수 있다.

그림 16.5에서는 다양한 공정에서 발생하는 다이 내 평탄도에 대한 사례들을 보여주고 있다. 층간유전체(ILD)의 경우, 높이편차를 줄이기 위해서 유전체 중 일부(초기단차높이)를 연마한다. 잔류단차의 높이가 평탄도를 결정한다. 텅스텐 플러그, 얕은 도랑 소자격리(STI) 그리고 구리배선 등을 소위 **리세스 공정**이라고 부르며, 잔류 산화물의 침식과 디싱에 의해서 평탄도가 결정된다. 이상과 같은 유형의 웨이퍼 내 불균일과 웨이퍼 간 불균일들에 의해서 평탄도 성능이 결정된다.

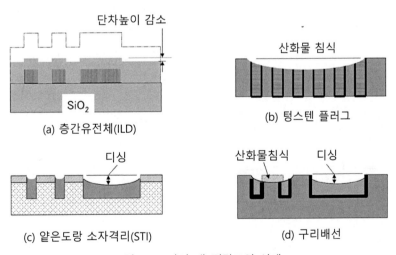

그림 16.5 다이 내 평탄도의 사례

16.3 캐리어와 캐리어 인자들의 역할

우선 회전 테이블 방식에 사용되는 일반적인 캐리어에 대해서 살펴보기로 하자. 그림 16.6에서 는 전형적인 테이블 위에 설치되어 있는 캐리어를 보여주고 있다.

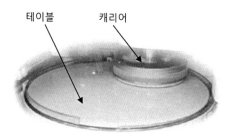

그림 16.6 테이블 위에 설치된 캐리어

그림 16.7에서는 현재까지 개발된 다양한 유형의 캐리어들의 작동방식을 보여주고 있다. Ⓐ번 캐리어[2]의 경우, 뒷면에 가해지는 압력에 의해서 캐리어의 압력이 조절된다. 캐리어는 짐벌 메커 니즘으로 지지하며, 이를 통해서 캐리어는 테이블과 패드 표면의 불균일을 따라 움직이게 된다. 웨이퍼 뒷면과 접촉하는 뒷면필름은 웨이퍼와 마주하는 캐리어 표면에 고정된다. 이 뒷면필름은 패드 표면의 거스러미에 대한 쿠션작용을 수행한다. 이 뒷면필름에 성형되어 있는 다수의 구멍들 을 통해서 고압의 유체가 웨이퍼 뒷면으로 주입된다. 이 구멍들의 위치를 사용하여 웨이퍼에 가해지는 압력이나 화학-기계적 평탄화 가공의 제거율을 조절할 수 있다. 비록 Ⓐ번 캐리어는 현재의 반도체 디바이스 가공용 화학-기계적 평탄화 가공에 더 이상 사용되지 않지만, 이 방식 은 화학-기계적 평탄화 가공의 제거율 균일성을 손쉽게 개선할 수 있다.

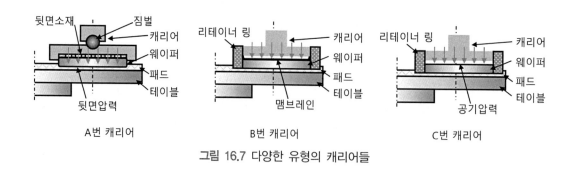

그림 16.7 다양한 유형의 캐리어들

Ⓑ번 캐리어[3]는 두 가지 주요 메커니즘을 갖추고 있다. 우선 앞서 설명한 뒷면필름 대신에 맴브레인을 채용하였다. 이 맴브레인을 통해서 웨이퍼의 뒷면에 압력을 부가할 수 있다. 맴브레인에는 동심원 형태로 다수의 영역들이 분할되어 있다. 각 영역에 부가되는 압력을 조절하여 화학-기계적 평탄화 가공의 균일성을 자유롭게 조절할 수 있다. 다음으로 리테이너 링을 사용하여 패드의 되튐을 조절할 수 있다. 이들 두 가지 메커니즘은 거의 대부분의 반도체 가공용 화학-기계적 평탄화 가공에 사용되고 있다.

Ⓒ번 캐리어[4]에서는 맴브레인을 사용하지 않는다. 화학-기계적 평탄화 가공의 균일성을 향상시키기 위해서 고압의 유체를 웨이퍼의 뒷면에 직접 주입한다.

다음에서는 대표적인 캐리어들인 Ⓐ번 캐리어와 Ⓑ번 캐리어의 사례가 제시되어 있다. 이들의 구조는 각각 미국 특허 6,328,629번과 2011/0,159,783번을 인용하였다.

그림 16.8에서는 Ⓐ번 캐리어의 사례를 보여주고 있다.

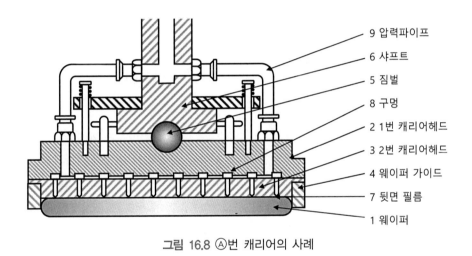

9 압력파이프
6 샤프트
5 짐벌
8 구멍
2 1번 캐리어헤드
3 2번 캐리어헤드
4 웨이퍼 가이드
7 뒷면 필름
1 웨이퍼

그림 16.8 Ⓐ번 캐리어의 사례

웨이퍼(1)의 앞면은 캐리어에 의해서 아래를 향하여 고정되며, 패드에 압착되어 이송된다. 캐리어는 1번 캐리어헤드(2), 2번 캐리어헤드(3), 웨이퍼 가이드(4), 짐벌(5) 등으로 구성되어 있으며, 샤프트(6)에 의해서 회전된다. 웨이퍼 가이드(4)는 웨이퍼(1)의 위치를 고정할 수 있도록 설계된다. 웨이퍼 가이드(4)는 다음에 설명할 B번 캐리어에서 사용된 리테이너 링과는 근본적으로 다르다. 웨이퍼(1)와 웨이퍼 가이드(4) 사이의 간극은 가능한 한 좁아야 한다. 그런데 Ⓐ번 캐리어의 구조 때문에, 이들 사이의 간극은 대략적으로 0.5~1[mm]로 설계된다.

원래 짐벌(5)의 메커니즘은 테이블과 패드의 표면에 존재하는 거스러미들에도 불구하고 캐리어가 이들의 표면을 매끄럽게 따라가도록 만드는 것이다. 짐벌(5)의 필요성에 대해서는 오랜 기간 동안 논쟁거리로 남아 있으며, 지금까지도 짐벌(5)이 사용되고 있다. 이는 짐벌이 단점보다는 장점이 더 많기 때문이다.

웨이퍼(1)와 2번 캐리어헤드(3) 사이에는 뒷면필름(7)이 설치된다. 2번 캐리어헤드(3)와 뒷면필름(7)에는 관통구멍들(8)이 성형되어 있다. 이 관통구멍들(8)의 숫자는 수십 개에서 수백 개까지 다양하게 사용된다. 압력 파이프(9)와 관통구멍들(8)을 통해서 고압의 유체가 웨이퍼(1)로 공급된다. 관통구멍들(8)의 위치와 수십 개에서 수백 개에 이르는 관통구멍들의 숫자를 사용하여 웨이퍼(1)에 공급되는 압력을 조절할 수 있다. 이를 통해서 화학-기계적 평탄화 가공의 제거율 균일성을 조절할 수 있다. 관통구멍의 숫자가 증가할수록, 웨이퍼에 부가되는 압력이 증가한다. 프레스턴의 법칙에 따르면, 관통구멍의 숫자가 증가할수록 제거율이 증가한다. 투입되는 웨이퍼의 증착상태에 따라서, 일반적으로 중앙에서 테두리까지의 프로파일은 불균일하게 나타난다. 그러므로 구멍위치 조절을 통해서 불균일과 더불어서 화학-기계적 평탄화 가공의 제거율을 조절할 수 있지만, 이 방법은 비효율적이다. 게다가 투입되는 웨이퍼의 증착상태와 더불어서 화학-기계적 평탄화 가공의 제거율 균일도를 조절할 필요가 대두되었다. 이런 요구는 다음에 설명되어 있는 Ⓑ번 캐리어에 의해서 실현되었다.

그림 16.9에서는 Ⓑ번 캐리어의 사례를 보여주고 있다. 웨이퍼(2)는 캐리어에 의해서 아래를 향하여 고정되어 있으며, 패드(1)에 압착된다. 캐리어는 맴브레인(3), 리테이너 링(4), 1번 캐리어헤드(5)와 더불어서 2번 캐리어헤드(6)로 구성되어 있으며, 샤프트(8)에 의해서 회전된다. 리테이너 링(4)은 웨이퍼(2)의 위치를 고정하며 패드(1)의 되튐을 조절하도록 설계된다. 웨이퍼(2)의 위치를 고정하는 방식은 Ⓐ번 캐리어의 웨이퍼가이드와 동일한 개념을 사용하고 있다. 웨이퍼(2)와 리테이너 링(4) 사이의 간극은 가능한 한 좁아야 한다. 그런데 Ⓑ번 캐리어의 구조 때문에, 이들 사이의 간극은 대략적으로 0.5~1[mm] 정도로 설계된다.

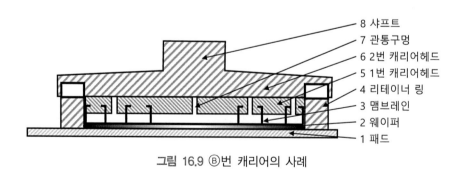

8 샤프트
7 관통구멍
6 2번 캐리어헤드
5 1번 캐리어헤드
4 리테이너 링
3 맴브레인
2 웨이퍼
1 패드

그림 16.9 Ⓑ번 캐리어의 사례

패드(1)의 되튐조절은 ⑧번 캐리어의 주요 특징들 중 하나이며, 웨이퍼 테두리 영역에서 화학-기계적 평탄화 가공의 제거율 균일성을 향상시키는 것을 목적으로 한다. 일반적으로 패드(1)은 탄성체를 사용한다. 그러므로 웨이퍼(2)를 패드(1)에 압착하면 패드(1)가 눌린다. 그림 16.10에 도시되어 있는 것처럼, 웨이퍼(2)는 패드(1)로부터 집중하중을 받으며, 이로 인하여 되튐이 발생한다. 리테이너 링(4)은 웨이퍼(2)에 가해지는 이런 부하를 줄일 수 있도록 설계된다. 그림 16.10과 이후의 설명들을 통해서 이를 줄이는 방안에 대해서 상세히 살펴보기로 하자.

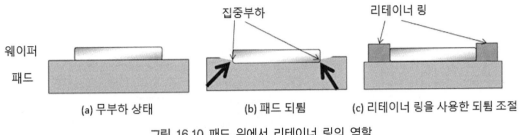

그림 16.10 패드 위에서 리테이너 링의 역할

그림 16.10의 (a)에서는 웨이퍼에 아무런 부하도 가해지지 않기 때문에 패드는 전혀 눌리지 않는다. (b)의 경우, 연마가공을 수행하는 동안 웨이퍼에 누름력을 가하면, 탄성체인 패드가 눌리게 된다. 그러면, 패드의 눌린 영역은 원래의 형상으로 되돌아가려 하기 때문에, 이로 인하여 웨이퍼의 테두리에 하중이 집중된다. 이런 현상을 패드의 **되튐**이라고 부르며 웨이퍼의 테두리 영역에서 가장 다루기 힘든 인자이다. 그러므로 (c)의 경우에서와 같이 웨이퍼의 테두리 부위가 패드를 누르면서 부하가 웨이퍼에 집중되어 작용하는 것을 방지하기 위해서 리테이너 링(4)과 웨이퍼를 함께 누른다. 이를 통해서 화학-기계적 평탄화 가공의 제거율 균일성을 조절할 수 있다.

⑧번 캐리어의 두 번째 특징은 맴브레인(3)이다. 맴브레인(3)은 고무와 같은 탄성체로 만든다. 그림 16.9에 도시되어 있는 것처럼, 맴브레인(3)은 다수의 영역으로 구분되어 있다. 샤프트(8)와 관통구멍(7)을 통해서 맴브레인(3)의 구분된 각 구획마다 서로 다른 누름력을 부가할 수 있다. 즉, 각 영역별로 화학-기계적 평탄화 가공의 제거율을 조절할 수 있다는 뜻이다. 앞서 설명했듯이, 투입되는 웨이퍼의 표면증착 상태는 균일하게 만들 수 없다. 연마가공을 수행하는 동안 증착 상태의 분포를 측정하고 구획별로 누름력을 조절하면, 화학-기계적 평탄화 가공의 제거율 균일성을 조절할 수 있다. 이것은 폐루프제어(CLC)의 중요한 수단이다.

16.4 윤곽조절

이 절에서는 화학-기계적 평탄화 가공의 제거율 균일성을 향상시키기 위해서 필요한 다양한 제거율 프로파일 조절방법들에 대해서 살펴보기로 한다. 우선 제거율 조절에 가장 중요한 캐리어를 사용한 **윤곽조절**에 대해서 살펴보기로 한다.

그림 16.11에서는 캐리어를 포함한 모든 부품들에 대한 제거율을 조절하기 위한 윤곽조절방법에 대해서 설명하고 있다. 다음으로 그림 16.12에서는 화학-기계적 평탄화 가공의 제거율 균일성 향상에 절대적으로 필요하며, 폐루프제어에 사용되는 다양한 유형의 측정인자들에 대해서 보여주고 있다.

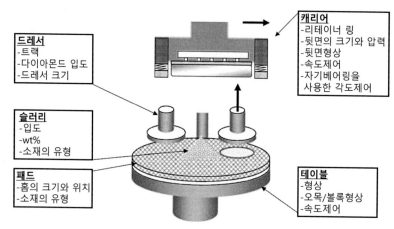

그림 16.11 다양한 제어방법들

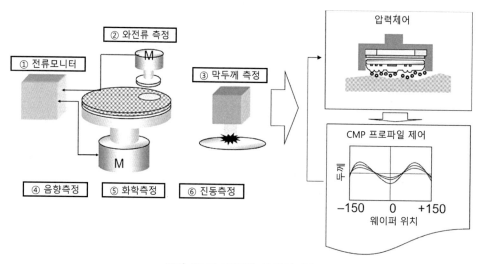

그림 16.12 다양한 측정인자들

우선 **그림 16.11**부터 살펴보기로 하자. 그림에서는 캐리어, 테이블, 드레서, 슬러리 및 패드를 사용하여 윤곽을 조절하기 위한 핵심 인자들을 보여주고 있다. **그림 16.11**에 제시되어 있는 모든 인자들은 화학-기계적 평탄화 가공의 제거율 균일성 조절과 관련되어 있다. 이들은 또한 앞서 논의했던 웨이퍼 내 균일성이나 웨이퍼 간 균일성 개선과도 연관되어 있다.

캐리어와 관련된 메커니즘에 대해서는 이미 논의하였다.

리테이너 링은 웨이퍼 테두리부에서 패드 되튐을 통제하여 제거율 균일성을 향상시켜준다. **뒷면압력**은 웨이퍼 뒷면에 부가되는 압력을 의미하며, 웨이퍼 앞면의 제거율 균일성을 향상시켜준다. **뒷면윤곽**은 캐리어 뒷면의 형상불균일이 웨이퍼로 전달되는 메커니즘이다. **속도제어**는 웨이퍼와 테이블의 회전속도를 조절하는 메커니즘이다. 프레스턴의 법칙에 기초하여 상대속도의 변화를 조절하면 제거율 균일성을 향상시킬 수 있다. **자기베어링을 사용한 각도제어**는 특별히 개발된 메커니즘이다.[5] 이 메커니즘에서는 자기베어링을 사용하여 캐리어의 평행도를 정교하게 조절한다. 이 조절의 목적은 제거율 균일성을 향상시키는 것이다.

테이블과 관련된 메커니즘은 테이블 윗면의 윤곽형상(오목/볼록)을 변화시켜서 웨이퍼 표면에 부가되는 압력을 조절하며 이를 통해서 최종적으로는 제거율 균일성을 향상시킨다. 드레서의 제거율은 드레스에 소요되는 시간에 따라서 각 영역마다 변한다. 최종 목표인 제거율 균일성을 향상시키기 위해서 앞서 설명한 특성들을 사용하여 드레서의 트랙들을 조절하는 메커니즘을 사용한다. 제거율은 드레서에 사용된 다이아몬드의 입도나 드레서의 크기와 같은 인자들에 따라서 변한다. 그러므로 드레서의 유형선정 역시 제거율 균일성 향상에 중요한 인자이다.

슬러리의 경우 연마입자의 크기, 연마입자의 농도[wt%] 그리고 연마입자와 액체의 종류 등에 따라서 제거율과 표면윤곽이 변한다. 화학-기계적 평탄화 가공의 제거율 균일성을 향상시키기 위해서는 슬러리의 특징을 파악해야만 한다. 예를 들어 슬러리 공급방법만 변화시켜서도 제거율 균일성을 향상시킬 수 있다.

마지막으로 패드의 경우, 패드에 사용된 소재, 홈의 크기와 형상 등에 따라서 제거율과 표면윤곽이 변한다. 따라서 화학-기계적 평탄화 가공의 제거율 균일성을 향상시키기 위해서는 패드의 특성을 파악해야만 한다.

그림 16.12에서는 화학-기계적 평탄화 가공의 제거율 균일성을 향상시키기 위해서 연마 프로파일을 측정하여 폐루프제어를 시행하는 방법을 보여주고 있다.[6]

이 절에서는 일반적으로 사용되는 모니터링 방법뿐만 아니라 개발 중인 새로운 방법들에 대해서도 살펴보기로 한다. 우선 현재 오랜 기간 동안 가장 일반적으로 사용되고 있는 모니터링 방법[7]에 대해서 살펴본다. 이 방법의 경우 웨이퍼 연마를 수행하는 동안 소재나 형상의 변경에 따라서 연마 마찰력이 변하면 캐리어나 테이블을 회전시키는 모터의 토크나 전류값 변화를 통해서 연마 마찰력의 변화를 검출할 수 있다. 이 방법은 단순하기 때문에, 얕은 도랑 소자격리(STI)와 같은 공정에서 마찰력 변화의 검출에 여전히 사용되고 있다. 그런데 이 방법은 종료시점 검출에는 유용하지만 박막두께를 측정할 수는 없다. 그러므로 이 방법은 화학-기계적 평탄화 가공의 제거율 균일성 향상에는 사용되지 않는다.

두 번째로 **와전류 측정방법**[8]은 구리나 텅스텐 박막과 같은 금속박막의 두께측정에 일반적으로 사용되는 방법이다. 이 방법의 경우 연마할 박막 속에서 생성되는 와전류에 기초하여 증착된 박막의 두께를 측정할 수 있다. 그런 다음 앞서 설명한 캐리어를 사용한 윤곽조절방법을 사용하여 증착층의 두께를 조절할 수 있다.

산화막의 경우에는 박막두께 측정을 위해서 일반적으로 광학식 두께 측정방법[9]이 사용되며 앞서 설명한 캐리어를 사용한 윤곽조절방법을 사용하여 측정된 박막두께를 조절한다.

지금부터는 캐리어를 사용한 화학-기계적 평탄화 가공의 제거율 균일성 향상실험과 분석사례에 대해서 살펴보기로 하자. 표16.1에는 실험과 분석에 사용된 조건이 제시되어 있다. 이 실험에서는 맴브레인에 사용되는 폐루프제어와 같은 복잡한 방법은 사용되지 않았다. 그 대신에 실험을 단순화하기 위해서 뒷면필름이 사용되었다.

표 16.1 실험과 분석에 사용된 조건들

항목	사양
웨이퍼	200[mm]
증착된 박막	SiO_2
패드	IC1000/Suba400
뒷면필름	NF200
캐리어 작용력	500[g/cm^2]
리테이너 링 작용력	0~700[g/cm^2]

그림16.13에서는 캐리어 설계를 통한 윤곽조절방법을 보여주고 있다. ①과 ②에서는 화학-기계적 평탄화 가공의 제거율 균일성과 관련되어 있는 테두리 윤곽의 개선을 위한 방법을 보여주고 있다. (1)의 경우, 패드의 되튐을 방지하기 위해서 리테이너 링이 사용된다. (2)의 경우에는 테두리 영역에서의 제거율을 변화시키기 위해서 캐리어 테두리의 형상을 변경시킨다. (3)과 (4)에서는 화학-기계적 평탄화 가공의 전체적인 제거율을 향상시키기 위한 방법을 보여주고 있다. (3)의 경우, 앞서 설명했던 뒷면에 부가하는 압력을 사용하여 웨이퍼에 부가되는 압력을 변화시킨다. (4)의 경우에는 제거율을 변화시키기 위해서 캐리어의 뒷면형상을 변형시킨다.

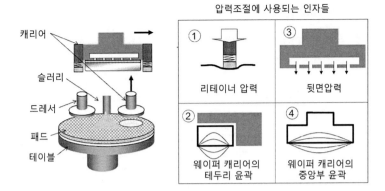

그림 16.13 캐리어 설계를 통한 윤곽조절

그림 16.14에서는 웨이퍼 전체에 대한 화학-기계적 평탄화 가공 제거율의 분석결과를 실험결과와 비교하여 보여주고 있다. 여기서 상부 그래프는 분석결과이며, 하부 그래프는 실험결과이다. 실험이나 분석에 대한 보다 자세한 내용은 리포트를 참조하기 바라며, 여기서는 결과만이 제시되어 있다. 이들 두 그래프에 따르면, 웨이퍼의 중심에서 80[mm] 떨어진 위치에서는 두 그래프의 프로파일 편차값이 거의 동일하지만, 웨이퍼의 중심에서 90[mm] 떨어진 위치에서는 이 편차값이 서로 약 3% 차이를 나타내고 있다. 이 결과는 실험결과에 경험상수를 대입하여 얻은 것이다. 다양한 조건들을 변화시키는 경우에는 이 결과를 활용하면 모든 조건에 대한 실험을 수행하지 않고도 경향을 예측할 수 있다.

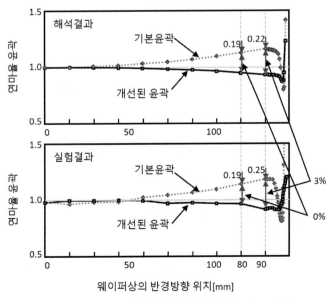

그림 16.14 해석결과와 실험결과의 상호 비교 사례

하지만 테두리에서의 연마율 윤곽 변화에 대해서 보다 더 상세한 분석이 필요하다면 유한요소법(FEM)을 사용한 분석이 사용된다. 그림 16.15에서는 유한요소해석의 사례를 보여주고 있다.

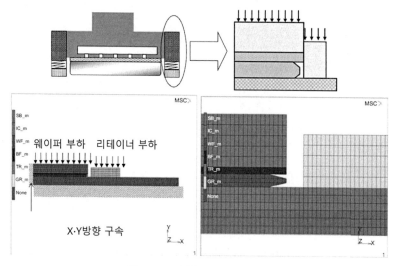

그림 16.15 유한요소해석의 사례

그림 16.16에서는 테두리 영역에서의 연마율 윤곽에 대한 해석결과와 실험결과를 비교하여 보여주고 있다. 좌측의 그래프는 실험결과이며 우측의 그래프는 해석결과이다. 이들 사이의 최대편차는 4%에 불과하다. 화학－기계적 평탄화 가공의 제거율 균일성을 향상시키기 위해서는 프레스턴의 법칙에 기초하며, 제거율 해석을 위해서 유한요소해석과 같은 방법을 적용하는 것이 중요하다. 이런 해석방법들이 화학－기계적 평탄화 가공방법의 개발에 큰 기여를 하였다.

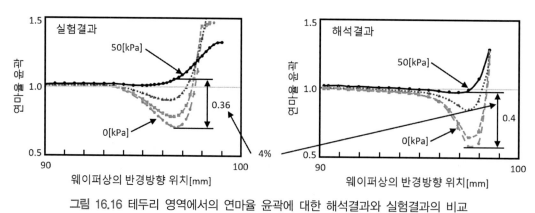

그림 16.16 테두리 영역에서의 연마율 윤곽에 대한 해석결과와 실험결과의 비교

이 장의 마지막으로, 여타의 윤곽조절기법들에 대해서 살펴보기로 하자.

그림 16.17에서는 캐리어 속도를 사용하여 화학-기계적 연마가공의 제거율 균일성을 향상시키는 방법을 보여주고 있다. 그림에서는 테이블의 회전속도(N_T)와 캐리어 회전속도(N_H)의 변화에 따른 웨이퍼상에서의 세 가지 상대속도 벡터들을 보여주고 있다. (a)의 경우에는 테이블의 회전속도가 캐리어의 회전속도보다 더 빠른 경우이며, (b)의 경우는 두 속도가 동일한 경우 그리고 (c)의 경우에는 캐리어의 회전속도가 테이블의 회전속도보다 더 빠른 경우이다. 특히 (b)의 경우에는 웨이퍼의 모든 영역에서 상대속도 벡터가 동일한 크기와 방향을 가지고 있다. 즉, 웨이퍼의 모든 위치에서 제거율이 동일하다는 것을 의미한다. 둘 사이의 회전속도가 서로 다른 (a)와 (c)의 경우에는 속도 벡터가 웨이퍼상의 위치에 따라서 변한다. 이로 인해서 제거율은 회전속도에 비례하여 변하게 된다. 이 그림들에 따르면 캐리어 속도를 변화시키면 화학-기계적 평탄화 가공의 제거율 균일성을 조절할 수 있다는 것을 알 수 있다.

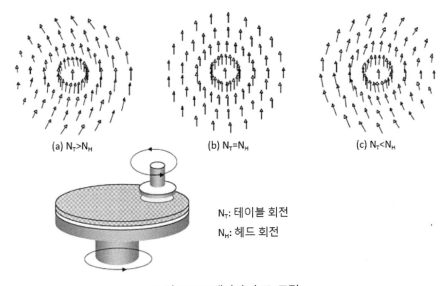

(a) $N_T > N_H$ (b) $N_T = N_H$ (c) $N_T < N_H$

N_T: 테이블 회전
N_H: 헤드 회전

그림 16.17 캐리어 속도 조절

그림 16.18에서는 테이블 윤곽형상에 대해서 보여주고 있다. 그림에서 ○, △, □는 테이블 위에 설치된 작동기들의 반경방향 위치를 나타낸다. 이 작동기들은 각자의 위치에서 패드를 들어 올릴 수 있다. 즉, 해당 부위를 들어 올려서 연마압력을 높일 수 있으며, 이를 통해서 제거율이 높아진다. 이 메커니즘을 통해서 그림에 도시되어 있는 것처럼 제거율 윤곽의 오목-볼록 형태를 조절할 수 있다.

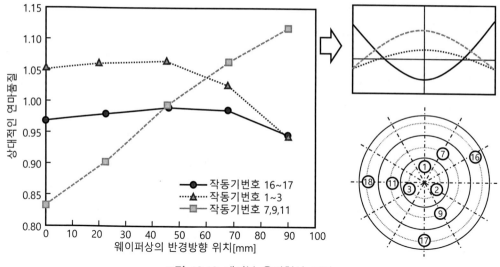

그림 16.18 테이블 윤곽형상 조절

참고문헌

1. M. Tsujimura, Technical trend and latest report of CMP in next stage, in: Proceeding of the 19th Symposium on Material Science and Engineering Research Center of Ion Beam Technology, Hosei University, December 13-14, 2000, pp. 31e34.
2. Patent US 6328629.
3. Pub.NO. 2011/0159783.
4. US 6033292: Wafer polishing apparatus with retainer ring.
5. M. Tsujimura et al. Polish profile control using magnetic control head.
6. M. Tsujimura, Embedded process monitor and control in CMP tool, in: SEMI Technology Symposium, 2000, 2-51-56.
7. US 5639388: Polishing endpoint detection method.
8. US 5731697: In-situ monitoring of the change in thickness of films.
9. US 6758723: Substrate polishing apparatus.

CHAPTER

17

결함분석, 결함완화 및 저감

CHAPTER 17

결함분석, 결함완화 및 저감

17.1 화학−기계적 평탄화 가공에서 발생하는 결함들의 원인과 분석

17.1.1 결함이 수율에 끼치는 영향

실리콘 기반의 반도체 디바이스에서 **결함**은 수율을 낮추는 가장 중요한 원인이다. 웨이퍼 표면에서 결함은 합선이나 단락을 유발하며 디바이스의 성능과 신뢰성을 저하시킨다(그림 17.1).

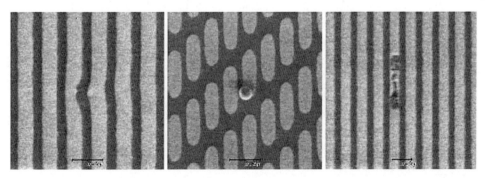

그림 17.1 화학−기계적 평탄화 가공에서 발생하는 일반적인 결함들

산업계에서는 과거 20여 년 이상의 기간 동안 2년마다 새로운 세대의 기술을 도입하면서 발전해왔다. **무어의 법칙**에 따르면 노광에 의해서 만들어지는 임계치수는 세대당 0.7×만큼 축소되었

으며, 웨이퍼 단위면적당 회로소자의 숫자는 2×만큼 증가하였다. 그 결과 치수감소와 더불어서 주어진 면적당 동일한 수율을 유지하기 위해서는 세대당 결함밀도를 약 50% 정도 감소시켜야만 한다. 게다가 형상치수가 감소함에 따라서, 검출되는 작은 치수의 결함 숫자가 증가하게 된다. 광범위한 측정데이터를 통해서 결함의 빈도(f)는 결함크기(x)의 세제곱에 반비례한다는 것을 발견하게 되었다.

$$f = \frac{k}{x^3} \tag{17.1}$$

여기서 k는 공정과 장비에 관련된 계수이다. 위의 식은 **그림 17.2**에 도시되어 있는 것처럼 실제의 결함크기 측정과 다양한 형상크기에 대한 전기적 시험을 통해서 검증되었다. 모든 크기의 결함들에 대한 분포함수를 적분하여 결함들의 총 숫자 D를 얻을 수 있다. 치명적 결함의 숫자는 집적회로의 수율저하를 초래한다.[1~5] 수정된 **머피의 법칙**[1]에 따르면, 주어진 다이면적에 존재하는 치명적 결함의 숫자에 비례하여 수율이 지수함수적으로 감소한다.

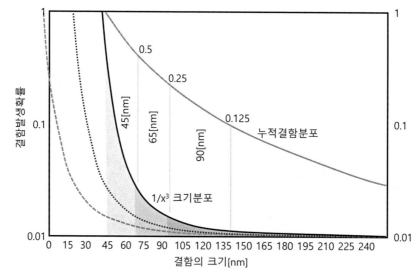

그림 17.2 결함크기분포의 사례. 누적결함의 총 숫자는 주어진 기술노드에서 모든 형상크기에 존재하는 모든 결함들의 숫자를 합한 값이다.

앞서 설명한 세대당 최소한 50%의 결함감소 조건과 결함빈도는 결함크기 분포의 세제곱에 반비례한다는 경험식은 모든 집적회로 제조업체에 큰 기술적 도전이며, 수율목표를 맞추기 위해서 광범위한 결함감소 노력이 수행되고 있다. 22[nm] 및 14[nm]와 같은 진보된 기술노드의 경우,

평균 결함크기가 수 나노미터 수준으로 감소하게 되었다. 이런 결함들을 검출하기 위해서는 이토록 작은 치수영역에 적합한 분해능을 갖춘 계측기법의 개발이 필요하게 되었다. 게다가 이로 인하여 장비와 소모품 제조업체들뿐만 아니라 집적회로 제조업체들도 종합적인 결함저감 방법과 더 효율적인 세정공정을 개발하게 되었다.

화학-기계적 평탄화(CMP) 가공은 **그림 17.3**에 도시되어 있는 것처럼 과도한 소재를 연마하여 제거하는 절삭가공 방법이다. 따라서 가공이 끝나고 나면, 하부에 매립되어 있던 회로나 결함 등의 모든 형상들이 들어나게 된다. 또한 반도체 제조공정에서 화학-기계적 평탄화 가공은 일반적으로 디바이스나 회로를 완성시켜주는 최종적인 다운스트림 공정으로 사용된다. 그 결과 자체 공정에 의해서도 결함이 발생하지만, 업스트림 공정에 유래한 결함들도 발현된다. 그러므로 화학-기계적 평탄화 가공 단계에 발생한 결함들은 수율과 신뢰성에 가장 직접적인 영향을 끼치기 때문에, 이 공정의 결함 목표는 일반적으로 모든 공정을 통틀어서 가장 엄격하다.

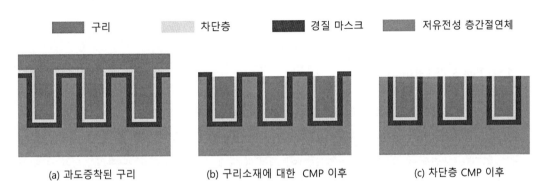

(a) 과도증착된 구리   (b) 구리소재에 대한 CMP 이후   (c) 차단층 CMP 이후

그림 17.3 구리소재에 대한 화학-기계적 평탄화 가공공정의 사례. 구리 배선층 하나를 완전히 정의하기 위해서는 구리, 차단소재(Ta/TaN 또는 Co), 덮개층이나 경질마스크(TiN, TEOS 산화물, 질화물 또는 SiCOH) 그리고 층간절연체(저유전체 SiCOH) 등을 모두 제거하여야 한다. (컬러 도판 p.597 참조)

화학-기계적 평탄화 가공의 또 다른 특징은 **그림 17.4**에 도시되어 있는 것처럼 다양한 소모품들이 사용된다는 것이다. 화학-기계적 평탄화 가공을 수행하는 과정에서 장비와 공정에 따라서 최대 3종의 슬러리, 3종의 패드, 3종의 리테이너 링, 3종의 컨디셔너, 1~3종의 세정용 약액 그리고 1~2종의 세정용 브러시들이 직접 또는 간접적으로 웨이퍼와 접촉하게 된다. 이런 소모품들은 제거율, 균일성, 선택성, 평탄화 효율 그리고 화학-기계적 평탄화 가공 이후의 웨이퍼 결함 등에 중요한 영향을 끼친다. 사실, 이들 소모품 자체가 연마와 세정공정을 수행하는 과정에서 결함을 생성하는 원인으로도 작용한다.

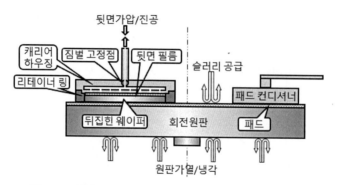

그림 17.4 화학-기계적 평탄화 가공에 사용되는 소모품들[1]

이 장에서는 화학-기계적 평탄화 가공에 의하거나, 기여하거나 또는 영향을 받은 모든 결함들에 대해서 '화학-기계적 평탄화 가공과 관련된 결함들'이라는 용어를 사용한다. 다음 절에서는 결함의 원인과 생성 메커니즘에 따라서 이들을 분류한다. 이와 더불어서 소모품들이 결함생성에 끼치는 영향에 대해서도 살펴보기로 한다.

17.1.2 이물질과 연마잔류물

이물질(FM)들과 **연마잔류물(PR)**들은 제조과정에서 웨이퍼 표면에서 발생하는 **덧붙임 결함**[2]이다. 이름 자체가 의미하듯이, 이물질은 화학-기계적 평탄화 가공 이후에 잔류하는 원치 않는 물질을 의미하는 반면에 연마잔류물은 연마에 의해서 생성되는 거스러미와 잔류물들을 지칭한다. 이들 두 가지 용어는 일반적으로 함께 사용한다.

앞서 설명했듯이, 화학-기계적 평탄화 가공에 사용되는 소모품들뿐만 아니라 이전에 시행된 공정들도 이물질과 연마잔류물의 원인으로 작용할 수 있다. 소모품에서 유래한 이물질과 연마잔류물들 중에서 실리카, 알루미나 그리고 세리아 등과 같은 슬러리에서 유래한 연마입자들은 모두, 화학-기계적 평탄화 가공이 수행된 이후의 웨이퍼 표면에서 일반적으로 관찰된다. 이들은 50~200[nm] 직경의 입자들이 단독 또는 군집의 형태로 발견된다. 콜로이드 실리카를 포함하여 이들의 형태는 일반적으로 구형이지만, **그림 17.5 (a)~(c)**에 도시되어 있는 것처럼, 늘어나거나 변형된 형상을 갖기도 한다. 이물질과 연마잔류물들의 화학적 조성은 인라인 주사전자현미경에 장착되어 있는 에너지 분산형 X-선 분석(EDAX)유닛을 사용하여 분석할 수 있다.

그림 17.5 (d)에 도시되어 있는 유기잔류물들도 이물질과 연마잔류물의 일반적인 형태이다. 유

---

1 https://www.crystec.com/alpovere.htm.
2 additive defect.

기물에는 가벼운 원소들이 존재하기 때문에, 이 잔류물들은 전자빔 영상에서 약간 투명하게 보인다. 이런 유기잔류물들은 화학-기계적 평탄화 가공용 슬러리의 첨가물들이나 금속의 화학-기계적 평탄화 가공 시 부식억제제로 사용되는 벤조트리아졸(BTA)과 같은 세정용 약액 그리고 소재 제거를 지원하기 위한 킬레이트제 또는 착화제로 사용되는 에틸렌디아민테트라아세트산 등에서 유래한다.

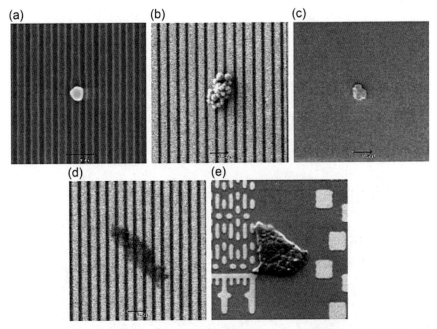

그림 17.5 화학-기계적 평탄화 가공에 사용되는 소모품들에서 유래한 이물질과 연마잔류물들. (a) 알루미나 연마제, (b) 실리카 연마제, (c) 세리아 연마제, (d) 유기잔류물, (e) 패드 거스러미

그림 17.5 (e)에 도시되어 있는 연마와 마멸에 의해서 생성된 패드 거스러미도 소모품에서 유래한 이물질과 연마잔류물의 또 다른 사례이다. 주사전자현미경 사진을 통해서 이물질 표면의 다공질 구조를 확인할 수 있다. 연질의 연마용 패드를 연마 중 또는 연마 후 컨디셔닝과 병행하여 사용하는 경우에 이런 패드 거스러미들이 발생하기가 쉽다. 대부분의 화학-기계적 평탄화 가공용 연마패드들은 폴리우레탄과 같은 폴리머 재질로 만든다. 이 때문에 인라인 주사전자현미경이나 에너지 분산형 X-선 분석(EDAX)으로 추출한 원소 스펙트럼만으로는 연마잔류물이 패드 거스러미라고 분류하기에 충분한 정보를 얻을 수 없다. 이들의 화학적 조성을 밝혀내기 위해서는 라만 분광법이나 푸리에 변환 적외선분광법과 같은 더 정교한 오프라인 분석기법이 필요하다.[6]

세정이 충분치 못하다면 이전 공정에서 유래한 이물질과 연마잔류물들이 화학-기계적 평탄

화 가공 이후에 발견될 수도 있다. 그림 17.3에 도시되어 있는 구리소재에 대한 화학-기계적 평탄화 가공의 경우에는 이전에 시행된 공정에 TiNx나 테트라에틸오소실리케이트(TEOS) 산화물과 같은 다수의 금속이나 유전체 박막층들로 이루어진 (SiCOH 기반의) 저유전체, 덮개층 또는 경질 마스크의 증착, 감광제 코팅, 노광, 건식식각, 건식식각 후의 습식세정, (Ta/TaN, Co 또는 Ru 등의) 차단층/라이너 증착 그리고 구리도금 등이 포함된다. 이런 사전공정들에서 세정되지 않은 잔류물들이 누적되며, 웨이퍼가 다음 공정으로 이동하면서 전달된다. SiCOH와 경질마스크 증착 등과 같은 대부분의 상류측 공정들을 수행하는 동안에 생성된 오염물들이 연마와 세정을 시행한 이후에도 남아 있다가 화학-기계적 평탄화 가공 이후의 웨이퍼 표면에서 발견되는 것이다. 이런 부류에 속하는 이물질과 연마잔류물들의 사례로 그림 17.6(a)와 (b)에서는 각각, 테트라에틸오소실리케이트(TEOS) 산화물 플레이크와 TiNx 잔류물이 도시되어 있다. 또한 그림 17.6(c)에서와 같이 이물질이나 연마잔류물이 표면층 하부에 매립될 수도 있다.

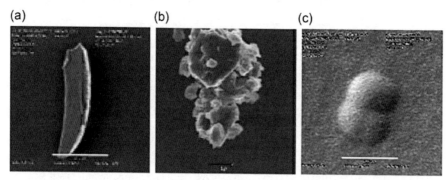

그림 17.6 구리소재에 대한 화학-기계적 평탄화 가공 이후에 발견된 이물질과 연마잔류물에서 유래한 결함들.
(a) 테트라에틸오소실리케이트(TEOS) 플레이크, (b) TiN 이물질, (c) 표면하부에 매립된 이물질

현재의 레벨에 잔류하는 이물질이나 연마잔류물들이 후속 공정에 영향을 끼칠 수 있으며, 다른 형태로 발전되어 이후에 심각한 수율손실과 회로파손을 유발할 수도 있다.[7] 그림 17.7(a)와 (b)의 사례에서는 유전체 덮개층과 라이너 증착에서 유래한 이물질이 구리소재에 대한 화학-기계적 평탄화 가공 후에 각각 단락과 합선을 유발하였다.

웨이퍼 테두리에서 수[mm] 이내의 영역들에는 이물질과 연마 후 잔류물들이 많이 남아 있기 때문에 이 영역에 대해서는 검사과정에 주의가 필요하다. 웨이퍼 테두리는 박막층이 끝나는 경계층이기도 하다. 각 층들이 서로 완벽하게 정렬을 맞추지 못한다면, 이 경계층에서 접착력 저하가 발생할 수도 있다. 이로 인한 직접적인 결과로는 그림 17.8에 도시되어 있는 것처럼, 화학-기계적 평탄화 가공을 수행하는 동안 증착층이 박리되어버리거나 이물질 및 연마 후 잔류물이 추가되어

버린다. 이전의 연구에 따르면 웨이퍼 테두리에서의 박막층 불연속은 슬러리 연마입자 잔류물들의 저장고처럼 작용한다.[7]

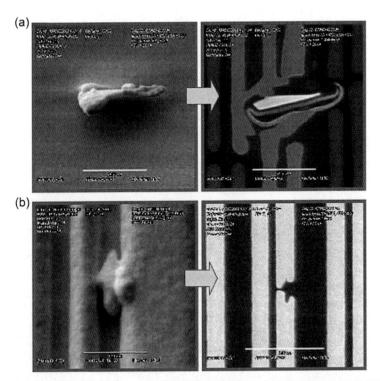

그림 17.7 이물질과 연마잔류물들의 변화. (a) 유전체 덮개층 공정에서 유래한 이물질이 웅덩이를 생성하여 패턴을 없앴으며, 구리소재에 대한 화학-기계적 평탄화 가공 이후에 합선을 초래하였다. (b) 라이너 증착 과정에서 발생한 이물질이 구리소재에 대한 화학-기계적 평탄화 가공 이후에 단락을 초래하였다.

그림 17.8 웨이퍼 테두리에서의 박막층 경계들이 접착력 저하와 박리를 초래하였다.(컬러 도판 p.597 참조)

17.1.3 긁힘과 기계적 손상

긁힘이나 더 넓은 의미인 **기계적 손상**은 **차감형 결함**[3]으로써 화학-기계적 평탄화 가공 이후에 웨이퍼의 표면에 영구적인 손상을 유발한다. 다시 말해서, 이런 결함들은 이물질이나 연마잔류물처럼 씻어낼 수 없다는 뜻이다. 따라서 이런 결함의 발생은 사전에 방지해야만 한다. 그 결과, 이 부류에 속하는 결함들은 일반적으로 수율과 신뢰성을 크게 저하시킨다.[8,9]

화학-기계적 평탄화 가공을 수행하는 동안 기계적인 마멸작용으로 인하여 필연적으로 긁힘이 발생하게 된다. 웨이퍼 표면과 접촉하는 어떠한 소재나 계면도 긁힘을 생성할 수 있는 원인으로 작용한다. 그러므로 앞 절에서 설명했던 모든 이물질들이나 연마 후 잔류물질들 역시 웨이퍼 표면을 긁는 원인으로 작용한다. 그림 17.9에서는 단 하나의 연마입자에 의해서 유발된 가벼운 긁힘에

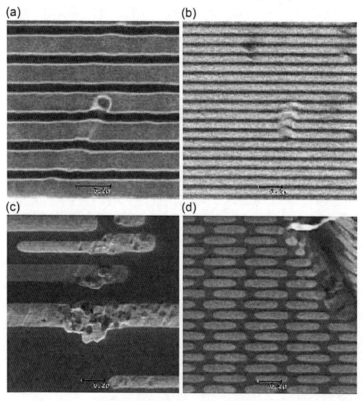

그림 17.9 구리소재에 대한 화학-기계적 평탄화 가공 이후에 검출된 연마 긁힘 자국들을 심각도에 따라서 차례로 도시하였다. (a) 단일 긁힘에 의해서 구리배선이 약간 변형되었다. 긁힘 자국의 끝에는 하나의 연마입자가 남아 있다. (b) 배선을 심하게 변형시킨 긁힘 자국, (c) 일련의 연마입자들에 의해서 만들어진 긁힘 자국들, (d) 구리배선을 합선시켜버린 깊고 큰 긁힘 자국

---

3   subtractive defect.

서부터 일련의 입자군집에 의해서 유발된 다수의 긁힘 자국들 그리고 (패드 컨디셔너에서 유래한 다이아몬드 입자와 같이) 단단하고 큰 이물질에 의해서 만들어진 깊고 큰 긁힘 자국에 이르기까지, 일련의 사진들을 통해서 긁힘 결함의 심각성을 확인할 수 있다. 이런 긁힘이 도전체 배선들 사이를 연결하는 금속 입자들의 오염경로처럼 작용하여 전류누설과 시간의존성 절연파괴(TDDB)를 유발한다. 가장 심각한 경우에는 구리배선이 변형되면서 합선되어 그림 17.9 (d)에 도시된 것처럼 영구합선을 일으킨다. 이물질이나 연마잔류물에서와 마찬가지로, 현재레벨에서 존재하는 긁힘 자국이 그림 17.10 (a)와 (b)에 도시되어 있는 것처럼, 상부레벨에서 다른 형태의 결함으로 악화된다.

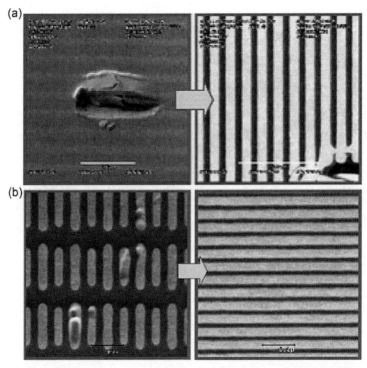

그림 17.10 긁힘 결함의 변화. (a) 화학 – 기계적 평탄화 가공을 시행한 이후에 현재레벨에 존재하는 긁힘이 웅덩이나 패턴 손실로 변환되어 후속 레벨에서 합선을 유발하였다. (b) 현재 레벨에서 나타난 약한 긁힘이 이후의 레벨에서 시각적으로는 관찰되지 않는 결함으로 여전히 존재하여 결함검사 시간을 증가시키는 원인으로 작용한다.

그림 17.11에서는 채터마크 형태의 긁힘 자국을 보여주고 있다. 이런 결함을 설명하기 위해서 나노스케일의 스틱 – 슬립 마찰모델이 제안되었다.[10] 패드와 웨이퍼 표면 사이의 윤활 부족이 채터마크 형성의 주요 원인으로 작용한다.

이물질이나 연마잔류물에 의한 결함들과는 달리, 긁힘 결함은 웨이퍼 표면에 독특한 공간분포를 나타낸다. 그림 17.12에서는 긴 원호 형태의 긁힘이 웨이퍼상의 다수의 다이들에 걸쳐서 나타난 사례를 보여주고 있다. 이 자국들은 일반적으로 화학−기계적 평탄화 가공을 수행하는 동안 회전운동과 병진운동을 웨이퍼상의 슬러리 연마제들의 이동궤적을 따라간다.[11] 이들은 자주 웨이퍼 표면상에 대형의 연마제 응집물들과 함께 발견되며, 이는 희석효과, pH 쇼크,[12] 온도 드리프트 그리고 슬러리 공급루프를 시행하는 동안 발생하는 높은 전단유동[13] 등의 결과이다. 원호형상의 긁힘 자국과 함께 발견되는 슬러리 응집물들은 패드 표면의 기공과 그루브들 사이의 불균형에 의해서 패드−웨이퍼 계면을 따라 이동하는 슬러리가 유동장애를 일으키기 때문에 발생할 수도 있다. 이 문제에 대해서는 나중에 결함완화와 저감을 다루는 절에서 자세히 살펴보기로 한다.

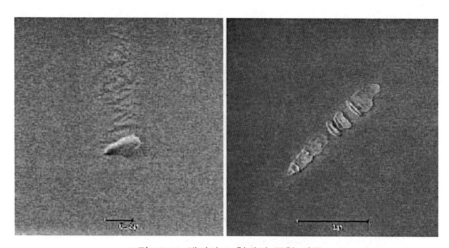

그림 17.11 채터마크 형태의 긁힘 자국

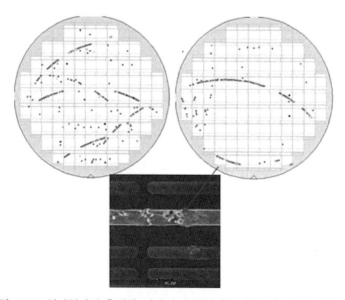

그림 17.12 연마입자의 응집에 의해서 유발된 원호 형상의 연마 긁힘 자국

화학-기계적 평탄화 가공용 평판 위에서 일어나는 연마와 마멸운동은 웨이퍼 표면에 긁힘만 유발하는 것이 아니다. 롤러 브러시에 응집되어 들러붙어 있는 이물질이나 연마 잔류물들도 **그림 17.13**에 도시된 것처럼 웨이퍼 반경방향으로 동심 형상의 독특한 링형 긁힘 자국[61,4]을 생성한다. 이 경우 웨이퍼 반경의 접선 방향으로 긁힘 자국이 만들어진다. 이런 링형 긁힘의 반경, 숫자 그리고 발생주파수 등은 임의적이다. 긁힘 자국 자체는 경질결함이며, 가끔씩은 궤적 상에 잔류 물질이 남아 있다. **그림 17.14**에 도시된 것처럼, 브러시 문지름 방식의 세정공정을 수행하는 동안 브러시와 웨이퍼의 회전운동에 따른 전단력으로 인하여 원형의 긁힘 형상이 발생하게 된다.

일반적으로 소재가 연질일수록 긁힘과 기계적인 손상이 발생하기 쉽다고 생각하는 경향이 있다. 연질의 모재에 대해서 단단한 표면이 미끄럼 및 마멸운동을 하면 긁힘이 발생한다.[15,16] 그러므로 산업계에서 기계적으로 취약하고 연한 저유전체를 후공정의 구리배선에 적용하려는 경향은 긁힘 완화에서 매우 어려운 문제이다. 이런 긁힘 문제를 완화하기 위해서 집적회로 제조업체들이 더 연한 패드를 사용하려는 경향이 있다. 그럼에도 불구하고 최근의 연구에 따르면 (폴리우레탄 기반의) 연질 패드가 긁힘의 주요 원인으로 작용한다.[17,18] 긁힘 생성 메커니즘은 훨씬 더 복잡하며, 이에 대해서 아직 완벽하게 이해하지 못하고 있다.

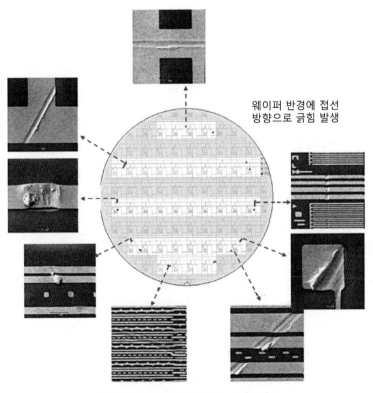

웨이퍼 반경에 접선 방향으로 긁힘 발생

그림 17.13 동심원 형태의 긁힘 자국

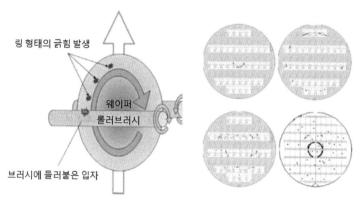

링 형태의 긁힘 발생

웨이퍼
롤러브러시

브러시에 들러붙은 입자

그림 17.14 연마 후 롤러브러시를 사용한 세정과정에서 발생하는 링 형태의 긁힘 발생 메커니즘

17.1.4 부식과 화학공격

금속소재에 대한 화학-기계적 평탄화 가공에서, 금속(텅스텐이나 구리)과 슬러리 또는 세정용 약액 사이의 상호작용으로 인하여 부식결함이 초래될 수 있다. 그림 17.15 (a) 및 (b)에 도시되어 있는 것처럼 화학-기계적 평탄화 가공을 시행하기 전에 금속증착공정(텅스텐 화학기상증착이나 구리도금)을 시행하는 동안에 불충분한 충진으로 인하여, 이미 비아나 배선에 구멍이나 금속구멍(HW)이 존재할 수도 있다. 화학-기계적 평탄화 가공에 사용되는 슬러리나 화학약품들의 공격으로 인하여 이미 존재하던 이런 구멍들이 확장되면서 비아나 배선에 추가적인 금속손실이 발생하게 된다. 이와 마찬가지로 그림 17.15 (c)에 도시되어 있는 슬릿형 공동은 반응성 이온식각 후의 습식세정, 라이너증착 그리고 구리도금의 초기단계와 같은 이전의 공정들로 인해서 라이너와 구리 사이의 계면을 따라서 부착 손실이 발생했음을 시사한다. 이런 추가적인 계면의 존재는 화학-기계적 평탄화 가공을 수행하는 동안 화학적 공격이 우선적으로 발생할 수 있는 위치를 제공해준다.

그림 17.15 (d)에서는 화학-기계적 평탄화 가공이 끝난 다음에 일어나는 구리소재의 부식으로 인한 거친 구리 표면을 보여주고 있다. 화학-기계적 평탄화 가공이 끝난 다음에 세정이나 구리 배선의 부동화가 불충분한 경우에 발생하는 구리소재의 식각이 이 현상의 주요 원인인 것으로 생각된다. 피치가 작을수록 그리고 구리의 점유면적이 더 좁아질수록 이런 부식성 공격이 더 심한 것으로 밝혀졌다.[19]

그림 17.15 (e)에 도시되어 있는 화학적 공격과 관련된 또 다른 형태의 결함을 **구리혹** 또는 **덴드라이트**라고 부른다. 선행연구에 따르면 화학-기계적 평탄화 가공이 끝나고 일정한 시간이 흐르면, CuO_x 입자와 같은 덴드라이트들이 형성된다.[19~21] 그림 17.16에 도시되어 있는 것처럼, 전해부식이 덴드라이트 생성의 원인으로 지목되고 있다.[19] 젖은 슬러리나 화학약품이 존재하는 경우에, 서로 다른 피치나 밀도를 가지고 있는 구리배선들 사이에 갈바니 전위가 생성될 수 있다. 이런 원인

들로 인해서 화학-기계적 평탄화 가공 이후에 구리 표면은 산화나 이온화될 수 있다. 화학-기계적 평탄화 가공 후의 대기시간(화학-기계적 평탄화 가공이 끝나고 덮개층 증착을 시행하기 전) 동안 표면의 구리이온들이 웨이퍼상의 수분이나 대기 중의 수분과 반응하여 구리 착화물을 생성한다. 전기화학적 전위 차이가 존재하면, 구리 이온들이 배선들 사이의 간극으로 확산되어 덴드라이트 형태의 CuO_x를 생성한다. 가시광선이나 여타의 복사에너지로 인해서 갈바니 전위가 생성되거나 소멸되면서 더 심각한 구리부식이 일어날 수도 있다. 구리배선/간극의 피치가 좁아질수록 인접한 배선들 사이의 전기화학적 전위가 높아지며 확산거리가 짧아진다. 선행연구에 따르면, 이로 인하여 피치길이가 줄어들수록 덴드라이트의 밀도가 높아진다.[22]

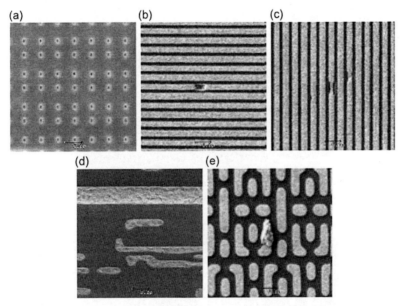

그림 17.15 금속구멍이나 부식과 관련된 결함들. (a) 텅스텐 비아구멍에 생성된 금속구멍, (b) 구리배선에 생성된 금속구멍, (c) 구리와 라이너 계면을 따라 생성된 슬릿형 구멍, (d) 표면부식, (e) 덴드라이트

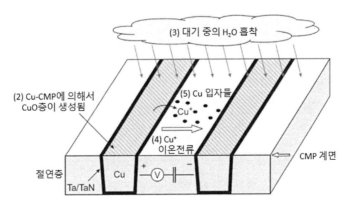

그림 17.16 구리소재에 대한 화학-기계적 평탄화 가공 이후에 생성되는 구리 덴드라이트[19]

화학-기계적 평탄화 가공에서 유래한 부식과 덴드라이트 생성으로 인하여 저항의 증가와 합선이 초래되는 것으로 알려져 있다. 이들은 또한 시간의존성 절연파괴(TDDB)를 일으키며 일렉트로마이그레이션 수명시간을 단축시킨다.[19,23~26] 그림 17.17에는 구리소재에 대한 화학-기계적 평탄화 가공 이후의 대기시간이 유전체 파괴전압에 끼치는 영향이 도시되어 있다.

화학-기계적 평탄화 가공을 수행하는 동안에 구리-차단층 계면에서 발생하는 전기화학적 전위 차이도 또 다른 형태의 부식성 공격이며, 그림 17.18에 도시된 것과 같이 구리나 절연층의 함몰을 생성한다.

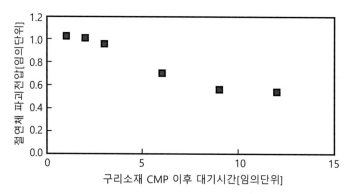

그림 17.17 구리소재에 대한 화학-기계적 평탄화 가공 후의 대기시간이 절연체 파괴에 끼치는 영향. 대기시간이 길어질수록 절연체 파괴전압이 감소하는 경향을 보인다.

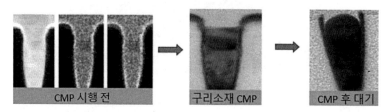

그림 17.18 화학-기계적 평탄화 가공용 슬러리나 세정용 화학약품 속에서 구리-차단층 계면을 따라서 전해부식에 의해서 함몰이 형성된다.

코발트 기반의 차단금속을 다중층 형태로 사용하는 진보된 기술노드에서는 이런 함몰이 가장 문제가 된다. 그림 17.19에 도시되어 있는 것처럼, 화학-기계적 평탄화 가공용 슬러리나 세정용 약품들은 상대적으로 활성도가 낮은 Ta/TaN 차단층이나 구리배선에 비해서 전기화학적으로 활성화된 코발트를 선택적으로 공격한다. 이 함몰깊이는 일렉트로마이그레이션 수명시간과 직접적인 관계를 가지고 있다.[26] CuOₓ 덴드라이트와 마찬가지로, 함몰 정도는 피치 치수에 강하게 의존한다. 미세피치가 넓은 피치보다 심한 함몰을 형성한다. 또한 코발트 차단층의 두께가 전기화학적 전위량을 변화시켜서 함몰정도에 영향을 끼칠 수 있다.

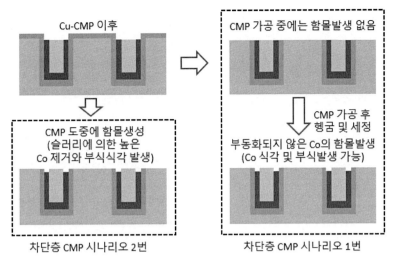

그림 17.19 구리 차단층에 대한 화학-기계적 평탄화 가공 과정에서 생성되는 함몰(컬러 도판 p.598 참조)

17.2 결함완화와 저감

17.2.1 이물질과 연마잔류물에 의한 결함들

17.2.1.1 화학 - 기계적 평탄화 가공 후 세정용 화학약품의 선정과 사용

그림 17.20에 설명되어 있는 메커니즘을 통해서 일반적으로 웨이퍼 표면에 존재하는 이물질(FM)과 연마잔류물(PR)들을 제거할 수 있다. 우선 세정용 약액 내의 킬레이트제가 이물질 및 연마잔류물들과 상호작용하여 웨이퍼 표면에 착화물을 형성한다. 언더컷에 의해서 분리된 착화물들이 입자와 웨이퍼 표면 사이에 형성된 반발 제타전위에 의해서 용액 속으로 떠오르게 된다. 입자와 웨이퍼 표면 사이에 작용하는 흡착력을 이겨내고 높은 세정효율을 얻기 위해서는 (웨이퍼와 접촉하는 회전 브러시와 같은) 기계적 에너지와 음향에너지(웨이퍼에 가해지는 메가소닉 교반)가 일반적으로 사용된다.[27,28] 다시 말해서, 화학-기계적 평탄화 가공 후에 시행되는 이물질이나 연마잔류물들에 대한 세정도 화학-기계적 특성을 가지고 있다. 반응, 킬레이트화, 용해 및 결합 등을 위해서 화학약품들을 사용하며, 이들을 제거하거나 떼어내기 위해서 마찰력이나 물리적인 힘을 함께 사용한다.

전자산업과 반도체산업체서는 세정목적으로 RCA 세정을 널리 사용하고 있다.[29] 자연적으로 화학-기계적 평탄화 가공 이후의 세정에도 다양한 RCA 세정액들이 사용되고 있다. RCA 세정에서 알칼리성인 SC-1 세정액(28% 농도의 NH_4OH와 30% H_2O_2 그리고 탈이온수를 1:1:5로 섞은

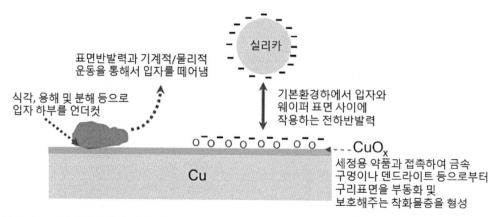

표면반발력과 기계적/물리적
운동을 통해서 입자를 떼어냄

식각, 용해 및 분해 등으로
입자 하부를 언더컷

실리카

기본환경하에서 입자와
웨이퍼 표면 사이에
작용하는 전하반발력

CuOₓ

세정용 약품과 접촉하여 금속
구멍이나 덴드라이트 등으로부터
구리표면을 부동화 및
보호해주는 착화물층을 형성

Cu

그림 17.20 기본적인 화학적 환경하에서 구리소재에 대한 화학-기계적 평탄화 가공 이후에 수행되는 세정 과정에서 이물질이나 연마잔류물들이 제거되는 메커니즘

용액)은 실리콘과 산화물 표면에서 유기오염물질들을 제거하도록 설계되었다. 이 조성에서 H_2O_2 는 산화물의 형성을 촉진시키는 반면에 NH_4OH는 산화물들을 서서히 식각한다. 그 결과, SC-1 용액은 실리콘 표면에 존재하는 자연산화물층을 매우 느리게 용해시키며, 대략적으로 이와 동일한 속도의 산화를 통해서 실리콘 표면에 새로운 산화물을 생성한다. 이런 산화물 재생성 과정을 통해서 그림 17.21에 도시되어 있는 언더컷-들어 올림 메커니즘이 구현되며, 이는 입자와 화학적 불순물들의 제거에 핵심적인 요인이다. 반면에 산성인 SC-2 세정액(73% HCl, 30% H_2O_2 그리고 탈이온수를 각각 1:1:5로 섞은 용액)은 웨이퍼 표면의 금속 오염물질들을 제거하도록 설계되었다. 대부분의 금속 물질들은 금속 산화물을 형성하며, 이들은 HCl과 H_2O_2 용액에 용해된다.

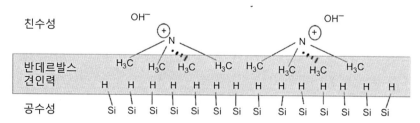

친수성

반데르발스
견인력

공수성

그림 17.21 세정용 계면활성제로 사용되는 수산화테트라메틸암모늄(TMAH)의 양이온이 반데르발스 결합력에 의해서 공수성인 실리콘 표면에 흡착되면, 양으로 하전된 질소가 수산기들을 견인하여 표면이 친수성으로 바뀐다.

특히 금속 산화물들과 같은 이물질이나 연마잔류물들의 제거를 지원하기 위해서 세정용 약액에 킬레이트제를 첨가하는 경우가 많다. 화학-기계적 평탄화 가공 후의 세정에서 이런 목적으로는 분자량 대비 표면전하가 높은 시트르산이나 옥살산이 일반적으로 사용된다. 일반적으로 작은 입자들을 기계적으로 제거하는 데에는 약한 마찰력이 필요하다. 그런데 산업계에서 현재 사용하고 있는 나노 스케일 연마제의 경우에는 반데르발스 견인력이 입자들 사이에 지배적인 작용력이며, 일반적인 화학－기계적 연마가공의 작동조건하에서 가해지는 마찰력에 비해서 더 강력하다.[30] 그러므로 표면장력을 줄이고 입자의 재증착을 방지하여 나노입자 제거효율을 높이기 위해서 계면활성제를 첨가하는 화학지원 제거기법이 자주 사용된다.[31,32] 이런 세정목적에는 수산화테트라메틸암모늄(TMAH)이 계면활성제가 자주 사용된다. 이 수산화테트라메틸암모늄에는 공수성 영역(메틸그룹)과 친수성 영역(양으로 하전된 질소)으로 나누어져 있기 때문에 계면활성제처럼 거동한다. 이 테트라메틸암모늄의 양이온들이 반데르발스 힘으로 인하여 공수성인 Si-H 표면에 흡착된다.[33,34] 그림 17.21에 도시되어 있는 것처럼, 폴리실리콘 소재에 대한 화학－기계적 평탄화 가공 후에 수산화테트라메틸암모늄이 첨가된 용액을 사용하여 세정하면 표면 상태는 친수성으로 변하게 된다. 이런 표면상태의 변화는 이물질과 연마잔류물들의 재증착을 방지해주며, 세정액에 의한 입자제거를 촉진시켜준다. 또한 이 첨가제는 실리콘 단분자, 폴리실리콘 그리고 저유전체 SiCOH와 같은 공수성 표면의 적심특성을 향상시켜주어 습식환경하에서의 세척을 도와준다.

하지만 최근 들어서는 수산화테트라메틸 암모늄의 위생과 안전문제가 반도체업계에서 심각한 문제로 대두되고 있다. 수산화테트라메틸암모늄이 피부와 접촉하면 신경과 근육계에 심각한 손상이 발생한다고 보고되었다.[35,36] 그러므로 이 소재의 사용은 금지되어야 하며, 더 순한 세정약품이 사용되어야 한다.

17.2.1.2 제타전위와 이물질 및 연마잔류물의 제거

화학－기계적 평탄화 가공 후 세정공정에서 이물질과 연마 잔류물들을 제거하고, 이들이 웨이퍼 표면에 재증착되는 것을 방지하기 위해서는 강력한 반발 제타전위를 유지해야만 한다. 그림 17.22에서는 구리소재에 대한 화학－기계적 평탄화 가공을 수행하는 동안 일반적으로 사용되는 다양한 소재들의 pH값에 따른 제타전위가 도시되어 있다. pH＝3~6의 범위에서는 모든 소재들이 음에서 양 사이의 약한 제타전위를 나타낸다. 이로 인하여 이 영역에서는 pH값이 약간만 변하여도 폴리우레탄 패드와 PVC 브러시상에 실리카와 CuO_x 입자들이 응집되어버린다. 반면에 pH＞10인 경우에는 모든 소재들이 음의 제타전위를 가지고 있기 때문에 전하반발력에 의해서 입자가 제거되기에 더 쉬운 환경이 만들어진다.

세리아 기반의 슬러리들이 일반적으로 사용되는 얇은 도랑 소자격리(STI)와 폴리실리콘에 대한 화학－기계적 평탄화 가공의 경우, 잔류 세리아 연마제와 폴리실리콘 거스러미들의 세정은 제타전위의 측면에서 매우 어려운 상황이다. 그림 17.23에 도시되어 있는 것처럼, 폴리실리콘은

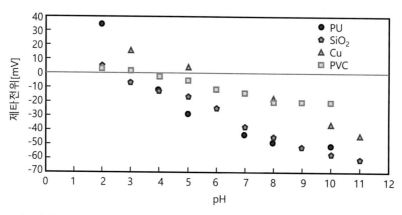

그림 17.22 구리소재에 대한 화학-기계적 평탄화 가공 시에 일반적으로 사용되는 소재들의 pH값에 따른 제타전위[6,37]

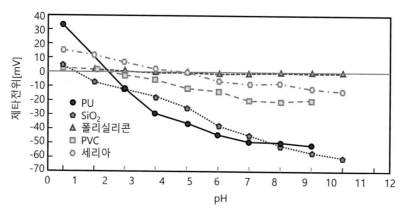

그림 17.23 얕은 도랑소자격리(STI)구조와 폴리실리콘에 대한 화학-기계적 평탄화 가공 시에 일반적으로 사용되는 소재들의 pH값에 따른 제타전위[38,39]

넓은 pH값 범위에 대해서 제타전위가 거의 0이므로 이물질과 연마잔류물 제거를 위한 전하반발력을 생성시키기가 어렵다. 그 결과 제타전위가 비교적 약한 PVC 브러시에 이들이 누적되어버린다. 또한 폴리실리콘은 공수성을 가지고 있으므로, 잔류물들을 수용액에 용해시키기도 어렵다. 폴리실리콘 연마잔류물들을 씻어내는 일반적인 방법은 웨이퍼 표면을 친수성 실리콘 산화물로 화학산화시키는 세정액을 사용하는 것으로서, pH값이 높은 영역에서 언더컷과 전하반발 메커니즘을 사용하여 훨씬 더 쉽게 이들을 제거할 수 있다. 앞 절에서 설명했듯이 이물질과 연마잔류물들의 용해를 돕기 위해서 계면활성제와 킬레이트제들이 자주 사용된다.

세리아 연마제들도 중성의 pH값 주변에서는 매우 약한 제타전위를 가지고 있으므로, 실리카 연마제들에 비해서 이들을 씻어내기가 매우 어렵다. 게다가 세리아는 pH값이 높은 범위에서 실리콘 산화물과 반응하여 강력한 음의 제타전위를 초래하는 것으로 알려져 있다.[38] 실리콘 산화물 표면에서 일어나는 이런 자기활성 반응은 높은 pH값 범위에서 잔류 세리아 연마입자들을 씻어내기 어렵게 만든다.

17.2.1.3 이물질과 연마잔류물의 제거를 위한 세정 순서와 공정설계

이물질과 연마잔류물들을 모두 제거하기 위해서는 세정용 화학약액만을 사용하는 것으로는 충분치 못하다. 세정효율을 극대화시키기 위해서는 공정설계와 튜닝에 세심한 노력이 필요하다. 전형적인 화학−기계적 평탄화 공정의 순서와 결함 저감을 위해서는 최적화가 필요한 주요 공정 및 장비인자들이 그림 17.24에 도시되어 있다.

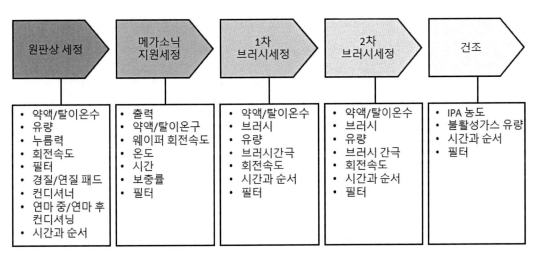

그림 17.24 전형적인 화학−기계적 평탄화 가공공정에서 사용되는 결함 저감을 위해서 사용되는 세정 순서와 주요 공정인자들

화학−기계적 평탄화 가공이 끝나고 나면, 웨이퍼 표면의 결함숫자는 최대가 된다. 따라서 차단층 연마를 수행하는 동안, 또는 웨이퍼가 여전히 회전원판 위에 놓여 있는 동안 이 결함의 숫자를 줄이기 위하여 엄청난 노력이 필요하다. 실제의 경우 잔류물과 긁힘 결함을 저감하기 위해서 연마 중 또는 연마 후 연질 연마패드를 컨디셔닝(드레싱)하는 방법이 일반적으로 사용된다. 화학−기계적 평탄화 가공이 끝난 이후에 원판상 세정 또는 버프세정공정이 연마 후 웨이퍼 세정을 통한 일차적인 방어수단으로서 자주 사용된다.[40] 웨이퍼가 패드에 얹혀 있는 상태에서 원판 표면에 가압된 탈이온수(DIW)나 세정용 약액을 분사한다. 다시 말해서, 패드 위에 쌓여 있는 이물질이나 연마 잔류물들을 제거하여 간접적으로 웨이퍼 표면을 세정한다. 그런데 버프세정단계의 조절능력에 대해서는 주의가 필요하다. 버프세정을 시행하는 동안 원판 위에 남아 있는

잔류 연마제들이 여전히 소재제거작용을 일으킬 수 있다. 또한 구리소재에 대한 화학－기계적 평탄화 가공의 경우, 버프세정을 수행하는 동안 산성용액과 같은 화학약품을 사용하면 구리소재가 식각되어 구리배선의 저항값이 드리프트를 일으킨다.

웨이퍼 표면에서 이물질이나 연마 잔류물들을 떼어내기 위해서 메가소닉이나 다른 형태의 음향 에너지를 보조로 사용하는 방법이 일반적으로 사용되고 있다. 그런데 이물질이나 연마잔류물들을 문질러 떼어내는 기계적인 접촉이 없다면, 이물질이나 연마잔류물들이 웨이퍼 표면에 재증착되는 문제가 발생할 우려가 있다. 이런 관점에서 탱크에 채워져 있는 탈이온수나 세정용 약액의 청정도를 관리하는 것이 메가소닉 세정의 효용성 측면에서 매우 중요하다. 최근 들어서, 메가소닉에 의해서 생성된 캐비테이션 기포에 의한 웨이퍼 손상이 보고되었으며, 폴리실리콘의 무결성 측면에서는 심각한 위협이다.[41,42] 메가소닉 에너지에 의한 구리 표면의 거칠기 증가도 보고되었다.[25]

현재 사용되는 대부분의 300[mm] 웨이퍼용 화학－기계적 평탄화 연마기들은 최소한 두 개의 연마 후 세정스테이션을 갖추고 있다. 여기에는 회전브러시가 장착되어, 세정용 약액이 공급되는 상태에서 회전하는 웨이퍼를 문지르면서 이물질이나 연마잔류물들을 제거한다. 회전 토크의 안정적 유지, 진동의 최소화 그리고 브러시/웨이퍼 회전속도와 접촉조건의 최적화 등이 세정효율을 극대화시키는 핵심 인자들이다.[28]

이소프로필알코올(IPA) 증기의 표면장력구배를 이용한 건조(마랑고니 건조)가 세정의 마지막 단계이다. 이 단계에서는 잔류수분이 제거되지 않고 건조되어 물얼룩이 생기지 않도록 하드웨어와 공정이 설계된다. 다시 말해서, 이 마지막 단계에서 물속에 남아 있던 이물질이나 연마 잔류물들이 효과적으로 제거되지 않을 수도 있다. 이상적으로는 웨이퍼가 건조 스테이션으로 진입되기 전에 시행되는 그림 17.24에 도시되어 있는 각각의 세정단계들을 통해서 이물질과 연마 잔류물들이 균일하게 제거되어 웨이퍼의 좌측과 우측에 남아 있는 결함들의 숫자가 동일해야만 한다. 세정공정 설계의 불평형으로 인하여 특정한 스테이션에 과부하가 걸리면 마지막 단계에도 다량의 이물질들과 연마잔류물들이 남아 있게 된다.

화학－기계적 평탄화 가공 후의 세정공정에 대한 결함저감을 위한 하이브리드 세정기법의 설계사례가 그림 17.25에 도시되어 있다. 이 방법에서는 산성 용액을 사용하여 금속 산화물 형태의 이물질이나 연마잔류물들을 용해시킨 다음에 롤러 브러시로 문질러 없애며, 메가소닉을 끈 상태에서 알칼리성 세정약품을 메가소닉 탱크에 주입하여 남아 있는 이물질과 연마 잔류물들을 씻어내고 구리 표면을 부동화시킨다. 다시 말해서, 메가소닉 세정스테이션을 알칼리성 약액이 첨가된 헹굼용 탱크로만 사용한다. 금속 산화물을 용해시켜 문지르기 위해서 산성 세정액을 사용하는 것이 이물질과 연마잔류물들을 제거하고 원형링 결함을 제거하는 핵심 인자이다. 알칼리성 약액을 사용한 헹굼을 통해서 표면결함을 더 저감하고 구리 표면을 부동화시켜서 금속구멍과 덴드라이트 결함의 형성을 방지한다.

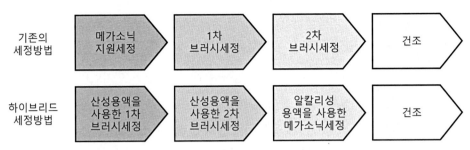

그림 17.25 전반적인 결함저감을 위한 하이브리드 세정공정

17.2.2 긁힘의 완화와 방지

이물질이나 연마잔류물과는 달리 긁힘은 웨이퍼 표면에 남아 있는 영구결함이다. 다시 말해서, 웨이퍼 표면에서 이들을 씻어낼 수는 없다. 그 대신에 이들의 발생을 완화하거나 방지해야 한다.

화학－기계적 평탄화 가공과정에서 긁힘이 발생하는 메커니즘에 대한 이해는 이물질이나 연마잔류물에 비해서 많이 부족하다. 이로 인해서 화학－기계적 평탄화 가공에서 유발되는 긁힘을 최소화하는 체계적이고 효과적인 방법이 결여되어 있다. 기본적으로는 연질소재라고 간주하는 폴리우레탄 패드를 포함하여 연마와 세정과정에서 웨이퍼와 접촉하는 모든 것들이 어떤 형태로든 긁힘을 유발한다.[17,18]

일반적으로는 연질소재들이 긁힘이나 기계적 손상을 완화시켜줄 것이라고 기대한다. 연질 모재에 대한 경질표면의 미끄럼과 마모운동은 긁힘을 생성한다. 그러므로 연질 패드와 약한 누름력이 긁힘을 어느 정도 줄여준다는 것이 밝혀졌다.[43] 압축성이 높은 연질의 패드를 사용할 때에 적용되는 일반적인 이론은 경도가 낮은 레진과/또는 다공성이 높은 패드 소재를 사용하는 경우에 국한하여 적용된다. 그런데 낮은 누름력과 저압축성 패드를 사용한다면 제거율이 저하되어버린다.

슬러리 내의 연마입자들은 화학－기계적 평탄화 가공을 수행하는 동안 소재제거에 필요한 기계적 마멸을 유발한다. 이들은 또한 긁힘 생성의 원인으로 작용한다. 일반적으로 연마입자들의 외형과 크기 분포를 세밀하게 관리하면 긁힘 완화에 도움이 된다. 또한 앞서 설명했듯이, 결함저감 활동에는 슬러리 공급루프 내에서 응집이 일어나지 않도록 방지하는 모든 수단들(pH 쇼크 방지, 높은 전단유동, 희석중 교반 등)이 포함되어야 한다.

결함저감을 위한 연마입자 개질방안에 대하여 다양한 연구들이 수행되었다. 미세 슬러리의 개발을 위해서 연마입자 혼합과 다양한 분산방법들이 사용되었다.[44,45] 연질 폴리머가 코팅된 연마 입자를 사용한 슬러리 제조방법이 제안되었다.[46] 폴리머 코어에 실리카 껍질을 입힌 복합소재 연마입자도 발표되었다.[47] 그런데 이런 개질이나 복합재 연마입자를 사용하는 슬러리들은 아직 실험실 수준에 머물러 있으며, 입도관리가 어렵고 잔류 연마입자들을 세척하기가 어렵기 때문에 아직 산업계에서 널리 채용되지 못하고 있는 실정이다.

패드-웨이퍼 계면은 연마율뿐만 아니라 결함생성에서도 중요한 인자이다. 최근의 연구에 따르면, 접촉영역이 윤활영역보다 긁힘 발생이 높다. 패드에 그루브만 있는 경우에 접촉영역이 존재하며,[48] 패드에 기공이 있는 경우에 윤활영역이 존재한다.[49] 패드상에 긁힘 요인이 작은 윤활영역이 존재하는 경우에 최적의 조건이 만들어진다.[50] 또한 그루브는 웨이퍼-패드 접촉부에서 멀리 떨어진 위치에 생성된 긁힘 원인(이물질, 연마잔류물 그리고 패드 거스러미)들의 배출에 도움을 준다.[51] 그림 17.26에는 이런 패드 표면 특성들이 도시되어 있다. 기공(골)들에 의해서 표면 특성이 지배되는 패드의 표면 높이 밀도함수는 그림 17.26 (a)에 도시되어 있는 것처럼 좌측(-)으로 편향되어 있다. 반면에 돌기나 거스러미들에 지배되는 패드 표면은 그림 17.26 (b)에서와 같이 밀도함수가 우측(+)으로 편향되어 있다. 이상적으로는 사용 중인 패드의 기공과 거스러미가 평형을 맞추고 있어서 표면높이 분포함수가 중앙에 위치해야 한다. 이론상 이런 패드를 사용하면 긁힘 발생이 저감된다. 기공들을 통한 슬러리 공급의 단절과 거스러미 분포의 불균일은 그림 17.12에 도시된 것처럼 잔류 연마입자들에 의한 원호형상의 긁힘을 초래할 수 있다.

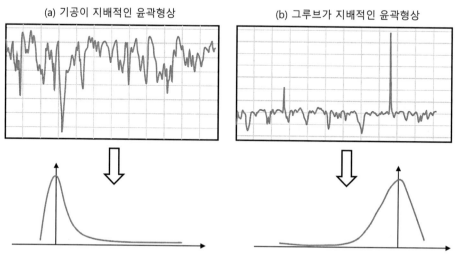

그림 17.26 (a) 기공과 (b) 그루브에 의해서 지배되는 패드 표면에 대한 표면스캔 데이터

이런 발견에 기초하여, 슬러리가 웨이퍼 표면으로 전달되고 화학－기계적 연마가공 잔류물들이 제거되도록 패드 표면의 기공과 그루브 사이에 최적의 균형을 맞추는 것이 긁힘을 줄이는 핵심 인자라는 것을 알게 되었다. 패드 표면에 대한 드레싱이나 컨디셔닝이 불충분하면 패드 표면에 잔류물들이 침투하게 되어 제거율이 감소하며 긁힘이 발생한다. 반면에 패드를 과도하게 컨디셔닝하면 패드의 수명이 감소하며 장비 유지비용이 증가한다. 표면검사와 그루브 깊이측정을 통해서 제거율 안정성과 긁힘 저감의 측면에서 패드의 사용가능성을 검사할 수 있다. 그림 17.27에 도시되어 있는 패드 표면에 대한 주사전자현미경 영상을 통해서 기공과 그루브들을 확인할 수 있다.

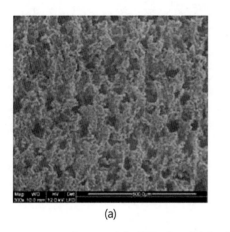 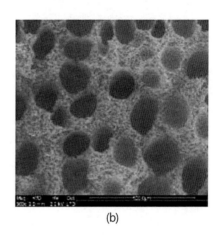

(a)   (b)

그림 17.27 (a) 신품 패드와 (b) 이미 사용한 패드의 주사전자현미경 영상

패드 표면의 고유구조는 컨디셔너의·특성에 의해서 결정된다. 공정인자들을 사용하여 패드 절단율을 변화시킬 수 있지만, 고유구조는 변하지 않는다. 그러므로 컨디셔너의 설계는 패드 표면에 존재하는 기공과 그루브들을 결정하는 중심인자이며, 이로 인하여 연마율과 결함발생률이 결정된다. 현재 산업계에서는 다이아몬드 매트릭스 속에 다이아몬드 입자들이 매립되어 있는 컨디셔너가 가장 일반적으로 사용되고 있다. 디스크 매트릭스 내에 매립되어 있는 다이아몬드 입자들의 크기, 배치, 그리고 표면형태 등은 모두 화학－기계적 평탄화 가공의 제거율과 균일성에 영향을 끼친다.[52,53] 하지만 슬러리의 이온강도와 연마제의 성질이 일정하다면, 컨디셔너 자체의 화학적 가공성과 마멸성 가공성은 여러 시간을 사용하여도 충분하다. 다이아몬드 마멸에 의한 거스러미들은 그림 17.9 (d)에 도시되어 있는 것처럼 심각한 긁힘을 유발할 수 있다.

최근 들어서, 다이아몬드 입자들이 떨어져 나오지 않도록 결합성이 향상된 새로운 설계의 패드 컨디셔너들이 출시되었다. 금속 매트릭스 속에 다이아몬드 팁들을 매립하는 대신에 컨디셔너의 표면에 다이아몬드 팁들을 직접 코팅하였기 때문에 컨디셔닝을 시행하는 동안 금속이 패드 표면과 직접 접촉하지 않는다. 또한 거스러미 높이와 다이아몬드 팁들의 크기와 형상을 정밀하게 조절하여 패드 마모율을 안정적으로 유지시키고 사용수명도 크게 증가시켰다.[54,55] 그림 17.28에는 이런 새로운 형태의 컨디셔너가 도시되어 있다. 구리소재에 대한 화학-기계적 평탄화 가공에 사용되는 연질 패드에 이런 컨디셔너를 사용한 결과, 그림 17.29에 도시되어 있는 것처럼 긁힘을 크게 줄일 수 있었다.[56]

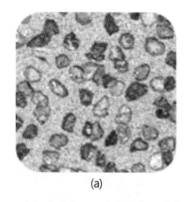
(a)

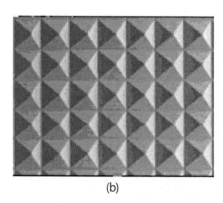
(b)

그림 17.28 (a) 다이아몬드 입자들이 표면에 매립되어 있는 전형적인 패드 컨디셔너, (b) 미세반복구조들이 성형되어 있는 패드 컨디셔너의 사례

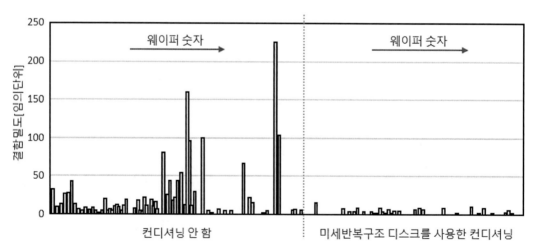

그림 17.29 구리소재에 대한 화학-기계적 평탄화 가공에서 미세반복구조들이 성형되어 있는 컨디셔너를 사용하여 연질 패드를 컨디셔닝한 경우의 긁힘 저감성능[56]

17.2.3 부식과 관계된 결함들의 통제

역사적으로 산화물이나 미량금속 오염물질들의 제거를 위해서 산성 약품들이 광범위하게 사용되었다. 그런데 현재의 진보된 기술노드에서 구리소재에 대한 화학－기계적 평탄화 가공 후에 사용되는 대부분의 세정용 화학약품들은 중성이나 높은 pH값을 가지고 있다. 구리소재에 대한 화학－기계적 평탄화 가공 이후의 세정에 사용되는 약품들의 pH값은 구리 부동화와 그에 따른 금속구멍 및 덴드라이트 생성에 엄청난 영향을 끼친다. pH>7.5인 용액 속에서 구리는 구리산화물을 형성하는 경향을 가지고 있다. 역으로 산성 환경하에서 구리는 부식되기 쉽다. 금속구멍이나 덴드라이트의 생성을 줄이기 위한 표준 조성으로 벤조트리아졸(BTA) 같은 부식억제제들이 슬러리와 세정용 약품에 첨가된다. 그런데 추가적인 이물질이나 연마잔류물들이 들러붙는 것을 방지하려면 여타의 킬레이트제들처럼, 세정용 약품이 구리 표면에 화학 흡착된 벤조트리아졸 박막층을 용해시켜서 제거할 필요가 있다. 이런 관점에서 높은 pH 환경이 약산성인 벤조트리아졸을 중성화시키고 구리산화물의 하부를 약하게 식각하여 표면 박막의 제거를 용이하게 만들어주기 때문에, 알칼리성 pH가 더 바람직한 선택이다.

슬러리와 세정용 약액 최적화의 경우, 구리와 코발트 또는 여타의 차단금속들 사이의 전해부식 전위를 측정하기 위해서 개회로전압(OCP)과 심지어는 AC 임피던스 측정이 널리 사용되었다. 그림 17.30에 도시되어 있는 것처럼, 서로 접촉하고 있는 두 금속(예를 들어 코발트와 구리) 사이의 개회로 전압이 전해부식을 일으키는 구동력이다. 높은 pH 범위에서 코발트는 불용성 수소화물의 형성을 통해서 부동화되는 것으로 밝혀졌다.[57] 그래서 여기서도 알칼리성 세정액이 코발트 차단층을 갖추고 있는 구리배선의 부식과 함몰생성을 방지하기 위한 효과적인 선택이다. 그림 17.31에 도시되어 있는 것처럼, 코발트와 구리 사이의 개회로전압 차이를 최소화시켜주는 알칼리성 세정 약품이 전해부식과 함몰생성을 저감시켜주는 안정된 환경을 만들어준다.

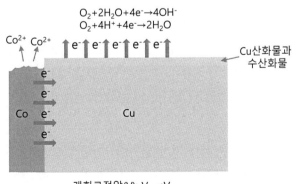

그림 17.30 개회로전압의 차이가 코발트와 구리 사이의 전해부식을 초래한다.

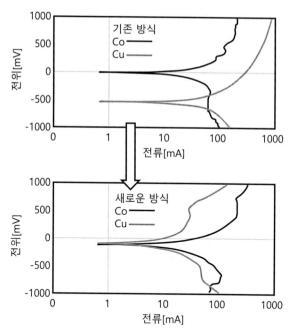

그림 17.31 전해부식 작용력을 저감하기 위한 구리와 코발트 사이의 개회로전압 변화

이물질과 연마잔류물이나 긁힘과는 달리 금속구멍, 덴드라이트 및 부식과 관련된 결함들의 독특한 특징은 시간의존성이다. 웨이퍼가 대기 중에 머무는 시간이 오래될수록, 부식결함이 증가하는 경향이 있다. 이런 결함의 대기시간효과는 차단금속이 증착된 직후부터 시작되며 구리소재에 대한 화학－기계적 평탄화 가공 이 끝난 이후에 덮개층이 증착될 때까지 멈추지 않는다. 금속구멍 형태의 결함은 폴림처리와 화학－기계적 연마가공 사이의 대기시간뿐만 아니라 기계－화학적 평탄화 가공과 덮개층 증착 사이의 대기시간 증가에 의해서도 증가하는 것으로 밝혀졌다.[22] 이런 발견들을 통해서 금속구멍 형태의 결함들을 초래할 수 있는 부식성 공격들이 시간 의존적 성질을 가지고 있음이 밝혀졌다.

이전 공정들에서 유래한 잔류화학물질들이나 수분에 의하여 방출된 기체들이 금속과 점진적으로 반응하여 부식을 유발할 수 있다. 금속구멍과 덴드라이트의 시간 의존적 성질들은 부식성 공격과 구리 산화물의 증식이 확산에 의해서 조절된다는 것을 시사하고 있다. 그 결과, 미세피치의 구리배선에서 높은 전해부식전위가 형성되며 확산거리가 짧을수록 부식이 촉진되어 금속구멍과 덴드라이트가 성장하게 된다.

마찬가지로, 앞서의 연구들이 시사하는 것처럼, 화학－기계적 평탄화 가공 이후에 구리 산화물 덴드라이트 성장도 대기시간 효과를 가지고 있다.[19,20,22] 한 연구에 따르면 도금과 폴림열처리 사이의 시간을 특정시간 이상으로 지연시키면 화학－기계적 평탄화 가공 이후에 최대 144시간 이상의 대기시간 동안 덴드라이트 생성을 막을 수 있다.[22] 덴드라이트 생성의 도금－폴림열처리 지연시간에 대한 의존성은, 이 지연시간 동안 일어나는 구리의 상온 자기열처리에 의해서 구리의 미세구조가 변화하면서 표면 부동화가 강화되고 구리산화물의 생성이 감소한다는 것을 의미한다. 금속구멍과 덴드라이트 결함 생성의 대기시간 및 지연시간에 대한 심한 의존성은 도금, 폴림열처리 및 화학－기계적 평탄화 가공 후 세정공정 사이의 강력한 상호연관작용에 의해서 결함이 생성된다는 것을 시사하고 있다.

부식과 관련된 결함들뿐만 아니라 환경에 의해서 유발되는 오염을 저감하기 위해서, 적절한 세정용 약품의 선정과 여타 세정공정들의 최적화 이외에도, 웨이퍼를 산소와 습기로부터 차단하기 위한 환경통제 또는 미니 환경통제 수단들이 적용되었다.[58,59] 예를 들어, 그림 17.32에서는 질소가 퍼지되는 전면개방통합포드(FOUP, 일명 풉)를 사용한 습도조절을 통해서 성공적으로 금속구멍과 구리 덴드라이트뿐만 아니라 휘발성 유기화합물들과 화학적 부산물들의 발생을 저감할 수 있다는 것을 보여주고 있다. 전반적인 결함을 완화시키기 위해서 대기시간 통제를 적용할 수도 있다. 부식을 저감하기 위한 여타의 수단들에는 구리 폴림열처리 공정의 최적화와 더불어서, 잔류 화학물질과 수분을 철저히 제거하기 위하여 화학－기계적 평탄화 가공 이후에 폴림열처리 공정을 추가하는 방안도 포함된다.

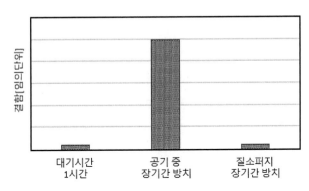

그림 17.32 300[mm] 웨이퍼 풉(FOUP)에 질소퍼지가 결함저감에 끼치는 영향[59]

17.2.4 화학 - 기계적 평탄화 가공용 화학약품들에 의한 유전율 상수 증가문제

다공질인 SiCOH 저유전체가 슬러리와 세정용 약품들과 접촉하면 수분과 더불어서 그 속에 함유되어 있는 (유기물 등의)여타 성분들을 흡수하여서 유전율 상수가 증가(k-값 시프트)될 수 있다. 넓은 의미에서, 이런 k-값의 시프트 현상도 화학－기계적 평탄화 가공과정에서 발생하는 결함이라고 간주할 수 있다. 유전율 상수의 증가는 시간의존성절연파괴(TDDB)와 같은 신뢰성 파손 결함에서는 제외될 수 있다. k-값 시프트를 측정하기 위해서는 전하나 정전용량 측정방법이 일반적으로 사용된다. 하지만 궁극적으로는 오랜 시간이 소요되는 신뢰성 시험이 필요하다. 유전율 상수 증가의 원인은 슬러리와 화학약품들 속에 미량이 함유되어 있는 Na^-와 K^+ 같은 이동성 이온들에 의한 것일 수 있다. 더욱이 분자량이 작은 계면활성제와 킬레이트제를 첨가하는 경향 때문에 필연적으로 이런 분자들이 SiCOH 저유전체의 기공 속으로 침투하여 유전율 상수를 증가시켜버린다.

일부의 경우, 덮개층 증착과 추가적인 풀림열처리 등의 후속공정을 통해서 k-값 시프트를 복원시킬 수 있다. 그런데 이런 치료를 위해서는 공정이 추가되어야 하며 열부하를 증가시킨다. 화학-기계적 평탄화 가공의 관점에서는, k-값 시프트의 최소화가 새로운 슬러리와 세정용 약품들을 평가하는 기준으로 사용된다.[60]

17.3 결 론

화학-기계적 평탄화 가공과정에서 발생하는 결함들이 로직 디바이스와 차세대 기술노드의 수율을 감소시키는 주요 원인이다. 연마잔류물, 이물질, 긁힘, 금속구멍 및 덴드라이트 등과 같이 화학-기계적 평탄화 가공에 의해서 유발되는 결함들은 현재의 배선레벨에서의 수율손실과 신뢰성 문제를 야기할 뿐만 아니라 상부층으로 전파되며 후속 공정단계들과 간섭을 일으켜서 상위레벨에서 다른 형태의 결함을 초래한다.

일반적으로 슬러리, 패드, 컨디셔너 그리고 세정용 화학약품들과 같은 소모품들을 세심하게 선정, 평가 및 분석하는 것이 화학-기계적 평탄화 가공과정에서 발생하는 결함을 줄이는 첫 번째 단계이다. 세정효율을 극대화하기 위해서는 장비 작동인자들에 대한 미세한 조절과 공정순서 설계를 통한 광범위한 최적화 노력이 필요하다. 부식이나 환경에 의해서 유발되는 결함을 저감하기 위해서는 대기시간과 환경통제 같은 방지대책이 필요하다. 화학-기계적 평탄화 가공에 의해서 유발되는 결함의 완화와 방지를 위해서는 이전 공전에 대한 지식과 통합적인 대책 마련이 필수적이다.

감사의 글

저자는 IBM社 반도체 연구개발부에 오랜 기간 동안 근무하면서 이 연구의 완성을 지원, 기여 및 촉진시켜주신 수많은 전, 현직 동료들에게 깊은 감사를 드린다. 특히 이 장의 핵심 내용들을 구성하는 IBM社 반도체 연구개발부의 연구과제들을 수행해주신 Vamsi Devarapalli, Adam Ticknor, Sana Rafie, Elliott Rill, Timothy McCormack, James Hagan, Rajasekhar Venigalla, Colin Goyette, Laertis Economikos, Ricky Hull, Donald Canaperi, James MacDougal, Tien Cheng, Shafaat Ahmed, Dimitri Kioussis, Steve Molis, Mark Chace, Leo Tai, Richard Murphy 그리고 Nancy Klymko에게 각별한 감사를 드린다. 또한 행정지원을 해주신 Connie Truong, Jennifer Muncy 그리고 Stephan Grunow에게도 감사를 드리는 바이다.

참고문헌

1. B.T. Murphy, Cost-size optima of monolithic integrated circuits, Proc. IEEE 52 (1964) 1537e1545.
2. C.H. Stapper, Modeling of integrated circuit defect sensitivities, IBM J. Res. Dev. 27 (1983) 549e557.
3. A.V. Ferris-Prabhu, Role of defect size distribution in yield modeling, IEEE Trans. Electron Dev. 32 (1985) 1727e1736.
4. C. Neil Burglund, A unified model incorporating both defects and parametric effects, IEEE Trans. Semicond. Manuf. 9 (1996) 447e454.
5. C. Hess, Extraction of wafer-level defect density distributions to improve yield prediction, IEEE Trans. Semicond. Manuf. 12 (1999) 175e183.
6. W.-T. Tseng, E. Rill, B. Backes, M. Chace, Y. Yao, P. DeHaven, A. Ticknor, V. Devarapalli, M. Khojasteh, D. Steber, L. Economikos, C. Truong, C. Majors, Post Cu CMP cleaning of polyurethane pad debris, ECS J. Solid State Technol. 3 (1) (2014) N3023eN3031.
7. W.-T. Tseng, V. Devarapalli, J. Steffes, A. Ticknor, M. Khojasteh, P. Poloju, C. Goyette, D. Steber, L. Tai, S. Molis, M. Zaitz, E. Rill, M. Kennett, L. Economikos, N. Lustig, C. Bunke, C. Truong, M. Chudzik, S. Grunow, Post copper CMP hybrid clean process for advanced BEOL technology, IEEE Trans. Semicond. Manuf. 26 (4) (2013) 493e499.
8. Y. Yamada, N. Konishi, J. Noguchi, T. Jimbo, Influence of CMP slurries and post-CMP cleaning solutions on Cu interconnects and TDDB reliability, J. Electrochem. Soc. 155 (7) (2008) H485eH490.
9. S.M. Jung, J.S. Uom, W.S. Cho, Y.J. Bae, Y.K. Chung, K.S. Yu, K.Y. Kim, A study of formation and failure mechanism of CMP scratch induced defects on ILD in a W-damascene interconnect SRAM cell, in: Proc. Int. Reliab. Phys. Symp. 39th Annual 2001 IEEE International, IEEE, 2001, pp. 42e47.
10. H.J. Kim, J.C. Yang, B.U. Yoon, H.D. Lee, T. Kim, Nanoscale stick-slip friction model for the chatter scratch generated by chemical mechanical polishing process, J. Nanosci. Nanotech. 12 (7) (2012) 5683e5686.
11. W.-T. Tseng, J.-H. Chin, L.-C. Kang, A comparative study on the roles of velocity in the material removal rate during chemical mechanical, J. Electrochem. Soc. 146 (5) (1999) 1952e1959.
12. C. Yi, C-F. Tsai, J-F. Wang, Stabilization of slurry used in chemical mechanical polishing of semiconductor wafers by adjustment of pH of deionized water, U.S. Patent 6 130 163 (October 2000).
13. F.-C. Chang, S. Tanawade, R.K. Singh, Effects of stress-induced particle agglomeration on defectivity during CMP of low-k dielectrics, J. Electrochem. Soc. 156 (1) (2009) H39eH42.
14. H. Soondrum, Brush scrubbing scratches reduction methods in post CMP cleaning, in: Abst. ECS 222nd Meeting, Symp. E3 Chemical Mechanical Polishing, vol. MA2012e02, October 2012, p. #2487.
15. L.M. Cook,Chemical processes in glass polishing, J.Noncryst. Solids 120 (1990) 152e171.
16. C.-W. Liu, B.-T. Dai, W.-T. Tseng, C.-F. Yeh, Modeling of the wear mechanism during chemical-mechanical polishing, J. Electrochem. Soc. 143 (2) (1996) 716e721.
17. Y.N. Prasad, T.Y. Kwon, I.K. Kim, I.G. Kim, J.G. Park, Generation of pad debris during oxide CMP

process and its role in scratch formation, J. Electrochem. Soc. 158 (4) (2011) H394eH400.

18. S. Kim, N. Saka, J.-H. Chun, Pad scratching in chemical-mechanical polishing: the effects of mechanical and tribological properties, ECS J. Solid Sate Sci. Technol. 3 (5) (2014) 169e178.

19. J. Noguchi, N. Konishi, Y. Yamada, Influence of post-CMP cleaning on Cu interconnects and TDDB reliability, IEEE Trans. Electron Dev. 52-5 (2005) 934e941.

20. J. Flake, S. Usmani, J. Groschopf, K. Cooper, S.P. Sun, S. Thrasher, C. Goldberg, O. Anilturk, J. Farkas, Post CMP passivation of copper interconnects, in: Electrochemical Society Meeting Abstract 2002-2; 443, 202nd, Electrochemical Society Meeting, 2002.

21. C. Gabrielli, E. Ostermann, H. Perrot, Post copper CMP cleaning galvanic phenomenon investigated by EIS, in: Electrochemical Society Meeting Abstract, 2004-2; #804, 204th, Electrochemical Society Meeting, 2003.

22. W.-T. Tseng, D. Canaperi, A. Ticknor, V. Devarapalli, L. Tai, L. Economikos, J. MacDougal, C. Bunke, M. Angyal, J. Muncy, X. Chen, Post Cu CMP cleaning process evaluation for 32 nm and 22 nm technology nodes, in: Proc. IEEE/SEMI Adv. Semiconductor Manuf. Conf., May 2012, pp. 57e62.

23. N. Heylen, Y. Li, K. Kellens, Y. Travaly, G. Vereecke, H. Volders, Z. Tokei, J. Versluijs, J. Rip, E. Van Besien, L. Carbonell, G.P. Beyer, Post-direct-CMP dielectric surface copper contamination: quantitative analysis and impact on dielectric breakdown behavior, in: Proc. Adv. Metall. Conf., 2008, pp. 415e421.

24. G.S. Haase, A model for electric degradation of interconnect low-k dielectrics, J. Appl. Phys. 105 (4) (2009) 044908.

25. D. Canaperi, S. Papa Rao, T. Hurd, S. Medd, T. Levin, S. Penny, H.-C. Chen, M. Smalley, Reducing time dependent line to line leakage following post CMP cleaning, Mater. Res. Soc. Symp. Proc. 1249 (April 2010), 1249eE01-E09.

26. T. Nogami, M. He, X. Zhang, K. Tanwar, R. Patlolla, J. Kelly, D. Rath, M. Krishnan, X. Lin, O. Straten, H. Shobha, J. Li, A. Madan, P. Flaitz, C. Parks, C-K. Hu, C. Penny, A. Simon, T. Bolom, J. Maniscalco, D. Canaperi, T. Spooner, D. Edelstein, CVD-Co/Cu(Mn) integration and reliability for 10 nm node, in: Proc. IEEE Inter. Interconnect. Technol. Conf., IITC, 2013.

27. F. Zhang, A.A. Busnaina, G. Ahmadi, Particle adhesion and removal in chemical mechanical polishing (CMP) and post-CMP cleaning, J. Electrochem. Soc. 146 (7) (1999) 2665e2669.

28. X. Gu, T. Nemoto, A. Teramoto, M. Sakuragi, S. Sugawa, T. Ohmi, Tribological study of brush scrubbing in post-chemical mechanical planarization cleaning in non-porous ultra low-k dielectric/Cu interconnects, J. Electrochem. Soc. 158 (11) (2011) 1145e1151.

29. W. Kern, The evolution of silicon wafer cleaning technology, J. Electrochem. Soc. 137 (6) (1990) 1887e1892.

30. G.A. Rance, D.H. Marsh, S.J. Bourne, T.J. Reade, A.N. Khlobystov, van der Waals interactions between nanotubes and nanoparticles for controlled assembly of composite nanostructures, ACS Nano 4 (8) (2010) 4920e4928.

31. D. Ng, S. Kundu, M. Kulkarni, H. Liang, Role of surfactant molecules in post-chemicalmechanical-

planarization cleaning, J. Electrochem. Soc. 155 (2) (2007).

32. X. Gu, T. Nemoto, A. Teramoto, T. Ito, T. Ohmi, Effect of additives in organic acid solutions for post-CMP cleaning on polymer low-k fluorocarbon, J. Electrochem. Soc. 156 (6) (2009) H409eH415.

33. T.M. Pan, T.F. Lei, C.C. Chen, T.S. Chao, M.C. Liaw, W.L. Yang, M.S. Tsai, C.P. Lu, W.H. Chang, Novel cleaning solutions for polysilicon film post chemical mechanical polishing, IEEE Trans. Electron Device Lett. 21 (2000) 338e340.

34. T.M. Pan, T.F. Lei, F.H. Ko, T.S. Chao, T.H. Chiu, Y.H. Lee, C.P. Lu, Comparison of novel cleaning solutions with various chelating agents for post-CMP cleaning on poly-Si film, IEEE Trans. Semicond. Manuf. 14 (4) (2001) 365e371.

35. C.-L. Wu, S.-B. Su, J.-L. Chen, H.-J. Lin, H.-R. Guo, Mortality from dermal exposure to tetramethylammonium hydroxide, J. Occup. Health 50 (2008) 99e102.

36. S.H. Park, J. Park, K.H. You, H.C. Shin, H.O. Kim, Tetramethylammonium hydroxide poisoning during a pallet cleaning demonstration, J. Occup. Health 55 (2) (2013) 120e124.

37. W. Schutzner, E. Kenndler, Anal. Chem. 64 (1992) 1991e1995.

38. P. Suphantharida, K. Osseo-Asare, Cerium oxide slurries in chemical mechanical polishing: silica/Ceria interactions, Electrochem. Soc. Conf. Proc. PV2002-1 (2002) 257e265.

39. K.-W. Park, H.-G. Kang, M. Kanemoto, J.-G. Park, U. Paik, Effects of the size and the concentration of the abrasive in a colloidal silica (SiO2) slurry with added TMAH on removal selectivity of polysilicon and oxide films in polysilicon chemical mechanical polishing, J. Korean Phys. Soc. 51 (1) (2007) 214e223.

40. L.S. Leong, B. Lin, H. Yu, Y.Q. Zhu, W. Lu, L.H. Wong, A. Mishra, The effect of Cu CMP pad clean on defectivity and reliability, IEEE Trans. Semicond. Manuf. 26 (3) (2013) 344e349.

41. E. Maisonhaute, Surface acoustic cavitation understood via nanosecond electrochemistry. Part III: shear stress in ultrasonic cleaning, Ultrason. Sonochem. 9 (2002) 297.

42. C.K. Chang, T.H. Foo, M. Murkherjee-Roy, V.N. Bliznetov, H.Y. Li, Enhancing the efficiency of postetch polymer removal using megasonic wet clean for 0.13-mm dual damascene interconnect process, Thin Solid Films 462 (2004) 292.

43. Y.H. Hsien, H.K. Hsu, T.C. Tsai, W. Lin, R.P. Huang, C.H. Chen, C.L. Yang, J.Y. Wu, Process development of high-k metal gate aluminum CMP at 28 nm technology node, Microelectron. Eng. 92 (2012) 19e23.

44. A. Jindal, S. Hegde, S.V. Babu, Chemical mechanical polishing using mixed abrasive slurries, Electrochem. Solid-State Lett. 5 (7) (2002) G48eG50.

45. P. Wrschka, J. Hernandez, G.S. Oehrlein, J.A. Negrych, G. Haag, P. Rau, J.E. Currie, Development of a slurry employing a unique silica abrasive for the CMP of Cu damascene structures, J. Electrochem. Soc. 148 (6) (2001) G321eG325.

46. C.A. Coutinho, S.R. Mudhivarthi, A. Kumar, V.K. Gupta, Novel ceria-polymer microcomposites for chemical mechanical polishing, Appl. Surf. Sci. 255 (5) (2008) 3090e3096.

47. S. Armini, C.M. Whelan, K. Maex, J.L. Hernandez, M. Moinpour, Composite polymercore silica-shell

abrasive particles during oxide CMP: a defectivity study, J. Electrochem. Soc. 154 (8) (2007) H667eH671.

48. Y.C. Wang, et al., Effects of pad grooves on chemical mechanical planarization, J. Electrochem. Soc. 154 (6) (2007) H486eH494.

49. D.G. Thakurta, C.L. Borst, D.W. Schwendeman, R.J. Gutmann, W.N. Gill, Pad porosity, compressibility and slurry delivery effects in chemical-mechanical planarization: modeling and experiments, Thin Solid Films 366 (12) (2000) 181e190.

50. J.-G. Choi, Y.N. Prasad, I.-K. Kim, W.-J. Kim, J.-G. Park, The synergetic role of pores and grooves of the pad on the scratch formation during STI CMP, J. Electrochem. Soc. 157 (8) (2010) H806eH809.

51. D. Rosales-Yeomans, T. Doi, M. Kinoshit, T. Suzuki, A. Philipossian, Effect of pad groove designs on the frictional and removal rate characteristics of ILD CMP, J. Electrochem. Soc. 152 (1) (2005) G62eG67.

52. Z. Li, H. Lee, L. Borucki, C. Rogers, R. Kikuma, N. Rikita, K. Nagasawa, A. Philipossian, Effects of disk design and kinematics of conditioners on process hydrodynamics during copper CMP, J. Electrochem. Soc. 153 (5) (2006) G399eG404.

53. T. Sun, L. Borucki, Y. Zhuang, Y. Sampurno, F. Sudargho, X. Wei, S. Anjur, A. Philipossian, Investigating effect of conditioner aggressiveness on removal rate during interlayer dielectric CMP through confocal microscopy and dual emission ultravioletenhanced fluorescence imaging, Jap. J. Appl. Phys. 49 (2010) 026501.

54. J. Zabasajja, D. Le-huu, C. Gould, Microreplicated pad conditioner for copper barrier CMP applications, in: Proc. Inter. Conf. Planar. Technol., ICPT, 2012.

55. J.H. Choi, Y.B. Lee, B.K. Kim, CVD diamond-coated CMP pad conditioner with asperity height variation, in: Proc. Inter. Conf. Planar. Technol., ICPT, 2012.

56. W.-T. Tseng, S. Rafie, A. Ticknor, V. Devarapalli, E. Rill, L. Economikos, J. Zabasajja, J. Sokol, V. Laraia, M. Fritz, Microreplicated pad conditioner for copper and copper barrier CMP applications, in: Proc. Inter. Conf. Planar. Technol., ICPT, 2014.

57. W.A. Badawy, F.M. Al-Kharafi, J.R. Al-Ajmi, Electrochemical behaviour of cobalt in aqueous solutions of different pH, J. Appl. Electrochem. 30 (6) (2000) 693e704.

58. B.H.J. Tseng, M.D. You, S.C. Hsin, Characterization and control of microcontamination for advanced technology nodes and 300-mm wafer processing: overview and challenges, IEEE Trans. Device Mater. Reliab. 5 (4) (2005) 623e630.

59. R. van Roijen, P. Joshi, J. Ayala, D. Bailey, S. Conti, W. Brennan, P. Findeis, M. Steigerwalt, Defect reduction by nitrogen purge of wafer carriers, IEEE Trans. Semicond. Manuf. 27 (3) (2014) 364e369.

60. W.-T. Tseng, D. Kioussis, S. Manikonda, H.-K. Kim, J. Choi, F. Zhao, L. Economikos, N. Klymko, M. Chace, S. Molis, M. Chae, E. Engbrecht, E. Zielinski, C. Truong, D. Watts, Evaluation of barrier CMP slurries and characterization of ULK material properties shifts due to CMP, ECS Trans. 13 (2) (2008) 293e306.

CHAPTER

18

무어의 법칙을 초월하는
디바이스에 대한
화학 – 기계적 평탄화 가공의 적용

CHAPTER 18

무어의 법칙을 초월하는 디바이스에 대한 화학 - 기계적 평탄화 가공의 적용

18.1 서언: 무어의 법칙 지속과 무어의 법칙 초월

집적회로의 생산이 시작된 1950년대 말 이후로, 회로의 복잡성은 지수함수적으로 증가하여왔다. 집적회로에 의해서 촉발된 이런 발전은 결국 우리 생활의 거의 모든 영역에서 디지털 전자회로를 사용하는 상태를 이끌었다. 인텔社의 공동창립자이기도 한 무어는 집적회로 속에 탑재된 트랜지스터의 숫자는 18~24개월마다 두 배로 증가한다고 논평하였고, 이를 **무어의 법칙**이라고 부르고 있다. 디지털 디바이스의 배치치수를 이처럼 축소시키려는 소형화 경향을 **무어의 법칙 지속**이라고 부른다.

메모리의 기억용량 증가와 마이크로프로세서의 성능향상이 무어의 법칙을 따라가고 있지만, 업계에서는 여러 해 전부터 무어의 법칙에 얽매이지 않고 디바이스의 기능을 집적하려는 노력을 계속하고 있다.[1] 이런 비디지털적인 기능들을 반도체 기반의 디바이스에 추가함으로써 전자 시스템의 소형화가 촉진되며, 이를 **무어의 법칙 초월**이라고 부른다.

무어의 법칙 지속이 정보처리기술을 이끌고 있는 반면에 무어의 법칙 초월은 전자 시스템이 인간과 환경 사이의 상호작용을 만들어준다. 무어의 법칙 초월이 적용되는 분야에는 아날로그/무선주파수(RF) 디바이스, 수동소자, 고전압 및 전력용 트랜지스터, 일반적으로 **마이크로전자기계시스템**[1](MEMS) 및 **미세광학전자기계시스템**[2](MOEMS)이라고 알려져 있는 센서와 작동기들 그리고 바이오칩 등이 포함되어 있다. 그림 18.1에는 무어의 법칙 지속과 무어의 법칙 초월이 끼치는 영향들이 도시되어 있다. 이들 조합의 가장 대표적인 사례는 무어의 법칙 지속에 해당하는 기능들이 무어의 법칙 초월에 해당하는 디바이스들의 측정 및 작동기능들과 결합하여 작동하는 **사물인터넷**이다.

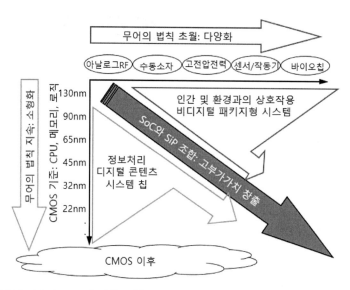

그림 18.1 무어의 법칙 지속과 무어의 법칙 초월: 디지털과 비–디지털 기능들이 조합되어 고부가가치 시스템이 창출된다.[1][3]

18.2 무어의 법칙을 초월하는 디바이스에 대한 화학 – 기계적 평탄화 가공

1980년대 후반에 다중층 금속배선의 문제를 극복하기 위해서 화학–기계적 연마/평탄화(CMP)가 개발되었다. 적층된 금속배선들로 인한 표면굴곡의 증가는 노광과정에서 초점심도 문제를 유발하였으며, 금속배선의 박막화는 신뢰성 문제를 일으켰다. 화학–기계적 평탄화 가공을 사용한 층간 절연층에 대한 유효 평탄화를 통해서 3층 이상의 금속층을 제조할 수 있게 되었다. 화학–기계적 평탄화 가공이 없었다면, 최대 12겹의 금속층을 사용하는 현대적인 논리디바이스를 만들 수 없었을 것이다. 따라서 화학–기계적 평탄화 가공은 오늘날의 유비쿼터스 전자세계를 가능케 해준 핵심 기술들 중 하나이다.

---

1   이후로는 MEMS라고 칭한다.

2   이후로는 MOEMS라고 칭한다.

3   Redrawn in b/w from ITRS More-Than-Moore White Paper, after a diagram originally published by the European Commission, used with kind permission.

무어의 법칙을 지속시키기 위하여 여러 해 동안 디바이스 가공을 단순화시켜주는 다양한 화학-기계적 평탄화 기술을 개발해왔으며, 이를 통해서 다마스커스나 이중 다마스커스 기술과 같은 구리배선이 가능해졌다. 현재의 14[nm] 이하 로직 디바이스를 제조하기 위해서 전공정과 후공정에 시행하는 화학-기계적 평탄화 가공은 18~20회에 이른다.[2] 예를 들어, 대체금속 게이트(RMG) 방식의 핀펫(FinFET) 구조를 적용하기 위해서는 표 18.1에 제시되어 있는 다수의 화학-기계적 평탄화 가공단계들에 대한 문제점들을 모두 해결해야만 한다.[2] 표에 제시되어 있는 문제들을 극복하기 위해서는 소모품 제조업체들이 개발노력을 통해서 슬러리, 패드 및 세정약품들의 발전을 이루어야만 한다.

무어의 법칙 지속을 위해서 화학-기계적 평탄화 가공이 반도체 제조공정에 도입되고 나서 몇 년 지나지 않아서, 샌디아 랩에서 최초의 MEMS 디바이스가 제작되었으며, 여기서는 폴리실리콘층에 대한 화학-기계적 평탄화 연마기술이 적용되었다.[3] 이후에 수많은 무어의 법칙 초월 디바이스들의 제조에 화학-기계적 평탄화 가공기술이 적용되었다.

표 18.1 최신 로직 디바이스에서 요구되는 중요한 화학-기계적 평탄화(CMP) 공정들

화학-기계적 평탄화 가공 단계	기술적 도전요인들
핀펫소자에 대한 얕은 도랑 소자격리(STI) CMP 가공	산화물 CMP, SiN에 대한 높은 선택도, 디싱발생 최소화
핀펫소자에 대한 폴리실리콘 CMP 가공	폴리실리콘 CMP, 양호한 평탄화효율, 높은 균일성, 진보된 종료시점 통제기능
핀펫소자에 대한 대체금속 게이트용 폴리오픈 CMP 가공	산화물 CMP, 2단 가공: (1) 벌크 제거, (3) SiN층 상부에서 가공멈춤, SiN에 대한 극도로 높은 선택도(질화물 손실 최소화)
핀펫소자에 대한 대체금속 게이트용 텅스텐 게이트 CMP 가공	텅스텐 CMP, (최종 게이트 높이를 결정하는)산화물에 대한 극도로 높은 선택도
핀펫소자에 대한 자기정렬접점 SiN 덮개층 CMP 가공	SiN CMP, (산화물 손실을 최소화하기 위하여)산화물에 대한 높은 선택도
텅스텐 접점 CMP 가공	텅스텐 CMP, 표면굴곡발생 최소화를 위하여 산화물에 대한 극도로 높은 선택도, 텅스텐 내부에서 전해부식발생 방지

대부분의 경우, 공정엔지니어들은 무어의 법칙을 지속하는 디바이스의 개발을 위해서 표준 슬러리와 패드를 사용해야 한다. 최근 들어서 소모품 제조업체들이 빠르게 성장하는 MEMS 시장의 잠재력을 인식하고 나서는 상황이 바뀌기 시작했다. 현재는 MEMS 가공에 최적화된 슬러리들을 사용할 수 있다. 슬러리 업체들은 집적회로 디바이스 제조업체와 파운드리의 수요에 반응해야만 하며, 성능조절이 가능한 슬러리를 제조하는 방법을 배우게 되었다. 세련된 첨가물들을 사용하여 전력용 디바이스나 MEMS 가공에 필요한 조건을 충족시켜주는 슬러리들이 개발되었다.

300[mm] 웨이퍼를 사용하는 소수의 아날로그 집적회로와 전력용 디바이스 제조업체들을 제외하고는, 모든 아날로그와 무선주파수(RF) 집적회로, MEMS와 MOEMS 디바이스, 주요 전력용 금속산화물반도체(MOS)와 바이오칩들은 100[mm]~200[mm] 사이의 소형 웨이퍼를 사용하여 생산하고 있다. 많은 경우, 무어의 법칙을 지속하기 위해서 구형 장비를 재생시킨 화학-기계적 평탄화 가공장비들이 제조라인에서 사용되고 있다.

18.3 화학-기계적 평탄화 가공의 요구조건

화학-기계적 평탄화 가공의 초창기에 공정 엔지니어들이 대규모 집적회로 디바이스의 제조를 위해서 개발된 평탄화 기술을 MEMS 구조의 제작에 적용할 수 있다는 것을 인식하고 나서는 거의 모든 분야에 이를 적용하게 되었다. 하지만 곧장, 해당 구조가 필요로 하는 특정한 조건에 따라서 가공공정을 수정해야만 한다는 것이 밝혀졌다.

MEMS, MOEMS, 전력용 및 고전압 디바이스 그리고 부분적으로는 아날로그와 무선주파수 회로들은 전형적으로 큰 소자, 두꺼운 층 그리고 높은 윤곽 등의 구조를 가지고 있다. 게다가 무어의 법칙을 지속하는 실리콘 기술에서 사용하는 표준 소재들인 실리콘 기반의 산화물과 질화물, 폴리실리콘층 그리고 제한된 숫자의 금속과 차단층 소재들 이외에도, 무어의 법칙을 초월하는 디바이스의 경우에는 수정, 유리, 세라믹, 다양한 폴리머 등과 같은 여타의 기능성 소재들, GaAs, GaN 또는 SiC와 같은 실리콘 이외의 반도체 소재들 그리고 수많은 금속 등이 디바이스의 제조에 사용된다.

수익성과 생산성을 유지하면서 웨이퍼상의 두꺼운 층을 제거하기 위해서는 높은 제거율이 필요하다. 다음 절에서 살펴볼 전용 슬러리를 사용하는 것 이외에도 빠른 원판회전속도와 높은 누름력을 통해서도 제거율을 높일 수 있다. 이 외에도 적절한 연마용 패드를 선정하고 패드 표면을 지속적으로 재생시키기 위해서 가공 중 컨디셔닝을 도입하는 방법이 사용된다. 화학-기계적 평탄화 가공의 제거율을 높이면 제거 정밀도가 희생되지만, 무어의 법칙을 지속시켜주는 진보된 디바이스에서 필요로 하는 최대허용 두께편차가 4~6[nm]인데 반해서, MEMS와 MOEMS 제조의 공정관리는 훨씬 더 여유 있다.

만일 디바이스의 특정한 성능을 구현하기 위해서 높은 두께정밀도가 필요하다면, 무어의 법칙을 지속하는 디바이스에서와 마찬가지로 제거율 균일성과 테두리 배제 등의 기술이 적용되어야만 한다. 하지만 사용되는 웨이퍼의 크기가 작고, 구형의 화학-기계적 평탄화 장비를 재생해서 사용하는 상황에서, 이는 심각한 문제이다. 구형의 연마기는 일반적으로 단순한 짐벌형 웨이퍼 캐리어를 장착하고 있으므로, 제거윤곽의 최적화가 불가능하다.[4] 최신의 다중영역 조절방식 웨이퍼 캐리어는 200[mm] 미만의 웨이퍼에는 적용하기 어렵다. 일부 장비재생업체들에서는 더 현대적인 캐리어로 업그레이드하는 방안을 제안하고 있다. 소형 웨이퍼들이 가지고 있는 또 다른 문제는 300[mm] 웨이퍼에 비해서 강성이 높다는 것이다. 때로는 무어의 법칙을 초월하는 디바이스들에 성형된 매우 두꺼운 층들이 응력을 생성하여 모재를 강하게 휘어버리며, 단순 누름방식이 아니라 다중영역 누름방식 웨이퍼 캐리어를 사용해서만 이를 펼 수 있다.

평탄화 효율이 높으며, 디싱 발생이 작은 슬러리/패드 시스템도 무어의 법칙을 초월하는 디바이스에서 매우 중요하다. 평탄화 효율이 높으면 얇은 층을 사용할 수 있으며, 이를 통해서 제조비용의 절감과 생산성 향상을 실현할 수 있다. 일부의 MEMS와 MOEMS 디바이스들의 경우처럼, [mm] 단위를 가지고 있는 매우 큰 구조의 경우에는 뛰어난 디싱 거동이 필요하다. 차세대 집적회로의 구조들은 크기가 급격하게 작아지면서 디싱 문제가 줄어들고 있는 반면에, 대형 구조의 디싱 발생은 피하기 어려우며, 이를 방지하기 위해서는 매우 낮은 누름력과 적합한 소모품의 사용이 필요하다. 다우케미컬社의 반응성액체[4]와 같이 연마입자의 함량이 낮거나 전혀 없는 슬러리를 사용하는 것도 해결책들 중 하나가 될 것이다.[5]

무어의 법칙 지속에서는 층두께와 구조치수가 지속적으로 줄어들고 있어서 연마된 표면의 거칠기가 매우 중요하며, MOEMS 디바이스의 경우에도 역시 광학평면, 즉 경면 수준의 평면을 필요로 한다. 폴리실리콘 표면에 대한 마이크로가공을 통해서 경면을 만들기 위해서, 원자 수준으로 평평한 표면을 만드는 실리콘 웨이퍼 제조기술이 성공적으로 적용되었다.

이 외에 미세 긁힘과 여타의 결함들은 중요도가 떨어진다. 또한 화학-기계적 평탄화 가공 이후에 시행되는 세정과 표면 오염도 마찬가지이다. 대형 구조에서는 금속배선 사이의 합선이 일어나지 않는다면 작은 긁힘을 허용할 수 있다. 작은 연마잔류입자들에 의한 결함은 디바이스의 성능에 거의 아무런 영향을 끼치지 않는다. 능동형 아날로그 회로나 무선주파수 회로뿐만 아니라 모든 유형의 전력용 디바이스에서 표면오염이 문제가 되지만, MEMS와 MOEMS 디바이스들의 경우에는 거의 아무런 영향을 끼치지 않는다. 미량의 금, 니켈, 몰리브덴, 철 및 여타의 금속물질들이 모든 장비에 존재하기 때문에, MEMS 전용의 클린룸 내에서 금속 오염을 통제하는 것은 불가능한 일이다.

---

4 Reactive Liquids.

18.4 화학–기계적 평탄화 가공용 소모품들의 요구조건

19장에서 살펴보겠지만, 두꺼운 층의 연마를 위해서는 제거율이 높은 슬러리가 필요하다. 게다가 디바이스의 설계에 따라서, 하부층 위에서 가공을 멈추기 위해서는 거의 완벽한 평탄도를 조절 가능한 선택도가 필요하다. 높은 선택도를 가지고 있는 슬러리를 사용해서 가공멈춤이 가능하지만, 거의 완벽한 평탄도를 구현하기 위해서는 선택도가 없는, 즉 노출된 다양한 소재들에 대해서 거의 동일한 연마율을 가지고 있는 슬러리가 요구된다. 일부의 경우에는 서로 다른 종류의 슬러리를 사용하는 다단계 공정을 통해서 원하는 결과를 얻을 수 있다.

18.4.1 제거율이 높은 슬러리

표준 열분해 실리카나 콜로이드 실리카 슬러리와 더불어서 높은 원판회전속도 그리고/또는 높은 누름력을 사용하거나, 높은 제거율에 최적화되어 있는 슬러리를 사용하여 $1[\mu m/min]$ 이상의 높은 제거율을 구현할 수 있다. 슬러리 제조업체들은 전용의 첨가물들을 실리카 기반의 연마제에 넣거나 또는 알루미나와 세리아같이 서로 다른 연마제들을 사용하여 제거율이 높은 슬러리에 대한 요구에 답하고 있다.

알루미나 기반의 슬러리들은 텅스텐, 탄탈륨 또는 몰리브덴과 같은 금속의 연마에 매우 성공적으로 사용되지만, 알루미나 입자의 높은 경도 때문에 긁힘 자국이 생성된다. 과산화수소와 같은 산화제를 첨가하면 매끄러운 표면이 생성되지만, 덜 공격적인 작은 연마입자들에 의해서도 연질의 금속 산화물들이 제거되어버린다. NiFe, GaN, 페라이트 및 카바이드와 같은 소재들의 연마에 알루미나 기반의 슬러리가 사용된다. 알루미늄 소재에 대한 화학–기계적 평탄화 가공에는 산성의 알루미나 슬러리들에 산화제로 H_2O_2를 사용하는 방법이 성공적으로 사용되고 있다.[6]

수십 년 동안, 광학부품 연마에 사용되고 있는 실리카 슬러리는 고체 함량이 10~30%에 이르는 반면에 세리아의 경우에는 입자 함량이 1% 수준에 불과할 정도로 낮은 슬러리를 사용해서도 높은 제거율을 구현할 수 있기 때문에, 광학부품의 연마에 세리아 기반의 슬러리들이 널리 사용되었다. 이런 제거율 차이는 제거 메커니즘이 완전히 다르기 때문이다. 실리카 입자를 사용해서 실리콘 산화물을 연마하는 경우에는 규산($Si(OH)_4$)을 형성하기 위해서 4단계의 반응을 거치는 반면에 세리아(CeO_2)는 실리콘과 직접 반응하여 표면에서 떨어져나가기 쉬운 Ce-O-Si를 형성한다.[7] 적절한 첨가제가 들어 있는 세리아 기반의 슬러리 용액을 사용하면 이산화규소, 유리, 실리콘 및 폴리실리콘 등의 소재에 대해서 높은 제거율을 나타내며 아크릴 연마에도 성공적으로 사용된다.

18.4.2 선택도 조절이 가능한 슬러리

주 가공대상 소재와 하부에 노출되어 있는 소재 사이의 가공비율인 제거율 선택도의 중요성이 점점 더 높아지고 있다. 전력용 금속산화물 반도체의 게이트 산화물 상부 폴리실리콘을 가공하는 경우나 MEMS의 차단막 위의 금속층을 가공하는 경우와 같이, 박막층 위의 두꺼운 층을 낮은 침식률로 평탄화 가공해야 하는 경우에 높은 선택도를 가지고 있는 슬러리들이 필요하다. 최근 개발되고 있는 무어의 법칙을 초월하는 디바이스의 경우에는 세리아 기반의 슬러리나 전용 첨가제가 첨가된 슬러리가 사용된다.

선택도가 크게 변해야 한다는 요구조건에 대해서 소모품 제조업체들은 특정 용도에 맞춤형으로 슬러리를 설계할 수 있도록, 일련의 특허받은 첨가제들을 개발하였다. SiO_2에 대한 화학-기계적 평탄화 가공에서 실리콘이나 폴리실리콘에 대해서 높은 선택도를 갖는 슬러리를 사용하는 것처럼, 폴리실리콘 소재에 대한 화학-기계적 평탄화 가공에서도 SiO_2나 SiN에 대해서 100 : 1의 높은 선택도를 가지고 있는 슬러리를 사용할 수 있게 되었다. 이런 조절 가능한 슬러리들을 실리카나 세리아 연마제들과 함께 사용할 수 있다.

실리카 연마입자를 사용하거나 또는 (다우케미컬社의 반응성액체와 같은)무입자 슬러리를 사용하면서 실리콘관통비아를 갖춘 구리소재에 대하여 매우 높은 제거율을 가지고 있으며, 테트라에틸오소실리케이트(TEOS)와 같은 산화물에 대해서 높은 선택도를 가지고 있는 화학-기계적 평탄화 가공용 슬러리가 개발되었다. TaN과 테트라에틸오소실리케이트(TEOS)에 대해서 거의 1 : 1 : 1의 선택도가 필요한 경우에는 조절 가능한 선택도를 가지고 있는 Cu 차단층 가공용 슬러리를 사용할 수 있다.

18.5 적용사례

앞 절에서 설명했듯이, 무어의 법칙을 초월하는 디바이스들의 제조에 화학-기계적 평탄화 가공이 많이 사용된다. 이 절에서는 전력용 디바이스, MEMS와 MOEMS 칩들 그리고 마이크로디스플레이 등의 제조에 사용되는 연마가공에 대해서 살펴보기로 한다. 여기에 제시된 사례들은 단지 사례일 뿐이며, 전체를 의미하는 것은 아니다. 웨이퍼 접착에는 적층형 디바이스와 웨이퍼 레벨 패키지의 사례들이 포함되어 있으며, 실리콘관통비아에 대해서는 별도의 절을 마련하여 자세히 살펴볼 예정이다.

18.5.1 전력용 디바이스

집적회로에서 가장 작은 능동형 소자는 전기신호를 증폭 또는 스위칭하는 트랜지스터이다. 현재 가장 널리 사용되고 있는 트랜지스터는 **금속산화물반도체전계효과트랜지스터**[5](MOSFET)로서, 2~50[V]의 범위에서 작동하며, 밀리암페어 범위의 전류를 스위칭하도록 설계되어 있다. 높은 전압과 대전류를 제어하기 위해서는 쌍극성 트랜지스터, 트라이스터, 게이트턴오프(GTO) 트라이스터, 전력용 MOSFET, **절연 게이트 쌍극성 트랜지스터**[6](IGBT) 등이 개발되었다.

이 절에서는 제조과정에서 화학−기계적 평탄화 가공을 사용하는 전력용 MOSFET와 IGBT에 대해서 살펴보기로 한다. 이들은 1,000[V] 이상의 전압을 다룰 수 있도록 설계되며, 수백[A] 이상의 전류를 제어할 수 있다. 이들 두 가지 유형의 디바이스들은 대량으로 생산되고 있으며, 스위칭 전원, DC/AC 컨버터, 휴대용 전자기기, 자동차 및 주파수 변환기 등의 전원제어부 등에서 사용되고 있다.

18.5.1.1 전력용 MOSFET

집적회로에 사용되는 MOSFET와는 달리 전력용 MOSFET는 수직방향 트랜지스터 구조, 즉 전류가 칩의 수직방향으로 흐르는 구조를 가지고 있다. 그림 18.2 (a)와 (b)에서는 평면구조를 갖춘 n-채널 전력용 MOSFET의 단면도와 회로부호를 보여주고 있다. 그림에서 화살표는 디바이스가 켜짐 상태인 경우에 수직방향으로의 전류흐름을 나타낸다. 이상적인 디바이스는 높은 전도도, 빠른 스위칭거동, 작은 게이트전하 그리고 일반적으로 작은 정전용량 등의 특성을 가지고 있다.

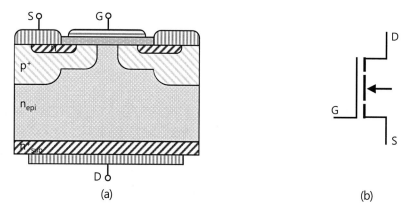

그림 18.2 (a) n-채널 전력용 MOSFET의 단면도와 (b) 회로심벌

---

5   이후로는 MOSFET라고 칭한다.
6   이후로는 IGBT라고 칭한다.

도랑형 게이트[7]를 갖춘 전력용 MOSFET를 사용하면 평면형 디바이스에 비해서 이 요구조건들을 더 잘 실현할 수 있다. **그림 18.3 (a)**에 도시되어 있는 것처럼, 수천에서 수백만 개의 단일 트랜지스터 셀들을 병렬로 스위칭하여 대전류를 흘릴 수 있다. 최신의 도랑형 게이트 MOSFET의 전형적인 설계원칙에 따르면, 도랑의 폭은 $0.35 \sim 1[\mu m]$이며 게이트 산화물층의 두께는 $10 \sim 100[nm]$, 알루미늄 기반의 금속배선층 두께는 $2 \sim 5[\mu m]$, 뒷면 금속층(드레인)은 Ti/Ni/Ag를 사용하며 200[mm] 크기의 웨이퍼를 사용하여 제작한다. 이 경우 셀 밀도는 $25 \times 25[mm^2]$ 면적당 수 기가셀($n \times 10^9$)에 이르며, 이는 메가비트 수준을 가지고 있는 동적임의접근(DRAM)메모리의 집적도에 해당한다. **그림 18.3 (b)**에서는 식각된 도랑형 구조의 충진전 모습을 보여주고 있다.

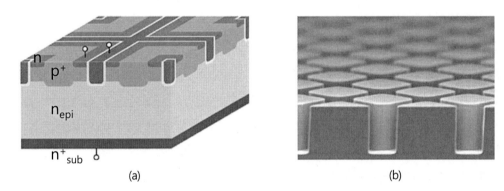

그림 18.3 (a) 도랑형 게이트 전력용 MOSFET의 셀구조 단면도와 (b) 게이트 산화와 폴리게이트 증착 전의 식각된 도랑형상

도랑형 게이트 MOSFET의 제조과정에서는 도랑형 게이트의 정의와 소스 접촉을 위해서 최소한 두 번 화학-기계적 평탄화 가공이 시행된다. 두 경우 모두 높은 선택도를 갖춘 가공이 시행되어야 한다.

도랑형 게이트의 제조공정은 도랑구조의 식각, 게이트 산화, 폴리실리콘 도랑충진 그리고 게이트 산화물의 상부면까지 도핑된 실리콘에 대한 화학-기계적 평탄화 가공 등으로 이루어진다. 게이트와 소스 사이의 관통을 피하기 위해서는 $10 \sim 100[nm]$ 두께에 불과한 게이트 산화물에 대한 가공이 일어나지 않을수록 좋다. 게이트단면에 대한 공격이 일어나지 않으려면, 디싱 발생이 최소화되어야만 한다. **그림 18.4 (a)**에서는 충진 후의 도랑형 게이트를 보여주고 있으며, (b)에서는 폴리실리콘 슬러리를 사용하여 산화물에 대해 100 : 1 이상의 선택도로 화학-기계적 평탄화 가공을 시행한 이후의 모습을 보여주고 있다.

....

7   trench gate.

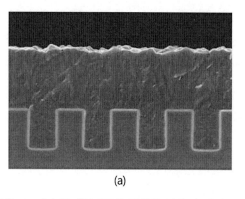 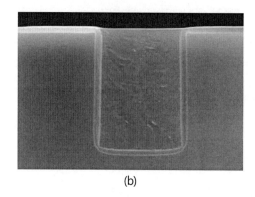

(a)   (b)

그림 18.4 (a) 폴리실리콘을 증착한 이후의 게이트 도랑구조, (b) 선택도가 매우 높은 폴리실리콘 슬러리를
사용하여 화학-기계적 평탄화 가공을 시행한 이후의 단면형상

　접촉과 금속화 제조단계는 층간 절연층 증착, 접점식각, Ti/TiN 차단층 스퍼터링, 텅스텐 화학
기상증착과 뒤이은 텅스텐 소재에 대한 화학-기계적 평탄화 가공 등으로 이루어진다. 층간절연
체 위의 Ti/TiN 차단층을 손상시키지 않는 연마공정, 즉 차단층에 대하여 높은 선택도를 가지고
있는 텅스텐 소재에 대한 화학-기계적 평탄화 공정을 사용하면, 텅스텐 상부에 알루미늄 배선층
을 직접 스퍼터링할 수 있다. 이를 통해서 차단층이 침식되는 경우에 이에 대응하기 위해서 필요
한 2차 Ti/TiN 스퍼터링 단계를 생략할 수 있다. 그림 18.5 (a)에서는 소스 금속배선의 단면을 보여
주고 있으며, 그림 18.5 (b) 및 (c)에서는 각각 텅스텐 화학기상증착 이후와 TiN에 대한 선택도가
매우 높은(10:1) 실험적 텅스텐 슬러리를 사용하여 텅스텐 소재에 대하여 화학-기계적 평탄화
가공을 시행한 이후의 디바이스를 보여주고 있다.

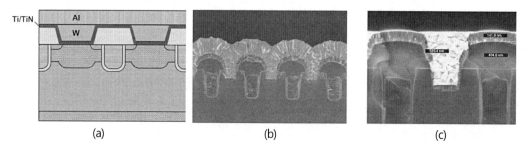

(a)   (b)   (c)

그림 18.5 (a) 도랑형 게이트를 갖춘 전력용 MOSFET의 배선 후 단면도, (b) Ti/TiN과 W 증착 이후에 디바이
스의 단면형상, (c) 선택도가 높은 실험적 텅스텐 슬러리를 사용하여 화학-기계적 평탄화 가공을
시행한 이후의 단면형상. Ti/TiN 차단층은 거의 연결되어 있지 않다.

　전력용 MOSFET의 파괴전압을 높이기 위해서는 디바이스의 두께, 즉 n_{epi}의 두께를 증가시켜야
만 한다. 하지만 드리프트 영역이 두꺼워지면 켜짐 상태에서의 저항값 $R_{DS(on)}$이 증가하게 되며,

전하 나르개의 숫자를 증가시키는 것 이외에는 이를 보상할 방법이 없다. 이는 다시, 차단전압을 감소시킨다. 다양한 방법들을 사용하여 이 문제를 해결할 수 있다. 한 가지 방법은 수직방향으로 p-형이 도핑된 보상구조를 만들면 절연전압을 견디는 n_{epi} 층의 도핑농도를 높일 수 있다. 이를 소위 **슈퍼정션 전력용 MOSFET**라고 부르며, 전도손실을 5배나 낮출 수 있다. 그림 18.6 (a)에서는 이 디바이스의 단면도와 도전상태에서 전류의 흐름을 보여주고 있는 반면에, 그림 18.6 (b)의 차단상태에서는 드리프트 영역 내에 공간충전 영역이 형성되어 600[V] 이상의 차단전압을 구현할 수 있다.

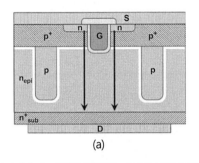 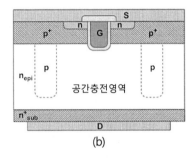

(a)   (b)

그림 18.6 (a) 슈퍼정션 전력용 MOSFET의 도전상태, 화살표는 전류의 흐름을 나타내고 있다. (b) 차단상태. 드리프트 영역 내에 공간충전 영역이 형성되어 높은 차단전압이 구현된다.

슈퍼정션 디바이스의 보상구조는, 도랑형 게이트 구조가 만들어지기 전에 깊은 도랑 식각(깊이 10~25[μm], 폭 2~4[μm])을 시행하고 실리콘 에피텍셜 도랑충진(p-도핑)과 실리콘 층에 대한 화학−기계적 평탄화 가공을 시행하여 만들 수 있다. 만일 연마 정지층이 없다면, 선택성이 없는 슬러리를 사용하며, 시간조절방식으로 연마를 수행해야 한다. 하지만 멈춤층이 있다면, 선택도가 높은 실리콘 슬러리를 사용해서 연마를 수행해야 한다. 그림 18.7 (a)~(c)에서는 각각, (a) 식각된 도랑구조, (b) p-형이 도핑된 실리콘을 에피텍셜 방식으로 충진, (c) 실리콘 슬러리를 사용하여 시간조절 방식으로 연마를 수행한 이후의 모습들을 보여주고 있다.

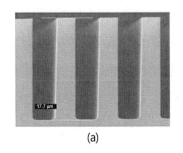 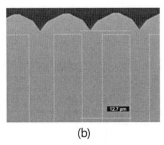 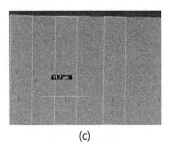

(a)   (b)   (c)

그림 18.7 슈퍼정션 전력용 MOSFET의 보상구조 제작과정. (a) 도랑구조 식각, (b) p-형이 도핑된 폴리실리콘을 사용한 에피텍셜 충진, (c) 시간조절방식을 사용한 실리콘 소재에 대한 화학−기계적 평탄화 가공 시행 후

작동전압 범위를 늘릴 수 있는 두 번째 방법은 그림 18.8(a)에 도시되어 있는 **전계판**[8] 보상구조를 사용하는 것이다. 이 구조는 앞서와 마찬가지로 도랑형 게이트를 만들기 전에, 깊은도랑 식각을 시행한 다음에 테트라에틸오소실리케이트(TEOS) 산화물과 n⁺-도핑된 폴리실리콘을 증착하여 제작한다. 그런 다음에 산화물 층이 나올 때까지 폴리실리콘 소재에 대한 화학−기계적 평탄화 가공을 수행한다. 여기서 도랑 내부와 표면에 두껍게 증착된 층의 변형으로 인하여 웨이퍼가 심하게 휘어지며, 이로 인하여 웨이퍼가 파손되거나 심각한 불균일 문제가 유발된다. 설계규칙의 변경과 증착공정의 최적화를 통해서 이런 문제를 극복할 수 있다. 그림 18.8(b)에서는 가공이 완료된 전력용 MOSFET의 전계판 형상을 보여주고 있다.

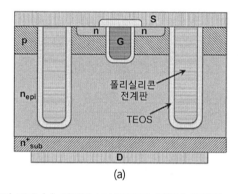
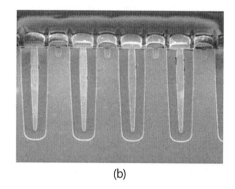

(a)   (b)

그림 18.8 (a) 전계판 보상구조가 사용된 전력용 MOSFET의 단면도, (b) 전계판이 설치된 트랜지스터 셀의 단면형상

18.5.1.2 절연게이트 쌍극성 트랜지스터

전력용 MOSFET의 n+ 드레인을 p-형이 도핑된 이미터 영역으로 대체하면, 그림 18.9에 도시되어 있는 소위 **절연게이트 쌍극성 트랜지스터**라고 부르는 게이트 제어방식 pnp 트랜지스터가 만들어진다. 여기서는, n-영역이 비교적 얇기 때문에(약 70[nm]), 뒷면 도핑을 시행하기 전에, 전력용 MOSFET 모재의 뒷면을 얇게 가공해야만 한다. 전력용 MOSFET에 비해서 IGBT의 장점은 높은 전압과 전류이다. 그런데 IGBT의 스위칭속도는 10~100[μs] 정도로서 MOSFET의 수십 분의 일에 불과하다. 그런데 최근 들어서는 IGBT가 하이브리드/전기차 컨버터용 스위칭 요소로 사용되기 때문에 관심이 높아지고 있다.

제조공정은 도랑형 게이트에 대한 연마와 드레인 접점용 금속배선에서 가공을 멈추어야 하는 텅스텐 접점의 뒷면 연마를 포함하여 한 번 또는 두 번의 화학−기계적 평탄화 가공 공정을 포함

---

8   field plate.

하여, 도랑형 게이트 전력용 MOSFET와 동일한 공정단계들로 이루어진다. 이를 위해서 가공대상 웨이퍼를 취급용 웨이퍼에 임시로 접착시킨 후에 웨이퍼의 뒷면을 필요한 두께로 연삭한다. 연삭에 의한 긁힘 자국이나 연삭에 의해서 유발되는 표면하부 손상 없이 매끄러운 표면을 만들기 위해서는, 실리콘 소재에 대한 화학-기계적 평탄화 가공이 수행되어야 하며, 이를 통해서 약 5[μm] 두께의 실리콘을 제거해야만 한다. 그런 다음 n형 필드스톱층과 p형 이미터 영역을 생성하며, 레이저나 쾌속 풀림열처리를 거쳐서 최종적으로 금속접점을 증착한다. 실리콘 소재에 대한 화학-기계적 평탄화 가공은 시간조절방식을 사용해서 양호한 균일성이 구현되는 안정적인 공정이다.

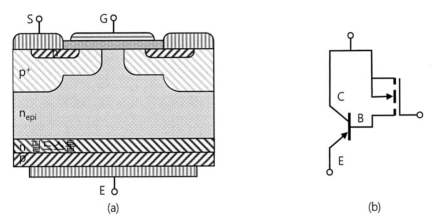

그림 18.9 (a) 절연게이트 쌍극성(pnp) 트랜지스터 IGBT의 개략도와 (b) 등가회로도. 그림에 따르면 IGBT는 MOSFET와 pnp형 트랜지스터로 구성된다는 것을 알 수 있다.

18.5.2 MEMS 디바이스

미세전자공정은 트랜지스터, 다이오드, 저항 및 커패시터와 같은 전기요소들을 거의 실리콘으로 이루어진 반도체 모재 위에 제조하는 과정인 반면에 MEMS와 MOEMS에서는 미세전자공정의 제조기술들을 활용하여 기계적 구조와 광학적 구조들뿐만 아니라 측정기나 작동기와 같은 디바이스들을 제조한다. 여기에 해당하는 전형적인 사례들에는 압력센서, 마이크로폰, 가속도 및 기울기 센서, 자기나침반, 잉크젯 헤드, 마이크로 스캐너, 마이크로유체 디바이스, 바이오센서 등 수없이 많은 사례들이 포함된다.

MEMS 제조에서는 증착, 식각, 도핑 및 구조화와 같은 표준 반도체 제조기술을 그대로 사용하는 것 이외에도, 이 기술들 중 일부를 수정 및 최적화하여 사용해왔다. 마이크로머시닝의 초창기에는, 압력 센서의 맴브레인이나 공진기를 제작하기 위해서 모재 속으로 구조형상을 식각하였으며, 이를 **벌크 마이크로머시닝**이라고 부른다. 나중에는 평면 위에 막층을 증착한 다음에 그 하부를 식각하여 허공에 떠 있는 자유구조물을 만들었다. 이를 위해서는 중간구조물로 사용되는 희생층을 제거해야만 한다. 이 두 번째 방법을 **표면 마이크로머시닝**이라고 부르며, 오늘날 MEMS 제조방법으로 가장 널리 사용되고 있다.

다양한 금속과 세라믹들이 전형적으로 기능구조에 사용되지만, 가장 자주 사용되는 소재는 폴리실리콘이다. 에피텍셜 반응기를 사용해서 쾌속 폴리실리콘 증착을 시행하면, 소위 에피－폴리라고 부르는 최대 $100[\mu m]$에 이르는 매우 두꺼운 층들을 증착할 수 있다.[8] 습식 또는 기체상의 하부식각을 통해서 희생층으로 사용되는 전형적인 소재인 이산화규소, 폴리머 형태의 감광제 또는 구리와 같은 금속을 선택적으로 제거할 수 있다. MEMS의 제조를 위해서 개발되거나 발전된 여타의 기술들에는 종횡비가 매우 큰 구조를 만들기 위한 반응성이온 심부식각(DRIE)이나 마이크로전자용 다마스커스 배선에 널리 사용되고 있는 구리도금 대신에 니켈이나 금 같은 금속을 도금하는 방법들이 일반적으로 사용되고 있다.

지금부터는 화학－기계적 평탄화 가공에 주안점을 두면서 표면 마이크로가공의 두 가지 사례에 대해서 살펴보기로 한다. 첫 번째 사례는 고분해능 노광을 시행하기 위한 매끄러운 표면을 만들기 위한 한 번의 폴리실리콘 평탄화 가공단계가 필요한 폴리실리콘 기울기센서(자이로스코프)이며, 두 번째 사례는 두 번의 화학－기계적 평탄화 가공과 뒤이은 세련된 웨이퍼레벨 패키징이 필요한 MEMS 반사경을 사용하는 레이저 스캐닝 프로젝터의 제조이다.

18.5.2.1 폴리실리콘 경사계

두 커패시터 전극판 사이의 정전용량 변화를 측정하여 가속도나 기울기와 같은 물리적 인자들을 전기량으로 변환시킬 수 있다. 큰 정전용량값을 얻기 위해서 좁은 깍지형 빗살구조물 사이에 생성된 정전용량을 준－정적으로 측정하는 MEMS 기반의 가속도 센서가 제작되었다. 현재는 다양한 가속도 센서들이 판매되고 있으며, 자동차의 에어백 구동용 센서, 디지털 카메라의 흔들림에 의한 영상번짐 보정 또는 스마트폰의 운동감지 등에 사용되고 있다.

경사계나 자이로스코프는 각운동에 의해서 회전구조에 가해지는 힘을 측정해야 하기 때문에 더 복잡하다. 구현 가능한 개념들 중 하나는 코리올리 회전 작용력을 측정하는 센서를 사용하는 것이다. 이 센서는 그림 18.10 (a)에 도시되어 있는 것처럼, 정전용량에 의해서 가진되어 수직축을 중심으로 회전진동을 일으키는 링/디스크 구조를 가지고 있다. 빗살형태의 작동구조물에 교류 구동전압을 부가하면 진동이 일어난다. 그림 18.10 (b)에 도시되어 있는 것처럼, 코리올리 작용력 때문에, 수직축을 중심으로 한 링/디스크 평면의 각운동이 진동구조의 변형을 초래한다. 이 경사

운동에 따른 정전용량의 변화를 측정하면 각운동에 비례한 값을 구할 수 있다. 자동차의 동적 안정성 제어를 위한 요 운동 검출, GPS 기반의 내비게이션 시스템, 게임콘솔 또는 고급형 스마트폰 등에서 자이로스코프가 사용된다.

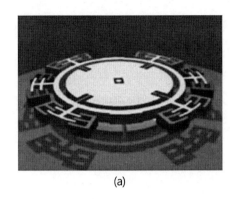
(a)

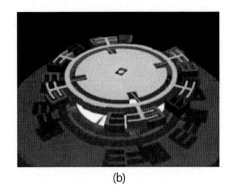
(b)

그림 18.10 코리올리힘을 사용하는 경사계의 개략도. (a) 평면 내 진동이 일어나도록 링/디스크 구조를 가진시킨다. (b) 외부에서 각운동이 가해지면 디스크 변형이 유발되며, 정전용량을 통해서 이를 측정할 수 있다.

폴리실리콘 마이크로가공을 통해서 코리올리 힘을 이용한 경사계가 구현되었다. 폴리실리콘은 기계적인 안정성을 갖춘 소재로서, 금속에 비해서 크리프가 일어나지 않으며, 에피-폴리 공정을 사용하여 원주 형태로 두껍게 증착시킬 수 있고, 도핑을 통해서 전도도를 높일 수 있다. 소위 **보쉬공정**이라고 부르는 반응성이온 심부식각(DRIE)을 통해서 구조형상을 만들 수 있으며, 희생층으로 이산화규소를 사용하는 경우에 식각 선택도가 매우 높다. 두꺼운 에피-폴리 증착층의 단점은 표면조도가 거칠다는 것이다. 고분해능 노광을 시행하기 위해서는, 화학-기계적 평탄화 가공을 사용하여 이 에피-폴리층을 평탄화시켜야 한다.

그림 18.11에서는 이 센서의 제조공정이 개략적으로 제시되어 있으며, 다음의 단계들로 이루어진다.

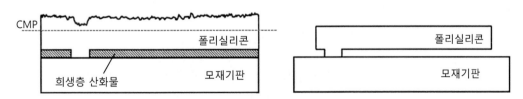

그림 18.11 센서 구조의 개략적인 제조순서[9]

- 1,600[nm] 두께의 희생층 산화물 증착
- 앵커용 구멍을 식각
- 14[μm] 두께로 에피-폴리층을 증착
- 폴리실리콘에 대한 화학-기계적 평탄화 가공 시행. 열분해 실리카를 함유한 슬러리를 사용하여 그림 18.11에 점선으로 표시되어 있는 위치까지 약 3[μm] 정도를 제거해야 한다. 시간조절 방식의 연마가공은 매우 안정적이며 균일하지만, 두께 정밀도가 민감도에 특징적인 영향을 끼친다.
- 1[μm] 미만의 간극을 갖는 구조형상에 대한 노광과 반응성이온 심부식각(DRIE)을 시행한다.
- 기체상 불화수소산을 사용하여 희생층 산화물을 식각하여 빗살형상과 링/디스크 구조를 분리시킨다.

그림 18.12 (a)에서는 증착이 끝난 이후에 에피-폴리층의 거칠기를 보여주고 있으며, 그림 18.12 (b)에서는 폴리실리콘 소재에 대한 화학-기계적 평탄화 가공, 반응성이온 심부식각(DRIE) 그리고 기체상 불화수소산을 사용하여 산화물 희생층을 식각하여 분리한 이후에 깍지형 커패시터로 이루어진 구동구조를 보여주고 있다. 화학-기계적 평탄화 가공을 시행한 이후의 매끄러운 표면에서만 1[μm] 미만의 간극을 갖는 커패시터를 정밀 식각할 수 있다.

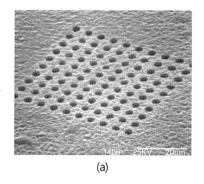

(a)

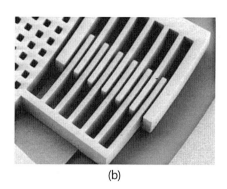

(b)

그림 18.12 (a) 에피-폴리 증착공정 이후의 표면조도,[10] (b) 화학-기계적 평탄화 가공과 빗살형 구동구조를 생성한 이후의 커패시터 형상

공진에 의해서 링/디스크 구조가 가진되므로, 진동 시스템의 품질계수[11]는 매우 높아야만 한다. 그러므로 이 자이로는 고진공하에서 작동해야만 하며, 고진공 웨이퍼레벨 패키징을 통해서 이를

10 Zwicker (2008), Copyright © 2007, John Wiley and Sons, used with kind permission.
11 Quality factor: 입력진폭 대 공진진폭의 비율을 의미한다. 역자 주.

구현할 수 있다. 웨이퍼레벨 패키징에 대한 더 자세한 내용은 이 절의 후반부에 다루기로 한다. 그림 18.13 (a)에서는 제작이 완료된 밀봉 직전의 경사계를 보여주고 있으며, 그림 18.13 (b)에서는 시험 준비가 완료된 센서를 보여주고 있다.

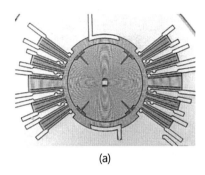

(a)

(b)

그림 18.13 (a) 코리올리힘을 사용하는 경사계 센서 칩,[12] (b) 패키징된 센서의 형상. 센서 구조의 크기는 2.0×1.2[mm]

18.5.2.2 MEMS 반사경 기반의 레이저 스캐닝 프로젝터

2축 MEMS 반사경을 사용하는 레이저 스캐너는 예를 들어 차량용 헤드업 디스플레이나 핸드폰용 피코 프로젝터와 같은 콤팩트 프로젝터를 구현시켜주는 매우 흥미로운 소자이다. RGB 3색의 레이저를 x 및 y 방향으로 스캔하는 데에 단 하나의 반사경만 사용되기 때문에 이 소자는 매우 콤팩트하다. 레이저빔을 사용하면 투사렌즈가 필요 없으며, 영상은 항상 초점이 맞춰져 있다는 장점이 있다. 음극선관과 유사하게, 직선을 나타내기 위해서 빔은 수평방향으로 빠르게 스캔되며, 영상을 생성하기 위한 수직방향 운동은 이보다는 느리게 움직인다.

그림 18.14 (a)에서는 두 방향으로의 변형이 가능한 정전구동식·반사경을 보여주고 있다. 빠르게 움직이는 반사경은 짐벌과 비틀림 스프링으로 고정되어 있으며, 빗살형태의 적층형 전극에서 생성되는 정전력에 의해서 진동을 일으킨다. 짐벌 자체도 비틀림 스프링에 의해서 MEMS 칩에 고정되어 있으며, 수직방향 스윕을 위해서 느린 속도로 진동하도록 가진된다. 저자의 실험실에서 수행된 시험들 중 하나에 따르면, 직경이 0.9[mm] 인 반사경의 고주파 진동축은 32[kHz]로 공진하였으며, 저주파 진동축은 0.6[kHz]로 진동하였다.

그림 18.14 (b)에서는 정전구동기의 설치형상을 보여주고 있다. 고정된 전극은 산화물층에 의해서 분리된 두 개의 두꺼운 폴리실리콘 층으로 이루어지며 변위전압이 부가된다. 이동전극은 두꺼운 한 층의 폴리실리콘으로 이루어진다.

....

12 Zwicker (2008), Copyright © 2007, John Wiley and Sons, used with kind permission.

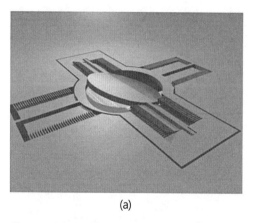

(a)   (b)

그림 18.14 (a) 레이저 스캐닝 프로젝터용 2축 스캐닝 반사경의 3차원 모식도, (b) 빗살형 전극의 세부형상

그림 18.15에서는 제조공정을 개략적으로 보여주고 있다. 양면이 연마된 폴리실리콘 모재의 웨이퍼를 산화시킨 다음에, 에피－폴리공정을 사용하여 45[μm] 두께의 하부 폴리실리콘층을 증착한다. 돌기들을 제거하고 매끄러운 표면을 얻기 위해서, 폴리실리콘 소재에 대한 화학－기계적 평탄화 가공을 통해서 5[μm]만큼의 폴리실리콘 층을 제거한다. 이 연마공정은 2단계로 진행된다. 우선 열분해 실리카 슬러리를 사용하여 5[μm] 벌크를 제거한 다음에 무연마제 슬러리를 사용하여 수십[nm]만큼을 다듬질 연마한다. 증착과 일부 중간층에 대한 구조화를 진행한 다음에, 2차로 45[μm] 두께의 상부 폴리실리콘층을 증착한 다음에 앞서와 동일하게 폴리실리콘 소재에 대한 2단계 화학－기계적 평탄화 가공을 시행한다. 이 표면이 나중에 은도금 반사경으로 사용될 예정이므로, 매끄럽고 평평한 표면이 만들어져야만 한다. 뒷면 실리콘 식각과 희생층 제거가 시행된 이후에는 그림 18.16의 (a)와 (b)에 도시되어 있는 것처럼, 스캐너 반사경이 분리된다.

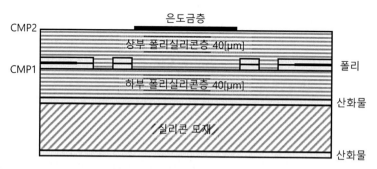

그림 18.15 제조단계: 반사경과 정전변형 빗살구조를 만들기 위해서는 폴리실리콘 소재로 이루어진 40[μm] 두께의 두 층이 필요하다.

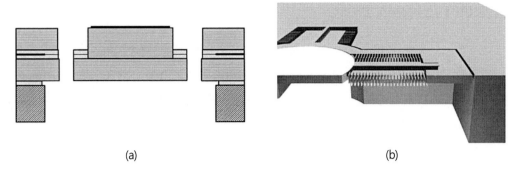

(a)　　　　　　　　　　　　　　(b)

그림 18.16 (a) MOEMS 스캐닝 반사경의 단면형상, (b) 디바이스의 3차원 모식도

변형이 가능한 두 방향에 대해서 스캐닝 반사경이 공진을 일으키기 때문에, 이 디바이스는 고진공하에서의 웨이퍼레벨 패키징을 통해서 조립되어야만 한다. 웨이퍼 뒷면의 하부 챔버와 투명한 앞면덮개를 밀봉하기 위해서는 두 개의 덮개층이 필요하다. 고진공을 유지하기 위해서 뒷면에 티타늄 게터층이 증착된 웨이퍼를 Au/Si 공융접착[13] 기법을 사용하여 디바이스 웨이퍼의 매끄러운 표면에 접착하며 유리덮개 웨이퍼는 유리분말접착[14] 기법을 사용하여 디바이스 웨이퍼에 접착한다. 기생반사를 막기 위해서는, 유리덮개가 디바이스 표면과는 평행하지 않고 약간 기울어져 있어야만 한다. 보다 자세한 내용은 스텐츨리 등[10]을 참조하기 바란다. 그림 18.17 (a)에서는 양면이 밀봉된 디바이스를 보여주고 있으며, 그림 18.17 (b)에서는 완성된 디바이스의 사진을 보여주고 있다.

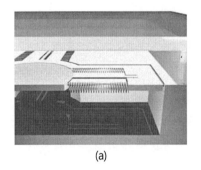　　

(a)　　　　　　　　　　　　　　(b)

그림 18.17 (a) 앞면과 뒷면을 고진공 웨이퍼레벨 패키징 방식으로 밀봉한 MEMS 스캐닝 반사경 패키지,
　　　　　(b) 완성된 디바이스의 외관

---

13 eutectic bonding.
14 glass frit bonding.

18.5.3 마이크로-옵토 디바이스

디지털 마이크로반사경 디스플레이와 같은 고전적인 MOEMS 디바이스는 MEMS와 비교적 많은 관계를 가지고 있는 반면에 마이크로렌즈와 마이크로렌즈 어레이, 마이크로-광학 도파로 등의 마이크로광학 디바이스들은 광학신호의 검출과 조작에 사용된다. 적외선 신호를 검출하는 마이크로-볼로미터도 이 범주에 포함시킬 수 있다. 이 절에서는 유기발광다이오드(OLED) 기술을 사용한 마이크로디스플레이를 제조하기 위한 공정단계들에 대해서 유리덮개의 연삭과 연마를 중심으로 살펴보기로 한다.

18.5.3.1 마이크로디스플레이

유기발광다이오드 기술을 사용하는 **마이크로디스플레이**는 능동형 디스플레이로서, 후방조명을 사용하는 LCD 디스플레이에 비해서 매우 높은 명도를 가지고 있다. 이 소자는 예를 들어 매우 진보된 시스템 카메라의 뷰파인더 등에 사용된다. 조립체는 개별 셀들과 상부의 OLED 층을 구동하기 위한 CMOS 회로들로 이루어진다.

OLED는 수분에 매우 취약하므로 유리덮개를 사용해서 활성영역을 보호해야만 한다. 열팽창계수 차이에 의해서 유발되는 마이크로균열의 발생을 방지하기 위해서 실리콘 모재와 거의 동일한 열팽창계수를 가지고 있는 코닝社의 EagleXG 유리기판을 선정하였다. 약 $5[\mu m]$ 두께의 에폭시 기반 자외선 경화형 레진을 사용해서 CMOS 웨이퍼 위에 유리덮개를 접착한다.

유리덮개의 두께는 최소 $100[\mu m]$ 이상이 요구되지만, 향후에는 $50[\mu m]$으로 감소할 것으로 기대된다. 취급과 조립과정에서 파손을 방지하기 위해서, OLED가 탑재된 CMOS 드라이브 웨이퍼 위에 $700[\mu m]$ 두께의 유리 웨이퍼를 접착한다. 뒤이어 광학적으로 평탄하고 투명한 표면을 만들기 위해서 유리덮개를 연삭 및 연마한다.

박막화 가공의 다양한 단계마다 여러 종류의 문제들이 발생한다. 연삭과정에서는 높은 전단력이 부가되어 온도가 상승하지만, OLED 층은 $55[^{\circ}C]$ 이상으로 가열되어서는 안된다. 화학-기계적 평탄화 가공의 경우에는 연삭자국이나 연삭에 의해서 유발되는 표면하부 손상이 있어서는 안된다. 또한 수분보호를 위한 유리의 분리나 파손이 초래될 우려가 있는 높은 전단력도 최소화시켜야만 한다.

연삭공정은 240 그리드 휠을 사용한 황삭 연마와 1,500 그리드 휠을 사용한 정삭 연마로 이루어진다. 황삭 연마의 경우, EagleXG 기판을 $2[\mu m/s]$의 속도로 $580[\mu m]$만큼 제거하는 반면에, 정삭 연마의 경우에는 $0.15[\mu m/s]$의 속도로 $15[\mu m]$만큼만 제거하여 최종적으로 필요한 유리 웨이퍼 두께보다 $5[\mu m]$만큼 두꺼운 상태로 만든다. 이 때문에 조립 직전에 CMOS 웨이퍼, 접착층 그리고 유리웨이퍼의 두께를 측정해야 한다. 나머지 5[μm] 두께는 다음의 공정인자들을 적용한 화학-기계적 평탄화 가공을 사용하여 제거한다. 연마용 패드는 캐벗마이크로일렉트로닉스社의 Epid D100 패드(동심홈과 x/y홈)를 사용하며, 가공시간이 거의 9분에 이르기 때문에, 가공 중 컨디셔닝을 시행한다. 슬러리는 다우케미컬社에서 생산하는 콜로이드형 실리카 기반의 Klebosol 1508-50을 사용한다. 550[nm/min]의 제거율을 구현하기 위해서 누름압력은 약간 높은 96.5[kPa]를 사용하였는데, 이 압력하에서는 덮개유리의 손상이 발생하지 않았으며, 5[μm]만큼의 두께가공 이후에 뛰어난 광학품질이 구현되었다. 그림 18.18 (a)와 (b)에서는 각각, 완성된 200[mm] 웨이퍼와 완성된 OLED 마이크로디스플레이의 전기시험을 보여주고 있다. 안정된 명도로 작동하는 디스플레이를 통해서 이 절에서 제안된 유리덮개에 대한 연삭과 연마공정을 100[μm]까지의 박막화 가공에 적용할 수 있으며, 심지어는 하부의 CMOS/OLED 적층에 영향을 끼치지 않으면서 50[μm] 두께까지 가공할 수 있다는 것을 확인하였다.

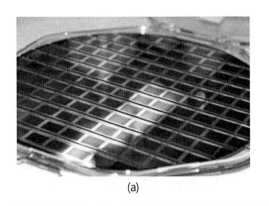
(a)

(b)

그림 18.18 (a) OLED 마이크로디스플레이가 탑재된 200[mm] 웨이퍼의 유리덮개에 대한 연삭과·연마가 완료된 상태. (b) 완성된 OLED 마이크로디스플레이에 대한 시험[15]

18.5.4 웨이퍼 접착

웨이퍼 접착은 두 장의 모재를 기계적으로 안정하게 접착하는 기술이다. 이 기술은 예를 들어 실리콘 온 절연체 웨이퍼나 복합반도체 웨이퍼와 같은 모재를 제조하는 경우 그리고 예를 들어 앞 절에서 소개한 MEMS/MOEMS 디바이스와 같은 디바이스를 제조하는 경우, 3차원 조립방식으로 적층형 디바이스를 제조하거나 웨이퍼레벨 패키징을 수행하는 경우에 활용된다.

특정한 용도에 맞춰서 실리콘 직접접착, 플라스마활성접착, 공융접착, 열압착접착, 양극접착,

---

15 Both figures copyright © Fraunhofer FEP, used with kind permission.

유리분말접착 등과 같은 다양한 접착기법들이 개발되었다. 대부분의 경우, 양호한 접착결과를 얻기 위해서는 평평하고 매끄러우며 깨끗한 표면이 필요하며, 화학－기계적 평탄화 가공을 통해서 이를 가장 잘 구현할 수 있다. 다음의 두 절에서는 3차원 적층과 웨이퍼레벨 패키징 분야에서 화학－기계적 평탄화 가공의 적용사례에 대해서 살펴보기로 한다.

18.5.4.1 적층형 디바이스

그림 18.1에 도시된 것과 같이 시스템 온 칩(무어의 법칙 지속)과 시스템 인 패키지(무어의 법칙 초월)를 조합하여 고부가가치 시스템을 구현하기 위해서는 이들을 통합해야만 한다. 스마트폰, 태블릿 PC 또는 스마트워치와 같은 휴대용 디바이스들은 점점 더 작아지고 있으므로, 프린트회로기판을 사용한 조립만으로는 더 이상 충분치 못하다. 적층형 칩과 와이어본딩을 이용한 이들의 조립 또는 더 공간을 절약하기 위한 **실리콘관통비아**(TSV)의 도입을 통해서 고밀도 3차원 집적화가 가능해졌다.

현재의 초고품질 웨이퍼 제조기술은 수직배선을 사용하여 높은 수율로 웨이퍼를 3차원으로 쌓아올리는 것을 가능케 해주었다. 이런 접합을 구현하기 위해서는 웨이퍼 박막화 가공과 실리콘 관통비아의 생성이 필요하다. 웨이퍼 박막화 공정은 다음의 단계들로 이루어진다. 취급용 웨이퍼나 연삭용 테이프를 임시로 접착한 다음에 웨이퍼의 두께가 $50 \sim 75[\mu m]$ 정도가 될 때까지 뒷면 연삭을 시행한다. 초미세 연삭을 사용하여 연삭표면을 매끄럽게 만든 다음에는 식각이나 화학－기계적 평탄화 가공을 시행한 다음에 이를 주 캐리어웨이퍼에 옮겨 붙인다. 실리콘관통비아로 이루어진 수직방향 배선은 심부실리콘식각, 측벽차폐, 고밀도 도핑된 폴리실리콘 같은 도전체나 구리나 텅스텐 같은 금속소재 충진 그리고 화학－기계적 평탄화 가공방법을 사용한 과도 증착된 소재의 제거의 순서로 진행된다. 어떤 경우라도, 화학－기계적 평탄화 가공이 가장 핵심적인 공정이다.

진보된 연삭기술을 사용하면 실리콘 웨이퍼의 두께를 $50[\mu m]$ 미만으로 가공할 수 있다. 사용하는 다듬질용 연삭휠에 따라서, 연삭자국과 소위 표면하부손상이라고 부르는 변성된 결정구조를 제거해야만 한다. 이 변성층의 깊이가 수$[\mu m]$에 이를 수 있기 때문에 식각이나 화학－기계적 평탄화 가공을 사용하여 약 $5[\mu m]$ 정도의 충분한 두께를 제거해야 한다. 만일 이 후속 공정에서 웨이퍼를 접착하려고 한다면, 표면연마가 필요하다. 프라임 웨이퍼 제조공정에서 파생된 2단계 가공방법을 사용하여 저자의 연구실에서는 매우 양호한 가공결과를 얻을 수 있었다. 첫 번째 단계는 필요한 두께로 만들기 위해서 IC형 연마용 패드상에서 캐벗社의 SS25와 같은 열분해 실리카 기반의 슬러리를 사용한 벌크가공이다. 그런 다음 SPM형 패드 위에서 후지미社의 Glanzox 3900 같은 무연마제 슬러리를 사용하여 90초 동안 가공하여 거의 원자 수준에서 평평한 표면을 만든다. 이런 화학-기계적 평탄화 가공 후에는 SC1 용액 속에서 브러시세정을 통해서 입자 오염에 둔감한 친수성 표면을 만든다.

실리콘관통비아를 사용하면 접착된 웨이퍼 사이에서 수직방향 접점을 형성할 수 있다. 수직방향 비아구멍 충진 금속으로 구리를 사용하는 경우에는 접착된 웨이퍼들 사이의 전기접점 형성을 위해서 열압착 접착을 사용할 수 있다. 그런데 증착표면층이 수십[nm] 수준의 거칠기를 가지고 있기 때문에, 열압착 접착을 위하여 필요한 표준온도는 T=600~700[°C]에 이르며, 누름압력도 수[MPa]에 달하여 후공정에 적용하기에는 적당치 않다. 프라운호퍼 ENAS의 연구자들[11]에 따르면, 구리소재에 대한 화학-기계적 평탄화 가공을 통해서 표면 평탄도를 20~40배 향상시킬 수 있으며, 이를 통해서 400[°C]의 온도와 0.6[MPa]의 압력을 2시간 동안 부가하여 열압착 접착을 구현하였다. 이 실험에서는 캐벗사의 EPL 시리즈 구리 슬러리를 사용하였으며, 연질 패드에 누름압력 10.3[kPa]로 90초 동안 화학-기계적 평탄화 가공을 시행하였다. 평탄화 가공 후의 부식을 방지하기 위해서 브러시 세정을 수행하는 동안 약한 유기산을 사용하였으며, 상온에서 불활성가스로 표면을 보호하였다.

이 실험을 통해서 열압착 접착의 가능성을 확인할 수 있었다. 실리콘관통비아에 대한 화학-기계적 평탄화 가공은 이 책의 별도의 절에서 논의되어 있다.

18.5.4.2 웨이퍼레벨 패키징

가속도센서, 경사계, 스캐닝 반사경 레이저 프로젝터 또는 μ-볼로미터 어레이 영상센서 등과 같은 일부의 MEMS 센서들이나 마이크로-광학 디바이스들은 고진공 조건하에서 작동해야 한다. 염가로 진공 밀봉된 디바이스를 제작하기 위해서 필요한 핵심기술이 고진공 웨이퍼접착기법을 사용한 **웨이퍼레벨 패키징**(WLP)이다.

웨이퍼레벨 패키징을 위한 전형적인 접착기술은 280[°C]에서 형성되는 AuSn과 같이 특정한 공융온도에서 공정합금을 형성하는 **공융접착**기법이나 저온용융 유리페이스트를 스크린프린팅한 후에 약 430[°C]의 용융온도에서 가압하여 접착을 이루는 **유리분말접착**기법이다. 두 가지 방법 모두 기체방출이 작고 매우 신뢰성 있는 진공밀봉이 구현되지만, 유리분말 접착이 더 넓은 접착영역을 필요로 한다. 두 방법 모두 고진공 유지의 장기간 안정성은 진공영역을 이루는 **게터소재**[16]의 지원을 받는다.

유리분말 접착에서는 용융과정에서 불균일 표면이 충진되기 때문에 거친 표면에도 적용이 가

---

16 진공영역 내에서 기체를 흡수하는 소재. 역자 주.

능한 반면에 공융접착에서는 매끄러운 표면이 필요하다. 진공 공동을 식각하기 전이나, 접착용 프레임을 성형한 다음에 표면을 연마하여 접착에 필요한 매끄러운 표면을 만들 수 있다. 다음에서는 μ-볼로미터 어레이의 공융접착을 위하여 비반사코팅(ARC)으로 작용하는 **모스아이 패턴**[17]과 게터영역 구조가 성형된 덮개용 웨이퍼에 접착프레임의 제작하는 과정을 살펴보기로 한다.

그림 18.19에서는 μ-볼로미터 디바이스의 웨이퍼레벨 패키징을 개략적으로 보여주고 있다.[12] 그림에서 A와 B는 μ-볼로미터 어레이와 직접 마주보고 있는 모스아이 패턴으로서, 비반사코팅과 단파장 적외선 복사에 대한 필터로 작용한다. C는 게터영역 구조물로서 고진공의 진공도 향상과 유지를 도와준다. 폴리실리콘을 매우 두껍게 성장시켜서 만든 유격프레임 D를 AuSn 공융접착으로 금속화하여 진공공동을 형성한다. 모스아이 패턴과 게터패턴 구조물을 성형한 다음에, 이들을 테트라에틸오소실리케이트(TEOS) 산화물과 에피-폴리 공정을 통해서 90[μm] 두께로 증착한 폴리실리콘 층으로 매립한다.[13] 에피-폴리 증착공정은 매우 거친 표면을 생성하기 때문에, 폴리실리콘 표면에 대한 미세가공 절에서 설명했던 것과 같은 실리콘소재에 대한 화학-기계적 평탄화 가공을 사용하여 약 10[μm] 두께의 폴리실리콘을 제거해야만 한다. 그런 다음, 레지스트 마스크와 테트라에틸오소실리케이트(TEOS) 위에서 식각을 멈추는 선택성 습식 실리콘 식각을 사용하여 두꺼운 폴리실리콘의 구조형상을 만든다. 레지스트 박리가 끝나면, 웨이퍼를 습식 실리콘 식각액 속에 담가서 그림 18.20에서와 같이 프레임의 날카로운 테두리를 둥글린다. 이 과정에서 표면이 약간 거칠어지지만, 공융결합에는 아무런 영향을 끼치지 않는다. 마지막으로, Ti 게터층과 AuSn 도금베이스를 증착하며 여타의 모든 구조들은 레지스트로 덮은 상태에서 전기도금을 사용하여 실 프레임을 AuSn으로 금속화하여 접착프레임을 보강한다. 도금된 베이스를 선택적으로 제거하고 나면, P < 10⁵[mbar]의 진공환경 속에서 덮개용 웨이퍼를 공융 접착한다. 이렇게 만들어진 160×120 픽셀을 갖춘 원적외선 영상 센서는 90[mK]의 분해능을 갖추고 있다.[13]

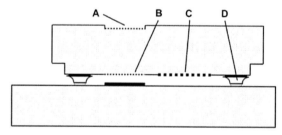

그림 18.19 웨이퍼레벨 패키지의 개략도. A와 B는 모스아이 패턴을 갖춘 표면, C는 Ti 소재가 증착된 게터영역 구조물 그리고 D는 폴리실리콘 소재로 만들어진 유격프레임으로써, AuSn을 사용하여 공융접착을 이룬다.

---

17 피라미드 형상의 미세 돌기구조가 반복되어 있는 패턴. 역자 주.

그림 18.20 폴리실리콘 소재의 유격 프레임의 금속접착이 이루어지는 라운드 형상 윤곽

18.6 결 론

무어의 법칙을 지속시켜주는 메모리와 로직회로의 제조에 화학－기계적 평탄화 가공기술이 성공적으로 적용된 이후에, 무어의 법칙을 초월하는 디바이스들의 제조에도 이 기술이 적용되고 있다. 비록 공정단계들은 전통적인 실리콘 기술에 기반을 두고 있지만, 서로 다른 치수와 소재로 인하여 연마순서나 연마용 소모품들에 대한 수정이 필요하다. 무어의 법칙을 초월하는 디바이스들은 다양한 적용 분야를 가지고 있으며, 이 장에서는 전력용 디바이스, MEMS, MOEMS, 마이크로－광학, 웨이퍼 접착 및 웨이퍼레벨 패키징 등과 같이 화학－기계적 평탄화 가공이 이들의 제조에 필수적인 다양한 사례들을 살펴보았다. 여기서 다루지 못한 다양한 상용시스템과 전 세계의 다양한 연구개발 실험실에서 개발되고 있는 디바이스들에서 화학－기계적 평탄화 가공기술이 활용되고 있다. 디바이스의 제조에 사용되는 이 핵심기술의 새롭고 놀라운 적용사례는 앞으로도 계속될 것이다.

참고문헌

1. Arden, W., Brillouet, M., Cogez, P., Graef, M., Huizing, B., Mahnkopf, R., 2010. ITRS, "Morethan-Moore" White Paper. http://www.itrs.net/papers.html.

2. Moon, Y., Wei, A., Jung, S., Mu, G., Thangaraju, S., Koli, D., Carter, R., 2014. Chemical mechanical polishing as enabling technology for sub-14nm logic device. In: NCCAVS CMP Users Group Meeting July 2014. http://www.avsusergroups.org/cmpug_pdfs/CMP2014_7moon.pdf.

3. Sniegowski, J.J., 1996. Chemical-mechanical polishing enhancing the manufacturability of MEMS. Proc. SPIE 2879, 104e115.

4. Tsujimura, M., 2008. Processing tools for manufacturing. In: Li, Y. (Ed.), Microelectronic Applications of Chemical Mechanical Planarization. Wiley Interscience, Hoboken, pp. 57e80.

5. Steible, B., Stoldt, M., Tack, M., Zwicker, G., 2012. Application of an abrasive-free Cu slurry for MEMS devices. Proc. ICPT 203e208.

6. Kunzelmann, U., Mueller, M.R., Kallis, K.T., Schuette, F., Menzel, S., Engels, S., Fong, J., Lin, C., Dysard, J., Bartha, J.W., Knoch, J., 2012. Chemical mechanical planarization of aluminium damascene structures. Proc. ICPT 371e376.

7. Cook, L.M., 1990. Chemical processes in glass polishing. J. Non Cryst. Solids 120, 152e171.

8. Lange, P., Kirsten, M., Riethm€uller, W., Wenk, B., Zwicker, G., Morante, J.R., Ericson, F., Schweitz, J.A., 1996. Thick polycrystalline silicon for surface-micromechanical applications: deposition, structuring and mechanical characterization. Sens. Actuators A 54, 674e678.

9. Zwicker, G., 2008. Fabrication of microdevices using CMP. In: Li, Y. (Ed.), Microelectronic Applications of Chemical Mechanical Planarization. Wiley Interscience, Hoboken, pp. 401e429.

10. Stenchly, V., Quenzer, H.-J., Hofmann, U., Janes, J., Jensen, B., Benecke, W., 2013. New fabrication method for glass packages with inclined optical windows for micromirrors on wafer level. Proc. SPIE 8613, 861319.

11. Schubert, I., Gottfried, K., Wuensch, D., Baum, M., Plagens, S., Martinka, R., 2011. CMP process development and adaption for wafer bonding. Proc. ICPT 543e549.

12. Reinert, W., Quenzer, J., Thinnes, S., Roman, C., 2012. Housing for an Intrared Radiation Micro Device and Method for Fabricating Such Housing. US Pat. 2012/0097415 A1.

13. Roman, C., Cortial, S., Reinert, W., Stenchly, V., 2012. Toolbox Development for Uncooled FIR M-bolometer Image Sensors. Poster at EPTC, Singapore.

CHAPTER

19

상변화 소재에 대한
화학 – 기계적 평탄화 가공

CHAPTER
19

상변화 소재에 대한
화학 - 기계적 평탄화 가공

19.1 서 언

플래시 메모리 기술의 크기축소 이슈가 32[nm] 아래로 내려가면서, **상변화메모리**(PCM)가 높은 기록/판독속도, 비트 가변성, 기록삭제의 용이성, 양호한 데이터 유지능력, 높은 반복작동 내구성 그리고 크기축소 가능성 등의 측면에서 차세대 비휘발성 메모리 기술의 가장 유력한 후보로 고려되기 시작하였다.[1] 일반적으로 **$Ge_2Sb_2Te_5$(GST)**[1]에 기초하는 칼코게나이드 소재들은 GST 박막의 비정질 상태(리셋, 즉 고저항 상태)와 결정질 상태(셋, 즉 저저항 상태) 사이의 스위칭을 통해서 데이터를 저장할 수 있다.[2]

큰 리셋전류가 필요하다는 가장 큰 장애요인을 해결하기 위해서, 상변화메모리 디바이스는 평면형 구조에서 상변화 소재인 GST를 증착한 다음에 화학-기계적 평탄화 가공을 통해서 하부의 SiO_2 박막이 나올 때까지 여분의 소재를 제거한 사방이 막힌 구조로 발전하였다. **그림 19.1**에서는 화학-기계적 평탄화 가공을 사용하여 제작한 전형적인 상변화 메모리 디바이스 구조를 보여주고 있다. 이 그림에서, TE와 BE는 각각 상부전극과 하부전극을 나타낸다. 화학-기계적 평탄화 가공을 사용하면 GST 표면을 매끄럽게 만들 수 있어서, GST와 TiN 사이의 접촉저항을 줄일 수 있으며, 디바이스 저항값의 변화폭도 줄일 수 있다. GST를 나노비아 속에 매립하면 상변화 메모

---

1   이후로는 GST라고 칭한다.

리 디바이스의 작동 중 열효율을 높일 수 있다. 이 외에도 디바이스의 전력소모량을 절감하고 수명을 늘릴 수 있다. 요약하면 상변화메모리 디바이스의 제조에 화학−기계적 평탄화 가공을 사용하면 내구성과 신뢰성을 높이면서도 크기축소의 추세를 수용할 수 있다. 마지막으로 화학−기계적 평탄화 가공을 활용하면 상변화메모리의 대량생산을 촉진시킬 수 있다.

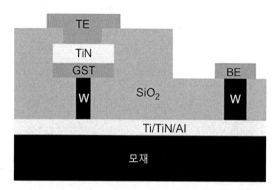

그림 19.1 화학−기계적 평탄화 가공을 사용하여 제조한 전형적인 상변화메모리의 구조(컬러 도판 p.598 참조)

19.2 GST 소재에 대한 화학−기계적 평탄화 가공의 요구조건

GST 소재에 대한 성공적인 화학−기계적 평탄화 가공은 다음의 요구조건들을 충족시켜야 한다.

- GST 박막은 높은 제거율로 연마해야 한다.
- GST와 연마 멈춤층(SiO_2) 사이의 연마율 선택도는 높아야만 한다.
- 디싱, 침식, 패턴 불균일, 불완전(긁힘, 결함 및 부식) 등을 최소화시켜야만 한다.
- 연마가공이 종료된 이후에 상변화 소재 표면을 구성하는 성분들의 조성과 상에 변화가 없어야 한다.[4]

19.3 GST 소재에 대한 화학−기계적 평탄화 가공과 관련된 문제들

화학−기계적 평탄화 가공이 상변화메모리 디바이스의 대량생산을 가능케 해주었으나, 작은 디바이스 영역 내에서의 조성관리, 두께조절, 불완전(긁힘, 결함 및 부식) 그리고 소형화 등에서 새로운 기술적 도전에 직면하게 되었다.[1]

지금부터 이들 중 몇 가지 이슈들에 대해서 살펴보기로 한다.

19.3.1 긁힘

GST 소재의 경도는 2.3~2.4[GPa]이며, 5 알루미늄과 구리의 경도는 각각 0.5~1.2[GPa]와 3.0[GPa] 이다. 따라서 GST는 비교적 연한 소재이다. 따라서 패드와 같은 경질소재, 응집된 대형의 실리카 입자, 컨디셔너에서 탈락된 다이아몬드 입자 등에 의해서 화학−기계적 평탄화 가공 과정에서 쉽게 긁힌다. 그림 19.2에서는 IC 1010 패드를 사용하여 화학−기계적 평탄화 가공을 시행한 이후의 GST 표면에 대한 광학현미경 사진을 보여주고 있다. 이런 **긁힘**의 발생을 방지하기 위해서는 연질 패드를 사용해야 하며 슬러리 필터링, 슬러리 배합 그리고 슬러리 상태 모니터링 등의 엄격한 관리와 컨디셔닝이 수행되어야 한다.

그림 19.2 IC 1010 패드를 사용하여 화학−기계적 평탄화 가공을 시행한 이후의 GST 표면에 대한 광학현미경 영상

19.3.2 부식

부식은 GST 소재에 대한 화학−기계적 평탄화 가공에서 제기되는 또 다른 중요한 문제이다. Ge, Sb 및 Te의 용해성, 화학반응성 그리고 전기화학적 반응성이 서로 다르기 때문에, GST 소재에 대한 화학−기계적 평탄화 가공에서 부식문제는 순수금속이나 이중금속에 대한 일반적인 화학−기계적 평탄화 가공보다 훨씬 더 복잡하다. 일반적으로 사용되는 물리기상증착이나 화학기상증착은 기존의 금속/차단층 박막에 비해서 조밀성이 떨어지는 다공질 GST 증착박막을 만들기 때문에, GST 소재가 화학적 공격에 더욱 취약해진다. 그림 19.3에서는 GST 패턴이 성형된 웨이퍼를 일반적인 알칼리성 실리카 기반의 슬러리를 사용하여 표면연마를 시행한 이후의 주사전자현미경 단면영상을 보여주고 있다. 그림에서 볼 수 있듯이, 슬러리의 강력한 부식작용에 의해서

비아 내부의 GST 소재가 거의 없어져 버렸다. 이런 문제를 극복하기 위해서는 pH값, 산화제, 착화제, 억제제 그리고 계면활성제 등의 조성을 세심하게 조절해야만 한다.

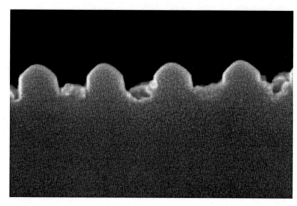

그림 19.3 GST 패턴이 성형된 웨이퍼를 일반적인 알칼리성 실리카 기반의 슬러리를 사용하여 연마한 이후의 주사전자현미경 단면영상

19.3.3 잔류물

GST 소재에 대한 화학−기계적 평탄화 가공 이후에 발생되는 또 다른 일반적인 문제는 그림 19.4에 도시된 것과 같은 **잔류물**들이다. GST 비아의 표면에서는 잔류물들이 자주 발견되는 반면에 유전체 박막 표면에는 잔류물들이 존재하지 않는다. 이런 GST 표면 잔류물들은 연마생성물들이 재증착된 것이라고 추정할 수 있다. 그림 19.5에서는 잔류물이 남아 있는 GST 비아에 대한 전형적인 투과전자현미경(TEM) 사진과 이에 대한 에너지 분산형 분광(EDS) 분석결과를 함께 보여주고 있다. 에너지 분산형 분광(EDS) 분석결과에 따르면, 잔류물들과 비아 내의 GST 벌크 사이의 가장 큰 차이점은 Ge 농도였다. 잔류물들은 대부분이 Sb와 Te였다. Sb와 Te는 Ge보다 물에 대한 용해도가 높기 때문에, 가능한 설명들 중 하나는 연마가 진행되는 동안 Ge와 Te/Sb 사이에 일차전지가 형성되었다는 것이다. 이들 사이에는 전위 차이가 존재하기 때문에, Ge는 양극처럼 작용하며, Te/Sb는 음극처럼 작용한다. 이 일차전지 형성으로 인하여, Ge의 물에 대한 용해도가 상대적으로 더 낮더라도 산화되어 제거되어버리는 것이다. 비록 Te/Sb가 물에 대한 강력한 용해성을 가지고 있더라도, 이와 동시에 Te/Sb 산화물이 금속 상태로 환원되어 GST 박막 위에 재증착되므로, 표면 잔류물의 대부분이 Te/Sb로 이루어진 것이다.[5] 이런 전기화학적 부식을 억제할 수 있는 올바른 억제제를 선정하는 것이 이런 잔류물 생성을 방지하는 핵심 인자인 것이다. 물론, 이런 문제를 해결할 수 있는 또 다른 방법은 과도연마시간을 길게 가져가는 것이지만, 산화물 손실이 증가하고 GST 높이가 감소하기 때문에 공정 윈도우가 좁아지게 된다.

그림 19.4 화학－기계적 평탄화 가공 이후의 GST에 대한 주사전자현미경 영상

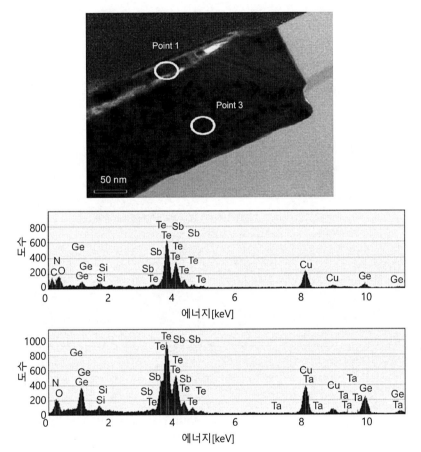

그림 19.5 잔류물이 남아 있는 GST 비아에 대한 전형적인 투과전자현미경 영상과 이에 대한 에너지 분산형 분광(EDS) 분석결과

19.3.4 GST 디싱

패턴이 성형된 웨이퍼를 연마할 때에는 디싱이 발생할 우려가 있다. 후속공정에 충분한 공정 윈도우를 제공해주기 위해서는, 산화물 손실이 최소화되어야만 하며, 이를 위해서는 GST 대비

산화물의 연마율 선택도가 높아야만 한다. 그런데 이렇게 높은 선택도로 인하여 **GST 디싱**이 발생하기 쉬워진다. 그림 19.6에서는 현저한 디싱이 발생한 GST 비아에 대한 주사전자현미경 영상을 보여주고 있다. 이 경우에 GST 비아의 임계치수는 60[nm]이며, 종횡비는 1 : 1 그리고 디싱깊이는 대략적으로 16[nm]에 달하였다. 이런 디싱의 발생을 완화하기 위해서는 두 가지 방법을 사용할 수 있다. 한 가지 방법은 자기멈춤 슬러리를 사용하는 것이다. 이 슬러리에는 GST 표면에 흡착되어 보호층을 형성하는 첨가제가 들어 있다. 종료시점에 도달한 이후에도 연마가 지속되면, GST/산화물 선택도가 높기 때문에, 주변의 산화물들은 제거되지 않는다. 이와 동시에, 비아 표면에도 보호층이 형성되기 때문에 GST도 제거되지 않으므로 패드가 비아의 내측부에 도달하지 못하게 된다. 디싱 발생을 막아주는 또 다른 방법은 2단계 연마공정을 사용하는 것이다. 첫 번째 단계에 서는 선택도가 높은 슬러리를 사용하여 GST 벌크를 가공한다. 연마가 종료시점에 근접한 두 번째 단계에서는, 선택성이 없는 슬러리를 사용하여 디싱발생을 최소화시킨다.

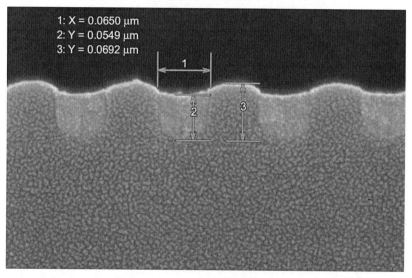

그림 19.6 현저한 디싱이 발생한 GST 비아의 주사전자현미경 단면영상

19.3.5 GST 탈락과 광-유발성 부식

또 다른 흥미로운 현상은 슬러리 조성을 세심하게 관리하고 연마공정이 정상적으로 시행된 경우에도 가끔씩 GST가 완전히 제거되어버리는 문제이다. 그림 19.7에서는 GST 탈락이 발생한 위치에 대한 주사전자현미경 윗면영상과 단면영상을 보여주고 있다. 그림에 따르면, GST 비아에 뚜렷한 함몰이 발생하였으며, 비아의 테두리 부분에만 일부 소재가 남아 있다. 비아의 크기는 나노단위이므로, 이 결함은 연마과정에서 패드 굽힘에 의해서 유발된 것이 아니다. 저자는 이를

광-유발성 부식현상인 것으로 추정하고 있다. 연마를 수행하는 동안 연마기를 밀폐하여 광선 유입을 차단하면, 그림 19.8에 도시된 것처럼, 더 이상 GST 탈락이 발생하지 않는다.

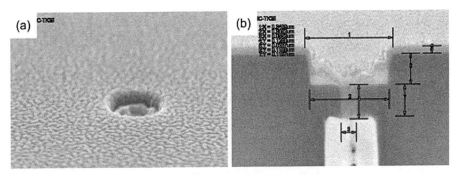

그림 19.7 GST 탈락문제에 대한 주사전자현미경 영상. (a) 윗면영상, (b) 단면영상

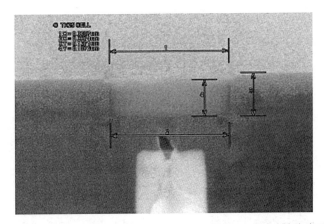

그림 19.8 폴리싱된 상부층이 남아 있는 GST 비아의 주사전자현미경 단면영상

19.4 GST 소재의 연마 메커니즘

19.4.1 산화의 역할

저자가 속한 연구그룹[5]은 두 가지의 전형적인 실리카 기반 슬러리(pH=2와 pH=11)를 사용하여 GST 소재에 대한 화학-기계적 평탄화 메커니즘에 대한 연구를 수행했다. GST 박막에 대한 정적 식각실험결과에 따르면, GST 소재는 산성에 비해서 알칼리성 범위에서 더 빠르게 식각되며, 두 경우 모두 다공질의 섬모양 표면이 형성되었다. 경도측정 결과에 따르면 pH=2인 슬러리를 사용하여 GST 박막에 대한 화학-기계적 평탄화 가공을 시행한 이후에는 경도가 약간 증가한

반면에 pH=11인 슬러리를 사용하여 평탄화 가공을 시행한 이후의 경도는 비교적 크게 증가하였다. 제타전위 측정결과에 따르면, GST 소재는 네 개의 영전하 점들이 존재한다. 용해 데이터에 따르면 Sb와 Te가 Ge보다 물에 대한 용해도가 더 높았으며, 슬러리 내에 2.0[wt%]의 H_2O_2가 존재하는 경우에는 알칼리성 슬러리의 경우가 산성 슬러리에 비해서 용해도 차이가 더 심하였다. 두 가지 슬러리들의 연마성능에 대한 추가적인 비교에 따르면, 알칼리성 슬러리가 GST 소재에 대한 제거율이 더 높았으며, 산화물 대비 GST의 연마율 선택도가 더 높았다. 반면에 산성 슬러리는 연마율/정적 식각률의 비율이 더 높았다. 그리고 두 가지 슬러리 모두 화학−기계적 평탄화 가공이 끝난 이후에도 GST 소재의 상변화 성질을 변화시키지 않았다.

pH=2
$$Ge + 2H_2O_2 = GeO_2 + 2H_2O$$
$$2Sb + 3H_2O_2 = Sb_2O_3 + 3H_2O$$
$$Te = Te$$

pH=11
$$\ge + 2H_2O_2 + OH^- = HGeO_3^- + 2H_2O$$
$$2Sb + 5H_2O_2 + 2OH^- = 2SbO_3^- + 6H_2O$$
$$Te + 2H_2O_2 + 2OH^- = TeO_3^{2-} + 3H_2O$$

그림 19.9 GST 소재에 대한 연마가공을 시행하는 동안 발생하는 반응식들

산성 및 알칼리성 슬러리 내에서 GST 박막에 대한 개회로전위 시험과 Ge, Sb 및 Te의 풀베이 선도에 따르면, 산성 및 알칼리성 슬러리 내에서 안정적인 성분들은 각각, GeO_2, Sb_2O_3 및 Te와 $HGeO_3^-$, SbO_3^- 및 TeO_3^{2-} 이다. 따라서 GST 소재에 대한 연마가공을 시행하는 동안 일어나는 전체적인 반응식들은 그림 19.9와 같다. pH=2인 슬러리의 경우, Ge 및 Sb는 각각 GeO_2와 Sb_2O_3로 산화되는 반면에, Te는 산화되지 않고 여전히 금속 상태로 남아 있다. pH=11인 슬러리를 사용하는 경우에는 Ge, Sb 및 Te 가 산화되어 각각 $HGeO_3^-$, SbO_3^- 및 TeO_3^{2-}로 변한다. 알칼리성 슬러리 속에서 GST 소재의 정적 식각률과 제거율이 더 높은 이유는, pH=2인 경우에 형성되는 GeO_2, Sb_2O_3 및 Te는 불용성인 반면에 pH=11인 경우에 형성되는 $HGeO_3^-$, SbO_3^- 및 TeO_3^{2-}는 물에 대한 용해성이 더 높기 때문이다. 이 문제를 H_2O_2의 존재 여부에 따른 Ge, Sb 및 Te의 용해도 차이로도 설명할 수 있다. pH=2인 경우, H_2O_2를 첨가하면, 불용성 물질이 생성되기 때문에 Sb와 Te의 용해도가 감소한다. 반면에 pH=11인 경우에 H_2O_2를 첨가하면 용해성 물질이 생성되기 때문에 Sb와 Te의 용해도가 증가한다.

우리는 또한 GST 소재에 대한 연마가공을 수행하면서 시간에 따른 산성 슬러리와 알칼리성

슬러리의 입자 크기 변화를 측정하였다. pH=2인 슬러리와 pH=11인 슬러리 모두, 평균 입자크기는 거의 동일하였으며 편차는 ±3[nm]에 불과하였다. pH=2인 슬러리와 pH=11인 슬러리 모두, 연마가공을 시행하는 동안 입자크기가 거의 일정하게 유지되었으므로, GST 소재가 덩어리가 아니라 분자단위로 제거되었다는 것을 시사한다. 그렇지 않았다면, 연마가공을 시행하는 동안 포집한 연마생성물 속에서 응집이나 비정상적인 크기의 입자들이 발견되었을 것이다.

산성 및 알칼리성 슬러리에 H_2O_2가 첨가되지 않은 경우에는, Ge, Sb 및 Te의 용해도는 거의 일정하게 유지된다. 하지만 pH=2인 경우보다 pH=11인 경우에 GST 소재는 훨씬 더 빨리 연마된다. 이는 용해도 차이로만 설명할 수 없는 현상이다. Ge와 Sb는 성질이 유사하기 때문에, 알칼리성 슬러리 속에서 연성의 Ge 산화물층이 형성되면서 Ge 표면이 연화되었기 때문이라고 추정할 수 있다. GST 소재에 대한 화학-기계적 평탄화 가공과정에서도 이와 동일한 상황이 일어날 수 있다. 비록 GST가 금속일지라도 SiO_2와 성질이 유사하기 때문에, 산성 슬러리보다 알칼리성 슬러리 속에서 더 높은 연마효율을 갖는다.

이 외에도 이미 19.3.3절에서 설명했듯이 Ge, Sb 및 Te는 큰 전위 차이를 가지고 있기 때문에, GST 소재에 대한 화학-기계적 평탄화 가공에는 전기화학적 반응도 존재한다.

요약해보면 GST 소재는 증착된 직후보다 슬러리 속에서 표면경도가 약간 더 높으며, 연마과정 중에 연마입자들의 크기는 거의 일정하게 유지된다. 산성 슬러리와 알칼리성 슬러리 속에서 GST 소재는 각각, GeO_2, Sb_2O_3 및 Te와 $HGeO_3^-$, SbO_3^- 및 TeO_3^{2-} 같은 안정된 성분들을 형성하므로 GST 소재에 대한 연마과정에는 산화반응이 수반된다. GST 소재의 제거는 분자단위로 이루어지며, 알칼리성 슬러리 속에서 연질의 수화물이 형성된다. 그리고 Ge와 Te/Sb 사이에서는 전기화학적 반응이 일어난다.

참고문헌

1. L.Y. Wang, Z.T. Song, W.L. Liu, B. Liu, M. Zhong, A.D. He, S.L. Feng, Evaluation of hydrogen peroxide on chemical mechanical polishing of amorphous GST, ECS Trans. 44 (1) (2012) 579e586.

2. M. Zhong, Z.T. Song, B. Liu, Y.F. Chen, Y.F. Gong, F. Rao, S. Feng, F.X. Zhang, Y.H. Xiang, The effect of annealing and chemical mechanical polishing of Ge2Sb2Te5 phase change memory, Scr. Mater. 60 (2009) 957e959.

3. M. Zhong, Investigation on Chemical Mechanical Polishing of Phase Change Material (Ph.D. thesis of Chinese Academy of Sciences), 2010.

4. T.Y. Lee, I.K. Lee, B.H. Choi, Y.S. Park, US Patent 20090001340A1, 2009.

5. L.Y. Wang, Z.T. Song, M. Zhong, W.L. Liu, W.X. Yan, F. Qin, A.D. He, B. Liu, Mechanism of Ge2Sb2Te5 chemical mechanical polishing, Appl. Surf. Sci. 258 (2012) 5185e5190.

6. M. Zhong, Z.T. Song, B. Liu, S.L. Feng, B. Chen, Oxidation addition effect on Ge2Sb2Te5 phase change film chemical mechanical polishing, J. Electrochem. Soc. 155 (11) (2008) H929eH931.

7. J.Y. Cho, H. Cui, J.H. Park, S.H. Yi, J.G. Park, Role of hydrogen peroxide in alkaline slurry on the polishing rate of polycrystalline Ge2Sb2Te5 film in chemical mechanical polishing, Electrochem. Solid-State Lett. 13 (5) (2010) H155eH158.

8. H. Cui, J.Y. Cho, J.H. Park, H.S. Park, J.G. Park, Chemical mechanical planarization for nitrogen-doped polycrystalline Ge2Sb2Te5 film using nitric acidic slurry added with hydrogen peroxide, J. Electrochem. Soc. 155 (11) (2011) H929eH931.

찾아보기

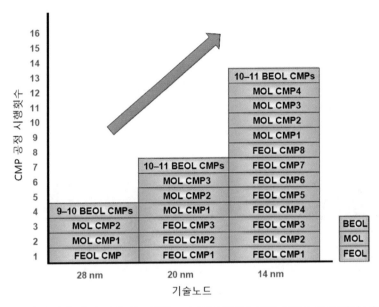

그림 1.20 기술노드의 발전에 따라 사용되는 화학-기계적 평탄화 가공 공정수의 변화양상(본문 p.18 참조)

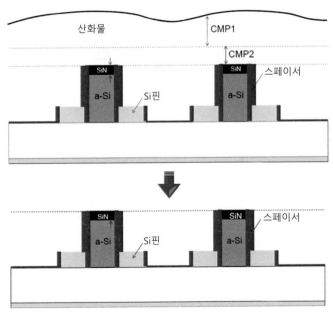

그림 1.25 폴리오픈에 대한 화학-기계적 평탄화 가공(POC) 공정[5](본문 p.23 참조)

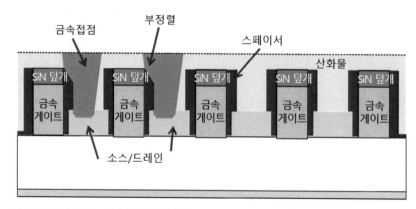

그림 1.27 소스/드레인상에서 발생한 금속 접점의 부정렬 사례[5](본문 p.25 참조)

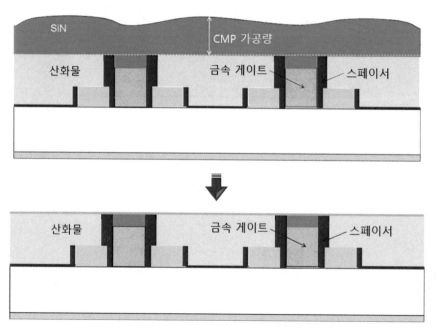

그림 1.28 질화규소(SiN)에 대한 화학－기계적 평탄화 가공공정[5](본문 p.26 참조)

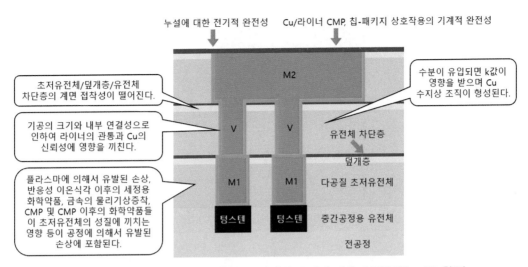

그림 2.4 다공질 초저유전체의 통합과 관련된 문제에 대한 설명(본문 p.39 참조)

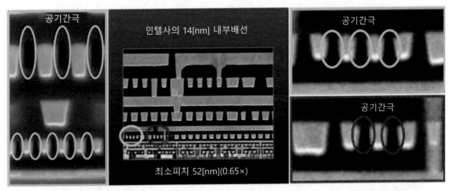

그림 2.6 공기간극이 적용된 52[nm]피치를 사용하는 인텔社의 14[nm] 내부배선 사례(본문 p.41 참조)

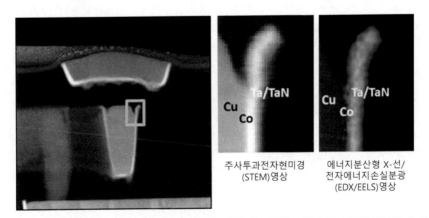

그림 2.9 화학-기계적 평탄화 가공과 후속 세정작업을 시행하는 동안 코발트(Co)의 국부부식에 의해서 생성된 코발트 함몰형상에 대한 주사전자현미경(SEM), 주사투과전자현미경(STEM), 에너지 분산형 X-선/전자에너지손실분광(EDX/EELX)영상(본문 p.44 참조)

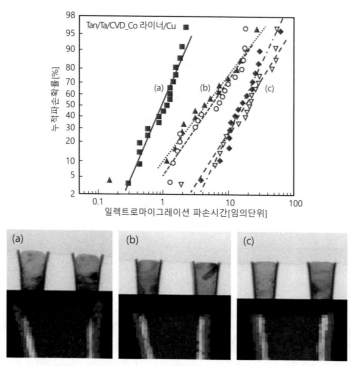

그림 2.10 함몰형성에 따른 일렉트로마이그레이션 수명변화. (a) 심각함 수준의 함몰생성. (b) 중간 정도의
함몰생성. (c) 함몰생성 없음(본문 p.44 참조)

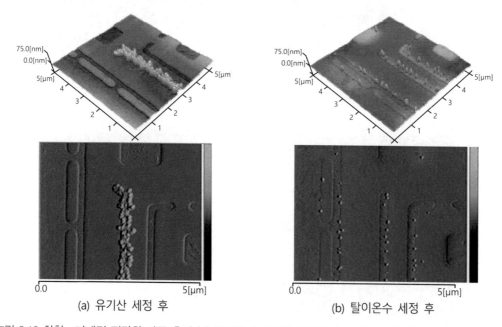

그림 2.13 화학-기계적 평탄화 가공 후에 (a) 희석된 유기산을 사용하여 구리 표면을 세정한 후의 표면(표면
에는 입자가 없지만 특정한 배선 위에 수지상 조직이 생성됨) (b) 탈이온수를 사용하여 구리 표면을
세정한 후의 표면(입자 오염이 관찰되었지만 수지상 조직은 발견되지 않음)에 대한 원자작용력현
미경 영상(본문 p.49 참조)

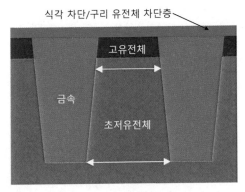

그림 4.7 표면에 인접한 금속배선의 간극이 가장 좁기 때문에, 표면 근처에 위치한 초저유전체층의 변화는 정전용량 변화에 가장 큰 영향을 끼친다.(본문 p.119 참조)

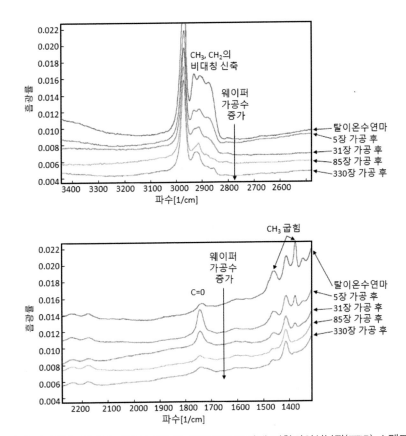

그림 4.18 웨이퍼 연마횟수 증가에 따라서 패드가 마모되면 푸리에 변환적외선분광(FTIR) 스펙트럼에서 관찰되는 추가적인 피크들의 흡광률이 감소된다.(본문 p.129 참조)

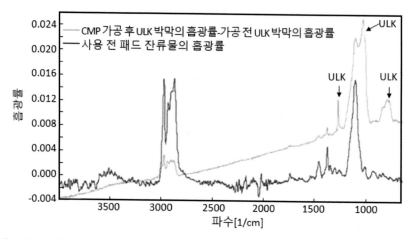

그림 4.21 패드 잔류물에 대한 푸리에 변환적외선분광(FTIR) 스펙트럼(적색 선)의 피크들은 연마 후 초저유전
체 박막에서 관찰되는 추가적인 피크들과 일치하고 있다.(본문 p.131 참조)

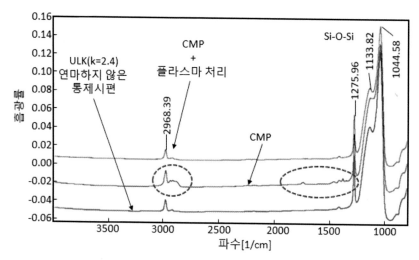

그림 4.25 푸리에 변환적외선분광(FTIR)스펙트럼을 통해서 화학－기계적 평탄화 가공 이후에 시행된 플라스
마 처리로 인하여 알킬사슬에 의한 추가적인 피크가 제거되었음을 확인할 수 있다.(본문 p.134
참조)

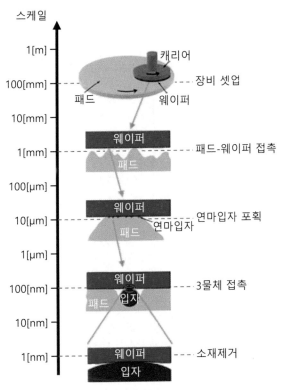

그림 6.1 화학-기계적 평탄화 가공공정의 관심 스케일[12](본문 p.170 참조)

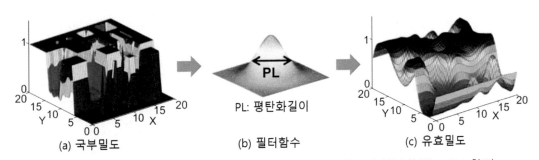

(a) 국부밀도   (b) 필터함수   (c) 유효밀도

PL: 평탄화길이

그림 6.8 칩 표면의 유효패턴밀도를 계산하기 위해서 사용되는 필터함수(본문 p.184 참조)

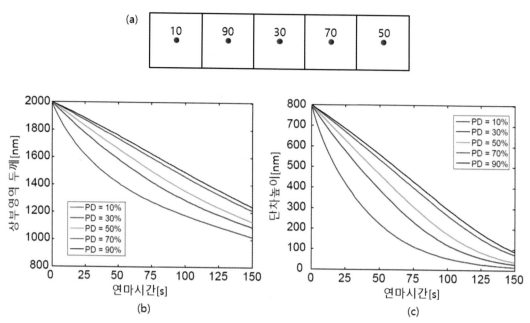

그림 6.12 화학-기계적 평탄화 가공공정의 패턴밀도 의존성.[12] (a) MIT 표준 레이아웃 STEP 어레이 내의 검사위치, (b) 상부영역 두께변화, (c) 단차높이 변화(본문 p.190 참조)

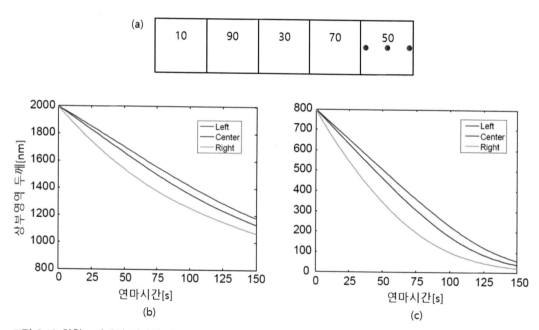

그림 6.13 화학-기계적 평탄화 가공공정에 인접 패턴밀도(패드의 장주기 굽힘)가 끼치는 영향.[12] (a) 패턴밀도가 50%인 MIT 표준 레이아웃 STEP 어레이 내의 좌측, 중앙 및 우측 검사위치, (b) 상부영역 두께변화, (c) 단차높이 변화(본문 p.191 참조)

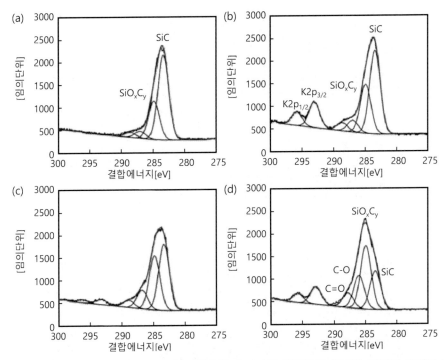

그림 7.2 Nexsil125A 실리카 입자(10[wt%])를 함유한 슬러리를 사용하여 연마한 비정질 탄화규소 표면에 대한 고분해능 X-선 광전자분광 데이터.[25] (a) pH=8, (b) H_2O_2(aq.) 1.47[M], pH=8, (c) H_2O_2(aq.) 1.47[M]+KNO_3(aq.) 50[mM], pH=8, (d) H_2O_2(aq.) 1.47[M]+KNO_3(aq.) 50[mM], pH=10 (본문 p.211 참조)

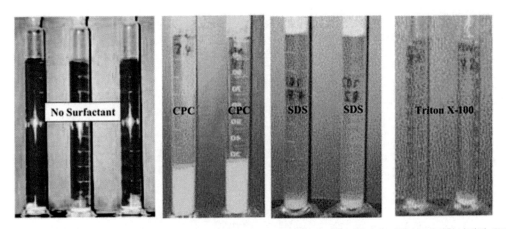

그림 11.14 산화제인 페리시안화칼륨 0.1[M]을 함유하여 이온강도가 큰 슬러리에 이온성 계면활성제와 무이온성 계면활성제를 첨가한 영향. 슬러리는 ALP-50 알루미나 1[wt%]에 계면활성제 10[mM]을 첨가하였으며, pH값은 4이다. 사진은 24시간 동안 침전시킨 이후에 찍은 것이다.[51] (본문 p.340 참조)

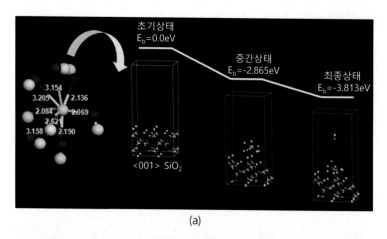

(a)

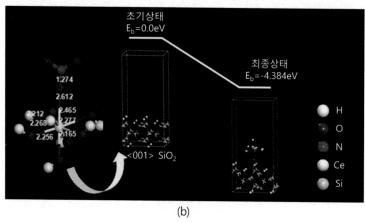

(b)

그림 11.16 SiO₂ 〈001〉 표면에서 기능화된 세리아 흡착의 반응에 대하여 완전히 최적화된 구조. (a) OH-세리아, (b) NO₃-세리아. 원자구조에 병기된 숫자들은 Ce 원자에 인접한 위치에 대해서 두 원자들 사이의 결합거리를 나타낸다.[5](본문 p.342 참조)

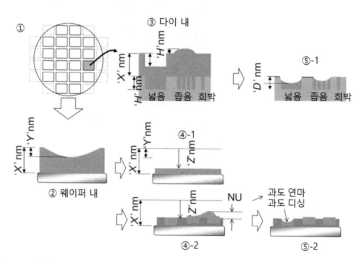

그림 16.4 다이 내 평탄도와 웨이퍼 내 불균일을 개선하는 방법(본문 p.494 참조)

구리	차단층	경질 마스크	저유전성 층간절연체

(a) 과도증착된 구리

(b) 구리소재에 대한 CMP 이후

(c) 차단층 CMP 이후

그림 17.3 구리소재에 대한 화학－기계적 평탄화 가공공정의 사례. 구리 배선층 하나를 완전히 정의하기 위해서는 구리, 차단소재(Ta/TaN 또는 Co), 덮개층이나 경질마스크(TiN, TEOS 산화물, 질화물 또는 SiCOH) 그리고 층간절연체(저유전체 SiCOH) 등을 모두 제거하여야 한다. (본문 p.513 참조)

그림 17.8 웨이퍼 테두리에서의 박막층 경계들이 접착력 저하와 박리를 초래하였다.(본문 p.517 참조)

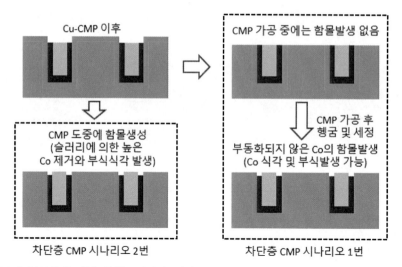

그림 17.19 구리 차단층에 대한 화학-기계적 평탄화 가공 과정에서 생성되는 함몰(본문 p.525 참조)

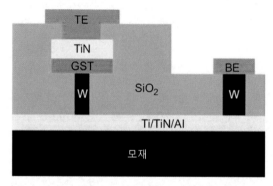

그림 19.1 화학-기계적 평탄화 가공을 사용하여 제조한 전형적인 상변화메모리의 구조(본문 p.574 참조)

저자 및 역자 소개

저자 **수리야데바라 바부(Suryadevara Babu)**

미국 뉴욕주 포츠담 클랙슨 대학교

역자 **장인배**

서울대학교 기계설계학과 학사, 석사, 박사

현 강원대학교 메카트로닉스공학전공 교수

저서 및 역서

『표준기계설계학』 (동명사, 2010)

『전기전자회로실험』 (동명사, 2011)

『고성능 메카트로닉스의 설계』 (동명사, 2015)

『포토마스크 기술』 (씨아이알, 2016)

『정확한 구속_기구학적 원리를 이용한 기계설계』 (씨아이알, 2016)

『광학기구 설계』 (씨아이알, 2017)

『유연 메커니즘_플랙셔 힌지의 설계』 (씨아이알, 2018)

『3차원 반도체』 (씨아이알, 2018)

『유기발광다이오드 디스플레이와 조명』 (씨아이알, 2018)

『웨이퍼레벨 패키징』 (씨아이알, 2019)

『정밀공학』 (씨아이알, 2019)

『웨이퍼 세정기술』 (씨아이알, 2020)

Advances in Chemical Mechanical Planarization (CMP)

CMP 웨이퍼 연마

초판인쇄 2021년 4월 5일
초판발행 2021년 4월 12일

저　　자 수리야데바라 바부(Suryadevara Babu)
역　　자 장인배
펴 낸 이 김성배
펴 낸 곳 도서출판 씨아이알

편 집 장 박영지
책임편집 김동희
디 자 인 윤현경, 윤미경
제작책임 김문갑

등록번호 제2-3285호
등 록 일 2001년 3월 19일
주　　소 (04626) 서울특별시 중구 필동로8길 43(예장동 1-151)
전화번호 02-2275-8603(대표)
팩스번호 02-2265-9394
홈페이지 www.circom.co.kr

I S B N 979-11-5610-947-1 93560
정　　가 38,000원